全国地层多重划分对比研究

（15）

内蒙古自治区岩石地层

主　编：李文国
副主编：李庆富　姜万德
编　者：李文国　姜万德　王　惠　李庆富
刘印琳　李淑龙　孙希林
郭良畋　王挨顺　梁金全
技术指导：邵和明

中国地质大学出版社

内 容 简 介

本书运用现代地层学的理论和方法，对内蒙古地层成功地进行了多重划分和对比，系统地清理并描述了中元古代至第三纪的岩石地层单位和生物地层、年代地层，同时简要地介绍了古老变质岩系的地质特征；讨论了重要自然断代的地层格架和区域地层横剖面，对于了解和认识内蒙古的地层发育特点、地质历史的发展以及构造环境的演化提供了丰富而翔实的资料。这是一部理论与实践结合得比较好的基础工具书，是广大区域地质调查工作者、地质院校师生和科研、生产单位工作人员不可多得的参考书。

图书在版编目(CIP)数据

内蒙古自治区岩石地层/李文国主编．—武汉：中国地质大学出版社，1996.11（2014.4 重印）
（全国地层多重划分对比研究；72）
ISBN 978-7-5625-1108-3

Ⅰ.内…
Ⅱ.李…
Ⅲ.地层学—内蒙古
Ⅳ.P535.226

中国版本图书馆 CIP 数据核字(2008)第 172162 号

内蒙古自治区岩石地层 李文国 主 编

责任编辑：褚松和 特邀编辑：王 惠 责任校对：徐润英

出版发行：中国地质大学出版社（武汉市洪山区鲁磨路 388 号） 邮编：430074
电话：(027)67883511 传真：67883580 **E-mail**：cbb @ cug. edu. cn
经 销：全国新华书店 **http**：//www. cugp. cn

开本：787 毫米×1092 毫米 1/16 字数：566 千字 印张：22.125
版次：1996 年 1 月第 1 版 印次：2014 年 4 月第 5 次印刷
印刷：武汉教文印刷厂 印数：2301—2800 册

ISBN 978-7-5625-1108-3 定价：68.50 元

序

100多年来，地层学始终是地质学的重要基础学科的支柱，甚至还可以说是基础中的基础，它为近代地质学的建立和发展发挥了十分重要的作用。随着板块构造学说的提出和发展，地质科学正经历着一场深刻的变革，古老的地层学和其他分支学科一样还面临着满足社会不断进步与发展的物质需要和解决人类的重大环境问题等双重任务的挑战。为了迎接这一挑战，依靠现代科技进步及各学科之间相互渗透，地层学的研究范围将不断扩大，研究途径更为宽广，研究方法日趋多样化，并萌发出许多新的思路和学术思想，产生出许多分支学科，如生态地层学、磁性地层学、地震地层学、化学地层学、定量地层学、事件地层学、化学地层学、气候地层学、构造地层学和月球地层学等等，它们的综合又导致了“综合地层学”和“全球地层学”概念的提出。所有这一切，标志着地层学研究向高度综合化方向发展。

我国的地层学和与其密切相关的古生物学早在本世纪前期的创立阶段，就涌现出一批杰出的地层古生物学家和先驱，他们的研究成果奠定了我国地层学的基础。但是大规模的进展，还是从1949年以后，尤其是随着全国中小比例尺区域地质调查的有计划开展，以及若干重大科学计划的执行而发展起来的。正像我国著名的地质学家尹赞勋先生在第一届全国地层会议上所讲：“区域地质调查成果的最大受益者就是地层古生物学。”1959年召开的中国第一届全国地层会议，总结了建国十年来所获的新资料，制定了中国第一份地层规范（草案），标志着我国地层学和地层工作进入了一个新的阶段。过了20年，地层学在国内的发展经历了几乎十年停滞以后，于1979年召开了中国第二届全国地层会议，会议在某种程度上吸收学习了国际地层学研究的新成果，还讨论制定了《中国地层指南及中国地层指南说明书》，为推动地层学在中国的发展，缩小同国际地层学研究水平的差距奠定了良好基础。这次会议以后所进行的一系列工作，包括应用地层单位的多重性概念所进行的地层划分对比研究、区域地层格架及地层模型的研究，现代地层学与沉积学相结合所进行的盆地分析以及1∶5万区域地质填图方法的改进与完善等，都成为我国地层学进一步发展的强大推动力。为此，地质矿产部组织了一项“全国地层多重划分对比研究（清理）”的系统工程，在30个省、直辖市、自治区（含台湾省，不含上海市）范围内，自下而上由省（市、区）、大区和全国设立三个层次的课题，在现代地层学和沉积学理论指导下，对以往所建立的地层单位进行研究（清理），追溯地层单位创名的沿革，重新厘定单位含义、层型类型与特征、区域延伸与对比，消除同物异名，查清同名异物，在大范围内建立若干断代岩石地层单位的时空格架、编制符合现代地层学含义的新一代区域地层序列表，并与地层多重划分对比研究工作同步开展了省（市、区）和全国两级地层数据库的研建，对巩固地层多重划分对比研究（清理）成果，为地层学的科学化、系统化和现代化发展打下了良好基础。这项研究工作在部、省（市、区）各级领导的支持关怀下，全体研究人员经过5年的艰苦努力已圆满地完成了任务，高兴地看到许多成果已陆续要出版了。这项工作涉及的范围之广、参加的单位及人员之多、文件的时间跨度之长，以及现代科学理论与计算机技术的应用等各方面，都可以说是在我国地层学工作不断发展中具有里程碑意义的。这项研究中不同层次成果的出版问世，不仅对区域地质调查、地质图件的编测、区域矿产普查与勘查、地质科研和教学等方面都具有现实的指导作用和实用价值，而且对我国地层学的发展和科学化、系统化将起到积极的促进作用。

首次组织实施这样一项规模空前的全国性的研究工作，尽管全体参与人员付出了极大的辛勤劳动，全国项目办和各大区办进行了大量卓有成效和细致的组织协调工作，取得了巨大的成绩，但由于种种原因，难免会有疏漏甚至失误之处。即使这样，该系列研究是认识地层学真理长河中的一个相对真理的阶段，其成果仍不失其宝贵的科学意义和巨大的实用价值。我相信经过广大地质工作者的使用与检验，在修订再版时，其内容将会更加完美。在此祝贺这一系列地层研究成果的公开出版，它必将发挥出巨大社会经济效益，为地质科学的发展做出新的贡献。

程裕淇

前　言

地层学在地质科学中是一门奠基性的基础学科，是基础地质的基础。自从19世纪初由W 史密斯奠定的基本原理和方法以来的一个半世纪中，地层学是地质科学中最活跃的一个分支学科，对现代地质学的建立和发展产生了深刻的影响，作出了不可磨灭的贡献，特别是在20世纪60年代由于板块构造学说兴起引发的一场“地学革命”，其表现更为显著。随着板块构造学的确立，沉积学和古生态学的发展，地球历史和生物演化中的灾变论思想的复兴和地质事件概念的建立，使地层学的分支学科，如时间地层学、生态地层学、地震地层学、同位素地层学、气候地层学、磁性地层学、定量地层学和构造地层学等像雨后春笋般地蓬勃发展，这种情况必然对地层学、生物地层和沉积地层等的传统理论认识和方法提出了严峻的挑战。经过20年的论战，充分体现当代国际地质科学先进思想的《国际地层指南》(英文版)于1976年见诸于世，之后在不到20年的时间里又于1979、1987、1993年连续三次进行了修改补充，陆续补充了《磁性地层极性单位》、《不整合界限地层单位》，以及把岩浆岩与变质岩等作为广义地层学范畴纳入地层指南而又补充编写了《火成岩和变质岩岩体的地层划分与命名》等内容。

国际地层学上述重大变革，对我国地学界产生了强烈冲击，十年动乱形成的政治禁锢被打开，迎来了科学的春天，先进的科学思潮像潮水般涌来，于是在1980年第二届全国地层工作会议上通过并公开出版了《中国地层指南及中国地层指南说明书》，阐述了地层多重划分概念。于1983年按地层多重划分概念和岩石地层单位填图在安徽区调队进行了首次试点。1985年《贵州省区域地质志》中地层部分吸取了地层多重划分概念进行撰写。1986年地质矿产部设立了“七五”重点科技攻关项目——“1∶5万区调中填图方法研究项目”，把以岩石地层单位填图，多重地层划分对比，识别基本地层层序等现代地层学和现代沉积学相结合的内容列为沉积岩区区调填图方法研究课题，从此拉开了新一轮1∶5万区调填图的序幕，由试点的贵州、安徽和陕西三省逐步推向全国。

1∶5万区调填图方法研究试点中遇到的最大问题是如何按照现代地层学的理论和方法来对待与处理按传统理论和方法所建立的地层单位？如果维持长期沿用的按传统理论建立的地层单位，虽然很省事，但是又如何体现现代地层学和现代沉积学相结合的理论与方法呢？这样就谈不上紧跟世界潮流，迎接这一场由板块构造学说兴起所带来的“地学革命”。如果要坚持这一技术领域的革命性变革，就要下决心花费很大力气克服人力、财力和技术性等方面的重重困难，对长期沿用的不规范化的地层单位进行彻底的清理。经过反复研究比较，我们认识到科学技术的变革也和社会经济改革的潮流一样是不可逆转的，只有坚持改革才能前进，不进则退，否则就将被历史所淘汰，别无选择。在这一关键时刻，地质矿产部和原地矿部直管局领导作出了正确决策，从1991年开始，从地勘经费中设立一项重大基础地质研究项目——全国地层多重划分对比研究项目，简称全国地层清理项目，开始了一场地层学改革的系统工程，在全国范围内由下而上地按照现代地层学的理论和方法对原有的地层单位重新明确其定义、划分对比标准、延伸范围及各类地层单位的相互关系，与此同时研建全国地层数据库，巩固地层清理成果，推动我国地层学研究和地层单位管理的规范化和现代化，指导当前和今后一个时期1∶5万、1∶25万等区调填图等，提高我国地层学研究水平。1991年地质矿产部原直管局将地层清理作为部指令性任务以地直发(1991)005号文和1992年以地直发(1992)014号文下发了《地矿部全国地层多重划分对比（清理）研究项目第一次工作会议纪要》，明确了各省（市、自治区）地质矿产局（厅）清理研究任务，并于1993年2月补办了专项地勘科技项目合同（编号直科专92-1)，并明确这一任务分别设立部、大区和省（市、自治区）三级领导小组，实行三级管理。

部级成立全国项目领导小组

组长	李廷栋	地质矿产部副总工程师
副组长	叶天竺	地质矿产部原直管局副局长
	赵　逊	中国地质科学院副院长

成立全国地层清理项目办公室，受领导小组委托对全国地层清理工作进行技术业务指导和协调以及经常性业务组织管理工作，并设立在中国地质科学院区域地质调查处（简称区调处）。

项目办公室主任	陈克强	区调处处长，教授级高级工程师
副主任	高振家	区调处总工，教授级高级工程师
	简人初	区调处高级工程师
专家	张守信	中国科学院地质研究所研究员
	魏家庸	贵州省地质矿产局区调院教授级高级工程师
成员	姜　义	区调处工程师
	李　忠	会计师
	周统顺	中国地质科学院地质研究所研究员

大区一级成立大区领导小组，由大区内各省（市、自治区）局级领导成员和地科院沈阳、天津、西安、宜昌、成都、南京六个地质矿产研究所各推荐一名专家组成。领导小组对本大区地层清理工作进行组织、指导、协调、仲裁并承担研究的职责。下设大区办公室，负责大区地层清理的技术业务指导和经常性业务技术管理工作。在全国项目办直接领导下，成立全国地层数据库研建小组，由福建区调队和部区调处承担，负责全国和省（市、自治区）二级地层数据库软件开发研制。

各省（市、自治区）成立省级领导小组，以省（市、自治区）局总工或副总工为组长，有区调主管及有关处室负责人组成，在专业区调队（所、院）等单位成立地层清理小组，具体负责地层清理工作，同时成立省级地层数据库录入小组，按照全国地层数据库研建小组研制的软件及时将本省清理的成果进行数据录入，并检验软件运行情况，及时反馈意见，不断改善和优化软件。在全国地层清理的三个级次的项目中，省级项目是基础，因此要求各省（市、自治区）地层清理工作必须实行室内清理与野外核查相结合，清理工作与区调填图相结合，清理与研究相结合，地层清理与地层数据库建立相结合，“生产”单位与科研教学单位相结合，并强调清理人员要用现代地层学和现代沉积学的理论武装起来，彻底与传统观点决裂，统一标准内容，严格要求，高标准地完成这一历史使命。实践的结果，凡是按上述五个相结合去做的效果都比较好，不仅出了好成果，而且通过地层清理培养锻炼了一支科学技术队伍，从总体上把我国区调水平提高到一个新台阶。

三年多以来，参加全国地层清理工作的人员总数达400多人，总计查阅文献约24 000份，野外核查剖面约16 472.6 km，新测剖面70余条约300 km，清理原有地层单位有12 880个，通过清查保留的地层单位约4721个（还有省与省之间重复的），占总数36.6%，建议停止使用或废弃的单位有8159个（为同物异名或非岩石地层单位等），占总数63.4%，清查中通过实测剖面新建地层单位134个，占总数2.8%。与此同时研制了地层单位的查询、检索、命名和研究对比功能的数据库，通过各省（市、自治区）数据录入小组将12 880个地层单位（每个单位5张数据卡片）和10 000多条各类层型剖面全部录入，首次建立起全国30个（不含上海市）省（市、自治区）基础地层数据库，为全国地层数据库全面建成奠定了坚实的基础。从1994年7月—11月，分七个片对30个省（市、自治区）地层清理成果报告及数据库的数据录入进行了评审验收，到1994年底可以说基本上完成了省一级地层清理任务。1995—1996年将全面完成大区和总项目的清理研究任务。由此可见，这次全国地层清理工作无论是参加人数之多，涉及面之广，新方法新技术的应用以及理论指导的高度和研究的深度都可以堪称中国地层学研究的第三个里程碑。这一系统工程所完成的成果，不仅是这次直接参加清理的400多人的成果，而且亦应该归功于全国地层工作者、区域地质调查者、地层学科研与教学人员以及为地层工作做过贡献的普查勘探人员。全国地层清理成果的公开出版，必将对提高我国地层学研究水平，统一岩石地层划分和命名指导区调填图，加强地层单位的管理以及地质勘察和科研教学等方面发挥重要的作用。

鉴于本次地层清理工作和地层数据库的研建是过去从未进行过的一项研究性很强的系统工程，涉及的范围很广，时间跨度长达100多年，参加该项工作的人员多达300～400人，由于时间短，经费有限，人员水平不一，文献资料掌握程度等种种主客观原因，尽管所有人员都尽了最大努力，但是在本书中少数地层单位的名称、出处、命名人和命名时间等不可避免地存在一些问题。本书中地层单位名称出现的"岩群"、"岩组"等名词，是根据1990年公开出版的程裕淇主编的《中国地质图（1：500万）及说明书》所阐述的定义。为了考虑不同观点的读者使用，本书对有"岩群"、"岩组"的地层单位，均暂以（岩）群、（岩）组处理。如鞍山（岩）群、迁西（岩）群。总之，本书中存在的错漏及不足之处，衷心地欢迎广大读者提出宝贵意见，以便今后不断改正和补充。

在30个省（市、自治区）地层清理系统成果即将公开出版之际，我代表全国地层清理项目办公室向参加30个省（市、自治区）地层清理、数据库研建和数据录入的同志所付出的辛勤劳动表示衷心的感谢和亲切的慰问。在全国地层清理项目立项过程中，原直管局王新华、黄崇轲副局长给予了大力支持，原直管局局长兼财务司司长现地矿部副部长陈洲其在项目论证会上作了立项论证报告，在人、财、物方面给予过很大支持；全国地层委员会副主任程裕淇院士一直对地层清理工作给予极大的关心和支持，并在立项论证会上作了重要讲话；中国地质大学教授、全国地层委员会地层分类命名小组组长王鸿祯院士是本项目的顾问，在地层清理的指导思想、方法步骤及许多重大技术问题上给予了具体的指导和帮助；中国地质大学教授杨遵仪院士对这项工作热情关心并给以指导；中国地质科学院院长、部总工程师陈毓川研究员参加了第三次全国地层清理工作会议并作了重要指示与鼓励性讲话；部科技司姜作勤高工，计算中心邬宽廉、陈传霖，信息院赵精满，地科院刘心铸等专家对地层数据库设计进行评审，为研建地层数据库提出许多有意义的建议。中国科学院地质研究所，南京古生物研究所，中国地质科学院地质研究所，天津、沈阳、南京、宜昌、成都和西安地质矿产研究所，南京大学，西北大学，中国地质大学，长春地质学院，西安地质学院等单位的知名专家、教授和学者，各省（市、自治区）地矿局领导、总工程师、区调主管、质量检查员和区调队、地研所、综合大队等单位的区域地质学家共600余人次参加了各省（市、自治区）地层清理研究成果和六个大区区域地层成果报告的评审和鉴定验收，给予了友善的帮助；各省（市、自治区）地矿局（厅）、区调队（所、院）等各级领导给予地层清理工作在人、财、物方面的大力支持。可以肯定，没有以上各有关单位和部门的领导和众多的专家教授对地层清理工作多方面的关心和支持，这项工作是难以完成的。在30个省（市、自治区）地层清理成果评审过程中一直到成果出版之前，中国地质大学出版社，特别是以褚松和副社长和刘粤湘编辑为组长的全国地层多重划分对比研究报告编辑出版组为本套书编辑出版付出了极大的辛苦劳动，使这一套系统成果能够如此快地、规范化地出版了！在全国项目办设在区调处的几年中，除了参加项目办的成员外，区调处的陈兆棉、其和日格、田玉莹、魏书章、刘凤仁多次承担地层清理会议的会务工作，赵洪伟和于庆文同志除了承担会议事务还为会议打印文稿，于庆文同志还协助绘制地层区划图及文稿复印等工作。

在此，向上面提到的单位和所有同志一并表示我们最诚挚的谢意，并希望继续得到他们的关心和支持。

全国地层清理项目办公室（陈克强执笔）

目　　录

第三篇 华北地层大区

第一章 绪论

一、目的与任务

内蒙古自治区（简称内蒙古）位于中国北部边陲，地域辽阔，面积达118万 km²，约占全国面积的1/8。区内多森林、草原、戈壁沙漠，交通不便，地质研究程度较低。1864年，俄人本柏里在丰镇一带进行的路线地质调查，揭开了内蒙古地质工作的序幕。之后的一百多年来，中、外地质学家断续在东起大兴安岭西至额济纳旗的广大区域内进行了地质调查和矿产普查工作。正式按国际分幅进行区域地质填图工作则始于1957年，至今已有近40年的历史，大致分为3个阶段：1∶100万区域地质填图工作，首先从K－49幅（呼和浩特幅）开始，至1961年完成了全区的地质填图工作，遂编制出版了正规分幅的1∶100万地质图件和说明书，第一次建立了较系统的以“统”为单位的内蒙古地层层序，初步总结了内蒙古的岩石、大地构造特点，基本奠定了开展各项地质工作的基础。1∶20万区域地质调查始于1956年，由中苏合作，在大兴安岭地区展开，后来由内蒙古、吉林、黑龙江、宁夏和甘肃等省（区）的区域地质调查队共同完成了内蒙古境内的第一轮1∶20万区调工作，共出版232幅地质图，报告173份，后者有部分为联幅。通过大面积的1∶20万区域地质调查，搜集并积累了大量而系统的地质矿产资料，建立‘群’、‘组’等地方性地层单位100多个，建立并完善了以组级为基本单位的地层系统，为小比例尺编图和综合研究提供了丰富的资料，在此基础上相继编写并出版了《华北地区区域地层表·内蒙古分册》、《华北地区古生物图册·内蒙古分册》、《内蒙古自治区区域地质志》及其他地层、古生物的专著多部，大幅度地提高了本区的区域地质研究程度，为重点地区开展1∶5万地质填图创造了必要的条件。重点地区的1∶5万区域地质调查自80年代开始，初期仍以传统的统一地层划分理论为基础，近年才开始接受并采用现代地层学的理论和方法，目前正处于基础理论如何应用于填图实践的摸索阶段，很多宝贵的经验有待于总结。

由于长期应用统一地层划分的概念，片面强调化石内容和年代的划分和归属，以图建立地层的年代顺序，从而忽略了对作为地层单位实体的物质组成、物理特征以及它们存在的时空状态的研究。因此，往往是根据新发现的古生物资料，就可分解一个已被广泛使用的单位，或者将岩石特征迥然不同的地层体归并成一个地层单位，致使一些经常被使用的地层单位的内容和界线屡有变动，造成一定程度的混乱，使区域性的地层划分对比和区调填图工作没有可遵循的基本稳定的客观标准，常常无所适从，客观上阻碍了地层研究和1：5万区调填图工作的进展。

自70年代以来，以岩石地层单位为分类基础的现代地层学理论的引进，推动了1：5万区域地质调查工作的迅速发展，开创了新的局面。审时度势，地质矿产部直属单位管理局（简称：地矿部直管局）不失时机地在安徽、贵州、陕西等省进行了以新理论为指导的用新方法制图的1：5万区调工作的试点，取得成功后，总结经验，逐步在全国推广，本课题就是在这种形势下应运而生的。由于过去在统一地层划分理论基础上建立的组，有相当部分不具地层多重划分中岩石地层单位的含义，而是生物地层抑或是年代地层的含义和概念，甚至没有一个明确的内涵。在1：5万区调填图中难以利用，即使勉强使用亦会造成混乱。因此，对原有的地层单位进行清理和厘定，便势在必行了。地矿部直管局遂于1990年11月在贵阳召开了"全国地层多重划分对比研究讨论会"，在会议的纪要中明确指出，为提高我国区调填图水平和基础地质研究程度，使我国地层研究达到一个新的水平，要求各省、自治区地质矿产局将本地区的地层多重划分对比研究列入1991至1995年度地质勘探项目计划，结合区调填图工作统筹安排，按全国部署要求按时完成。对此，内蒙古自治区地质矿产局（简称：内蒙古地矿局）正式立项，并以内地字（1991）第456号文发至内蒙古第一区域地质研究院和第二区域地质研究院，将"内蒙古地层多重划分对比研究"任务下达，要求同时分别完成中上元古界、古生界和新生界（除第四系）的地层清理研究任务并按时提交一个研究报告。

内蒙古地层多重划分对比研究总体设计书于1992年6月经内蒙古地矿局组织有关领导和专家会议审查通过，在"对内蒙古地层多重划分对比研究总体设计书的审查意见"〔内地字(1991)〕288号文中指出：设计中所阐述的地层多重划分对比研究及其岩石地层单位清理的基本要求和原则，是根据《中国地层指南及中国地层指南说明书》和地矿部直管局地直发〔1991〕005号文的内容和要求确定的。设计的总体思路、方法、步骤和安排基本符合全国地层多重划分对比研究（清理）项目总体设计的精神和要求，在地层清理取得初步成果时，应及时组织地层数据库工作人员按有关的统一要求进行工作，以建立全区地层数据库，随时为区域地质调查和地层研究工作提供服务。

二、地层综合区划及区域地层发育概况

本项目以活动论的观点研究地层及地层区划。为此全国地层清理项目办公室曾提出具体的划分原则，供各省（区）参考。由于内蒙古地域的特殊性以及地质构造的复杂性，在综合地层区的划分上，更多地考虑了地壳活动的性质和特点、古地理环境、古气候特征及古生物化石的变化情况等因素，尤其注重岩石组合总体特征的变化。

根据本区地质历史发展的阶段性特点，即华力西期末，华北板块与西伯利亚板块已经拼接，印支期形成了统一的古陆。鉴于中上元古界经过了多次的构造变动，在目前研究程度不高的情况下，不宜进行地层区的划分，因此暂按古生代和中新生代划分成两个大的阶段，分别按不同的原则进行地层区的划分并编制地层综合区划图（图1-1）。

（一）古生代地层综合区划

Ⅰ级地层区基本以大陆板块为单位，包括了古陆及其边缘两部分，其界线为板块构造缝合线。据此，本区划分出3个Ⅰ级地层大区，即：北疆-兴安地层大区、塔里木-南疆地层大区和华北地层大区。上述3个地层大区，分别被2条板块缝合线所界定。北疆-兴安地层大区与

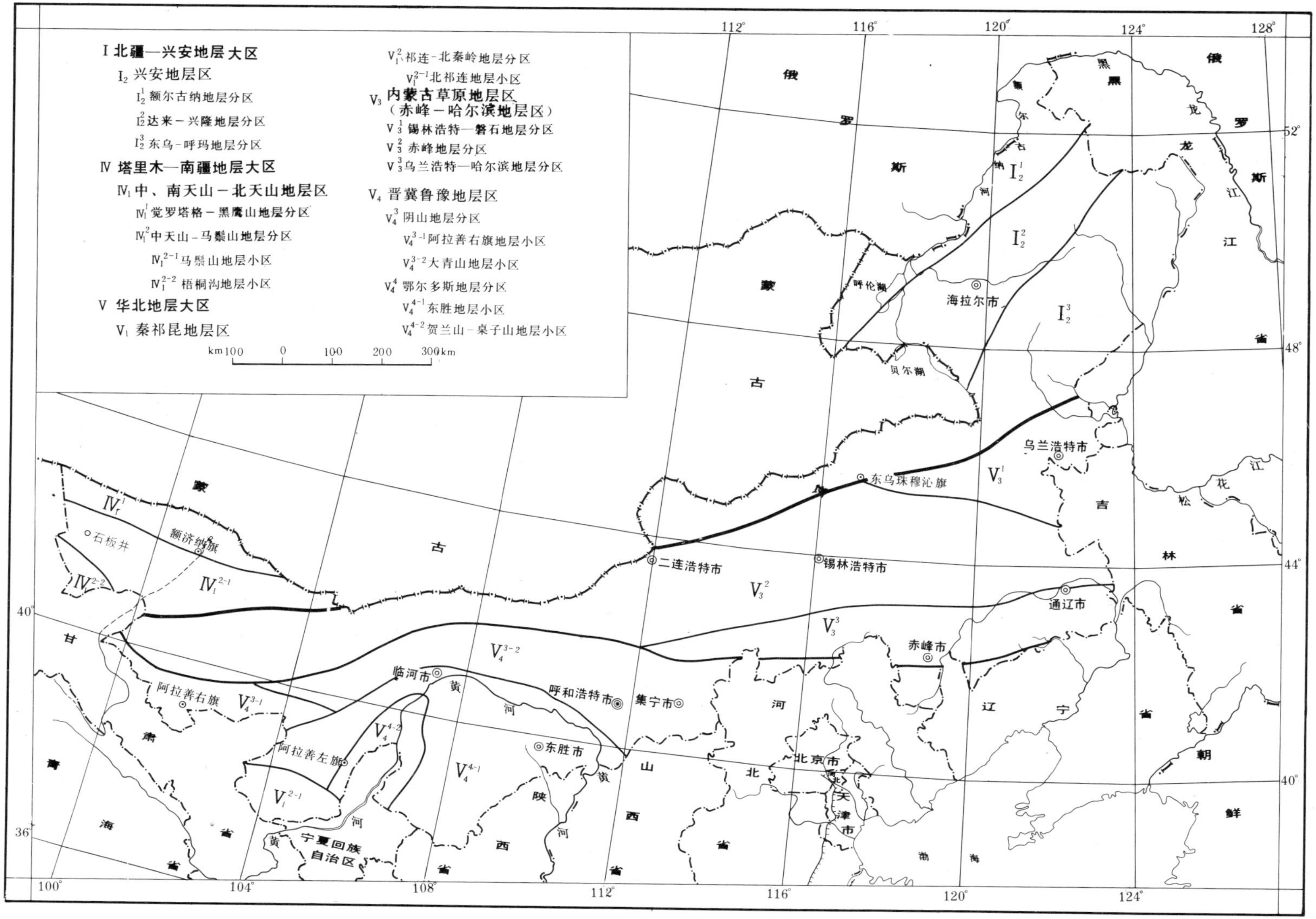

图1-1 内蒙古古生代地层区划图

华北地层大区的分界线位于二连、贺根山一线即著名的贺根山缝合线；塔里木-南疆地层大区与华北地层大区的分界是阿尔金山大断裂的北东向延伸部分，直至中蒙国境线。

Ⅱ级地层区的划分原则主要是考虑构造环境（稳定区、活动区、过渡区）和沉积物类型的相似性、岩石地层序列以及古生物群性质等诸多因素。共划分出5个Ⅱ级地层区：(1) 兴安地层区，是北疆-兴安地层大区在内蒙古唯一的Ⅱ级地层区，南以二连-贺根山一线为界，北到国境线，包含了西伯利亚板块南部、东部边缘的活动带部分。它的特点是寒武系—奥陶系发育完全，多为深水复理石建造和硅质岩建造，笔石页岩和细砂岩等碎屑岩具有广泛的分布，大量的笔石和三叶虫化石，具有明显地方性色彩；部分地区发育了岛弧型火山岩和碳酸盐岩。泥盆系多为陆源碎屑岩和火山碎屑岩，在相对稳定的地块则发育了乌奴耳灰岩（礁）；大兴安岭大民山发育了中酸性的火山熔岩；霍博山地区中、晚泥盆世则发育了深水相的放射虫硅质岩；东乌珠穆沁旗贺根山附近的蛇绿岩群则独树一帜，总体上构成了泥盆纪洋壳、陆架及近海淡水沉积等多彩的岩相特征，是我国研究泥盆系造山带的理想地区之一。晚古生代陆地面积增大，除海相碎屑岩、碳酸盐岩大量出露以外，较深水的细碧角斑岩、硅质岩以及海底喷发的火山熔岩亦不乏出露；与此同时，广泛分布的河、湖相淡水沉积，均含有特征的 *Angaropteridium*，*Noeggerathiopsis* 等安格拉植物群和以 *Palaeanodonta*，*Palaeomutela* 等为代表的西伯利亚双壳类动物群。此外，陆相中酸性火山岩的广泛出露亦是本区晚古生代地层发育的特点之一。兴安地层区从北向南划分出额尔古纳地层分区、达来-兴隆地层分区、东乌-呼玛地层分区等3个地层分区。(2) 中、南天山-北天山地层区是塔里木-南疆地层大区的东北部分在内蒙古的一隅，北部至中蒙国界，西部与甘肃为邻，东部以阿尔金山大断裂与华北地层大区分界，包括额济纳旗以及阿拉善左旗和阿拉善右旗的中、北部地区，是塔里木北缘活动带延入内蒙古的部分。此区地层发育较全，中、上元古界由浅变质的碎屑岩和碳酸盐岩组成，震旦纪广泛发育了一套冰碛层，是区内划分地层的良好标志。寒武系—奥陶系以砂岩、页岩、灰岩等浅海相类复理石建造为主，部分地区发育白云岩以及中基性火山岩、深水相的硅质岩等。志留系—泥盆系除公婆泉组为火山岩、火山碎屑岩外，其余均为浅海相碎屑岩和灰岩，下志留统一般为笔石页岩和硅质岩。石炭系—二叠系的岩相比较复杂，下部为浅海相的陆源碎屑岩夹灰岩，含菊石、腕足类、䗴等化石，部分地区发育中基性火山岩和硅质岩；上部为陆相的河流及湖泊沉积，主要是砂岩、页岩等，含植物化石，个别地区见有淡水灰岩。在额济纳旗南部的方山口组是一套颜色很杂的陆相喷发的中酸性火山岩及其火山碎屑岩，后者含 *Paracalamites* 等植物化石。中、南天山-北天山地层区从北向南划分出觉罗塔格-黑鹰山地层分区和中天山-马鬃山地层分区。(3) 内蒙古草原（赤峰-哈尔滨）地层区，它是华北地层大区北部边缘的造山带部分，以二连、贺根山一线与兴安地层区分开，南界是阴山北麓的深大断裂带。这是一个东西狭长的地层区，由于构造变动和岩浆活动的影响，岩石普遍遭受不同程度地区域变质和热力变质。它们出露零星、连续性很差，甚至个别地质体是以岩块或岩片的形式产出。寒武系—奥陶系主要是深水细碧角斑岩、硅质岩和岛弧型火山岩，部分地区见有浅海相灰岩；志留系—泥盆系为相对稳定型沉积，主要是陆源碎屑岩和浅海台地碳酸盐岩，部分发育成生物礁；局部地区，如八当山则见有火山岩。石炭系—二叠系的岩性、岩相和建造比较复杂，海相、陆相、海陆交互相均有不同程度的发育。石炭纪的海相地层主要是碎屑岩、灰岩及局部发育的火山岩丘；在古陆边缘的敖汉旗酒局子附近有含植物化石的陆相碎屑沉积岩。二叠纪伊始，海面逐渐下降，陆地扩大，海相和陆相地层同时发育，遂形成了浅海相碎屑岩夹灰岩的三面井组和含大量植物化石和淡水动物化石的湖相沉积的额里图组。在海盆中部则形成了碎屑岩、灰岩夹中酸性火山岩的地层序列，含大量的腕足类、珊瑚和䗴等浅海生物化石。晚二叠世全部为陆相沉积，以林西组为代表的黑色砂板岩具有广泛的分布。以西拉木伦河为界，北部锡林浩特-磐石地层分区和乌兰浩特-哈尔滨地层分区晚古生代多为冷水型或冷暖混合型动物群及安格拉型植物群为特色；南部赤峰地层分区则以暖水型特提斯动物群和华夏植物群与前者相区别。(4) 秦祁昆地层区在内蒙古仅包括阿拉善左旗南部沙漠的边缘，属于祁连-北秦岭地层分区的北祁连地层小区，是华北古陆西缘的过渡带。下古生界为活动型的深水沉积，泥盆系是陆相碎屑岩，含鱼和植物化石，石炭系为海陆交互相的含煤地层，二叠系复为陆相沉积。(5) 晋冀鲁豫地层区实际上是华北地层大区的稳定古陆区。在内蒙古部分有阴山地层分区、鄂尔多斯地层分区。它们大致以阴山北麓为界与内蒙古草原（赤峰-哈尔滨）地层区为邻，南部中晚元古代时形成本区古老基底上的第一个盖层，明显地分为上、下二部分：下部为轻微变质的类磨拉石建造和类复理石建造；上部不均衡地发育了台地型碳酸盐岩和台盆型碳酸盐岩，特殊的叠层构造是它们区别于古生代灰岩的重要特征之一。上、下两者之间除具有叠覆的关系之外，在侧向上常呈指状交叉的过渡关系。作为特殊环境下形成的渣尔泰山群和白云鄂博群关系十分密切，不具上述二元结构的特点，以陆源碎屑岩为主，下部以成熟度较高的石英砂岩为主，往上则以砂泥质岩石和碳酸盐岩不等厚交替出现为特点，至今未见重要的古生物化石。古生代沉积与华北地区一样，发育寒武系和奥陶系下、中统，只在北部边缘色尔腾山地区有分布局限的上奥陶统。中、下寒武统是一套紫红色砂岩、粉砂岩、页岩及碳酸盐岩组成的稳定地表海环境下的海侵序列；上寒武统则是以竹叶状灰岩等构成的一套浅海潮坪相的沉积组合。整个中、下奥陶统为一席状展布的碳酸盐岩岩系。只在鄂尔多斯西缘的桌子山、贺兰山一带见有陆源碎屑的砂岩和较深水的粉砂岩和页岩，含大量的笔石和牙形刺等化石。晚奥陶世的沉积为含大量珊瑚和牙形刺的灰岩。上古生界是华北地区遭受长期剥蚀之后，在侵蚀面之上形成的另一套以陆相碎屑岩沉积为主的旋回性海陆交互相的含煤岩系。其底部的铁铝质岩石组合，代表了一个长期发育的侵蚀间断后的风化产物，在岩石地层的划分和对比上，具有十分重要的意义。石炭纪时主要有砂岩、页岩和生物碎屑灰岩夹煤层，海相层从东向西逐渐减少并变薄，继而尖灭。二叠系为稳定的内陆河、湖及沼泽相含煤碎屑岩岩系，红色层和石膏层的出现，显示了潮热氧化环境向干热环境的转变，反映出与石炭纪环境及气候条件的差异。上述的Ⅰ级、Ⅱ级、Ⅲ级地层区划，比较鲜明地反映了古生代的构造格局和不同的沉积环境，对于正确认识内蒙古地质发展历史和进行岩石地层的区域对比是大有裨益的（表1-1）。

（二）中新生代地层综合区划

晚二叠世中朝板块与西伯利亚板块对接成为欧亚联合大陆后，中新生代以来，由于太平洋板块对欧亚联合大陆的俯冲作用，内蒙古东部形成一系列北东或北北东向的隆起带和坳陷区，并伴随强烈的火山活动及岩浆侵入。内蒙古西部，中新生代主要表现为差异性的升降作用，形成大型内陆坳陷盆地。根据这一构造格局，考虑沉积盆地地层发育状况，沉积物层序类型、生物群特点、火山活动规律性及古地理环境等因素，内蒙古中新生代地层区划具体分为5个地层区，7个地层分区，4个地层小区（图1-2)。

1. 中、南天山-北天山地层区（1）　位于内蒙古西部额济纳旗，北部与蒙古国接壤，西部和南部与甘肃省毗邻，东部以苏古诺尔至湖西新村一线为界与阿拉善地层区相接。该区三叠纪发育湖相、河流相碎屑岩，早中侏罗世和早白垩世均发育湖沼相含煤地层，上新世发育以红色为主的碎屑岩。晚侏罗世与晚白垩世至中新世为剥蚀期。

表1-1 内蒙古中晚元古代及古生代岩

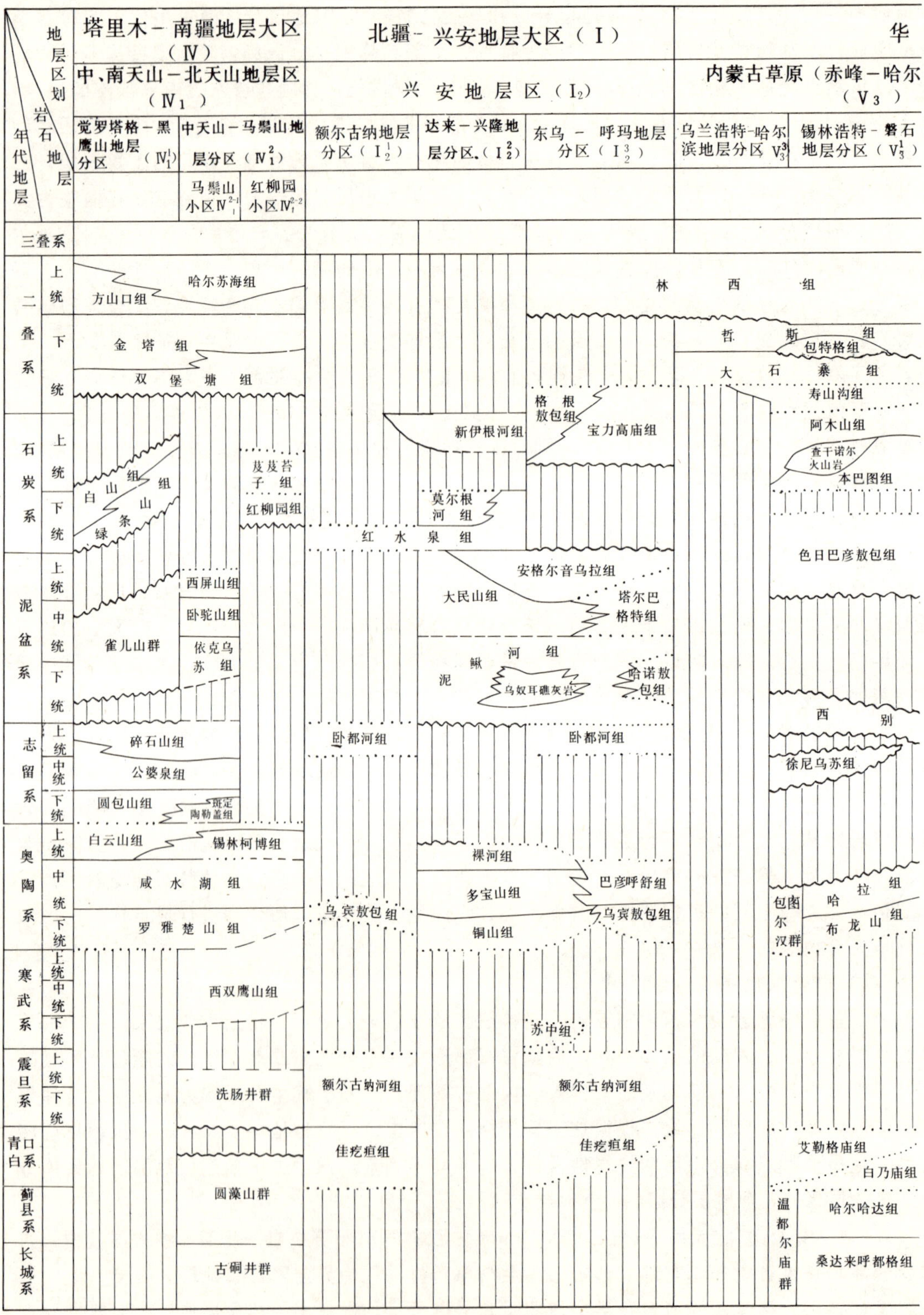

石地层单位序列表

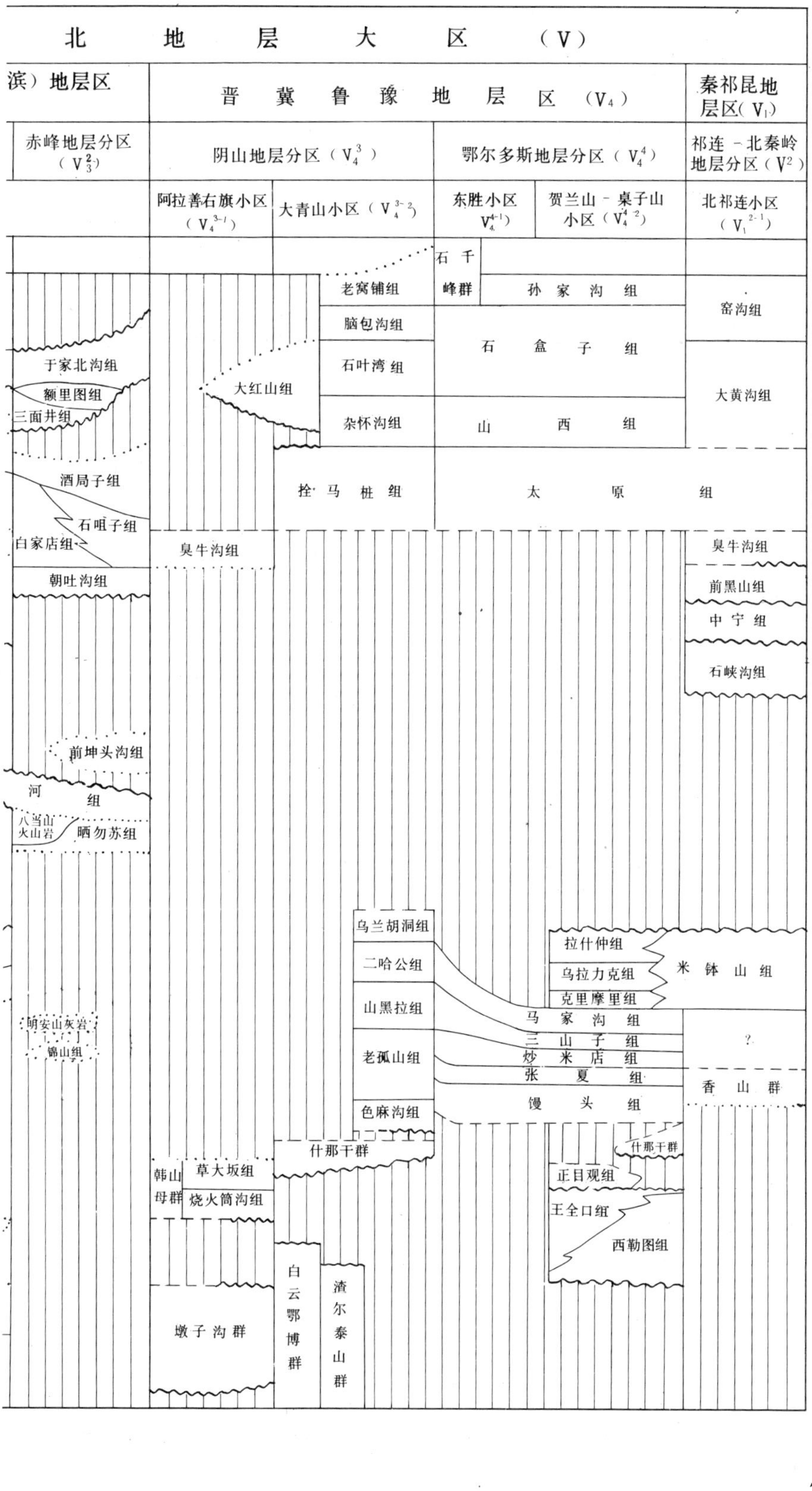

北 地 层 大 区 （V）
滨）地层区
晋 冀 鲁 豫 地 层 区 （V4）
秦祁昆地层区（V1）
赤峰地层分区（V_3^2）
阴山地层分区（V_4^3）
鄂尔多斯地层分区（V_4^4）
祁连－北秦岭地层分区（V^2）
阿拉善右旗小区（V_4^{3-1}）
大青山小区（V_4^{3-2}）
东胜小区 V_4^{4-1}
贺兰山－桌子山小区（V_4^{4-2}）
北祁连小区（V_1^{2-1}）
石千峰群
老窝铺组
孙家沟组
窑沟组
脑包沟组
石盒子组
于家北沟组
石叶湾组
额里图组
大红山组
大黄沟组
三面井组
杂怀沟组
山西组
酒局子组
拴马桩组
太原组
石咀子组
白家店组
臭牛沟组
臭牛沟组
朝吐沟组
前黑山组
中宁组
石峡沟组
前坤头沟组
河 组
八当山火山岩
晒勿苏组
乌兰胡洞组
拉什仲组
二哈公组
乌拉力克组
米钵山组
克里摩里组
山黑拉组
马家沟组
明安山灰岩
锦山组
三山子组
?
老孤山组
炒米店组
张夏组
香山群
色麻沟组
馒头组
什那干群
什那干群
草大坂组
韩山母群
正目观组
烧火筒沟组
王全口组
西勒图组
白云鄂博群
渣尔泰山群
墩子沟群

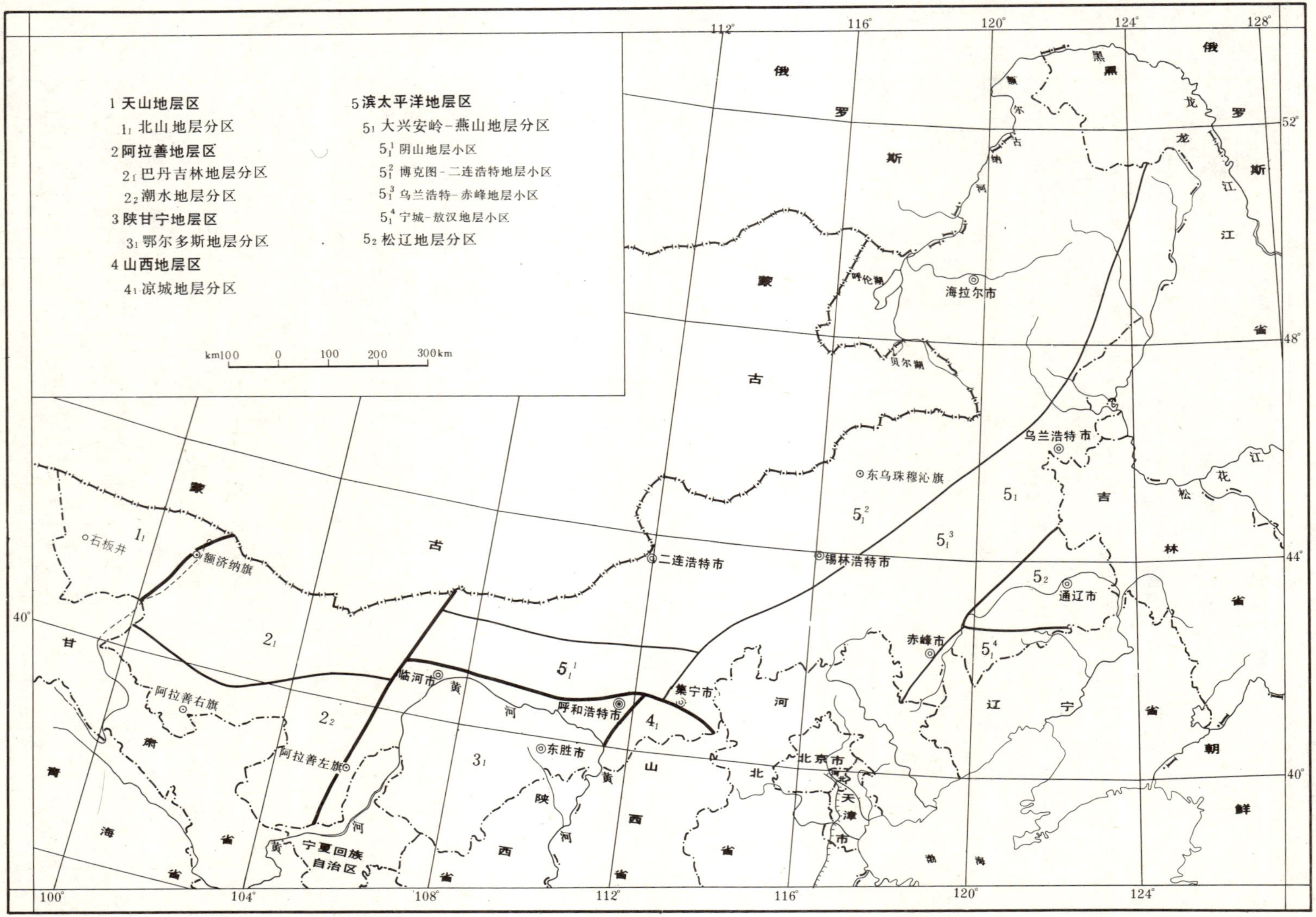

图 1—2 内蒙古中、新生代地层区划图

2. 阿拉善地层区（2） 主要指阿拉善左旗、阿拉善右旗地区，以宝音图隆起至贺兰山一线为界与滨太平洋地层区和陕甘宁地层区分界。该区中新生代属特提斯-喜马拉雅构造域，以差异升降作用为主，形成大型坳陷盆地。可以进一步划分为巴丹吉林地层分区（2_1）和潮水地层分区（2_2）。两个分区的主要区别在于前者三叠纪至侏罗纪地层不发育，早白垩世沉积地层中夹有基性火山岩(苏红图组)，后者早中侏罗世和早白垩世湖沼相含煤地层发育，早白垩世沉积地层中至今未发现基性火山岩夹层。两分区界线大致以图克木—上丹—红墩子一线为界。

3. 陕甘宁地层区（3） 指狼山、乌拉山、大青山山前断裂以南，贺兰山以东的内蒙古境内地区。该区三叠系与二叠系为连续沉积，总体以湖沼相沉积为特点，发育延长植物群。早中侏罗世地层以含煤为特征，与下伏三叠纪地层为不整合接触，之后发育了早白垩世和第三纪湖相地层，尤其是第三纪以来河套盆地的快速下沉形成了厚达 15 000 m 的沉积物。

4. 山西地层区（4） 指清水河至丰镇地区。仅见有零星的可能属于早白垩世的红色碎屑岩。其上发育中新世汉诺坝组。

5. 滨太平洋地层区（5） 指宝音图隆起以东，河套盆地北缘以北的内蒙古广大地区。中新生代属滨太平洋构造域，以北东向隆坳作用为特点。根据沉积盆地类型、沉积物特征及火山喷发特点进一步划分为大兴安岭-燕山地层分区（5_1）和松辽地层分区（5_2），其界线大致以松辽盆地西北缘为界。前一分区在早中侏罗世和早白垩世各沉积盆地普遍发育含煤地层；晚侏罗世至早白垩世火山活动强烈，形成著名的大兴安岭中生代火山活动带；晚白垩世局部地区红色碎屑岩发育，其中含恐龙化石；第三纪各盆地进一步下沉，形成含哺乳动物化石的湖相沉积，并在中、上新世发生两期喷发玄武岩。后一分区主要指松辽盆地，由于侏罗纪之后普遍拗陷，白垩纪至第三纪形成巨厚的含油气的盆地型沉积。

综合上述，中、新生代，由于地壳运动的不均衡，各地表现的性质不同，其强度差异很大，总体上形成了东北部活动的和西南部稳定的陆相沉积类型。阴山及其北麓地区属于环太平洋活动带的一部分，形成了一套厚度大、岩石内容复杂的火山熔岩、火山碎屑岩与正常沉积岩互层的地层序列；在一些小型山间盆地和断陷盆地中，形成了早、中侏罗世、早白垩世的含煤地层。在鄂尔多斯和阿拉善地区的南部，出露不含火山岩的单一陆相沉积地层，属于内陆稳定型坳陷盆地中形成的杂色碎屑岩含煤建造，局部见蒸发岩。第三纪，在中生代盆地的基础上，继承发育了东西向或北东向展布的规模不等的沉降盆地，形成以红色为主并以含脊椎动物化石为特征的河湖相碎屑岩及蒸发岩，局部有基性熔岩（表 1－2）。

三、地层清理工作遵循的原则及有关规定

地层多重划分对比研究项目，是涉及到多学科理论的基础地质研究系统工程，它科学性强，涉及面广，任务繁重，其成果基本上反映了内蒙古现代地层学研究乃至基础地质研究的整体水平。它的意义和重要性是不言而喻的。

在研究工作中，时刻注意并且排除传统地层划分观点的影响；始终运用现代地层学、古生物学、层序地层学、构造地质学的新理论和新方法；遵循《中国地层指南及中国地层指南说明书》和《国际地层指南》规定的原则；同时根据《全国地层多重划分对比研究总体设计》和《内蒙古地层多重划分对比研究总体设计》的要求和精神，并以《1：50 000 区调地质填图新方法》、《理论地层学》等学术专著为参考，来作为阐述一些问题的理论根据和观点。这样就达到与各省区研究成果在总体上的统一。但是内蒙古地域辽阔，位置特殊，它分属于 3 个一级构造单元，大部分位于造山带内，地质构造复杂，与其他省（区）显著不同。因此，内

表1—2 内蒙古中新生

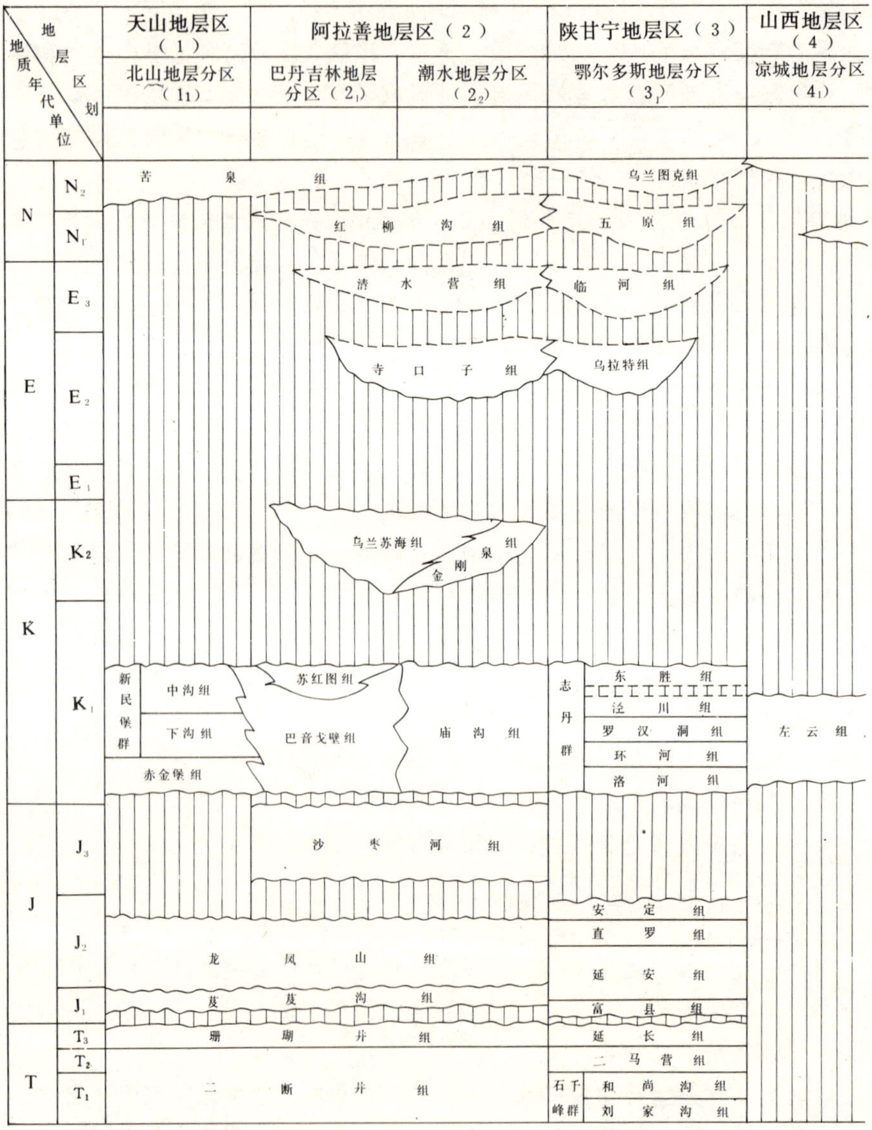
地层区划 / 地质年代单位
天山地层区（1）
北山地层分区（1₁）
阿拉善地层区（2）
巴丹吉林地层分区（2₁）
潮水地层分区（2₂）
陕甘宁地层区（3）
鄂尔多斯地层分区（3₁）
山西地层区（4）
凉城地层分区（4₁）
N
N2
N1
E
E3
E2
E1
K
K2
K1
J
J3
J2
J1
T
T3
T2
T1
苦泉组
乌兰图克组
红柳沟组
五原组
清水营组
临河组
寺口子组
乌拉特组
乌兰苏海组
金刚泉组
新民堡群
中沟组
下沟组
赤金堡组
苏红图组
巴音戈壁组
庙沟组
志丹群
东胜组
泾川组
罗汉洞组
环河组
洛河组
左云组
沙枣河组
安定组
直罗组
龙凤山组
延安组
芨芨沟组
富县组
珊瑚井组
延长组
二马营组
二断井组
石千峰群
和尚沟组
刘家沟组

代岩石地层单位序列表

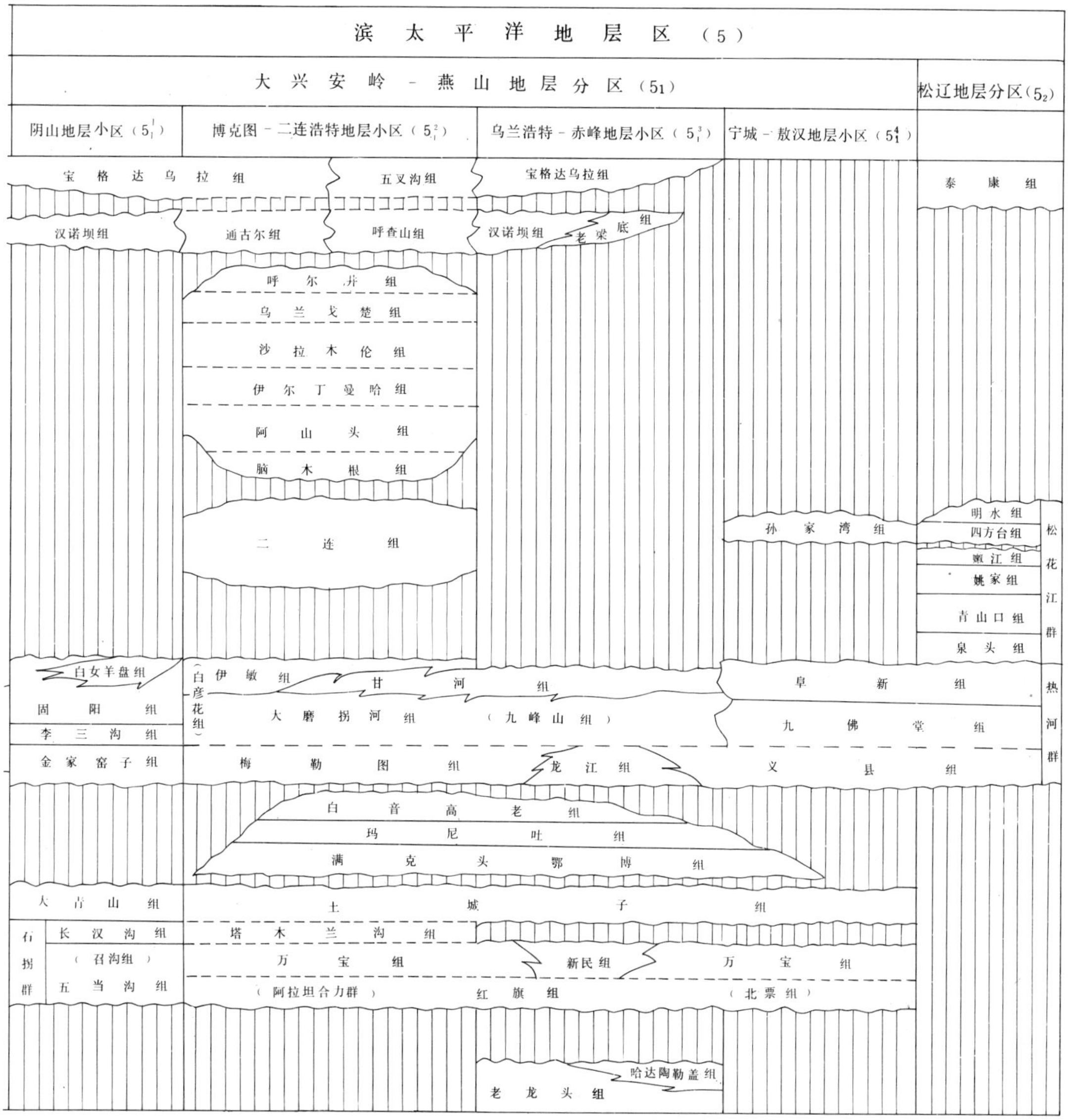
滨太平洋地层区（5）
大兴安岭－燕山地层分区（5₁）
松辽地层分区（5₂）
阴山地层小区（5_1^1）
博克图－二连浩特地层小区（5_1^2）
乌兰浩特－赤峰地层小区（5_1^3）
宁城－敖汉地层小区（5_1^4）
宝格达乌拉组
五叉沟组
宝格达乌拉组
泰康组
汉诺坝组
通古尔组
呼查山组
汉诺坝组
老梁底组
呼尔井组
乌兰戈楚组
沙拉木伦组
伊尔丁曼哈组
阿山头组
脑木根组
二连组
孙家湾组
明水组
四方台组
嫩江组
姚家组
青山口组
泉头组
松花江群
白女羊盘组
固阳组
李三沟组
（白彦花组）
伊敏组
甘河组
大磨拐河组
（九峰山组）
阜新组
九佛堂组
热河群
金家窑子组
梅勒图组
龙江组
义县组
白音高老组
玛尼吐组
满克头鄂博组
大青山组
土城子组
石拐群
长汉沟组
（召沟组）
五当沟组
塔木兰沟组
万宝组
新民组
万宝组
（阿拉坦合力群）
红旗组
（北票组）
哈达陶勒盖组
老龙头组

蒙古地矿局项目领导小组在“对内蒙古地层多重划分对比研究总体设计书的审查意见〔内地字（1992）288号〕”文中指出：内蒙古地层研究程度不一或相对较差，加之东部区的东北部和西部区的1∶20万区调工作分别由黑龙江省、吉林省、甘肃省和宁夏回族自治区的区域地质调查队承担，资料多而复杂，且存放分散。再考虑到完成项目的时间紧迫等实际情况，本区的岩石地层单位清理主要立足于室内，在充分收集、熟悉、消化和综合整理所有资料的基础上，进行全面清理。在地层划分上一般宜粗不宜细，野外检查按少而精的原则。对原划分基本符合岩石地层单位概念和含义者，分别给予明确含义，保留名称；否则，可依据已有资料对比研究重新划分，重新厘定其含义。对确实无法解决的重大问题，进行重点野外核查。

本着“全面清理，重点突出”的原则，选择问题多、涉及面广且与找矿关系密切的中、上元古界，北部造山带的下二叠统和东部大兴安岭地区的上侏罗统火山岩地层等几个重要断代进行重点清理。其次是奥陶系。对额尔古纳左旗根河至鄂伦春自治旗阿里河镇以北地区，属最边远，研究程度最低地区，对该区的地层本次不做清理，其他地区的地层，作为一般性清理。跨省区的地层单位，清理工作以单位层型所在的省（区）为主。

生物地层研究在清理好岩石地层单位的基础上进行，不能干扰岩石地层单位的清理。对层型剖面，进行生物地层的清理和生物地层划分，建立生物带。

显生宙年代地层单位一般划分到统；对哑地层充分利用已有的同位素年龄资料，确定其地层时限；无同位素年龄资料的，也根据其在地层柱中的位置与上、下地层的关系确定时限。

此次地层清理，对火山岩地层只做少量岩石化学分析和薄片鉴定工作。

四、工作方法及步骤

由于内蒙古的地层清理工作起步较晚，又较设计批准的时间提前半年进行验收，因此设计中规定的工作步骤和工作方法，根据变化了的情况做了适当的改变和压缩。在准备工作阶段，组织项目组成员学习地矿部直管局地直发（1991）005文关于印发《地质矿产部全国地层多重划分对比研究讨论会纪要》、《全国地层多重划分对比研究总体设计书》、《中国地层指南及中国地层指南说明书》、《国际地层指南》以及有关文件、理论专著和经验介绍等材料，从而达到运用现代地层学的理论来指导工作的目的。通过学习从理论上弄懂地层多重划分的重要意义和实用价值，做到统一认识、明确要求、统一工作步骤和工作方法。在此基础上编写《内蒙古地层多重划分对比研究总体设计书》，经内蒙古地矿局的审查同意后，正式开始工作。

资料的搜集工作至关重要，资料的完备程度将直接影响到地层清理工作的质量。为此，项目组印制3种工作卡片，后因全国项目办公室统一发了“岩石地层单位成果卡片”，于是便转入成果卡片的填写，这是一项繁杂而又要求严格的工作，它占用了整个项目的一半时间。

在基本完成资料的搜集工作以后，立即着手进行岩石地层单位的清理。在消化资料的同时，对原有地层单位进行初步的分类，对基本符合岩石地层单位要求的，进行适当的厘定，作为采纳的岩石地层单位保留下来；对于不符合要求的，要分别进行重新划分、组合、归并或者停用。在上述清理过程中，要特别注意不整合界面的研究，它的规模和性质，对于一个岩石地层单位的划分和确定该地层单位在四维空间的位置是十分重要的，由于界面上、下地层时代属性的差异特别是它们在横向上延伸时所表现的地质年代的不同，用它来证实岩石地层单位及其界线的穿时性质就特别明显。在整个工作过程中全国项目办公室前后分别召开3次全国性工作会议，大区召开4次工作会议。这对于及时总结经验、纠正工作中的偏差、保证项目研究工作的顺利进展非常必要，特别是地矿部直管局、中国地质科学院有关领导的指导和专家的咨询，对于项目组克服困难按时完成任务是有力的促进。在完成岩石地层单位研究、野外核查及填完成果卡片之后，便转入了研究报告的编写。在统一提纲的要求下，项目组成员分别进行编写。至1994年6月上旬全部完稿，然后由研究组正、副负责人对全部稿件进行统稿，再由项目领导小组审定、复制、送审。

由于内蒙古特殊的地理位置，本项目在全国项目办公室划分的6个片区中，分别是东北大区、西北大区的成员单位，同时是华北大区的参加单位。在项目的研究过程中，经常涉及到分别属于不同大区的地层区划、岩石地层单位、生物地层的划分和对比问题。这样，不但增加了许多工作量，而且加大了工作难度。因此，书中难免存在一些不尽人意之处，有待今后的工作给予修订和补充。

五、主要工作成果及分工

本项目自1992年6月内蒙古地矿局正式审批总体设计至1994年7月出版验收会议止，共历时25个月。这期间共收集、查阅1：100万区调报告8份，1：20万区调报告232份，1：5万区调报告25份，专著200余部，论文400余篇，普查勘探报告300余份。

原有地层单位435个，拟采用222个，含新建3个，废弃和不采用213个。填制阶段性工作卡片4387份，成果卡片210套，并全部输入微机。填制停用地层单位卡片214套。编制地层区划图2张，岩石地层单位序列表2张，柱状对比图24张，横剖面图7张，剖面图1张。

野外核查工作集中在1993年夏、秋两季。其实物工作量为：地质路线约350 km，核查地层剖面25条约70 km，实测剖面2条7 km。编写研究报告一部，约58万字。

内蒙古地层多重划分对比研究项目，分别由内蒙古第一区域地质研究院承担中、上元古界和古生界，第二区域地质研究院承担中、新生界（除第四系）部分；报告初稿分别编写，然后由项目研究组技术负责人统一编纂为一部完整的研究报告。地层的对比研究和报告编写的具体分工是：绪论、结束语：李文国；中上元古界、寒武系：李淑龙；奥陶系、志留系：刘印琳；泥盆系：王惠；石炭系：郭良畋；二叠系：王挨顺；三叠系：李庆富；侏罗系：姜万德；白垩系：梁金全、李庆富；第三系：孙希林；古生代生物地层：王惠；中生代生物地层：姜万德。微机录入：索春娅、程超英、马茜等；此外，申长福、张秀国、陈晓日分别承担编图、资料及其他一些辅助性的工作；参加阶段性清理和辅助工作的还有史学贞、刘仁民、傅加友、罗志耕、陈虹、翟振起、李宝玉等。插图由内蒙古第一、第二区域地质研究院绘图室担任。

在全国分省（区）的研究报告评审之后，全国地层多重划分对比研究项目办公室，以〔地科区字（94）020号〕文的形式提出全国各省（直辖市、自治区）地层多重划分对比研究报告出版体例及编排格式的要求。内蒙古地层清理项目组随即对“评审稿”进行了认真的修改或重写。参加这项工作的有李文国、姜万德、王惠、李淑龙、孙希林等；吴之理、高荣宽、李宝玉等协助修改了部分断代的岩石地层。全书由李文国、姜万德统编，最后由李文国补写了太古宙的变质岩、部分生物地层及岩石地层单位，并担任全书的统稿工作。定稿后，内蒙古地矿局副总工程师邵和明审查全部文稿。在整个清理及报告编写工作中，始终得到内蒙古地矿局原总工程师潘启宇、副总工程师邵和明、第一区域地质研究院总工程师董启贤、第二区域地质研究院总工程师赵国龙等的悉心指导和帮助；全国地层多重划分对比研究项目办公室，东北、西北及华北大区地层清理项目办公室的领导和专家们多次分别给予指导和帮助；相邻省（区）的项目研究组都给予大力地支持与协助。内蒙古项目组向在工作中给予我们支持和帮助的区内外有关专家致以衷心地感谢和敬意！

第一篇　北疆-兴安地层大区

第二章
元古宙

区内元古宙地层出露局限，仅零星见于额尔古纳河下游国境线附近。它们多呈残留体出现在华力西期和燕山期侵入岩分布范围内，部分为断块状地层体。早元古代兴华渡口群的岩石组成可分为两部分：下部为各种片麻岩局部可见混合岩；上部则是各种片岩及少量石英岩等，属于绿片岩相—绿帘角闪岩相的地层序列。其实它上部层段的片岩组合与佳疙疸组的岩石特征极为相似，有时是难以区分的。但后者在剖面上常与上覆的额尔古纳河组碳酸盐岩为主的地层呈整合接触，是它们在地层柱位置上的重要区别。本章实际资料很少，上述3个组时代的确定主要是依据岩石的区域变质程度及变形特点。同位素测年资料和生物化石资料极少，不足以单列一节叙述，故此章不分节。按从老到新的顺序，将兴华渡口群、佳疙疸组、额尔古纳河组分别叙述如下：

兴华渡口群　Pt_1X　(15－2005)

【创名及原始定义】　由徐烈（1960）创名于黑龙江省兴华渡口。其原始定义：该群主要为暗灰色斜长角闪岩、片麻岩、片岩、变粒岩、浅粒岩、大理岩及混合岩组成的中等程度的区域变质岩，总厚度大于3417 m。

【沿革】　兴华渡口群是引用黑龙江省的地层名称。黑龙江省区域地层表编写组（1979）把分布在内蒙古鄂伦春旗松岭区及加格达奇一带的浅变质碎屑岩和花岗质岩石归入兴华渡口群，同时把该群自下而上划分为小古里河组、三十五公里组、兴安桥组和兴华村组等4个组。《内蒙古自治区区域地质志》(以下简称《内蒙古地质志》) 采用了上述的划分意见。因兴华渡口群在内蒙古地区出露零星，赖以建立层序的4个剖面并未见到它们之间的叠覆关系，因此，本书不再分组，统称兴华渡口群。

【现在定义】　出露于内蒙古的兴华渡口群变质岩石组合的下部为黑云斜长片麻岩、斜长角闪岩、混合岩、变粒岩夹磁铁石英岩；上部为变粒岩、浅粒岩、片岩、变质砂岩及大理岩等。上、下界线不清。

【层型】　本区的次层型为鄂伦春旗小古里河剖面（124°42′，50°45′）。

【地质特征及区域变化】 兴华渡口群在内蒙古的松岭区至加格达奇一带是以泥质、泥砂质细碎屑岩为主的较深水的沉积岩石组合，其中夹有中基性火山岩和少量碳酸盐岩，属于低角闪岩相，局部的混合岩为后期侵入岩边缘混合岩化的产物。其上、下接触关系不清。总厚度 7 200 m。本群斜长角闪岩中获得 Sm－Nd 等时线年龄为 1 157±32 Ma、1 252±28 Ma（变质年龄）。

兴华渡口群是构成加格达奇地块的主体岩石，为西伯利亚南缘的沉积地层。

佳疙疸组 Qn*j* （15－0001）

【创名及原始定义】 佳疙疸组系 1959 年宁奇生等在额尔古纳右旗佳疙疸附近建立的岩石地层单位。原含义是指一套深变质、强烈揉褶的结晶片岩夹少量片麻岩，其上与下古生界额尔古纳河群整合接触，未见底，时代归属元古代。

【沿革】 黑龙江省区域地层表编写组 1979 年将佳疙疸组改称佳疙疸群，系指分布于额尔古纳河流域以及东部倭勒根河一带的上部绿片岩，下部银色、银灰色石榴石红柱石云母石英片岩、碳质黑云母片岩、石英岩等组合。其上与额尔古纳河组白云岩整合接触。

上述岩石组合包括了宁奇生等人创建的佳疙疸组和额尔古纳河群“下绿色片岩组”。此后这套地层一直被地质工作者称之为佳疙疸群（表 2－1）而引用。本书采用黑龙江省区域地层表编写组的划分方案，并改群为组。

表 2－1 佳疙疸组沿革及使用情况简表

<table>
<tr><td colspan="3">宁奇生等</td><td colspan="2">黑龙江省区域
地层表编写组</td><td colspan="2">内蒙古地矿局</td><td colspan="2">本 书</td></tr>
<tr><td colspan="3">1959</td><td colspan="2">1979</td><td colspan="2">1991</td><td colspan="2"></td></tr>
<tr><td colspan="3">右安格列河左岸</td><td colspan="2">额尔古纳河
流域、倭勒根河</td><td colspan="2">额尔古纳河
流域、倭勒根河</td><td colspan="2">大兴安岭地区</td></tr>
<tr><td rowspan="4">下古生界</td><td rowspan="4">额尔古纳河群</td><td>上碳酸盐组</td><td colspan="2" rowspan="2"></td><td colspan="2" rowspan="2"></td><td colspan="2" rowspan="2"></td></tr>
<tr><td>上绿色片岩组</td></tr>
<tr><td>下碳酸盐组</td><td colspan="2">下寒武统额尔古纳河组</td><td colspan="2">下寒武统额尔古纳河群</td><td>Z</td><td>额尔古纳河组</td></tr>
<tr><td>下绿色片岩组</td><td rowspan="2">下寒武统-震旦系</td><td rowspan="2">佳疙疸群</td><td rowspan="2">震旦系</td><td rowspan="2">加疙瘩群</td><td rowspan="2">Qn</td><td rowspan="2">佳疙疸组</td></tr>
<tr><td>元古界</td><td colspan="2">佳疙疸组</td></tr>
</table>

【现在定义】 系指分布于大兴安岭地区一套颜色较杂的各种片岩、浅粒岩、石英岩及少量变质砂岩等岩石组合。其上与额尔古纳河组整合接触，下界不清。

【层型】 正层型为额尔古纳右旗右安格列河左岸佳疙疸组剖面（120°52′00″，51°36′00″；据宁奇生等，1959）。

上覆地层：**额尔古纳河组** 块状变质白云岩

———————— 整 合 ————————

佳疙疸组 总厚度 2 451 m

12. 灰色—灰绿色绢云母绿泥石石英片岩，绿泥石片岩，常夹变质粉砂岩或砂岩薄层 350 m

11. 灰—灰绿色或灰黑色变质粉砂岩，夹有灰绿色绢云母绿泥石石英片岩或绿泥石片岩 230 m

10. 灰黑色绢云母绿泥石石英片岩，夹有少量变质粉砂岩，千枚岩及片理化流纹斑岩质凝灰岩 200 m

9. 浅灰—浅绿色薄层状绿泥石石英片岩、绿泥石片岩与绢云母绿泥石石英片岩互层，有时夹少量千枚岩和碳质片岩 170 m

8. 深灰色、灰褐色片理化变质粉砂岩和变质砂岩，夹绿泥石石英片岩 200 m

7. 灰绿色具细粒片麻状和片状构造的绢云母绿泥石石英片岩，向上变为绿泥石石英片岩，夹变质薄层粉砂岩 200 m

6. 银黑褐色红柱石绢云母黑云母石英片岩 90 m

5. 黑灰色红柱石黑云母石英片岩夹黑云母绢云母石英片岩 250 m

4. 银灰褐色、灰黑色柘榴石红柱石黑云母石英片岩 90 m

3. 银灰褐色、灰黑色红柱石黑云母片岩 130 m

2. 灰—灰褐色二云母石英片岩，少数为绢云母黑云母石英片岩 315 m

1. 深银灰色—黑色碳质黑云母石英片岩 226 m

下伏地层不详

【地质特征及区域变化】 佳疙疸组岩石组合在额尔古纳右旗右安格列河地区发育较全。其上部为绿泥片岩、绿泥石英片岩、绢云绿泥石英片岩夹变质砂岩、大理岩等，下部为黑云石英片岩、碳质黑云母石英片岩、二云母石英片岩，局部具红柱石角岩化。其上与额尔古纳河组整合接触，未见下界，厚度大于 2451 m。在额尔古纳河沿岸的瓜地沟、白索若拉山、摆直右拉山等地主要为浅粒岩、变粒岩夹变质长石石英砂岩，厚度大于 673 m。在鄂温克旗胡山、喜桂图旗塔尔其—全胜林场以黑云母片岩、黑云石英片岩、二云石英片岩、斜长角闪片岩为主，夹阳起石片岩，片理化石英岩，下部出现斜长角闪片岩、次闪斜长片岩。其上、下界多被断层所截，局部与中、上奥陶统裸河组、上侏罗统白音高老组呈断层接触，厚 335～3060 m。根据本组所产光球藻以及在楚鲁台包米所获 Rb－Sr 等时限年龄为 1061.6 Ma，时代可归属青白口纪。

额尔古纳河组 *Ze* （15－0002）

【创名及原始定义】 该组最初由宁奇生等人于 1959 年于额尔古纳河右岸建立，称额尔古纳河群，其含义是指分布于额尔古纳河沿岸的各种片岩以及碳酸盐岩。按岩性分下绿色片岩组，下碳酸盐组、上绿色片岩组和上碳酸盐组，连续沉积于佳疙疸组之上，但上界不清，厚度大于 4200 m。

【沿革】 黑龙江省区域地层表编写组 1979 年将上述下碳酸盐组改称额尔古纳组，其含义专指分布于额尔古纳河流域及东部呼玛县兴隆沟附近的灰色、灰白色块状大理岩、白云质大理岩、白云岩为主夹绿色片岩、碳质灰岩、千枚岩等，其下与佳疙疸组整合接触，厚 600～1120 m。1981 年，黑龙江省区调二队重新使用额尔古纳河群，系指分布于喜桂图旗塔尔其铁矿一带的各种片岩和条带状大理岩组合。1985 年，内蒙古区调一队在额尔古纳右旗恩和屯、建设屯等地进行 1：20 万区域地质调查时，将这一地区的额尔古纳河群进一步划分为 4 个岩段：第一岩段以白云质硅质大理岩为主，第二岩段为粉砂质结晶灰岩，第三岩段以白色大理岩为主，第四岩段由变质长石石英砂岩、变粒岩、浅粒岩等组成。1991 年，内蒙古地矿局重新厘定了额尔古纳河群的层序（表 2－2）。本次清理认为最早的额尔古纳河群层位重复，而黑龙江省区域地层表编写组所称额尔古纳组的岩石组合符合岩石地层单位的要求，层型在额尔古纳河右岸乌兰山以南，故将额尔古纳组改称额尔古纳河组。

表 2-2　额尔古纳河组沿革及使用情况简表

<table>
<tr><td colspan="3">宁奇生等</td><td colspan="2">黑龙江省区域地层表编写组</td><td colspan="2">内蒙古区调一队</td><td colspan="3">内蒙古地矿局</td><td>本　书</td></tr>
<tr><td colspan="3">1959</td><td colspan="2">1979</td><td colspan="2">1985</td><td colspan="3">1991</td><td></td></tr>
<tr><td colspan="3">右安格列河左岸</td><td colspan="2">右安格列河左岸</td><td colspan="2">摆直右拉山</td><td colspan="3">摆直右拉山</td><td>额尔古纳河流域</td></tr>
<tr><td rowspan="4">下古生界</td><td rowspan="4">额尔古纳河群</td><td>上碳酸盐组</td><td colspan="2" rowspan="2"></td><td colspan="2" rowspan="2"></td><td colspan="3" rowspan="2"></td><td rowspan="2"></td></tr>
<tr><td>上绿色片岩组</td></tr>
<tr><td>下碳酸盐组</td><td colspan="2">下寒武统额尔古纳河组</td><td rowspan="4">寒武系额尔古纳河群</td><td>第四岩段长石石英砂岩、变粒岩等</td><td rowspan="4">下寒武统额尔古纳河群</td><td>第三岩段白云质硅质大理岩</td><td>Z</td><td>额尔古纳河组</td></tr>
<tr><td>下绿色片岩组</td><td rowspan="3">下寒武统—震旦系</td><td rowspan="3">佳疙疸群</td><td>第三岩段大理岩、变质粉砂岩</td><td rowspan="2">第二岩段结晶灰岩、板岩、变质粉砂岩等</td><td rowspan="3">Qn</td><td rowspan="3">佳疙疸组</td></tr>
<tr><td rowspan="2">元古界</td><td colspan="2" rowspan="2">佳疙疸组</td><td>第二岩段结晶灰岩碳质板岩</td></tr>
<tr><td>第一岩段白云质硅质大理岩</td><td>第一岩段变质长石石英砂岩等</td></tr>
</table>

【现在定义】　系指分布于额尔古纳河流域、喜桂图旗一带整合于佳疙疸组绿色片岩之上的碳酸盐岩组合，即白云质大理岩、大理岩、白云岩、结晶灰岩夹少量变质碎屑岩等，未见上界。

【层型】　正层型为额尔古纳右旗额尔古纳河右岸乌兰山以南剖面(119°25′35″,50°31′37″;据宁奇生等，1959)。

额尔古纳河组	总厚度 1 120 m
12. 灰色中粒薄片状大理岩（未见顶）	185 m
11. 暗绿色云母片岩	40 m
10. 灰色板状、薄片状大理岩	100 m
9. 白色块状大理岩、白云质大理岩，夹白色石英片岩	120 m
8. 黄白色石英片岩	35 m
7. 白色块状白云质大理岩	45 m
6. 暗绿色云母片岩	20 m
5. 白色块状灰质白云岩	280 m
4. 暗绿色阳起石片岩	30 m
3. 白色块状白云质大理岩	50 m
2. 黄绿色云母砂岩、暗绿色阳起石石英片岩	70 m
1. 乳白色中粒块状灰质白云岩	145 m

———————— 整　合 ————————

下伏地层：**佳疙疸组**　绢云绿泥石英片岩

【地质特征及区域变化】　额尔古纳河组主要分布于额尔古纳河流域，乌兰山以南最为发育，主要由白色块状灰质白云岩、大理岩、白云质大理岩夹石英片岩、绿片岩等组成，厚1120 m，向南在摆直右拉山一带该组中硅质成分增加，以白云质硅质大理岩为主，夹少量粉砂质结晶灰岩、碳质板岩，厚度大于825 m。在摆直右拉山东南，江水泉等地该组以大理岩、碳质结晶灰岩、含粉砂质结晶灰岩为主夹变质粉砂岩及千枚状板岩，厚度大于508 m。一般未见顶，局部可见整合于佳疙瘩组之上。喜桂图旗塔尔其等地该组为白色条带状大理岩夹各种角砾岩和硅质大理岩透镜体，岩石多具矽卡岩化等现象。其下与佳疙瘩组整合接触，上界不清，厚度大于573 m。该组为一套浅海碳酸盐岩组合，北部含盐度较高，可能为近岸区，南部岩石组合为正常海水沉积产物，时代暂归震旦纪。

第三章
寒武纪—奥陶纪

寒武纪—奥陶纪地层，仅分布于二连至乌兰浩特以北地区。寒武纪只发育有碳酸盐岩型的苏中组，其下未见早寒武世早期的沉积，它与上元古界顶部未见直接接触，推断其间为较长时间的侵蚀间断。奥陶纪只发育了早、中奥陶世的岛弧型火山岩及弧后盆地型的碎屑岩组合，总体上反映出大陆边缘活动型沉积的特点。未见晚奥陶世沉积，它与上覆志留纪地层未见接触，其原始的关系不详。这样，寒武纪—奥陶纪作为本区古生代的第一个自然断代，从下到上共包含了寒武纪苏中组；奥陶纪铜山组（哈拉哈河组）、多宝山组、裸河组（苏呼河组）、乌宾敖包组和巴彦呼舒组 6 个单位。

第一节　岩石地层单位

苏中组　∈*sẑ*　(15－0003)

【创名及原始定义】　苏中组是 1984 年唐守贤于科尔沁右翼前旗伊尔施苏呼河车站以北命名的。其含义是指乌兰浩特以北的一套早寒武世地层，厚 157.1 m。主要为碳酸盐岩组成，夹少量碎屑岩，其顶、底均与泥盆系下统呈断层接触。

【沿革】　苏中组是从宁奇生等人 1959 年建立的鹿沟组中分出的一部分。黑龙江省区调二队 1976 年在苏呼河车站北山原鹿沟组中首次发现古杯化石；吉林省区调队四分队 1977 年在苏呼河车站北山剖面发现含古杯化石地层的顶、底均与泥盆系呈断层接触，并根据古杯化石，认为含化石的层位应是早寒武世地层。于是 1984 年唐守贤著文建立苏中组，以代表该地区早寒武世的碳酸盐岩地层。《内蒙古地质志》、《内蒙古第二代地层表》[①]（1990）均采用。

【现在定义】　指分布于苏呼河北山及中蒙边境胡得仁高京一带的灰白色、灰色蜂窝状结晶灰岩，青灰色、深灰色厚层结晶灰岩夹黑色页岩组合。其上、下界均被断层所截。

【层型】　正层型为科尔沁右翼前旗伊尔施苏中工区苏呼河车站北 3.5 km 剖面（120°07′30″，47°23′40″；据唐守贤，1984）。

---

① 内蒙古第一区域地质研究院、内蒙古第二区域地质研究院合编，1990，内蒙古第二代地层表，未刊。

上覆地层：**泥鳅河组**　深灰色粉砂岩

═══════ 断　层 ═══════

苏中组　　　　总厚度 156.74 m

6. 灰色厚层灰岩，含古杯 *Ajacicyathus* sp.，*Densocyathus* sp.，*Robustocyathus yavorskii*，*Archaeocyathus yavorskii*，*A.* sp.，*Ethmophyllum hinganense*，*E. simplex*，*E.* sp.，*Protopharetra* cf. *bipartita*，*P.* sp.，*Syringocyathus*? sp.，*Syringocnema* sp.，*Coscinocyathus* sp.　　33.26 m

5. 黑色结晶灰岩，含三叶虫碎片　　18.68 m

4. 黑色页岩　　9.00 m

3. 深灰色厚层状结晶灰岩、风化面具蜂窝状小圆坑　　14.59 m

2. 灰色蜂窝状结晶灰岩　　24.79 m

1. 灰白色蜂窝状结晶灰岩（未见底）　　56.42 m

【地质特征及区域变化】　该组于科尔沁右翼前旗苏呼河北山及中蒙边境胡得仁高京二处出露，为一套浅海相的碳酸盐岩夹细碎屑岩沉积。在苏呼河北山伊尔施一带，下部为灰色、灰白色蜂窝状结晶灰岩、中部为黑色、深灰色结晶灰岩夹黑色页岩，上部为青灰色厚层灰岩、含古杯化石 *Ajacicyathus* sp. 等。厚 157.2 m，其上与早泥盆世泥鳅河组断层接触，未见下界。

在伊尔施西 20 km 中蒙边境胡得仁高京一带该组厚 172 m，主要由青灰色蜂窝状中厚层结晶灰岩组成，顶部见少量含砂质条带灰岩，其上被晚侏罗世火山岩不整合覆盖，未见下界。

依据所含古杯化石该组时代可归属早寒武世。

铜山组　*Ot*　（哈拉哈河组）　（15－0077）

【创名及原始定义】　系陈德森 1981 年创建于黑龙江省多宝山铜矿。原始定义：分布在嫩江县多宝山区，整合于西鳅河组之上，岩性为深灰—黑色粉砂岩和大量黄色凝灰砂砾岩、硬砂质长石砂岩、砂砾岩、安山质—流纹质凝灰岩、凝灰熔岩。黑色粉砂岩中产笔石，浅色粗碎屑岩中产腕足。厚度 801 m。时代置中奥陶世。

【沿革】　铜山组自 1981 年建组后，仅在黑龙江省范围内使用，本次对比研究遵循 1993 年东北三省协调会议决定引入内蒙古境内。

【现在定义】　分布在嫩江上游以东，岩石为灰黑色微层状板岩与黄色杂砂质砂砾岩、中粗粒杂砂质长石砂岩、黄白色流纹质凝灰砾岩、凝灰熔岩等组成。整合于多宝山组之下。。内蒙古地区系指整合伏于多宝山组火山岩之下的一套浅海相正常沉积的碎屑岩，岩性主要为粉砂质板岩、千枚岩、硅质页岩、粉砂岩、长石石英砂岩及结晶灰岩等。含腕足类等化石。下界不清。

【层型】　本区次层型为内蒙古科尔沁右翼前旗十七大桥北剖面（15－0077－4－2）。

【地质特征及区域变化】　该组分布于科尔沁右翼前旗伊尔施东苏呼河与哈拉哈河交汇处以及断岩山、巴日图东等地，参见图 3－1。在哈拉哈河该组厚度 540 m、十七大桥北厚度684 m、巴日图东厚度 370 m、断岩山厚度 510 m。含丰富的腕足类、珊瑚、苔藓虫等化石。均未见底，上界被多宝山组火山岩整合覆盖，区域上与黑龙江省铜山组可以对比。

【问题讨论】　出露在内蒙古境内的该套地层，早在 1959 年被宁奇生等命名为哈拉哈河组，建组地点位于科尔沁右翼前旗伊尔施哈拉哈河。描述为：“地层主要是硅质页岩及千枚岩化页岩，夹有片理化火山岩、粉砂岩及薄层大理岩、石英岩。出露厚度估计在 1500 m 以上。考虑到它被苏呼河组整合覆盖，暂时把它定为下奥陶纪。”在哈拉哈河两岸测制的剖面共 8 层，其上覆地层当时称为苏呼河组，下界没有见到底。1—2 层为硅质页岩、黑色板岩、结晶灰岩夹千枚岩化页岩，厚度 540 m。3—8 层为火山岩夹碎屑岩。1981 年吉林区调队在五岔沟地区进行 1∶20 万区调时，将火山岩之下的这套碎屑岩建立了断岩山组。1988 年内蒙古区调一队开展伊尔施地区 1∶20 万区调时又将这套碎屑岩称为苏呼河组，其上火山岩称为多宝山组。1982 年赖才根在《中国的奥陶系》中指出“最近王莹等在科右前旗苏呼河又重新测制的剖面资料，苏呼河组之下有一大套变质火山岩，厚度大于 2000 m，位于 306 m 厚的板岩和粉砂岩层之上，因而局限这 306 m 厚的地层为哈拉哈河组，而位于其上的一套变质火山岩沿用多宝山组”。清理后我们认为将多宝山组火山岩之下的这套厚度不太大的碎屑岩称为哈拉哈河组较为妥当。铜山组建组较晚，在我区不宜使用。

多宝山组　*Od*　(15-0076)

【创名及原始定义】　该组是王莹、彭云彪 1958 年创名于黑龙江省嫩江县，为唐克东、彭云彪 1961 年在腰站幅补课报告中介绍。原始定义：“指分布在多宝山到三矿沟一带，呈北西方向延展，主要是绿岩化玢岩夹少量千枚岩、板岩、细砂岩、粉砂岩等薄层，厚约 980 m。根据该组内含 *Sowerbyella*，*Glyptorthis*? 等化石，时代暂定为奥陶纪。整合于窝理河组片岩之上”。

【沿革】　1959 年，宁奇生等将延入内蒙古境内的这套火山岩地层划为哈拉哈河组。1976 年内蒙古区测一队在东乌珠穆沁旗地区开展 1∶20 万区调地质填图时，将该套地层新建汗乌拉组，1981 年吉林省区调队开展五岔沟幅 1∶20 万区调又新建了罯秋组。1988 年内蒙古区调一队在伊尔施地区开展 1∶20 万区调时将其划为多宝山组。本次清理认为这套火山岩在内蒙古地区层位稳定，应当是多宝山组的西延部分。其下的碎屑岩称为铜山组（哈拉哈河组）。汗乌拉组解体，火山岩归多宝山组，其下的碎屑岩称铜山组（哈拉哈河组），火山岩之上的碎屑岩归裸河组。罯秋组属同物异名，停止使用。

【现在定义】　系指分布在嫩江县多宝山、黑河市罕达气等地区，整合在铜山组之上、裸河组之下的中性、中酸性火山岩。岩性为灰绿色英安岩、安山质熔岩、火山角砾岩、凝灰岩及沉凝灰岩等，下部偶夹大理岩，大理岩中产腕足类及三叶虫化石。顶部见英安质集块岩。在内蒙古指分布于大兴安岭中部整合沉积于铜山组之上，裸河组之下的一套海相中酸性火山岩（安山玢岩、安山岩、流纹岩）夹页岩、板岩的沉积组合。部分地区含腕足类化石。

【层型】　本区次层型为东乌珠穆沁旗汗乌拉苏木温都尔呼都格剖面（15-0017-4-2）。

【地质特征及区域变化】　该组分布于东乌珠穆沁旗的温都尔呼都格、巴润德勒、准海纳恩、查干敖包、乌散查干高吉高尔、科尔沁右翼前旗的苏呼河、断岩山、塔尔其镇、敖尼尔河北岸，新巴尔虎左旗的巴日图林场，鄂温克旗的中道山、红山尔基高勒与伊敏河汇合口处，牙克石市的扎敦河林场等地。在东乌珠穆沁旗岩性主要为安山岩、凝灰岩、安山玢岩、细碧角斑岩、流纹岩等，夹凝灰质细砂岩、板岩、粉砂岩、灰岩等，次层型剖面厚度大于 803 m；牙克石地区主要为安山岩、熔结凝灰岩、凝灰熔岩、岩屑晶屑凝灰岩夹板岩、泥质粉砂岩、细砂岩等；新巴尔虎右旗及鄂温克旗为板岩、砂岩、亮晶灰岩等与蚀变安山岩、玄武安山岩、安山玢岩、酸性熔岩等呈互层或夹层，敖尼尔河北岸以安山岩、玄武岩为主夹板岩、千枚岩等，含苔藓虫化石（图 3-1）。本组时代为早—中奥陶世。

裸河组　*Olh*　(15-0072)

【创名及原始定义】　原名裸河群，1960 年由张国华、彭云彪创建于黑龙江省裸河。1966 年唐克东、苏养正改称裸河组。原始定义：“指发育在裸河东岸，主要由浅黄绿色和紫红色泥质岩、硅质岩和石灰岩组成，底部有不厚的含砾砂岩和铁质砂岩，平行不整合于多宝山组玢岩层之上，厚105 m”。

【沿革】 内蒙古境内的该套地层1959年宁奇生等在伊尔施东建立了苏呼河组，时代确定为早—中奥陶世。1976年内蒙古区测一队在东乌珠穆沁旗地区开展1∶20万区调时，将其划入汗乌拉组的上部层位。1981年吉林省区调队在五岔沟地区将其称为大山组，黑龙江省区调二队开展牙克石地区1∶20万区调时称为治泥山组。1988年内蒙古区调一队在伊尔施地区称为安全组。1990年内蒙古区调二队在一二五公里幅地质报告中称为敖尼尔河组。1992年南润善、朱慈英等在《内蒙古—兴安区奥陶纪生物组合和古地理某些特征》一文中将该套地层从汗乌拉组中提出，新建了汉贝布敦召组。本次清理认为这套地层层位稳定，分布广泛，上述各组名称均是裸河组的同物异名，经与黑龙江、吉林等省共同研究，统称为裸河组

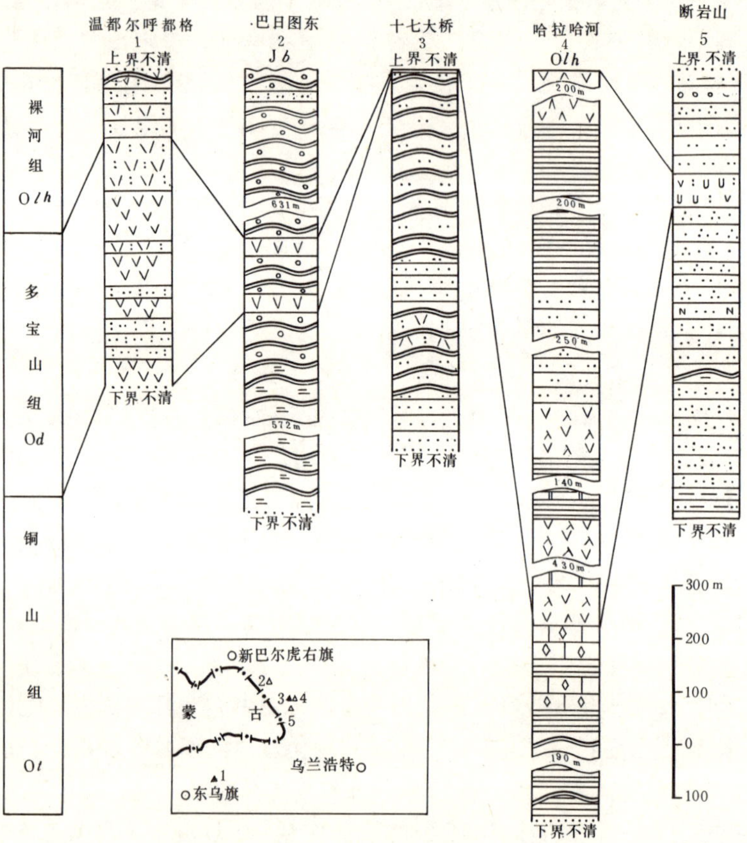

图3-1 多宝山组、铜山组柱状对比图

【现在定义】 在内蒙古指分布于东乌珠穆沁旗、大兴安岭及其西坡，沉积于多宝山组火山岩之上的一套浅海相变质砂岩、板岩、变泥岩、千枚状变质粉砂岩夹少量砂质灰岩的沉积组合。含腕足类、三叶虫化石，上界不清。

【层型】 本区次层型为牙克石市扎敦河林场剖面（15-0072-4-2）

【地质特征及区域变化】 该组分布广泛，岩性层位稳定，以变质粉砂岩、绢云母板岩、石英砂岩为主，在牙克石扎敦河林场该组厚度855 m，扎兰屯市敖尼尔河上游厚度844 m，科右前旗苏呼河车站北厚度2 043 m，东乌旗汗贝布敦召厚度2 292 m，阿巴嘎旗锡列本厚度

567 m，含有腕足类 *Hesperorthis*，*Dolerorthis*，*Glyptorthis* 等；三叶虫 *Isalauxina*，*Encrinuroides*，*Calyptaulax* 等；以及珊瑚、介形虫 *Ceratobolbina allikuensis*，*Sibirobolbina ivari* 等，化石丰富。在内蒙古境内该组上界不清，缺失黑龙江省境内的爱辉组黑色页岩。时代为中、晚奥陶世。

乌宾敖包组　Ow　（15－0075）

【创名及原始定义】　该组由内蒙古区调一队 1979 年创名于乌宾敖包。原始定义："构造线呈北东-南西向，由板岩、绢云板岩、砂质板岩、长石砂岩、变泥岩夹安山玢岩、石英岩及灰岩扁豆体组成，出露厚度 5747 m，上下限不清，时代为早奥陶世"。

【沿革】　1979 年建组时，乌宾敖包组划分为 3 个岩性段：下岩段以板岩为主，中岩段为板岩夹少量砂岩，上岩段以砂岩为主夹少量板岩。1985 年内蒙古区调一队开展恩和村幅、上护林幅、建设屯幅 1∶20 万区调时，将相当于该组下、中岩段的一套板岩夹砂岩新建了七卡组。《内蒙古地质志》（1991）中，将乌宾敖包组改为乌宾敖包群。1992 年南润善、朱慈英等在锡林郭勒盟开展生物地层专题研究，对该套地层进一步划分时将下岩段称为乌宾敖包组，中、上岩段分别新建哈达音布其组、巴彦呼舒组，同时分别选用了建组剖面。本次清理认为，下、中岩性段属同一套岩石的重复，实际是一个地层单位，称乌宾敖包组，废弃七卡组和哈达音布其组。上岩段岩性组合与乌宾敖包组有别，可单独建组，称巴彦呼舒组。

【现在定义】　指分布于锡林郭勒盟北部红格尔一带，整合伏于巴彦呼舒组砂岩之下的一套浅海相以各种板岩为主、夹少量粉砂岩及灰岩透镜体的岩石组合，含腕足类及三叶虫化石，未见下界。

【层型】　正层型为本区苏尼特左旗乌宾敖包剖面（111°34′，44°29′；据内蒙古区调一队，1979）。

上覆地层：**巴彦呼舒组**　砂岩

——————　整　合　——————

乌宾敖包组	总厚度>1 418 m
16. 灰绿色绢云板岩夹黄褐色钙质砂岩及灰岩扁豆体	>33 m
15. 灰绿色粉砂质泥岩夹灰岩、褐黄色含粉砂钙质泥岩	145m
14. 灰紫色、紫灰色钙质粉砂岩夹灰色、灰绿色细粒长石砂岩及灰岩扁豆体	64 m
13. 灰绿色绢云板岩夹灰岩扁豆体。产腕足类化石：*Harknessella* sp.，*Leptaena* sp.	189 m
12. 紫色、褐紫色、紫红色钙质泥板岩夹灰岩扁豆体	68 m
11. 灰色、淡紫色绢云板岩夹灰色白云质变泥岩	110 m
10. 浅灰色、浅紫色含粉砂白云质板岩夹灰岩扁豆体，产腕足类化石：*Horderleyella* sp.，*Mcewanella*? sp.	140 m
9. 褐色、浅灰褐色含铁质粉砂岩板岩夹灰岩扁豆体，产腕足动物化石碎片	68 m
8. 灰色、浅褐灰色含铁质粉砂钙质板岩，产腕足类：*Desmorthis* sp.，*Eodalmanella* sp.，*Drepanorhyncha*? sp.	102 m
7. 浅灰色、浅灰绿色粉砂质板岩	21 m
6. 灰绿色细砂质板岩夹灰岩透镜体	93 m
5. 暗灰绿色、暗褐紫色绢云板岩夹灰岩扁豆体	53 m
4. 浅褐紫色、浅灰紫色白云质粉砂质板岩夹石英岩、灰岩扁豆体	134 m
3. 浅灰色（稍带褐紫色）绢云板岩	69 m
2. 灰色（稍带褐色）含铁质绢云板岩	60 m

1. 灰色（带褐紫色）含钙质绢云板岩（未见底）　　>69 m

【地质特征及区域变化】 主要分布于苏尼特左旗西北部红格尔、额尔古纳右旗七卡等地。岩性以绢云板岩、粉砂质板岩为主夹少量长石砂岩，区域变化如图 3-2 所示。含腕足类及三叶虫化石。时代为早、中奥陶世。

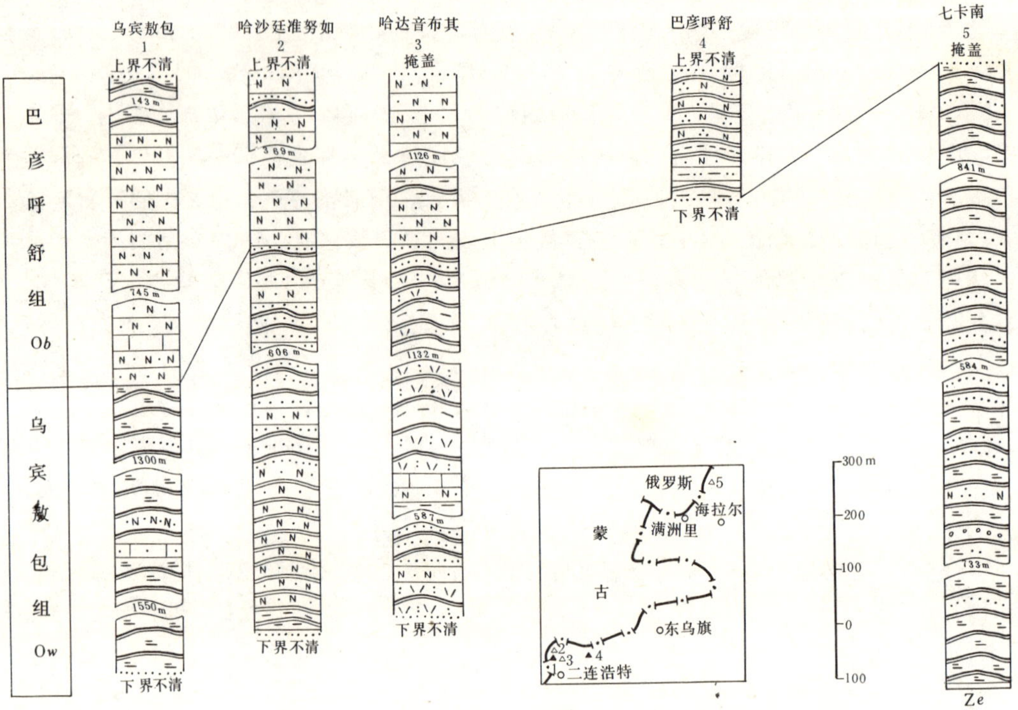

图 3-2　乌宾敖包组、巴彦呼舒组柱状对比图

巴彦呼舒组　Ob　(15-0079)

【创名及原始定义】 该组是南润善、朱慈英等在 1992 年依据内蒙古区调一队所测巴彦呼舒剖面而创名的。系笔者根据内蒙古地质局区调一队四分队 1980 年所报道的内蒙古苏尼特左旗白音宝力格苏木以北巴彦呼舒地区的中奥陶统下岩段含笔石层所建立的地层系统。出露厚度不大，仅有 352.4 m，顶、底出露不全，上、下界接触关系不清。

【沿革】 详见乌宾敖包组沿革一栏。本次对比研究，依据层型，把乌宾敖包组板岩之上，以碎屑岩为主体的沉积地层明确为巴彦呼舒组。

【现在定义】 指分布于锡林郭勒盟苏尼特左旗乌宾敖包、乌日尼图、巴彦呼舒等地整合于乌宾敖包组之上的以浅海相长石砂岩、石英砂岩、粉砂岩、变泥岩为主，夹少量板岩、灰岩透镜体的陆源碎屑岩组合。含笔石化石，未见顶。

【层型】 正层型为苏尼特左旗巴彦呼舒剖面（113°06′，44°34′；据内蒙古区调一队，1980）。

巴彦呼舒组　　总厚度 227.2 m

5. 灰绿黄色变质细粒长石石英细砂岩（未见顶） 93.5 m

4. 灰色粉砂质变泥岩，夹灰岩透镜体，含笔石 *Dicellograptus divaricatus*, *D. exilis*, *D. salopiensis*, *Jiangxigraptus wuningensis*, *J. mui*, *Pseudoclimacograptus scharenbergi*, *Pseudoclimacograptus* sp. 25.1 m

3. 灰色钙质粉砂岩夹灰岩透镜体 23.7 m

2. 灰色页片状变质泥质粉砂岩 30.0 m

1. 灰、灰绿色含粉砂变泥岩夹灰岩透镜体 54.9 m

———— 整 合 ————

下伏地层：**乌宾敖包组** 灰绿色绢云板岩

【地质特征及区域变化】 该组岩性稳定，为一套长石石英砂岩、粉砂岩、变泥岩夹灰岩透镜体沉积。分布于苏尼特左旗的达来苏木和白音宝力格苏木；在乌宾敖包沉积厚度1 513 m，哈达音布其沉积厚度 1 427 m，巴彦呼舒沉积厚度 227.2 m，含有笔石化石，额很乌苏沉积厚度 652 m。哈沙廷准努如沉积厚度 669 m，乌日尼图南厚度 2 510 m。区域上层位稳定，连续沉积于乌宾敖包组之上，未见顶。时代为中奥陶世。

第二节 生物地层与年代地层

早寒武世的苏中组顶部青灰色厚层灰岩中含大量的古杯类化石，计 9 属 13 种（唐守贤，1984)，可称 *Archaeocyathus* - *Robustocyathus* 组合，它显示早寒武世晚期的特点。组合中的主要分子 *Archaeocyathus yavorskii* 是阿尔泰、阿拉套及蒙古勒拿阶（Lenian）中，上部索伦佐夫（солонцовский)、奥勃鲁切夫（обручевский）层的典型代表，*Coscinocyathus* 是阿尔泰一萨彦地区阿特达班阶(Atdabanian)，包特姆阶(Botomian)的代表，*Robustocyathus proskurjakovi* 则常见于阿尔泰、萨彦及库兹涅茨等地勒拿阶中部的常见分子，综合上述，苏中组的时代应为早寒武世的早期；并可归入年代地层的勒拿阶，与我国南方的沧浪铺阶对比。本区至少缺失梅树村期至筇竹寺期的沉积。

奥陶纪的生物群，较寒武纪时有了较大的发展，除不见古杯类之外，腕足类，三叶虫以及笔石等门类的化石对研究和确定不同岩石地层单位的沉积时限，起了决定性的作用。根据本区生物地层的研究程度和目前掌握的资料（南润善、朱慈英等，1992）将腕足类划分 2 个组合带；三叶虫 2 个组合带，1 个延限带；笔石一个组合带等共 6 个生物地层单位。它们的划分及与岩石地层单位的对应关系见表 3-1。

腕足类

划分为 2 个组合带

①*Hesperonomia* - *Cyrtonotella* 组合带

主要属种有：*Hesperonomia orientalis*, *Hesperorthis sinica*, *Cyrtonotella hanwulaensis*, *Platystrophia*, *Howellites* sp., *Ingria cloudi*, *Orthis eucharis* 等，以 *Hesperonomia* 和 *Cyrtonotella* 的个体数量最为丰富，产自东乌珠穆沁旗汗乌拉苏木温都尔呼都格剖面（15-0071-4-2）多宝山组的 13—14 层沉积，共生有三叶虫：*Ceraurinus*, *Illaenus*, *Bathycheilus perplexus*, *Isotelus*, *Isoteloides* 等，地质时代为早奥陶世 Llanvirnian。

②*Dolerorthis* - *Platystrophia* 组合带

主要属种有：*Dolerorthis* sp., *Platystrophia* cf. *dongbeiensis*, *P. pondersa*, *Hesperorthis* sp., *Viruella orientalis*, *Howellites macrostoma*, *Paucicrura virginica*, *Glyptorthis costellata*, *Onniella* sp., *Orthambonites* sp. 等，与朱慈英 1986 年建立的 *Famatinorthis luoheensis* - *Brandysia biconvexa* 组合带大致可以对比。产自扎兰屯市敖尼尔河上游剖面（15-0072-4-3）裸河组的 3—5 层，地质时代为中奥陶世 Llandeilian。

表 3-1　奥陶纪生物地层对比表

时代		腕足类		三叶虫		笔石
O_3	裸河组			③*Encrinuroides* - *Calyptaulax* 组合带		
O_2	裸河组	②*Dolerorthis* - *Platystrophia* 组合带		②*Ampyx* 延伸带	巴彦呼舒组	*Dicellograptus* - *Pseudoclimacograptus* 组合带
O_1	多宝山组	①*Hesperonomia* - *Cyrtonotella* 组合带	乌宾敖包组	①*Cybelurus* - *Asaphus* 组合带		

三叶虫

根据南润善 1992 年的划分，结合本区出露、分布特征划分为 3 个带

①*Cybelurus* - *Asaphus* 组合带

主要属种有：*Cybelurus*, *Peraspis*, *Miracybele*, *Remopleurides*, *Atractopyge*, *Bronteopsis*, *Asaphus*, *Eorobergia* 等，相当于南润善划分的 *Asaphus* 组合。产自苏尼特左旗哈达音布其剖面（15-0075-4-2）乌宾敖包组的第 6 层。地质时代为早奥陶世 Llanvirnian。

②*Ampyx* 延限带

主要属种有：*Ampyx*, *Remopleurides*, *Sphaerexochus*, *Spheiochus* 等，*Ampyx* 是南润善近年研究时发现，其形态特征醒目，产自东乌珠穆沁旗汗贝布敦召剖面（15-0072-4-2）裸河组的第 17 层。地质时代为中奥陶世 Llandeilian。

③*Encrinuroides* - *Calyptaulax* 组合带

主要属种有：*Encrinuroides*, *Calyptaulax*, *Hadromeros*, *Encrinurus* 等，大致可与南润善（1992）划分的 *Encrinuroides* 组合对比，产自牙克石市扎敦河林场剖面（15-0072-4-2）裸河组的第 13 层，地质时代为中奥陶世至晚奥陶世，Llandeilian - Caradocian。

笔石

笔石在该地区仅发育一个组合带，分布在苏尼特左旗巴彦呼舒地区

Dicellogratus - *Pseudoclimacograptus* 组合带

主要属种有：*Dicellograptus divaricatus*, *D. exilis*, *D. salopiensis*, *Pseudoclimacograptus scharenbergi*, *Jiangxigraptus wuningensis*, *J. mui*. 等，产自苏尼特左旗巴彦呼舒剖面（15-0079-4-1）巴彦呼舒组的第 4 层。地质时代为中奥陶世 Llandeilian。

第三节　地层横剖面及问题讨论

由于本区寒武纪—奥陶纪地层露头零星，出露面积较小，单独编制横剖面图比较困难，而横剖面又必须反映较大范围的地层发育特征，因此本节所附的横剖面图的范围包括了华北地层大区的桌子山至包尔汉图一带的剖面。

区内寒武纪的苏中组以灰岩和结晶灰岩为主，含古杯类动物群和三叶虫碎片。自早寒武世海侵开始，就发育了与阿尔泰、萨彦岭地区相同的古杯类，当时的海槽两地可能是沟通的，而后地壳上升、缺失中—晚寒武世的沉积。奥陶纪在本区有两套地层系统：苏尼特左旗西北乌宾敖包组和巴彦呼舒组反映了沉积物自下到上由细变粗。含腕足类，为浅海相沉积。前者，是一个缓慢的海退阶段；后者碎屑岩成分成熟度较好，海平面又在上升，形成一个弧后盆地的沉积环境。在内蒙古中部的东乌珠穆沁旗、科右前旗的多宝山组和裸河组据南润善(1992)资料为岛弧带，认为水流方向是自西北部流向东南。铜山组岩石成分成熟度好，结构成熟度较差，反映本组是在动水、静水多次交替的滨海—浅海环境下生成，所含腕足类是太平洋、大西洋常见分子。多宝山期以海底火山喷发—沉积岩为主。有爆发相、喷溢相、喷发沉积相、次火山岩相，岩性变化大，据岩石化学图解属于钙碱性，产于火山岛弧带。裸河组是在火山活动后的稳定时期，地壳下沉反映了一个海进序列（图 3－3）。

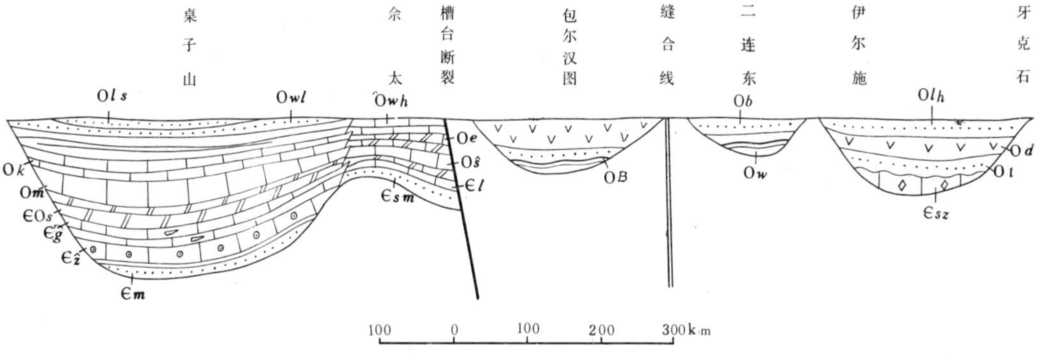

图 3－3　寒武系—奥陶系横剖面及时代推论图

Єm. 馒头组；Єŝm. 色麻沟组；Єsẑ. 苏中组；Єẑ. 张夏组；Єg. 崮山组；Єl. 老孤山组；ЄOs. 三山子组；Ow. 乌宾敖包组；Oŝ；山黑拉组；OB. 包尔汉图群；Om. 马家沟组；Oe. 二哈公组；Ot. 铜山组；Od. 多宝山组；Ob. 巴彦呼舒组；Ok. 克里摩里组；Owl. 乌拉里克组；Olŝ. 拉什仲组；Owh. 乌兰胡洞组；Olh. 裸河组

第四章
晚志留世—早石炭世

本断代是加里东运动之后，地壳趋于稳定时期形成的一套滨、浅海相沉积组合，包括了晚志留世及早、中泥盆世的碎屑岩建造。晚泥盆世及早石炭世除碎屑岩沉积外，尚有较深水的硅质岩，角斑岩和火山岩。这个自然断代的下界面是晚志留世卧都河组、早—中泥盆世泥鳅河组与奥陶纪的多宝山组或裸河组之间的间断面；上界面是安格尔音乌拉组，红水泉组及莫尔根河组与晚石炭世的宝力高庙组、新伊根河组的陆相地层相接触，实际是一个不整合界面。从下至上包含卧都河组、泥鳅河组、哈诺敖包组、塔尔巴格特组、大民山组、安格尔音乌拉组、红水泉组以及莫尔根河组 8 个正式地层单位，还有乌奴耳灰岩等非正式地层单位。

第一节　岩石地层单位

卧都河组　*Sw*　(15－0073)

【创名及原始定义】　马家骏 1963 年创建于嫩江县卧都河，称窝都河群。系指含 *Tuvaella gigantea* 和 *Leptocoelia* 的碎屑岩，时代定为志留纪—早泥盆世。

【沿革】　1975 年，黑龙江省区调一队、苏养正将窝都河群中部的碎屑岩，修订为卧都河组。随着 1∶20 万区域地质调查工作的大面积展开，这套以含 *Tuvaella* 为特征的陆源碎屑岩陆续被发现，但不同的研究者分别给了不同的地层名称（表 4－1)。本书认为，内蒙古地区的古尔班河组、伊诺盖沟组、巴润德勒组等均是卧都河组的同物异名，均应停止使用。

【现在定义】　系指分布在卧都河、罕达气、三道卡等地，位于八十里小河组之上、泥鳅河组之下的板岩层及砂岩板岩互层组合。下部的板岩层为灰绿色粉砂质板岩、粉砂岩、凝灰质板岩；上部则为黄色细粒、中细粒杂砂质石英砂岩、厚层状石英砂岩、黄绿色粉砂质板岩夹薄层砂砾岩。底部以一薄层酸性凝灰岩与八十里小河组分界，其中产腕足类：*Tuvaella*。在内蒙古地区指分布于大兴安岭西麓中蒙边境线一带的浅海相碎屑岩组合。以泥质粉砂岩及变质砂岩为主夹少量板岩、泥质板岩和变质砾岩等。区域上多被宝力高庙组火山岩不整合覆盖，其下与额尔古纳河组或多宝山组呈断层接触，以含大量 *Tuvaella* 为特征。

【层型】　区内次层型（参考剖面）为东乌珠穆沁旗额仁高比苏木巴润德勒剖面（15－0073－4－2)、额尔古纳右旗伊诺盖沟剖面（15－0073－4－5)、东乌珠穆沁旗汗乌拉东下格特音高齐格日剖面（15－0073－4－3)、科尔沁右翼前旗苏呼河车站北山剖面（15－0073－4－4)。

表 4-1　卧都河组沿革简表

<table>
<tr><td>内蒙古区测一队一分队</td><td>马家骏</td><td colspan="2">黑龙江省区调一队、苏养正</td><td colspan="2">吉林省区调队</td><td colspan="2">内蒙古区调一队</td><td colspan="2">李文国</td><td colspan="2">内蒙古地矿局</td><td>本书</td></tr>
<tr><td>1978</td><td>1963</td><td colspan="2">1975</td><td colspan="2">1981</td><td colspan="2">1985</td><td colspan="2">1988</td><td colspan="2">1991</td><td></td></tr>
<tr><td>额仁高比</td><td>小兴安岭</td><td colspan="2">小兴安岭</td><td colspan="2">五岔沟</td><td colspan="2">额尔古纳右旗</td><td colspan="2">东乌旗</td><td colspan="2">大兴安岭分区</td><td>东乌—额尔古纳分区</td></tr>
<tr><td rowspan="2">上志留统</td><td rowspan="2">窝都河群</td><td>上志留统</td><td>古兰河组
卧都河组</td><td rowspan="2">上志留统</td><td rowspan="2">古尔班河组</td><td rowspan="2">上志留统</td><td rowspan="2">伊诺盖沟组</td><td rowspan="2">上—中志留统</td><td rowspan="2">巴润德勒组</td><td rowspan="2">上志留统</td><td rowspan="2">巴润德勒组</td><td rowspan="2">卧都河组</td></tr>
<tr><td>中志留统</td><td>八十里小河组</td></tr>
</table>

【地质特征及区域变化】　该组自西向东出露于乌布尔贝特敖包、东乌珠穆沁旗的下格特音高齐格日、巴润德勒、乌散查干高吉高尔，科尔沁右翼前旗苏呼河北山及额尔古纳右旗的伊诺盖沟等地区。岩性比较稳定，乌布尔贝特敖包是以砂岩、粉砂岩夹很薄的生物碎屑灰岩，含 *Tuvaella*。下格特音高齐则为砂岩与变泥岩互层，化石丰富，但未见 *Tuvaella*。巴润德勒地区则是砂岩夹板岩，含 *Tuvaella*。苏呼河北山一带为石英砂岩、粉砂岩夹含粉砂板岩的组合，含大量腕足类，有 *Tuvaella*。伊诺盖沟下部是砂岩，中下部为泥板岩，也含 *Tuvaella*。本组厚度 321～1065 m。苏养正（1981）认为 *Tuvaella* 型动物群有大量环大西洋古动物亚区的分子，表明志留纪时图瓦—兴安地域的古海洋与其余部分的海域之间，并无陆地相阻隔。该组是以陆源碎屑占优势的同一浅海近岸环境的沉积。

泥鳅河组　D*n*　（15-0092）

【创名及原始定义】　泥鳅河组是日人矢部长克等 1942 年建立于黑龙江省爱辉县泥鳅河。原始定义：分布在小兴安岭西部泥鳅河一带，主要由深灰色的千枚岩、砂岩、中性喷发岩及其凝灰岩组成。

【沿革】　该套地层在本区分布广泛，区测工作分别由内蒙古地质局、黑龙江省地质局承担，不少学者也先后做了大量的工作。1959 年，宁奇生等在《大兴安岭区域地层》一文中，对该区泥盆系进行了最初的划分，自下而上为：志留系—下泥盆统：鹿沟组；中泥盆统：乌奴耳组、根图河组；上泥盆统：下大民山组、上大民山组。由于当时研究程度所限，各地层单位划分粗略，其内容在后来的工作中均做了较大的变动。直到 1976—1980 年，黑龙江省区调二队开展了 1∶20 万区域地质调查，才建立起一套比较可靠的地层系统。

本次清理中，认真分析上述的地层资料，认为乌奴耳组的岩石内容可分为两种沉积类型：一种是碎屑岩夹碳酸盐岩沉积，《内蒙古地质志》中曾把其归入敖包亭浑迪组中；另一种是以亮晶灰岩、泥晶灰岩组成的生物礁灰岩，作为一个非正式地层单位存在。霍龙门组是因其岩性组合特征与小兴安岭霍龙门组可以对比而沿用的。牙克石地区的骆驼山组、乌奴耳组（碎屑岩相）、霍龙门组、北矿组的岩石组合、生物组合与东乌珠穆沁旗地区的巴润特花组、敖包亭浑迪组、温多尔敖包特组的沉积组合十分相似，几乎可以完全对比，而且纵向上是连续沉积的，组与组均依据化石来区别，从岩性上很难识别界线。故合并成一个岩石地层单位，以最早命名的泥鳅河组称之。

区内原骆驼山组、霍龙门组、乌奴耳组（碎屑岩相）、北矿组、查干敖包庙组、巴润特花组、敖包亭浑迪组、温多尔敖包特组 8 个单位，均是泥鳅河组的同物异名，建议不再采用。

【现在定义】　指分布于泥鳅河流域、兴隆地区、额尔古纳等地，位于卧都河组之上，根里河组之下的一套粉砂岩、板岩夹火山岩及大理岩组合。下以灰绿色板岩出现，与卧都河组分界；上以黄绿色细砂、粉砂岩消失与根里河组分界。产腕足类、珊瑚等化石。在内蒙古指分布于东乌珠穆沁旗地区及牙克石地区的一套浅海相碎屑岩夹碳酸盐岩沉积序列。岩性为灰绿色、黄绿色、灰黑色长石石英砂岩、粉砂岩、泥质粉砂岩、凝灰质粉砂岩，夹生物碎屑灰岩、珊瑚礁灰岩透镜体，下部偶夹少量火山岩。上界多被第四系覆盖，仅在牙克石地区见与大民山组呈平行不整合接触，下界在扎敦河林场西北见其不整合在裸河组之上。

【层型】　区内次层型为敖包亭浑迪剖面（15－0092－4－2)、巴润特花剖面（15－0092－4－4)。

【地质特征及区域变化】　该组分布广泛，西起二连浩特市，东至鄂伦春自治旗，大致呈北东向延入黑龙江省境内。二连浩特市到红格尔一线以北地区，仅见早泥盆世晚期的沉积，沉积物为一套褐灰色、褐紫红色、浅灰色长石石英砂岩、砂砾岩、凝灰质长石砂岩等，厚度为 1 000～3 000 m 左右。为一复杂的海进式向上变细层序，下部砾岩中砾石成分大部分来源于本区下奥陶统乌宾敖包组。含小个体的腕足类化石，推测可能为海盆的西北边缘；二连浩特到东乌珠穆沁旗一线，颜色以深灰色、黄绿色、深褐灰色为主，沉积物明显变细，为一泥质、钙质粉砂岩为主夹碳酸盐岩的浅海相沉积。由下到上，沉积物由粗到细。底部出现少许砾岩，反映了海侵最初期的沉积。局部凝灰质成分较多。厚度 1 000 m 左右，含有大量的珊瑚、腕足类等化石。早泥盆世晚期到中泥盆世早期的地层出露广泛，沉积厚度变化不大，珊瑚繁盛，多处形成珊瑚礁。过去，该层礁灰岩常被视为温多尔敖包特组的底界，作为与敖包亭浑迪组的分界标志，也是下泥盆统与中泥盆统分界的依据之一。在东乌珠穆沁旗地区由于海水较深硅质成分较多。东北部的乌奴耳地区，在早泥盆世晚期到中泥盆世早期的沉积环境与东乌珠穆沁旗地区基本一致，由于海侵的方向是从东北向西南方向侵入，使该区较东乌珠穆沁旗地区更早的接受了沉积。沉积物以灰绿色、灰黑色细碎屑岩为主，地壳平稳下降，没有火山活动，在乌奴耳地区还发育了一定面积的生物礁灰岩。

泥鳅河组是加里东运动之后，地壳缓慢下降形成的一套沉积组合。地质时限为早泥盆世晚期到中泥盆世早期，缺失早泥盆世早中期的沉积。由于后期构造运动及长期的风化剥蚀，东乌珠穆沁旗地区该套地层多不见顶、底。在乌奴耳地区，下界不整合覆于裸河组之上，上界被大民山组平行不整合覆盖。

附属于本组的乌奴耳灰岩是一个珊瑚礁，由于尚未进行专门研究，暂以非正式地层单位划出，以便引起今后工作的重视。

乌奴耳礁灰岩　*wrl*　（15－0088）

【创名及原始定义】　原名乌奴耳灰岩，系刘国昌 1951 年命名，地点在牙克石市乌奴耳石灰窑。当时指分布于乌奴耳石灰窑及其附近的一套灰岩，没有测制剖面，根据珊瑚化石定为中泥盆世。本次清理根据以往的资料，认为乌奴耳灰岩实为一个生物礁，故改称乌奴耳礁灰岩。

【沿革】　1956—1957 年，潘清霏，戈尔布诺夫等将乌奴耳灰岩及与其相关的地层，名为中泥盆统乌奴尔岩系。1959 年宁奇生等进一步改称中泥盆统乌奴耳组。描述为：“乌奴耳组地层以灰岩、千枚状页岩及粉砂岩为主，有些地方夹有中性及酸性火山岩。局部以灰色灰岩与下伏志留—下泥盆统玢岩截然分开，而另一些地方泥质灰岩与页岩成互层，与下伏地层是渐变关系”。1974 年唐盛家与刘效良、池永一等补充了乌奴耳组的内容，除宁奇生等所测剖面的礁灰岩段外，又增加了泥灰岩—粉砂岩段和砾岩段，并根据珊瑚化石，认为其时代是中泥盆世早期。1981 年黑龙江省区调二队二分队明确指出：“乌奴耳组的含义只包括宁奇生等建组剖面的第 2 层，唐盛家、池永一补证的乌奴耳组的礁灰岩段”，时代为早泥盆世。同年，黑龙江区调二队一分队将乌奴尔组的内容限定为一套非礁相的生物碎屑砂岩、海相细碎屑岩、火山灰凝灰岩等沉积，时代为早泥盆世。1988 年，侯鸿飞等在《中国的泥盆系》一书中建议乌奴耳组的定义限定为：“岩性上主要是一套石灰岩，生物上发育大量的 *Lyrielasma*，*Heterophrentis*，*Leptoinophyllum*，*Tryplasma hercynica* 等四射珊瑚为特征”。1991 年李文国将乌奴耳、扎敦河一带的礁相灰岩称为乌奴耳组，将头道桥、布格图一带的碎屑岩归入敖包亭浑迪组中。

本次清理后认为：乌奴耳车站附近的生物礁灰岩其岩性、岩相独特，自成一体，具可填图性，作为附属于泥鳅河组的非正式地层单位，故修正为乌奴耳礁灰岩，时代为早泥盆世。

【现在定义】 包容于泥鳅河组之中的一套近岸浅海相生物礁灰岩，由生物碎屑亮晶灰岩、生物碎屑微晶灰岩夹薄层状钙质粉砂岩构成。造礁生物以珊瑚为主，其次为层孔虫，少见其他门类化石。分布限于乌奴耳地区。

【层型】 选层型为牙克石市乌奴耳石灰窑东南山剖面（121°16′，48°51′；据黑龙江省区调二队，1981）。

上覆地层：**泥鳅河组** 灰绿色粉砂质板岩

——— 整 合 ———

乌奴耳礁灰岩 总厚度 177.71 m

30. 灰色亮晶灰岩、含珊瑚化石：*Favosites goldfussi*，*Syringopora* sp.，*Cladopora* sp.，*Coenites* sp.，*Heliolites* sp. 5.95 m
29. 黑色含生物碎屑亮晶灰岩，含珊瑚化石：*Fasciphyllum* sp.，*Leptoinophyllum* sp.，*Favosites goldfussi*，*Syringopora* sp.，*Heliolites* sp. 8.17 m
28. 黑色含生物碎屑亮晶灰岩，产丰富的四射珊瑚：*Leptoinophyllum* sp.，*Papiliophyllum* sp.，*Fasciphyllum* sp.；床板珊瑚：*Favosites* sp.，*Favosites goldussi*，*Syringopora* sp.，*Striatopora* sp.；日射珊瑚：*Heliolites* sp.，*Pachycanalicula* sp. 18.05 m
27. 灰色含生物碎屑亮晶灰岩，含四射珊瑚：*Leptoinophyllum* sp.，*Papiliophyllum* sp.，*Lyrielasma chapmani*；床板珊瑚：*Favosites goldfussi*，*Syringopora* sp.；日射珊瑚：*Heliolites* sp. 6.20 m
26. 深灰色含生物碎屑亮晶灰岩，含珊瑚，层孔虫化石，四射珊瑚：*Leptoinophyllum* sp.，*Papiliophyllum* sp.，*Amplexiphyllum hamiltoniae*，*A.* sp.，*Lyrielasma* sp.，*Tryplasma altaica*，*Fasciphyllum* sp.，*Pseudochonophyllum* sp.，*Hallia* sp.；床板珊瑚：*Dictyofavosites* sp.，*Favosites goldfussi*，*Syringopora* sp.；日射珊瑚：*Heliolites* sp.，*Stelliporella*? cf. *ataiformis* 27.07 m
25. 灰黑色含生物碎屑亮晶灰岩，珊瑚极为繁盛，并见有少量层孔虫，四射珊瑚 *Heterophrentis* sp. 等 14.10 m
24. 灰色含生物碎屑亮晶灰岩，产丰盛珊瑚化石。四射珊瑚：*Leptoinophyllum* sp.，*Papliliophyllum* sp.，*Amplexiphyllum hamiltoniae*，*Lyrielasma* sp.，*Fasciphyllum*

sp., *Tryplasma altaica*, *Hallia* sp., *Pseudochonophyllum* sp., *Diplophyllum* sp.; 床板珊瑚: *Dictyofavosites* sp., *Squameofavosites bohemicus*, *Cladopora* sp. 13.60 m

23. 灰黑色含陆源碎屑亮晶灰岩，含床板珊瑚: *Favosites goldfussi*, *F.* sp.; 日射珊瑚: *Heliolites* sp., *Stelliporella*? cf. *ataiformis* 3.40 m

22. 灰色亮晶灰岩，产四射珊瑚: *Amplexiphyllum* sp., *Lyrielasma* sp., *Pseudochonophyllum* sp., *Hallia* sp.; 床板珊瑚: *Favosites goldfussi*, *F.* sp., *Syringopora* sp.; 日射珊瑚: *Heliolites* sp., *Stelliporella* cf. *ataiformis* 17.62 m

21. 黑灰色亮晶灰岩夹薄层钙质砂岩，含四射珊瑚: *Leptoinophyllum* sp., *Diplophyllum* sp.; 床板珊瑚: *Dictyofavosites microporosus*, *Favosites goldfussi*, *F.* sp, *Syringopora* sp., *Rueichowpora* sp.; *Coenites* cf. *salairicus*; 日射珊瑚: *Heliolites* sp., *Stelliporella* cf. *ataiformis* 12.22 m

20. 黑灰色含生物碎屑亮晶灰岩，含四射珊瑚: *Lyrielasma* sp., *Aulacophyllum* sp.; 床板珊瑚 *Syringopora* sp., *Pachyfavosites vilvaensis*, *Placoloenites* sp., *Dictyofavosites chumyshensis*; 日射珊瑚: *Heliolites* sp., *Stelliporella* cf. *ataiformis* 12.94 m

19. 灰白色含生物碎屑亮晶灰岩，含四射珊瑚: *Pseudochonophyllum* sp., *Hallia* sp.; 床板珊瑚: *Squameofavosites* sp., *S*. cf. *ettrychensis*, *Syringopora* sp., *Coenites tenella*; 日射珊瑚: *Heliolites* sp., *Stelliporella* cf. *ataiformis* 4.31 m

18. 黄褐色泥灰岩，含四射珊瑚: *Pseudochonophyllum* sp.; 床板珊瑚: *Pachyfavosites vilvaensis*, *Syringopora* sp.; 日射珊瑚 *Stelliporella*? cf. *ataiformis* 2.88 m

17. 灰黑色块状亮晶灰岩，含珊瑚化石，同18层 31.20 m

——————— 整　合 ———————

下伏地层: **泥鳅河组**　黄绿色千枚状板岩

【地质特征及区域变化】　分布于牙克石市乌奴耳北8 km石灰窑东南山、六十四米桥、扎敦河林场一带，呈北东向链岛状产出的近岸浅海生物礁群，出露面积22 km^2。礁灰岩由珊瑚、层孔虫叠加在一起的骨架、玉髓、石英砂屑及亮晶方解石等组成的生物碎屑灰岩构成，可见厚度为178.24 m。从乌奴耳的南矿到治泥山，构成一北东东方向的礁坝，在礁坝的后面，即西北侧出露了孤岛状的堡礁（如北矿与北矿南山），在北矿和南矿掌子面上不同岩性包围了隆起在泥鳅河下部的礁，礁的顶部又被泥鳅河组上部的灰黄色泥质粉砂岩所覆盖。在北矿礁体东侧出现了以礁灰岩为主组成的礁碎块灰岩，显示该礁体的崩塌堆积，属礁前相；礁后相被侏罗纪地层掩盖，特点不明。以床板珊瑚、四射珊瑚最发育，礁灰岩下部层位中以床板珊瑚 *Dictyofavosites microporsus*, *Stelliporella*? cf. *ataiformis* 最繁盛；偏上层位中 *Favosites goldfussi* 等大量存在，而 *Dictyofavosites*，*Squameofavosites* 等则急剧减少，表现了生物演化的阶段性特征。除珊瑚化石外还有少量的层孔虫，而其他门类的化石几乎没有见到。

哈诺敖包组　D*hn*　(15－0094)

【创名及原始定义】　该组由李文国1991年创名，命名地点在东乌珠穆沁旗戈布沁高比苏木图其格特布敦乌拉。原始定义:“主要为灰黑色片理化砂岩、粉砂岩、板岩、凝灰岩和中基性火山岩组成，厚1 500 m左右，上、下关系不清”。当时没有指出地层剖面。

【沿革】　该地层是1973年内蒙古区测一队在东乌珠穆沁旗地区开展1∶20万区域地质调查时，发现一套火山岩中间夹有含植物化石的陆相碎屑岩，当时划为上泥盆统的第四岩段，时代为晚泥盆世。1991年李文国把这段地层从火山岩中单独提出来，建立了哈诺敖包组。该组所含的植物化石是本区最早的陆生植物，具有重要的地质意义，时代为早中泥盆世。本次清理认为，这套地层岩性组合比较特殊，虽分布局限，但有重要的岩相古地理意义，因此保留该地层单位，并以图其格特布敦乌拉剖面的42—47层作为该组的选层型剖面。

【现在定义】 指伏于宝力高庙组中性火山喷出岩之下的一套正常陆相碎屑岩沉积，岩性为深灰色、黄绿色片理化较强的凝灰质粉砂泥板岩、泥板岩、凝灰岩，含植物化石，上下接触关系不清。

【层型】 选层型为图其格特布敦乌拉剖面（116°47′，45°28′；据内蒙古区测一队，1973）。

哈诺敖包组	总厚度 617.4 m
47. 黄绿色泥板岩（未见顶）	79.3 m
46. 深灰色凝灰质粉砂泥板岩夹凝灰质粉砂岩	84.3 m
45. 褐黑色泥板岩，含植物化石 *Hestimella* sp.，*Drepanophycus* sp.，*Aneuraphyton germanicum*，*Lepidodendropsis* sp.	85.3 m
44. 黄绿色凝灰质板岩	60.1 m
43. 黑褐色泥质板岩	139.8 m
42. 灰色、深灰色安山质晶屑岩屑凝灰岩夹薄层状凝灰质板岩及凝灰岩（未见底）	168.6 m

【地质特征及区域变化】 该组分布局限，仅见于东乌珠穆沁旗西山哈诺敖包，是区内目前发现的最低层位的陆相地层。出露厚度617 m，时代为早泥盆世至中泥盆世。

塔尔巴格特组 D*t* (15-0090)

【创名及原始定义】 塔尔巴格特组是内蒙古区测一队1973年命名于东乌珠穆沁旗塔尔巴格特山。原始定义："岩性主要是硅质粉砂岩、泥质粉砂岩及硅质泥板岩等，岩性稳定，出露厚度为1501m，上下限均因覆盖不清，时代为中泥盆世。"

【沿革】 该地层最早由朱相魁1959年发现，并称为中泥盆统东乌旗西山组。1960年丁蕴杰、佟正祥① 在东乌珠穆沁旗西山地区进行路线地质调查时，依据所采的古生物化石把原东乌珠穆沁旗西山组一名废弃重新划分上、下两个组，其中上部称东里河组，时代相当于Givetian。1963年谢同伦仍把这套地层划入东乌珠穆沁旗西山组中，时代为早泥盆世。1973年李文国、刘效良等在东乌珠穆沁旗地区开展生物地层专题研究工作，将该套地层从东乌珠穆沁旗西山组中划分出来，属中泥盆世Givetian的仍称东里河组，同时新建才伦郭少组，时代为Frasnian。同年，内蒙古区测一队开展东乌珠穆沁旗幅1：20万区域地质调查，将中泥盆世晚期沉积的这套地层重新命名为塔尔巴格特组，晚泥盆世早期的沉积仍称才伦郭少组。清理后认为才伦郭少组与原塔尔巴格特组沉积特征相似，是同一沉积盆地同一沉积环境下的产物，均显示为进积—加积型层序。因而统称塔尔巴格特组。停止使用才伦郭少组一名。

【现在定义】 指出露于达莱至额仁戈壁一带的一套海退沉积序列。岩性以褐黄色、褐灰色泥质、硅质凝灰质粉砂岩、板岩、黄绿色—灰绿色粉砂岩、杂砂质长石砂岩、含砾粗粒杂砂岩等为主。含珊瑚、腕足类等化石。上下界不清。

【层型】 正层型为东乌珠穆沁旗塔尔巴格特剖面（116°31′，45°32′；据内蒙古区测一队1973）。

---

① 丁蕴杰、佟正祥，1960，内蒙古锡盟铬矿路线地质调查报告，未刊。

塔尔巴格特组　　　　　　　　　　　　　　　　　　　　　　　　　　总厚度 1 501 m

14. 浅褐灰色轻硅化含粉砂变泥岩（未见顶）　104 m

13. 砖灰色条带状泥质粉砂岩　45 m

12. 暗灰、灰色硅泥质板岩　23 m

11. 灰色、褐灰色轻蚀变泥质粉砂岩，上部为砖灰色含粉砂变泥岩，产动物化石　215 m

10. 灰色硅质泥板岩　28 m

9. 黄灰、褐灰色硅质粉砂岩，往上逐渐过渡为泥质粉砂岩，顶部为轻蚀变泥质粉砂岩。产大量腕足类，珊瑚及苔藓虫化石。腕足类：*Mucrospirifer paradoxiformis*，*M. mucronatus*，*Leptostrophia* sp.，*Camarotoechia* sp.，*Acrospirifer* cf. *orthagonalis*，*Athyris* ? sp.，*Uncinulus* ex gr. *ustriskii*，*Schuchertella meritella*，*Chonetes* sp.，*Eleuthrokomma gebiqinensis*，*Elytha fimbriata*，*Elytha* sp.，*Longispina mucronata*，*Schuchertella* ? sp.；珊瑚：*Heliophyllum incrassatum*，*H. halli*；苔藓虫：*Semicoscimum* sp.，*Fenestella* sp.，*Hemitrypa* sp.，*Unitrypa* sp.，*Polypora* sp.　312 m

8. 灰褐色凝灰质板岩夹薄层状含粉砂火山凝灰岩　40 m

7. 灰褐色含粉砂火山凝灰岩夹薄层粉砂岩。含腕足类：*Mucrospirifer* ? *paradoxiformis*，*M.* ? *khinganensis*，*M.* cf. *mucronatus*，*M. paradoxiformis*，*Eleuthrokomma gebiqinensis*，*Elytha fimbriata*，*Elytha* sp.，*Tastaria transversa*，*Spinulicosta tenuicosta*，*Uncinulus nulticostatus*，*Cupularostrum ovalis*，*C.* aff. *contracta*，*Subrensselaeria minor*，*Chonetes* sp. *Cyrtina* aff. *heteroclita*，*Longispina mucronata*，*Spinatrypa waterlooensis*，*Camarotoechia* sp.，*Atrypa waterlooensis*，*Praewaagenoconcha*? sp.，*Leptostrophia* sp.，*Acrospirifer orthagonalis*，*A. pseudochieecheil*　71 m

6. 黄绿色粉砂岩夹薄层细砂岩，含腕足类：*Mucrospirifer* sp. 及海百合茎　49 m

5. 深灰色含粉砂凝灰岩　16 m

4. 黑色泥板岩　35 m

3. 黄褐色泥板岩　157 m

2. 黄褐色泥板岩夹薄层细砂岩　124 m

1. 暗紫色泥板岩与黄褐色凝灰质泥板岩互层（未见底）　282 m

【地质特征及区域变化】　该组仅出露于苏尼特左旗的阿尔格勒图、东乌珠穆沁旗敦达高毕苏木及额仁高比苏木。岩性为黄褐色、褐灰色粉砂岩、细砂岩、粉砂质泥板岩、凝灰岩、凝灰质变泥岩夹灰岩透镜体。硅质、凝灰质成分较多。各类生物繁盛，尤其是腕足类，不仅个体数量多而且属种丰富，主要为：*Mucrospirifer*，*Eleuthrokomma*，*Elytha*，*Acrospirifer*，*Leptostrophia*，*Schuchertella*，*Longispina* 等，其次为珊瑚，常见的有 *Heliophyllum* 等日射珊瑚，此外还有苔藓虫等化石。在阿尔格勒图查干陶勒盖厚度大于 239 m，塔尔巴格特山厚度 1 501 m，毛伊林陶勒盖厚度大于 1 001 m，在额仁高比苏木托落若根陶勒盖，岩性为褐黄色、灰黄色长石石英细砂岩、粗砂岩、厚度 2 274 m。晚泥盆世早期的沉积明显变粗，上部以中细粒杂砂质长石砂岩及含砾粗粒杂砂岩为主，夹钙质砂岩透镜体，偶见有植物化石碎片；下部以泥质粉砂岩为主夹长石石英细砂岩及生物灰岩透镜体。厚度 564 m。化石以腕足类最丰富，主要为：*Cyrtospirifer*，*Tenticospirifer*，*Eleuthrokomma*，*Schuchertella*，*Eospirifer* 等属，珊瑚：*Stewartophyllum* 以及苔藓虫、海百合等化石。该组未见顶底。时代为中泥盆世晚期至晚泥盆世早期。

大民山组　Dd　(15－0089)

【创名及原始定义】 大民山组是宁奇生等（1959）创名的下大民山组和上大民山组合并后的修订名。命名地点是内蒙古扎敦河林场扎敦河南岸大民山东 $W_{26}P_{106}$剖面。原始定义：下大民山组是含珊瑚、腕足类的沉积岩层，厚度 100 m；上大民山组是以含菊石为主的火山岩和沉积岩，厚 1600 m。

【沿革】 1958 年黑龙江省地质局编图队宁奇生等人对大兴安岭地区进行专题研究时，在大民山地区建立了下大民山组和上大民山组。"1. 下大民山组，相当弗兰阶，主要是厚度 100 m 的沉积岩层。2. 上大民山组，相当法门阶，主要是酸性火山岩，夹有中性火山岩及沉积岩。厚度 1600 m。" 1981 年，黑龙江省区调二队在该地区开展了 1∶20 万区域地质调查，仍然采用了下大民山组、上大民山组的名称，但其内容与宁奇生等人的定义不同。所测地层剖面说明两组之间为整合接触。本次地层清理，认为由黑龙江省区调二队所测剖面的下大民山组和上大民山组之间并没有明显的区别，两者岩石组合内容相似。再者，下大民山组的厚度仅是上大民山组的 1/16，作为独立的填图单位不协调。通过岩性、岩相、古生物化石的对比，宁奇生等人所定义的下大民山组实际上是多次火山喷发间歇期的正常沉积夹层之一。所以将上、下大民山组合并为一个岩石地层单位，名为大民山组更合适，时代为中泥盆世到晚泥盆世。

另外，本地区的原霍博山组，在岩性、岩相方面与大民山组相似，清理后也归入大民山组，停止使用霍博山组。与下伏泥鳅河组之间的冲刷间断视为平行不整合接触关系。

【现在定义】 指分布于大兴安岭大民山一带的海相中基性、酸性火山岩、火山碎屑岩及碎屑岩、碳酸盐岩及硅质岩、放射虫硅质岩等。厚度百米到数千米不等。纵横向岩性、岩相变化较大。与下伏泥鳅河组平行不整合接触，其上多被第四系覆盖，仅在布格图北被安格尔音乌拉组整合覆盖。

【层型】 次层型为内蒙古牙克石市扎敦河林场大民山剖面（121°33′，49°02′；黑龙江省区调二队，1981）。

大民山组	总厚度>689.28 m
82. 灰绿色中性凝灰熔岩（未见顶）	54.67 m
81. 灰绿色安山质岩屑晶屑熔岩	40.65 m
80. 黄绿—灰绿色硅质岩	6.30 m
79. 灰绿色辉石安山玢岩	49.90 m
78. 灰绿色硅质岩	10.50 m
77. 黄绿色火山灰凝灰岩	13.79 m
76. 浅灰—灰绿色含陆源碎屑亮晶灰岩与粉砂质微晶灰岩	6.07 m
75. 浅灰绿色石英角斑岩	5.60 m
74. 紫红色铁质硅质岩	12.96 m
73. 灰绿色硅质岩	24.49 m
72. 浅灰色英安质凝灰熔岩及含磁铁矿细晶屑凝灰岩	1.13 m
71. 灰褐—灰绿色英安质凝灰熔岩与杂砂质硅质钙质砂岩及酸性熔岩，在钙质砂岩中含珊瑚和层孔虫：*Pexiphyllum* sp. 及 *Stromatoporella* sp.	15.10 m
70. 灰绿色石英角斑岩质凝灰熔岩	66.40 m
69. 灰绿—浅粉色石英角斑岩	16.90 m
68. 紫红色含生物碎屑陆源碎屑微晶灰岩	0.63 m
67. 灰绿色钙质粉砂岩	4.17 m
66. 灰绿—灰黑色粉砂质钙质泥质板岩与泥质岩互层	98.34 m

65. 灰绿色钙质细砂粉砂岩 19.88 m

64. 灰黄色铁质粉砂岩 3.54 m

63. 灰黄—紫褐色安山玢岩质火山角砾岩与千枚岩化安山玢岩 4.60 m

62. 紫红色黄铁矿化细晶大理岩 1.14 m

61. 紫褐色条带状安山玢岩 0.38 m

60. 灰绿色凝灰质砂岩 4.96 m

59. 紫红色杂砂质长石砂岩 1.73 m

58. 灰绿色安山玢岩、辉石安山玢岩及安山玄武岩 21.81 m

57. 紫褐色含放射虫凝灰岩 0.57 m

56. 灰绿色含砾钠长斑岩质凝灰岩 0.57 m

55. 灰绿色硅质粉砂岩夹凝灰质砂岩 0.39 m

54. 灰绿色千枚状粉砂岩夹硅质粉砂岩 9.40 m

53. 紫红色含沥青生物碎屑微晶灰岩，含珊瑚：*Nalivkinella daminshanensis*；三叶虫：*Trimerocephalus* sp. 菊石：*Platyclymenia*（*Platyclymenia*）*walcotti*，*P*（*P.*）sp.，*P.* sp.，*Eoschizodus* sp.，*Piriclymenia*（?）*xinganense*，*Sporadoceras munsteri*，*S.* sp.，*Prionoceras*（?）*divisum*，*P.* sp.，*Imitoceras* sp.，*Tornoceras*（*Protornoceras*）*planidorsatum* var. *euryomphala* 0.30 m

52. 紫红色含生物碎屑微晶灰岩 0.53 m

51. 紫红色角砾状含生物碎屑亮晶灰岩，含珊瑚：*Nalivkinella daminshanensis*；菊石：*Sporadoceras munsteri*，*S. contiguum*，*S. daminshanense*，*S.* sp.，*Sinotites* sp. 0.25 m

50. 紫红色片理化层凝灰岩 0.62 m

49. 紫红色砂灰岩，含海神石目分子：*Sporadoceras* sp. *S. latilobatum*，*S. rotundum*，*S. xinganense*，*Tornoceras*（*Protornoceras*）sp.，*Michelinoceras* sp.，*Prionoceras* sp.，*Hesperoceras xinganense*，*H. daminshanensis*，*H. zhadunense*；珊瑚：*Nalivkinella daminshanensis* 0.15 m

48. 褐紫色含生物碎屑钙质砂岩、含珊瑚：*Nalivkinella daminshanensis*，*Peneckiella* cf. *minima*，*P.* sp.；菊石：*Cheiloceras subpartitum*，*Sporadoceras biferrum* 0.15 m

47. 灰褐—灰紫色凝灰砂砾岩 15.90 m

46. 灰褐色凝灰角砾岩 10.18 m

45. 灰黑—灰绿色硅质岩夹紫色硅质岩条带 0.91 m

44. 灰白色层凝灰岩 5.50 m

43. 灰黄—灰绿色含藻凝灰岩 3.80 m

42. 灰黄—灰绿色含砾钠长斑岩质凝灰岩与凝灰粉砂岩 0.73 m

41. 灰绿—黑灰色粉砂质板岩 1.14 m

40. 灰紫色绢云母板岩 1.95 m

39. 灰紫—暗紫色层凝灰岩 2.29 m

38. 紫红—黄绿色蚀变凝灰岩与凝灰砂岩 0.42 m

37. 紫红色晶屑凝灰熔岩 4.90 m

36. 粉红—紫红色石英角斑岩质岩屑晶屑凝灰岩与凝灰砂砾岩互层 51.90 m

35. 灰黑—灰紫色含角砾火山灰凝灰岩 1.70 m

34. 紫灰色强碳酸盐化凝灰质粗砂岩 0.63 m

33. 紫红—灰绿色硅质岩、火山灰凝灰岩及变质含砾杂质砂岩 4.40 m

32. 灰绿色含磁铁矿凝灰质粗砂岩、石英角斑岩质凝灰岩 5.70 m

31. 灰绿色杂砂岩 3.84 m

30. 灰白—灰绿色石英角斑岩质岩屑晶屑凝灰岩与砂砾岩互层	1.11 m
29. 灰黄色石英角斑岩质熔岩	1.30 m
28. 破碎的石英角斑岩质熔岩	3.50 m
27. 浅灰绿色石英角斑岩、千枚状石英角斑岩	3.50 m
26. 浅灰绿色酸性凝灰熔岩	10.60 m
25. 灰绿色石英角斑岩	2.54 m
24. 灰绿色放射虫硅质岩	>3.30 m
23. 灰黑色含砾杂砂岩，含珊瑚 *Barrandeophyllum* sp.	>4.82 m
22. 浅灰—深灰绿色凝灰砂岩	0.77 m
21. 黄褐色菱铁矿化岩石	0.67 m
20. 紫红色生物碎屑灰岩，含珊瑚 *Barrandeophyllum* sp.	2.99 m
19. 紫红色菱铁矿化粗砂岩	0.76 m
18. 紫红色含陆源碎屑生物灰岩	0.47 m
17. 灰绿色石英角斑岩质熔凝灰岩	1.34 m
16. 褐紫色含生物碎屑角砾状铁质灰岩与含砾铁质硅质岩	1.43 m
15. 灰褐色长石砂岩	1.78 m
14. 灰绿色石英角斑岩质凝灰岩	22.20 m
13. 浅粉色含陆源碎屑亮晶灰岩，含珊瑚 *Thamnopora*? sp.	0.85 m
12. 紫红色硅质岩与凝灰角砾石	1.81 m
11. 灰—紫红色含砾凝灰质长石砂岩、含生物碎屑微晶灰岩及含陆源碎屑生物碎屑灰岩	2.25 m
10. 紫红—灰黑色铁染火山灰凝灰岩、含陆源碎屑生物碎屑钙质砂岩	0.43 m
9. 紫红色玻基火山角砾岩	0.15 m
8. 黄褐色钙质砂岩夹陆源碎屑生物碎屑灰岩，含珊瑚 *Phillipsastraea* sp.，*Pexiphyllum* sp.	0.47 m
7. 灰黄色酸性岩屑晶屑凝灰岩	0.68 m
6. 灰—灰黄色酸性细晶屑凝灰岩与变酸性玻基凝灰岩（未见底）	>5.10 m

【地质特征及区域变化】 该组主要出露于扎敦河林场、乌奴耳一带。呈北北东方向断续带状展布。下部以砂砾岩、凝灰质含砾粗砂岩为主，碎屑粒度较粗，向上粒度变细，以细碎屑岩为主，构成一个正粒序沉积旋回。火山活动较弱，偶有酸性熔岩，以平行不整合覆于泥鳅河组之上。上部发育了多层中酸性熔岩、石英角斑岩、流纹岩等，说明了火山活动的增强。在海盆的浅水区，生物繁盛。在沉积岩层中化石丰富，珊瑚：*Temnophyllum*，*Tabulophyllum*，*Phillipsastraea*，*Cladopora*，*Barrandeophyllum*，*Thamnopora* 等；腕足类：*Tastaria*？，*Schuchertella*？，*Atrypa*，*Productella*，*Cyrtospirifer*，*Leptostrophia*，*Cariniferella* 等；牙形刺：*Polygnathus varcus*，*Icriodus dificilis* 等以及海百合茎、红藻等。在较深的海域则形成放射虫硅质岩。在顶部的紫红色砂质灰岩、生物碎屑灰岩中含大量的菊石，俗称海神石灰岩。主要有：*Sporadoceras*，*Tornoceras*（*Protornoceras*），*Michelinoceras*，*Prionoceras*，*Hesperoceras*，*Cheiloceras*，*Eoschizodus*，*Platyclymenia* 等；同时还有珊瑚：*Nalivkinella*，*Peneckiella*；三叶虫：*Trimerocephalus* 及海百合茎、层孔虫等。时代为中泥盆世晚期至晚泥盆世。

总之，泥鳅河组沉积之后，该区地壳活动日趋强烈，海底火山喷发频繁，加上后期构造变动，使得地层的分布没有规律，各地厚度变化较大。给岩石地层单位的划分和对比，造成一定的困难。

安格尔音乌拉组　Da　(15-0091)

【创名及原始定义】 该组由内蒙古区测一队1973年创建于东乌珠穆沁旗安格尔音乌拉。原始定义："安格尔音乌拉组根据岩性划分为两个段，第一段岩性为板岩、泥质粉砂岩组成，厚度2 289 m；第二段岩性为细砂岩夹粉砂岩及长英砂岩，厚度2 207 m，上界被燕山期花岗岩侵入，下界不清。

【沿革】 1973年建组时由安格尔音乌拉剖面和温都尔各脱剖面分别代表下岩段和上岩段，两者未见直接接触。1991年，李文国认为这两个剖面的层位是重复的，因此将发育较全的安格尔音乌拉剖面作为建组剖面，将温都尔格脱剖面作为对比剖面。本次清理除补正了安格尔音乌拉组的岩石内容之外，亦以安格尔音乌拉剖面作为安格尔音乌拉组的正层型剖面。另外，将鄂温克旗布格图北的整合沉积在大民山组之上的一套含 *Lepidodendropsis cyclostigmatoides*, *Sublepidodendron* sp., *Protocephalopteris*? sp. 等植物化石的灰黑色、暗灰绿色泥质粉砂岩的老孤山组，亦归入安格尔音乌拉组。认为它是安格尔音乌拉组在区域上的延伸。

【现在定义】 指分布于东乌珠穆沁旗北部的一套含动、植物化石的陆相及滨海相砂板岩沉积组合，以泥质粉砂岩、板岩、细砂岩、砂岩为主夹粉砂岩、泥岩，局部地区凝灰质、硅质成分较多。正层型剖面未见顶底。区域上被早石炭世红水泉组整合或晚石炭世宝力高庙组不整合覆盖；而在鄂温克旗布格图北整合沉积在大民山组之上。

【层型】 正层型为东乌珠穆沁旗安格尔音乌拉剖面（116°59′，45°52′；据内蒙古区测一队，1973）。

安格尔音乌拉组	总厚度 2 209 m
7. 褐黑色堇青石角岩，顶部为黑褐色黑云母红柱石角岩（未见顶）	119 m
6. 褐灰色红柱石黑云母角岩	217 m
5. 绿黑色斑点板岩	277 m
4. 深绿色粉砂质泥板岩	414 m
3. 黄色、黄绿色泥质粉砂岩夹灰黑色砾岩透镜体，含植物化石碎片	572 m
2. 灰色、灰白色泥质粉砂岩，夹土黄色泥质粉砂岩、含植物化石：*Lepidodendropsis*？sp. 及不能鉴定的动物化石	69 m
1. 黄绿色泥质板岩夹泥质粉砂岩，顶部夹灰岩透镜体，含植物化石碎片（未见底）	541 m

【地质特征及区域变化】 该组主要分布在阿巴嘎旗吉尔嘎郎图到东乌珠穆沁旗贺斯格乌拉一带，少量见于鄂温克旗布格图。呈东北方向延伸到黑龙江省境内。在吉尔嘎郎图苏木扎拉哈德本组为长石砂岩、长石杂砂岩，粉砂岩，局部夹少量板岩等，厚度大于2 192 m，其上被宝力高庙组不整合覆盖，未见底。向东延入东乌珠穆沁旗的温都尔各脱，厚度增大到3 803 m。在后者附近的奥由特一带，在下部的粉砂岩中分析出孢粉 *Reticulatisporites* sp., *Ancyrospora* sp., *Leiotriletes* sp., *Granulatisporites* sp., *Acanthotriletes* sp. 等。其北部的岗干纳嘎普特盖，岩性浅灰色、黄灰色、浅黄色的中细粒长石砂岩、杂砂岩夹粉砂岩和板岩，厚度2 670 m；其东部的苏布腊格，岩性为凝灰质、粉砂质板岩、粉砂岩、凝灰岩及灰岩透镜体，上部具角岩化，厚度3 871 m，含腕足类 spiriferoid。至罕乌拉音都勒其一带，本组为一套板岩、粉砂岩、凝灰岩，厚度2 781 m，含植物化石碎片。安儿基乌拉一带，硅质成分较多，为硅质泥岩、变泥岩、砂质板岩、杂砂岩等厚度大于1 349 m，含植物化石碎片。综上所述，该组在区域上岩性、岩相均较稳定，易于对比，是区内泥盆系的最高层位（晚泥盆世），不排除延伸

到早石炭世的可能。

红水泉组 *Ch* (15-0106)

【创名及原始定义】 俞建章1956年创名，地点在内蒙古额尔古纳右旗的红水泉。原始定义指“出露于额尔古纳河右岸、济沁河支流根图河。它以角度不整合直接超覆在早古生代变质地层之上。在乌兰山附近，以粗碎屑岩包括砾岩、粗粒石英岩为主；到红水泉一带则以碳酸盐岩及碎屑岩互层为主。”推论其时代为泥盆纪。

【沿革】 1981—1985年，黑龙江省区调二队在大兴安岭地区开展1∶20万填图，把该套地层划分为安清泰河组、红水泉组、莫尔根河组、谢尔塔拉组和角高山组。不同图幅其划分尺度不尽一致，缺乏统一的标准，划分比较混乱，使用较困难。本次清理，尊重优先权兼顾科学性，将石炭系下统的碎屑岩和灰岩部分修订为红水泉组，火山岩部分复归莫尔根河组。停止使用谢尔塔拉组、角高山组、安清泰河组等名称。

【现在定义】 指大兴安岭地区早石炭世海相正常碎屑岩、灰岩，局部夹凝灰岩的地层序列。顶部有时被中生代地层覆盖，底部整合于安格尔音乌拉组之上。

【层型】 选层型为内蒙古额尔古纳右旗黑山头乡红水泉剖面（119°23′，50°29′；据黑龙江省地质局，1959）。

红水泉组	总厚度 1 115 m
14. 硅化大理岩化灰岩（未见顶）	250 m
13. 淡灰绿色页岩	25 m
12. 砂岩，含化石印痕	60 m
11. 灰色石灰岩，具网格状构造，含腕足类 *Plicatifera* aff. *kassini*，*P.* aff. *borukaeri*，*Camarotoechia* sp.，*Spirifer* cf. *sibiricus*，*S.* sp.，*Athyris* aff. *angelica*	50 m
10. 灰褐色细粒砂岩，含腕足类化石印痕	50 m
9. 灰绿色、暗灰色泥质页岩	60 m
8. 灰色块状、板状灰岩，沿层面具有硅质结核，富含腕足类 *Plicatifera kassini*，*P.* sp.，*Dictyoclostus* sp.，*Spirifer baiani*	325 m
7. 灰绿色泥质页岩	25 m
6. 淡绿色杂砂岩、浅黄色薄层状砂岩，夹有板岩，杂砂岩碎屑颗粒由石英钾长石、斜长石及霏细岩、玢岩的碎屑组成	5 m
5. 白色、淡灰色硅化灰岩，沿走向变为石英岩状砂岩	20 m
4. 灰色泥质灰岩，夹褐色硅质灰岩，含腕足类 *Camarotoechia* cf. *aschlariki*，*Spirifer* aff. *attenuatus*	30 m
3. 淡绿灰色板岩及淡褐色泥质页岩，层理不明显，穿插有网状石英脉	180 m
2. 灰色灰岩	15 m
1. 黑灰色，泥质页岩（未见底）	20 m

【地质特征及区域变化】 红水泉组是一套类复理石建造，由杂砂岩、砂板岩、碳酸盐岩和凝灰岩组成。这反映物质来源复杂，既有来自大陆架的碳酸盐岩，又有岛弧区的凝灰岩。从总体来看，是在相对比较浅和相对比较稳定的海水环境中形成的。火山岩的岩屑很少，碳酸盐岩相对比较多，说明这是更靠近大陆边缘的“初始裂谷环境”；与之共生，代表洋壳性质的莫尔根河组则是裂谷进一步发展为海盆的产物。

本组露头连续性差，零星散布于红水泉，陈巴尔虎旗哈达图牧场、谢尔塔拉矿区，奈吉山、牙克石市大南沟、乌奴耳、岭北车站、绕林经营所，上库力石灰窑，维纳河下游，安清泰河一带。上述剖面，在后来开展 1∶20 万区域地质调查时取得的化石资料相当丰富，主要有腕足类 *Fusella ussiensis*，*Imbrexia* sp.，*Dictyoclostus irsuensis*，*Syringothyris* sp.，*Ovatia* sp.，等；珊瑚 *Zaphrentites* sp.，*Hapsiphyllum* sp. 等，时代为 Tournaisian。

莫尔根河组　C*m*　(15－0107)

【创名及原始定义】　本组由杜琦等 1956 年创名于额尔古纳右旗莫勒格尔河左岸。原始定义指“出露于海拉尔市及其以北地区的以中酸性喷出岩为主，夹有灰岩及粉砂岩的地层，与中上泥盆统大致为整合关系”。时代为早石炭世。

【沿革】　详见红水泉组沿革。

【现在定义】　指大兴安岭地区早石炭世海相火山岩地层序列，与红水泉组碎屑岩呈指状交错接触。

【层型】　正层型为内蒙古陈巴尔虎旗莫勒格尔河左岸剖面（119°52′，49°32′；据杜琦等，1956）。

莫尔根河组	总厚度 720 m
4. 暗绿色具中长石斑晶的安山玢岩（未见顶）	400 m
3. 黑色粉砂岩	50 m
2. 灰色块状结晶灰岩，含海百合茎、苔藓虫、腕足类及珊瑚 *Bradyphyllum* sp.	120 m
1. 暗绿色具斜长石斑晶的安山玢岩（未见底）	150 m

【地质特征及区域变化】　正层型剖面很不理想，它只是莫尔根河组在区域分布的局部特点。资料记载，莫尔根河组露头支离破碎，无完整剖面，常呈孤立岩片产出，四周均为断层所截。就其总体特征莫尔根河组的岩石主要是海底富钠火山岩，成分从基性—酸性（细碧—角斑质）均可出现，部分地区还伴生有放射虫硅质岩、硅质粉砂岩、板岩及灰岩等。同时莫尔根河组在横向上从西北向东南其成分由细碧质向角斑质过渡，这样一个岩石组合序列及区域上的变化，实际上是蛇绿岩套上部组合的特征，甚至由此可以推断大兴安岭地区早石炭世时洋壳的存在。

第二节　生物地层与年代地层

区内晚志留世地层只发育浅海碎屑岩相的卧都河组，它以腕足类 *Tuvaella* 为代表的动物群繁盛为特征，其属的分异度较低，但个体丰度极高，其中 *Tuvaella* 的个体在剖面上有时达到俯拾皆是的程度，其他门类的化石极少见到。苏养正（1981）在论述 *Tuvaella* 的时空分布时，以其不同种在剖面出现的先后顺序和它们的共生关系，划分出 *Tuvaella rackovskii* 带、*T. rackovskii*－*T. gigantea* 带和 *T. gigantea* 带三个带；李文国（1988）在总结内蒙古地区志留纪生物地层时，发现许多剖面 *T. gigantea* 和 *T. rackovskii* 两个种产出的层位并没有规律性的上、下关系。它们往往是共生在同一个层位，偶而也有两个种分别单独先后出现的情况，但它们在不同的剖面上往往是交替出现，难以建立以一个种命名的生物带；因此提出大兴安岭及东乌珠穆沁旗地区晚志留世的腕足类，只存在 *Tuvaella gigantea*－*T. rackovskii* 组合带一个生物地层单位，这样更有利于生物地层的区域对比。本次生物地层清理采用后者的意见，晚志留世的卧都河组只对应着 *Tuvaella gigantea* - *T. rackovskii* 组合带。它包含的主要属、种有 *T. gigantea*，*T. rackovskii*，*Schellwienella praeumbraculum*，*Leptostrophia* sp.，*Cryptonella* sp.，*Strophomena* sp.，*Tannuspirifer* sp.，*Strophonella* sp.，*Lingula* sp. 等。这个组合带的时限与卧都河组的时限大致是相当的。如：东乌珠穆沁旗额仁高比苏木巴润德勒剖面（15－0073－4－2）、科尔沁右翼前旗苏呼河车站北山剖面（15－0037－4－4）、额尔古纳右旗伊诺盖沟剖面（15－0037－4－5）等划分的卧都河组，都可对应 *Tuvaella gigantea* - *T. rackovskii* 组合带，它的地质时代为中志留世到晚志留世；在内蒙古地区它出现的时限为晚志留世。

泥盆纪时各类古生物繁盛，尤以腕足类、珊瑚最为丰富。乌奴耳地区早泥盆世晚期发育有珊瑚礁。东乌珠穆沁旗地区在中泥盆世早期也有零星的珊瑚礁透镜体。其次还有三叶虫、头足类、苔藓虫、层孔虫等。丁蕴杰等（1983）曾总结为 7 个组合；池永一（1982、1983）对内蒙古东部地区的床板珊瑚、日射珊瑚进行过多次研究建立了一些生物组合，李文国（1991）按不同分区，分门别类地总结了泥盆纪的生物地层。综合上述的研究成果，将该区生物地层划分为 10 个生物组合带，其中腕足类为 6 个组合带，珊瑚为 3 个组合带，头足类为 1 个组合带，如表 4－2 所示。

腕足类

划分 6 个组合带，从老到新为：

①*Protathyris* - *Cymostrophia* 组合带

主要属种有：*Protathyris praecursor*，*P. sibirica*，*P. bisulcata gigantea*，*P. compressus*，*Cymostrophia grata*，*C.* cf. *alfa*，*Leptostrophia* sp.，*Eodevonaria* sp.，*Howellella* cf. *leaviplicatus*，*H. angustiplicatus*，*Linguopugnoides* sp.，*Cupularostrum* sp.，*Ancillotoechia* spp.，*Meristella* cf. *wisnowski*，*Retzia* sp.，*Schuchertella* sp.，*Leptaenopyxis* sp. 等，共生的还有珊瑚、三叶虫、竹节石等门类。产自泥鳅河组下部层位，扎敦河林场西北 $W_{26}P_{10}$ 剖面（15－0092－4－6）的第 13 层，牙克石市乌奴耳骆驼山东岗剖面的 8—10 层（即原骆驼山组的沉积）。

该组合带赋存于兴安地层区泥盆系最低的层位，仅分布在牙克石地区，地质时代为早泥盆世中期。

②*Isorthis* - *Leptocoelia* 组合带

主要属种有：*Isorthis*，*Leptocoelia* aff. *flabellites*，*Coelospira concava*，*C. virginia* *Sphaerirhynchia tarda*，*Atrypa* sp.，*Leptaenopyxis bouei*，*Chonetes* sp.，*Merista* sp.，*Resserella stonensis*，*Levenea* sp.，*Aulacella noheri*，*Camarotoechia* sp.，*Douvillina* aff. *inaeguistrialis*，*Nervostrophia* sp.，*Altajella contrata* 等。产自巴润特花剖面（15－0092－4－4）泥鳅河组的 2—13 层。该组合带既有志留纪分子又有泥盆纪分子，反映了泥盆纪早期生物群与志留纪晚期生物群的密切关系，共生的门类有珊瑚、三叶虫等。分布仅限于东乌珠穆沁旗地区。地质时限为早泥盆世 Pragian 早期。

③Paraspirifer - Rhytistrophia 组合带

主要属种有：Paraspirifer gurjevskiensis，P. gigantea，Rhytistrophia carinaea var. *colombia*，*R. beckii*，*Fallaxispirifer pseudofallax*，*Stropheodonta pseudointerstrialis*，*S. ramulosa*，*Howellella sparsus*，*H.* cf. *cycloptera*，*Leptaenopyxis bouei*，*Schuchertella altaica*，*Leveneataeniolata*，*L.* aff. *subcarinata*，*Coelospiravirginia*，*C. sinica*，*C. dongbeiensis*，*Acrospirifer* sp.，*A. muchisoni*，*Machaeraria* aff. *formoso*，*Hysterolites nerei* 等，产自敖包亭浑迪剖

面（15－0092－4－2）泥鳅河组的1—3层，才伦郭少南剖面（15－0092－4－8）泥鳅河组的1—5层。

表4－2 东乌旗珠穆沁—乌奴耳地区生物地层单位、岩石地层单位对比表

<table>
<tr><th>地质年代</th><th>组</th><th>腕足类</th><th>珊瑚</th><th colspan="2">头足类</th></tr>
<tr><td rowspan="2">D_3</td><td rowspan="4">塔尔巴格特组</td><td rowspan="2">⑥Cyrtospirifer－Tenticospirifer组合带</td><td rowspan="5"></td><td rowspan="2">大民山组</td><td rowspan="2">Sporadoceras－Prionoceras组合带</td></tr>
<tr></tr>
<tr><td rowspan="4">D_2</td><td rowspan="2">⑤Mucrospirifer－Elytha组合带</td><td rowspan="10" colspan="2"></td></tr>
<tr></tr>
<tr><td rowspan="8">泥鳅河组</td><td rowspan="2">④Fimbrispirifer－Uncinulus组合带</td></tr>
<tr><td rowspan="2">③Zonophyllum－Siphonophrentis组合带</td></tr>
<tr><td rowspan="6">D_1</td><td rowspan="2">③Paraspirifer－Rhytistrophia组合带</td></tr>
<tr><td rowspan="3">②Favosites－Pseudochonophyllum组合带</td></tr>
<tr><td rowspan="2">②Isorthis－Leptocoelia组合带</td></tr>
<tr></tr>
<tr><td rowspan="2">①Protathyris－Cymostrophia组合带</td><td rowspan="2">①Tryplasma－Thamnopora组合带</td></tr>
<tr></tr>
</table>

该组合带腕足类化石丰富，以中型或较大型的个体为显著特征，区别于其下小个体的第②组合，是早泥盆世晚期最高层位的腕足类组合带，共生的门类主要为珊瑚，三叶虫等。

④*Fimbrispirifer*－*Uncinulus* 组合带

主要属种有：*Fimbrispirifer divaricatus*，*Uncinulus nalivkini*，*Coelospira dongbeiensis*，*Leptostrophia* sp.，*Cyrtina* sp.，*Schuchertella* cf. *altaica*，*Atrypa* sp.，*Stropheodonta*，*Leptaenopyxis* cf. *bouei*，*Camaratoechia* sp.，*Acrospirifer* sp.，*Gypidula*，*Leptaena*，*Paraspirifer* cf. *gigantea*，*Howellella subgvegaria* 等，产自泥鳅河组最上部层位，即敖包亭浑迪剖面的5—7层，才伦郭少南剖面的6—7层，温多尔敖包特剖面（15－0092－4－3）的1—11层。

该组合带分布广泛，是泥鳅河组最高层位腕足组合带，并与珊瑚、苔藓虫化石等共生，地质时代为中泥盆世早期。

⑤*Mucrospirifer*－*Elytha* 组合带

主要属种有：*Mucrospirifer paradoxiformis*，*M. mucronatus*，*Khinganospirifer* sp.，*Tridensilis*，*Eleuthrokomma gebiqinensis*，*Elytha fimbriata*，*Acrospirifer orthagonalis*，*A. pseudochieecheil*，*Leptostrophia* sp.，*Uncinulus nulticostatus*，*U.* ex gr. *ustriskii*，*Cupularostrum ovalis*，*C.* aff. *contracta*，*Spinulicosta tenuicosta*，*Tastaria transversa*，*Schuchertella meritella* 等，产自塔尔巴格特组下部层位。塔尔巴格特剖面（15－0090－4－1）的7—9层，阿尔格勒图查干陶勒盖剖面（15－0090－4－4）的第10层。毛伊林陶勒盖剖面（15－0090－4－3）的第2层。

该组合带以 *Mucrospirifer* 的大量存在为主要特征，共生有珊瑚、苔藓虫等生物，分布在

东乌珠穆沁旗地区，地质时限为中泥盆世晚期。

⑥*Cyrtospirifer - Tenticospirifer* 组合带

主要属种有：*Cyrtospirifer disjunctus*，*C.* sp.，*Tenticospirifer* cf. *tenticulum*，*T. tenticuliformis*，*T. khalfini*，*T. markovskii*，*Eospirifer* sp.，*Eleuthrokomma* aff. *reidfordi*，*E.* aff. *killeri*，*Schizophoria tulliensis*，*Chonetes* sp.，*Schuchertella chemungensis* 等，产自塔尔巴格特组上部层位，才伦郭少剖面（15-0090-4-2）的4—6层，及大民山组的中下部。

该组合带是本区泥盆纪的最高层位的腕足类组合带，相当于塔尔巴格特组上部，大民山组中下部沉积，东乌珠穆沁旗地区、牙克石地区均有分布，地质时限为晚泥盆世早期，共生有少量的珊瑚、苔藓虫化石。

珊瑚

划分3个组合带，由老到新叙述如下：

①*Tryplasma - Thamnopora* 组合带

主要属种有：*Tryplasma hercynica*，*T.* cf. *karcevae*，*Syringopora schmidit*，*S. xiguitensis*，*Amplexiphyllum* sp.，*Siphonophrentis zhadunheensis*，*Diplochone bayenheshaoensis*，*Spongophylloides dubroviensis*，*Favosites preplacenta*，*F. alpina*，*F. sibiricus*，*F.* aff. *kanjakensis* var. *minima*，*F. brusnizim*，*Pachyfavosites vilvaensis*，*Thamnopora beliakovi*，*T. minima*，*T. proba*，*Coenites pulcher*，*Neomultithecopora minor*，*Oculipora unurensis*，*Caliapora idonea* 等，产自泥鳅河组最下部的层位，扎敦河林场西北剖面（15-0092-4-6）的第13层。地质时限早泥盆世中晚期，与腕足类 *Protathyris - Cymostrophia* 组合带分子共生。其次还有三叶虫 *Proetus*，鹦鹉螺 *Neocycloceras*，*Poteriocerina*，*Coelocyrtoceras*，*Dolorthoceras* 等。

②*Favosites - Pseudochonophyllum* 组合带

主要属种有：*Favosites goldfussi*，*Pseudochonophyllum* sp.，*Stelliporella* ? cf. *ataiformis*，*Syringopora* sp.，*Pachyfavosites vilvaensis*，*Heliolites* sp.，*Hallia* sp.，*Lyrielasma* sp.，*Amplexiphyllum hamiltoniae*，*Cladopora*，*Leptoinophyllum* sp.，*Papiliophyllum*，*Fasciphyllum*，等。属种数量繁多，其骨骼构成了乌奴耳灰岩礁体。共生化石很少、仅有少量层孔虫，地质时限早泥盆世晚期。

③*Zonophyllum - Siphonophrentis* 组合带

主要属种有：*Zonophyllum duplicatum*，*Siphonophrentis yandelli*，*S. dongwuqiensis*，*Schlotheimophyllum*，*Favosites fedotori*，*Cladopora*，*Zaphrentis*，*Metriophyllum*，*Keriophyllum*，*Breviphyllum tenwistriatum*，*Cyathophyllum normale*，*Wedeknidophyllum*，*Nardophyllum*，*Disphyllum*，*Sinochlamydophyllum crassiseptatum*，*Neostringophyllum coelotabulatum*，*Squameofavosites*，*Cladopora*，*Thamnopora* 等。产自泥鳅河组的中上部层位，才伦郭少南剖面（15-0092-4-8）的5—6层，敖包亭浑迪剖面（15-0092-4-2）的第4层、温多尔敖包特剖面（15-0092-4-3）的第1层，主要赋存礁灰岩中。

该组合珊瑚化石较多，既有早泥盆世晚期的分子，又有中泥盆世早期的分子，以四射珊瑚为主，时代为早泥盆世晚期到中泥盆世早期。共生的化石有腕足类，苔藓虫，层孔虫等。

头足类

只有1个组合带 *Sporadoceras - Prionoceras* 组合带。

主要属种有 *Sporadoceras biferrum*，*S. pompeckji*，*S. latilobatum*，*S. rotundum*，*S. xinganense*，*S. munsteri*，*S. contiguum*，*S. daminshanense*，*Tornoceras* (*Protornoceras*) sp.，*T.*

(*P.*) *planidorsatum* var. *euryomphala*, *Michelinoceras* sp., *Prionoceras*, *Hesperoceras xinganense*, *H. daminshanensis*, *H. zhadunense*, *Sinotites*, *Sunotites*, *Platyclymenia*, *P.* (*P.*) *walcotti*, *Eoschizodus*, *Piriclymenia* ? *xinganense*, *Imitoceras*, *Cheiloceras subpartitum* 等，产自大民山组的中部层位，扎敦河左岸大民山东侧剖面（15-0089-4-1）的 48—53 层。时代为晚泥盆世早期。共生生物有珊瑚：*Nalivkinella daminshanensis*, *Peneckiella* cf. *minima* 等；三叶虫：*Trimerocephalus* sp.。

第三节 地层横剖面及问题讨论

从晚志留世卧都河组沉积始到早石炭世红水泉组，莫尔根河组结束，这个时期的地层由碎屑岩夹碳酸盐岩建造和火山碎屑岩建造，硅质-火山岩建造组成。晚志留世，以含 *Tuvaella* 为特色的卧都河组广泛分布于东乌珠穆沁旗到额尔古纳右旗，是一稳定的滨浅海环境。小兴安岭地区早泥盆世地层连续沉积在卧都河组之上，而在内蒙古境内没有见到连续沉积的现象。牙克石市乌奴耳、扎敦河林场一带，泥盆纪泥鳅河组不整合于中上奥陶统的裸河组之上，沉积物较细，以粉砂岩夹灰岩、泥灰岩为主，在乌奴耳地区还形成了一定规模的礁灰岩；东乌珠穆沁旗地区到早泥盆世中晚期才开始接受沉积，泥鳅河组底部以粗碎屑岩为主，局部还夹有一些火山岩，凝灰质成分也较高，推测海水由东北向西南方向侵入，中泥盆世早期海侵达到高潮，生物繁盛，沉积稳定，形成了泥鳅河组在区域上的广泛分布。中泥盆世晚期，区内的沉积开始有所分异，东乌珠穆沁旗地区地壳抬升，形成了海退序列的塔尔巴格特组，沉积区越来越小，不少地区已露出水面成为陆地，陆生植物开始发育。牙克石地区，地壳开始活动，海底火山时有喷发，并且越来越强，石英角斑质熔凝灰岩、火山角砾岩、铁质硅质岩、放射虫硅质岩、陆源碎屑岩，生物碎屑灰岩相伴而生。从中泥盆世晚期开始，海底富钠火山岩、放射虫硅质岩大量出现。从中泥盆世晚期到早石炭世，东北部牙克石地区强烈下降，形成了一近南北向的拗陷深水区，沉积了大民山组和莫尔根河组的硅质-火山岩建造。而在陆架区，仍然发育了陆源碎屑岩和生物灰岩。早石炭世末期，海槽褶皱回返，结束了这一短暂的沉积历史。晚泥盆世晚期陆生植物开始繁盛，茎叶经常被水流带入海盆边缘，形成了海陆交互相，滨岸相的安格尔音乌拉组，在牙克石市布格图一带直接覆盖在大民山组之上，其上又连续沉积了早石炭世的红水泉组。与此同时，在贺根山一带，从早泥盆世到晚泥盆世，发育了三位一体的蛇绿岩套；晚泥盆世晚期，在贺根山俯冲带开始发生蛇绿岩套侵位，侵位一直到早二叠世早期结束，形成了如今在构造上具有的重要意义的贺根山蛇绿岩岩群（图 4-1）。

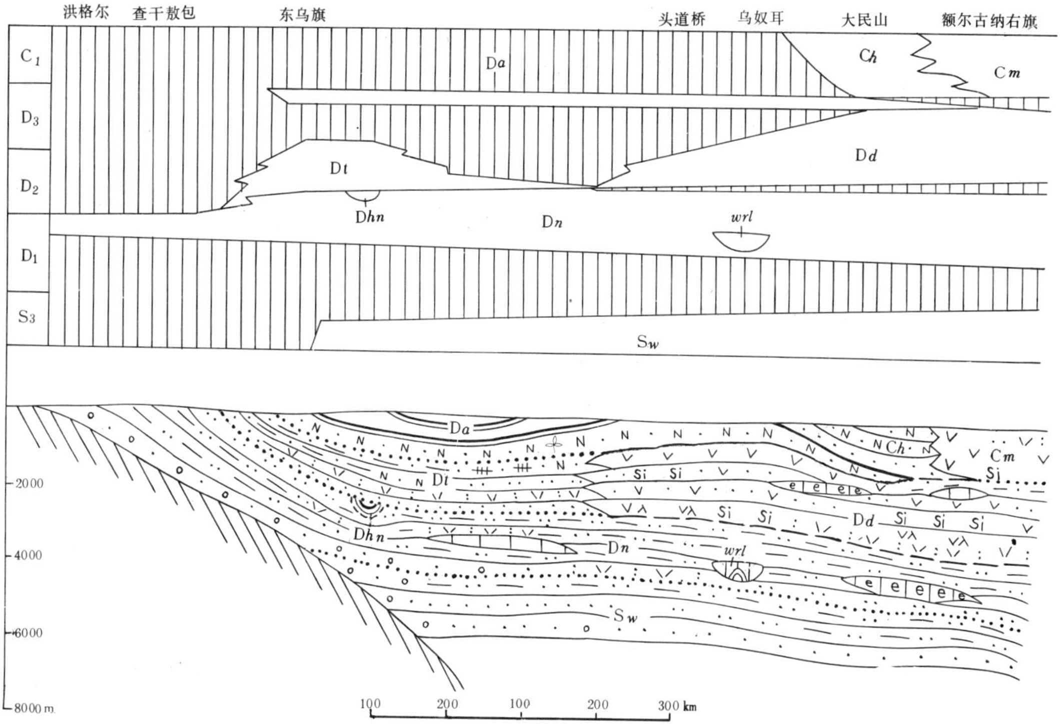

图 4-1　洪格尔—额尔古纳右旗晚志留世—早石炭世自然断代沉积模式图

Sw. 卧都河组；*Dn*. 泥鳅河组；*Dhn*. 哈诺敖包组；*Dt*. 塔尔巴格特组；

Dd. 大民山组；*Da*. 安格尔音乌拉组；*Ch*. 红水泉组；*Cm*. 莫尔根河组；*wrl*. 乌奴耳礁灰岩

第五章
晚石炭世—三叠纪

由于兴安地层区南部和北部在晚古生代时构造环境的差异，南部东乌-呼玛地层分区位于西伯利亚板块南侧增生带的边缘，其南侧便是分隔西伯利亚板块和华北板块缝合线（带）的位置。晚石炭世出现一套陆相中酸性火山岩、火山碎屑岩以及砂、板岩，含 *Angaropteridium*，*Noeggerathiopsis* 等安格拉型植物化石，称宝力高庙组；含腕足类和植物化石的滨海与浅海相的碎屑岩称格根敖包组。北部额尔古纳地层分区和达来-兴隆地层分区缺失二叠纪地层，晚石炭世为河湖相、海陆交互相的砂、页岩盖层以安格拉型植物化石占优势，称新伊根河组；早三叠世的沉积很局限，只零星见于达来-兴隆地层分区内，除湖相碎屑岩的老龙头组外，还发育了一套火山岩为主的哈达陶勒盖组。

第一节　岩石地层单位

宝力高庙组　CP*bl*　（15－0101）

【创名及原始定义】　1960 年，由呼和浩特幅地质队创名，命名地点为东乌珠穆沁旗宝力高庙白云敖包。原始含义为“分布在宝力高庙、小坝梁、达布苏诺尔一带，岩性主要为砂岩、砾岩和火山岩，上、下界不清，出露厚度为 3 000～5 000 m 左右。时代为早二叠世”。

【沿革】　原命名剖面分层粗略，总厚度达 4 800 m 的一套以中酸性火山岩，火山碎屑岩及黑色板岩为主的复杂地层，仅分 3 层，最厚的单层达 2 350 m，用起来较困难。这套地层特征明显，分布广泛，易于填图，被 1：20 万区域地质调查广泛使用。由于层型剖面只提供了岩石的组合特点，所以，在宝力高庙组的分布地区，不同研究者，对它的划分及时代归属，提出许多不同的看法（表 5－1）。本次清理采用谢同伦（1963）的方案，时代改为晚石炭世至早二叠世。

【现在定义】　指分布于东乌珠穆沁旗地区，以不整合或喷发不整合分别覆于泥盆纪安格尔音乌拉组、泥鳅河组以及更老地层之上的陆相中酸性火山熔岩、火山碎屑岩和正常沉积的碎屑岩，它们相间或交互出现。其顶部被林西组或中生代地层覆盖。

【层型】　正层型为东乌珠穆沁旗宝力高庙白云敖包剖面（116°24′，45°16′）。此剖面为 1：100万区调资料，作为层型尚有许多不足之处，但因地处偏僻，难以补充新的资料。现选取阿巴嘎旗乌兰敖包剖面作为次层型（114°36′，45°16′；据内蒙古区调一队，1979）。

表 5-1　宝力高庙组的岩石地层划分沿革

呼和浩特幅地质队	谢同伦	内蒙古区调一队	黑龙江省区调二队	杨道荣	本书	
1960	1963	1979	1975	1991		
白云敖包	格根敖包	二连北	尕拉城	尕拉城	东乌-呼玛地区分区	
宝力高庙组	哥根鄂博组（海相） 宝力高庙组（陆相）	宝力格庙组 ~~~~~~~~ 洪敖包组	双龙山组	伊根河组	P_1 | C_2	格根敖包组（海相） 宝力高庙组（陆相）

宝力高庙组　　总厚度 1 384.41 m

20. 深灰色英安质晶屑凝灰岩夹薄层凝灰质细砂岩（未见顶）　　>72.61 m
19. 灰黑色英安质凝灰岩　　15.42 m
18. 深灰色、灰黑色英安质含砾晶屑凝灰岩　　36.12 m
17. 灰—灰黄色英安质晶屑凝灰岩　　78.01 m
16. 灰黑色、灰绿色英安质岩屑晶屑凝灰岩　　65.84 m
15. 灰黑色英安质流纹岩　　31.11 m
14. 深灰色英安质火山角砾凝灰岩　　38.38 m
13. 灰色、深灰色英安质岩屑晶屑凝灰岩　　17.42 m
12. 深灰色英安岩　　>34.20 m
11. 灰色、黄灰色凝灰质含砾砂岩　　>157.10 m
10. 灰黑色安山质含角砾岩屑晶屑凝灰岩夹黑色条带状粉细砂质硅泥岩　　>65.14 m
9. 灰黄色英安质含角砾岩屑晶屑凝灰岩夹黑色条带状粉细砂硅泥岩　　111.84 m
8. 褐黄色、灰色层凝灰岩　　103.74 m
7. 上部暗灰色蚀变安山岩。下部灰色、褐黄色层凝灰岩　　106.60 m
6. 黄绿色层凝灰岩夹流纹岩　　59.58 m
5. 灰黑色硅质粉砂质板岩与层凝灰岩互层　　138.82 m
4. 层凝灰岩夹薄层粉细砂硅泥岩　　135.67 m
3. 灰黑色碳质粉砂质板岩与黄绿色层凝灰岩互层　　67.16 m
2. 灰黑色含粉砂碳质板岩夹薄层层凝灰岩产：*Paracalamites* sp.，*Noeggerathiopsis derzavinii*，*N. angustifolia*，*N. latifolia* 等　　33.78 m
1. 紫色砾岩　　15.87 m

~~~~~~~~ 不 整 合 ~~~~~~~~

下伏地层：**裸河组**　变质砂岩

【地质特征及区域变化】　剖面中由下至上可以看到，在乌兰敖包附近本组先是砾岩直接不整合于奥陶纪变质砂岩之上，然后是粉砂岩、碳质和硅泥质沉积，并出现较多的植物化石。其中空落薄层火山灰（凝灰岩）的产出，拉开了火山堆积的序幕。接着出现溢流相熔岩，然后是大量崩落堆积，在火山活动的间歇期仍有与之密切相关的硅泥质沉积。最后是大规模爆发相火山碎屑物，火山活动达到高潮。纵向上这一顺序，反映了火山活动由弱到强的过程。横向上火山活动中心位于宝力高庙一带，由此向西南至洪敖包直到蒙古国境内，向东北到尕拉
~~~~~~~~

城直至黑龙江省境内，正常碎屑岩逐渐增多。然而不论正常碎屑岩与火山岩的比量如何变化，在该分区内，把它们统称为宝力高庙组是合适的。否则不但会导致新的混乱和不必要的争论，还将人为地制造填图困难；同时也不易揭示火山活动的内在规律。由于火山构造的走向迁移，宝力高庙组的层位也从西南向东北有变新之势。这一变化规律的产生可能与西伯利亚板块与华北板块两者的剪刀式缝合过程相一致。宝力高庙组黑灰色板岩及粉砂岩中，常含有安格拉型植物化石，主要有 *Noeggerathiopsis* sp.，*Angaropteridium cardiopteroides*，*Angaridium potaninii*，*Neuropteris* sp. 等。宝力高庙组的时代为晚石炭世，其顶界可能延入早二叠世。

新伊根河组　C*x*　(15－0108)

【创名及原始定义】　黑龙江省区调二队 1981 年命名，命名地点为内蒙古额尔古纳右旗伊力根牧场。原始定义指“零星出露于额尔古纳右旗的上石炭统陆相及海陆交互相碎屑岩，主要岩石为泥质粉砂岩、细砂粉砂岩夹细、中砾岩，含植物化石。控制厚度 1418.3 m，上、下界不清”。

【沿革】　1985 年，黑龙江省区调二队又将新伊根河组下部的海相层划出，另名为伊根河组，其后又被杨道荣（1991）并入谢尔塔拉组。本次清理认为原命名的含义符合岩石地层单位划分的原则，后来的改动并不十分必要，因此，在采用原名的同时，仅做些内容上的补正。

【现在定义】　指分布于大兴安岭地区以平行不整合覆于红水泉组之上的晚石炭世陆相或海陆交互相的碎屑岩组合，含安格拉型植物化石，顶部常被中生代火山岩覆盖。

【层型】　正层型为额尔古纳右旗伊力根牧场西南新建附近剖面（121°51′，50°13′；据黑龙江省区调二队 1985 年重测资料）。

新伊根河组	总厚度＞449.06 m
38. 灰黄、绿灰黄色含粉砂变泥质岩（上界被吉祥峰期次火山岩穿入）	＞10.60 m
37. 灰、灰黑色变泥质粉砂岩	＞12.40 m
36. 灰色变泥质粉砂岩	＞308.66 m
35. 黑色粉砂泥质岩	7.36 m
34. 灰黑色细砂粉砂岩	15.52 m
33. 灰黄杂色细中砾岩	1.82 m
32. 灰、灰黑色变粉砂泥质岩，含植物化石 *Angaropteridium cardiopteroides*，*Noeggerathiopsis* sp.，*Paracalamites* sp.，*Tingia*? *gerardi*	8.09 m
31. 灰色细中砾岩	0.66 m
30. 灰黑色粉砂岩	4.37 m
29. 灰、杂色细中砾岩	70.93 m
28. 灰、灰黑色粉砂岩	0.36 m
27. 灰、杂黑色粉砂岩	1.75 m
26. 灰、灰黑色粉砂岩	2.99 m
25. 灰、杂色细中砾岩	＞2.19 m
24. 杂色细中砾岩	＞0.88 m
23. 灰黄色变粉砂泥质岩	0.19 m
22. 杂色细中砾岩	0.29 m

———————　平行不整合　———————

下伏地层：**红水泉组**　粉砂岩

【地质特征及区域变化】 正层型剖面为正常沉积的河湖相碎屑岩，下部中砾岩夹粉砂岩；上部多为泥质岩、粉砂岩，厚度450m。含 *Paracalamites* sp.，*Angaropteridium cardiopteroides*，*Noeggerathiopsis* sp. 等晚石炭世常见的安格拉型植物化石；其底界以砾岩为标志，呈平行不整合覆于红水泉组之上。新伊根河组分布局限，只零星见于加格达奇至海拉尔一带。岩性稳定，结构较细，常含铁质结核。由于剖面多出露不全，控制的厚度变化较大。

格根敖包组 CP*g* (15-0105)

【创名及原始定义】 系谢同伦①1963年在东乌珠穆沁旗盐池北山的格根敖包创建，创名时称哥根鄂博组。其原始定义是"主要由火山物质组成，下部是熔岩，中、上部是碎屑岩，海相动物与陆相植物化石共生，上、下限不清，时代属晚石炭世。"

【沿革】 谢同伦（1963）创名时，由于旧版地形图注记的原因，当时称"哥根鄂博组"。但因地质界及当地各界人士均使用格根敖包一名，按习惯，则称格根敖包组。1973年，苏君伯、魏书章在贺根山地区该套地层中采到早二叠世腕足类化石，据此划归下二叠统，并将该地的格根敖包组分为5个岩段（苏君伯）或4个岩段（魏书章）；1978年，内蒙古地层表编写组将上述划分的一、二岩段置于中上石炭统，余者改称盐池北山组。其划分和归属虽有较大变化，但填图时易于掌握。所以，本次清理把这套海相火山-碎屑岩仍称格根敖包组，不再用"盐池北山组"。

【现在定义】 指分布于东乌珠穆沁旗地区含腕足动物和少量植物化石的一套海相火山岩及碎屑岩组合，主要为安山质熔岩、凝灰质碎屑岩和英安质火山碎屑岩，局部夹生物灰岩透镜体，顶、底关系不清。

【层型】 正层型为东乌珠穆沁旗盐池北山格根敖包剖面（116°24′，45°15′；据谢同伦，1963）。

格根敖包组	总厚度1 943 m
21. 暗绿色、深灰色岩屑晶屑凝灰岩（上部）及黄色、淡黄绿色中粒长石砂岩（下部）	58 m
20. 深灰色岩屑晶屑凝灰岩，上部为一层灰绿色粗砂岩，下部为一层淡黄色细砾岩	56 m
19. 深灰色岩屑晶屑凝灰岩，含植物 *Noeggerathiopsis* sp.，中夹一层黑色凝灰质粉砂岩。凝灰岩中产腕足类碎片。	101 m
18. 黑色凝灰质粉砂岩	44 m
17. 深灰色岩屑晶屑凝灰岩	21 m
16. 掩盖	83 m
15. 黑色凝灰质粉砂岩，夹中粗粒长石砂岩及岩屑晶屑凝灰岩	123 m
14. 深灰色砂砾岩	43 m
13. 黑色凝灰质粉砂岩，含植物 *Noeggerathiopsis* sp.；富产腕足类 *Brachythyrina* aff. *strangwaysi*，*Camerophoria purdoni*，*Spiriferina* cf. *mongolica*	52 m
12. 深灰色、灰绿色杂砂质粗砂岩，下部为砂砾岩	94 m
11. 深灰色砾岩	19 m
10. 黑色凝灰质粉砂岩，含 *Noeggerathiopsis* sp. 碎片，下部为淡紫色岩屑晶屑凝灰岩，含苔藓虫 *Fenestella* sp.	101 m
9. 黑色凝灰质粉砂岩，夹凝灰质细砂岩及钙质砂岩，含腕足类 *Spiriferina* cf. *mongolica*，	

① 谢同伦，1963，东乌珠穆沁旗地区古生代地层研究报告，未刊。

Avonia sp.，*Camerophoria purdoni* 及双壳类 *Carbonicula* sp.，下部为一层砾岩。 175 m

8. 黑色凝灰质粉砂岩，夹凝灰质细砂岩。 51 m

7. 深灰色含岩屑安山岩，夹黑色凝灰质粉砂岩，含腕足类 *Neospirifer tegulatus*, *Meekella timanica*, *Brachythyrina* aff. *strangwaysi*, *Camerophoria purdoni*, *Plicatifera* sp. 48 m

6. 黑色凝灰质粉砂岩，夹砂质灰岩及粗砂岩，底部为一层生物碎屑灰岩，其中含腕足类 *Meekella timanica*, *Brachythyrina* aff. *strangwaysi*, *Buxtonia juresanensis*, *Neospirifer tegulatus*；腹足类 *Bellerophon* sp. 103 m

5. 黄色凝灰质细砂岩 26 m

4. 火山碎屑质凝灰岩，含 *Meekella timanica*.，*Bellerophon* sp. 30 m

3. 安山玢岩 231 m

2. 火山角砾岩 66 m

1. 深灰色安山玢岩（未见底） 418 m

【地质特征及区域变化】 正层型剖面下部是较厚的深灰色安山玢岩夹火山角砾岩，中、上部为凝灰质砂岩、砂砾岩及粉砂岩，含少量灰岩透镜体，多层含腕足类化石；植物化石除单独出现外，时与腕足类同层发现。上述资料反映出格根敖包组与宝力高庙组的区别在于前者为海相地层、其植物化石与腕足类共生说明是近岸的环境。后者则是典型的陆相地层。再者，二者剖面结构、面貌特点，时空分布等十分相似，它们的区别主要在于宝力高庙组的火山岩远多于格根敖包组，而且是陆相喷发岩；后者则是盆地边缘环境下的产物，时代为晚石炭世至早二叠世。

老龙头组 T_1l （15-0211）

【创名及原始定义】 该组是黑龙江省区调二队1976年在黑龙江省龙江县济沁河乡孙家坟东山建立。原始定义：划分三个岩段，“一段以长石石英粗砂岩和复矿砂岩为主，厚100 m；二段为红层，为含绿泥石结核泥质铁质粉砂岩，含砾复矿细砂岩夹中酸性火山岩，厚561 m；三段为粉砂岩，复矿砂岩，绢云板岩夹中酸性火山岩，厚大于140 m；整合于孙家坟组之上。”

【沿革】 1976年黑龙江省区调二队在内蒙古布特哈旗开展1：20万区调时引入了老龙头组，但未划分岩段。本次清理认为老龙头组虽然建于黑龙江省龙江县，但地质体延入本区，并且有一定分布范围，故继续使用老龙头组。其标志是以灰紫色、黄绿色为主体的正常沉积碎屑岩夹中酸性火山岩地层。将原老龙头组中的灰黑、灰绿色砂板岩划归林西组。

【现在定义】 指分布于黑龙江省龙江、嫩江、黑河、逊克等地，整合在林西组之上，以正常沉积碎屑岩为主夹中酸性火山岩和紫色层的一套地层。产非海相双壳类化石。未见顶，底以其特有的紫色层出现与林西组分界。内蒙古是指分布于布特哈旗、阿荣旗一带的一套陆相沉积岩夹火山岩地层。下部以灰紫、灰绿色细碎屑岩夹火山碎屑岩，含叶肢介和双壳类化石；上部为灰紫色中酸性火山岩夹碎屑岩。其下与林西组灰黑色、灰绿色砂板岩整合接触，未见顶。

【层型】 本区次层型为扎兰屯市卧牛河乡刘家崴子剖面（15-0211-4-1）。

【地质特征及区域变化】 老龙头组以湖相细碎屑岩，含双壳类 *Palaeanodonta* sp.，*Palaeomutela* sp.；叶肢介 *Diaplexa* sp.，*Notocrypta* sp.，*Bipemphygus* sp. 及植物化石等，与中酸性火山碎屑岩及少量中酸性火山熔岩为特征，横向不稳定，厚度变化大。

老龙头组在区域上分布局限，仅见于布特哈旗的刘家崴子、哈拉苏、小栾沟、龙头北山及华他营子，向东北延入阿荣旗。地层厚度自西向东，自南向北逐渐变薄，火山物质由少变多。时代为早三叠世。

哈达陶勒盖组　*Thd*　(15－0210)

【创名及原始定义】　吉林省区调队1980年在科尔沁右翼前旗索伦镇哈达陶勒盖建组。原始定义为“火山喷发-沉积形成的一套火山岩地层，岩性为安山岩、安山质或英安质凝灰岩、熔结凝灰岩、凝灰熔岩夹粉砂岩和页岩及凝灰质砂岩，页岩中含叶肢介化石，厚度大于1 595.8 m，上、下限不清”。

【沿革】　内蒙古区调二队于1986—1989年在开展索伦军马场幅和一二五公里幅1∶20万区调时，以及《内蒙古地质志》(1991) 中均沿用哈达陶勒盖组，本次对比研究也沿用哈达陶勒盖组。

【现在定义】　为火山喷发-沉积形成的一套火山岩地层，岩性为安山岩、安山质或英安质凝灰岩、熔结凝灰岩、凝灰熔岩夹粉砂岩和页岩及凝灰质砂岩，页岩中含叶肢介化石。其上、下界不清。

【层型】　正层型为科尔沁右翼前旗索伦镇哈达陶勒盖剖面 (120°57′，46°57′；吉林省区调队，1980)。

哈达陶勒盖组	总厚度 358 m
23. 深灰色绿帘石化安山岩 (未见顶)	65.7 m
22. 灰色蚀变安山岩	10.1 m
21. 深灰色安山岩	15.3 m
20. 紫色斑状安山岩	5.6 m
19. 青灰色绿帘石化斑状安山岩	28.5 m
18. 灰绿色页岩、含叶肢介化石	5.7 m
17. 灰绿色凝灰质细砂岩	7.9 m
16. 青灰色凝灰质细砂岩	5.7 m
15. 灰白色含砾凝灰质细砂岩	1.1 m
14. 紫色粉砂岩，含叶肢介化石	0.5 m
13. 灰白色含砾砂岩	0.3 m
12. 灰绿色页岩，含叶肢介化石 *Loxomicroglypta* sp.	0.8 m
11. 黄绿色页岩	1.2 m
10. 紫色粉砂岩，含叶肢介化石 *Loxomicroglypta* sp. ，*Dictyostrixca* sp.，*Rhyssetheria* sp. *Anyuanestheria* sp.	1.2 m
9. 紫色中细粒凝灰质砂岩	7.9 m
8. 杂色—紫色绿帘石化压碎英安质凝灰熔岩	13.4 m
7. 英安质熔结凝灰岩	13.4 m
6. 英安质晶屑岩屑凝灰岩	13.4 m
5. 灰黑色英安质含角砾熔结凝灰岩	35.9 m
4. 灰黑色斑状安山岩	10.6 m
3. 灰紫色斑状安山岩	16.7 m
2. 灰黑色安山质角砾熔岩	58.3 m
1. 灰绿色斑状安山岩 (未见底)	38.8 m

【地质特征及区域变化】　哈达陶勒盖组主要由火山爆发至溢流相的中性及酸性火山岩组

成，在喷发间歇期形成的沉积层以凝灰质砂岩、粉砂岩及页岩为主，并含有叶肢介化石。厚度大于 1 595.0 m。该组仅分布在哈达陶勒盖一带，面积不足 300 km^2，岩性及地层厚度在横向上均有一定变化。时代为早三叠世。

第二节　生物地层与年代地层

本区晚石炭世—三叠纪的地层发育不全，出露零星，古生物资料稀少亦不系统，难以建立连续的生物地层单位，但一些属、种对于研究岩石地层单位的时限以及进行区域对比还是有意义的。格根敖包组的腕足类、宝力高庙组、新伊根河组的植物化石，老龙头组的双壳类以及哈达陶勒盖组的叶肢介化石等都是十分宝贵的古生物资料，但它们构不成生物地层单位，只能暂称为组合（表 5-2）。

腕足类：*Neospirifer* - *Brachythyrina* 组合

该组合产于格根敖包剖面中部层段的凝灰质粉砂岩中，除参加命名的 2 属外，尚有 *Spiriferina* sp.，*Buxtonia* sp.，*Meekella* sp.，*Plicatifera* sp.，*Stenoscisma* sp. 等，与其共生的还有少量的苔藓虫、腹足类以及 *Noeggerathiopsis* 等植物化石。其总体面貌，显示了晚石炭世的色彩；但李莉、谷峰（1976）研究了上述化石标本以后，认为是早二叠世的产物，鉴定的化石名单亦不相同。综合考虑后，现将含该腕足类组合的格根敖包组的时代确定为晚石炭世至早二叠世。

表 5-2　生物组合简表

	腕足类	双壳类	叶肢介	植物
T_{1-2}		*Palaeomutela* - *Palaeanodonta* 组合（老龙头组）	*Dictyostrixca* - *Rhyssestheria* 组合（哈达陶勒盖组）	
P_2				
P_1				
C_2	*Neospirifer* - *Brachythyrina* 组合（格根敖包组）			*Angaropteridium* - *Noeggerathiopsis* 组合（宝力高庙组、新伊根河组）

双壳类：*Palaeomutela* - *Palaeanodonta* 组合

这是一个西伯利亚型非海相双壳类组合，在大兴安岭地区它产于老龙头组的泥质岩和泥质粉砂岩中，它的特点是属、种分异度很低，只发现 3—5 个属，但其个体则很丰富，常与 *Callipteris* 和 *Noeggerathiopsis* 等植物化石共生，因此，习惯上认为它的时代为晚二叠世（梁仲发，1982）。但黑龙江省地层清理项目组认为老龙头组的这个双壳类组合产出的层位要高，因为在它的层位之下曾发现晚二叠世晚期的 *Comia* - *Callipteris* 植物组合，据此将老龙头的时代修订为早三叠世。考虑到 *Palaeomutela* - *Palaeanodonta* 组合广泛地见于锡林浩特至林西一带的林西组，因此，这个双壳类组合的延续时限应当是晚二叠世至早三叠世。含这个生物组合的林西组的顶部和老龙头组的下部在时代上可能是相当的。

叶肢介：*Dictyostrixca* - *Rhyssestheria* 组合

这个叶肢介组合产于大兴安岭哈达陶勒盖组中部层段的粉砂岩和页岩中，只发现 4 个属，除上述组合分子外，还有 *Loxomicroglipta* sp.，*Anyuanestheria* sp. 等。这个组合具有明显的中生代动物群的色彩，*Loxomicroglipta* 在亚洲出现于晚二叠世至侏罗纪；而 *Dictyostrixca* 和 *Anyuanestheria* 则常见于世界各地的三叠纪沉积中。因此有理由认为这是一个中生代初始阶段的叶肢介组合，确定为早三叠世是合适的。

植物：*Angaropteridium* - *Noeggerathiopsis* 组合

主要属种为：*Angaropteridium cardiopteroides*，*A. reniformum*，*Noeggerathiopsis derzavinii*，*N. angustifolia*，*N. latifolia*，*Angaridium potaninii*，*A. submongolicum*，*Paracalamites*，*Tingia gerardi*，*Neuropteris* 等，为典型的安格拉植物群，混生有少量的华夏植物群分子，产于宝力高庙组、新伊根河组。如：扎兰屯市萨马街乡尕拉城剖面（15 - 0101 - 4 - 5）宝力高庙组的 2—3 层，阿巴嘎旗乌兰敖包剖面（15 - 0101 - 3）的 3 层；额尔古纳右旗依力根牧场西南新建附近剖面（15 - 0108 - 4 - 1）新伊根河组的 32 层，时代为晚石炭世。由于 *Noeggerathiopsis* 常与 *Callipteris* 等晚二叠世的植物共生，所以这个组合不排除延续到早二叠世早期的可能。

第三节　问题讨论

由于出露零星，无法编制区域地层横剖面图，仅就如下几个问题做一些简单地讨论：

（一）宝力高庙组与格根敖包组的时空关系，一直是大家关注的问题。陆相中酸性火山岩夹黑色砂板岩的宝力高庙组与格根敖包组剖面下部的海底喷发的安山玢岩，在层位上很可能是相当的，残留海湾形成的格根敖包组的腕足类与大量见于宝力高庙组的 *Noeggerathiopsis* 等安格拉植物群的分子共生，至少说明它们有一部分层位是侧向的相变关系。联系到与华北板块北缘增生带石炭纪地层发育的时空顺序，大体上与两大板块的对接过程及侧向扩展相吻合。只是格根敖包组作为残留海的产物，其上部层位要高于宝力高庙组，其时限应延到早二叠世。

（二）关于早三叠世老龙头组的问题

由于古生代和中生代综合地层区划原则的不同，使得连续沉积的晚二叠世的林西组和早三叠世的老龙头组在分布上跨越了不同的地层大区，但叙述时依它层型剖面在本书中首次出现时为先，描述它的全部特征。它与陆相火山岩为主的哈达陶勒盖组是大致同时（后者可能晚一些）形成的岩相、建造差异较大的两套地层，它们与吉林省早三叠世的卢家屯组无法对比，因此老龙头组很值得进一步研究。

第六章
侏罗纪—白垩纪

内蒙古中东部在中、新生代时期主要受太平洋板块挤压作用的影响，形成了北东向较大型沉积盆地及北北东向小型断陷盆地。火山喷发带走向亦近北东方向。因此内蒙古中东部的侏罗纪—白垩纪地层特征具有明显的一致性，本次对比研究作为一个地层分区，称大兴安岭-燕山地层分区。并进一步根据沉积类型及火山活动规律划分为4个小区。本章侏罗纪—白垩纪自然断代的范围指全国地层区划中的北疆-兴安地层大区。共包括5个组。

第一节　岩石地层单位

塔木兰沟组　*Jtm*　(15-0259)

【创名及原始定义】　黑龙江省区调二队王荣富等1981年创名，命名地点在呼伦贝尔盟牙克石市绰尔镇塔木兰沟。原始定义“指火山岩夹沉积岩，岩性为灰绿色杏仁状、致密块状更长玄武岩及其角砾岩，粗安岩夹灰黑色粉砂泥质岩薄层，最大厚度1640 m，下界整合于中侏罗世南平组之上，上界被中晚侏罗世吉祥峰组整合覆盖，时代为中晚侏罗世。”

【沿革】　1981年至1989年内蒙古区调一队在额尔古纳左旗、额尔古纳右旗地区；内蒙古区调二队在满洲里市、新巴尔虎右旗地区开展1∶20万区调时，认为塔木兰沟组是南平组之上，木瑞组之下的中基性火山岩夹火山碎屑岩及沉积岩，扩大了塔木兰沟组原始含义。黑龙江省区调二队（1985）提出南平组之上，木瑞组之下存在两套中基性火山岩，中间夹酸性火山岩。下面一套中基性火山岩为塔木兰沟组，上面一套中基性火山岩又新命名为玄武岩组，同年又改称瓦拉干组，中间的酸性火山岩称吉祥峰组。内蒙古区调一队同期在陈巴尔虎旗北部改瓦拉干组为七一牧场组。本次清理经野外核查证明在该地区尚无两套酸性火山岩夹一套中基性火山岩的连续剖面，原划为七一牧场组（瓦拉干组）的剖面，其层序多是下部为中基性火山岩（称七一牧场组或瓦拉干组），上部为酸性火山岩（称吉祥峰组）。同时原划吉祥峰组多分布在大兴安岭主脊及其附近地带，并以次浅成侵入体为主体岩石特征。因此用吉祥峰组这样一套在区域上延伸极不稳定的火山颈相产物作为标志层来区分上下两套溢流相夹沉积相的岩石地层是不合适的，区域上没有可填图性，所以本次清理将原划七一牧场组（瓦拉干组）与塔木兰沟组合并称塔木兰沟组，停止使用七一牧场组和瓦拉干组。

【现在定义】 指平行不整合在万宝组之上，被土城子组平行不整合或满克头鄂博组不整合覆盖的中基性火山熔岩、火山碎屑岩夹沉积岩。

【层型】 正层型为呼伦贝尔盟牙克石市绰尔镇塔木兰沟剖面（121°09′，48°06′；黑龙江省区调二队，1981）。

上覆地层：**土城子组** 杂色凝灰质砾岩

——————— 平行不整合 ———————

塔木兰沟组	总厚度 421.40 m
5. 灰绿色更长玄武岩夹 20 cm 之粉砂泥质岩薄层	415.90 m
4. 黑色粉砂泥质岩	3.26 m
3. 灰绿色更长玄武质角砾岩	2.32 m

——————— 平行不整合 ———————

下伏地层：**万宝组** 黄绿色杂砂岩

【地质特征及区域变化】 塔木兰沟组总体为中基性火山熔岩夹火山碎屑岩及不稳定的沉积岩，横向上有从北向南由基性逐渐向中性过渡的特点。各地区厚度变化不大，一般为 400～800 m。在中基性火山熔岩的沉积夹层中含少量植物化石 *Pityophyllum* sp.，*Podozamites* sp. 等。

在额尔古纳左旗木瑞农场为灰绿色、灰黑色、灰紫色橄榄玄武岩、辉石玄武岩、玄武岩，厚度为 609.8 m；哈达图牧场和七一牧场为灰绿色、灰褐色辉石安山岩、玄武安山岩夹凝灰岩及砂砾岩，厚度为 416 m；满洲里市至新巴尔虎右旗地区为灰绿色、灰黑色气孔杏仁状橄榄玄武岩、玄武岩、安山玄武岩、英安岩夹凝灰岩及杂砂岩，厚度为 441 m；东乌珠穆沁旗地区为褐紫色伊丁玄武岩，厚度小于 100 m；霍林河地区为灰色、灰绿色安山玄武岩、安山岩夹凝灰岩，厚度为 858.8 m。

目前共收集塔木兰沟组 K－Ar 全岩年龄 4 个，年龄值为 152～158 Ma，K－Ar 等时线年龄 1 个为 144 Ma，Rb－Sr 等时线年龄 1 个为 145.1 Ma。结合其上普遍被满克头鄂博组不整合覆盖（局部可见土城子组平行不整合其上）而将塔木兰沟组地质时代置于中侏罗世。

龙江组 *Klj* （15－0260）

【创名及原始定义】 1974 年，王五力等创建龙江组，命名地点为黑龙江省龙江县山泉乡一带，原始定义“指南平组之上的陆相中酸性火山岩组合，上部为凝灰岩夹中性熔岩及沉积岩，产热河生物群的叶肢介、介形虫、昆虫等化石，中部为中性熔岩及火山碎屑岩，下部为中酸性熔岩及火山碎屑岩，厚 580～1 250 m”。

【沿革】 龙江组建立后，在使用上一直无大变化。仅含义稍有不同。

【现在定义】 指分布于大兴安岭东坡、小兴安岭西北坡，平行不整合于七林河组之上、光华组之下的陆相中性火山岩组合。在内蒙古指不整合于大磨拐河组之下，白音高老组之上的陆相中酸性火山-沉积岩组合，下部以中性火山岩为主，夹少量酸性火山岩，上部以酸性火山碎屑岩为主夹沉积岩，含热河生物群的化石组合。

【层型】 区内次层型为布特哈旗柞木梁子剖面（15－0260－4－1）。

【地质特征及区域变化】 龙江组延入内蒙古扎赉特旗、布特哈旗地区为一套英安质凝灰熔岩、凝灰岩、安山质凝灰岩夹沉积岩组合，不整合于白音高老组之上，其上与大磨拐河组呈平行不整合接触。在丰荣一带以中酸性火山碎屑岩夹沉积岩为主，厚 832 m。在孔家沟一带以火山碎屑岩、沉积岩为主，厚292.9 m。该组总的变化趋势是：向大兴安岭主峰靠近，地层厚度变薄，中碱性熔岩减少，火山碎屑岩相对增加。含叶肢介 *Plocestheria* sp.，*Dongbeiestheria* sp.；昆虫 *Ephemeropsis trisetalis*，*Coptoclava* sp.；双壳类 *Ferganoconcha sibirica*，*F. subcentralis*，*Sphaerium* cf. *pusilla*；介形虫 *Darwinula contracta*，*Cypridea* sp.，*Ziziphocypris* cf. *simakovi* 等。

龙江组所含动物化石属种均为热河动物群晚期类群中常见分子，结合接触关系其地质时代置于早白垩世。

大磨拐河组　K*d*　(15－0318)

【创名及原始定义】　1951年刘国昌等创名，创名地点在呼伦贝尔盟喜桂图旗大磨拐河（五九煤矿）。当时称大磨拐河煤系，时代为晚侏罗世。原始定义指一套含煤地层，主要由砾岩、砂砾岩、砂岩、粉砂岩、泥岩、碳质泥岩及煤层组成，厚118.7 m，含动物化石。

【沿革】　1959年，宁奇生等在喜桂图旗大磨拐河实测了大磨拐河组剖面，同时将原大磨拐河煤系的下部另称图里河煤系。1973年伊敏煤田会战指挥部将图里河煤系即刘国昌（1951）命名的大磨拐河煤系下部称大磨拐河组，上部称伊敏组。《东北地区区域地层表·黑龙江省分册》(1978)、《内蒙古地质志》(1991）均采用二分方案，即下部为大磨拐河组，上部为伊敏组。本次清理认为这两个组宏观标志明显，野外可分，在区域上有可填图性，因此也沿用两分方案。

【现在定义】　指一套含煤碎屑岩，下部由灰色砾岩、砂砾岩夹粉砂岩、凝灰岩、凝灰质粗砂岩组成，含植物化石；上部以深灰色泥岩、粉砂岩、砂岩为主夹砾岩及煤层或煤线、含植物化石及叶肢介。下与梅勒图组呈平行不整合接触，上与伊敏组或甘河组为连续沉积，局部与甘河组为相变关系。

【层型】　选层型为喜桂图旗大磨拐河剖面（121°27′，49°30′；宁奇生等，1959）。

大磨拐河组	总厚度 501 m
6. 黄灰色凝灰质粗砂岩、砂岩、泥岩互层、夹煤层，含植物 *Acanthopteris onychioides*；叶肢介 *Liograpta* sp.（未见顶）	86 m
5. 灰白、灰黄色砾岩、砂岩、泥岩夹煤层	185 m
4. 灰、深灰色泥岩，夹灰色砾岩、砂岩及煤层	75 m
3. 灰色砂砾岩及泥岩	35 m
2. 砾岩，夹灰白色凝灰质粗砂岩	70 m
1. 砾岩，夹薄层粉砂岩，砾岩含植物 *Sphenobaiera longifolia*，*Pityophyllum* sp.，*Phoenicopsis* sp.	50 m

——————　平行不整合　——————

下伏地层：**梅勒图组**　中基性火山岩

【地质特征及区域变化】　本次清理对发育在海拉尔盆地，大杨树盆地及二连盆地的早白垩世含煤地层进行了重新划分。发育在海拉尔盆地（包括扎赉诺尔煤田、大雁煤田、伊敏煤田及大磨拐河煤田、拉布达林煤矿）的大磨拐河组为一套灰色砂、泥岩夹砾岩及砂岩组合，夹数层煤，在盆地东缘的大雁煤田见有甘河组玄武岩（厚约100 m）整合其上。含叶肢介 *Liograpta* sp.；双壳类 *Sphaerium* cf. *anderssoni*；介形虫 *Cypridea vitimensis*，*C. delnovi*，*C. sulcata*，*C. tuberculisperga*，*C.* cf. *globra*；植物 *Acanthopteris onychioides*，*Sphenobaiera longifolia*，

Pityophyllum sp.，*Phoenicopsis* sp.，*Onychiopsis elongata*，*Coniopteris setacea*，*C. nympharum*，*Cladophlebis* sp.，*Ginkgo digitata*。厚度 1 110 m，顶界以巨厚层的泥岩顶面为界与其上伊敏组分界。向东大磨拐河组延伸到大兴安岭东坡之大杨树盆地，相当于原九峰山组的碎屑岩部分（其中夹玄武岩应为甘河组，两组在此处为指状交叉关系）为灰色、灰黄色砂岩，含砾砂岩夹泥岩及煤层，局部夹有凝灰岩。含叶肢介 *Eosestheria* sp.；植物 *Coniopteris* sp.，*Pterophyllum* sp.，*Ginkgo digitata*，*Podozamites lanceolatus*，*Elatocladus* sp.，*Czekanowskia* sp.，*Equisetites* sp.。厚度约 600 m。向西南大磨拐河组延伸到霍林河盆地相当于原霍林河组的下部层位，岩性为砂泥岩夹砾岩，砂岩及煤层，含与海拉尔盆地大磨拐河组相似的植物化石。厚度 753.3 m，其上属伊敏组。两组以厚层泥岩顶面与煤层十分发育的伊敏组分界。大磨拐河组延伸到二连盆地相当于原巴彦花组的中、下两段。中段为灰黑色泥岩夹粉砂质泥岩厚度 673.5 m，下段为灰色、灰绿色砂、砾岩、砂岩、粉砂质泥岩、泥岩夹薄煤层，厚 359.67 m。其下不整合在二叠纪变质砂岩、板岩之上。其上被相当于伊敏组的原划巴彦花组三段整合覆盖。同时在东乌珠穆沁旗乌尼特煤田内蒙古 109 队于 1986 年进行乌尼特煤田远景调查时，钻探综合地层柱状也证明原划巴彦花组应解体，其中仅下部砂泥岩夹砂砾岩及劣质煤层相当于大磨拐河组。含孢粉较多，发育两个孢粉组合带，*Inaperturopollenites* 带和 *Lygodiumsporites* - *Densoisporites* - *Murospora* 带。值得指出的是在二连盆地的边缘隆起地段往往在钻孔中见有玄武岩夹层，一般为 1～3 层，总厚度小于 100 m，向盆地内延伸不远即尖灭。其层位均在大磨拐河组上部；伊敏组主要煤层的下部，横向上与大磨拐河组上部泥岩层呈指状交叉关系。

大磨拐河组总体为一套砂泥岩夹砂砾岩及少量煤层的由粗变细层序。伊敏组为大磨拐河组之上的一套砂泥岩夹多层煤的由细变粗层序。甘河组则是大磨拐河组与伊敏组之间的一套基性火山岩。其分布局限于各沉积盆地的边缘隆起地带，向盆地中心尖灭。总体上与下伏大磨拐河组和上覆伊敏组为整合关系，局部为指状交叉关系（或为大型楔状体）。由于火山喷发的局限性和随机性，当基性熔岩不存在时，上述两者仍然为整合接触关系见图 6-1。大磨拐河组所含动物化石均为热河动物群晚期组合分子，植物属阜新植物群分子，故地质时代置于早白垩世。

甘河组　K*gh*　(15-0329)

【创名及原始定义】　1973 年黑龙江省煤管局 109 队[①] 命名，命名地点在内蒙古鄂伦春自治旗大杨树煤田，原始定义指一套基性火山岩，火山碎屑岩夹沉积岩。

【沿革】　1979 年黑龙江省区域地层表编写组在《东北地区区域地层表·黑龙江省分册》中使用甘河组，含义指九峰山组含煤地层之上的一套基性火山岩夹少量碎屑岩，之后黑龙江省区调一队区调、二队在大兴安岭东坡一直使用甘河组，并同大兴安岭西坡的伊列克得组进行对比，认为两者是具有相同岩性特征的产物。本次研究认为大兴安岭西坡的伊列克得组与东坡的甘河组不是同层位的喷发产物，西坡的伊列克得组与下伏晚侏罗世火山岩为不整合接触，其间无相当于九峰山组的含煤地层，从层位上应归入梅勒图组，其上才是九峰山组（现已归入大磨拐河组）。东坡的甘河组与下伏九峰山组含煤碎屑岩为整合接触关系，九峰山组之下才是相当于伊列克得组（现为梅勒图组）的龙江组中基性火山岩夹沉积岩地层。因此，在大兴安岭北部地区早白垩世存在两期基性火山岩，一期是梅勒图组（包括原伊列克得组）和龙江组，另一期是大磨拐河组之上的甘河组。因此，本次清理后仍然使用甘河组。

---

① 黑龙江省煤管局，1973，内蒙古大杨树煤田地质勘探报告，未刊。

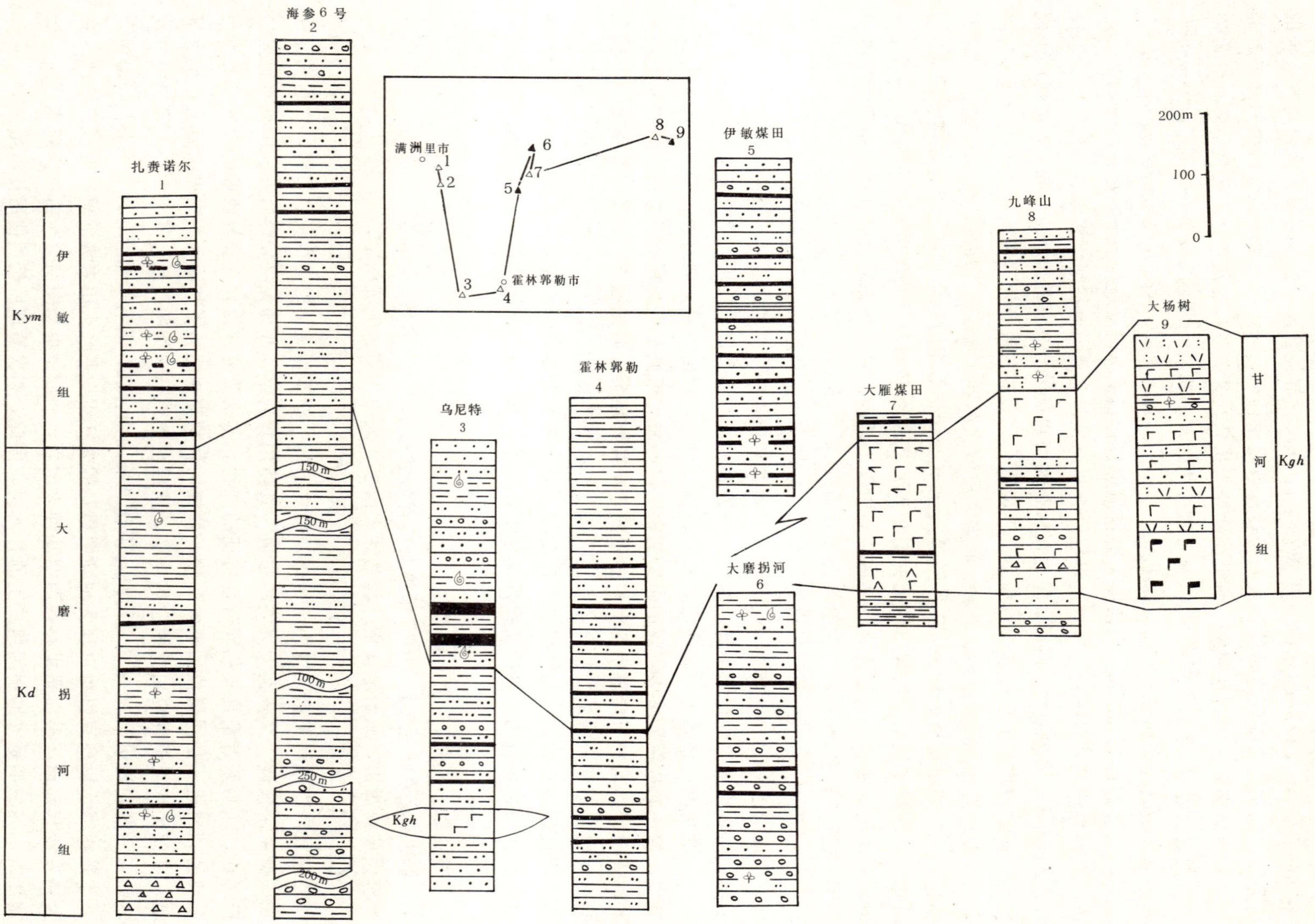

图 6-1 大磨拐河组、甘河组、伊敏组柱状对比图

【现在定义】 指大磨拐河组（包括原九峰山组）与伊敏组之间的一套基性火山岩夹少量沉积岩序列，岩性为灰黑色、灰紫色玄武岩，气孔状、杏仁状玄武岩、凝灰岩及砂质泥岩。其与上、下地层均为整合接触，局部为指状交叉关系。

【层型】 正层型为鄂伦春自治旗甘河东 67－215 号钻孔柱状剖面（124°35′，49°46′；黑龙江省煤管局 109 队，1973）。

上覆地层：**二连组** 红色泥岩

～～～～～～ 不 整 合 ～～～～～～

甘河组	总厚度 403.0 m
10. 灰白色凝灰岩、凝灰质砂岩夹玄武岩和角砾岩	91.2 m
9. 黑灰色砂质泥岩，产植物 *Ginkgo* sp.，*Podozamites* sp.，*Pityophyllum* sp.	7.6 m
8. 黑灰色角砾岩	3.5 m
7. 灰绿色凝灰质粉砂岩	22.7 m
6. 玄武岩夹薄层灰色凝灰质粉砂岩	72.0 m
5. 浅灰色细砂岩	17.7 m
4. 暗灰绿色玻屑凝灰岩	21.9 m
3. 玄武岩	43.9 m
2. 暗灰绿色玻屑凝灰岩	2.4 m
1. 拉斑玄武岩	120.4 m

———— 整 合 ————

下伏地层：**大磨拐河组** 粉砂岩夹泥岩

由于正层型未见顶界，所以以黑龙江省区调二队 1981 年在喜桂图旗幅 1∶20 万区调报告中介绍的大雁煤田 ZK78－352 号钻孔柱状剖面为参考剖面（120°34′，49°13′）。

上覆地层：**伊敏组** 泥岩

———— 整 合 ————

甘河组	总厚度 244.2 m
5. 深灰—灰黑色辉石玄武岩	105.6 m
4. 绿灰色中长玄武岩	49.9 m
3. 灰紫色、灰黑色玄武岩	32.5 m
2. 深灰色泥岩夹玄武岩或煤线	9.3 m
1. 灰黑色橄榄玄武岩	46.9 m

———— 整 合 ————

下伏地层：**大磨拐河组** 粉砂岩

【地质特征及区域变化】 甘河组分布于大杨树盆地，海拉尔盆地东缘及二连盆地边缘地带。岩性以基性玄武岩为主体，厚度一般为 100 m 左右。由于火山活动的随机性，其喷发产物分布不稳定，在空间上与上、下岩石地层单位总体为整合关系，局部为相变关系，横向上呈透镜状或串珠状，但宏观呈大型楔状体（见图 6－1）。根据其层位及植物化石地质时代置于早白垩世。

伊敏组 K*ym* （15－0317）

【创名及原始定义】 由黑龙江省伊敏煤田地质会战指挥部于 1973 年命名，地点在海拉尔市南约 50 km 的伊敏煤矿。当时没有指定层型。原始含义指一套含煤碎屑沉积岩，岩性由深灰、灰白色粉砂岩，泥质粉砂岩，粉砂质泥岩及砾岩和煤层组成。含植物化石，控制最大厚度 550 m，上覆为第三系，下伏与大磨拐河组呈整合接触。

【沿革】 本次清理认为伊敏组层位稳定，与下伏大磨拐河组或甘河组标志明显，区域上具有可填图性，因此，本次清理沿用伊敏组。

【现在定义】 指一套含煤沉积岩，岩性为灰白色粉砂岩、砂岩、砾岩夹碳质页岩、泥岩，含多层煤，产植物化石和孢粉。其下伏大磨拐河组或甘河组为整合接触、上被二连组或新地层覆盖。

【层型】 选层型为鄂温克旗伊敏煤田第三、十七线剖面（119°42′，48°32′50″；据伊敏煤田地质会战指挥部。1973）

上覆地层：**第三系** 紫红色砂岩

~~~~~~~~~~ 不 整 合 ~~~~~~~~~~

伊敏组	总厚度 550.9 m
6. 灰白色粉砂岩、细砂岩夹砂砾岩及煤层	115.0 m
5. 灰白色粉砂岩与砾岩互层，含煤 2～3 层	64.0 m
4. 灰白色粉砂岩、砂岩和砾岩互层，夹薄层碳质页岩、泥岩，含煤 5 层	94.4 m
3. 灰色粉砂岩、中细粒砂岩，含煤 2 层	133.1 m
2. 灰白色粉砂岩，粗砂岩，含煤 2～6 层。产植物化石 *Coniopteris burejensis*，*Ruffordia goepperti*，*Ginkgo sibiricus* 及大量孢粉	60.6 m
1. 灰色粉砂岩、细砂岩夹煤层，含植物化石 *Ginkgo digitata*，*Taeniopteris* sp.	83.8 m

———————— 整 合 ————————

下伏地层：**大磨拐河组** 灰绿色玄武岩

【地质特征及区域变化】 伊敏组在区域上十分发育，主要见于海拉尔盆地和二连盆地及其周边的断陷盆地中。地表仅见于各盆地边缘地段，钻孔资料证实在各盆地中基本都有伊敏组分布，在盆地中心层序发育较全，地层厚度较大。以泥质岩，泥质粉砂岩夹砂岩为主，具有多层可采煤，是主要的含煤层位。有较丰富的孢粉和植物化石。据内蒙古地矿局 109 队 1986 年资料，在该组（相当于含煤组和上部砂砾岩砂泥岩）中含孢粉 *Triporoletes singularis*，*Kuylisporites undiformis*，*Appendicisponites bilateralis*，*A. potomacensis*，*A. variabilis*，*Piceaepollenites* sp.，*Pilosisporites* sp.；植物化石 *Coniopteris burejensis*，*Ruffordia goepperti*，*Ginkgo sibiricus*，*G. digitata*，*Taeniopteris* sp.。伊敏组厚度一般为 200～600 m，在盆地中心厚度可达 1 000～1 500 m。伊敏组含有阜新植物群的主要分子，地质时代为早白垩世。

第二节 地层横剖面及问题讨论

一、地层横剖面

北疆-兴安地层大区的侏罗纪—白垩纪以盆地型含煤沉积岩和火山岩发育为特点，其中含著名的热河动物群。根据地层层序类型、岩石地层单位的相互关系，岩石地层单位中的生物
~~~~~~~~~~

群特征及同位素测年资料尝试性地建立了地层横剖面（见第十七章图17-9）。

早侏罗世，本区继中晚三叠世隆起后处于剥蚀阶段，基本无沉积记录，仅于查伊河下游发育一套碎屑岩，现称红旗组（原查伊河组或柴河组）。中侏罗世，本区小型断陷盆地或山间盆地环境已开始形成。发育了杂色陆源碎屑岩含煤组合，称万宝组，但在大兴安岭主脊以东煤层发育，以西基本不含煤，之后，本区大部分地区开始有火山活动，形成塔木兰沟组中基性火山岩。火山活动范围大致沿霍林河至乌兰浩特一线。之后，本区大部分地区抬升为剥蚀区，形成塔木兰沟组之上的区域性不整合，仅在塔木兰沟、霍林河等局部地区形成土城子组紫红色陆源粗碎屑岩组合。

晚侏罗世至早白垩世初期，本区进入全面的火山活动阶段，相继形成满克头鄂博组（原吉祥峰组、木瑞组、上库力组下段）酸性火山岩夹沉积岩组合；玛尼吐组（原上库力组中段）中性或偏碱性火山岩夹沉积岩组合；白音高老组（原上库力组上段）酸性火山岩夹沉积岩组合。火山活动基本停止后，本区处于剥蚀阶段，形成白音高老组之上的区域性不整合。早白垩世早期，本区火山活动主要为两种类型，一种是分布面积广，以中基性火山熔岩为特点的梅勒图组（原伊列克得组）；另一种是仅分布在扎赉特旗、布特哈旗、阿荣旗一带，以中性火山岩夹沉积岩为主，以含热河动物群为特点的龙江组。早白垩世中晚期，本区大型坳陷盆地（二连盆地、海拉尔盆地、大杨树盆地）和小型山间盆地开始形成，在各种类型盆地中都形成一套陆源碎屑岩含煤地层，并在盆地边缘发育不同规模的中基性火山岩。其中下部含少量煤，碎屑岩粒度相对较粗的沉积岩组合，称大磨拐河组（原九峰山组）。之上含大量煤，以泥岩、粉砂质泥岩为主的沉积岩组合，称伊敏组。其中所夹中基性火山岩称甘河组。各盆地经历早白垩世中晚期成煤之后，普遍抬升，进入剥蚀阶段形成伊敏组之上的不整合面，至晚白垩世局部形成二连组红色碎屑岩组合。

二、问题讨论

对于北疆-兴安地层大区及华北地层大区北部边缘的早白垩世含煤地层，前人划分标准各异、名称复杂。在锡林郭勒盟称巴彦花组；哲里木盟称霍林河组；呼伦贝尔盟称大磨拐河组，伊敏组，合并称扎赉诺尔群；在大兴安岭东坡曾划入晚侏罗世，称九峰山组等。本次清理根据岩石地层单位的划分对比原则，将这套含煤地层总体上划分为上、下两套沉积层序，下部为由砾岩过渡到砂岩、粉砂岩夹泥岩及煤层的层序，上部为由厚层泥岩向泥岩夹粉砂岩过渡夹大量煤层的层序。在区域上，上下两套层序类型都可以延伸并具有可填图性，因此本次清理对其下部层序类型采用命名较早的大磨拐河组，对上部层序类型采用命名较早的伊敏组。原在大兴安岭东坡的九峰山组碎屑岩部分归入大磨拐河组，原巴彦花组和霍林河组均解体，下部由粗变细的层序类型归大磨拐河组，上部由细变粗的层序类型归伊敏组，两组以中部厚层泥岩顶面为界。与大磨拐河组上部泥岩沉积时间基本等时、或稍晚，在各沉积盆地边缘发生基性火山喷发，形成了甘河组基性火山岩。

第七章 第三纪

北疆-兴安地层大区的第三纪自然断代包括呼查山组和五叉沟组，前者仅分布在海拉尔盆地，为一套半胶结的碎屑岩，后者主要分布在五叉沟—阿尔山地区，为基性火山岩。该自然断代化石资料很少，也无更多同位素测年资料，故此章不分节。

呼查山组　Nhĉ　(15-0368)

【创名及原始定义】　黑龙江省地质矿产研究所1978年在海拉尔盆地创名。原始定义指：岩性为褐黄色、灰白色砂砾岩、灰白色砂岩、细砂岩及含砾含砂泥岩、含钙质结核，岩石疏松，含孢粉、腹足类、双壳类化石，厚度150 m。不整合于晚白垩世二连组之上，上界被第四系覆盖，时代属中新世。

【沿革】　该组名沿用至今，划分标准基本未变。

【现在定义】　同原始定义。

【层型】　选层型为新巴尔虎右旗杭乌拉苏木呼查乌拉山剖面（116°28′，47°58′；内蒙古区调二队，1987)。

呼查山组	总厚度 151.9 m
11. 浅黄色含粉砂砂岩，含植物化石碎片（未见顶）	6.2 m
10. 浅灰色、褐色含砂泥岩	51.1 m
9. 灰白色含砂泥岩，顶底部均为灰白色砂砾岩	11.1 m
8. 灰白色细粒长石砂岩与浅黄色泥质粉砂岩互层	12.9 m
7. 淡黄色含泥质粉砂岩	2.4 m
6. 淡黄色含砂质粉砂岩与浅灰白色粉砂岩互层	28.3 m
5. 浅黄色泥质粉砂岩，含孢粉 *Chenopodipollis*	4.4 m
4. 灰白色砂质砾岩	15.4 m
3. 浅黄色泥质粉砂岩夹砂质细砂岩	7.0 m
2. 灰白色砂质砾岩	8.8 m
1. 浅黄色泥质粉砂岩，含孢粉 *Tricolporopollenites*（未见底）	4.3 m

【地质特征及区域变化】　呼查山组主要分布于鄂伦春旗东南古里河、欧肯河、新巴尔虎

地区的克鲁伦河、呼伦湖、贝尔湖一带。

欧肯河一带的呼查山组（前人称金山组）岩性为一套石英砂岩、砂砾岩和泥质砂岩，厚度50～200 m不等；分布于海拉尔盆地者，岩性为一套灰白色砂砾岩夹黄色浅黄绿色泥岩及灰白色粗粒砂岩，深灰色泥岩夹砂质泥岩，厚度100 m左右。因金山组与呼查山组在岩性上基本一致，层位相当，故统称呼查山组。地质时代暂为中新世。

五叉沟组　Nwĉ　(15-0369)

【创名及原始定义】　宁奇生等于1959年创名，当时称五叉沟玄武岩，创名地点是科尔沁右翼前旗五叉沟。原始定义：主要为黑色致密块状安山玄武岩，局部气孔状构造发育，底部为半胶结砾石层，产状近于水平，厚度变化较大，50～200 m，与下伏晚侏罗世火山岩呈不整合接触，上界多被第四系覆盖。

【沿革】　1980年前仍称五叉沟玄武岩，1984年在《中国的第三系》一书中采用五叉沟（玄武岩）组，一直沿用至今。

【现在定义】　系指一套基性熔岩和安山玄武岩及安山岩，底部为胶结不好的砾石层。其下与白音高老组不整合接触，上界被第四系覆盖。

【层型】　正层型为科尔沁右翼前旗五叉沟—牛汾台车站间剖面（120°18′，44°46′；宁奇生等，1959）。

五叉沟组	总厚度 103 m
6. 暗灰色安山玄武岩（未见顶）	30 m
5. 灰黑色多气孔玄武岩	30 m
4. 暗灰色安山玄武岩	25 m
3. 灰黑色多气孔玄武岩	10 m
2. 灰黑色粗玄岩及玄武岩	5 m
1. 胶结不好的砾石层	3 m

～～～～～～ 不　整　合 ～～～～～～

下伏地层：**白音高老组**　酸性凝灰岩

【地质特征及区域变化】　五叉沟组分布于西拉木伦河以北地区。其中五叉沟、根河上游及伊和布尔一带较发育。岩性为深灰、黑灰色玄武安山岩、安山岩夹有气孔状玄武安山岩，厚度大于300 m。属陆相裂隙喷溢的基性火山熔岩，形成高平台或帽状地貌形态，其上被第四系不整合覆盖，与下伏地层中新世呼查山组、晚白垩世二连组呈不整合接触。

在五叉沟、白狼一带，本组岩性为灰色，灰黑色致密块状玄武岩和气孔状玄武岩，底部有一层不稳定砂砾层，岩性变化不大，厚度变化较大，在30～100 m之间。火山喷发韵律多达8个，上界被第四系覆盖，下界不整合在白垩纪及更老地层之上，平均高出河面200 m左右。

据内蒙古区调二队1989年在科尔沁右翼前旗乌布林苏木乌兰河东北五叉沟组块状玄武岩采用全岩K-Ar法获得的同位素年龄值为21.1 Ma。因为其与下伏白垩纪或侏罗纪地层普遍为不整合接触，故将其地质时代置于上新世。

第二篇　塔里木-南疆地层大区

第八章
元古宙

本区未发现太古宙的古老变质岩系。早元古代也只有分布零星的北山群，中—晚元古代地层比较发育，为本区第一个盖层沉积。主要见于中天山-马鬃山地层分区，下部以碎屑岩为主，称古硐井群，上部碳酸盐岩组合称圆藻山群。震旦纪以冰碛层为主体的地层称洗肠井群。这个自然断代的底界即为北山群的底部灰绿色石英变粒岩和石英岩，它是本区最老的岩层，界线被掩盖；顶界洗肠井群与寒武-奥陶系西双鹰山组呈平行不整合接触。

第一节　岩石地层单位

北山群　Pt*B*　(15-2006)

【创名及原始定义】　由修泽雷、赵祥生1964年创名，原始定义指甘肃北山地区一套不含化石的变质岩系，时代为前寒武纪。

【沿革】　创名时将分布于北山地区不含化石的变质岩统称为前寒武系北山群。在70年代进行的1∶20万区域地质调查中，将北山群解体，根据岩石特征分别称为上奥陶统白云山组、下志留统勒巴泉群、下石炭统等，其中白云山组和下石炭统均有化石，将变质较深不含化石的部分称为勒巴泉群。梁玉左（1991）认为原北山群中发现化石的部分层段已分别给了新的名称，未发现化石的部分仍应称为北山群，同时指出“专指那些变质程度较深，具有一定的区域地质构造特征和没有直接化石依据的地层。”时代为早元古代。本次清理采用北山群一名。

【现在定义】　指分布于额济纳旗北部中低级变质程度的碎屑岩及碳酸盐岩岩系，以各种片岩及大理岩为主，局部见变质安山岩和流纹岩等。上、下接触关系不清。

【层型】　原未指定层型。根据《内蒙古第二代地层表》(1990）介绍：选层型为额济纳旗雅干早元古代北山群剖面（102°25′，42°12′）。

【地质特征及区域变化】　额济纳旗雅干一带的北山群呈东西向或北东东向展布，东北端延入蒙古国。据其岩石组合特点，上部为片理化流纹岩、石英片岩夹大理岩，局部见黑云斜长变粒岩；下部以白云石大理岩为主夹变粒岩，局部见斜长片麻岩，总厚达 2 205 m；在额济纳旗的盐城洼等地，北山群以绢云石英片岩、石英岩为主；而在公路井剖面则见有流纹质晶屑凝灰岩和凝灰熔岩等。据此可以认为北山群的原岩为中基性、中酸性火山岩、碎屑岩和碳酸盐岩岩系。

北山群下界不清，根据沉积建造和构造特征，推测与上覆的圆藻山群为不整合接触。区内没有同位素年龄资料，北山群西延马鬃山地区测得 Rb－Sr 法全岩等时线年龄为 1 755 Ma。

古硐井群　Ch*G*　（15－0031）

【创名及原始定义】　由修泽雷、赵祥生 1964 年创名，命名地点为额济纳旗南部的古硐井。原始定义指分布于马鬃山、大红山、豹皮山及古硐井等地的一套紫红色、灰绿色砂岩、千枚岩、板岩、石英岩等，厚 3 510 m，未见下界，其上与圆藻山群整合接触，局部为假整合接触，可与长城群进行对比。

【沿革】　1966 年新疆地质局高振家等[①] 与甘肃省第二区测队在肃北县进行地质调查时，又以白湖南剖面为标准，代表北山地区的长城系，遂建立白湖群，根据岩性划分为三个岩组：下、中岩组主要是各种片岩、片麻岩、浅粒岩、变粒岩、石英岩和大理岩等，厚度为 2 878 m；上岩组为大理岩、钙质粉砂岩、白云岩等，含叠层石，厚度 660 m。上述古硐井群和白湖群的岩石组合特征与岩石的变质程度差异是明显的。但是后来在北山地区研究中晚元古代地层时，均用后者代替了古硐井群。如《西北地区区域地层表・甘肃省分册》（1980）《甘肃省区域地质志》（1989）以及北山地区的 1∶20 万区域地质调查报告等。这次详细地研究了白湖群和古硐井群的命名剖面及它们在区域上的展布特点，从岩石地层学和变质地质学的角度考虑，白湖群命名剖面的中、下部的绿片岩相和高绿片岩相的变质地层应当是早元古代的产物；在这个剖面上只有上岩组能与长城系进行对比。鉴于白湖群岩石内容上的庞杂，在使用上已经产生了一定的混乱，再考虑到古硐井群命名在先，故建议在北山地区不再使用白湖群，恢复使用古硐井群一名，并进行内容上的厘定。

【现在定义】　指分布于额济纳旗南部月牙山至古硐井一带，位于下、中元古界间断面之上的一套浅海相的陆源碎屑岩，局部夹灰岩透镜体。陆源碎屑以石英质含量大、粒度细、层理薄、轻微变质及褐红色的风化面等宏观特征为识别标志；区域上以不整合覆于下元古界北山群之上；上界与圆藻山群的碳酸盐岩连续沉积。

【层型】　正层型剖面为额济纳旗南部的古硐井剖面（99°30′30″，41°00′30″；修泽雷、赵祥生，1964）。

上覆地层：**圆藻山群**　大理岩

——————　整　合　——————

古硐井群	总厚度＞2 159 m
4. 紫灰色厚层钙质页岩，上部夹数层深灰色结晶灰岩或不纯灰岩扁豆体	743 m
3. 浅灰紫色细粒石英砂岩，层面上具大量雨痕，底部夹硅质岩	827 m
2. 浅紫色细砂岩与浅绿色硅质岩互层	439 m
1. 浅紫色细砂岩，局部片理化（未见底）	＞150 m

① 高振家等，1966，甘新交界北山地区震旦纪及下古生代地层综合研究报告（未刊）。

该剖面因受比例尺的限制，分层粗略，加之年代较久远，作为正层型，尚嫌不足，又因本剖面位于交通闭塞的戈壁之中，目前尚不能进行重新测制。为了充分发挥厘定后的古硐井群在区域地质调查中的作用，现选用额济纳旗望旭山西南剖面（99°30′30″，41°00′30″）作为古硐井群的参考剖面（据甘肃省第二区测队，1977）。

上覆地层：**圆藻山群** 大理岩

═════════ 断 层 ═════════

古硐井群 总厚度＞3 638 m

14. 浅灰色、灰白色硅质泥质胶结变质石英细砂岩。风化面为灰黑色、局部为褐红色。泥质胶结物已绢云母化、绿泥石化，硅质胶结物已重结晶 513 m

13. 灰色含黄铁矿泥质胶结变质石英细砂岩，风化面常染成褐红色，黄铁矿多数已褐铁矿化 111 m

12. 灰色中层泥质胶结变质长石石英细砂岩，泥质已绢云母化，绿泥石化，石英呈条带状 108 m

11. 灰色中层硅质泥质胶结变质石英细砂岩，质地较纯，岩性坚硬，风化面呈暗灰色或红褐色。泥质已绢云母化，绿泥石化；硅质次生加大在石英表面 183 m

10. 灰色中薄层泥质胶结变质长石石英砂岩，风化面呈灰色 30 m

9. 灰色中层泥质胶结变质石英砂岩。岩石坚硬，质地较纯。沿裂隙面有褐红色铁染现象 30 m

8. 灰色、灰白色中层硅质泥质胶结变质长石石英细砂岩。岩石坚硬，风化面呈褐红色或黑色。含铁质，泥质为绢云母、绿泥石取代；硅质次生加大在石英表面 213 m

7. 灰色薄层夹中厚层泥质胶结变质石英细砂岩。风化面常呈褐红色，含少量长石。泥质胶结物已绢云母化、绿泥石化 422 m

6. 灰色薄层变质含钙质石英砂岩夹灰色中厚层泥质胶结变质石英细砂岩。局部见黄铁矿之假象褐铁矿。胶结物已绢云母化、绿泥石化。钙质已重结晶为方解石 487 m

5. 灰色、淡绿色厚层变质含钙质石英砂岩夹黄褐色中厚层变质、钙质细砂岩。岩石微层理发育、风化面常染为褐红色 247 m

4. 灰色、灰黑色薄层夹厚层变质粉砂岩。风化面为褐黑色、褐红色，局部见铁质红色斑点。胶结物主要为泥质，局部含钙质，多数已绢云母化、绿泥石化 835 m

3. 灰色绢云母粉砂质板岩。风化面常呈褐红色 330 m

2. 灰色薄层变质泥质粉砂岩。风化面常呈褐红色。泥质都已绢云母化 98 m

1. 灰色、淡黄褐色薄层至中厚层浅粒岩。粒状矿物为石英、斜长石，片状矿物为白云母，副矿物有电气石。底部出露不全 ＞31 m

【地质特征及区域变化】 在北山地区，作为古老褶皱基底之上的第一个沉积盖层的古硐井群，它的岩石特征极为显著，表明这套以成分成熟度很高的石英砂岩为主的陆源碎屑岩，形成于稳定的地表海浅水环境中。虽然各地厚度有所变化，但其岩性岩相还是比较稳定的，加之较浅的变质程度和区域上清晰地上、下界，易于区别相邻的岩石地层单位。厘定后的古硐井群主要分布于额济纳旗南部，以望旭山、古硐井一带为中心，单位厚度较大，向四周有厚度变薄趋势。在望旭山一带该群下部主要为变质粉砂岩、粉砂质板岩夹少量灰岩透镜体组成，中上部主要为变质细粒石英砂岩夹变质细粒长石石英砂岩，岩石中普遍含铁，使风化面常为褐红色，厚 3 593 m。大王山一带下部为灰色变质细粒长石石英砂岩夹变质粉砂岩，底部为二云斜长角岩、黑云阳起石岩，含少量绢云母、白云母。上部主要为变质砂岩、变质粉砂岩夹数层大理岩，风化面为灰黑色，厚 2 275 m。黑大山、黄山、东三羊井零星出露之该群，受火山带活动影响岩石均变质，黑大山、黄山主要为千枚岩、硅质板岩、粉砂质板岩夹结晶灰岩，东三羊井一带为含云母石英岩、板岩、黑云母角岩组成，厚 308～1 963 m。

古硐井群目前尚未搜集到可靠的年龄资料，只是根据它产出的层位以及岩石组合特征，与燕山地区的长城系做了对比，置于中元古代长城纪还是适宜的。

圆藻山群　JxQnY　（15－0032）

【创名及原始定义】　本群系修泽雷、赵祥生于 1964 年创名。命名地点在甘肃肃北县圆藻山。原始定义是指分布在圆藻山一带以碳酸盐岩为主的一套地层，因其位于古硐井群碎屑岩之上，对比为“震旦系中统”。

【沿革】　1965 年，新疆地质局高振家和甘肃省第二区测队等在甘肃肃北县进行地质调查时，于平头山地区，发现一套含大量叠层石的白云质碳酸盐岩，遂命名为平头山群，时代定为“中震旦统蓟县纪”。1965—1968 年甘肃省第二区测队在肃北县大豁落山北坡的白云质大理岩和白云岩中发现了可与燕山地区青白口系对比的叠层石，认为层位高于平头山群，遂于 1968 年以大豁落山北坡剖面为标准，建立大豁落山群。此后，凡涉及北山地区中上元古界上部碳酸盐岩层位问题的资料和著作，如《西北地区区域地层表·甘肃省分册》(1980)、《新疆前寒武纪地质》(1984)、《甘肃省区域地质志》(1989)、《内蒙古地质志》(1991) 等均将平头山群和大豁落山群作为下、上的不同层位分别与蓟县系和青白口系进行对比。不同比例尺的区域地质调查资料也采用上述的划分。本次对比研究发现，大豁落山群与平头山群命名剖面的岩石内容是相似的，根据命名优先的原则，采用圆藻山群一名，用以代替北山地区的平头山群和大豁落山群。

【现在定义】　系指中天山-马鬃山地层分区位于古硐井群碎屑岩之上的一套碳酸盐岩组合，主要由大理岩、结晶灰岩、白云质灰岩、白云岩和硅质条带状灰岩等组成，含叠层石。下界与古硐井群整合接触，区域上可出现平行不整合接触，上界被震旦纪的洗肠井群平行不整合或不整合所覆。

【层型】　区内次层型为额济纳旗大王山剖面（100°01′30″，41°03′50″）。

【地质特征及区域变化】　圆藻山群分布范围较大，由额济纳旗东三羊井向东至阿拉善右旗切刀等地断续分布。其中以月牙山南一大王山一带最为发育，厚达 3 006～6 149 m。主要由大理岩、结晶灰岩、白云质灰岩、硅质条带灰岩和白云岩等组成，偶夹少量碳质及磷灰岩，产叠层石。与下伏古硐井群整合或断层接触，上界与西双鹰山组断层接触或被第四系掩盖。区域上厚度有一定变化。在梭梭井一带主要由硅质条带大理岩、大理岩、碧玉岩组成；东三羊井一带该群下部为白云质大理岩，上部为薄层结晶灰岩，厚 1 266～1 684 m，其上界分别与早石炭世红柳园组、早二叠世双堡塘组断层接触，其下界与古硐井群也为断层接触或未见下界。

在黑大山、黄山主要由硅质灰岩组成，厚 445～491 m，含叠层石，与下伏古硐井群平行不整合接触，上界与罗雅楚山组不整合接触。在阿拉善右旗北部切刀、尼除滚哲勒德、珠斯楞海尔罕等地，为一套厚层至巨厚层的白云岩、硅质白云岩、硅质灰岩等组成。这一地区圆藻山群突出的特点是硅质含量分布不均匀呈条带状、团块状、网纹状或疙瘩状等。下界被断层所截，其上界与西双鹰山组呈不整合接触，产微古植物及叠层石，厚 649～738 m。圆藻山群为一巨厚的浅海近岸相碳酸盐岩，总体岩性、岩相稳定，时代归属蓟县一青白口纪。

洗肠井群　*ZX*　（15－2001）

【创名及原始定义】　为汤光中等1981年首次命名。命名地点是额济纳旗洗肠井。原始定义是指在北山地区不整合于青白口系通畅口群之上的冰碛砾岩、含砾砂质白云岩、含砾砂质板岩，含砾砂质灰岩及白云质灰岩等冰川沉积岩系，厚度大于378 m。

【沿革】　修泽雷、赵祥生（1964）最早提出北山地区下寒武统底部有冰川沉积物。甘肃省地质力学测量队（1977）在1：20万区调工作中，将这套冰碛砾岩视为寒武系底砾岩。赵祥生（1979）将上述岩系命名为"北山组"，但无建组剖面，时代定为震旦纪。甘肃省地质力学测量队（1980）在内蒙古额济纳旗洗肠井南首次发现顶、底关系清楚、层序完整、冰碛岩特征明显并赋含微古植物化石的古冰川沉（堆）积岩，从而肯定了北山地区存在震旦系。1981年，汤光中等将上述冰碛岩系命名为洗肠井群，并进一步划分上、下两个岩组。本次清理采用洗肠井群一名。

【现在定义】　指分布于中天山-马鬃山地层分区不整合于圆藻山群之上的一套冰碛砾岩、泥砾岩、板岩及白云质灰岩的地层序列。其上被西双鹰山组平行不整合所覆。

【层型】　正层型为内蒙古额济纳旗洗肠井南剖面（甘肃省地质力学测量队和南京地质古生物研究所，1981）。

上覆地层：**西双鹰山组**　硅质灰岩

——————　平行不整合　——————

洗肠井群	总厚＞378 m
13. 灰色中厚层状碎裂灰岩，含砾砂质灰岩，顶部为白云质灰岩	8 m
12. 杂色含砾砂质板岩	94 m
11. 浅灰色冰碛砾岩	18 m
10—9. 灰色厚层白云质灰岩、顶部厚5 m深灰色硅质岩	28 m
8. 灰色冰碛砾岩、紫红色冰碛泥砾岩	＞26 m
7—6. 淡紫灰色，青灰—灰绿色冰碛泥砾岩	＞130 m
5. 灰绿色中—细粒杂砂岩	6 m
4. 浅紫红色冰碛泥砾岩，偶见坠石，顶部淡黄色含砾泥质粉砂岩夹薄层泥灰岩	6 m
3. 浅黄绿色含砾钙泥质细粒杂砂岩夹冰碛砾岩，顶部薄层泥灰岩	23 m
2. 灰色冰碛砾岩，顶部渐变为紫红色	26 m
1. 淡红色含砾砂质白云岩，砾径2～4 cm，最大30 cm	13 m

～～～～～～　不　整　合　～～～～～～

下伏地层：**圆藻山群**　结晶灰岩

【地质特征及区域变化】　洗肠井群下部岩相以及厚度变化较大，向西至大豁落井以东、双鹰山和泽鲁木一带，冰碛砾岩的砾石和胶结物均以碳酸盐岩为主。在双鹰山块状冰碛岩之上出现一套冰水沉积的含砾白云质灰岩、页片状白云质粉砂岩，厚度大于105 m。在泽鲁木块状冰碛砾岩之上为滨海沉积的泥质、钙质、碳质页岩夹冰碛砾岩，碳质页岩中夹薄层状锰质页岩及锰矿层，厚度大于40 m。洗肠井群上部比下部厚度变化较大，由正常滨海沉积的碳酸盐岩和碎屑岩组成，在双鹰山南含少量微古植物 *Protoleiosphaeridium* sp.，*Leiosphaeridia* sp.，*Laminarites* sp.，*Micrhystridium* sp. 等以及海绵骨针化石。

洗肠井群下部既包括了由冰川直接堆积而成的冰碛岩，也包括了冰前各种环境中形成的冰水沉积，在不同地段，其岩相、厚度变化较大。冰碛岩的颜色为灰、青灰、紫红色、砖红色、灰绿色和黄褐色等。砾石成分在东部较为复杂，往西砾石成分多为碳酸盐岩，多来自下伏地层。在黑大山、双鹰山、泽鲁木等地可见砾石直径大于 1 m 的漂砾，且无规律排列，并保留有条痕、压坑、压裂石、压扭裂石等冰碛特征和冰碛坠石。冰碛岩的胶结物成分有白云石、方解石、砂泥质及少量铁质；在月牙山南冰川纹泥发育，含坠石较多，属冰湖相沉积；在双鹰山—泽鲁木一带，有较多的海相碎屑岩和碳酸盐岩夹层，属滨海浮冰块或冰筏所形成的沉积物。由此可以证明，洗肠井群冰成岩的形成环境具有从大陆冰川向滨海冰川过渡的特点。

第二节　生物地层与年代地层

早元古代的北山群，区内没有年龄资料，向西沿入甘肃马鬃山地区测得 Rb－Sr 全岩等时线年龄为 1755Ma，推测其为变质年龄。结合长城纪的古硐井群不整合覆于其上的事实，确定其为早元古代是适宜的。古硐井群作为长城纪的产物又被含叠层石的圆藻山群平行不整合覆盖，所以它的层位和时代是由上、下地层的时代限定的。大量的叠层石产于圆藻山群，根据梁玉左（1991）的研究，从下到上划分出 6 个组合：

①*Baicaliaunca*，*B*. cf. *rara*，*Pseudocryptozoonsubeiensis*，*Conophytonlituus*，*Cryptozoonregularum*。这个组合位于圆藻山群的底部层位，可与天津市蓟县纪杨庄组磨盘峪叠层石对比，时代晚于 1400 Ma。

②*Petaliforma bulbosa*，*Baicalia minuta*，*Jacutophyton dahuoluoshanense*，*Cryptozoon regularum*。这个组合可与天津市蓟县纪雾迷山组闪坡岭叠层石组合对比。

③*Omachtenia* sp.，*Scopulimorpha*，*Anabaria*，*Tielingella*，*Conophyton gaubitza*，*Conicodomenia ischnosa*。这个组合的分子与铁岭组铁岭叠层石组合的分子是一致的，只是前者未见 *Baicalia* 类型的代表。

上述 3 个叠层石组合的总体时限为 1 400 Ma 至 1 000 Ma，属蓟县纪。

④*Gymnosolen ramsayi*，*Boxonia*，*Jurusania* cf. *alicica*，*Conicodomenia beishanensis*，*Jacutophyton pingtoushanense*，*Clavaphyton*。这个组合与第 3 组合之间有一个间断，在地层上表现为不整合或平行不整合。其中主要分子 *Gymnosolen* 与青白口纪下马岭组下圆叠层石组合中的代表是一致的，两者可以对比。它们位于间断面之上，是青白口纪早期的产物。

⑤*Linella avis*，*L*. *ukka*，*L*. *strumosa*，*Inzeria*（？）*tjomusi*。这是一个具有地方性色彩的组合，区域上未见。它产出的层位大体相当景儿峪组。

⑥*Spicaphyton curcumata*，*Coronaconophyton*，*Conophyton acthum*，*Giganstraticonus*。这亦是一个特殊的组合，区域上无可资对比的材料。在北山地区，它可能是晚元古代最高层位的产物。这样，第 4、5、6 三个组合的时限应是 1 000 Ma 至 800 Ma 左右，第 6 组合的上限，很可能延入震旦纪。

北山地区的洗肠井群化石很少，只在上部的灰岩中产 *Vesicularia coalife* 等核形石，其时代一般为震旦纪。

第三节　问题讨论

本书的圆藻山群是内蒙古地区原平头山群、大豁落山群合并后的名称，是一套碳酸盐岩为主的地层序列，含大量叠层石，总厚达 4 897 m。这套地层在内蒙古额济纳旗西部和毗邻的甘肃北部的马鬃山地区均有分布。这次岩石地层单位清理工作对该群做了进一步的研究并经全国地层多重划分对比研究项目西北大区办公室组织协调达成如下的共识：甘肃省和内蒙古自治区共同使用圆藻山群，内蒙古境内因岩石组分较简单可以存在无组的群。而甘肃省则分为三个组，即上、下碳酸盐岩组合，分别称大豁落山组和平头山组，中间 355 m 以碎屑岩为主的层段新建野马街组。1994 年，范国琳在论述野马街组的横向延伸变化时指出，该组“向东断续延至内蒙古望旭山一带，变为紫红色砂砾岩，灰绿、灰红色砂岩与粉砂质板岩互层，厚度增至 3000 m 左右。”很明显，该作者认为野马街组的主体在内蒙古的望旭山一带。内蒙古地层清理项目组根据该文的论述认真地查阅了有关资料，结果发现野马街组的单位层型平头山剖面为高振家等 1965 年实测（1984 年出版），当时称大豁落山群，同时认为“本群地层岩性、岩相变化较大。”野马街组仅是该剖面底部的 1、2、3 层。而范国琳的文中，其剖面上的编号为 32、33、34 层并对分层描述做部分的删减和补充。据《甘肃省区域地质志》记载，这段（1—4 层）以碎屑岩为主的地层被划为大豁落山群的下岩组，同时又指出“望旭山一带为灰紫色、浅灰色薄层灰岩夹大理岩及钙质砂岩。”显然在望旭山一带的大豁落山群下岩组，即野马街组是一套碳酸盐岩为主的地层序列。上述岩石组合特征两者描述的差异有质的不同，这可能是区域对比不准确所致。根据内蒙古项目组野外核查的资料，望旭山一带的石英粉砂岩等碎屑岩组合，实际上是古硐井群的内容，圆藻山群中只夹有少量的粉砂岩，不具有独立的填图性，只能作为碳酸盐岩的夹层处理，所以，内蒙古额济纳旗地区不存在野马街组，仍用圆藻山群统称位于古硐井群陆源碎屑岩之上的一套碳酸盐岩组合，时代为蓟县纪至青白口纪。

第九章
寒武纪—志留纪

区内缺失有确切年代资料的早寒武世的沉积，因此西双鹰山组与下伏震旦纪的洗肠井群之间以平行不整合面所表现的沉积间断，是这个自然断代的底界；上界晚志留世的碎石山组和早中泥盆世的依克乌苏组之间亦是一个间断面，因此，加里东运动所形成的物质记录在这里是完整的。除寒武系不发育外，奥陶纪、志留纪地层连续，区域变化特征明显，岩石地层单位的划分标志醒目，不同岩石地层单位的古生物群演化的阶段性特点清晰，易于掌握。

第一节　岩石地层单位

西双鹰山组　∈O*x*　（15－0037）

【创名及原始定义】　本组是甘肃省地质矿产局（1990）对西双鹰山群的修正名。甘肃省第二区测队 1968 年将肃北县西双鹰山剖面的第 6—8 层命名为西双鹰山群，原始定义：为一套沉积岩和生物组合大体相同的古化学沉积岩。时代属中晚寒武世。

【沿革】　内蒙古一直采用西双鹰山组代表中、晚寒武世的沉积地层，根据甘肃省岩石地层单位清理项目组提供的西双鹰山组现在定义，本次清理认为内蒙古额济纳旗月牙山一带的月牙山组，巴丹吉林沙漠北缘的恩格尔乌苏组、杭乌拉组、沃博尔组（砂井组）等均是西双鹰山组在区域上的侧向延伸，因此停用上述地层单位名称（表 9－1）。

【现在定义】　区内指分布于月牙山及巴丹吉林沙漠北缘珠斯楞海尔罕至杭乌拉一带由各种碳酸盐岩、硅质岩、硅质板岩等组成的地层序列。其上被罗雅楚山组平行不整合所覆，其下不整合于圆藻山群之上。

【层型】　区内次层型为额济纳旗月牙山西西双鹰山组剖面（15－003－4－1）、额济纳旗珠斯楞海尔罕西剖面（15－0037－4－2）、阿拉善右旗笋布尔苏木好比如剖面（15－0037－4－3）。

【地质特征及区域变化】　西双鹰山组在额济纳旗月牙山、珠斯楞海尔罕、阿拉善左旗杭乌拉及阿拉善右旗好比如等地断续出露。月牙山一带该组主要为深灰色砾状碎屑灰岩及少量含铁质硅质岩，含中寒武世三叶虫及腹足类，厚 284 m，下界不清，上界与罗雅楚山组平行不整合接触；在珠斯楞海尔罕西至单面山该组呈 NW 向条带状分布，为黄灰色、褐灰色泥灰岩、砂质白云质灰岩、硅质条带结晶灰岩、硅质灰岩等，产中、晚寒武世三叶虫化石，厚131.1～225.1 m；未见顶底；在好比如、杭乌拉等地，该组碳酸盐岩减少，硅质岩大量增加，主要为硅质岩、硅质板岩、泥硅质板岩夹少量结晶灰岩、白云岩，厚82.75～181.29 m，其顶、底多被断层所截，局部可见直接超覆于圆藻山群之上。所产化石时限不同，好比如含中寒武世三叶虫化石，杭乌拉东产晚寒武世—早奥陶世三叶虫化石。所以内蒙古境内的西双鹰山组的时代已延至早奥陶世。

表 9-1　内蒙古西部西双鹰山组沿革简表

<table>
<tr><td rowspan="3">时代</td><td>甘肃省第二区测队</td><td>甘肃省地质矿产局</td><td>甘肃省地质力学测量队</td><td>宁夏区调队</td><td>内蒙古地矿局</td><td>本　书</td></tr>
<tr><td>1968</td><td>1990</td><td>1981</td><td>1982</td><td>1991</td><td></td></tr>
<tr><td>马鬃山</td><td>马鬃山</td><td>珠斯楞海尔罕</td><td>杭乌拉、好比如</td><td>月牙山、好比如、珠斯楞海尔罕</td><td>北山地区</td></tr>
<tr><td rowspan="3">O_1</td><td rowspan="3"></td><td rowspan="3"></td><td rowspan="3"></td><td></td><td></td><td>罗雅楚山组</td></tr>
<tr><td>沃博尔组（O_1）</td><td>砂井组（O_1）</td><td rowspan="4">西双鹰山组</td></tr>
<tr><td>杭乌拉组（O_1）</td><td>杭乌拉组（O_1）</td></tr>
<tr><td>$\in_2$</td><td rowspan="2">西双鹰山群</td><td>西双鹰山组</td><td>上寒武统</td><td>上寒武统</td><td>恩格尔乌苏组（$\in_3$）</td></tr>
<tr><td>$\in_1$</td><td>大豁落井组</td><td>中寒武统</td><td>中寒武统</td><td>月牙山组（$\in_2$）</td></tr>
</table>

罗雅楚山组　*Ol*　（15-0069）

【创名及原始定义】　甘肃省第一区测队1966年于肃北县罗雅楚山创建罗雅楚山群。原始定义：由于在罗雅楚山出露较好，且在七角井东南的地层中首次采到早奥陶世标准化石，故命名为罗雅楚山群。

【沿革】　罗雅楚山群建立后，并未被采用。1972年甘肃省第二区测队在石板井幅区调报告中将早奥陶世地层称砂井群；甘肃省地质力学测量队1977年在五道明幅区调报告中将相当于罗雅楚山群的沉积岩划分为砂井群（O_1）和咸水湖群的碎屑岩组（O_2）；1979年在六驼山幅区调报告中又将这套地层新建了乌兰布拉格组，时代为中奥陶世。1981年在嘎顺诺尔幅区调报告中，又将乌兰布拉格组之上，咸水湖群火山岩组之下的碎屑岩建立了小狐狸山组，即相当于五道明幅中咸水湖群的碎屑岩组，时代定为早奥陶世；1982年宁夏区调队在巴丹吉林地区将一套硅质岩和碳酸盐岩地层划分为早奥陶世沃博尔组、杭乌拉组；1991年《内蒙古地质志》中的砂井组包括了小狐狸山组、乌兰布拉格组和沃博尔组。甘肃省地层清理研究组1994年修订为罗雅楚山组。原划为砂井群、咸水湖群的碎屑岩组、乌兰布拉格组、小狐狸山组的这套碎屑岩地层依据命名优先权原则统称罗雅楚山组。

【现在定义】　指整合伏于咸水湖组火山岩之下的一套浅海相碎屑岩，由长石石英砂岩、杂砂岩、粉砂岩、泥硅质板岩夹泥质灰岩和少量的硅质岩组成。含笔石、腕足类化石。其下未见底。

【层型】　区内次层型为额勒根乌兰乌拉南剖面（15-0069-4-2）。

【地质特征及区域变化】　该组分布广泛，层位稳定，主要出露于额济纳旗的额勒根乌兰乌拉、乌兰布拉格、小狐狸山、呼和套尔盖、洪果尔基乌拉、黑大山、月牙山、洗肠井等地。最大厚度 1847 m、岩性主要是杂砂岩、石英长石砂岩等。小狐狸山主要为粉砂岩和砂质板岩，厚度 550 m。洗肠井岩性为长石石英砂岩和杂砂质石英砂岩。区内这套碎屑岩之上是咸水湖组火山岩，而甘肃省境内缺失咸水湖组。

咸水湖组　*Ox*　(15－0068)

【创名及原始定义】　原名咸水湖群，系修泽雷、赵祥生 1964 年创名于额济纳旗乌兰布拉格东南约 30 km 处。原始定义：由一套巨厚的中基性火山岩组成，顺走向可相变为凝灰岩、杂砂岩及硅质岩的互层，厚度大于 5291.8 m，时代为中晚奥陶世。其上与沙沟山群（O_3—S_1）呈整合接触或局部侵蚀间断接触，其下部未见出露。

【沿革】　自 1964 年建群以来，北山地区的奥陶纪火山岩多用此名。但甘肃省第二区测队 1972 年开展石板井幅 1∶20 万区测时，将该套火山岩另命名为横峦山群。甘肃省地质力学测量队 1977、1979 年开展五道明幅、黑鹰山幅、六驼山幅 1∶20 万区测时，又将这套火山岩称为咸水湖群的火山岩组（O_2）。《内蒙古地质志》(1991) 改称咸水湖组（O_2），本次对比研究将北山地区该套火山岩地层仍称咸水湖组。

【现在定义】　指内蒙古北山地区连续沉积于罗雅楚山组之上，平行不整合伏于锡林柯博组（或白云山组）之下的一套海相中性、中基性火山岩，夹碳酸盐岩及少量碎屑岩的岩石组合。其与上、下地层在区域上可见不整合接触关系。

【层型】　正层型为额济纳旗煤矿南乌兰布拉格东南约 30 km 剖面（99°42′，42°12′；据修泽雷、赵祥生，1964）。

上覆地层：**锡林柯博组**　粉砂岩

——————　平行不整合　——————

咸水湖组	总厚度＞4 992.0 m
6. 浅黄褐色安山玢岩，斑状结构及杏仁状构造，底部有黄绿色砂岩一层	780.0 m
5. 辉绿玢岩	130.0 m
4. 黄绿、灰绿色凝灰岩，沿走向可相变为泥灰岩或灰黄色钙质砂岩。在泥灰岩中产双壳类，腹足类及腕足类化石，而大量的腕足类（正形贝类为主）和海林檎是产在凝灰质钙质砂岩所夹的灰岩扁豆体中，腕足类有：*Apatorthis* cf. *tenuicostata*，*Orthidiella* sp.，*Ancistrorhyncha* (?) sp.，*Orthambonitas* sp.，*Antigonambonites* (?) sp.，*A*. cf. *planus*，*Dalmanella* sp.，*Dinorthis* sp.，*Diparelasma* sp.，*Eosotrematorthis* (?) sp.，*Orthis* cf. *callactis*，*O*. cf. *calligramma*，*Parmorthis* sp.，*Taffia* (?) sp.，*Valcourea* (?) sp.，*Hesperorthis* (?) sp.	442.2 m
3. 暗灰绿色辉绿岩，顺走向西延至赵家井南，出现厚约 20 米的白色结晶灰岩的扁豆体，中有灰色细砂岩及泥灰岩的夹层，在泥灰岩中产三叶虫：Pliomerid，*Encrinuroides* sp.，Cybelid，Asaphidae	2 680.0 m
2. 凝灰质千枚岩，夹厚 1～2 m 的辉绿岩多层，上部夹有厚 2～3 m 火山碎屑岩	890.6 m
1. 辉绿岩夹角砾状凝灰岩（未见底）	＞69.2 m

【地质特征及区域变化】　分布于额济纳旗的额勒根乌兰乌拉、乌兰布拉格南东、小狐狸山、洗肠井、巴格洪古尔、洪果尔基乌拉、希热哈达、呼仍巴期克、月牙山、白云山等地。岩性以海相安山岩为主，有安山质玄武岩、玄武岩及流纹岩等，夹少量灰岩、板岩、粉砂岩的

扁豆体。在小狐狸山额勒根乌兰乌拉南，该组上与白云山组，下与罗雅楚山组均为整合接触关系，但大部分剖面未见顶底。含有丰富的腕足类、三叶虫、笔石等化石。

锡林柯博组　*Oxl*　（15－0067）

【创名及原始定义】　甘肃省第二区测队1968年创名于肃北县锡林柯博。原始定义：该组是一套浅海相沉积，有硅质岩、灰岩、页岩、砂砾岩、砂岩，在底部灰岩中产丰富的三叶虫、头足类，局部地区砂页岩中产三叶虫。

【沿革】　本组创建后，其名称很少被使用，往往用其它名称代替，1975年，甘肃省区测队在综合研究区域地层时改称白云山组；1979年，甘肃省地质力学测量队在开展六驼山幅1：20万区调时，将该套地层另命名为希热哈达群；1987年，郑昭昌、周志强等在巴丹吉林地区进行生物地层专题研究时，将该套地层又分别建立了巴丹吉林组、单面山组。经西北地区几省研究决定，将原锡林柯博组下部的硅质岩及碳酸盐岩仍称锡林柯博组，其上连续沉积的一套碎屑岩称白云山组。这样，原锡林柯博组、白云山组、希热哈达群下部的硅质岩、碳酸盐岩及巴丹吉林组归入锡林柯博组，上部的碎屑岩及单面山组归入白云山组。

【现在定义】　指整合伏于白云山组碎屑岩之下，咸水湖组火山岩之上的结晶灰岩、硅质岩、大理岩、泥灰岩夹有少量杂砂岩等一套浅海相岩石组合。与咸水湖组多以断层接触。

【层型】　区内次层型为额济纳旗月牙山西剖面（15－0067－4－4）。

【地质特征及区域变化】　该组在内蒙古分布较少，出露于西部的月牙山、小狐狸山及东部珠斯楞海尔罕地区。西部以硅质岩、碳酸盐岩占主体，区域上分布不稳定。月牙山厚826 m，小狐狸山厚128 m，珠斯楞海尔罕厚60～150 m。时代为晚奥陶世。

白云山组　*Oby*　（15－0062）

【创名及原始定义】　甘肃省第二区测队1975年创名于内蒙古额济纳旗白云山东。原始定义：主要是细碎屑岩和灰岩互层，含珊瑚化石。

【沿革】　详见锡林柯博组沿革。本次清理采用白云山组一名，并做了明确的定义。

【现在定义】　指北山地区咸水湖组火山岩或锡林柯博组硅质岩、碳酸盐岩之上的一套滨海相紫红及深灰色粉砂岩夹灰岩、竹叶状灰岩及少量安山岩、英安岩及碧玉岩，含大量珊瑚化石。在珠斯楞海尔罕西与上覆班定陶勒盖组呈整合接触，大部分剖面未见顶底。

【层型】　正层型为额济纳旗白云山东剖面（98°38′，41°35′；据甘肃省第二区测队，1972）。

上覆地层：公婆泉组　酸性火山岩

═══════ 断　层 ═══════

白云山组	总厚度＞1 108 m
41. 紫红色泥质粉砂岩。有钾长花岗岩脉侵入	124 m
40. 灰色砾屑灰岩，产化石：*Plasmoporella* sp.	31 m
39. 浅灰绿色安山岩	3 m
38. 灰绿色粉砂岩	12 m
37. 深灰色砾屑灰岩、产化石	71 m
36. 深灰色厚层砾屑灰岩、产化石	10 m
35. 紫红色砾屑灰岩，产化石	15 m
34. 紫红色竹叶状灰岩，产化石 *Brachylasma*? sp.	12 m
33. 深灰色砾状灰岩，产化石：*Heliolites* sp.，*Favosites* sp.，*Parastriatopora* sp.，*Nileus*	

sp. 15 m

32. 深灰色竹叶状灰岩，产化石 8 m

31. 深灰色砾屑灰岩，产化石 6 m

30. 深灰色中薄层灰岩，具臭味，产化石：*Favosites* sp.，*Palaeofavosites* sp.，*Halysites* sp.，*Orthophyllum*? sp.，*Brachylasma*? sp.，*Stenoloron* sp. 48 m

29. 灰色硅质灰岩 4 m

28. 深灰色厚层硅化灰岩，网格状方解石脉发育，产化石：*Palaeofavosites* sp，*Rostricellula* sp.，*Sowerbyella* sp.，*Zygospira* sp.，*Skenidioides* sp. 38 m

27. 深灰色薄层灰岩 4 m

26. 紫红色钙质砂岩 4 m

25. 深灰色砾屑灰岩 8 m

24. 玫瑰色钙质砂岩 3 m

23. 灰色碎屑灰岩夹紫红色薄层粉砂岩，产化石：*Favosites* sp.，*Palaeofavosites* sp.，*Plasmoporella* sp. 14 m

22. 紫红色泥质粉砂岩 76 m

21. 紫红色杂砾岩 70 m

20. 灰绿色杂砂质石英砂岩 3 m

19. 紫红色粉砂岩 60 m

18. 猪肝色长石质杂砂岩 12 m

17. 紫红色粉砂岩 14 m

16. 灰色英安岩 7 m

15. 紫红色粉砂岩 147 m

14. 猪肝色安山质英安质熔结凝灰岩，夹红色碧玉岩 4 m

13. 紫红色砂质粉砂岩夹紫红色细砂岩 145 m

12. 紫红色泥质粉砂岩（未见底） >140 m

【地质特征及区域变化】 该组分布广泛，出露于额济纳旗的白云山、月牙山、希热哈达，小狐狸山及珠斯楞海尔罕西单面山等地。各地均为细碎屑岩和灰岩为主体，区域上变化不大。在单面山与上覆班定陶勒盖组连续沉积，在希热哈达与下伏咸水湖组呈整合接触，在月牙山及单面山与下伏锡林柯博组为整合接触，在横峦山与下伏的咸水湖组呈平行不整合接触，大部分剖面未见顶底（图 9-1）。

班定陶勒盖组 S*b* (15-0056)

【创名及原始定义】 本组由宁夏区调队 1982 年创名于内蒙古阿拉善左旗乌力吉苏木杭乌拉。原始定义为："班定陶勒盖组分布零星，出露甚少，仅见于杭乌拉南北两侧及好比如南侧，上下多为断层所截。为稳定的半深海还原环境下沉积的薄层硅质板岩、泥质板岩夹硅质岩。含丰富的笔石及很少的腕足类、腹足类、头足类化石。厚 23～149 米。"

【沿革】 1960 年，高庆华首次发现这套地层，所含化石经赵裕亭（1975 年）描述，时代定为早志留世。宁夏地质研究所郑昭昌 1987 年在杭乌拉一带工作时，研究了原剖面，认为班定陶勒盖离赵裕亭（1975）所采化石产地距离较远，加之地名太小，不易查找，遂更名为拐子湖组。《内蒙古地质志》(1991) 采用圆包山组一名（表 9-2）。本次按优先权原则，恢复班定陶勒盖组的名称。

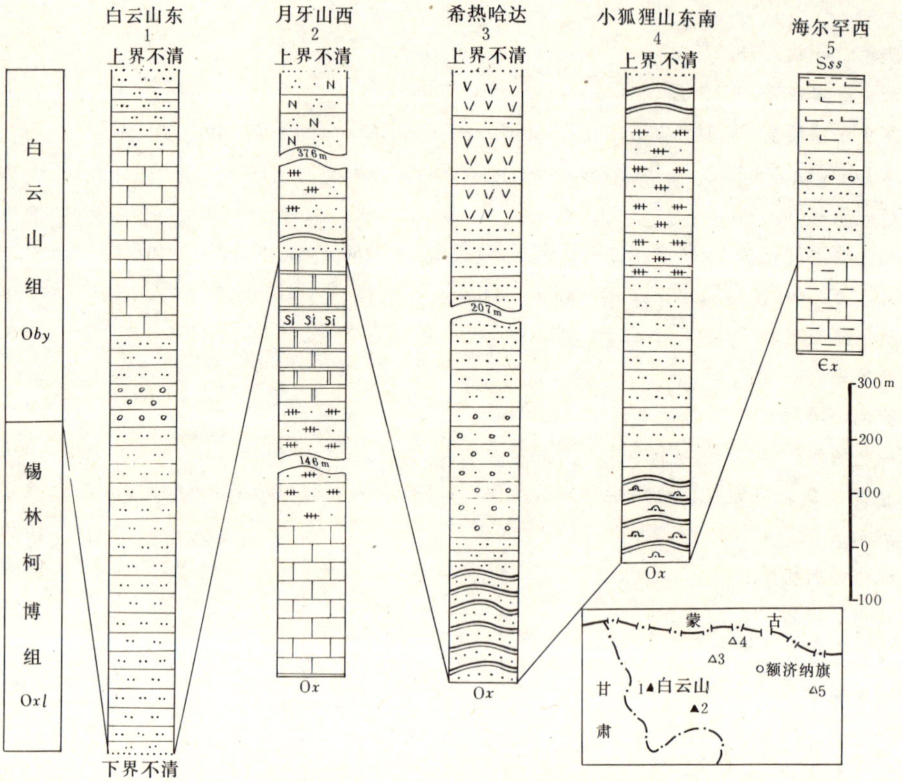

图 9-1 白云山组锡林柯博组柱状对比图

表 9-2 班定陶勒盖组沿革简表

<table>
<tr><td colspan="2">宁夏区调队</td><td colspan="2">甘肃省地质
力学测量队</td><td colspan="2">郑昭昌</td><td colspan="2">内蒙古地矿局</td><td colspan="2">本 书</td></tr>
<tr><td colspan="2">1982</td><td colspan="2">1977</td><td colspan="2">1987</td><td colspan="2">1991</td><td colspan="2"></td></tr>
<tr><td colspan="2">巴丹吉林</td><td colspan="2">额济纳旗</td><td colspan="2">巴丹吉林</td><td colspan="2">北山地区</td><td colspan="2">北山地区</td></tr>
<tr><td>S_1</td><td>阿尔尚德组</td><td rowspan="2">S_1</td><td rowspan="2">斜山群</td><td>S_2</td><td>中志留统</td><td rowspan="2">S_1</td><td rowspan="2">圆包山组</td><td></td><td>圆包山组</td></tr>
<tr><td>S_1</td><td>班定陶勒盖组</td><td>S_1</td><td>拐子湖组</td><td></td><td>班定陶勒盖组</td></tr>
<tr><td>O_1</td><td>沃博尔组</td><td></td><td></td><td></td><td>单面山组</td><td>O_2</td><td>白云山组</td><td></td><td>白云山组</td></tr>
</table>

【现在定义】 指内蒙古西部地区志留纪最早沉积的灰、褐灰、灰绿、黄绿色泥质板岩、硅质板岩、夹硅质岩的一套深海相为特征的岩石组合。在命名剖面其上被早二叠世双堡塘组不整合所覆，下界为断层接触，但在区域上圆包山组整合覆于其上；下界与白云山组亦为整合接触。

【层型】 正层型为阿拉善左旗乌力吉苏木杭乌拉东南剖面（103°50′，41°29′；据宁夏区调队，1982）。

上覆地层：**双堡塘组** 粗砂岩

~~~~~~~~~~ 不 整 合 ~~~~~~~~~~

班定陶勒盖组 总厚度 149.22 m

4. 上部为黄绿色薄层泥质板岩；下部则是灰绿色薄层泥质板岩富含笔石及少量腕足类、腹足类、头足类化石，中上部尤为丰富，计有：*Monoclimacis griestoniensis*，*Monograptus acus*，*M. marri*，*M. pandus*，*M. priodon reductus*，*M. parapriodon*，*M. priodon densus*，*M. bandingensis*，*M. hangwulaensis*，*Oktavites curvus*，*O. arcuatus*，*O. planus*，*O. flax*，*O.* cf. *spiralis*，*Streptograptus anguinus*，*S. crispus*，*Streptograptus* sp.，*Stomatograptus asiaticus*，*Sinostomatograptus* sp.，*Pristiograptus* sp. 13.98 m

3. 浅灰、褐灰色薄层泥质板岩夹少许硅质板岩，底部有少许黄绿色薄层泥质板岩，顶部产笔石：*Monograptus* sp. 42.55 m

〔在剖面东侧 3 km 的沃博尔剖面相当于该层内采获笔石：*Rastrites linnaei*，*Retiolitus geinitzianns*，*Monograptus*，*Orthograptus aciminatus*，*Pristiograptus* sp.，*Rastrites approximatus* 等。〕

2. 深灰色薄层硅质岩与褐灰色薄层硅质岩互层，产笔石；*Monograptus* sp. 12.50 m

1. 灰、褐灰、黄灰等杂色薄层硅质板岩与泥质板岩互层夹硅质岩，下部含笔石：*Petalolithus palmeus*，*Glyptograptus sinuatus*，*G.* cf. *tamariscus*，*Monograptus sedgwickii*，*Pristiograptus* sp.，*Climacograptus medius minutus*，*C.* sp. 80.19 m

========== 断 层 ==========

下伏地层：**西双鹰山组** 硅质灰岩

【地质特征及区域变化】 该组在阿拉善左旗杭乌拉、珠斯楞海尔罕西单面山附近有剖面控制，额济纳旗萤石矿附近有路线综合剖面。时代为早志留世。在单面山一带本组只出露了底部层位，厚 16.83 m 的灰绿色薄至微薄层粉砂质泥岩、水云母泥岩等。据郑昭昌等(1987)的工作成果，这层泥岩自下而上共有 4 个笔石层：1 层和 2 层（0～2.5 m）含 *Diplograptus*、*Retioclimacis* 等晚奥陶世晚期的典型分子；3 层和 4 层（2.5～16.83 m）含 *Paracardiograptus* 和 *Pristiograptus*，属早志留世的笔石。这样，班定陶勒盖组在珠斯楞海尔罕剖面包含了部分晚奥陶世的沉积，其下与白云山组呈整合接触。

圆包山组 Sy （15-0057）

【创名及原始定义】 本组由甘肃省地质力学测量队 1979 年在额济纳旗圆包山地区创名。原始定义：“指内蒙古西北部不整合于咸水湖群碎屑岩之上，整合于志留系中统之下。……代表本区早志留世晚期的一套细碎屑岩夹泥硅质岩及砂岩的黄绿色浅海—半深海相沉积，产丰富的笔石化石，总厚大于 1573.3 m。”

【沿革】 本组建立后，宁夏区调队 1982 年在巴丹吉林沙漠北缘地区将这套地层另名为阿尔尚德组。但区内一直称为圆包山组〔《内蒙古地质志》，(1991)〕。本次清理仍采用圆包山组一名。

【现在定义】 指内蒙古西北部公婆泉组火山岩之下，巴丹吉林地区班定陶勒盖组硅泥质岩之上的一套黄绿、灰绿色粉砂岩、杂砂岩夹灰黑色页岩、粉砂质页岩为主的浅海相沉积，富含笔石化石。其与上覆公婆泉组连续沉积，下与白云山组断层接触。

【层型】 正层型是额济纳旗圆包山剖面（99°27′、42°27′；甘肃省地质力学测量队，1979）。
~~~~~~~~~~

上覆地层：**公婆泉组**　流纹岩

——————— 整　合 ———————

圆包山组	总厚度 1 673.3 m
13. 黄绿色粉砂岩	30.4 m
12. 黄绿色粉砂岩与灰绿色中层状粉砂岩不等厚互层。下部夹一层含粗砂粒杂砂岩	272.8 m
11. 深灰色薄层状中细粒长石质杂砂岩，夹极少量含细砾中粗粒长石质杂砂岩，下部粒度变细，颜色变深	65.9 m
10. 灰绿、黄绿色粉砂岩夹细粒杂砂岩，下及中上部均夹灰岩小扁豆体	282.5 m
9. 瓦灰色薄片状粉砂岩产：*Monograptus* sp.，*M.* cf. *pandus*，*Monoclimacis* cf. *griestoniensis*，*M.* cf. *gracilis*，*Streptograptus* sp.	4.7 m
8. 深灰、灰绿色薄片状粉砂岩，产：*Monograptus* sp.，*M.* cf. *priodon*，*M.* ex gr. *priodon*，*M. galaensis*，*Pristiograptus* sp.，*Climacograptus* sp.，*C.* cf. *scalaris*，*Pernerograptus* sp.	2.8 m
7. 灰黑色含碳质粉砂岩，产：*Monograptus* cf. *priodon*，*M.* cf. *graensis*，*M.* ex gr. *priodon*，*M.* sp.，*Petalolithus* sp.，*Monoclimacis* sp.	8.4 m
6. 黄绿色粉砂岩夹少量薄层细砂岩	183.3 m
5. 黄绿色粉砂岩，局部夹少量钙质细砂岩透镜体	122.9 m
4. 黄绿色薄层状粉砂岩与黄绿色薄层状细砂岩互层	17.7 m
3. 黄绿色粉砂岩，中部夹少量小型结晶灰岩扁豆体	301.7 m
2. 黄绿色薄层状粉砂岩与灰绿色薄层状细粒杂砂岩互层。中部为不等厚互层，下部为粉砂岩夹杂砂岩	280.2 m

═══════ 断　层 ═══════

下伏地层：**白云山组**　长石质杂砂岩

【地质特征及区域变化】　岩性组合为一套粉砂岩、杂砂岩夹结晶灰岩扁豆体的浅海相沉积。发育有细粒杂砂岩—粉砂岩—页岩沉积韵律，应是海侵序列。本组延伸范围较大，自额济纳旗的圆包山向东经阿拉善右旗的尼除滚哲勒德，止于阿拉善左旗的杭乌拉一带，延伸约 400 km。尼除滚哲勒德剖面厚度达 2 946 m，是正层型剖面的 2 倍。小狐狸山一带岩性及生物组合与正层型一致，只是岩石微具变质现象，所含笔石主要有 *Streptograptus* sp.，*Monograptus* sp.，*Pristiograptus* sp. 等，时代属早志留世，与上覆公婆泉组呈整合接触，在杭乌拉一带与班定陶勒盖组为连续沉积。

公婆泉组　S*g*　(15-0066)

【创名及原始定义】　公婆泉组是公婆泉群的修订名。由甘肃省第二区测队 1969 年在甘肃省肃北县公婆泉铜矿二矿区创名公婆泉群，其原始定义："岩性主要为暗绿色角闪安山岩，安山玢岩质晶屑玻屑凝灰熔岩、暗紫色流纹岩，黑色流纹斑岩，流纹斑岩质角砾熔岩，夹灰白色、浅粉红色薄层状、透镜状灰岩，生物碎屑灰岩及大理岩，含腕足类、珊瑚、苔藓虫等，时代为中晚志留世，未见顶底，厚 1 063 m。

【沿革】　原公婆泉群建立后，在甘肃省内被广泛应用，在划分上没有变化；1991 年，《内蒙古地质志》将群改称组，并将命名剖面分解成两部分：含化石的碎屑岩及碳酸盐岩部分称公婆泉组，将上部层位的火山岩划入 Ludlovian 期的"火山岩组"。本次对比研究认为：原公婆泉群命名剖面的岩石内容是以火山岩为主的地层序列，沉积岩是作为火山岩的夹层出现的，不宜单独分出，本着"宜粗不宜细"的原则，仍以命名剖面作为公婆泉组的单位层型，仅作部分内容的修订（表 9－3）。厘定后的公婆泉组以火山岩为特征，火山岩以上及以下的碎屑岩，分别划归碎石山组和圆包山组。

表 9－3　公婆泉组沿革简表

<table>
<tr><td colspan="3">甘肃省区测二队</td><td colspan="3">甘肃省地质力学测量队</td><td colspan="4">甘肃省地质力学测量队</td><td colspan="3">内蒙古地矿局</td><td colspan="2">本　书</td></tr>
<tr><td colspan="3">1969</td><td colspan="3">1977</td><td colspan="4">1977</td><td colspan="3">1991</td><td colspan="2"></td></tr>
<tr><td colspan="3">肃北县</td><td colspan="3">黑鹰山</td><td colspan="4">路井</td><td colspan="3">北山地区</td><td colspan="2">北山地区</td></tr>
<tr><td></td><td></td><td></td><td rowspan="3">上志留统</td><td rowspan="3">S_3</td><td>碎屑岩组</td><td rowspan="2">中上志留统</td><td rowspan="2">S_{2-3}</td><td rowspan="2" colspan="2">公婆泉群</td><td>Pridolian</td><td>S_4</td><td>碎石山组</td><td>S_3</td><td>碎石山组</td></tr>
<tr><td rowspan="2">中上志留统</td><td rowspan="2">S_{2-3}</td><td rowspan="2">公婆泉群</td><td rowspan="2">火山岩组</td><td>Ludlovian</td><td>S_3</td><td>火山岩组</td><td rowspan="2">S_{2-3}</td><td rowspan="2">公婆泉组</td></tr>
<tr><td rowspan="2">下志留统</td><td rowspan="2">S_1</td><td rowspan="2">斜山群</td><td>火山岩</td><td>Wenlockian</td><td>S_2</td><td>公婆泉组</td></tr>
<tr><td></td><td></td><td></td><td></td><td></td><td></td><td>碎屑岩</td><td>Llandoverian</td><td>S_1</td><td>圆包山组</td><td>S_1</td><td>圆包山组</td></tr>
</table>

【现在定义】　指分布于额济纳旗西部的海相火山岩建造，以中基性安山岩、安山玄武岩为主。在英安山一带以酸性流纹岩、凝灰岩为主夹少量大理岩。其上与碎石山组、下与圆包山组均呈整合连续沉积。

【层型】　正层型在甘肃省境内。区内次层型为额济纳旗涌珠泉东南剖面（15－0066－4－2）。

【地质特征及区域变化】　该组延伸范围局限，在额济纳旗白云山西、涌珠泉东西两侧以及英安山、沙沟山、圆包山等地有出露。反映了中天山-马鬃山地层分区中西部，在中志留世时，有一次比较强烈的海底火山活动。该组的正层型安山玢岩夹生物碎屑灰岩中，含 *Favosites* sp.，*Halysites* sp.，*Stelliporella* sp.，*Palaeofavosites* sp. 等，时代属中晚志留世。但在我区境内这套火山岩中至今未发现化石。

碎石山组　Ssŝ　（15－0065）

【创名及原始定义】　该组是原碎石山群的修订名。由甘肃省地质力学测量队五分队 1977 年在内蒙古额济纳旗清河沟北 12 km 的碎石山创名。原始定义是“主要分布在碎石山南及其以东，上部为碎屑岩，下部为酸性火山岩，厚度巨大，被下泥盆统所不整合覆盖，下部未见底。碎屑岩中产晚志留世化石。”

【沿革】　1989 年《甘肃省区域地质志》采用了碎石山群，仍包括上部碎屑岩和下部火山岩。1991 年，《内蒙古地质志》将碎石山群分解，将上部含化石的正常沉积岩厘定为碎石山组；下部另名为火山岩组。本次清理认为《内蒙古地质志》对碎石山组的厘定符合岩石地层单位的概念，予以采用（表 9-4）。

表 9-4　碎石山组沿革简表

<table>
<tr><td colspan="3">甘肃省地质
力学测量队</td><td colspan="4">甘肃省地质
力学测量队</td><td colspan="2">《甘肃省地质志》</td><td colspan="2">《内蒙古地质志》</td><td colspan="2">本　书</td></tr>
<tr><td colspan="3">1977</td><td colspan="2">1972</td><td colspan="2">1977</td><td colspan="2">1989</td><td colspan="2">1991</td><td colspan="2"></td></tr>
<tr><td colspan="3">黑鹰山区</td><td colspan="2">石板井幅</td><td colspan="2">路井幅</td><td colspan="2">北山地区</td><td colspan="2">北山地区</td><td colspan="2">北山地区</td></tr>
<tr><td rowspan="3">S₃</td><td rowspan="3">碎石山群</td><td>碎屑岩组</td><td rowspan="3">S_{2—3}</td><td rowspan="3">公婆泉群</td><td rowspan="2">S_{2—3}</td><td rowspan="2">公婆泉群</td><td>S₃</td><td>碎石山群</td><td>S₄</td><td>碎石山组</td><td>S₃</td><td>碎石山组</td></tr>
<tr><td rowspan="2">火山岩组</td><td rowspan="2">S₂</td><td rowspan="2">公婆泉群</td><td>S₃</td><td>火山岩组</td><td rowspan="2">S_{2—3}</td><td rowspan="2">公婆泉组</td></tr>
<tr><td>S₁</td><td>斜山群</td><td>S₂</td><td>公婆泉组</td></tr>
</table>

【现在定义】　指分布于额济纳旗西北黑鹰山一带，整合于公婆泉组火山岩之上，被晚古生代不同地层所覆盖的一套杂色的粉砂泥质板岩、变质砂岩、细砂岩夹灰岩透镜体及少量硅质岩等浅海相碎屑岩组合，含丰富的珊瑚、三叶虫化石。

【层型】　正层型为额济纳旗清河沟北剖面（98°10′，42°30′；据甘肃省地质力学测量队，1977）。

上覆地层：**雀儿山群**　砂板岩

～～～～～～～～ 不　整　合 ～～～～～～～～

碎石山组　　　　总厚度＞387.1 m

9. 浅紫灰色块状变质砂岩，底部夹灰岩透镜体，产珊瑚：*Favosites coreanicus*，*Phaulactis* sp.　＞13.7 m
8. 浅灰色变质砂岩　5.9 m
7. 灰色、灰黄色含砾变质砂岩及灰岩透镜体，产珊瑚：*Holophragma* sp.，*H. colceoloides*，*Favosites* aff. *subgothlandicus*，*Favosites* sp.，*Squameofavosites* sp.，*Thamnopora* sp.　19.6 m
6. 紫红色薄层状细砂岩　19.6 m
5. 浅灰、灰绿色含砾变质砂岩，夹灰色中粒石英岩　58.5 m
4. 灰黄绿色、褐黄色粉砂泥质板岩，夹黄褐色钙质粉砂岩、薄层泥灰岩、底部夹透镜状灰岩。产珊瑚：*Favosites coreanicus*　144.9 m
3. 灰色、浅灰褐色变质细粒砂岩夹少量深灰色、灰绿色含细砾杂砂岩及灰岩透镜体、产珊瑚：*Favosites coreanicus*　48.0 m
2. 褐黄色、浅紫灰色薄层状硅质岩。具碳酸盐化　76.9 m

———————— 整　合 ————————

下伏地层：**公婆泉组**　英安岩

【地质特征及区域变化】　该组在额济纳旗清河沟北中蒙边境处及珠斯楞海尔罕西（单面山）有出露，正层型剖面为粉砂泥质板岩、变质砂岩及薄层状硅质岩等，产珊瑚。在单面山一带岩性为钙质砂岩夹少量砂质灰岩，产珊瑚、腕足类、三叶虫等化石。西部岩石多具轻微变质现象，厚度近400 m；东部单面山距正层型剖面约400 km，岩石未变质，厚度200余米，底部为硅质岩，上部颗粒变粗，并富含生物化石，时代为晚志留世。上界被依克乌苏组或绿条山组不整合覆盖。

第二节　生物地层与年代地层

区内寒武纪只发育西双鹰山组，含大量的化石，尤以三叶虫动物群特别重要，其数量多，分布广，演化的阶段性特征层次分明，具有确定岩石地层单位时代和进行区域地层对比的重要意义。根据郑昭昌等（1981）对三叶虫的研究成果，由老到新划分为7个生物地层单位，同时亦显示了西双鹰山组的跨时穿时的特点（表9－5）。

表9－5　西双鹰山组生物地层单位在地理上的分布简表

岩石地层	时代	额济纳旗		阿右旗好比如	阿左旗杭乌拉
		月牙山	珠斯楞海尔罕		
西双鹰山组	O_1				⑦*Hysterolenus*－*Niobella* A. Z.
	$\in_3$				⑥*Hedinaspis*－*Diceratopyge* A. Z.
			⑤*Golasaphus*－*Proceratopyge* A. Z.		
			④*Irvingella*－*Maladioidella* A. Z.		
					③*Glyptagnostus*－*Homagnostus* A. Z.
	$\in_2$	②*Amphoton*－*Kootenia* A. Z.			
	$\in_1$			①*Xystridula*－*Galahetes* A. Z.	

三叶虫

①*Xystridula*－*Galahetes* 组合带

主要属种为：*Xystridula* sp.，*Galahetes opimus*，*Erbia* sp.，*Pagetia* sp. 等，为我国东南型分子。产自阿拉善右旗笋布尔苏木好比如地区西双鹰山组剖面（15－0037－4－3）的第3层。共生有腕足类、微古植物等。地质时代：早中寒武世。

②*Amphoton*－*Kootenia* 组合带

主要属种为：*Amphoton* sp.，*Kootenia* sp.，*Dorypyge*? sp. 等华北类型分子，产自额济

纳旗月牙山西西双鹰山组剖面（15－0037－4－1）的第4层，时代为中寒武世，相当于华北张夏期。

③*Glyptagnostus*－*Homagnostus* 组合带

主要属种有：*Glyptagnostus reticulatus*，*Homagnostus* sp. 等，产自阿拉善右旗杭乌拉东西双鹰山组剖面（15－0037－4－4）的第1层。属东南生物地理区和大西洋生物地理区的分子，时代为晚寒武世，相当于华北崮山期。

④*Irvingella*－*Maladioidella* 组合带

主要属种有：*Irvingella* sp.，*Maladioidella minor*，*M. zhusillengensis*，*M. convex*，*Mansuyia* sp.，*Peichiashania truncata*，*Zhusilengia ornithorhyncha*，*Pseudagnostus* sp. 等，产自额济纳旗珠斯楞海尔罕西西双鹰山组剖面（15－0037－4－2）的第3—8层，地质时代晚寒武世。

⑤*Golasaphus*－*Proceratopyge* 组合带

主要属种有：*Golasaphus*，*Proceratopyge*，*Koldinioidia*，*Pseudokainella*，*Rhadinopleura*，*Pseudagnostus*，*Neoagnostus* 等东南类型属种丰富。产自珠斯楞海尔罕西西双鹰山组剖面（15－0037－4－2）的第9—13层。地质时代为晚寒武世。

⑥*Hedinaspis*－*Diceratopyge* 组合带

主要属种有：*Hedinaspis* sp.，*H. brevica*，*Diceratopyge valida*，*D. distincta*，*Euloma*（*Proteuloma*）*badainjaranensis*，*Charchaqia rustica*，*Pareuloma*? sp. 等东南类型分子，产自阿拉善右旗杭乌拉东西双鹰山组剖面（15－0037－4－4）第2—3层，地质时代晚寒武世末期。

⑦*Hysterolenus*－*Niobella* 组合带

主要属种有：*Hysterolenus oblongus*，*H. tenuispinus*，*Shumardia cornigera*，*Niobella preciosa*，*Rhadinopleura piriforme*，*Parabolina* sp.，*Parabolinella contracta*，*Neoagnostus hangulensis* 等东南型分子，产自杭乌拉东西双鹰山组剖面（15－0037－4－4）的第5—6层，地质时代早奥陶世 Tremadocian 期。*Hysterolenus*－*Niobella* 组合带与 *Hedinaspis*－*Diceratopyge* 组合带之间的生物地层界线为本区寒武纪与奥陶纪的界线。

奥陶纪的生物群较寒武纪时有了较大的发展，其门类和数量都达到了繁盛的程度，尤以三叶虫、珊瑚、腕足类、笔石和牙形刺等更为重要，它们是确定岩石地层时代和进行区域地层对比的主要依据（表9－6）。

属于 Tremadocian 期的 *Hysterolenus*－*Niobella* 组合带已划入从寒武纪延续上来的西双鹰山组的顶部层位（表9－6），其上的罗雅楚山组未见三叶虫。自中奥陶世的咸水湖组至晚奥陶世的白云山组共发育了3个三叶虫组合：

①*Illaenus*－asaphids 组合

这个组合见于咸水湖组中部层段火山岩的泥质灰岩夹层，共7属，除上述2属外，主要还有 *Ampyx* sp.，*Lochdomas* sp.，*Atractopyge* sp.，*Geragnostus* sp.，*Sphaerexochus* sp. 等。这个组合总体面貌反映了中奥陶世的特征。

②*Bulbaspis*－*Encrinurus* 组合带

这个组合产于锡林柯博组和白云山组的下部层位，共10属。除 *Bulbaspis*，*Encrinurus* 两属最为发育外，还有 *Flexicalymene*，*Pliomerina*，*Lichas* 等。这是一个分布广泛，时限明确的三叶虫组合带，*Encrinurus* 最早见于中奥陶世，向上则多见于志留纪；*Bulbaspis* 和 *Pliomerina* 一般见 Llanvirnian 期至 Ashgillian 早期，结合本区岩石地层的层序特点，它应当是 Caradocian 至 Ashgillian 早期的产物。

表 9-6 奥陶纪生物地层单位简表

		三叶虫	珊瑚	腕足类	笔石	牙形石
O_3	白云山组/锡林柯博组	*Dalmanitina* 带 *Bulbaspis* - *Encrinurus* 组合带	*Plasmoporella* - *Agetolites* 组合带	*Cliftonia* - *Liostrophia* 组合带	*Diplograptus* - *Retioclimacis* 组合带	*Dapsilodus* - *Aphelognathus* 组合
O_2	咸水湖组	*Illaenus* - asaphids 组合	*Lichenaria*	*Plectorthis* - *Glyptorthis* 组合	*Dicellograptus* - *Climacograptus* 组合带	
O_1	罗雅楚山组 西双鹰山组	*Hysterodlenus* - *Niobella* 组合带		*Tritoechia* - *Xenelasmella* 组合	*Amplexograptus* - *Didymograptus* 组合带	

③*Dalmanitina* 带

这是 *Dalmanitina* 的延限带，位于白云山组顶部的 1.5 m 灰岩层。本带共发现 5 个三叶虫属，除数量极为丰富的 *Dalmanitina* 外，*Decoroproetus*，*Niuchangella*，*Lichas*，*Solariproetus* 等属亦是主要成员。资料表明 *Dalmanitina* 在我国的川、黔、湘、鄂等省晚奥陶世观音桥组顶部的泥灰岩与著名的 *Hirnantina* 共生，构成了与志留系分界的奥陶系顶部的 *Hirnantina* - *Dalmanitina* 层。因此，它的时限应是早 Ashgillian 晚期。

珊瑚

奥陶纪的珊瑚化石，最早出现在中奥陶世咸水湖组的灰岩中，只见稀少的 *Lichenaria* sp.，大量的床板珊瑚和四射珊瑚发育于晚奥陶世的锡林柯博组和白云山组。尤以前者更为重要，故建立一个 *Plasmoporella* - *Agetolites* 组合带。这个组合带共有 17 个属，37 个种，其中以 *Plasmoporella* 最为发育，*Agetolites* 次之。除这 2 个优势属外，比较重要的还有 *Neowormsipora*，*Protoheliolites*，*Palaeofavosites* 以及 *Siniciangolasma* 等。优势属是典型的晚奥陶世 Ashgillian 期分子，在本区见于锡林柯博组和白云山组的底部，时代为晚奥陶世。

腕足类

北山地区奥陶纪腕足类化石相当丰富，发育亦较完全，早、中、晚世都有其典型代表，分别划分 3 个组合以便于进行区域对比。

①*Tritoechia* - *Xenelasmella* 组合

这个组合产于乌兰布拉格西罗雅楚山组中下部钙质粉砂岩夹灰岩透镜体的层位，共有 5 个属，参与命名的 2 个优势属及 *Orthis*、*Palaeoreilo* 等都常见于早奥陶世的中晚期，尤其 *Xenelasmella* 只见于北美的早奥陶世晚期；而 *Orthis* 等则整个奥陶纪均可见及。综合考虑各属的地质历程和它们的共生关系，这个组合的时限应为早奥陶世的中晚期，可与 Arenigian 和 Llanvirnian 阶对比，也有可能延续到 Llandeilian 的早期。

②*Plectorthis* - *Glyptorthis* 组合

该组合产于咸水湖组的上部层位，共10属，主要的还有 *Hesperorthis*，*Platystrophia*，*Orthis*，*Dicelosia* 等。这个组合分子多为正形贝类的代表，一般时限较长，其中 *Glyptorthis*，*Plectorthis* 是两个世界性的属，常见于中晚奥陶世；而 *Dicelosia*，*Hesperorthis* 则是北美、西欧从中奥陶世出现延续至晚志留世和早泥盆世的属。上述可以认为这个组合的时代下限不会早于中奥陶世，上限不明确，但由于它与中奥陶世的三叶虫共生在16 m厚的薄层灰岩中，由此可以确认咸水湖组这个腕足类组合在北山地区发育的时限应为中奥陶世，其他地区延续的时限可能长一些。

③*Cliftonia* - *Liostrophia* 组合带

这个组合产于锡林柯博组下部灰岩和白云山组顶部5.4 m石英砂岩和泥质灰岩中，非常丰富，属的分异度很高。郑昭昌等（1987）研究共达21个属或亚属，其中最具地层对比意义的有 *Cliftonia*，*Hindella*，*Catazyga*（*Orthozyga*），*Liostrophia*，*Lordorthis* 等属。其中 *Cliftonia* 常见于 Ashgillian 期至 Llandoverian 期，*Hindella* 从 Ashgillian 中期至早志留世。而 *Liostrophia* 等在北美仅见于晚奥陶世，从而可以说明这个组合的时限为晚奥陶世的 Ashgillian 期。

笔石

区内笔石页岩（板岩）相很发育，根据笔石产出的层位和它们自身的演化特点，共划分3个组合带。

①*Amplexograptus* - *Didymograptus* 组合带

这个组合带产于额济纳旗小狐狸山罗雅楚山组上部灰色薄层状硅泥质板岩中，共5属11种（含未定种）。主要有 *Amplexograptus confertus*，*A. qilianshanensis*，*Orthograptus*，*Pseudoclimacograptus* 等；在砂井东部剖面顶部第23层硅质板岩中产 *Didymograptus*，*Trigonograptus*，*Phyllograptus* 等。其中 *Amplexograptus confertus* 是江西宁国早奥陶世9个笔石带上部N8的带化石；*Didymograptus*，*Trigonograptus* 的层位略低于N8，大致相当N3—N4的位置。综合考虑，罗雅楚山组含笔石的层位大致是早奥陶世的晚期，可以和我国标准划分的红花园阶对比。

②*Dicellograptus* - *Climacograptus* 组合带

本组合产于额济纳旗小狐狸山剖面第18层的硅泥质板岩中，位于咸水湖组偏上部的层位。只有2属7种（含未定种），是一个属的分异度很低的群落。它大致相当于江西崇义滞江组顶部 *Dicellograptus clingani* - *Climacograptus spiniferus* 带，是中奥陶世晚期的产物。由于咸水湖组这个化石组合带之下尚有2 500 m左右的火山岩为主体的地层，据此可以认为咸水湖组的沉积时限应当是整个中奥陶世。

③*Diplograptus* - *Retioclimacis* 组合带

这是位于奥陶系顶部与志留系分界的化石组合带，共3个属，还有一个 *Climacograptus* 属，产于灰绿色薄层粉砂质泥岩的下部2.5 m处，其上的14.3 m则产早志留世的 *Parakidograptus*，*Pristiograptus* 等笔石，因此在这个化石组合带之上存在奥陶系与志留系的界线层型是肯定的。由于按岩石地层单位的划分原则，这个组合带归入了班定陶勒盖组的底部(2.5 m)层位。根据剖面资料，白云山组的顶界只低于奥陶系顶界2.5 m，因此也可以认为它是晚奥陶世 Ashgillian 期的沉积。

牙形刺

本区奥陶纪的牙形刺只见于晚奥陶世的白云山组中、上部的灰岩夹层中，共发现6属，分别出现在额济纳旗珠斯楞剖面上部第 8—14 层约 150 m 的砂岩，粉砂岩夹灰岩的序列中，可统称为 *Dapsilodus* - *Aphelognathus* 组合，主要的成员有 *Belodina*，*Panderodus*，*Phragmodus undatus stauffer*，*Tasmanognathus* 等。这个组合见于江西、浙江等地晚奥陶世的晚期地层中，陕西背锅山组亦产这个牙形刺组合，在本区的白云山组顶部它的主要分子与三叶虫*Dalmanitina* 和腕足类 *Cliftonia* 等共生，无疑属于 Ashgillian 期。

志留纪受加里东运动的影响，早志留世仅北山地区发育了笔石页岩相的浅海沉积；中晚志留世海侵范围扩大，广泛地发育了壳相的动物群。根据前人成果对志留纪各门类生物群进行了生物地层的划分（表 9 - 7）。

表 9 - 7　志留纪生物地层单位简表

		笔　石	腕足类	珊　瑚
S_3	碎石山组			*Squameofavosites* - *Angopora* 组合
S_2	公婆泉组		*Eospirifer*	*Halysites* - *Palaeofavosites* 组合
S_1	圆包山组 / 班定陶勒盖组	*Monoclimacis griestoniensis* 延限带 *Monograptus priodon* - *M. galaensis* 组合带 *Monograptus sedgwickii* 延限带 *Parakidograptus* - *Pristiograptus* 组合带		

笔石

①*Parakidograptus* - *Pristiograptus* 组合带

此组合带产于班定陶勒盖组底部 14.3 m 的粉砂质泥岩中，共 6 属。其它还有 *Glyptograptus*，*Retioclimacis*，*Climacograptus*，*Pseudoclimacograptus* 等。这个组合带与奥陶纪顶部的笔石带是连续的，两者的岩性难以分界，所以均被划入志留纪的班定陶勒盖组，可与中国标准年代地层单位龙马溪阶的底部进行对比。

②*Monograptus sedgwickii* 延限带

主要属种有：*Monograptus sedgwickii*，*Petalolithus palmeus*，*Glyptograptus sinuatus*，*G.* sp.，*G. tamariscus*，*Pristiograptus* sp.，*Climacograptus medius minutus* 等，产自阿拉善左旗乌力吉苏木杭乌拉东南班定陶勒盖组剖面（15 - 0056 - 4 - 1）的第 1 层，地质时代为早志留世，层位相当于我国南方的龙马溪阶晚期。

③*Monograptus priodon* - *M. galaensis* 组合带

主要属种有：*Monograptus priodon*，*M. galaensis*，*M.* cf. *halli*，*M.* cf. *graensis*，*M.* cf. *holmi*，*Streptograptus*，*Petalolithus*，*Climacograptns* cf. *scalaris*，*Pristiograptus* sp. 等。产自圆包山组下部层位，额济纳旗圆包山地区剖面（15 - 0057 - 4 - 1）的第 7—9 层；阿拉善右旗尼除滚哲勒德剖面（15 - 0057 - 4 - 3）的第 5 层；阿拉善左旗杭乌拉剖面（15 - 0057 - 4 -

4）的第 2—4 层。地质时代为早志留世。层位相当于石牛栏阶早期。

④*Monoclimacis griestoniensis* 延限带

主要属种有：*Monoclimacis griestoniensis*，*Monograptus marri*，*M. priodon*，*M. pandus*，*M. priodon densus*，*M. prioden reductus*，*M. bandingensis*，*M. hangwulaensis*，*Oktavites curvus*，*O. arcuatus*，*O. planus*，*O. flax*，*Streptograptus anuinus*，*S. crispus*，*Stomatograptus asialicus* 等，产自班定陶勒盖组上部层位；圆包山组中部层位，圆包山地区剖面（15-0057-4-2）的第 6—15 层。地质时代为早志留世，相当于石牛栏阶晚期。

珊瑚

本区志留纪珊瑚动物群仅在中晚志留世发育，以床板珊瑚为主，四射珊瑚数量较少，亦不甚重要，故不再单独总结。根据它们的组合特点及产出的层位，暂划分出 2 个组合，以便于进行区域对比。

①*Halysites*-*Palaeofavosites* 组合

主要产于公婆泉组正层型剖面第 9 层凝灰熔岩所夹的生物碎屑灰岩中，共 9 属，这个组合内容稳定，在涌珠泉斜山一带的化石层中，除上述分子外还有 *Stelliporella*，*Mesofavosites*，*Heliolites* 等。上述分子常见于世界各地的 Wenlockian 阶，因此，公婆泉组的时限应当是中志留世。

②*Squameofavosites*-*Angopora* 组合

本组合产于碎石山组的中、上部，下部亦见少量的 *Favosites* 等。这个生物群以床板珊瑚为主，*Squameofavosites*，*Angopora*，*Romingerella* 等的基本面貌反映了晚志留世晚期 Pridolian 期床板珊瑚动物群的特点。

第三节　问题讨论

一、关于北山地区寒武系的划分

北山地区的寒武系以甘肃省肃北县双鹰山至大豁落井东和西双鹰山一带发育较全。据《甘肃省区域地质志》记载，早寒武世双鹰山组层型剖面的岩石组合是灰岩夹黑色硅质岩，含三叶虫、无铰纲腕足类、软舌螺等，总厚 12 m。平行不整合于震旦纪的洗肠井群冰碛层之上，顶界与中寒武统的大豁落井组为整合接触，后者层型剖面的岩石组合为黑色泥硅质页岩、硅质页岩夹灰岩，含三叶虫和小型腕足类，总厚 16 m。与上覆地层晚寒武世的西双鹰山组为连续沉积。西双鹰山组层型剖面的岩石组合为黑色中、薄层硅质岩和中、薄层灰岩互层，总厚 15 m，未说明与上覆地层的关系。而甘肃省地层清理项目组的资料是与上覆地层早奥陶世的罗雅楚山组平行不整合接触。

从上述资料看出，整个寒武系由黑色硅质岩和灰岩互层组成，上、下界线清楚，划分的三个组，岩石组合特征基本一致，总厚度为 43 m，区域上最大厚度为 212 m，考虑到岩石地层单位划分的原则和实际操作中的可填图性，应当归并为一个岩石地层单位更合适一些。

这套地层向东延入内蒙古月牙山、杭乌拉、好比如等地，岩性基本稳定由硅质岩、硅质板岩、泥硅质板岩、结晶灰岩、泥灰岩等组成，局部可见白云质灰岩和少量碎屑岩，含三叶虫、笔石、腕足类，鹦鹉螺类等，厚度可大于 284 m，虽然它们在不同地区岩石组成略有变化，其宏观特征是明显地近似，在内蒙古地区不宜再分，统称为西双鹰山组。由于在杭乌拉、沃博尔等地的硅质岩中发现了早奥陶世的三叶虫和笔石等古生物资料，所以西双鹰山组的上界应包含一部分早奥陶世早期的沉积。下界是否包含早寒武世的沉积，目前尚无古生物资料证实，有待进一步工作解决。

二、关于奥陶系与志留系界线层型的确定

国际地层委员会选择界线层型的基本原则，是避开岩性和生物群突变的剖面。国际上公认的奥陶系与志留系的界线位于苏格兰莫发地区的 Biricill 页岩内，在 *Glyptograptus persculptus* 带和 *Parakidograptus acuminatus* 带之间通过。据郑昭昌、李玉珍（1987）的研究成果，本区奥陶系与志留系的界线位于单面山剖面顶部 16.83 m 的粉砂质泥岩内，这一层被划入早志留世的班定陶勒盖组的底部，即该组下界包含了晚奥陶世 Ashgillian 晚期的沉积。

班定陶勒盖组底部 16.83 m 的灰绿色薄至微薄层粉砂质泥岩和水云母泥岩，自下而上共发现 4 个化石层，1 m 和 2.5 m 处分别产 *Diplograptus*, *Climacograptus* 和 *Retioclimacis*，它位于含 *Dalmanitina* 和 *Cliftonia* 等 Ashgillian 晚期的动物群之上，显然是奥陶系顶部层位的产物，其上便是早志留世早期的 *Parakidograptus*, *Pristiograptus* 的笔石组合带。它相当于 *Glyptograptus persculptus* 带，上述的研究成果便可确认本区奥陶系与志留系连续沉积关系和界线层型的存在，这在我国北方造山带是唯一的发现，具有重要的理论与实践的意义。

第十章
泥盆纪—二叠纪

根据本区泥盆纪—二叠纪沉积地层和生物群的基本特征，这个自然断代主要是浅海相类复理石建造、碳酸盐岩岩系，同时发育了海底喷发的火山岩岩系。晚二叠世为陆相或滨海相碎屑岩和火山岩。底界与志留系之间存在沉积间断面，缺失早泥盆世 Lochkovian 期的沉积。依克乌苏组底部砾岩的时限从 Pragian 期开始，亦可能更晚一些；顶界多被第四系覆盖。而早中三叠世的二断井组超覆在本断代的不同层位上，应是一个不整合界面。本自然断代共有 12 个岩石地层单位。

第一节　岩石地层单位

雀儿山群　*DQ*　(15-0081)

【创名及原始定义】　由修泽雷、赵祥生于 1964 年创建于肃北县雀儿山。原始定义：岩性主要为砂岩、页岩、硅质岩和中基性火山岩。在碧玉山北见其不整合覆于碎石山组之上，其它地区与上下伏地层多系断层接触。产珊瑚、层孔虫、苔藓虫、腕足类、三叶虫等。其中尤以腕足类最为丰富，属种较多，且多系华南区跳马涧和东岗岭阶常见化石或重要种属。暂笼统置于泥盆系中统。

【沿革】 1971 年，甘肃省第二区测队将雀儿山群分为下部以中基性火山岩为主的红尖山组和上部以中酸性火山岩为主的圆锥山组，并将它们的时代分别定为郁江期和东岗岭期。1976 年，甘肃省地层表编写组将雀儿山群的时代修订为早—中泥盆世，并将正常沉积岩为主的剖面另名为清河沟组，时代定为早泥盆世。而甘肃省地矿局（1989）仍恢复用雀儿山群来代表黑鹰山分区的所有泥盆纪沉积，时代为早—中泥盆世。本次清理认为，原雀儿山群在区域分布上有正常沉积岩和火山岩两种岩石组合，应当分别给以命名。因此将雀儿山群的含义限定为以火山岩为主，这与正层型剖面的特征是一致的。

【现在定义】 分布于额济纳旗西北部不整合伏于早石炭世绿条山组碎屑岩之下的一套以海相火山熔岩（安山岩、玄武岩及流纹质熔岩等）和火山碎屑岩为主，部分地区发育有正常碎屑岩，生物灰岩及少量硅质岩等的地层序列。含腕足类、珊瑚等化石。下界不整合在碎石山组之上。

【层型】 区内次层型为额济纳旗哈珠东剖面（15－0081－4－2）。

【地质特征及区域变化】 雀儿山群在区内分布较广泛，由西向东沿国境线断续出露于红尖山、甜水井、清河沟到哈珠、黄石坪、大狐狸山、巴格洪古尔吉、雅干等地，其岩性、岩相各地基本相似。在红尖山地区为海底喷发的中基性火山岩、夹钙质砂岩、粉砂岩及灰岩透镜体。沉积厚度大于 1283 m。地貌景观多为连绵起伏的中低山丘陵。红尖山剖面上未采到化石，但在剖面两侧延伸的沉积岩夹层中采到腕足类 *Acrospirifer* cf. *lungmenshanensis*，*A.* cf. *fongi*，*Hypothyridina* sp.，*Leptaena* cf. *rhomboidalis*，*Camarotoechia* sp.，*Atrypa* sp.，*Douvillina* sp.；珊瑚：*Squameofavosites* sp.，*S.* aff. *divissimus*，*Thamnopora* sp.，*T.* aff. *certa*，*T.* cf. *proba*，*Enterolasma* sp.，*Striatopora* sp.，*Favosites* sp. 等。地质时代为早—中泥盆世。在甜水井北，该套地层被下石炭统绿条山组碎屑岩不整合覆盖。岩性为安山岩、安山质凝灰熔岩，厚度大于 360 m。剖面上没有化石，其东南的火山岩夹层——灰岩透镜体中采有腕足类：*Acrospirifer* sp.，珊瑚 *Gephuropora* sp.，*Thamnopora* sp.，*Stereolasma* sp.，时代为早泥盆世。向东到清河沟，仅有一层英安质凝灰熔岩。下界与碎石山组不整合接触，上界被绿条山组不整合覆盖，厚度 1 013 m。含腕足类、珊瑚化石，时代为早泥盆世晚期。其东南哈珠东，岩性为中基性、中酸性火山岩夹碎屑岩，厚度大于 1 399 m，自下而上由中酸性—基性—中酸性火山岩组成。火山喷发活动有由弱变强的趋势，横向上，火山岩与正常沉积岩呈过渡关系，含珊瑚 *Thamnopora wangi*，*T. dunbeiensis barmajortchi*，*T. alta*，*Parastriatopora* sp. 等，地质时代为早泥盆世。再向东，大狐狸山西北地区，岩性主要为酸性、中酸性火山岩夹长石质杂砂岩、砾岩等。厚度大于 355 m。黄石坪南岩性为粉砂岩、砂岩及中酸性火山岩、硅质岩等。火山岩层较薄，火山活动相对较弱。到巴格洪古尔吉，岩性主要为灰色中、酸性熔岩与火山碎屑岩。所含的腕足类、海百合茎等化石显示的地质时代也是早泥盆世。在雅干西，岩性为中基性火山岩夹碎屑岩，含珊瑚化石：*Thamnopora* spp.，*Stereolasma* sp.，*Cyathophyllum* 等，地质时代为中—晚泥盆世。

综上所述，这套火山岩夹碎屑岩的地层组合，各地岩石内容虽然相似，但剖面多不连续，不同地点采到的化石，反映的时代亦不尽一致，就目前的研究程度，统归为雀儿山群比较合适。其时代为早—中泥盆世，在雅干一带，可能包含了晚泥盆世早期的沉积。

依克乌苏组　Dy　（15－0084）

【创名及原始定义】 依克乌苏组由张研、郑昭昌等人 1977 年创建于额济纳旗珠斯楞海尔罕地区，1983 年介绍。原始定义：分布于依克乌苏至卧驼山一线之南，面积约 10 平方公里，主要由含钙质细碎屑岩及硅质灰岩等组成，含化石丰富，厚度 786 米。

【沿革】 1960 年修泽雷等人在珠斯楞海尔罕地区发现了 *Disphyllum*，*Atrypa* 等化石，确定为下、中泥盆统。1977 年，宁夏地质局综合研究队与西安地质矿产研究所，查明该区泥盆系自早泥盆世晚期至晚泥盆世早期均为连续沉积，而且做了详细的生物地层工作，根据其岩性、岩相、生物群特点建立了下泥盆统珠斯楞组；中泥盆统依克乌苏组、卧驼山组；上泥盆统西屏山组。《内蒙古地质志》（1991）中，依据腕足动物群的特点：认为本区早、中泥盆世的界线应在 *Euryspirifer*－*Fallaxispirifer* 组合的顶界，因而调整了依克乌苏组与珠斯楞组的界线位置，即把原珠斯楞组顶部 85.2 m 的砂质灰岩夹粉砂岩划入依克乌苏组的底部，修订两者的内容。本次清理认为上述的划分，主要是依据古生物化石的时代属性，而实际的资料表明：该地区在早泥盆世晚期至中泥盆世早期，即从珠斯楞组至依克乌苏组是一完整的海侵沉积过程。沉积作用连续，两者之间没有明显地岩石组合界线，岩性、岩相一致，只是古生物化石显示了不同时期的演化特点，不宜分为两个岩石地层单位，因此把珠斯楞组与依克乌苏组合并，统称依克乌苏组，取消珠斯楞组一名。

【现在定义】 指分布于珠斯楞海尔罕地区，整合伏于卧驼山组之下的一套浅海相长石砂岩、钙质细砂岩、粉砂岩、砂泥质灰岩夹硅质灰岩和硅质岩沉积。含珊瑚、腕足类、三叶虫等化石。区域上以厚层砾岩平行不整合覆于晚志留世碎石山组之上，或直接超覆在圆藻山群之上。

【层型】 选层型是额济纳旗卧驼山—西屏山剖面的第1—11层（102°40′，41°39′，据郑昭昌等1977年研究报告）。

上覆地层：卧驼山组 含砾粗砂岩

——————— 整 合 ———————

依克乌苏组 总厚度＞886.43 m

11. 黄灰、灰绿色薄层钙质泥质粉砂岩、砂质灰岩、泥灰岩及硅质灰岩不等厚互层，含腕足类：*Atrypa* sp.，*Cymostrophia* sp.？*Devonochonetes* sp.，*Kayseria lens*，*Levenea* sp.；珊瑚：*Cyathophyllum* cf. *normale*，*Sinospongophyllum* cf. *conicum*，*Phacellophyllum* sp.；苔藓虫：*Fenestella* sp.；三叶虫：*Phacops* sp. 50.11 m

10. 灰色中薄层砂泥质灰岩夹硅质灰岩、硅质岩，含腕足类化石：*Cymostrophia* sp.？*Devonochonetes* sp.，*Spinatrypina* sp.，*Leptostrophia gracila*，*Spinocyrtia* sp. 37.79 m

9. 灰、浅灰色中厚层生物灰岩，含珊瑚：*Alveolites* sp.，*Favosites parasaginatus*，*Cyathophyllum normale*，*Endophyllum* sp.，*Spongophyllum* sp.；苔藓虫：*Fenestella* sp.；腹足类：Pleurotomariidae 41.31 m

8. 深灰、灰黑色中薄层硅质灰岩，含腕足类：*Chonetes* sp.；双壳类：*Conocardium* sp. 及苔藓虫等化石 39.93 m

7. 灰褐、浅紫红色薄层钙质细砂岩夹钙质粉砂岩和砂质灰岩 109.79 m

6. 灰色薄层生物碎屑灰岩，含腕足类：*Cyrtina* sp.；三叶虫：*Phacops* sp.，Proetidae 等化石 4.22 m

5. 灰褐色薄层钙质细砂岩夹砂质灰岩、钙质粉砂岩，含腕足类：*Chonetes* sp.，珊瑚：*Endophyllum* sp.；三叶虫：*Phacops* sp.，*Proetus* (*Coniproetus*) sp. 及粗大的海百合茎等 120.76 m

4. 灰褐色薄层细粒钙质砂岩和褐灰色中薄层砂质灰岩互层，含腕足类：*Chonetes* sp.；珊瑚：*Chaetetes magnus*，*Spongophyllum halysitoides minor*；三叶虫：*Proetus* sp. 等 163.13 m

3. 褐黄色页片状钙质页岩与黄褐色薄层细粒钙质砂岩互层，夹灰色薄层砂质灰岩 219.13 m

2. 灰、灰褐色中薄层砂质灰岩夹薄层钙质细砂岩，含丰富腕足类、珊瑚化石。腕足类：？*Chonetes* sp.；珊瑚：*Pseudochlamydophyllum elegans*，*P. angustimarginatum*，*Kionelasma carinatum*，*K. calceoliforme*，*Squameofavosites ningbeiensis*，*S. ramiformis*，*S.* sp.，*Trapezophyllum cystosum*，*Heterotrapezophyllum triseriatum*，*Siphonophrentis invaginatum*，*Cavanophyllum* sp.，*Acanthophyllum* sp.，*Lacanophyllum* cf. *punctatum*，*Calceola sandalina intermediata*，*C. sandalina sinensis*，*Thamnopora* aff. *proba* 85.26 m

1. 黄褐色薄层钙质细砂岩，含有腕足类：*Fallaxispirifer pseudofallax*，*Chonetes* sp.，*Fascistropheodonta* sp.，*Rhynchospirina* sp.；珊瑚：*Phacellophyllum* sp.，*Aemulophyllum subexiguum*，*Trapezophyllum cystosum*；双壳类：*Schizodus* sp.，*Wilkingia* sp.，*Cypricardella* sp 及腹足类、三叶虫、头足类等化石（未见底） ＞15.00 m

上述剖面的不足在于缺失该组的下部层位，因此，将额济纳旗珠斯楞西剖面作为依克乌苏组的参考剖面。这个剖面第1—7层为依克乌苏组的下部层位，其中第7层与上述剖面的第1层是相当的层位，是两个剖面层位衔接的标志层，它们构成了依克乌苏组的完整层序。现将剖面列后：

依克乌苏组　　　　　　　　　　　　　　　　　　　　　　　　>总厚度 405.90 m

11. 灰色薄层钙质砂岩夹薄层砂质灰岩。含化石，珊瑚：*Calceola sandalina sinensis*，*Aemulophyllum subexiguum*，*Thamnopora dunberensis*，*Favosites saginatus*；三叶虫：*Scutellum* sp.（未见顶）　　>43.44 m

10. 深灰、灰色薄层灰岩和砂质生物礁灰岩。含化石，珊瑚：*Homalophyllum ungulum*，*Thamnopora* aff. *proba*，*Aemulophyllum subexiguum*，*Pseudochlamydophyllum elegans*，*Calceola sandalina sinensis*，*Stewartophyllum* sp.　　24.79 m

9. 灰、褐灰色薄层钙质细砂岩夹砂质灰岩、黑色生物灰岩透镜体。含珊瑚：*Placocoenites* sp.，*Heliolites* sp.，*Aulacophyllum* sp.；三叶虫：*Phacops* sp.；腹足类：*Straparollus* sp.；双壳类：*Conocardium* sp.　　56.68 m

8. 灰、褐灰色薄层中细粒钙质砂岩夹砂质灰岩。含腕足类、珊瑚碎片　　115.14 m

7. 灰色中薄层中细粒含绢云母钙质砂岩夹数层砂质灰岩。含腕足类：*Euryspirifer* sp.，*Fascistropheodonta* sp.，*Leptostrophia* sp.，*Velostrophia* sp.，*Fallaxispirifer* sp.，*Parachonetes zhusilengensis*；珊瑚：*Heterotrepezophyllum divisum*，*Stelliporella* sp.；三叶虫：*Proetus* sp.，*Dechenella* (*Dechenella*) sp.，*Reedops* sp.，*Phacops* sp.；腹足类：*Burdikinia* sp.，*Bellerophon* sp.；双壳类：*Modiomorpha* sp.　　19.32 m

6. 褐灰色薄层钙质细砂岩夹粉砂岩　　23.49 m

5. 灰、灰褐色薄层中粗粒含绢云母钙质砂岩夹薄层细砾岩。含腕足类：*Brachyspirifer orthorostrotus*，*Euryspirifer ningxiaensis*，*Rariella pentagona*，*Pararhynchospirina concavoconvexa*；腹足类：? *Glyptodeta* sp.，*Tropidodiscus* sp.，*Murchisonia* sp.；三叶虫：*Echinophacops schizoloma*，*Paradechenella* sp.；双壳类：*Nuculopsis*? sp.　　85.03 m

4. 褐灰色中薄层细粒含绢云母钙质砂岩　　15.00 m

3. 灰色薄层粗粒含绢云母钙质砂岩夹薄层细圆砾岩。含化石，腕足类：*Badainjarania striata*，*Glossinotoechia robusta*，*Cryptonella* sp.，*Rariella pentagona*；三叶虫：*Acanthopyge* sp.，*Echinophacops mirabilis*，*E. schizolama*，*Paradechenella*? *latelimbata*，*P.* sp.，*Proetus* (*Proetus*) *zhusilengensis*；腹足类：*Murchisonia* sp.；双壳类：*Cypricardella* sp.；牙形石：*Spathognathodus steinhornensis steinhornensis*　　12.00 m

2. 灰色中薄层含绢云母钙质粗砂岩与细圆砾岩互层。含极丰富的化石，有腕足类：*Badainjarania striata*，*Cyrtina* sp.，*Cryptonella* sp.，*Fimbrispirifer* sp.，*Glossinotoechia robusta*，*Megaplectatrypa simplex*，*Megakozlowskiella* cf. *magnapleura*，*Rariella pentagona*，*Neimonella paraplicata*，"*Hysterolites*" sp.，"*H.*" *uniplicatus*，? *Linguopugnoides* sp.，*Schizophoria* sp.，*Schuchertella* sp.，? *Biachyspirifer* sp.；三叶虫 *Calymene ejinensis*，*Echinophacops mirabilis*，*E. schizoioma*，*Scutellum neimonggolense*，*Proetus* (*Proetus*) *zhusilengensis*，*Proetus* (*Lacunoporaspis*) *ejinensis*；头足类 *Anarcestes* (*Anarcestes*) *plebeius*，*Michelinoceras* sp.，*Buchanoceras* sp.，*Potoceras* sp.，*Paracleistoceras* sp.；腹足类 *Bellerophon* sp. *Burdikinia* sp.，*Orecopia*? sp.；双壳类 *Schizodus* sp.，*Cypricardella* sp.，*Conocardium* sp.，*Nuculites* sp.；苔藓虫 *Fistulipora* sp. 及

鱼化石碎片等 8.00 m

1. 灰色厚层砾岩。砾石成分为灰岩、石英岩、砂岩等，大小不一，滚圆颇好，砂钙质胶结。在灰岩砾石中含志留纪的四射珊瑚：*Evenkiella* sp. 3.00 m

——————— 平行不整合 ———————

下伏地层：**碎石山组** 灰、灰绿色薄层细—中粗粒钙质砂岩

【地质特征及区域变化】 仅分布于珠斯楞海尔罕地区，是加里东运动之后，地壳缓慢下降首次接受沉积。早泥盆世晚期的沉积只限于珠斯楞海尔罕以西地区，依克乌苏组底部的砾岩以平行不整合覆于晚志留世碎石山组的灰、灰绿色薄层细—中粗粒钙质砂岩之上，向上以钙质砂岩夹砂质灰岩为主，上部夹有生物礁灰岩。含有腕足类、三叶虫、珊瑚、双壳类等化石。厚度400余米。卧驼山到依克乌苏一带，从早泥盆世晚期到中泥盆世早期为连续沉积，中泥盆世以后，该套地层发育，到珠斯楞海尔罕以东，并且超覆在蓟县系之上，反映了海水是由西南向东北方向侵入的。该组厚度大于800 m，时代为早泥盆世晚期—中泥盆世早期。

卧驼山组 D*wt* **(15-0085)**

【创名及原始定义】 卧驼山组由张研、郑昭昌等人1977年在额济纳旗珠斯楞海尔罕北部卧驼山创建，1983年介绍。原始定义：本组以杂色碎屑岩为主，其下界以砾岩与依克乌苏组分开。自下往上，颗粒由粗变细，下部为砾岩，含砾粗砂岩，上部为灰、灰绿色钙质长石石英砂岩夹凝灰质砂岩和薄层灰岩，总厚532 m。

【沿革】 卧驼山组自建立以来，没有变动，本次清理认为它符合岩石地层单位的要求。

【现在定义】 指连续沉积在依克乌苏组之上，并以含砾粗砂岩，砾岩为界与之分开的一套杂色粗碎屑岩沉积。主要为砾岩，含砾粗砂岩，灰、灰绿色钙质长石石英砂岩夹凝灰质砂岩和薄层灰岩。不含化石，与上覆西屏山组为整合接触。

【层型】 正层型为额济纳旗卧驼山—西屏山剖面第12—20层（102°42′，41°38′；据郑昭昌等，1977）。

上覆地层：**西屏山组** 灰黑色中厚层灰岩

———————— 整　合 ————————

卧驼山组 总厚度531.00 m

20. 灰褐、紫红、灰、灰绿等杂色薄层中细粒长石石英砂岩夹中厚层粗粒长石石英砂岩 123.73 m

19. 深灰色薄层凝灰质石英砂岩，下部层较厚，底部一层硅质岩 42.80 m

18. 灰色薄层钙质长石石英砂岩夹薄层灰岩或砂质灰岩透镜体 35.51 m

17. 灰、灰绿色中薄层凝灰质砂岩夹薄层凝灰岩和砂质灰岩 50.60 m

16. 黄色薄层钙质细砂岩、灰绿色薄层凝灰质砂岩、灰色厚层含砾粗砂岩呈不等厚互层 63.44 m

15. 灰色薄层灰岩夹薄层钙质砂岩 8.77 m

14. 灰黄色中薄层细粒钙质砂岩 70.95 m

13. 灰、灰绿色中薄层中粗粒凝灰质砂岩，局部含砾 93.38 m

12. 上部为灰色厚层砾岩，下部为浅灰色厚层含砾粗砂岩 41.76 m

———————— 整　合 ————————

下伏地层：**依克乌苏组** 黄灰、灰绿色薄层钙质泥质粉砂岩、砂质灰岩、泥灰岩及硅质灰岩呈不等厚互层

【地质特征及区域变化】 该组仅分布于卧驼山至依克乌苏一线之南，呈东西向条带状展布，层位稳定，面积约 6 km^2，没有见到海相生物化石，偶而有保存不好的植物化石碎片。很可能为滨海或陆相沉积。时代为中泥盆世晚期。

西屏山组 D*x* (15－0083)

【创名及原始定义】 西屏山组是张研、郑昭昌等 1977 年在额济纳旗珠斯楞海尔罕北部的西屏山创建，1983 介绍。原始定义：下部为灰绿色、浅灰色、浅肉红色砂岩夹一层生物礁灰岩，厚达 336.5 m；上部为厚度超过 1 557 m 的一套灰紫红色的碎屑岩，是西屏山组的主体。其中含丰富的化石。上界不清。区域上见与二叠系为断层接触。

【沿革】 1977 年建组后，1981 年，甘肃省地质力学测量队进行雅干幅 K－48－(13)、拐子湖幅 K－48－(19) 1∶20 万区域地质调查，先后在巴润海尔汗、呼伦西白地区发现较多化石，圈定出一套中酸性火山岩夹碎屑岩沉积，划为泥盆系上统，称为西屏山组上岩段，而把原定义的西屏山组称为西屏山组下岩段。此后，在张研、郑昭昌等（1983)、侯鸿飞等（1988)、李文国（1991）的论文和专著中描述的西屏山组均采用郑昭昌等 1977 年的含义。本次清理后将巴润海尔汗、呼伦西白地区的火山岩夹碎屑岩沉积归入雀儿山群。西屏山组恢复建组时的含义。

【现在定义】 指分布于巴丹吉林沙漠北缘整合沉积在卧驼山组之上的一套滨、浅海相碎屑岩沉积。下部以灰绿色、灰黑色砂岩为主，夹多层生物礁灰岩；上部以灰紫红色厚层长石石英砂岩为主夹灰岩透镜体及砾岩。含大量珊瑚、腕足类等各门类化石。上界不清。

【层型】 正层型为卧驼山—西屏山剖面（102°40′，41°39′；据郑昭昌等，1977）

西屏山组 总厚度＞1558.96 m

32. 褐色薄层细粒钙质砂岩夹中厚层石英砂岩及少量薄层砂质灰岩产腕足类化石：*Cyrtospirifer heterosinus*，*Tenticospirifer* cf. *triplisinosus*，*Productella* sp.，*Productellana linglingensis*，*Spinulicosta* sp.（未见顶） 142.50 m
31. 黑灰色中层凝灰质石英砂岩，含钙质结核 9.15 m
30. 紫红色中厚层夹薄层中粗粒长石石英砂岩，中部夹一层厚约 2 m 的同生砾岩、砾石含珊瑚化石：? *Phillipsastrea* sp.，*Neosquameofavosites* sp. 589.90 m
29. 暗紫红色中薄层中粗粒长石石英砂岩，夹一层同生砾岩，含珊瑚及腕足类化石碎片：*Neosquameofavosites* sp. *Hexagonaria schucherti* 220.80 m
28. 在剖面线上为灰绿色辉绿玢岩，内有花岗岩穿插，在剖面东侧所见地层仍为紫红色薄—厚层中粗粒长石石英砂岩 197.80 m
27. 紫红、褐紫色薄层中细粒长石石英砂岩，交错层发育，顶部夹两层透镜状灰岩，含腕足类 *Atrypa* cf. *uralica*，*A.* cf. *devoniana*，*Cariniferella tioga*，*Tenticospirifer ussoffi*，*T. kwangsiensis*，*Cyrtospirifer* cf. *wangleighi*，*Cryptonella davidsoni*，*C. piriformis*，*C.* cf. *naumovae*，*Leptaena* sp.，*Lamellispirifer fractus*，*Desquamatia nalivkini*；珊瑚 *Breviphyllum yunxiense*，*Pseudozaphrentis* sp.，*Neosquameofavosites* sp.，*Thamnopora* sp. 双壳类 *Cypricardella* sp.；腹足类 *Holopea* sp.，*Bellerophon* sp.，*Bulinorpha* sp.，及三叶虫等化石 201.80 m
26. 灰白色中薄层中细粒钙质石英砂岩 56.20 m
25. 灰岩，产珊瑚化石 52.70 m
24. 灰白色中层含砾粗砂岩，底部有一层厚 10 cm 的细砾岩 8.80 m
23. 黄褐、褐红色薄层中粗粒钙质石英砂岩夹黑色薄层灰岩及少量海百合茎灰岩，含腕足类："*Adolfia*" *seid*，*Spinatrypina dovillii*；珊瑚：*Alveolites* cf. *obtortus*；腹足类：*Angyomphalus* sp. 等化石 61.90 m

22. 灰黑色中薄层灰岩，含珊瑚化石：*Disphyllum* sp. 11.72 m

21. 灰黑色中厚层灰岩，含珊瑚化石：成礁体，有 *Disphyllum* sp. 等 5.69 m

——————— 整 合 ———————

下伏地层：**卧驼山组** 长石石英砂岩

副层型：珠斯楞海尔罕东侧剖面（Ⅱ剖面）(102°40′，41°36′；据张研、郑昭昌等 1977 年研究报告）该剖面用以补充西屏山—卧驼山剖面第 21—23 层因断层所造成的缺失。

西屏山组 总厚度＞236.98 m

19. 灰黑色薄层生物灰岩，含腕足类：*Desquamatia* sp.，*Atrypa* cf. *interrupta*，"*Adolfia*" *seild*；珊瑚：*Pseudozaphrentis ningxiaensis*，*Sinodisphyllum* sp.，*Thamnopora polyforata* 及苔藓虫、层孔虫、海百合茎等（未见顶） 5.61 m

18. 浅黄灰色英安玢岩 17.44 m

17. 灰绿色微至薄层绢云母长石石英细砂岩与紫红色长石石英细砂岩互层，间夹少许钙质细砂岩 32.10 m

16. 灰绿色微至薄层细砂岩与粉砂岩互层 21.94 m

15. 第四系掩盖 50.02 m

14. 浅灰色中薄层中细粒长石石英砂岩 14.92 m

13. 灰黑色中薄层灰岩，含腕足类："*Adolfia*" *seid*；珊瑚：*Alveolites suborbicularis* cf. *minor*，*Disphyllum irregulare*，*Sinodisphyllum* cf. *simplex* 等 10.71 m

12. 浅肉红色中粗粒砂岩与暗紫红色薄层中细粒长石石英砂岩互层 41.34 m

11. 中、上部为含砾粗砂岩，下部为浅灰色细砾岩 4.77 m

10. 灰黄色薄层中粗粒石英砂岩，顶部有一层灰黑色薄层透镜体灰岩 9.01 m

9. 灰黑色中—厚层生物灰岩，含化石。珊瑚：*Disphyllum multiseptatum* 29.12 m

——————— 整 合 ———————

下伏地层：**卧驼山组** 长石石英砂岩

【地质特征及区域变化】 该组分布局限，仅见于西屏山至依克乌苏一带，面积约 14 km^2，沉积厚度较大，达 1 559 m。下部生物礁灰岩每层几米至十多米，十分稳定，构成标志层。化石以珊瑚为主，其次为腕足类。上部以厚层的紫红色中粗粒长石石英砂岩夹数层砾岩为显著特征，波痕和交错层理发育。砂岩中产少量腕足类化石。反映出近岸浅水的动荡环境，为一个海退的沉积层序。西屏山组也是该区泥盆纪正常沉积的最高层位。之后，本区结束了泥盆纪的沉积。时代为晚泥盆世早期。

绿条山组 *Cl* （15－0113）

【创名及原始定义】 由甘肃省第二区测队 1971 年创名于额济纳旗绿条山。原始定义指分布于绿条山、甜水井北等地，不整合于圆包山组之上，并与上覆白山群连续沉积的一套杂砂岩和硅质岩岩系。主要有砾岩、长石砂岩、千枚状板岩、硅质板岩及千枚岩等，夹火山岩及碳酸盐岩等，代表 Tournaisian 期沉积。

【沿革】 1971 年以后，区调工作中一直沿用这一地层单位名称，并把它作为杜内阶的同意语，常用它作为年代地层单位进行对比和延伸，从而造成岩石地层单位在划分上无所适从。

后来命名的石板山组、干泉组等，都是绿条山组的全部或部分在区域上的扩展和延伸。1991年，杨道荣将黑鹰山地区的下石炭统划分为 Tournaisian 阶以碎屑岩为主的绿条山组和 Visean 阶以火山岩为主的白山组，这个划分显然是注意了岩石内容，但这两个组的分界仍然反映出传统划分的界线等时概念，因此给岩石地层对比造成一定的困难。

本次清理从岩石地层学角度考虑，把组成这套复理石建造的碎屑岩统称为绿条山组，它的沉积时限可延到晚石炭世。

【现在定义】 指分布于觉罗塔格-黑鹰山地层分区不整合于泥盆纪雀儿山群火山岩之上，在空间上与白山组火山岩犬牙交错或被其叠覆的一套浅海相碎屑岩组合（图 10-1），主要岩石有灰黄色长石砂岩、杂砂岩和灰黑色千枚岩，硅质板岩，偶夹灰岩和火山岩。

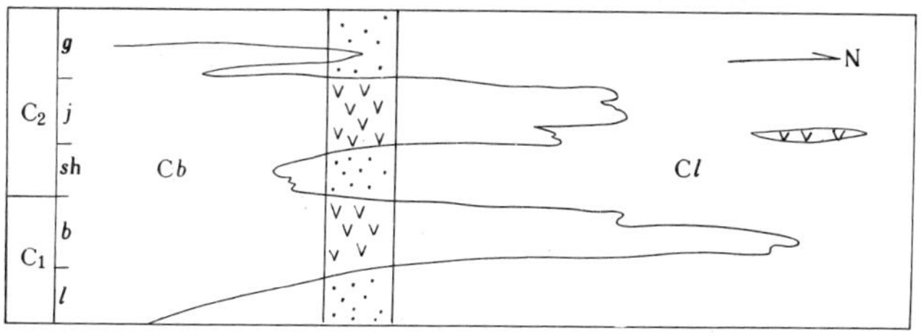

图 10-1 觉罗塔格-黑鹰山地层分区石炭纪岩石地层清理意见

清理前：*l*. 绿条山组；*b*. 白山组；*sh*. 石板山组；*j*. 芨芨台子组；*g*. 干泉组。清理后：*Cb*. 白山组；*Cl*. 绿条山组

【层型】 正层型为额济纳旗甜水井北剖面（97°47′，42°29′；甘肃省第二区测队，1971）。

绿条山组	总厚度>1 924 m
15. 深绿色千枚岩及黄绿色硅质板岩（未见顶）	>123 m
14. 灰黑色千枚状板岩及灰白色条带状硅质板岩互层夹绿色千枚岩	145 m
13. 灰黑色千枚状板岩	259 m
12. 灰—灰黑色硅质板岩夹灰黑色千枚状板岩	192 m
11. 绿色千枚岩夹条带状硅质板岩	80 m
10. 灰黄色长石石英砂岩夹砾岩及大理岩	474 m
9. 深灰色长石砂岩	72 m
8. 浅黄色细砂岩夹粉砂岩	49 m
7. 灰色钙质砂岩夹砾岩	57 m
6. 灰黄色杂砂质长石砂岩	72 m
5. 灰黄色粉砂岩夹细砂岩	46 m
4. 黄绿色长石砂岩夹含砾粗砂岩	113 m
3. 灰黄—绿色杂砂质长石砂岩与灰黑色粉砂质板岩互层	64 m
2. 灰色含砾砂质大理岩	37 m
1. 黄绿色片理化含砾杂砂质长石砂岩及砾岩夹大理岩，产丰富的腕足类：*Syringothyris* sp.，*Athyris sulcata*、*Camarotoechia depressa*；珊瑚：*Caninia* sp.，*Caninophyllum* sp.，*Multithecopora* sp.；腹足类：*Bellerophon* sp.；苔藓虫：*Fenestella* sp. 及海百合茎化石等	141 m

~~~~~~~~~~ 不 整 合 ~~~~~~~~~~

下伏地层：雀儿山群 安山质凝灰熔岩
~~~~~~~~~~

【地质特征及区域变化】 本组正层型未见顶，下部多为粗颗粒的陆源碎屑岩，如含砾杂砂质长石砂岩及砾岩等，局部夹大理岩；上部颗粒较细为粉砂岩、千枚岩和硅质板岩等，反映了造山带滨海至次深海快速沉降阶段的杂砂岩岩系和硅质岩岩系的特点。底部层位含有腕足类 *Syringothyris* sp.；珊瑚 *Caninia* sp.，*Caninophyllum* sp. 等早石炭世的海相动物化石。绿条山组在绿条山、碎石山、沙林浩来、黄石坪及百合山等地均有出露。横向上本组与白山组相邻部位火山岩夹层增多，因两者组合特征明显，野外容易区分，可填图性强。其总的层位由甜水井至嘎顺诺尔有渐高之势，成分成熟度亦逐渐提高，反映陆块边缘在石炭纪时构造环境的变化，同时说明这套碎屑岩形成时由西向东的侧向加积过程。

白山组 *Cb* (15-0114)

【创名及原始定义】 兰州地质科学研究所 1964 年将甘肃省肃北县白山一带的地层命名为白山组。原始定义是"包括下部火山岩，上部浅变质岩和铁矿层，为下石炭统"。

【沿革】 创名以后，至 1971 年甘肃省第二区测队在 1∶20 万红石山幅区域地质调查报告中才予以引用，但修订成白山群，同时分出酸性火山岩组、中酸性火山岩组构成的下亚群和由绿泥千枚岩组和绢英千枚岩组构成的上亚群；1977 年该队在黑鹰山幅报告中恢复白山组一名，分为上部砂板岩段和下部火山岩；1991 年，杨道荣将白山组的内容只限定于下部的火山岩，上部的碎屑岩和大理岩划入红柳园组。本次清理采用将火山岩限定于白山组的方案，只对白山组的上、下接触关系和延伸特征做了一些修正。

【现在定义】 指分布于觉罗塔格-黑鹰山地层分区石炭纪火山岩地层，其岩石组成主要为中酸性熔岩及其碎屑岩，时夹砂岩、灰岩等，偶见动物化石。本组与绿条山组为连续沉积，空间上两者常呈交错状接触；顶被早二叠世的双堡塘组不整合覆盖。

【层型】 区内次层型为内蒙古额济纳旗清河沟剖面（15-0114-4-2）。

【地质特征及区域变化】 白山组集中出露于绿条山、哈珠及路井一带近 200 km 长的范围内，岩石组合特征明显，各地均以流纹岩、英安岩、英安质熔岩、凝灰岩等为主，偶见少量中、基性熔岩，只在呼仍巴斯东剖面发育不多的杂砂岩、板岩及大理岩。其总的层位从红石山至雅干逐渐变高。白山组的岩性和岩相特征指示它是岛弧环境下形成的，与之关系密切的绿条山组复理石建造无疑是岛弧边缘的重力流沉积，由具明显韵律的砂（砾）质、粉砂质和泥质等构成，其中往往夹有火山物质，厚度较大。后者与白山组在分布上形影相随，常呈多与少、互换的量比关系。

红柳园组 *Chl* (15-0115)

【创名及原始定义】 本组由甘肃省第二区测队 1965 年创名于甘肃省肃北县柳园车站西 15 km 的红柳园。原始定义指"下石炭统的一套石英砂岩、页岩夹灰岩及底砾岩，厚 338 m。层位在白山组之上、石板山组之下，产珊瑚、腕足类化石，上、下接触关系不清（其上、下均与芨芨台子组呈断层接触）"。

【沿革】 1969、1971 年，甘肃省第二区测队先后在后红泉、红柳大泉等地开展 1∶20 万区域地质调查工作时，将红柳园组改称柳园组，并进一步划分出岩石内容差异很大的上、中、下三个岩性组，它们之间未见直接的关系。下岩组除碎屑岩外，流纹岩、流纹斑岩及其凝灰岩等占有很大比重；中岩组是主要的含化石层位，但其下部是石英片岩、眼球状混合岩等；上岩组为沉积岩，但不含化石。很显然，这三个岩性组归入一个柳园组是不适宜的。1990 年《甘肃省地质志》恢复使用红柳园组，并且限定为碎屑岩夹灰岩。《内蒙古地质志》遂予以引用。本次清理基本采用上述含义，只作部分修订。

【现在定义】 指中天山-马鬃山地层分区不整合于早古生代石英闪长岩和其他老地层之上的砾岩、砂岩、页岩夹灰岩的浅海相类复理石建造，含丰富的珊瑚和腕足类化石。其上界被早二叠世的双堡塘组不整合覆盖。

【层型】 区内次层型和参考剖面：额济纳旗北山煤矿剖面（15－0115－4－2），阿拉善左旗笋布尔苏木好比如剖面（15－0115－4－5），额济纳旗野马井东南剖面（15－0115－4－3）。

【地质特征及区域变化】 北山地区红柳园组零星出露于野马营子—红柳大泉—梧桐沟一带，其岩性稳定，表现为成熟度较高的砾、砂、页岩和灰质岩石组合，是相对稳定的陆表海环境下沉积的陆源碎屑岩，几乎不含火山岩。在拐子湖一带分布的红柳园组内有一定的火山岩成分，其本身以夹层形式出现，不具可填图性。这里的碎屑岩部分亦以长石质或杂砂质成分为主，沉积厚度加大，反映海水加深和稳定性降低的情景。其层位亦较西部偏高。

本区次层型北山煤矿剖面，含珊瑚：*Palaeosmilia* cf. *cocava*，*Amplexus mirabilis* 等。腕足类 *Spirifer* sp.，*Brachythyrina* sp. 等。在好比如剖面，含 *Lithostrotion* sp.，*Dibunophyllum* sp.，*Gigantoproductus* sp.，*Tomiopsis* sp. 等珊瑚和腕足类化石。时代为石炭纪。

芨芨台子组　*Cj*　（15－0116）

【创名及原始定义】 芨芨台子组是兰州地质研究所郭敬信等人[①]1964 年创立的芨芨台子群的修订名，系甘肃省第二区测队在 1977 年编写黑鹰山幅（K－47－XV）地质调查报告介绍的。命名剖面位于额济纳旗北山煤矿东 20 km 的芨芨台子。其原始含义是“含丰富䗴科化石，以灰岩为主，代表马鬃山地区中石炭世地层”。

【沿革】 原称芨芨台子群时，本是一个单岩性的岩石地层单位，但甘肃省第二区测队改称“组”时，却扩大了内容，划出了上部的火山岩段和下部的片岩和大理岩段；《甘肃省地质志》采用芨芨台子组时认为除灰岩外，在区域上还包含有碎屑岩。本次清理仍采用原始含义。

【现在定义】 指分布于额济纳旗北山煤矿至芨芨台子一带的石炭纪海相碳酸盐岩地层，为单一的含䗴灰岩和结晶灰岩构成。上、下界不清。

【层型】 正层型为额济纳旗北山煤矿东 20 km 的芨芨台子剖面（98°52′，40°42′；据甘肃省第二区测队，1971 年重测）。

芨芨台子组	总厚度＞679.6 m
16. 深灰、灰白色厚层石灰岩（未见顶）	＞50.6 m
15. 灰、紫红色角砾状石灰岩，含 *Profusulinella* sp.，*P. subovata* 等䗴和珊瑚与腕足类的碎片等	86.4 m
14. 灰色厚层致密块状石灰岩	52.6 m
13. 深灰色厚层石灰岩夹中层石灰岩，含 *Eofusulina triangula*，*Profusulinella prisca*，*Pseudostaffella* sp.? *Fusulinella bocki pauciseptata*，*F. pseudobocki*	63.7 m
12. 灰黑色厚层结晶石灰岩，含 *Eofusulina triangula*，*Fusulinella eopulchra*	18.3 m
11. 灰黑、灰白色厚层结晶灰岩，灰黑色透镜状灰岩，含 *Profusulinella prolibrovichi*	27.8 m
10. 灰黑色厚层状结晶石灰岩，含䗴，海百合茎及腕足类化石，䗴：*Schubertella* cf. *galinae*，*Fusiella typica*	86.6 m
9. 灰白色厚层块状结晶石灰岩，含䗴，海百合茎化石	86.6 m

① 兰州地质研究所郭敬信等，1964，甘肃北山地区古生代地层研究报告，未刊。

8. 灰白色厚层结晶灰岩，局部夹紫红色角砾状灰岩，其中含䗴、海百合茎及腕足类化石碎片 *Pseudostaffella antigua* 34.2 m

7. 灰黑、深灰色中厚层结晶石灰岩，含䗴、腕足类化石碎片及海百合茎化石，䗴：*Schubertella* sp. 13.2 m

6. 灰黑色中厚层含黑色燧石结核石灰岩，含䗴 *Profusulinella rhomboides* 7.7 m

5. 灰黑色中厚层结晶灰岩 *Profusulinella ovata*，*Pseudostaffella* sp. 20.8 m

4. 灰、灰白色厚层状结晶灰岩 *Profusulinella* cf. *lepida* 22.2 m

3. 灰黑色中厚层灰岩，含灰黑色燧石结核，富含䗴，少量珊瑚和腕足类化石碎片，䗴：*Ozawainella* cf. *nikitovkensis*，*Pseudowedekindellina prolixa*，*Pseudostaffella* sp. 8.3 m

2. 灰白色块状结晶灰岩夹中厚层灰黑色结晶灰岩，盛产䗴、珊瑚及腕足类化石碎片。䗴：*Profusulinella* sp.，*P. longissima*，*Schubertella gracilis znensis*，*Pseudostaffella* cf. *antigua*；珊瑚：*Caninia lingwuensis*，*C. lipoensis* 91.4 m

1. 灰黑色中厚层含黑色燧石结核灰岩，含䗴化石：*Pseudowedekindellina prolixa*（未见底） >9.2 m

【地质特征及区域变化】 芨芨台子组分布于甘肃与内蒙古的交界地带，在内蒙古的分布十分局限，仅在额济纳旗南部边缘的芨芨台子一带有所发育，为单一岩性的灰岩，两侧为断层控制，极易识别和填图。本组向西延入甘肃省境内，可见碎屑岩发育。

双堡塘组 Pŝb (15-0151)

【创名及原始定义】 由修泽雷、赵祥生等 1964 年创名，原称“双铺堂组”。命名地点在内蒙古额济纳旗双堡塘，距甘肃省金塔县北约 70 km、北山煤窑东南约 20 km 处。原始定义指下部海相碎屑岩为主，上部为火山岩，含腕足类化石，沉积时限为晚石炭世。

【沿革】 郭敬信等人 1967 年在北山地区进行生物地层研究时，重新测制了双堡塘组的剖面，采集了大量腕足类、头足类、腹足类、珊瑚等化石，将修泽雷等所建“双铺堂组”的下部海相碎屑岩称双堡塘组，上部火山岩称梧桐沟组，时代修订为早二叠世。以后甘肃省地矿局在甘肃西部和内蒙古西部地质工作中，普遍采纳了郭敬信的划分方案。1977 年甘肃省地层表编写组将双堡塘组的上部划分出菊石滩组，将梧桐沟组改称金塔组。本次清理在实地考察正层型剖面的基础上，根据剖面的岩石组合和生物特征，将原剖面（包括菊石滩组）的正常碎屑岩划为双堡塘组；基性火山岩及少量碎屑岩夹层划为金塔组。

【现在定义】 新厘定的双堡塘组指北山地区整合于金塔组基性火山岩之下的浅海—滨海相碎屑岩及灰岩（包括原菊石滩组和埋汗哈达组及阿其德组的正常碎屑岩），岩石为黄绿、灰黑、灰色页岩、中细粒砂岩、粗砂岩、砂砾岩，夹砂质生物碎屑灰岩。含腕足类、菊石等海相动物化石。下界不整合在华力西中期岩体、泥盆纪雀儿山群、石炭纪白山组火山岩或绿条山组之上、上界以出现基性火山岩作为与金塔组的分界标志。

【层型】 正层型为额济纳旗双堡塘剖面（98°46′，40°37′；据郭敬信 1967 年重测的剖面修订）。

上覆地层：**金塔组** 凝灰质砾岩

——————— 整 合 ———————

双堡塘组 总厚度 702 m

16. 黄绿色页岩夹砂质灰岩透镜体，含 *Paragastrioceras* sp.，*Altudoceras* sp.?，*Spirifer* sp.，*Schuchertella* sp. 69 m

15. 灰黑色、黄绿色中细粒砂岩夹砂质灰岩透镜体，含 *Uraloceras* sp.，*U.* aff. *belqushkense*，*Demarezites* sp. 73 m

14. 灰黑色页岩夹黑色砂质灰岩，含 *Uraloceras* sp.，*Paragastrioceras* sp. 40 m

13. 灰色、黄绿色中细粒砂岩 25 m

12. 灰绿色砾岩，局部夹砂质灰岩扁豆体，含 *Artinskia* sp.，*Medlicottia* sp.，*Demarezites* sp.，*Shalakoceras* cf. *bisulcatum*，*Yakovlevia mammatiformis*，*Spiriferella* sp.，*Tachylasma* sp. 41 m

11. 覆盖 36 m

10. 灰绿色、灰黑色砂质页岩夹棕黄色砂岩及砂质灰岩扁豆体，局部夹砾岩，含头足类：*Neocrimites* sp.；腕足类 *Waagenoconcha* cf. *cylrindricus*，*Neospirifer* sp.，*Linoproductus* sp.，*Schellwienella* sp.；珊瑚 *Tachylasma* sp.，*Plerophyllum* sp.；腹足类 *Euphemites* sp.，*Mourlonia* sp. *Bellerophon* sp.， 228 m

9. 黄绿色砾岩，向上为粗砂岩，含头足类及腹足类化石碎片 51 m

8. 深黄绿色长石石英砂岩 69 m

7. 覆盖 宽度 365 m

6. 灰黑色、黑绿色板状细砂岩与砂质页岩互层夹砂质灰岩，富含腕足类化石：*Cancrinella* cf. *pseudoranucatus*，*C. cancriniformis*，*Waagenoconcha* cf. *abichi*，*Marginifera morrisi*，*M.* cf. *gaominensis*，*Plicatifera* sp.，*Transenatia gratiosus*，*Aulosteges* cf. *gigantiformis*，*Streptorhynchus* sp. 16 m

5. 覆盖 64 m

4. 灰色、灰黄色细砾岩，向上过渡为细砂岩 22 m

3. 灰色砂砾岩，向上过渡为细砂岩或含砾细砂岩，含腕足类化石碎片 18 m

2. 黄绿色细砂岩夹砂质灰岩，富产动物化石：腕足类 *Yakovlevia mammatiformis*，*Transenatia gratiosus*，*Brachythyrina* sp.，*Marginifera* cf. *jisuensis*，*Spiriferella* cf. *saranae*，*Chonetes* cf. *splatesinuata*，*Martinia* sp.；腹足类 *Euophalus* sp.；苔藓虫 *Fenestella* sp. 34 m

1. 砂砾岩或长石砂岩，含灰岩扁豆体并富产腕足类等动物化石：*Yakovlevia mammatiformis*，*Kochiproductus* sp.，*Neospirifer* sp.，*Spiriferella* sp.，*Echinoconchus* sp.，*Ambocoelia* sp. 16 m

～～～～～～ 不 整 合 ～～～～～～

（华力西中期花岗岩侵入）

【地质特征及区域变化】 双堡塘组为一套滨海—浅海相碎屑岩夹薄层灰岩，含丰富的动物化石。该组分布在下述两个地层分区：觉罗塔格-黑鹰山地层分区见于额济纳旗芦草井至杭乌拉一带，由西向东沉积厚度逐渐增大，下部灰岩多，上部长石砂岩及杂砂岩较多；中天山-马鬃山地层分区的南部岩石粒度较细，以页岩为主，北部岩石粒度较粗，以砾岩、砂岩为主，普遍有灰岩夹层。根据所含化石组合及与其他地层接触关系，确定双堡塘组沉积时限为早二叠世。

金塔组 P*j* （15－0152）

【创名及原始定义】 金塔组是甘肃省第二区测队（1976）在编写北山地区地层表时，为取代与新疆重名的梧桐沟组而命名的，地点为额济纳旗北山煤窑西梧桐沟。金塔组原指早二叠世晚期的绿色玄武岩、火山角砾岩、英安岩、凝灰质角砾岩、晶屑岩屑凝灰岩、凝灰质砂岩及砾岩，夹长石石英砂岩、硅质岩、硅质页岩及少量灰岩透镜体组合。含菊石、腕足类、双壳类化石。

【沿革】 金塔组替代梧桐沟组被西北晚古生代地层会议认可。当时的金塔组包括下部的双堡塘组。经史美良（1979）介绍时将下部相当于双堡塘组的部分地层称为菊石滩组，而金塔组只限定为上部火山岩及火山碎屑岩，这一观点被甘肃省地层表编写组（1980）采纳。《内蒙古地质志》（1991）又将菊石滩组与金塔组合称菊石滩组。本次清理考虑岩石组合特征，将双堡塘组之上的火山岩仍称为金塔组。

【现在定义】 金塔组指分布在北山地区的一套海相基性火山岩夹正常碎屑岩组合。岩性为灰绿色玄武岩、凝灰岩、火山角砾岩、凝灰质砂岩、砾岩夹黑色、黄绿色页岩、硅质岩、砂岩及灰岩。含腕足类化石。上界被侏罗系不整合所覆，下界与双堡塘组整合接触。

【层型】 正层型为额济纳旗北山煤窑西侧梧桐沟剖面（98°35′，40°42′；中国科学院兰州地质研究所和北山地质队，1967）。

上覆地层：**侏罗系** 砂岩

~~~~~~~~~~ 不 整 合 ~~~~~~~~~~

金塔组	总厚度 1 414 m
13. 基性火山岩	200 m
12. 黑色页岩、硅质页岩及硅质岩夹玄武岩，可相变为以玄武岩为主	48 m
11. 灰绿色凝灰质砂岩、砾岩夹灰岩、页岩、玄武岩	81 m
10. 玄武岩、灰黑色页岩，硅质岩及砂岩	69 m
9. 灰黄色砂岩	73 m
8. 黄绿色砂岩夹黑色页岩、含腕足类化石：*Orbiculoidea* sp.	220 m
7. 灰绿色玄武岩	52 m
6. 暗绿、灰紫色玄武岩	130 m
5. 玄武岩夹少量砂岩、页岩、产腕足类化石碎片	244 m
4. 灰绿、黄绿色凝灰岩、火山角砾岩	95 m
3. 黄绿色页岩夹灰白色砂岩	69 m
2. 玄武岩	89 m
1. 黄绿色凝灰质砾岩，夹硅质岩透镜体	44 m

———— 整 合 ————

下伏地层：**双堡塘组** 砂岩

【地质特征及区域变化】 本组分布于觉罗塔格-黑鹰山和中天山-马鬃山两个地层分区。在黑鹰山沙林浩来该组不整合在绿条山组碎屑岩之上，岩性为单一的玄武岩，厚约 842 m。中天山-马鬃山地层分区额济纳旗北山煤窑西侧为玄武岩夹碎屑岩，含腕足类化石，厚约 2 261 m。双堡塘地区为玄武岩夹碎屑岩，厚约 1 786 m。本组时限为早二叠世晚期。

方山口组 P*f* （15－0153）

【创名及原始定义】 本组由朱伟元、沈光隆（1975）在甘肃省敦煌县北 80 km 的白尖山南坡创名，时称“方山口群”。原始定义为一套厚逾 200 m 的酸性火山岩，底部碎屑岩含安格拉型植物化石：*Callipteris altaica* 等，时代为晚二叠世晚期。

【沿革】 1979 年史美良在《甘肃的二叠系》一文中，将方山口群分为南北两带，南带为中酸性火山岩及火山碎屑岩，以白尖山剖面为代表；北带为正常碎屑岩。底界均有明显不整合，结合化石资料置于晚二叠世晚期。
~~~~~~~~~~

1980年甘肃省区域地层表编写组将白尖山剖面的中酸性火山岩及火山碎屑岩改称方山口组。1991年《内蒙古地质志》虽采用方山口组一名，但明确指出额济纳旗一带基性火山岩（现划为金塔组）时代早于晚二叠世。巴丹吉林北缘的晚二叠世海陆交互相正常碎屑岩与方山口组含义相差甚远。本次清理，以单位层型原始定义为依据，将北山地区中酸性火山岩及火山碎屑岩归方山口组。正常碎屑岩划为哈尔苏海组。

【现在定义】 区内指整合于双堡塘组与哈尔苏海组两套碎屑岩之间的陆相杂色中酸性熔岩及其凝灰岩为主的火山岩组合，部分地区夹砂岩和砂砾岩。其与金塔组的基性火山岩常呈犬牙交错的过渡关系或叠覆其上。

【层型】 区内的参考剖面为阿拉善右旗阿尔斯兰剖面（15－0153－4－1）、额济纳旗芦草井剖面（15－0153－4－2）、额济纳旗八道桥剖面（15－0153－4－3）、阿拉善右旗阿其德海尔罕剖面（15－0153－4－4）、阿拉善左旗乌力吉苏木杭乌拉西南剖面（15－0153－4－5）、乌拉特后旗那仁宝力格苏木伊斯敖包剖面（15－0153－4－6）。

【地质特征及区域变化】 本组以中酸性火山岩区别于基性火山岩的金塔组和陆相碎屑岩的哈尔苏海组及海相碎屑岩的双堡塘组。在觉罗塔格-黑鹰山分区岩性以中酸性熔岩及凝灰岩为主、夹正常碎屑岩。横向上由西向东，熔岩相对减少，凝灰岩及碎屑岩夹层增多、厚度增大。中天山-马鬃山地层分区该组零星分布于阿尔斯兰一带，特征与觉罗塔格-黑鹰山地层分区相近。本组正层型剖面厚1369 m。根据地层间的相对序次及接触关系，该组沉积时限为晚二叠世早期。

哈尔苏海组　P*h*　（15－0154）

【创名及原始定义】 哈尔苏海组原称哈尔苏海群，由宁夏区调队1982年在阿拉善左旗哈尔苏海创建。原始定义：根据岩性组合特征分上下两个岩组，下岩组主要由粗碎屑岩、碳酸盐岩及中酸性火山岩组成，厚度约812 m；上岩组由细碎屑岩泥质岩夹少量薄层灰岩组成，厚约3 577 m。上下岩组连续沉积，顶底不全。

【沿革】 鉴于哈尔苏海群复杂的岩性，巨大的厚度和岩性组合的可分性，1980年《西北地区区域地层表·宁夏回族自治区分册》将哈尔苏海群解体。其中，浅海相碳酸盐岩及碎屑岩组合划归下二叠统双堡塘组；中性、酸性火山熔岩及碎屑岩划归方山口组；其余含植物化石的陆相碎屑岩划为哈尔苏海组，使其划分趋于合理，本次清理采用上述哈尔苏海组的含义。

【现在定义】 指北山地区方山口组火山岩之上的一套陆相碎屑岩组合。岩石为灰、灰褐色中细粒杂砂质长石石英砂岩，杂砂质砂岩、含碳泥质灰岩，夹薄层粉砂岩和灰岩及钙质砂岩、含砾砂岩等。含植物化石。上界不清。

【层型】 因创名时未指定单位层型，现将阿拉善右旗乌兰奥日布格一哈尔苏海剖面作为选层型（41°54′，103°15；宁夏地质研究所和西安地质矿产研究所，1980）。

哈尔苏海组	总厚度＞2 115 m
14. 灰、灰褐色中薄层中细粒杂砂质长石石英砂岩夹灰色薄层粉砂岩或细粒石英砂岩，中上部普遍含砂质灰岩扁豆体，并夹两层黑色薄层灰岩，产植物 *Pecopteris* sp.，*Callipteris* sp.，*Paracalamites* sp.，*Sphenopteris*? sp.。（未见顶）	＞314 m
13. 褐黄色页片状钙质粉砂岩	11 m
12. 灰色中薄层中细粒杂砂质砂岩夹薄层砂岩，上部含较多的砂质灰岩扁豆体和团块夹数层黑色薄层灰岩	267 m
11. 上部中薄层中粒杂砂质长石石英砂岩，下部灰色页片状粉砂岩夹薄层细粒杂砂质长	

石石英砂岩 317 m

10. 灰色中厚层中粗粒含砾杂砂质长石石英砂岩 27 m

9. 浅灰色中薄层中粒含绢云母杂砂质长石石英砂岩夹薄层细粒石英砂岩 84 m

8. 灰色中薄层中细粒含绢云母长石石英砂岩夹薄层细粒长石石英砂岩，顶部为一层厚不及10 m的页片状砂泥质页岩和泥质粉砂岩 98 m

7. 浅灰、灰、褐灰色中粗粒杂砂质长石石英砂岩，局部含砾 50 m

6. 灰绿、黄灰色中薄层中细粒杂砂质长石石英砂岩夹两层黑色薄层灰岩 147 m

5. 灰绿、浅灰色薄层或页片状钙质细砂岩夹钙质粉砂岩和砂质灰岩 26 m

4. 灰绿、浅灰色薄层或页片状粉砂岩与中薄层中细粒含绢云母杂砂质长石石英砂岩呈不等厚互层，夹中层中粗粒杂砂质长石石英砂岩、含砾砂岩及黑色薄层灰岩 586 m

3. 灰绿色薄层细粒石英砂岩，上部为黑色薄层粉砂岩 50 m

2. 黄绿、黄灰色中薄层细粒杂砂质石英砂岩夹灰黑色薄层灰岩和少许钙质细粒岩，其中灰岩呈透镜状 54 m

1. 灰色薄层泥质灰岩夹钙质砂岩（未见底） >84 m

【地质特征及区域变化】 哈尔苏海组见于觉罗塔格-黑鹰山地层分区和中天山-马鬃山地层分区。觉罗塔格-黑鹰山地层分区本组呈东西向展布，横向上由西向东厚度逐渐增大。纵向上各剖面由下而上碎屑粒度由粗变细。中天山-马鬃山地层分区本组仅见于阿拉善右旗阿尔斯兰等地，下界与方山口组火山角砾岩整合接触，上界不清，由下而上碎屑粒度由粗变细，产植物化石。厚度小于觉罗塔格-黑鹰山地层分区。该组选层型剖面厚度大于2 169 m，沉积时限为晚二叠世晚期。

第二节 生物地层与年代地层

一、泥盆纪

张研、郑昭昌、周志强、张刚（1983）在巴丹吉林北缘地区进行的古生代生物地层的专题研究工作的成果是这次生物地层单位划分的基础。结合李明路、王训练（1987）对该区四射珊瑚的研究、张建平对腕足动物群的研究资料。共划分出9个生物地层单位，其中腕足类4个组合带，珊瑚3个组合带、一个顶峰带、三叶虫1个延限带，各生物地层单位及岩石地层单位之间的对应关系如表10-1。

腕足类

划分为4个组合带，由老到新为：

①*Badainjarania*-*Glossinotoechia* 组合带

主要属种有：*Badainjarania striata*，*Glossinotoechia robusta*，*Megaplectatrypa simplex*，*Megakozlowskiella magnapleura*，*Schizophoria*，*Rhynchospirina*，*Cyrtina*，*Fimbrispirifer*，*Neimongolella paraplicata* 等，产自依克乌苏组单面山南侧剖面的第1—3层，珠斯楞海尔罕西剖面（15-0084-4-3）的第1—3层。其特征是地方性色彩浓厚，并以 *Badainjarania* 数量最多。

表 10－1　泥盆纪生物地层单位对比表

<table>
<tr><th rowspan="2">岩石地层单位</th><th colspan="3">生物地层单位</th></tr>
<tr><th>腕足类</th><th>珊瑚</th><th>三叶虫</th></tr>
<tr><td rowspan="4">西屏山组</td><td rowspan="2">④Cyrtospirifer－Tenticospirifer 组合带</td><td></td><td rowspan="8"></td></tr>
<tr><td rowspan="2">④Pseudozaphrentis－Charactophyllum 组合带</td></tr>
<tr><td rowspan="3"></td></tr>
<tr><td>③Disphyllum 顶峰带</td></tr>
<tr><td>卧驼山组</td><td></td></tr>
<tr><td rowspan="5">依克乌苏组</td><td rowspan="2">③Uncinulus－Undispirifer 组合带</td><td>②Cyathophyllum－Dohmophyllum 组合带</td></tr>
<tr><td rowspan="2">①Pseudochlamydophyllum－Siphonophrentis 组合带</td></tr>
<tr><td rowspan="2">②Euryspirifer－Fallaxispirifer 组合带</td></tr>
<tr><td rowspan="2"></td><td rowspan="2">①Echinophacops 延限带</td></tr>
<tr><td>①Badainjarania－Glossinotoechia 组合带</td></tr>
</table>

共生的有三叶虫 *Echinophacops* 及菊石 *Anarcestes*（*A.*）*praecursor*，鹦鹉螺 *Michelinoceras*，*Protoceras*，*Paracleistoceras*，*Buchanoceras* 等。

该组合带仅分布在珠斯楞海尔罕地区，在区域上延伸范围较局限，地质时代为早泥盆世晚期，层位相当于西欧下 Emsian 阶上部至上 Emsian 阶下部。

②*Euryspirifer*－*Fallaxispirifer* 组合带

主要属种有：*Fallaxispirifer pseudofallax*，*Euryspirifer ningxiaensis*，*Brachyspirifer orthorostrotus*，*Pararhynchospirina concavoconvexa*，*Chonetes*，*Parachonetes zhusilengensis*，*Fascistropheodonta* 等，产自珠斯楞海尔罕西剖面依克乌苏组的第 4—7 层，单面山南侧剖面的第 5—9 层。卧驼山剖面的第 1 层（15－0084－4－1）。

该组合带的宏观特征是具有极其丰富的展翼型石燕。生物群中石燕类占 60%，其次为长身贝类和扭月贝类，属的分异度较高。共生的珊瑚多为单体，三叶虫、牙形刺等数量较少。此外植物碎片的出现表明为近岸浅水环境。

组合带的地质时代为晚 Emsian 期，分布仅局限于珠斯楞海尔罕地区。

③*Uncinulus*－*Undispirifer* 组合带

主要属种有：*Uncinulus subcordiformis*，*U. parallelepipedus*，*Undispirifer subgregarius*，*Cymostrophia patersoni*，*Leiorhynchus*，*Gypidula*，*Desquamatia*，*Carinatina*，*Septalaria*，*Lissatrypa*，*Spinatrypa* 等，产自单面山剖面依克乌苏组的第 13—14 层，卧驼山—西屏山剖面的第 10—11 层。

其特点是小咀贝类不仅数量多，且种属丰富，尤其是 *Uncinulus* 几乎成层产出，成为标志层，并且个体保存完整。*Undispirifer* 数量仅次于前者，但都呈两瓣分离状产出，破损也较严重，表明受风浪作用影响较强，经过短距离的搬运。共生有少量珊瑚、三叶虫及牙形刺。

时代为中泥盆世 Eifelian 期，分布仅限于本地层分区。

④*Cyrtospirifer* - *Tenticospirifer* 组合带

主要属种有：*Tenticospirifer ussoffi*，*Cyrtospirifer*，*Productella*，*Lamellispirifer*，*Cryptonella spiriformis*，*Spinulicosta*，*Leptaena*，*Desquamatia nalivkini* 等，产自卧驼山－西屏山剖面西屏山组第 27—32 层。

其特点是首次出现了长身贝类，显示了浓厚的晚泥盆世色彩，共生的化石有四射珊瑚 *Disphyllum* 和床板珊瑚 *Alveolites* 等。

该组合带的地质时代为晚泥盆世早期，与我国华南的佘田桥期相当。分布局限于珠斯楞海尔罕地区。

珊瑚

划分为 4 个组合带，由老到新为：

①*Pseudochlamydophyllnm* - *Siphonophrentis* 组合带

主要属种有：四射珊瑚 *Homalophyllum*，*Siphonophrentis*，*Kionelama*，*Odontophyllum*，*Hallia*，*Aulacophyllum*，*Calceola*，*Pseudochlamydophyllum*，*Trapezophyllum*；床板珊瑚 *Favosites*，*Squameofavosites*，*Thamnopora*，*Alveolites*，*Coenites*，*Parastriatopora*，*Heliolites*，*Pachycanalicus* 等，产自依克乌苏组，单面山剖面第 6—10 层，卧驼山—西屏山剖面第 1—2 层，珠斯楞海尔罕剖面第 7—11 层。

该组合带的特点是，在此段沉积时限中，珊瑚大量兴起、繁盛，以单体珊瑚为主，不仅有北美阿帕拉契亚型的分子，而且还有欧洲型、华南-澳大利亚型的分子。与其共生的腕足类数量较少，只有喙锥不发育的 *Hysterolites* 及少数三叶虫 *Phacops*，地质时代为早泥盆世晚期，它的上限亦可能延至 Eifelian 期。

②*Cyathophyllum* - *Dohmophyllum* 组合带

主要属种为 *Cyathophyllum normale*，*C. maecenatus*，*Dohmophyllum helianthoides*，*Spongophyllum sedgewicki*，*Phacellophyllum*，*Sociophyllum*，*Sinospongophyllum*，*Tabulophyllum*，*Cystiphylloides*，*Dialythophyllum*，*Endophyllum*，*Heliolites*，*Thamnopora wangi*，*T. kurjaensis*，*Favosites parasaginatus* 等。产自依克乌苏组，卧驼山—西屏山剖面第 9—11 层、单面山剖面第 12—14 层。

该组合带以欧亚型单体双带型四射珊瑚为主，床板珊瑚数量较少。常以小型礁体产出。共生的腕足类化石较多，主要是 *Uncinulus* - *Undispirifer* 组合带的分子。另外还有少量的 *Phacops* 等三叶虫。地质时代为中泥盆世 Eifelian 期。

③*Disphyllum* 顶峰带

主要属种有：*Disphyllum irregulare*，*D. multiseptatum*，*D. longiseptatum*，*D. cylindricum*，*D. frechi*，*Sinodisphyllum simplex*，*Tortophyllum hunanense*，*Aliveolitesobtortus*，*A. suborbicularis* cf. *minor* 等，产自西屏山组，珠斯楞海尔罕东侧剖面（15-0083-4-2）的第 9—13 层、卧驼山—西屏山剖面（15-0083-4-1）第 21—23 层。

该顶峰带以复体珊瑚为主，主要赋存于西屏山组下部的灰岩中，可直接与华南上泥盆统底部的珊瑚动物群比较。共生的腕足类有："*Adolfia*" *seid*，*Spinatrypina douvilli* 等。地质时代为晚泥盆世早期。

④*Pseudozaphrentis* – *Charactophyllum* 组合带

主要属种有：*Pseudozaphrentis difficile*，*P. ningxiaensis*，*Charactophyllum nanum*，*Mictophyllum giganteum*，*Zhusilengophyllum hunanense*，*Temnophyllum lenzi*，*T. macconnelli*，*T. longhuiense*，*Thamnopora polyforata*，*Breviphyllum yunxiense*，*Neosquameofavosites* 等。产自西屏山组，卧驼山—西屏山剖面的第 27 层、珠斯楞海尔罕东侧剖面第 19 层。

组合带中的四射珊瑚全为单体，赋存于西屏山组中上部的灰岩中，除个别分子是中泥盆世延续上来的以外，绝大多数为本带特有分子。

与腕足类 *Cyrtospirifer* – *Tenticospirifer* 组合带共生。地质时代为晚泥盆世早期。

三叶虫

分区内三叶虫动物群主要发育在依克乌苏组的下部层位，向上渐少，根据其特征划分一个延限带——*Echinophacops* 延限带

主要属种有：*Echinophacops mirabilis*，*E. schizoloma*，*Calymene ejinensis*，*Scutellum neimonggolense*，*Proetus*（*P.*）*zhusilengensis*，*P.*（*Lacunoporaspis*）*ejinensis*，*Acanthopyge*，*Paradechenella* 等。产自依克乌苏组，单面山南剖面的第 1—6 层、珠斯楞海尔罕西剖面第 2—5 层。该带以地方型的 *Echinophacops* 大量出现为特色，仅见于依克乌苏组的下部层位。与腕足类 *Badainjarania* – *Glossinotoechia* 组合带共生，相伴的还有菊石 *Anarcestes*（*A.*）*plebeius*，鹦鹉螺类 *Michelinoceras*，*Protoceras*，*Paracleistoceras* 等。这是一个地方型的生物地层单位，仅见于巴丹吉林沙漠的北缘；地质时代为早泥盆世晚期。

二、石炭纪

该区石炭纪主要发育蜓、腕足类、珊瑚及少量菊石、腹足类、双壳类、苔藓虫。根据其特点，蜓类划分 2 个组合带，腕足类划分 3 个组合带，珊瑚划分 2 个组合带，参见表 10 – 2。

表 10 – 2　石炭纪岩石地层单位与生物地层单位对比简表

<table>
<tr><th>时代</th><th>岩石地层单位</th><th colspan="3">腕足类</th><th>蜓</th><th>珊瑚</th></tr>
<tr><td rowspan="2">C_2</td><td rowspan="2">芨芨台子组</td><td colspan="3" rowspan="2">③Choristites – Marginifera 组合带</td><td>②Fusulinella – Eofusulina 组合带</td><td rowspan="2">②Caninia – Diphyphyllum 组合带</td></tr>
<tr><td>①Pseudostaffella – Profusulinella 组合带</td></tr>
<tr><td>C_1</td><td>红柳园组</td><td>①Gigantoproductus – Tomiopsis 组合带</td><td>绿条山组</td><td>②Syringothyris – Ovatia 组合带</td><td></td><td>①Palaeosmilia – Dibunophyllum 组合带</td></tr>
</table>

蜓类

①*Pseudostaffella* – *Profusulinella* 组合带

主要属种有：*Pseudostaffella antiqua*，*Profusulinella longissima*，*P.* cf. *lepida*，*P. ovata*，

P. rhomboides, *Schubertella gracilis*, *Ozawainella* cf. *nikitovkensis*, *Pseudowedekindellina prolixa* 等。产自芨芨台子组的下部层位，北山煤矿附近芨芨台子剖面（15-0116-4-1）第1—8层。共生有珊瑚化石，该组合带也见于华北地层大区。地质时代为晚石炭世早期。

②*Fusulinella*-*Eofusulina* 组合带

主要属种有：*Fusulinella bocki*，*F. pseudobocki*，*F. bocki pauciseptata*，*F. eopulchra*，*Fusiella typica*，*Eofusulina triangula*，*Schubertella* cf. *galinae*，*Profusulinella prolibrovichi*，*P. prisca*，*P. subovata* 等。产自芨芨台子组中部层位，北山煤矿芨芨台子剖面的第10—13层。共生有腕足类、海百合茎等化石，该组合带也见于华北地层大区。地质时代为晚石炭世中期。

腕足类

①*Gigantoproductus*-*Tomiopsis* 组合带

主要属种有：*Gigantoproductus* sp.，*Tomiopsis* sp.，*Chonetes* sp.，*Spirifer* sp.，*Brachythyrina* sp. 等，产自红柳园组好比如南剖面（15-0115-4-5）的第14—18层，北山煤矿剖面（15-0115-4-2）第6层。共生有珊瑚、菊石化石，地质时代为早石炭世。

②*Syringothyris*-*Ovatia* 组合带

主要属种有：*Syringothyris textus*，*S. sltaica*，*S.* cf. *texta*，*Pseudosyrinx* sp.，*Ovatia laevicosta*，*Chonetes illinoisensis*，*C.* cf. *latesinuata*，*Taidonensis sokolskaja*，*Plicatifera* sp.，*Hustedia* sp.，*Neospirifer* sp.，*Cancrinella* cf. *undata*，*Unaria* cf. *manxensis*，*Athyris sulcata*，*Camarotoechia depressa*，*Streptorhynchus* sp.，*Brachythyrina* sp.，*Pugnoides boonensis*，*Shumardella* sp.，*Productus* sp.?，*Tomiopsis* sp.，? *Ternguistia*，*Buxtonia* sp. 等。产自绿条山组碎石山剖面（15-0113-4-3）的第1—7层、甜水井北剖面（15-0113-4-1）的第1层、绿条山剖面（15-0113-4-2）的第4—5层、黄石坪剖面（15-0113-4-4）的第8层。共生有珊瑚 *Cystodendropora*，*Caninia*，*Carcinophyllum*，*Multithecopora* 等；双壳类 *Edmondia*，*Schizodus harii* 等；腹足类 *Bellerophon*，*Yunnania* 等及苔藓虫 *Fenestella qinghaiensis* 等。地质时代为早石炭世。

③*Choristites*-*Marginifera* 组合带

主要属种有：*Choristites* cf. *gobicus*，*Marginifera* sp. 等，产自小红山剖面（15-0116-4-2）芨芨台子组的第11层。共生有珊瑚 *Caninia* 等。该组合带主要见于华北地层大区，地质时代为晚石炭世。

珊瑚

①*Palaeosmilia*-*Dibunophyllum* 组合带

主要属种有：*Palaeosmilia* cf. *concava*，*Amplexusmirabilis*，*Dibunophyllom* sp.，*Donophyllum* sp.，*Lophophyllum* sp.，*Lithostrotion* sp. 等。产自红柳园组，北山煤矿剖面（15-0115-4-2）的第7—8层、好比如南剖面（15-0115-4-5）的第16—18层。与腕足类 *Gigantoproductus*-*Tomiopsis* 组合带及菊石 *Imitoceras* sp. 等共生，地质时代为早石炭世。

②*Caninia*-*Diphyphyllum* 组合带

主要属种为：*Canina lingwuensis*，*C. lipoensis*，*Diphyphyllum*，*Dibunophyllum* 等，产自芨芨台子组，小红山剖面（15-0116-4-2）的第11层、芨芨台子剖面（15-0116-4-1）的第2层，与䗴 *Pseudostaffella*-*Profusulinella* 组合带、腕足类 *Choristites*-*Marginifera* 组合带共生。该组合带虽属种较少，但层位明确。地质时代为晚石炭世。

三、二叠纪

该区早二叠世生物以腕足类的大量繁盛为特征，其次为菊石、珊瑚及少量腹足类、双壳类、三叶虫、苔藓虫。海相的腕足类划分 2 个组合带，珊瑚划分 1 个组合带，菊石划分 2 个组合带（表 10－3）。晚二叠世为陆相沉积，只见少量植物化石。

表 10－3　二叠纪各类生物地层单位对比简表

时代	岩石地层单位	腕足类	珊瑚	头足类
P_1	双堡塘组	②*Streptorhynchus* － *Uncinunellina* 组合带		②*Paragastrioceras* － *Altudoceras* 组合带
		①*Spiriferella* － *Kochiproductus* － *Yakovlevia* 组合带	①*Plerophyllum* － *Tachylasma* 组合带	①*Artinskia* － *Neocrimites* 组合带

腕足类

①*Spiriferella* － *Kochiproductus* － *Yakovlevia* 组合带（简称 *S* － *K* － *Y*）

主要属种为：*Spiriferella saranae*，*S. persaranae*，*S. ulanensis*，*S. keilhaviiformis*，*S. salteri*，*S. rajah*，*Kochiproductus longus*，*K. porrectus*，*Yakovleviamammatiformis*，*Neospirifer fasciger*，*N. ravana*，*N. subfasciger*，*Marginifera typica*，*Licharewia grewingki*，*Waagenoconcha*，*Linoproductus*，*Stenoscisma*，*Paramarginifera* 等，产自双堡塘组下部，额济纳旗双堡塘剖面（15－0151－4－1）的第 1—12 层、文革山剖面（15－0151－4－2）的第 1 层、阿拉善左旗埋汗哈达剖面（15－0151－4－4）的第 15—43 层、杭乌拉西南剖面（15－0151－4－5）的第 4—13 层、芒罕超克剖面（15－0151－4－7）的第 2—13 层、阿拉善右旗阿尔斯兰剖面（15－0151－4－6）的 7—26 层。该组合带属种繁多，与发育于哲斯组下部的腕足类组合完全可以对比，共生生物有珊瑚、三叶虫 Phillipsiidae，海百合茎、腹足类、菊石等。地质时代为早二叠世早期。

②*Streptorhynchus* － *Uncinunellina* 组合带（简称 *S* － *U*）

主要属种为：*Streptorhynchus kayseri*，*Schellwienella crenistria senilis*，*Uncinunellina mongolicus*，*U. timorensis*，*Chonetes tenuilirata*，*Marginifera typica*，*Wellerella*，*Spiriferella*，*Linoproductus* 等，产自双堡塘组上部层位，额济纳旗文革山剖面（15－0151－4－2）的第 3 层、阿拉善左旗杭乌拉西南剖面（15－0151－4－5）的第 39—40 层。该组合带在本地区不太发育，特征也不太显著，但层位与华北地层大区的 *S* － *H* － *R* 组合带相当。共生有双壳类 *Streblochondria* 及苔藓虫等化石。地质时代为早二叠世晚期。

珊瑚

①*Plerophyllum* － *Tachylasma* 组合带

主要属种为：*Plerophyllum variabile*，*Tachylasma* sp.，*Paracaninia liangshanensis*，*Ver-*

beekiella sp., *Lophophyllidium multiseptatum*, *Stereostylus* sp., *Huangophyllum* sp. 等，产自双堡塘组下部层位，额济纳旗双堡塘剖面（15-0151-4-1）的第10—12层、文革山剖面（15-0151-4-2）第1层、阿拉善左旗埋汗哈达剖面（15-0151-4-4）第15—22层、杭乌拉西南剖面（15-0151-4-5）的第5—13层、芒罕超克剖面（15-0151-4-7）的第5层、阿拉善右旗阿尔斯兰剖面（15-0151-4-6）的第17—24层。该组合带与华北地层大区的*P-T-T*组合带相当。共生有腕足类、双壳类：*Guizhoupecten regularis*, *Camptonectes*? *asperatus*, *Aviculopecten* sp. 以及腹足类、三叶虫、苔藓虫等化石，地质时代为早二叠世。

头足类

据梁希洛(1981)、朱伟元(1983)资料，双堡塘剖面的菊石划分为两个组合带：下部*Artinskia-Neocrimites*组合带，时代为早二叠世早期，上部*Paragastrioceras-Altudoceras*组合带，时代为早二叠世晚期。

①*Artinskia-Neocrimites*组合带（简称*A-N*组合带）

主要属种有：*Artinskia* sp., *Demarezites* sp., *D. compressus*, *Sholakoceras* sp., *Sholakoceras* cf. *bisulcatum*, *S. transforme* 等。共生有腕足类*S-K-Y*组合带的分子，产自双堡塘组下部层位，地质时代为早二叠世早期。

②*Paragastrioceras-Altudoceras*组合带，（简称*P-A*组合带）

主要属种有：*Paragastrioceras* sp., *Uraloceras* aff. *belgushkense*, *U. chinense*, *U. plicatum*, *U. pokolbinense*, *U. tumidum*, *Altudoceras* sp. 等，共生有少量腕足动物化石*Schuchertella*, *Spirifer*等，产自双堡塘组上部层位，地质时代为早二叠世晚期。该组合带除分布于双堡塘地区外还见于阿拉善左旗的阿其德海尔汗北部地区。

第三节　问题讨论

由于本区只是南疆-塔里木地层大区北东边缘的三角地带，面积较小，不宜编制区域地层横剖面图。但探讨一下本自然断代岩石地层的沉积相和构造环境是不无意义的。泥盆纪火山岩地层只见于觉罗塔格-黑鹰山地层分区的西部红尖山、甜水井等地，为一套中酸性火山熔岩、火山碎屑岩及少量正常沉积的碎屑岩和碳酸盐岩，含底栖的腕足类和珊瑚等，向东火山岩减少碎屑岩增加，形成一套相对稳定型的类复理石建造，不见火山岩，显然它们是火山岛弧边缘的沉积，尤其中部层位的碎屑岩，分布局限，厚度较大，应当是火山岛弧斜坡的楔状体。

在觉罗塔格-黑鹰山地层分区石炭纪的白山组是海底喷发的中酸性火山岩，它的岩性，岩相指示了岛弧环境，与之相伴的绿条山组复理石建造则无疑是岛弧边缘重力流沉积。后者分选差，是具明显韵律的（砾）砂质、粉砂质和泥质沉积，其中往往夹有火山物质，厚度较大，这种含火山岩岩屑的岛弧型复理石建造亦是鉴定古岛弧的重要标志，二组紧密相随相得益彰。

中天山-马鬃山地层分区的红柳园组与芨芨台子组是水体相对较浅和比较稳定环境的沉积，物质成熟度较高的滨浅海相碎屑岩与灰岩岩系。以上两分区岩石地层形成鲜明的对比。所以有人主张觉罗塔格-黑鹰山地层分区和中天山-马鬃山地层分区是两个Ⅰ级地层区并分属两大板块。如果这个认识正确，其主体部分亦应在新疆和甘肃境内，这点不多涉及。

早二叠世沉积盆地扩展，分布广泛的双堡塘组以页岩、中细粒砂岩、粗砂岩、砂砾岩为主，夹生物碎屑灰岩。产冷水型腕足动物群以及珊瑚和菊石等化石。属海相、滨海相沉积。从黑鹰山到中天山-马鬃山地层分区，即由北向南沉积厚度变薄，灰岩减少，碎屑岩增多，化石门类及数量亦相应减少。

早二叠世晚期，北山地区在双堡塘组沉积之后，海相火山活动，形成以枕状构造的基性火山岩为主，夹正常碎屑岩组合的金塔组。产腕足动物等化石。横向上本组向北向南厚度增大，正常碎屑岩增多。沉积中心位于梧桐沟和双堡塘。纵向上火山岩与正常碎屑岩交替出现。则显示火山活动具周期性。

晚二叠世沉积海盆回返成陆。北山地区早期形成以中、酸性熔岩及凝灰岩为主，夹湖相碎屑岩的方山口组。局部含动、植物化石。上、下分别与哈尔苏海组和双堡塘组及金塔组整合接触。横向上由北向南沉积厚度变小，纵向上正常碎屑岩与火山岩的交替出现，亦表明火山喷发具间歇性。

晚期形成的哈尔苏海组，以长石石英砂岩、杂砂岩、泥灰岩为主，夹粉砂岩、含砾砂岩等。产植物化石。属陆相（含湖相）沉积。在觉罗塔格-黑鹰山和中天山-马鬃山两个地层分区内，本组沉积厚度由南向北，由西向东逐渐增大而碎屑粒度却逐渐变细。沉积中心位于哈尔苏海。

第十一章
三叠纪—第三纪

塔里木-南疆地层大区在内蒙古范围较小，地理区域主要指额济纳旗。因交通不便地质研究程度较低。三叠纪—第三纪地层不发育，岩石特征均为陆源碎屑岩。下界不整合在二叠纪地层之上，其上被第四纪地层覆盖。包括1群8组，其中芨芨沟组、龙凤山组的命名地点和地质体主要分布在华北地层大区，将在有关章节进行描述。在此描述在该地层大区内命名并在区内广泛分布的1群6组。由于资料较少，本章不分节，只记述岩石地层单位。

二断井组　*Ter*　(15－0201)

【创名及原始定义】　甘肃省地层表编写组1980年创名，时称二断井群。命名地点在甘肃省肃北县马鬃山乡后红泉以东二断井一带。原始定义指发育于二断井处方山口组流纹斑岩质熔岩角砾岩、岩屑晶屑凝灰熔岩之上的紫红色、褐红色与灰白色含砾粗砂岩互层夹砾岩的地层序列。

【沿革】　甘肃省第二区测队将二断井群用于内蒙古的额济纳旗。《内蒙古地质志》(1991)在额济纳旗地区亦使用了二断井群，代表本区不整合于二叠系之上的一套以紫红色为主的砂砾岩，砂岩；但在阿拉善左旗则引用西大沟群代表这套紫红色的碎屑岩。本次清理认为二断井群与西大沟群为同物异名，以采用前者为宜并改称二断井组。

【现在定义】　为紫红色、灰白色砾岩、砂岩夹粉砂岩及泥灰岩组合。下部以灰白色或紫红色砾岩与方山口组火山碎屑岩或双堡塘组灰绿色碎屑岩不整合分界，上部以红色岩层顶面与上覆珊瑚井组灰绿色岩层整合分界。

【层型】　区内次层型为额济纳旗卡路山剖面(15－0201－4－1)。甘肃省第二区测队1971年测制。

【地质特征及区域变化】　二断井组在区内仅见于额济纳旗卡路山、孤山、旱山及涌珠泉，阿拉善右旗温都尔勒图苏木的黑山青坡沟。在额济纳旗为紫色的粗碎屑岩夹少许泥灰岩，与下伏二叠系为不整合接触，其上被珊瑚井组含有延长植物群的灰绿色、灰色碎屑岩整合覆盖。在阿拉善右旗黑山青坡沟，二断井组为一套紫红色、灰白色中粗粒长石石英砂岩夹粉砂岩、细砂岩，厚约945 m。区内二断井组至今无化石资料，仅根据岩性特征和上下地层接触关系经区域对比后确定二断井组的地质时代为早、中三叠世。

珊瑚井组　*Tŝh*　(15－0202)

【创名及原始定义】 甘肃省区域地层表编写组1980年创名，地点在甘肃省肃北县马鬃山乡。命名时指定甘肃省第二区测队1969年测制的肃北县马鬃山乡珊瑚井南剖面为命名剖面。原始定义指发育于珊瑚井南（剖面第1—7层），二断井组紫红夹灰白色含砾粗砂岩、细砂岩等之上的灰绿色含砾硬砂岩、长石砂岩、细砂岩及粉砂岩夹黑色碳质页岩序列。

【沿革】 1980年以前，北山地区的这套地层一直称上三叠统或上三叠统二断井群的上部，1980年甘肃省区域地层表编写组将原上三叠统或上三叠统二断井群上部这套含有延长植物群分子的深灰、灰绿色碎屑岩夹薄层泥灰岩划出，称珊瑚井群。之后《内蒙古地质志》（1991）及在这一地区开展的区调科研中沿用珊瑚井群，但将阿拉善地区与之相当的地层则引用北祁连地层分区的南营儿群一名。本次清理将额济纳旗和阿拉善地区的珊瑚井群和南营儿群统一称珊瑚井组。停止使用珊瑚井群及南营儿群名称。

【现在定义】 指整合于二断井组红色岩层之上的灰绿色、灰色含砾粗砂岩、长石石英砂岩、细砾岩、砾岩及粉砂岩与碳质页岩互层序列。其下以灰绿色碎屑岩底面与下伏二断井组紫红色碎屑岩整合接触，不整合于老变质岩系及岩体之上，多未见顶。

【层型】 区内次层型是额济纳旗汉陶勒来苏木木帽山剖面（15-0202-4-1）。

【地质特征及区域变化】 珊瑚井组在命名地点为一套灰绿色含砾杂砂岩、长石砂岩、细砂岩及粉砂岩夹黑色碳质页岩序列，含植物化石 *Danaeopsis fecunda*，*Neocalamites carrerei*，*Sphenopteris* sp.。延入额济纳旗该组下部主要为灰绿色、黄绿色钙质页岩、杂砂岩及粉砂岩，在白山东剖面上含腹足类化石 *Cryptonerita* sp.。上部为灰色砾岩、含砾杂砂岩、长石砂岩夹粉砂岩及泥灰岩，厚度为几百米至2 000 m。至阿拉善右旗黑山青坡沟珊瑚井组为灰绿色砾岩、黄绿色长石石英砂岩，粉砂岩夹粉砂质页岩、泥灰岩，含植物化石 *Danaeopsis fecunda*，*Neocalamites* sp.，*Radicites* sp.，厚约1 034 m，未见顶，与下伏二断井组为整合接触。根据该组含陕北延长植物群重要组成分子的化石，同时考虑其上、下接触关系，将珊瑚井组的地质时代置于晚三叠世。

赤金堡组 Kĉ (15-0331)

【创名及原始定义】 王尚文1956年命名，命名地点在甘肃省玉门市赤金堡北窑。原始定义指出露于酒泉盆地的红色碎屑岩序列。

【沿革】 详见新民堡群沿革内容。

【现在定义】 指一套紫红、灰绿色砾岩、砂岩、砂质泥岩，灰黑色页岩夹煤层及泥灰岩序列，含热河动物群分子。顶部以灰黑色页岩与下沟组黄色砾状砂岩或紫红色砾岩为界，两者为整合接触。底部以灰绿或紫红色砾岩不整合在敦煌群或花岗岩之上。

【层型】 正层型在甘肃省玉门市赤金堡。本区次层型为额济纳旗微波山剖面（15-0331-4-1）。

【地质特征及区域变化】 赤金堡组延入内蒙古西部，主要分布在北山地区的沙婆泉、微波山、红柳大泉等地。岩石特征为一套土黄色厚层状砾岩夹长石砂岩，黄绿色中粗粒长石质杂砂岩夹灰黑色泥质粉砂岩及石膏、菱铁矿透镜体，灰色、暗灰色泥岩、页岩与黄色砂岩互层，局部夹煤线。含叶肢介 *Eosestheria* sp.，*Neodiestheria* sp.；双壳类 *Spharerium anderssoni*，*S. selenginense*，*S. subplanum*。厚度一般小于300 m。动物化石为热河动物群晚期组合分子，结合上、下地层接触关系将其地层时代确定为早白垩世早期。

新民堡群 KX (15-0301)

【创名及原始定义】 1942年孙健初在甘肃省酒泉地区创名，当时指侏罗系之上，第三系之下的一套陆相碎屑岩。

【沿革】 王尚文1951年改新民堡群为惠回堡系，时代为早白垩世。1956年又改称赤金堡组。1959年石油工业部石油科学研究院将王尚文1956年所划赤金堡组称下新民堡群，其上又划出上新民堡群，时代分别为早、晚白垩世。1961年玉门石油管理局又将上、下新民堡群统称为新民堡群。甘肃省地质力学测量队1976年自下而上将酒泉地区早白垩世地层划分为赤金堡群（包括赤金桥组和低窝铺组）、新民堡群（包括下沟组和中沟组）。齐骅1984年又称新民堡群，包括赤金桥组、低窝铺组、中沟组。70年代甘肃省区测一队和二队在内蒙古额济纳旗开展1∶20万区调时将新民堡群引入本区。但在后来的使用过程中存在较多分歧意见。本次地层清理按甘肃省地层清理组的划分意见使用下部赤金堡组，上部新民堡群（包括下沟组、中沟组）的划分方案。

【现在定义】 指位于赤金堡组之上的一套巧克力色、灰绿色砾岩、砂岩、粘土质页岩、泥质岩组合。含昆虫及淡水介壳类化石。其上被第三纪地层不整合覆盖。

【层型】 见下沟组和中沟组层型栏

【地质特征及区域变化】 区内新民堡群主要分布在额济纳旗及阿拉善地区。以杂色陆源碎屑岩为特征，含有热河动物群的晚期组合分子。地层厚度约1 600 m。

下沟组 K*x* (15-0332)

【创名及原始定义】 甘肃省地质力学测量队1976年在玉门市清泉乡下沟东侧建立，当时指下沟东侧剖面的1—6层，为紫红色、灰绿色砾岩与泥质粉砂岩互层，向上为灰绿色、黄褐色、紫红色泥质粉砂岩、杂砂岩、砂岩不等厚互层夹泥岩，与其上中沟组整合接触。

【沿革】 详见新民堡群沿革内容。

【现在定义】 指紫红、褐黄、灰、灰绿色碎屑岩夹泥灰岩。顶部以灰绿色泥质岩与中沟组底部巨厚层紫红色砾岩为界，两者整合接触；底部以紫红色、褐黄色砾岩或砂岩与赤金堡组顶部黑色纸状页岩为界，两者整合接触或不整合在侏罗纪地层之上。

【层型】 区内次层型是额济纳旗阿木乌苏剖面（15-0332-4-1）。

【地质特征及区域变化】 下沟组延入内蒙古主要分布在额济纳旗的五道明、阿木乌苏、塔陵乌兰敖包地区。岩石特征为灰绿色、土黄色薄层状粉砂质泥岩、粉砂岩，黄绿色中层状含粗粒砂屑长石细砂岩，灰色泥岩夹石膏层及砖红色、肉红色粉砂岩、薄层含砾长石粗砂岩，厚度可达1 234 m。含腹足类 *Probaicalia* sp.；双壳类 *Sphaerium extumidum*，*S. jeholense*，*S. selenginensis*；昆虫 *Ephemeropsis* cf. *trisetalis*；介形虫 *Eucypris* sp.，*Mongolianella* sp.；植物 *Pityospermum* sp.，*Pityolepis* sp.。地质时代为早白垩世。

中沟组 K*ẑ* (15-0229)

【创名及原始定义】 甘肃省地质力学测量队1976年命名，命名地点在甘肃省玉门市清泉乡下沟东侧，原始定义指下沟剖面的第7—17层，为一套紫红色为主，伴有灰绿、黄褐、黄灰、砖红色的碎屑岩。与下伏下沟组为整合接触，其上被火烧沟组不整合覆盖。

【沿革】 详见新民堡群沿革内容。

【现在定义】 指一套紫红色、猪肝色碎屑岩。岩性为中细粒杂砂质长石砂岩，细砂岩，长石石英砂岩，砾岩。其下与下伏下沟组整合接触，其上被第三纪苦泉组或第四纪地层不整合覆盖。

【层型】 区内仅有该组地质体，但无剖面，现引用与本区毗邻的甘肃省金塔县南山剖面为次层型（15-0229-4-2）。

【地质特征及区域变化】 中沟组延入内蒙古主要分布在高台、平川北部，出露零星，研究程度低。为一套紫红色花岗质砂岩，中厚层砾岩，含砾砂岩、细砂岩、中粗粒杂砂质夹泥质粉砂岩，未见化石，厚度大于 398 m。与下伏中沟组整合接触，其上未见顶。依据区域对比及接触关系暂置于早白垩世。

苦泉组 N*k* (15－0351)

【创名及原始定义】 张明书于 1960 年在甘肃省肃北县苦泉村东北创名。原始定义为一套含石膏红色碎屑岩沉积，岩性为粉红色、桔黄色粉砂质泥岩、砂岩、砂砾岩，夹薄层石膏，局部可达工业矿床，含腹足类化石，厚度大于 100 m。下界不整合于白垩系之上或更老地层和岩体之上，上界被第四系覆盖，时代属上新世。

【沿革】 甘肃省第二区测队于 1971 年在内蒙古北山地区开展 1∶20 万区调时将苦泉组引入本区，基本按原始含义沿用至今。

【现在定义】 同原始定义。

【层型】 区内的次层型为额济纳旗红石门剖面（15－0351－4－1）。

【地质特征及区域变化】 该组广泛分布于北山地区的山间盆地。在甜水井、红石门、阿木乌苏南等地出露较好，岩性以砖红色—棕红色粉砂质泥岩、粉砂岩为主，夹黄绿色—灰黑色砂岩、砂质泥岩及粘土岩，局部可见砾岩，含砾砂岩，常夹石膏，厚度一般为 66～133 m，在阿木乌苏最厚可达 1 333 m。产哺乳类动物化石和植物化石碎片。下界不整合在早白垩世新民堡群或更老地层之上，上界被第四系覆盖。在阿拉善地区，多分布于潮水盆地周边山麓、山前丘陵地带，岩性为灰黄色、浅灰色砾岩夹砂岩、粉砂岩透镜体，厚 10～50 m。在膏斯布尔都盆地，岩性为砖红色、桔黄色砂岩、含砾砂岩夹砂砾岩、粉砂岩，厚 68 m。艾力布盖岩性为桔黄色砂岩、粘土质粉砂岩及含砾粘土夹砂砾岩或砾岩透镜体，含石膏，厚 50～300 m。

上述岩石组合前人在北山地区称上新统，其岩石特征与苦泉组相近，故归入苦泉组。地层时代暂置于上新世。

第三篇　华北地层大区

第十二章 太古宙—早元古代

内蒙古是我国太古宙—早元古代地层发育的地区之一，以阴山山脉为主体，东西长达2000 km的范围内出露了二辉麻粒岩、紫苏斜长片麻岩、矽线榴石片麻岩、斜长角闪片麻岩及绿片岩、变粒岩、石英岩、大理岩及混合岩等，它们是经过多次地质事件改造形成的变质变形复杂的高级变质岩系，是稳定古老的褶皱基底。本次清理由于没有进行野外调查，难以按照现代地层学、现代变质、构造变形理论来清理这些变质杂岩，除部分的有序地层外，相当部分目前无法区分古老的变质深成岩和表壳岩，对于后者，均以“(岩)群”称之。

根据内蒙古阴山地区地壳演化的阶段性特点，发生于1900 Ma的色尔腾山运动使古老的地层褶皱变质，形成稳定基底。本自然断带即以此为上界，包括了此前的一切古老变质杂岩，以阴山地区为标准，划分如表12-1。

表12-1　太古宙及早元古代地层划分表

时代	时限（Ma）	阴山地区	
	1900		
早元古代		二道凹群	宝音图群
	2500		
晚太古代		色尔腾山(岩)群	
	2900		
中太古代		乌拉山(岩)群	
		集宁(岩)群	
	3500		
早太古代		兴和(岩)群	

第一节　岩石地层单位

兴和(岩)群　Ar*X*　(15-2007)

【创名及原始定义】　沈鸿章（1990）在编写《内蒙古第二代地层表》时，将下集宁群改称兴和群。原意是指分布于兴和县附近的以紫苏斜长片麻岩、二辉片麻岩、辉石斜长片麻岩等为主，上部夹紫苏透辉磁铁石英岩的一套变质岩石组合，总厚大于 2 373 m。

【沿革】 在70年代以前，区内1∶100万和1∶20万区域地质调查成果以及一些研究者都把太古宙分为上、下两部分，称为五台系(群)和桑干群(系)；1978年，内蒙古地层表编写组将桑干群一分为二，下部称集宁群，时代为早太古代，上部称乌拉山群，时代为晚太古代的早期。董启贤（1991）认为集宁群在变质岩系、原岩岩系、构造环境和稀土分布模式等方面存在显著差异，且构造型式和区域分布特征方面亦不协调，因此其间可能存在较大间断面，并以此为界，将集宁群分解为上集宁群和下集宁群，推测两者为角度不整合接触，时代为早太古代。1990年，沈鸿章首次将内蒙古地区的太古宙三分，并认为上集宁群、下集宁群的称谓不符合地层单位命名的原则，故将下集宁群改称兴和群，上集宁群则称集宁群。本次对比研究认为兴和群中包含有相当数量的变质深成岩体，为一套无序的深变质岩石，故改称兴和(岩)群。

【现在定义】 属无序的深变质岩石组合，此次未做野外调查，采用沈鸿章命名的含义。

【层型】 以董启贤等1981年测制的兴和县南韭菜疙瘩至黄土窑剖面为命名剖面。

【地质特征及区域变化】 兴和(岩)群是目前内蒙古地区最古老，变质程度最深（麻粒岩相），为无层序的暗色岩系，其原岩主要是一套拉斑玄武岩、钙碱质英安岩、安山岩等中基性火山岩及少量火山碎屑岩，缺乏陆源碎屑岩及碳酸盐岩，同时有相当数量的云英闪长岩、奥长花岗岩及花岗闪长岩类的深成侵入体，但由于未进行野外工作，目前尚无法将它们划分出来。

兴和(岩)群的岩石经强烈区域变质达麻粒岩相，并具以重熔为特征的混合岩化，局部形成混合花岗岩。在兴和(岩)群中用 Sm－Nd 等时线方法测得年龄值为 2 875±9 Ma；混合紫苏斜长花岗岩中锆石 U－Pb 法测年为 3 323±44 Ma。上述数据均代表混合岩化和麻粒岩相变质事件的年龄，兴和岩群实际形成的年龄应大于 3 500 Ma。

集宁(岩)群　Ar*J*　(15－2008)

【创名及原始定义】 原称集宁群，系李璞等1964年创名，未指出命名剖面。原始含义是泛指分布于集宁、凉城及兴和一带的各种片麻岩、混合岩等深变质的古老岩系（苏君伯介绍，1993）。

【沿革】 李璞命名时的集宁群，实为类型复杂、变质相不同的变质岩石集合体。内蒙古区域地层表编写组（1978）将集宁群从下至上划分出大石窑沟组、下白窑组、沙渠村组和东沟村组等4个组；1991年董启贤废弃集宁群及所包含的上述4个组名，将大石窑沟组改称下集宁群，时代为早太古代的早期，将下白窑组和沙渠村组合称上集宁群，并分别改称第一岩组和第二岩组，时代为早太古代的晚期。1990年，沈鸿章又恢复使用集宁群一名，但它的含义仅包含了李璞的集宁群的大部分和董启贤的上集宁群。本次清理所使用的集宁(岩)群的含义指沈鸿章（1990）的集宁群，仅改名为集宁(岩)群。

【现在定义】 指分布于集宁、凉城一带的深变质的浅色岩石组合。集宁(岩)群的变质岩组合下部以矽线石榴石钾长(二长)片麻岩为主、夹石榴石黑云斜长片麻岩、含石墨片麻岩及透辉大理岩等；上部以含石榴石浅粒岩，夹矽线石榴石钾长(斜长)片麻岩。以不含沉积变质铁矿和赋石墨层为特色。下界与兴和(岩)群可能为不整合接触。

【层型】 以董启贤等1981年测的兴和县三岔榆树沟剖面为选层型（113°51′，40°18′）。

【地质特征及区域变化】 集宁(岩)群的原岩为含碳富铝半粘土质岩，泥质、凝灰质砂岩，并夹火山岩及碳酸盐岩。岩石经区域变质达到麻粒岩相，同时具强烈的混合岩化和先钠后钾的交代作用。集宁(岩)群的沉积岩系与兴和岩群有明显的差异，实为兴和初始陆壳上的沉积盖层。在浅海陆架环境下，碎屑质、半粘土质迭次出现，显示中太古代早期地壳演化活动中沉积作用的增强。

关于集宁(岩)群的时代，除它可能不整合于早太古代的兴和(岩)群之上外，沈其韩 1987 年发表的采自集宁群的 Rb－Sr 等时线年龄值为 2 316±38 Ma，显然这是它的变质年龄，沉积年龄更老些，推测应在 3000 Ma 左右。

集宁(岩)群分布较局限，阿拉善左旗贺兰山麓的黑云母（矽线、石英）斜长（二长）片麻岩、石榴石二长片麻岩、变粒岩等的变质岩石组合是集宁(岩)群的西延部分（贺兰山群），厚达 15 404 m，测得的全岩 Rb－Sr 等时线年龄为 2056±81 Ma，它同样是变质年龄。

乌拉山(岩)群　Ar*W*　(15－2009)

【创名及原始定义】　内蒙古区测一队于 1973 年，在卓资县一带，将中深变质岩系称之为乌拉山群，未指出命名剖面。原始定义是指下部以角闪斜长片麻岩、斜长角闪岩为主夹变粒岩、磁铁石英岩，上部为石墨片麻岩、透辉石大理岩、矽线石石英岩等变质岩系，厚度大于 4158 m。

【沿革】　自 1973 年乌拉山群创建后，1978 年，内蒙古区域地层表编写组将分布于大青山和乌拉山地区的一套高角闪岩相的变质岩石组合统称为乌拉山群，且自下而上进一步细分为小溪沟组、脑包山组、桃儿湾组和召林沟组等，其层位置于集宁群之上，一并归属太古宇。

同年，内蒙古区调一队和天津地矿所在包头市西北哈达门沟，对上述 4 组内部岩性组合、构造形态进行专题研究时，仍沿用乌拉山群一名。1988—1993 年，内蒙古区调一队五分队①，在包头地区进行 1：5 万城市区域地质调查时，采用一些新的工作方法，根据岩石组合特征、接触关系、构造形态及其变形特征重新划分为 3 个岩组 6 个岩段，并改称乌拉山(岩)群。1994 年，内蒙古第一区域地质研究院四分队，在色尔腾山地区进行 1：5 万区域地质矿产调查时，根据测区的实际结合邻区资料，将上述乌拉山(岩)群 3 个(岩)组分别改称为深色片麻岩(岩)组、浅色片麻岩(岩)组及大理岩(岩)组，时限仍属晚太古代。

【现在定义】　因未清理，系综合前人及近年 1：5 万资料介绍。仍采用原始定义。

【层型】　以内蒙古区调一队五分队 1989 年所测包头市北西哈达门沟剖面和内蒙古区调一队四分队所测公益明南山乌拉山(岩)群实测剖面为选层型（109°38′，40°45′）。

【地质特征及区域变化】　乌拉山(岩)群主体集中于大青山和乌拉山一带，呈近东西向带状展布。因其遭受变质、变形和岩浆热事件的多次叠加改造，并随区域变质、变形作用有多期次的花岗质脉体的注入，使这套中深变质岩系残缺不全，但在区域上，下部“深色”片麻岩之岩石组合总体属“层状”构造不太明显的角闪质岩石，其原岩多数为钙碱性基性火山岩，部分相当于拉斑玄武岩及正常碎屑沉积岩。中部“浅色”片麻岩所显示的“层状”构造明显，尤其是含石墨透辉斜长片麻岩、变粒岩、矽线石榴石片麻岩和橄榄石白云质大理岩等成分，反映其原岩以富铝的高粘土质砂岩、含有机质粘土岩、碳酸盐岩夹部分中基性—中酸性火山岩。上部长石石英岩、大理岩夹浅变粒岩及黑云斜长片麻岩，属正常沉积的碎屑岩—碳酸盐岩岩系，为浅海—滨海相沉积。

上述组合反映，乌拉山(岩)群自下而上形成一个完整的火山-沉积旋回，且由早期动荡的

① 内蒙古区调一队五分队，1993，包头地区 1：5 万城市区域地质调查报告，评审稿。

火山-沉积环境渐变为较宁静的浅海相沉积。在区域上，这套中深变质岩系的南部边界在大青山—乌拉山—狼山—千里山及阿拉善左旗南部的雅布赖山，北至固阳—武川—旗下营一带，呈明显的近东西向带状，位于集宁陆核的北侧，组成本区地台雏型格架的主体。在岩石组合上，西部雅布赖山—千里山仅见下部和中部组合，未见上部的碎屑—碳酸盐沉积。这一特征充分反映乌拉山(岩)群当初的沉积有由西向东逐渐收敛之趋势，但其内部普遍赋存具标志特征的磁铁矿层和石墨矿层。它们分别构成不同规模的矿床，这是乌拉山(岩)群与其上下不同时代之变质岩岩系区别的重要标志。

乌拉山(岩)群在大青山一带与集宁(岩)群呈构造接触，被下元古界二道凹群不整合覆盖。经取自贯入乌拉山(岩)群内的石英脉做铅同位素测年为 2 880 Ma，另据狼山地区东升庙沟、达拉盖沟及格尔敖包沟的黑云斜长片麻岩做 Sm－Nd 等时线测年龄值分别为 2 826.65 Ma、2 910.56 Ma 及 3 000.12 Ma，可确定该岩群的沉积时限在 2 800～3 000 Ma 之间。

色尔腾山(岩)群　$Pt_1\hat{S}$　(15－2010)

【创名及原始定义】　梁玉左在《内蒙古地质志》(1991) 首次提出色尔腾山群，创名地点在乌拉特前旗色尔腾山地区。原始含义是指分布于阴山山脉中段乌拉特前旗大佘太乡东五分子，大西沟和固阳县公益明一带的一套中级变质的绿片岩建造，内含一定数量的混合岩化片麻岩和混合岩等。

【沿革】　80 年代前，在 1∶20 万区域地质调查和矿产普查报告中，将阴山山脉中段的色尔腾山北部和中部绿片岩系称之为五台群。80 年代初，内蒙古第一地质大队将东五分子一带的绿片岩命名为东五分子群。1986 年，内蒙古地质研究队与长春地质学院将这套地层称之为五台超群石咀亚群。1994 年，内蒙古第一区域地质研究院四分队，将色尔腾山南部片麻岩从中剔除划归乌拉山(岩)群，其北部片岩岩系仍沿用色尔腾山群一名，自下而上划分为 5 组，分别称为陈三沟组，东五分子组、柳树沟组、北召沟组和点力素泰组。本次研究改称(岩)群。

【现在定义】　因未做清理，目前仍然采用原命名含义。

【层型】　以乌拉特前旗大佘太镇陈三沟、东五分子、北召沟剖面 (109°36′，41°04′) 为次层型 (内蒙古区调一队四分队，1992)。

点力素泰组

5. 下部青灰色石英岩、灰白色长石石英岩夹灰黑色黑云二长变粒岩；中部灰白色大理岩夹灰色含堇青黑云石英片岩；上部灰白色方柱石大理岩，蛇纹石化粗晶大理岩　＞917 m

北召沟组

4. 底部深灰色糜棱岩化绢云石英片岩，下部深灰色糜棱岩化黑云石英片岩、浅灰色二云斜长片岩；中部暗灰黑色糜棱岩化绿帘黑云母片岩、黑云斜长片岩；上部浅灰色二云斜长片岩，黑云斜长片岩夹灰白色含石榴石二云石英片岩、透闪石大理岩　＞427 m

柳树沟组

3. 底部灰黑色黑云石英片岩，下部浅灰绿色角闪黑云石英片岩、灰白色黑云斜长变粒岩夹二云石英片岩；中部灰白色二云石英片岩、绢云石英片岩夹长石石英岩及浅灰色黑云绿泥钠长片岩；上部深灰色黑云斜长片岩、糜棱岩化黑云绿泥绿帘钠长片岩、钠长阳起片岩，顶部灰白色含蛭石方柱石透闪石大理岩　1 066 m

东五分子组

2. 底部灰绿色糜棱岩化黑云斜长片岩；下部灰绿色糜棱岩化黑云斜长角闪片岩夹片状(角闪) 磁铁石英岩；中部灰绿色绿帘斜长片岩夹二云长石石英片岩；上部灰黑色糜

棱岩化黑云斜长片岩夹二云长石石英片岩，含石墨黑云斜长变粒岩，顶部白色砂糖状大理岩　　559 m

陈三沟组

1. 下部浅灰绿色暗绿色斜长角闪片岩、斜长角闪岩；中部浅灰绿色阳起黑云斜长片岩、钠长阳起片岩；上部黑云斜长变粒岩，顶部灰白色蛇纹石化含橄榄透辉大理岩。其下界被早元古代变质石英闪长岩侵入。　　>749 m

【地质特征及区域变化】　色尔腾山(岩)群局限于色尔腾山地区，岩石组合、变质岩系、含矿岩系在区内独树一帜。其内部韧性剪切变形发育，并蕴藏大、中型铁矿床以及大型的原生金矿。根据上述剖面岩石组合反映，下部陈三沟组、东五分子组，原岩分别为拉斑玄武岩、玄武安山岩、中酸性火山岩及泥质粉砂岩和泥灰岩；中部柳树沟组、北召沟组、原岩以石英砂岩、长石石英砂岩、粉砂岩为主，间夹碳酸盐岩、安山岩、英安岩及英安质流纹岩；上部点力素泰组属碎屑岩、碳酸盐岩。据上述岩石组合特点推论：本区地壳由活动—稳定反复发展、演化，最终以巨厚的碳酸盐岩沉积结束其发展历史。并经区域动力热流变质形成现今这套低角闪岩相—高绿片岩相组合。

色尔腾山(岩)群与下伏乌拉山(岩)群以及上覆渣尔泰山群均为构造接触。根据近年来取自本群绿泥阳起石英片岩中锆石 U－Pb 年龄为 2 323～2 485 Ma，黑云斜长角闪片岩的 Sm－Nd 等时线年龄为 2 526 Ma；侵入该群的斜长花岗岩、花岗闪长岩、花岗岩之锆石 U－Pb 年龄分别为 2 367 Ma、2 441 Ma、2 470 Ma，推论其沉积时限大约在 2 500～2 800 Ma 之间。

二道凹群　Pt_1E　(15－2011)

【创名及原始定义】　由马秀等 1972 年命名。地点在呼和浩特市北二道凹地区。原始定义是“根据二道凹地区的剖面及其与上、下地层不整合的接触关系，将前人归入桑干群或五台系的云英片岩夹大理岩组和片岩大理岩组，称为二道凹群”。

【沿革】　二道凹群原始含义包含 2 个岩性组，并强调不整合是本群建立的依据之一。梁玉左（1991）认为原 1∶20 万区调资料中的红山沟剖面上原二道凹群下部片岩、大理岩组的一部分应属渣尔泰山群，予以剔除。二道凹群由 3 部分组成：原建群剖面的中上部可划分 2 个岩组；另将大青山以北盘羊山剖面的绿色片岩组作为其下部层位。很显然，载入《内蒙古地质志》的上述划分对二道凹群的岩石内容做了较大的删减和补充，已不是原来的含义。本次清理认为，后补充的盘羊山剖面的绿色片岩组，与原含义的岩石组合特征不协调，以不划入为好；再者，原来根据 3 个剖面建立的层序，它们的层位关系并不很清晰，所划分的云英片岩夹大理岩组和片岩大理岩组，实为哈拉沁采石场和大毛胡同等地片岩中大理岩含量的不同而已，是二道凹群在区域上的变化，两者是可以对比的层位，所以本次清理二道凹群不再细分。

【现在定义】　指分布于大青山地区不整合于乌拉山群之上的变质砾岩、变粒岩、各种片岩和大理岩的变质岩石组合，其上被中晚元古代的渣尔泰山群不整合所覆。

【层型】　命名时虽然指出根据二道凹地区剖面命名，其实是指不同的 3 个剖面，它们是：哈拉沁采石场剖面、大毛胡同东剖面、东梁东红山沟剖面，显然这是一个复合层型。目前，多数研究者认为内蒙古区测一队四分队（1972）测制的呼和浩特市北东梁东红山沟剖面具有代表性（111°39′，40°55′）。

【地质特征及区域变化】　二道凹群是发育在太古宙陆核之上的中深变质程度的沉积岩岩

石组合，其下部具有变质底砾岩、变粒岩、含十字蓝晶石榴石黑云阳起钠长片岩、二长石英片岩等；上部为黑云阳起钠长片岩、角闪（绿帘）黑云石英片岩等，在整个层序中大理岩比较发育，但各地夹层数量和厚度有一定变化。是一套陆源碎屑、碳酸盐岩及中基性火山岩岩系，岩石经区域变质达低角闪岩相至绿片岩相。总厚度 1 711 m。在二道凹地区本群黑云角闪片岩 Rb－Sr 全岩等时线年龄值为 1 773 Ma，黑云石英片岩中的锆石 U－Pb 法测得年龄值为 1 732 Ma、2 120 Ma，含黑云斜长石英岩、角闪黑云片岩用 Rb－Sr 等时线法测得年龄值为 2 389.9±46 Ma。根据上述同位素测年资料，二道凹群的沉积时限在 1 800～2 500 Ma 之间，是早元古代的产物。

宝音图群　Pt_1BY　（15－2012）

【创名及原始定义】　1991 年梁玉左在编写《内蒙古地质志》时创名，原意指分布于狼山北部宝音图至锡林浩特一线以云母石英片岩、云母片岩和石英岩为主的一套中、浅变质的岩石组合，出露厚度 7 664 m，上下界不清。

【沿革】　创名后沿用至今。

【现在定义】　同原始定义。

【层型】　宝音图群创名时，没有指出命名剖面，文献中列举的东克日剖面、明星牧场剖面、莫若其格剖面、沃博尔毛德剖面等，作为上下的层位关系，用以建立宝音图群的层序，据此划分了四个岩性组。但各剖面间并没有标志层连接，其层位关系不清晰。但到目前为止，尚没有新的研究资料，仍以上述剖面为代表性剖面，并以乌拉特后旗沃博尔毛德剖面（107°11′，41°54′）为选层型。

【地质特征及区域变化】　宝音图群变质岩石组合下部为绿泥片岩、石英岩夹含铁石英岩；上部为石榴石石英片岩、石英蓝晶二云片岩、石英岩及大理岩等。其原岩主要是陆源碎屑岩夹火山岩，层位稳定、韵律清晰。为低绿片岩相—片岩相—低角闪岩相的递增变质序列。

宝音图群出露不完整，上、下界不清。各地出露厚度过去的资料均偏大。目前年代资料较少，其角闪变粒岩的 Rb－Sr 全岩等时线测年为 2 915.9 Ma，绿泥绿帘阳起片岩 Sm－Nd 同位素全岩等时线年龄 1 910±72 Ma，白乃庙地区侵入宝音图群的石英闪长岩锆石 U－Pb 法测年为 1 804 Ma，似应属早元古代的沉积。

分布于锡林浩特一带的宝音图群，旧称锡林浩特杂岩，主要为二云石英片岩、绿泥石英片岩、绢云石英片岩、变粒岩、石英岩及大理岩等，总厚达 10 000 m 左右。它们是构成“锡林浩特地块”的主体岩系。

第二节　同位素年龄的讨论

初步统计，目前内蒙古太古宙至早元古代的同位素测年资料约 200 件左右，其中早期的数据（50 年代末至 60 年代）来自 K－Ar 体积法，测试的对象主要是侵入太古宇伟晶岩脉的云母类单矿物。70 年代至 80 年代一些新的方法，U－Pb 法、Rb－Sr 法、Sm－Nd 法等逐渐被采用，所得大量的数据均在 1 880～2 650 Ma 区间。少数高年龄的数据，如采自阿拉善左旗太古宙变质岩的样品，经 Rb－Sr 全岩等时线年龄测定为 3 108.3 Ma，由于取样和线性均存在问题，测试单位及有关专家则持否定态度。到目前为止，还没有获得原岩的沉积年龄，一般都是促使原岩变质的各种地质事件的年龄。由于在上节描述岩石地层单位时，一般都列举了代表性的同位素测年资料，故本节不再重复。很显然，各岩石地层单位所对应的时限均具推测的性质。

第三节　地层对比与讨论

本区太古宙—早元古代地层，阴山地区发育完整，以此为标准建立层序并划分岩石地层单位，其他地区出露的岩层，分别归并于阴山地层柱的有关(岩)群，其地层单位名称拟停用。但在对比表中（表12-2)，仍列出原来的单位名称，以备今后研究工作参考（表12-2)。

发育于阿拉善地区相当兴和(岩)群的变质杂岩，宁夏地矿局称为迭布斯格群，是该区最古老的地层。桌子山地区的贺兰山群以片麻岩为主，夹透辉麻粒岩和变粒岩，其岩石组合与变质程度近似于集宁(岩)群。与乌拉山(岩)群相当的变质地层，在不同地区分别称为阿拉善群、千里山群和建平群，它们主要是各种片麻岩、大理岩和磁铁石英岩。色尔腾山(岩)群，在区内独树一帜，未发现可与之对比的地层。早元古代二道凹群、宝音图群，基本上为各种片岩和含铁石英岩。区域上划为早元古代的阿拉坦敖包群、北大山群、赵池沟群等，岩性不尽相同，多为片麻岩，其年代可能要早一些，很有可能是晚太古代的产物。

表12-2　阴山地区与内蒙古其它地区太古宙及早元古代地层划分对比表

地质年代	同位素测年（Ma）	阴山地区		阿拉善地区		桌子山地区	赤峰地区
早元古代	1900	二道凹群	宝音图群	阿拉坦敖包群	北大山群	赵池沟群	
晚太古代	2500	色尔腾山(岩)群					
中太古代	2900	乌拉山(岩)群		阿拉善群		千里山群	建平群
中太古代		集宁(岩)群				贺兰山群	
早太古代	3500	兴和(岩)群		迭布斯格群			

第十三章
中—晚元古代

中—晚元古代地层，是古老褶皱基底上第一个稳定的沉积盖层，普遍以不整合覆于其上。基底形成之后，经过长时间地风化剥蚀，形成相对平坦的古地形。缓慢平稳地沉降，使中元古代的海侵，形成了广阔的地表海环境，沉积了成熟度较高的陆源碎屑岩及浅水碳酸盐岩，尤其白云质灰岩和白云岩的大量发育更具有解释环境和古气候的意义。这套稳定型的盖层沉积，在龙首山称为敦子沟群；桌子山地区称西勒图组、王全口组；大佘太地区为什那干群；在龙首山至贺兰山西麓，震旦纪冰碛岩称韩母山群和正目观组；固阳至白云鄂博地区中—晚元古代为陆架边缘和斜坡的过渡型沉积，渣尔泰山群和白云鄂博群与多金属和稀土等矿产有着密切的成因关系。草原地区的温都尔庙群、白乃庙组、艾勒格庙组等均是活动型沉积。

第一节　岩石地层单位

渣尔泰山群　$ChQ_n\hat{Z}$　（15－0042）

【创名及原始定义】　该群最初由内蒙古区测一队 1972 年创建，称渣尔泰群，1991 年梁玉左改称渣尔泰山群，命名地点是乌拉特前旗小佘太北渣尔泰山。原始定义指分布于渣尔泰山地区由一套区域变质程度较浅的含磁铁矿砾石的变质砾岩、变质含砾长石石英砂岩、石英岩、结晶灰岩、板岩、千枚岩，局部受边缘混合岩化作用有片岩和片麻岩。根据岩性特征由老到新划分为 5 个岩性组：砾岩、石英岩组、结晶灰岩组、板岩夹结晶灰岩组、石英岩组、板岩组。时代归属元古代。

【沿革】　内蒙古区域地层表编写组（1978 年）将渣尔泰山群的 5 个岩性组由下至上分别改称书记沟组、增隆昌组、阿古鲁沟组、刘鸿湾组、白音布拉沟组；内蒙古区调一队七分队（1979—1984 年）在温根—书记沟一带进行 1∶5 万区调时将该群上述 5 组进一步细分 13 个段，并确定为中元古代。1984 年，内蒙古一〇五地质队王桂林等在乌拉特前旗甲生盘地区进行铅、锌矿普查勘探时，提出渣尔泰山群系由书记沟组、增隆昌组、阿古鲁沟组和刘鸿湾组 4 个组组成，原刘鸿湾组 2 段（原将刘鸿湾组细分 3 段）片岩、片麻岩属太古界五台群，刘鸿湾组 3 段碎屑岩和白音布拉沟组分别为书记沟组和增隆昌组，属构造造成的重复。谭琳、朱绅玉、周盛德等（1991）首次对渣尔泰山群进行岩相古地理研究时，正式采用上述划分方案。

【现在定义】 是指分布于炭窑口—渣尔泰山—固阳县一带，呈近东西向展布的不整合于乌拉山岩群之上的碎屑岩、碳质页岩、粉砂岩及碳酸盐岩，经区域动力变质作用改造形成的一套浅变质岩岩系。从下至上划分为书记沟组、增隆昌组、阿古鲁沟组和刘鸿湾组。

【层型】 层型位于乌拉特前旗小佘太北的渣尔泰山。系由书记沟组、增隆昌组、阿古鲁沟组、刘鸿湾组命名剖面构成的组合层型。将分别在各组中叙述。

【地质特征及区域变化】 渣尔泰山群是由2个沉积界面所限定的3个沉积序列组成。即书记沟组、增隆昌组粗碎屑岩和碳酸盐岩是以阿古鲁沟组底界为界面所限定的下部沉积序列；阿古鲁沟组碎屑岩及碳酸盐岩是由增隆昌组顶界和刘鸿湾组底界这两个界面所限定的中部沉积序列，而刘鸿湾组碎屑岩则是渣尔泰山群的最高层位。这套经区域动力变质作用改造而成的变质砂岩、石英岩、板岩、千枚岩以及白云岩和结晶灰岩，西从炭窑口，经东升庙、对门山、乌加河、温更、乌兰呼都格、甲生盘、书记沟等地，向东一直达固阳县及其以东。东西长达几百公里，南北宽约60多公里。其碎屑岩约占该群的40%，泥页岩占35%左右，碳酸盐岩约占25%，且都程度不同地发生了低绿片岩相的区域动力变质，并因有后期呈线型动力变质的叠加改造作用而局部形成糜棱岩。

书记沟组 Chŝ (15-0038)

【创名及原始定义】 1978年内蒙古区域地层表编写组根据内蒙古区测一队1972年资料建立书记沟组。指分布于乌拉特前旗西德令山向东经渣尔泰山、白山梁、书记沟等地的灰、灰绿、黄绿色和白色含砾粗粒长石石英砂岩、石英砂岩、含砾石英岩、变质砾岩和云母石英片岩夹变质石英砂岩、绢云石英片岩和含砾绢云石英片岩等。

【沿革】 书记沟组自建立后被广泛采用。其含义没有变化，本次清理予以采用。

【现在定义】· 指不整合于乌拉山(岩)群之上的一套陆源碎屑岩岩石组合。下部为粗碎屑的砾岩、含砾粗粒石英砂岩和石英砂岩；上部为粉砂岩、泥岩夹粗粒石英砂岩、粉砂岩与泥岩互层的岩石组合。上界以灰、灰黑色泥板岩与增隆昌组连续沉积。

【层型】 选层型为乌拉特前旗书记沟剖面（109°28′20″，41°11′30″；谭琳等，1991）。

上覆地层：**增隆昌组** 灰白色砂岩

——————— 整 合 ———————

书记沟组	总厚度 584 m
25. 灰—灰黑色泥质板岩	14 m
24. 灰色变质砂岩、细砂岩夹泥质板岩、砂岩	54 m
23. 泥质板岩夹细砂岩，变质砂岩夹泥质板岩	19 m
22. 灰绿色变质晶屑凝灰岩	61 m
21. 灰红色变质含砾长石杂砂岩	22 m
20. 灰白色粗粒变质石英杂砂岩	9 m
19. 灰白色变质含砾粗粒石英砂岩	42 m
18. 灰白色中粗粒变质石英砂岩	58 m
17. 灰白色变质中粒砾岩	4 m
16. 灰白色粗粒变质石英砂岩	21 m
15. 灰白色变质砾岩	27 m
14. 灰白色变质含砾粗粒石英砂岩	18 m
13. 浅灰色变质细砾岩	18 m

12. 浅黄灰色变质含砾中粗粒石英砂岩 17 m

11. 灰白色粗粒变质长石石英杂砂岩 19 m

10. 灰白色、浅灰色变质细砾岩 37 m

9. 灰色变质含砾粗粒石英杂砂岩 12 m

8. 灰白色变质细砾岩 52 m

7. 灰白色变质含砾粗砂岩 13 m

6. 上、下为灰白色变质细砾岩，中间为黄灰色变质含砾粗粒石英砂岩 15 m

5. 浅灰色变质含砾长石砂岩 9 m

4. 灰绿色变质含砂泥岩 22 m

3. 灰白色变质含砾粗粒石英砂岩 7 m

2. 灰色泥质板岩 4 m

1. 灰白色变质含砾粗粒石英砂岩夹含砾粗粒长石石英砂岩 10 m

~~~~~~ 不 整 合 ~~~~~~

下伏地层：**乌拉山(岩)群** 角闪斜长片麻岩

【地质特征及区域变化】 该组下部主要为灰白色含砾粗粒长石石英砂岩，向上逐渐变为砾岩、含砾粗粒长石石英砂岩、长石石英砂岩。具有楔状、槽状交错层理，岩层厚度变化较大，尤其是砾岩多呈透镜状分布，厚度从几十米至几百米，普遍经受了低绿片岩相变质作用改造，岩石具片状构造和二云母新生矿物。上部为细碎屑的粉砂岩、粉砂质泥岩夹中粗粒石英砂岩。厚度 220～1 490 m。书记沟组在区域上不稳定，主要分布于温根南布拉格斯太、南阿鲁忽洞和固阳四座大门等地。以南阿鲁忽洞和四座大门两地地层出露较全。为陆源碎屑岩岩系，反映了 I 型层序界面之上的海侵初始阶段低水位期的沉积环境。

203 所 1981 年测得马勒山一带书记沟组砾岩锆石（U－Pb 法）为 1675 Ma 的年龄值，贵阳地化所 1975 年对固阳书记沟组云母片岩中黑云母进行 U－Pb 法测年，获 1 037～1 857 Ma 的年龄值。其地质时代为中元古代长城纪。

增隆昌组 Ch$\hat{z}$ (15－0039)

【创名及原始定义】 由内蒙古区域地层表编写组 1978 年创名，命名地点在乌拉特前旗的增隆昌地区。原始定义指分布于乌拉特前旗西德令山、增隆昌等地的灰、灰白色结晶灰岩、白云质结晶灰岩和白云岩，在上部层位白云质灰岩中局部有少量硅质条带、石英砂岩及板岩夹层，底部含丰富的叠层石。与下伏书记沟组整合接触、上覆阿古鲁沟组平行不整合接触。

【沿革】 1985 年内蒙古区调一队七分队在渣尔泰山地区进行 1∶5 万区调时将该组进一步划分为两个岩段，即下部的碎屑岩段和上部的灰岩段；本次清理采用增隆昌命名时的原始含义。

【现在定义】 指分布于增隆昌一带整合于书记沟组之上，底部为滨岸相砂岩；中部为浅海陆架相石英砂岩夹泥灰岩、泥岩；上部为碳酸盐台地相沉积的一套岩石组合。其上被阿古鲁沟组平行不整合所覆。

【层型】 选层型为乌拉特前旗渣尔泰山主峰的北侧剖面（据王楫等，1989)。

上覆地层：**阿古鲁沟组** 铁质砂岩

－－－－－－ 平行不整合 －－－－－－

增隆昌组 总厚度 294 m

14. 青灰色白云质细微晶灰岩，含叠层石 61 m
~~~~~~

13. 青灰、灰白色硅质条带结晶灰岩　84 m

12. 青灰、灰白色白云质灰岩，含叠层石　36 m

11. 灰色硅质板岩、粉砂质板岩，夹灰岩透镜体，含叠层石　47 m

10. 灰色变质细粒长石石英砂岩　66 m

——————— 整　合 ———————

下伏地层：**书记沟组**　石英岩

【地质特征及区域变化】　增隆昌组下部的中粗粒—中细粒变质石英砂岩、变质石英杂砂岩、粉砂质泥质板岩，发育大型板状交错层理、双向交错层理、缓波状交错层理，为滨岸相的沉积环境。与书记沟组整合接触。中部为碳质粉砂质板岩、泥质板岩及变质石英砂岩、含砂质泥晶灰岩。发育脉状层理、波状层理、透镜状层理及水平层理，为潮坪—泻湖相沉积环境。上部为含叠层石灰岩、泥质灰岩，产叠层石 *Conophyton* 等，发育丘状—洼状层理、液化脉状层理等，为浅海碳酸盐台地相沉积环境。受变质作用改造出现绢云母、绿泥石等低绿片岩相新生矿物，顶部被阿古鲁沟组平行不整合覆盖，厚 213～288 m。

增隆昌组总体呈东西向分布，西起阿拉善左旗庆格勒图经狼山、渣尔泰山至固阳地区均有零星出露。在庆格勒图一带主要为石英岩、石英片岩、板岩，顶部含叠层石泥质灰岩夹少许板岩，厚达 2 800 m；在三道桥阿贵庙、布丹附近、临河市东升庙、乌拉特后旗等地为石英砂岩、石英岩、碳质板岩、结晶灰岩及碳质绢云千枚岩等，厚 276～2 000 m。发育低角度交错层理、冲洗层理、丘状层理、双粘土束状层理等，沉积环境为滨岸相、潮坪—泻湖相及碳酸盐台地相。

增隆昌组仅包括海侵面（书记沟组顶面）之上海侵体系域的由粗变细正向层序类型，为退积加积沉积。最大海泛面形成的凝缩段及高水位体系域的由细变粗进积加积型沉积物由于地壳抬升，而被剥蚀殆尽。形成增隆昌组之上的区域性不整合面。

阿古鲁沟组　Jx*a*　（15 - 0040）

【创名及原始定义】　内蒙古区域地层表编写组 1978 年创名，创名地点是乌拉特中旗渣尔泰山地区的阿古鲁沟。原始定义指分布于乌拉特中后旗前狼山地区门根陶勒盖，向东至固阳等地。主要为深灰、灰黑、黑色碳质板岩、砂质板岩和斑点板岩夹绢云片岩、变质粉砂岩、石英砂岩及结晶灰岩，中下部层位结晶灰岩中含叠层石，平行不整合于增隆昌组之上，被刘鸿湾组整合覆盖，厚 1784 m。

【沿革】　内蒙古区调一队七分队 1985 年在渣尔泰山地区进行 1∶5 万区域地质调查时，将阿古鲁沟组划分为 3 个岩段：一段为板岩，二段为结晶灰岩，三段为板岩夹结晶灰岩；谭琳等 1991 年提出阿古鲁沟组与下伏增隆昌组呈平行不整合接触，代表一期造陆运动。顶界为岩屑型风化壳。本次清理仍采用原始含义，仅做部分文字上的修订。

【现在定义】　指增隆昌组与刘鸿湾组之间的一套浅变质岩系。下部为暗色板岩、碳质粉砂质板岩；上部为泥质结晶灰岩。底界以黑灰色绢云板岩与增隆昌组硅化灰岩平行不整合分界，上部深灰色结晶灰岩与刘鸿湾组石英岩平行不整合接触。

【层型】　选层型为乌拉特前旗渣尔泰山剖面（108°38′，40°40′；据王楫等，1989）。

上覆地层：**刘鸿湾组**　长石石英砂岩

－－－－－－－ 平行不整合 －－－－－－－

阿古鲁沟组　总厚度 1524 m

25.	灰黑色硅化粉砂质碳质板岩	181 m
24.	灰黑色碳质粉砂质千枚状板岩、白云质碳质板岩夹砂质结晶灰岩，硫铅锌矿层	29 m
23.	暗灰、灰黑色片理化含碳砂质结晶灰岩夹千枚状碳质钙质白云质板岩，主要硫铅锌矿层	63 m
22.	灰黑色、灰色含碳黑云母钙质板岩	290 m
21.	深灰、灰色片理化含碳泥质微晶灰岩夹钙质板岩	444 m
20.	灰色、灰黑色碳质钙质板岩	25 m
19.	灰、灰黑色片理化含碳微粒灰岩	73 m
18.	灰黑色碳质绢云千枚状板岩	121 m
17.	灰黑色碳质板岩	62 m
16.	灰黑色含碳二云母石英千枚状板岩	234 m
15.	紫红色铁质砂岩	2 m

——————— 平行不整合 ———————

下伏地层：**增隆昌组**　白云质灰岩

【地质特征及区域变化】　该组岩性组合特征下部为灰黑色泥质碳质板岩与灰黑色变质石英杂砂岩互层，上部为结晶灰岩夹钙质石英砂岩。岩石具水平层理、波状层理及缓角度交错层理，上部灰岩中常见滑动构造。为浅海碳酸盐台地相，属低绿片岩相。

阿古鲁沟组分布广泛，主要见于乌拉特中旗前狼山地区门根陶勒盖向东经乌拉特前旗董大沟，小佘太书记沟至固阳县北康兔沟，武川县东柜等地。

固阳县前康兔沟—黑土坡一带，本组层序全、厚度大。以变质粉砂岩、变质粉砂质泥质板岩为主，含黄铁矿假晶。阿古鲁沟—甲生盘地区，岩性为灰黑色泥质板岩与灰色变质长石石英砂岩、钙质泥岩、泥灰岩等。具水平层理、低角度交错层理，为台后盆地、滨外开阔台地相、台地缓坡相岩石组合，厚度为 1 784 m。南阿拉忽洞—乌兰呼都格一带，下部为粉砂质泥质板岩夹石英岩、粉砂质板岩夹泥晶灰岩；上部为钙质泥质板岩与泥晶灰岩及钙质泥岩互层。具水平层理、波状层理，为台后盆地、滨外相、台地缓坡相、开阔台地相岩石组合。从呼勒斯太至西德岭山，该组下部为青灰色中薄层变质含泥质粉砂岩、碳质板岩夹薄层泥晶灰岩，具缓波状交错层理及低角度交错层理、水平层理，为浪基面之下的近滨—滨外相。上部含粉细砂泥晶灰岩与变质长石石英砂岩互层。具大型缓波状层理、单斜层理、透镜状层理。为碳酸盐与陆源碎屑的混合沉积。东升庙—呼勒斯太东部，该组下部为变质长石石英砂岩、变质粉砂岩，上部为碳质粉砂质泥晶灰岩夹变质长石石英砂岩、粉砂岩。具水平层理、低角度交错层理、大型缓波状层理，为滨岸相—台后盆地相—台地斜坡相，厚 4 371 m。巴音西别山一带，下部为灰绿色硅质板岩，含绿泥石板岩、绢云母板岩、钙质板岩及千枚状板岩、泥质板岩、粉砂岩和石英岩透镜体；上部为灰白色中薄层大理岩及结晶灰岩。该地区产丰富叠层石：*Tungussia* f.，cf. *Conophyton ocularoides*，*C. lijiadunensis* 等，出露厚度 2 431m。

【其他】　阿古鲁沟组赋存层状铜铅锌和硫铁矿，矿带东西长 300 余公里，有霍各气、东升庙、炭窑口、对门山、山片沟、甲生盘等矿床，成矿带东部甲生盘、山片沟矿床位于该组的上部层位，西部狼山地区的灰岩底部到板岩顶部均是赋矿层位，它们的产出共同特征是富含有机质。阿古鲁沟组由上下两个重要的沉积界面所限定。其下的沉积界面为Ⅰ型层序界面。主要表现为阿古鲁沟组底部含铁质砂岩不整合在下伏增隆昌组灰岩之上，区域上该不整合面普遍存在陆上暴露及斜坡侵蚀作用，之上发育一套由粗变细（由砂板岩变为结晶灰岩）的海侵层序，向陆一侧（西南方向）可见这套地层上超在Ⅰ型层序界面上，向海盆一侧（东北方向）相变为泥岩。之后为最大海泛期，海水最大限度地向陆推进（向西南方向），形成凝缩段的薄层灰岩。然后进入高水位期，并开始海退，形成由细变粗（由灰岩变为砂岩）的海退序列，向陆一侧相变为陆源碎层岩及三角洲、滨岸砂坝相碎层岩，向海一侧下超在海侵体系域的灰岩及盆地泥岩之上，碳酸盐台地顶面由于暴露形成了“豆粒层”及含铁质风化层。为Ⅱ型层序界面。

刘鸿湾组　*Qnl*　（15－0041）

【创名及原始定义】　内蒙古区域地层表编写组1978年创名，命名地点为乌拉特中旗的刘鸿湾。原始定义：该组主要分布在渣尔泰山西北乌拉特中旗刘鸿湾和前狼山北坡门根陶勒盖和道劳都庙等地。上部为白色厚层状石英岩、黑色电气石板岩夹变质粉砂岩、含砾石英岩和灰色黑云母片岩；下部为灰白、红灰、深灰色糜棱岩化混合质石英片岩、眼珠状混合岩、混合质黑云母片岩夹长石石英砂岩，厚3 204 m。

【沿革】　内蒙古区调一队1985年在渣尔泰山地区进行1∶5万区调时，将刘鸿湾组划分为3个岩性段：其中一岩段为石英片岩、变质石英砂岩、变粒岩及斜长角闪片岩；二岩段为斜长角闪片岩、斜长角闪岩、斜长变粒岩、黑云石英片岩，岩石具混合岩化、糜棱岩化；三岩段为灰白色含砾长石石英岩、长石石英岩、含砾石英岩、二云石英片岩。王楫等（1989）提出刘鸿湾组二、三岩段系由韧性剪切作用推覆上来的下元古界层位，应从本组中剔出，只保留一岩段作为刘鸿湾组的内容。这个方案被《内蒙古地质志》（1991）所引用。本次清理亦采纳这一划分方案。

【现在定义】　指平行不整合于阿古鲁沟组之上的一套浅变质陆源碎屑岩组合，主要是含砾石英岩、中薄层状石英岩及长石石英砂岩夹少量白云质灰岩和微晶白云岩等。上界被剥蚀。

【层型】　选层型为乌拉特前旗山片沟西剖面（109°08′30″，41°12′45″；据谭琳、朱绅玉、周盛德等，1991）。

刘鸿湾组	总厚度429 m
24. 灰白色长石石英砂岩（未见顶）	1 m
23. 灰绿色长石石英砂岩	38 m
22. 灰色长石石英砂岩	23 m
21. 深灰色细粒长石石英杂砂岩与灰白色长石石英砂岩互层	52 m
20. 深灰绿色长石砂岩	4 m
19. 灰色厚层状粉砂质泥岩与薄层状长石石英砂岩互层	13 m
18. 灰白色长石石英砂岩	20 m
17. 白色粗粒长石砂岩	37 m
16. 灰色细粒长石砂岩	11 m
15. 白色细粒长石砂岩夹粗粒含砾砂岩	30 m
14. 深灰色互层状石英砂岩和泥岩夹白云质灰岩	27 m
13. 青灰色石英砂岩	34 m
12. 青灰色薄层状微晶白云岩	13 m
11. 灰色微晶白云岩	28 m
10. 浅灰色白云质微晶灰岩	4 m
9. 青灰色微晶白云岩	9 m

8. 深灰色微晶白云岩	14 m
7. 青灰色泥晶灰岩	4 m
6. 浅灰黑色泥晶灰岩	13 m
5. 青灰色白云质泥晶灰岩	9 m
4. 灰紫色细粒长石杂砂岩	21 m
3. 灰黄色中细粒长石石英砂岩	14 m
2. 黑色碳质粉砂质泥岩	8 m
1. 深黑色含黄铁矿粉砂质泥岩	2 m

═══════ 断　层 ═══════

下伏地层：**阿古鲁沟组**　板岩夹灰岩

【地质特征及区域变化】　刘鸿湾组分布较局限，仅见于刘鸿湾、山片沟、红壕村及东五分子等地，为一套成分成熟度较高的陆源碎屑岩岩系，碎屑粒度一般较细。因为变质程度不深，地层中尚能清晰辨认出原始的沉积构造，多为中厚层及薄层状的水平层理、小型斜层理、楔状交错层理和波痕等，总体上属于三角洲相、陆架外缘及滨岸相的沉积。本组是渣尔泰山群的最高层位，是最大海侵期后的产物，为海退序列。

白云鄂博群　ChQn*B*　（15－0021）

【创名及原始定义】　本群由李毓英1955年创名，原称白云鄂博系。命名地点在白云鄂博。原始定义为分布于白云鄂博至固阳间呈东西向延展的一套浅变质岩系，主要由石英岩、板岩、千枚岩及灰岩等组成。划分出 H_1—H_9 等9个岩性段，总厚度大于3 000 m，时代为元古代。

【沿革】　李毓英等（1957）依据白云鄂博系地理分布的不同，分别称为北区白云鄂博群和南区白云鄂博群，后者被内蒙古区测一队改称渣尔泰群（1972），梁玉左于1991年在《内蒙古地质志》中修订为渣尔泰山群。本次清理的白云鄂博群系“北区白云鄂博群”，即被广大地质工作者公认的白云鄂博群。1965—1971年间，内蒙古区测一队李士勤等在白云鄂博地区开展1∶20万区域地质调查工作时，在原 H_1—H_9 层位之上又增加 H_{10}—H_{20} 等11个填图单位，并划分出10个岩组，即：都拉哈拉岩组、尖山岩组、哈拉霍疙特岩组、比鲁特岩组、白音宝拉格岩组、呼吉尔图岩组、阿牙登岩组、阿勒呼都格岩组、呼和艾力更岩组以及一个未列入层序的未分岩组，并根据产自 H_8 的床板珊瑚等化石，定白云鄂博群的时限为寒武纪至早志留世。之后，经梁玉左（1991）的研究，认为上述岩组的划分，特征较明显，只是顶部的阿勒呼都格岩组、呼和艾力更岩组与下部层位为断层接触关系，不属于白云鄂博群，应是奥陶纪的产物；另外，未分岩组应属下元古界。实际上白云鄂博群只包含了都拉哈拉岩组至呼吉尔图岩组（阿牙登岩组并入呼吉尔图岩组）等6个层段，并把它们分别改称为‘组’，成为正式的岩石地层单位。其时代限定于长城纪。张鹏远、牛绍武（1991）① 依据尖山组与上覆哈拉霍疙特组之间存在一个公认的侵蚀间断面，将下部的都拉哈拉组、尖山组合并称白云鄂博群，时代为早寒武世；间断面之上的哈拉霍疙特组至呼吉尔图组等4个组并成一个群，取名为查干楚鲁群，时代为早中奥陶世。本次清理充分注意到各家的资料及他们的划分意见，目前对于前人所获得古生物资料和同位素年龄数据，尚存在不同的认识和解释，同时，白云鄂博群及与白云鄂博群关系极为密切的白云鄂博矿床是国内、外极为关注的课题，在资料尚不充分的

---

① 张鹏远、牛绍武，1991，内蒙古自治区白云鄂博地区区域地质构造特征。地矿部定向科研基金项目，评审稿。

情况下，保留原划分方案是易于接受的。所以，本次清理保留原划分的6个组，仍统称白云鄂博群，只是根据它出露的层位和区域对比资料，将它的时代修订为长城纪至青白口纪（表13-1）。

【现在定义】 指分布于白云鄂博一线东西延伸达500 km左右的一套巨厚的浅变质或未变质的沉积岩系，主要为陆源碎屑岩、泥页岩、碳酸盐岩、局部可见少量火山岩，不整合于色尔腾山(岩)群之上，其上被古生代地层所覆或呈断层接触。根据沉积旋回和岩石组合特征，本群包含都拉哈拉组、尖山组、哈拉霍疙特组、比鲁特组、白音宝拉格组和呼吉尔图组6个组。

【层型】 分别由上述6个组的层型剖面构成其组合层型。

【地质特征及区域变化】 由都拉哈拉组等6个组构成的白云鄂博群的综合地层柱，显示出两个沉积间断面所分隔的不同沉积旋回所形成的不同岩石地层单位岩石组分的差异，下部为以成熟度良好的陆源碎屑岩为主，多由石英岩，长石石英砂岩以及石英细砂岩，板岩等组成，底部为石英质细砾岩及含砾石英岩；中部为砂岩、板岩夹灰岩，是含微小叠层石的主要层位；上部为石英砂岩、石英岩、粉砂岩、砂质板岩、灰岩及作为区域对比标志层的灰绿色厚层条带状斜长绿帘石岩。这套以碎屑岩为主的沉积岩系，其中碎屑岩占地层总厚度的35%，泥页岩占44%，碳酸盐岩占12%，火山岩和火山碎屑占8%左右。(王楫等，1989)。岩石均经轻度的区域变质，原岩成分易于辨认，各组特征突出，差异明显，易于建立层序和地质填图。白云鄂博群的年代资料较多，但被认同者较少。其中叠层石 *Conophyton*，*Cryptozoon* 等常被认为是中元古代的类型。

都拉哈拉组 Ch*d* (15-0015)

【创名及原始定义】 内蒙古区测一队1971年创名，称都拉哈拉岩组。命名地点是达尔罕茂明安联合旗白音敖包苏木都拉哈拉山。原始定义指都拉哈拉山片麻状花岗岩之上的灰褐色变质厚层状长石石英砂岩及变质含砾石英岩的浅变质岩组合，按其岩性细分两个岩段。一岩段以变质含砾粗粒长石石英砂岩为主，顶部夹石英砂岩及板岩；二岩段以灰白色石英岩为主；厚度686 m。

【沿革】 见表13-1。

【现在定义】 指广泛见于白云鄂博地区位于下元古界片麻状花岗岩之上，尖山组之下的一套海相碎屑岩岩系。为变质长石石英砂岩、变质含砾石英砂岩、变质石英砂岩，局部夹砾岩透镜体的岩石组合。其下与色尔腾山(岩)群不整合接触，上以灰白色变质石英砂岩的消失与尖山组整合接触。

【层型】 正层型为达尔罕茂明安联合旗白音敖包苏木都拉哈拉剖面（109°01′30″，41°49′15″；内蒙古区测一队，1971）。

上覆地层：尖山组 黑色砂质板岩

——— 整 合 ———

都拉哈拉组	总厚度 686 m
19. 黑色变质含碳细粒石英砂岩与砂质板岩互层	9 m
18. 青灰色细粒石英岩	17 m
17. 黑色变质细粒石英砂岩	21 m
16. 灰白色厚层状变质中细粒石英砂岩	72 m
15. 灰白色厚层条带状中粒石英岩	61 m

表 13-1　白云鄂博群划分沿革表

严坤元等 1950—1954		李毓英等 1955、1957			李士勤等 1965—1971				梁玉左 1989—1991				本书		
					S1—∈	白云鄂博群	H_{20}	呼和艾力更岩组	中、下奥陶统		H_{20}	包尔汉图群			
							H_{19}	阿勒呼都格岩组			H_{19}				
							H_{18}	阿牙登岩组	长城组	白云鄂博群	H_{18}	呼吉尔图组	青白口纪—长城纪	白云鄂博群	呼吉尔图组
							H_{17}	呼吉尔图岩组			H_{17}				
							H_{16}				H_{16}				
							H_{15}				H_{15}				
							H_{14}				H_{14}				
							H_{13}	白音宝拉格岩组			H_{13}	白音宝拉格组			白音宝拉格组
							H_{12}				H_{12}				
							H_{11}				H_{11}				
							H_{10}	比鲁特岩组			H_{10}	比鲁特组			比鲁特组
震旦系	S_9	滹沱系	白云鄂博系	H_9			H_9				H_9				
	S_8			H_8			H_8	哈拉霍疙特岩组			H_8	哈拉霍疙特组			哈拉霍疙特组
	S_7			H_7			H_7				H_7				
	S_6			H_6			H_6				H_6				
	S_5			H_5			H_5	尖山岩组			H_5	尖山组			尖山组
	S_4			H_4			H_4				H_4				
	S_3			H_3			H_3				H_3	都拉哈拉组			都拉哈拉组
	S_2			H_2			H_2	都拉哈拉岩组			H_2				
	S_1			H_1			H_1				H_1				

14. 灰白色厚层状中细粒石英岩，局部含灰色条带	49 m
13. 浅粉色厚层状细粒石英岩夹暗灰色薄层状变质泥质石英砂岩	10 m
12. 浅粉色厚层状中细粒石英岩，具波痕及交错层	49 m
11. 深灰色条带状变质中细粒石英砂岩	12 m
10. 粉色厚层状中粒石英岩	91 m
9. 粉灰色细粒石英岩与暗灰绿色薄层状泥质粉砂岩互层	26 m
8. 粉灰色厚层状变质中粒长石石英砂岩	13 m
7. 灰褐色变质含砾粗粒长石石英砂岩与变质粗粒长石石英砂岩	12 m
6. 灰褐色变质粗粒长石石英砂岩与变质中粒长石石英砂岩互层	23 m
5. 灰褐色厚层状变质砾岩与变质粗粒长石石英砂岩互层	22 m
4. 灰褐色厚层状变质中粗粒长石石英砂岩	80 m
3. 粉褐色变质不等粒长石石英砂岩夹变质含砾粗粒长石石英砂岩	65 m
2. 灰色变质含砾巨粒长石石英砂岩夹粗粒长石石英砂岩	46 m
1. 暗灰色变质巨粒长石石英砂岩	8 m

~~~~~~~~~~ 不 整 合 ~~~~~~~~~~

下伏地层：**色尔腾山(岩)群**　灰白色大理岩

【地质特征及区域变化】　都拉哈拉组下部为褐灰—粉灰色含砾巨粒长石石英砂岩与变质粗粒、中粒长石石英砂岩不等厚互层夹浅灰色变质中粒石英砂岩透镜体；暗灰色细砾岩、粉灰色细粒石英岩与暗灰绿色薄层状泥质粉砂岩互层。发育各种层理，包括滨滩相的韵律层理、低角度冲洗层理、人字型层理、双向交错层理、侵蚀构造及双粘土束状体横向序列。潮间带的砂泥互层层理、水平层理、脉状层理、透镜状层理、侵蚀构造。上部为灰白色变质中粗粒石英砂岩、黑色变质含碳细粒石英砂岩与砂质板岩互层。变质石英砂岩中发育大型风成交错层、小型板状斜层理，为沿岸砂坝的岩石组合，总厚度为 686 m。

本组区域上近东西向展布。西起乌拉特中旗，向东经白云鄂博、达尔罕茂明安联合旗、四子王旗至化德县一带。总体岩性组合为浅灰黄色片状含砾变质石英砂岩、变质石英砂岩为主，局部夹千枚岩及片岩。在商都西山、板板石等地，岩性为变质石英砂岩夹千枚岩，厚度为 445 m。在四子王旗该组出露厚度达 1 240 m，下部为变质石英砂岩，上部为变质石英砂岩夹板岩。在达尔罕茂明安联合旗哈拉得令原划分的“都拉哈拉岩组”下部的混合片麻岩及混合花岗岩应为下元古界，上部的变质长石石英砂岩及变质石英砂岩，属于新厘定的都拉哈拉组。上述岩石组合表明，都拉哈拉组为滨岸相、滨滩相沉积。

都拉哈拉组底部砾岩中有古砂金矿层，而顶部的纯石英砂岩已具备工业利用的硅石矿床。

尖山组　Ch*j*　（15－0016）

【创名及原始定义】　由内蒙古区测一队 1971 年创名。命名地点为达尔罕茂明安联合旗白音敖包苏木尖山一带，原始定义为发育于都拉哈拉组之上、哈拉霍疙特组之下的板岩-砂岩组合，厚度为 743 m。

【沿革】　见表 13－1。

【现在定义】　指都拉哈拉组与哈拉霍疙特组之间的一套浅变质岩石组合。下部为铁锰质板岩、碳质板岩，中部为变质长石石英砂岩，上部粉砂质泥质板岩及灰岩。底部以黑色砂质板岩、碳质板岩与都拉哈拉组的灰白色变质长石石英砂岩分界；上部以结晶灰岩与哈拉霍疙特组的变质砂岩分界，并呈平行不整合接触。
~~~~~~~~~~

【层型】 正层型为达尔罕茂明安联合旗白音敖包苏木西南16公里的尖山剖面（109°59′00″，41°49′00″；据内蒙古区测一队，1971）。

上覆地层：**哈拉霍疙特组** 变质中粗粒岩屑长石石英砂岩

——————— 平行不整合 ———————

尖山组①　总厚度 743 m

24. 暗灰色泥质硅质灰岩豆粒状灰岩和岩溶灰岩夹两层灰褐色中粒钙质石英砂岩	47 m
23. 灰黑色含粉砂硅质板岩与碳质板岩互层，中部夹深灰色薄层变质细粒石英砂岩，底部为厚 2 m 的灰白色变质中粗粒长石石英砂岩与灰黑色含粉砂碳质板岩互层	38 m
22. 灰黑色含粉砂碳质硅质板岩夹灰绿色变质中粗粒长石石英砂岩	34 m
21. 褐色变质中粒长石石英砂岩	22 m
20. 暗色碳质、硅质、含砂质板岩夹细粒变质石英砂岩	49 m
19. 紫红色变质中粒长石石英砂岩	13 m
18. 黑色碳质、硅质板岩，底部夹暗灰色薄层变质中细粒长石石英砂岩	36 m
17. 深灰色变质粗粒长石石英砂岩	12 m
16. 深灰色变质粗粒石英砂岩与黑色含碳质板岩互层	13 m
15. 黑色碳质板岩夹深灰色变质石英砂岩	20 m
14. 暗灰色及灰白色变质粗粒石英砂岩	22 m
13. 深灰色变质细粒石英砂岩与粉灰色变质不等粒石英砂岩互层	9 m
12. 黑色含碳质板岩	8 m
11. 深灰色变质不等粒石英砂岩与黑色含碳硅质板岩互层	18 m
10. 黑色砂质板岩与深灰色变质中细粒石英砂岩，组成类复理石层	21 m
9. 黑色含碳质板岩	11 m
8. 上部为黑色含粉砂质板岩与石英砂岩互层，下部为深灰色变质中细粒石英砂岩	11 m
7. 深灰及灰白色变质粗粒石英砂岩夹薄层板岩	68 m
6. 深灰色含碳质板岩夹暗灰色变质粉砂岩	37 m
5. 黑色含铁锰质板岩夹变质砂岩透镜体	76 m
4. 黑色含碳质板岩夹铁锰质板岩	86 m
3. 褐、紫黑色含粉砂铁锰质板岩夹黑色含碳质板岩	20 m
2. 黑色碳质、铁锰质板岩	42 m
1. 黑色砂质板岩夹黑色碳质板岩	30 m

——————— 整　合 ———————

下伏地层：**都拉哈拉组** 黑色变质含碳细粒石英砂岩

【地质特征及区域变化】 尖山组的岩石组合最下部为深灰色粉砂质板岩夹变质粉砂岩，具水平层理；下部为灰黑色含碳质锰质泥质板岩，深灰色粉砂质泥质板岩夹变质细砂岩，具水平层理，属泻湖相；向上为暗灰色粉砂质泥质板岩与变质细砂岩互层夹浅灰色变质中粒石英砂岩透镜体，发育各种层理构造，水平层理、侵蚀构造、砂泥互层层理、脉状、透镜状、波状层理、沟槽层理和低角度冲洗层理，为潮坪相。中部为暗灰色变质粗粒石英砂岩夹灰黑色变质细砂岩，岩石具平行层理、岩相为沿岸砂坝相。上部为灰褐色泥质泥晶灰岩，顶部豆粒灰岩，具粒序、平行、丘状层理、包卷层理、泄水构造，局部发育藻席纹层；再向上为灰黑

① 该剖面补充了内蒙古第一区域地质研究院一分队1994年的1∶5万区调新资料。

色粉砂质泥质板岩夹变质中粗粒砂岩透镜体，具水平层理、侵蚀构造及粒序层理，为潮下带(包括泻湖相)，总厚度大于 743 m。

尖山组下部暗灰色变质细砂岩中金的背景值高，经后期改造，可形成次生石英脉型金矿，诸如赛乌素金矿的南部，可能属于这种金矿类型。上部变质细砂岩中，含有厚而较稳定的磷矿层。沉积磷灰岩变质为隐晶一细晶磷矿。

尖山组西起乌拉特中旗经白云鄂博、达尔罕茂明安联合旗，向东延入四子王旗和化德县。其中，白云鄂博西南布龙图、西达旗一带的尖山组，受低绿片岩相的变质改造，出现绿泥石-绢云母新生矿物组合和板理构造。与哈拉霍疙特组接触处的结晶灰岩顶部分布一层沿走向展布极不稳定的绿片岩和渣状结晶灰岩，发育冲刷构造，并具岩溶现象。这反映本组沉积之后曾一度暴露地表。即本区的尖山组被哈拉霍疙特组平行不整合覆盖。出露于商都县大二道沟一带的尖山组，主要岩性为含碳质板岩、千枚岩及变质不等厚石英砂岩，反映潮坪—泻湖相、砂坝相的沉积特征，厚 1 320 m。分布于四子王旗的长黑山、达尔罕茂明安联合旗打花、百流图等地的尖山组，其下部为变质石英砂岩、碳质板岩互层，上部为变质石英砂岩夹板岩，厚度大于 900 m。与尖山剖面的尖山组对比，缺失上部的结晶灰岩，但总体特征仍反映潮坪—泻湖相的沉积。在西部乌拉特中旗东南一带的尖山组，其下部为粉砂质碳质板岩夹变质石英砂岩，上部则为渗透豆粒层灰岩，灰岩具多层“绿豆层”，向下过渡为渣状层——具纹层状构造的结晶灰岩，局部具岩溶现象。这一基本层序反映了尖山组与哈拉霍疙特组之间由于沉积间断造成的地层缺失。

根据本组上部独居石、磷灰石之 1 680～1 590 Ma 的结晶年龄以及下部 U-Pb 年龄值为 1 700～1 800 Ma 之间，可确定尖山组属中元古代。

哈拉霍疙特组　Jx*h*　(15-0017)

【创名及原始定义】　由内蒙古区测一队 1971 年创名。命名地点为达尔罕茂明安联合旗白音敖包苏木哈拉霍疙特。原始定义指发育于尖山组之上比鲁特组之下的一套变质砂岩-结晶灰岩组合，厚度为 866 m。

【沿革】　见表 13-1。

【现在定义】　指平行不整合于尖山组之上的一套变质砾岩、变质长石石英砂岩、变质泥质粉砂岩及结晶灰岩、硅质灰岩及砂屑灰岩等岩石组合，其上被比鲁特组整合覆盖。

【层型】　正层型为达尔罕茂明安联合旗白音敖包苏木哈拉霍疙特剖面(109°58′30″，41°50′20″；据内蒙古区测一队，1971)。

上覆地层：**比鲁特组**　灰色含砂质硅质板岩

——————— 整　合 ———————

哈拉霍疙特组①	总厚度 866 m
42. 灰带紫色板状硅质灰岩夹黄绿色砂板岩及薄层钙质板岩	4 m
41. 灰、紫灰色灰岩夹钙质、硅质板岩及黄色变质粉砂岩	13 m
40. 灰色灰岩与粉灰色含砂钙质板岩互层	9 m
39. 灰紫、灰色含砂硅质泥灰岩夹板岩	15 m
38. 紫灰、黄色泥质灰岩夹硅质板岩及灰色变质钙质粗粒石英砂岩	26 m
37. 灰黑色细砂质硅质灰质夹钙质板岩	17 m

① 该剖面补充了内蒙古第一区域地质研究院一分队 1994 年的 1∶5 万区调新资料。

36. 灰黄色含粉砂泥质灰岩夹含砂灰岩及粉紫色板岩 52 m
35. 灰色含粉砂灰岩夹钙质板岩及变质钙质石英砂岩 17 m
34. 土黄色薄板状泥质灰岩夹砂质灰岩及钙质板岩 9 m
33. 灰色含粉砂灰岩夹数层砂质灰岩，砂质灰岩有时递变为钙质石英砂岩 35 m
32. 浅肉红色变质中粗粒石英砂岩夹灰色灰岩透镜体 14 m
31. 灰色含砂质灰岩夹变质不等粒钙质石英砂岩及板岩 27 m
30. 灰、黄色变质中粗粒钙质石英砂岩夹灰色灰岩 25 m
29. 上部为灰色板岩、下部为青灰色含砂灰岩、上下部均夹变质中粗粒钙质石英砂岩 9 m
28. 灰、黄色变质中粗粒长石石英砂岩、钙质板岩及砂质灰岩组成类复理石层。灰岩中交错层发育，在韵律层底部的砂岩中含有下伏灰岩之岩块 17 m
27. 灰、浅棕及黄色变质粗粒钙质石英砂岩及长石石英砂岩夹含细砂灰岩及灰岩透镜体，下部夹斑点板岩。长石砂岩的碎屑中石英及长石具连晶，物质来源于花岗岩 30 m
26. 灰黑、灰紫色灰岩夹薄层砂岩及板岩 20 m
25. 灰黑、灰紫色粉砂质灰岩夹变质粗粒钙质石英砂岩及钙质板岩 15 m
24. 白灰色变质粗粒钙质石英砂岩，中部夹含粉砂灰岩 7 m
23. 灰色粉砂质灰岩夹变质石英砂岩透镜体上部含硅质条带 48 m
22. 青灰色变质中细粒钙质石英砂岩与黑色粉砂质灰岩组成类复理石层，砂岩中交错层发育 6 m
21. 灰色含粉砂质灰岩与板状泥灰岩互层，时夹钙质板岩 26 m
20. 上部以棕褐色变质中粗粒钙质石英砂岩为主，下部为白色硅质灰岩与钙质石英砂岩互层 16 m
19. 灰、黄紫色粉砂质灰岩夹钙质石英砂岩 19 m
18. 棕褐色变质中粗粒石英砂岩夹灰岩 21 m
17. 灰色含粉砂质泥灰岩夹含碳质灰岩及石英砂岩 11 m
16. 黄、浅棕色变质中粗粒石英砂岩夹灰岩 19 m
15. 灰黑色粉砂灰岩夹钙质板岩及石英砂岩，下部灰岩含碳质 51 m
14. 灰白色变质中粒钙质石英砂岩夹粉砂质灰岩 7 m
13. 灰色硅质条带粉砂灰岩 24 m
12. 黑色含碳粉砂质灰岩、上部为板状泥灰岩 10 m
11. 灰色变质中粗粒钙质石英砂岩夹粉砂质灰岩。灰岩与砂岩之间有侵蚀面 20 m
10. 灰黑色硅质条带含碳粉砂质灰岩 10 m
9. 灰色硅质泥质灰岩夹青灰色变质中粗粒石英砂岩及板岩 29 m
8. 以灰色钙质板岩为主与薄层变质粉砂岩及泥灰岩互层 9 m
7. 褐色变质粗粒钙质石英砂岩夹灰岩及含磷泥灰岩 27 m
6. 灰黑色灰岩夹棕色变质中粒长石石英砂岩 11 m
5. 黑灰色变质中粗粒长石石英砂岩 18 m
4. 棕褐色变质中粒长石石英砂岩夹薄层灰岩及含磷灰石板岩 50 m
3. 灰白、棕黄色变质粗—巨粒钙质长石石英砂岩、灰色钙质板岩及黑色含碳粉砂质灰岩，三者组成类复理石层，有时由两种岩性组成 13 m
2. 棕褐色变质巨粒石英砂岩、局部砾岩，砾石成分由石英岩、长石石英岩、花岗岩、板岩等组成 42 m
1. 褐色、灰白色变质中粗粒岩屑长石石英砂岩，夹少量灰色板岩及灰岩 18 m

——————— 平行不整合 ———————

下伏地层：**尖山组** 泥质硅质灰岩

【地质特征及区域变化】 哈拉霍疙特组分布广泛，由乌拉特中旗向东延入白云鄂博—达尔罕茂明安联合旗—四子王旗、商都、化德县一带。在化德、三道沟自下而上为变质石英砂岩、变质细砂岩、板岩，上部为青灰色厚层状结晶灰岩，厚 1 500 m。在白云鄂博矿区尚分布有范围局限，厚度较大的白云岩，称波罗图白云岩。在商都西山一带，本组上部为结晶灰岩，下部为含砾变质石英砂岩夹板岩，厚 1 825 m。三道沟长黑山该组岩性全为碎屑岩，其上部的结晶灰岩较薄，本组厚 600 m。达尔罕茂明安联合旗白音宝拉格一带，本组厚度达 2 500 m 左右。在乌拉特中旗一带，原划分“哈拉霍疙特组”的片麻岩等实为下元古界，则从哈拉霍疙特组中剔除。

比鲁特组 Jx*b* （15－0018）

【创名及原始定义】 由内蒙古区测一队 1971 年创名。创名地点在达尔罕茂明安联合旗白音敖包苏木比鲁特一带。原始定义指位于哈拉霍疙特组和白音宝拉格组之间的砂板岩组合，厚约 2 501 m。

【沿革】 见表 13－1。

【现在定义】 指分布于比鲁特，位于哈拉霍疙特组与白音宝拉格组之间一套东西向延伸的砂板岩。底界以砂质硅质板岩与下伏哈拉霍疙特组板状结晶灰岩分界，整合接触。顶部以砂质板岩的消失和岩屑型风化壳的出现与上覆白音宝拉格组为界，呈平行不整合接触。

【层型】 正层型为达尔罕茂明安联合旗比鲁特剖面（109°50′45″，41°52′40″；内蒙古区测一队，1971）。

上覆地层：**白音宝拉格组** 细粒石英岩

——————— 平行不整合 ———————

比鲁特组①	总厚度 2 501 m
22. 上部为灰黑色斑点状含碳质板岩，下部为灰黑色板岩	167 m
21. 灰黑色板岩与黄灰色变质泥质粉砂岩互层	64 m
20. 灰白色硅化板岩，在石英闪长岩脉两侧蚀变为灰白色角岩	58 m
19. 灰黑色含碳质板岩，上部为灰黑色变质石英粉砂岩，板岩中具紫红色条带	201 m
18. 灰黑色斑点板岩	99 m
17. 灰色条带状透闪石硅质板岩	2 m
16. 灰黑色斑点板岩夹 7 m 厚的灰色变质绢云母石英粉砂岩	159 m
15. 灰黑色硅质板岩	83 m
14. 灰黑色斑点含碳质板岩、普遍含有微量红柱石	654 m
13. 黑色斑点含粉砂板岩，含少量红柱石	654 m
12. 深灰、黑色板岩	199 m
11. 暗色变质细粒石英砂岩时夹薄层状板岩	26 m
10. 深灰色硅质板岩	8 m
9. 暗灰色变质细粒石英砂岩夹薄层状黄色板岩	18 m
8. 深灰色板岩	11 m
7. 暗灰色变质细粒石英砂岩夹薄层状板岩	12 m
6. 深灰色板岩夹少量变质细粒石英砂岩	14 m

① 该剖面补充了内蒙古第一区域地质研究院一分队 1994 年的 1∶5 万区调新资料。

5. 灰色变质细粒石英砂岩夹板岩　13 m
4. 暗灰色砂质板岩夹薄层状细粒石英砂岩　10 m
3. 灰色板岩夹变质细粒石英砂岩　10 m
2. 深灰色变质细粒石英砂岩夹板岩　28 m
1. 灰色含砂质硅质板岩　11 m

——————— 整　合 ———————

下伏地层：**哈拉霍疙特组**　板状结晶灰岩

【地质特征及区域变化】　比鲁特组上部暗灰色变质细砂岩夹变质粉砂岩为潮坪相环境；深灰色泥质板岩夹粉砂质板岩、泥质结晶灰岩，具水平层理、粒序层理，属碳酸盐台地的台后盆地环境。下部暗灰色变质粉细砂岩，变质细粒石英砂岩夹粉砂质板岩，岩石具平行层理、波痕构造，属碳酸盐台地的台缘砂坝相。比鲁特组顶部为一陆上多次暴露界面，形成岩屑型风化壳。本组中部的薄层硅质灰岩具极薄的水平层理、粒序层理，延伸稳定，为海平面相对稳定沉积速率低的凝缩层。

白云鄂博地区的比鲁特组呈东西条带状分布，西起乌拉特中旗经白音珠日和向东延入达尔罕茂明安联合旗好沁、四子王旗长黑山北部和三道沟的白音敖包以及商都县的土城子南。主要岩性为硅质、碳质、粉砂质板岩夹石英岩，属浅海盆地相沉积，厚 1 700～1 800 m。在化德县土城子原划为“化德群下亚群第四岩组”的碳质粉砂质板岩及千枚状板岩均属比鲁特组，厚 2 390 m。比鲁特组由上下两个沉积界面所限定，上为一陆上暴露带界面，白音宝拉格组陆架边缘体系域的砂岩楔状体。与本组之间的界面本身代表层序地层学中的 SB_2 界面。界面之下属高水位体系域，系海侵晚期海退早期的一套退积进积序列。其间的青灰色细粒硅质灰岩系一凝缩层。凝缩层之下砂岩夹粉砂质泥岩组合代表低水位体系域，与哈拉霍疙特组分界。

该组是一个良好的铀、金找矿层位。其下部和中部碳质砂质板岩、变质砂岩中含金量是克拉克值的十倍左右。诸如赛乌素金矿床，镶黄旗二道河金矿点等。

白音宝拉格组　*Qnby*　(15－0019)

【创名及原始定义】　由内蒙古区测一队（1971）创名。命名地点为达尔罕茂明安联合旗白音敖包苏木白音宝拉格。原始定义指位于比鲁特组和呼吉尔图组之间的一套变质石英砂岩、石英岩、粉砂质板岩，厚度为 2 166 m。

【沿革】　见表 13－1。

【现在定义】　指平行不整合于比鲁特组之上的石英岩、变质粉砂岩，向上为泥板岩、薄层硅质板岩的地层序列。其与上覆呼吉尔图组为平行不整合接触。

【层型】　正层型为达尔罕茂明安联合旗白音宝拉格剖面（109°51′50″，41°52′40″；内蒙古区测一队，1971）。

上覆地层：**呼吉尔图组**　结晶灰岩

——————— 平行不整合 ———————

白音宝拉格组①　总厚度 2 166 m

23. 暗灰绿色斑点状砂质板岩及渗透豆粒层　46 m
22. 灰白色变质粗粒石英砂岩　52 m

① 该剖面补充了内蒙古第一区域地质研究院一分队（1994）1∶5 万区调新资料。

21. 暗灰带绿色变质粉砂质板岩	37 m
20. 浅褐色变质不等粒石英砂岩夹灰白色石英岩透镜体	168 m
19. 绿灰色变质细粒石英砂岩	13 m
18. 褐色、灰白色变质不等粒石英砂岩	35 m
17. 灰白色变质巨粒石英砂岩	122 m
16. 暗灰绿色含磷灰石板岩	66 m
15. 暗灰绿色变质泥质粉砂岩夹粉砂质板岩	236 m
14. 暗灰色略带绿色含磷灰石及黑云母硅质板岩夹灰色变质粉砂岩	79 m
13. 灰绿色粉砂质板岩与灰色变质粉砂岩互层	33 m
12. 深灰色粉砂质板岩夹灰色变质砂质板岩，底部为浅灰色薄层石英岩	32 m
11. 深灰色含磷灰石板岩	77 m
10. 灰色变质泥质粉砂岩夹灰色板岩	252 m
9. 暗灰色泥质板岩	175 m
8. 浅灰色粉砂质板岩	20 m
7. 灰白色砂质大理岩	4 m
6. 暗灰色砂质板岩夹变质粉砂岩及砂质大理岩	11 m
5. 黑色泥板岩	181 m
4. 绿灰色变质泥质粉砂岩	108 m
3. 灰色含粉砂质板岩与灰色变质粉砂岩互层	40 m
2. 暗灰色泥板岩夹变质泥质粉砂岩	270 m
1. 灰白色致密块状细粒石英岩	109 m

——————— 平行不整合 ———————

下伏地层：**比鲁特组**　碳质板岩

【地质特征及区域变化】　白音宝拉格组自上而下为：浅灰色变质中粗粒石英砂岩、变质粗粒石英砂岩及暗色变质细粒石英砂岩等砂坝相的岩石组合，具平行层理、人字型层理、双向交错层理；暗灰色变质粉细砂岩、变质细粒砂岩夹变质中粒石英砂岩透镜体，具脉状层理、波状层理、水平层理的潮坪相岩石组合；暗灰色泥质粉砂质板岩夹变质粉砂岩、灰白色硅质灰岩，具水平层理的泻湖相岩石组合；暗灰色泥质粉砂质板岩夹变质粉砂岩与变质细砂岩，具水平层理、平行层理、粒序层理的前三角洲相岩石组合；暗灰色变质细砂岩与变质细粒砂岩互层夹变质中粒石英砂岩透镜体，具平行水平层理、席状层理、波状层理、侵蚀构造的三角洲砂体的三角洲前缘席状砂沉积体系；灰白色变质中粒石英砂岩夹变质中粗粒石英砂岩，具楔状斜层理、块状层理、粒序层理的三角洲相的河口砂坝。

该组近东西向延伸，西起白云鄂博以北的白音宝拉格，经达尔罕茂明安联合旗、四子王旗、三道河，东至商都等地，其中以白音宝拉格一带，发育最全。达尔罕茂明安联合旗呼吉尔图南及阿拉格龙一带由变质砂岩及石英岩组成，厚大于 265 m。西部纳莫其不勒格及哈登乌素，为变质石英砂岩夹石英岩，均呈捕虏体出现于岩体中，厚大于 153 m。在三道沟以北，白音宝拉格组出露相对齐全，主要为石英岩、变质砂岩及千枚状板岩，厚 3 661 m。在化德县永德堂、炭头山等地，原称“化德群上亚群第五岩组及第六岩组”的灰白色、黄褐色二云石英片岩为主夹石英岩以及灰白色厚—巨厚层状石英岩均属修订后的白音宝拉格组。

呼吉尔图组　Qn*hj*　（15－0020）

【创名及原始定义】　由内蒙古区测一队（1971）创名。命名地点为达尔罕茂明安联合旗呼吉尔图。原始定义指分布于槽-台断裂带的结晶灰岩、泥质条带灰岩、次闪钠长绿帘石岩的岩石组合，层位在白音宝拉格组之上、阿牙登组灰岩之下，厚度大于1 176 m。

【沿革】 梁玉左于1991年结合白云鄂博地区和达尔罕茂明安联合旗地区岩石组合特征厘定的呼吉尔图组，包括H_{14}泥质灰岩、H_{15}绿帘石岩、H_{16}钙质粉砂岩、石英岩及泥质细砂岩、H_{17}硅质岩、砂质灰岩等4个岩段，同时也包括了上部阿牙登组的结晶灰岩段。

【现在定义】 指平行不整合于白音宝拉格组之上的泥晶灰岩、绿帘石岩及变质砂岩组合。下界以渗透豆粒层消失和泥质结晶灰岩的出现与下伏白音宝拉格组分界，上界不清。

【层型】 正层型为达尔罕茂明安联合旗呼吉尔图剖面（110°04′00″，41°50′40″；内蒙古区测一队，1971）。

呼吉尔图组①	总厚度＞1 176 m
11. 粉灰色致密块状砂质灰岩夹褐黄色硅质岩及粉灰色石英岩透镜体（未见顶）	＞20 m
10. 灰黄色厚层状变质不等粒石英砂岩夹灰色结晶灰岩透镜体	47 m
9. 粉红色厚层状砂质结晶灰岩含藻类化石	20 m
8. 灰白色中厚层状变质不等粒石英砂岩夹薄层石英岩及灰岩透镜体	87 m
7. 深灰色薄层变质不等粒石英砂岩夹薄层石英岩及泥质细砂岩	82 m
6. 深灰色变泥质钙质粉砂岩夹变钙质粉砂岩及薄层石英岩	70 m
5. 灰色厚层状变质不等粒石英砂岩夹灰白色薄层石英岩	80 m
4. 灰黑色粉砂质板岩，结晶灰岩及薄层石英岩	90 m
3. 深灰色、灰黑色粉砂质板岩	320 m
2. 深绿色、灰绿色厚层状条带状绿帘石岩及斜长绿帘石岩	335 m
1. 灰白、青灰色条带状结晶灰岩及厚层状结晶灰岩	＞45 m

——————— 平行不整合 ———————

下伏地层：**白音宝拉格组** 斑点状砂质板岩

【地质特征及区域变化】 该组下部属潮上藻席纹层灰岩，具典型的藻纹层构造及缝合线构造。系碳酸盐潮上带沉积环境；中部的绿帘石岩及斜长绿帘石岩为海底火山喷发的中基性火山熔岩变质而成；顶部石英砂岩、粉砂岩及少量泥岩夹灰岩，为滨海滩相沉积环境。

呼吉尔图组东西向延伸较远，其中部的绿帘石岩层位稳定、特征显著，可作为区域划分对比的标志层。本组在白云鄂博附近的哈达布其一带发育中下部岩石组合，即灰白色藻席纹层灰岩及绿帘石岩、斜长绿帘石岩。下与白音宝拉格组渗透豆粒层平行不整合接触。厚256 m。向东延入达尔罕茂明安联合旗的呼吉尔图一带，厚度大于1 176 m。在四子王旗的纳莫其不勒格，呼吉尔图组的上部变质石英砂岩中夹结晶灰岩，厚862 m。三道沟附近的乌日赛日，下部为硅质结晶灰岩，中部为绿帘石角闪石岩、绿帘阳起石岩，上部为石英片岩夹白云岩，厚964 m。而商都县本组自下而上为结晶灰岩、斜长绿帘石岩、石英岩夹结晶灰岩，厚1 660 m。

温都尔庙群 ChJx*W* (15－0007)

【创名及原始定义】 由呼和浩特幅地质队1960年创名，命名地点是苏尼特右旗温都尔庙。原始定义上部为石英岩、石英片岩、绢云母绿泥石片岩夹磁、赤铁矿层；下部主要为绿片岩夹结晶灰岩透镜体、含铁石英岩等，时代归属早中泥盆世。

① 该剖面补充了内蒙古第一区域地质研究院一分队1994年的1∶5万区调新资料。

【沿革】 1976 年内蒙古区测一队在镶黄旗幅进行 1∶20 万填图时，将该幅绢云石英片岩、绿泥绿帘片岩、含铁石英岩、变质安山玢岩和大理岩以及变质砂岩等岩石组合与温都尔庙群对比，并自下而上划分有土库莫岩组、汗白庙岩组、哈尔哈达岩组，时代归属下古生代。1978 年，内蒙古区域地层表编写组将温都尔庙群由下至上进一步划分为扎布音敖包组、土库莫组、桑达来呼都格组、哈尔哈达组。其中哈尔哈达组以二云石英片岩、绢云绿泥石英片岩、石英岩为主夹含铁石英岩透镜体及少量绿泥绿帘片岩；桑达来呼都格组上部为方解石绢云片岩，中下部以变质安山玢岩、青盘岩化安山岩、绿帘绿泥片岩及少量绿泥片岩组成；土库莫组为千枚状绢云石英片岩、绿泥绿帘片岩、褐铁矿石英片岩夹含铁石英岩及大理岩透镜体组成；扎布音敖包组分布于阿巴嘎旗，主要由二云石岩片岩、绢云石英片岩夹磁铁石英岩等组成。1983 年，唐克东等人对朱日和地区的孙德拉图剖面的温都尔庙群自上而下重新划分为：哈尔哈达组绢云石英片岩、石英岩、绿泥石英片岩夹磁铁石英岩；桑达来呼都格组为具枕状构造的拉斑玄武岩；最下部为辉长-辉绿岩层。这一组合反映出温都尔庙群具有蛇绿岩套的岩石组合特点。1991 年，内蒙古地矿局认为，温都尔庙群应由哈尔哈达组及桑达来呼都格组组成，但不包括底部的辉绿、辉长岩部分，时代归属早寒武世。本次清理采用唐克东等（1983）的划分方案，时代为中元古代。

【现在定义】 指分布于苏尼特右旗、苏尼特左旗及阿巴嘎旗一带的绢云石英片岩、绿泥石英片岩、石英岩、含铁石英岩及拉斑玄武岩、辉长、辉绿岩的一套中级变质岩石组合。包括桑达来呼都格组和哈尔哈达组。

【层型】 选层型为苏尼特右旗孙德拉图剖面（113°4′，42°35′；唐克东等，1983)。

【地质特征及区域变化】 温都尔庙群分布于苏尼特右旗、苏尼特左旗、阿巴嘎旗及四子王旗等地，系一套巨厚的中级变质岩系。其中，桑达来呼都格组未见底，其上与哈尔哈达组整合接触，横向变化较大；哈尔哈达组产著名的温都尔庙式铁矿。哈尔哈达组局部整合于桑达来呼都格组之上，区域上多不见顶底。本群总厚 1 459 m。时代为中元古代。

桑达来呼都格组 ChJx*s* （15－0005）

【创名及原始定义】 由内蒙古区域地层表编写组 1978 年命名。命名地点是苏尼特右旗桑达来呼都格。原始定义指分布于苏尼特右旗布图莫吉苏木、乌日根塔拉苏木及苏尼特左旗巴音宝力道苏木等地的绿泥石英片岩、绿帘片岩、变安山岩为主的岩石组合，分为三个岩段。即：第三岩段为灰绿、褐绿色方解石绢云片岩夹褐铁矿石英片岩、石英岩、含铁石英岩及铁矿透镜体，厚 652 m；第二岩段为灰绿色片理化变质安山岩，青盘岩化安山岩夹石英岩、绿泥绢云石英片岩等，厚 764 m；第一岩段为绿泥绿帘片岩与绢云绿泥石英片岩互层夹大理岩透镜体，厚 702 m。

【沿革】 唐克东等人（1983）采用桑达来呼都格组，指分布于朱日和地区以片理化拉斑玄武岩为主夹碳酸盐岩透镜体的岩石组合。内蒙古地矿局（1991）所指的桑达来呼都格组为分布于苏尼特右旗及苏尼特左旗的一套基性火山变质岩为主的岩石组合。本次清理采用上述含义。

【现在定义】 指分布于苏尼特右旗、苏尼特左旗的一套原岩以拉斑玄武岩系、基性火山岩为主的绿色片岩组合，局部发育有硅铁质碳酸盐岩透镜体及辉长岩等。其上与哈拉哈达组整合接触，下界未见底。

【层型】 选层型为苏尼特右旗孙德拉图剖面（113°04′，42°35′；唐克东等，1983)。

上覆地层：**哈尔哈达组** 绿泥绿帘片岩

——————— 整 合 ———————

桑达来呼都格组 总厚度>1 123 m

6. 灰绿色方解石硬柱石绿泥片岩，具变余杏仁构造，夹紫红色含铁硅质碳酸盐岩透镜体 39 m
5. 灰绿色微片理化枕状拉斑玄武岩，顶部夹碳酸盐岩-赤铁矿透镜体 49 m
4. 灰绿色绿片岩化拉斑玄武岩，常可见变余杏仁构造和枕状构造，夹少量碳酸盐岩及硅铁质岩透镜体 418 m
3. 灰绿色绿片岩化拉斑玄武岩 60～232 m
2. 灰绿色辉绿玢岩 201 m
1. 灰绿色辉长岩，含蛇纹石化辉橄岩透镜体，有的地方见榴辉岩及奥长环斑花岗岩（未见底） >184 m

【地质特征及区域变化】 桑达来呼都格组分布于苏尼特右旗哈尔敖包—桑达来呼都格及苏尼特左旗干觉岭塔拉以北一带，厚 323.4～1 989.5 m。与哈尔哈达组整合接触。该组横向变化较大，在孙德拉图一带变质较浅，原岩结构、构造保留较好。即上部为具枕状构造的灰绿色片理化拉斑玄武岩夹含铁硅质碳酸盐岩透镜体，下部为辉绿岩、辉长岩，厚 1 123 m；向东南在白音诺尔北有青盘岩化安山岩；向南在哈尔敖包、乌兰敖包等地沉积变质岩增多，则以绿泥绿帘石英片岩、钠长绿帘绿泥片岩与绢云石英片岩呈不等厚互层为主，夹有含铁石英岩及大理岩透镜体，厚 232.4～1 989.5 m；向北在苏尼特右旗、白银敖包一带主要为变安山岩、透闪阳起片岩、板岩及含铁石英岩等，下界与本巴图组呈断层接触，其上与哈尔哈达组整合接触，厚度大于 629 m。在苏尼特左旗白音乌拉苏木一带，该组以绿泥绿帘石英片岩、绿泥绿帘阳起片岩为主夹大理岩、绢云母片岩、含铁石英岩等，厚度大于 457.2 m（未见顶、底），属长城纪—蓟县纪。

哈尔哈达组 J*xhr*　（15 - 0006）

【创名及原始定义】 由内蒙古区测一队 1976 年在苏尼特右旗哈尔哈达一带创名。原始定义：由一套绿帘石英片岩、绢云石英片岩、钠长绿泥绿帘片岩、蓝闪片岩夹薄层石英岩、大理岩组成。

【沿革】 1978 年，内蒙古区域地层表编写组将哈尔敖包一带以绿色片岩、含铁石英片岩为主的巨厚的中级变质岩构成的哈尔哈达组，进一步划分为 2 个岩段：第一岩段主要为绿帘石英片岩、绢云石英片岩和石英岩，厚 398～765 m；第二岩段上部为二云石英片岩夹石英岩及含铁石英岩透镜体，下部为绢云绿泥石英片岩、石英岩，厚 203～1 857 m。本次清理采用原含义，仅作部分修改。

【现在定义】 指分布于苏尼特右旗—阿巴嘎旗一带整合在桑达来呼都格组之上的各种石英片岩及含铁石英岩夹大理岩透镜体，系一套深海相沉积的中等变质岩石组合。其上被阿木山组不整合所覆。

【层型】 选层型为苏尼特右旗布图莫吉苏木哈尔敖包哈尔哈达剖面（112°58′30″，42°36′00″；内蒙古地层表编写组，1978）。

上覆地层：**阿木山组** 砂岩

~~~~~~~~~~ 不 整 合 ~~~~~~~~~~

哈尔哈达组 总厚度>2 622 m
~~~~~~~~~~

60. 二云石英片岩夹石英岩透镜体	52 m
59. 灰紫褐色二云石英片岩	15 m
58. 灰褐紫色二云石英片岩夹石英岩透镜体	24 m
57. 灰褐色含磁铁石英岩	3 m
56. 灰紫褐色二云石英片岩	70 m
55. 灰紫褐色二云石英片岩夹石英岩透镜体	71 m
54. 灰白色二云石英片岩夹含铁石英岩透镜体	17 m
53. 灰紫色二云石英片岩夹石英岩透镜体	42 m
52. 二云石英片岩与含铁石英岩互层	32 m
51. 二云石英片岩与石英岩互层	8 m
50. 灰褐色含铁石英岩	4 m
49. 二云石英片岩	36 m
48. 二云石英片岩夹含铁石英岩透镜体	24 m
47. 灰紫色片状绢云石英岩	80 m
46. 灰紫色二云石英片岩夹含铁石英岩透镜体	16 m
45. 片状绢云石英岩	20 m
44. 黄褐色二云石英片岩夹含铁石英岩透镜体	34 m
43. 灰紫色绢云石英岩夹含铁石英岩透镜体	21 m
42. 二云石英片岩夹石英岩透镜体	16 m
41. 二云石英片岩夹含铁石英岩透镜体	9 m
40. 二云石英片岩夹石英岩透镜体	70 m
39. 紫灰色二云石英片岩	26 m
38. 黄褐色二云石英片岩夹石英岩透镜体	25 m
37. 灰褐色含铁石英岩	7 m
36. 灰褐色二云石英片岩夹绢云石英斜长片岩	29 m
35. 二云石英片岩夹石英岩透镜体	71 m
34. 灰紫色二云石英片岩	39 m
33. 二云石英片岩夹石英岩透镜体	32 m
32. 含铁石英岩	7 m
31. 灰黑色石英片岩	25 m
30. 糜棱岩化硅化斜长绿帘岩	14 m
29. 灰褐色泥灰岩	11 m
28. 灰紫色二云石英片岩夹石英岩透镜体	14 m
27. 二云石英片岩夹石英岩透镜体	41 m
26. 灰紫色糜棱岩化硅化斜长绿帘石岩	16 m
25. 灰褐色二云石英片岩夹石英岩透镜体	226 m
24. 灰褐色石英岩	4 m
23. 灰褐色石英片岩夹石英岩透镜体	90 m
22. 灰褐色二云石英片岩夹石英岩透镜体	90 m
21. 灰白色石英岩	9 m
20. 灰褐色绿泥绢云石英片岩	32 m
19. 灰绿色二云石英片岩	35 m
18. 绿泥绢云石英片岩夹石英岩透镜体	35 m
17. 绿、浅绿色斜长绿帘次闪岩	33 m

16. 灰褐色二云石英片岩夹石英岩透镜体 72 m
15. 灰绿色绿泥绢云石英片岩 38 m
14. 灰白色石英岩 34 m
13. 灰紫色石英片岩夹石英岩透镜体 184 m
12. 方解绿泥片岩夹石英岩透镜体 120 m
11. 绿泥绢云石英片岩夹石英岩透镜体 55 m
10. 灰褐色二云石英片岩夹石英岩透镜体 32 m
9. 二云石英绿泥片岩夹石英岩透镜体 23 m
8. 二云方解石片岩 14 m
7. 绿、暗绿色二云绿泥石英片岩夹石英岩透镜体 198 m
6. 灰绿、黄绿色斜长方解石绿泥绿帘片岩 31 m
5. 灰绿色绿泥绢云石英片岩夹石英岩透镜体 49 m
4. 绿泥绢云石英片岩夹石英岩透镜体 19 m
3. 绿泥绿帘片岩夹含铁石英岩透镜体 43 m
2. 灰绿色绿泥石英片岩夹含铁石英岩透镜体 108 m
1. 黄绿色绿泥绿帘片岩夹含铁石英岩透镜体（未见底） >73 m

上述剖面哈尔哈达组未见底，补以唐克东等（1983）测制的孙德拉图剖面为参考剖面（113°04′50″，42°35′00″）。

哈尔哈达组 总厚度>721 m
9. 浅灰带红色绢云石英片岩，夹石英岩及含铁薄层石英岩（未见顶） >170 m
8. 灰绿色绿泥石英片岩、夹赤铁矿化蓝闪石石英岩和薄层大理岩及透镜体 86 m
7. 灰绿带红色绿泥石英片岩 23 m
6. 浅灰绿色含绿泥石石英片岩，夹薄层石英岩及铁锰结核透镜体 77 m
5. 砖红色含绿泥石石英片岩和绢云石英片岩，夹薄层石英岩 27 m
4. 浅灰绿色含硬柱石，黑硬绿泥石英片岩，走向上夹薄层蓝闪石片岩 80 m
3. 紫红色千枚糜棱岩与灰绿色石英片岩相间 7 m
2. 浅灰绿色绿泥石英片岩，夹含绢云母的石英岩 197 m
1. 紫红色薄片状千枚糜棱岩，有时含细碧岩化拉斑玄武岩块，顶部夹含石英的大理岩薄透镜体 54 m

——————— 整　合 ———————

下伏地层：**桑达来呼都格组**　灰绿色方解石硬柱石绿泥片岩

【地质特征及区域变化】　哈尔哈达组主要分布于苏尼特右旗—阿巴嘎旗，另在四子王旗芒和等地亦有零星分布。主要岩性为绢云母片岩、绢云石英片岩、绿泥片岩、绢云绿泥石英片岩、二云石英片岩、石英岩夹含铁石英岩、绿片岩及大理岩等。区域上多不见顶底，局部可见整合于桑达来呼都格组之上。

在苏尼特右旗布图莫吉苏木乌兰敖包—哈尔敖包一带分布集中，南部以绢云石英片岩、石英片岩为主、夹绿帘片岩、含铁石英岩、绿泥石英片岩、大理岩等，向北在哈尔敖包一带以二云石英片岩、二云绿泥石英片岩为主夹石英岩、绿泥片岩、含铁石英岩及少量绿泥绿帘石岩等，在孙德拉图附近可见残留的放射虫，厚 721～2 619.5 m；在孙德拉图本组整合于桑达来呼都格组之上。在苏尼特右旗二道井南、哈拉干乌拉及苏尼特左旗，该组出露面积及厚度较小（1 467～1 592 m），且岩石组合亦有变化。即，在二道井南以绿泥石英片岩、石英绿泥片岩为主夹阳起片岩。在哈拉干乌拉一带则主要为绿泥绢云石英片岩、绢云绿泥石英片岩夹含铁石英岩，未见顶底。在阿巴嘎旗扎布音敖包古尔班陶勒盖，朝克乌拉等地，由二云石英片岩、黑云石英片岩、浅粒岩、变粒岩、绢云石英片岩夹含铁石英岩及磁铁石英岩组成，厚877～3 453 m，未见顶底。

综合上述，本组为一套深海泥硅质含铁建造，著名的温都尔庙式铁矿产于其中。根据同位素年代学资料可归属蓟县纪。

白乃庙组　Qn*b*　（15－0013）

【创名及原始定义】　由内蒙古二〇八地质队于1960年创建[①]，命名地点在四子王旗白乃庙铜矿。原始含义为一套含铜的绿色片岩，时代为志留—泥盆纪。

【沿革】　1975年内蒙古区测一队修订为白乃庙群，其涵义指分布于白乃庙矿区到南部布格图山一带的浅变质岩系，并自北而南由老至新划分为变质砂岩、千枚岩段、片岩变质砂岩段、结晶灰岩段、石英岩段及片岩段。认为这套地层均为整合接触，并根据变质砂岩千枚岩段上部以及结晶灰岩段中所含珊瑚化石将其归属晚志留世。1990年，内蒙古地矿局对白乃庙群进一步研究，结合内蒙古103地质队、武汉地质学院、河北地质学院的研究成果，重新厘定了该群的涵义，即，白乃庙群是由绿片岩、绢云长英片岩组成的地层序列。本次清理恢复原名——白乃庙组。

【现在定义】　本组系指分布于白乃庙铜矿区不整合于徐尼乌苏组之下的绿片岩和长英质浅变质岩系。由绢云母石英片岩、绿泥绢云母片岩、变质砂岩、千枚岩等组成。

【层型】　选层型为四子王旗白乃庙剖面（112°28′38″，42°11′40″；韩杰，1986[②]）。

上覆地层：**徐尼乌苏组**　灰色变质中细粒长石石英杂砂岩

～～～～～～～～　不　整　合　～～～～～～～～

白乃庙组	总厚度＞2 457 m
5. 绿泥斜长片岩、阳起绿泥斜长片岩夹残玢变岩及大理岩透镜体，为白乃庙铜矿床的主要赋矿层位	1 251 m
4. 长英片岩、绢英片岩夹薄层变质粉砂岩及少量含铁石英岩、绿片岩薄层	36 m
3. 绿泥阳起斜长片岩、绿泥斜长片岩夹角闪残玢变岩，为主要赋矿层位	412 m
2. 石英片岩、长英片岩、绢云长英片岩、夹少量阳起斜长片岩及含铁石英岩	335 m
1. 斜长角闪岩、角闪斜长片岩夹黑云斜长片岩（未见底）	＞88 m

【地质特征及区域变化】　该组分布于白乃庙铜矿区和谷那乌素等地，其下部以绿片岩为主，由绢云石英片岩、绿泥绢云石英片岩、绿泥方解石片岩组成，上部主要是变质砂岩、千枚岩及绢云绿泥千枚岩夹结晶灰岩透镜体，为火山-沉积岩岩系。绿片岩原岩主要为中基性火山碎屑岩及熔岩等，著名的白乃庙铜矿产于该组中。据绿片岩中锆石U-Pb谐合年龄值为1 130.513±16.012 Ma，时代可归属青白口纪。

艾勒格庙组　Qn*a*　（15－0008）

【创名及原始定义】　由内蒙古区调一队1980年命名，称艾勒格庙群。命名地点在四子

---

① 内蒙古二〇八地质队，1960，白乃庙铜矿普查报告，未刊。
② 韩杰，1986，内蒙古四子王旗白乃庙铜矿床地质特征及成矿规律研究报告，未刊。

王旗艾勒格庙。原始定义是该群划分为二个岩段。第二岩段下部以灰白色绢云石英片岩为主夹硅化大理岩及结晶灰岩透镜体，上部为灰白色、灰绿色变质晶屑凝灰岩夹片理化石英岩及大理岩，厚 1 076 m；第一岩段上部以大理岩、结晶灰岩为主夹绢云石英片岩、变质砂岩、绢云母板岩，下部大理岩与变质流纹岩、糜棱岩化凝灰岩互为夹层，厚度大于 1 286 m。其上与第二岩段整合接触，下界不清。时代归属震旦纪。

【沿革】 内蒙古地矿局 102 地质队（1986）年将该群划分 4 个岩组，由下至上为巴彦敖包岩组、阿伯嘎阿木岩组、德格特诺尔岩组及查干敖包岩组。本次清理厘定为艾勒格庙组。

【现在定义】 指分布于艾勒格庙地区的中浅变质地层，主要有灰白色大理岩、结晶灰岩与石英片岩、变质石英粉砂岩、板岩等不等厚相间产出，局部发育有变质凝灰岩及少量变质流纹岩。上、下接触关系不清。

【层型】 正层型为四子王旗艾勒格庙西北巴彦敖包艾勒格庙剖面(111°17′30″,43°10′00″；内蒙古区调一队，1980)。

艾勒格庙组	总厚度＞716.3 m
29. 片理化石英岩（未见顶）	＞68 m
28. 灰色薄层状结晶灰岩	38 m
27. 灰色绢云石英片岩	118 m
26. 灰色薄层状结晶灰岩	57 m
25. 灰白色薄层状结晶灰岩	37 m
24. 白色厚层状大理岩	148 m
23. 灰白色薄层状结晶灰岩	22 m
22. 白色及灰色大理岩	89 m
21. 灰色变质晶屑凝灰岩	48 m
20. 白色及灰色大理岩	29 m
19. 灰色变质晶屑凝灰岩	32 m
18. 白色及灰色大理岩	20 m
17. 灰褐色变质晶屑凝灰岩夹大理岩	＞26 m
16. 灰白色糜棱岩化流纹岩	17 m
15. 灰褐色—黑色绢云母板岩	42 m
14. 暗色绢云母板岩	31 m
13. 灰褐色变质石英粉砂岩夹薄层状大理岩	17 m
12. 白色石英岩夹薄层状大理岩	9 m
11. 灰黑色变质石英粉砂岩	12 m
10. 白色及灰白色石英岩夹薄层状大理岩	32 m
9. 白色大理岩、青灰色结晶灰岩含核形石	140 m
8. 绿灰白色变质流纹斑岩夹白色大理岩透镜体	47 m
7. 灰色、灰白色变质流纹岩夹薄层状大理岩透镜体	28 m
6. 灰白色糜棱岩化流纹斑岩	11 m
5. 灰白色糜棱岩化凝灰岩夹白色薄层状大理岩和浅肉红色变质流纹岩	51 m
4. 白色大理岩	＞12 m
3. 白色及灰色大理岩	＞9 m
2. 灰色、灰白色及灰绿色糜棱岩化凝灰岩	29 m
1. 白色薄层状及厚层状大理岩夹薄层状糜棱岩化凝灰岩（未见底）	＞135 m

糜棱岩化花岗岩侵入

【地质特征及区域变化】 该组分布于四子王旗艾勒格庙地区。岩性总体为一套浅色中浅变质岩系。在这个不太大的区域里该组纵、横向变质程度、厚度等变化较大，且无规律。最北部中蒙边境342界标处由灰白、淡紫色石英岩、绢云石英片岩组成，厚157 m；向南在查干特格（337号界标处）一带为含燧石条带硅化结晶大理岩与石英岩及白云母石英片岩不等厚互层，厚778 m；正层型所在地巴彦敖包岩性出露较全，上部以大理岩、结晶灰岩为主夹绢云石英片岩、变质粉砂岩、绢云母板岩，下部大理岩与变质流纹岩、糜棱岩化凝灰岩互为夹层，向西在东格尔敖包等地以板岩、白云质大理岩、结晶灰岩等为主；巴彦敖包东上部以长石石英砂岩、白云母石英千枚岩为主夹大理岩，下部以白云质大理岩、含碳质灰岩为主夹碳质板岩等组成，厚716.3 m。该组为一套浅海相沉积，由于受后期构造作用的改造，顶、底关系不清，且未见标志层，只能作组级地层单位，不宜细分，时代暂归属青白口纪。

墩子沟群　ChJx*D*　(15-0033)

【创名及原始定义】 墩子沟群是甘肃省第一区测队1967年命名的下震旦统墩子沟组的修订名，命名地点是甘肃省永昌县墩子沟。原始定义按岩性分三个亚群。上亚群为灰绿色粉砂质千枚岩及条带状结晶灰岩，厚度大于150 m。中亚群为硅质条带灰岩及硅质灰岩，厚521～1 234 m，在底部含叠层石。下亚群为变质长石石英砂岩及变质砾岩，厚64～496 m。

【沿革】 墩子沟群最初由甘肃省第一区测队（1967）在进行甘肃省永昌幅1∶20万区测时命名为墩子沟组。1980年，甘肃省区域地层表编写组厘定为长城蓟县系墩子沟群，并一直被沿用。但原始含义并未提及上、下地层的接触关系。《内蒙古地质志》（1991）则明确指出墩子沟群和下伏龙首山群为不整合接触，上与韩母山群呈平行不整合或不整合接触。本次清理采用后者的划分方案。

【现在定义】 指不整合于龙首山群之上、被韩母山群平行不整合或不整合所覆的一套巨厚的碎屑岩-碳酸盐岩组合。

【层型】 区内只见于阿拉善右旗南部边缘，无参考剖面。

【地质特征及区域变化】 墩子沟群主体岩性为厚—中厚层状硅质条带灰岩与硅质灰岩互层，底部为变质长石石英砂岩和变质砾岩，主要分布于甘肃省永昌县等地，在内蒙古境内只见于阿拉善右旗的南部边缘，其厚度较甘肃永昌县明显减小。

西勒图组　QnZ*x*　(15-0026)

【创名及原始定义】 关士聪、车树政1955年创建的“西勒图石英岩系”的修订名，由内蒙古一〇八地质队（1970）[1] 修订。原始定义为“桌子山区以灰白色石英岩为主，下部厚层，中部及上部薄层略呈粉红色，发育波纹构造并夹紫色砂质页岩。与下伏桑乾群角度不整合，与上覆寒武系似为连续沉积”。

【沿革】 内蒙古一〇八地质队、内蒙古区调一队和内蒙古地矿局对该套浅变质岩系给予不同程度的调查研究，并有不同的划分意见（表13-2）。

【现在定义】 指分布于贺兰山北端至桌子山一带不整合于太古界乌拉山岩群之上的棕红色、灰白色石英砂岩、石英岩、石英粗砂岩及少量细砂岩和页岩的陆源碎屑岩岩系。上界与王全口组连续沉积，区域上可局部与寒武系平行不整合接触。

---

① 内蒙古一〇八地质队，1970，海勃湾地区矿产地质普查报告，未刊。

表 13-2　西勒图组的沿革及使用情况表

关士聪等		内蒙古一〇八地质队		内蒙古区调一队		内蒙古地矿局		本　书	
1955		1970		1982		1991			
震旦纪	西勒图石英岩系	长城系	西勒图组	长城系	西勒图组	长城系	黄旗口群	震旦纪-青白口纪	西勒图组

【层型】　正层型为内蒙古乌海市桌子山地区西勒图剖面（106°58′10″，39°41′09″；关士聪等，1955）。

上覆地层：**馒头组**　石英岩及灰岩互层

——————— 平行不整合 ———————

西勒图组	总厚度约 264 m
10. 灰白色石英砂岩	2～6 m
9. 白色石英岩夹紫色页岩	20～30 m
8. 紫色砂质页岩	4 m
7. 砖红色及白色、薄层及厚层石英砂岩互层	30～36 m
6. 紫色及绿色砂质页岩	2～6 m
5. 粉红色薄层石英砂岩，具明显波痕	10～12 m
4. 白色厚层石英岩	30 m
3. 灰白色厚层石英砂岩，底部含砾	13～15 m
2. 灰绿色砂岩、风化面具红色铁质斑点	8～10 m
1. 赭色底砾岩，具片麻岩砾石，铁质胶结	0.5～2 m

～～～～～～～～ 不 整 合 ～～～～～～～～

下伏地层：**乌拉山(岩)群**　黑云斜长片麻岩

【地质特征及区域变化】　西勒图组在贺兰山及桌子山地区呈南北向展布，岩性、岩相比较稳定，底界与老地层的间断面清晰，上界与王全口组的碳酸盐岩易于区别，唯岩石碎屑的粒度和地层厚度各地不尽相同。总体上北粗南细；北厚南薄。北部千里山地区西勒图组厚达 870 m，向南岗德尔山 552 m，桌子山一带为 208～264 m，贺兰山最薄处不足百米。西勒图组与上覆王全口组关系密切，许多地方相伴产出，两者虽然表现了上、下的层位关系，但在区域分布上，总体则呈指状交叉的相变关系。

本组延入宁夏回族自治区水沟和图渠沟剖面的灰白色厚层块状硅质白云岩（约 160 m），应剔出划入王全口组；而宁夏惠农县王全口剖面原划入王全口组的总厚 24.2 m 的碎屑岩应归入西勒图组。这样，在贺兰山、桌子山地区西勒图组与王全口组的界线便一目了然（图 13-1）。西勒图组是以灰白色、棕红色、紫红色及灰红色薄层、中层及中厚层碎屑岩为特色，而王全口组则以白云质灰岩为主夹薄层石英岩。原黄旗口群，因其层位以及岩石组合内容与西勒图组一致，在内蒙古只能采用后者。

根据宁夏区调队所获西勒图组的海绿石做$^{40}Ar-^{39}Ar$同位素测年为969.1±21.8 Ma，将其时代归属青白口纪至震旦纪。

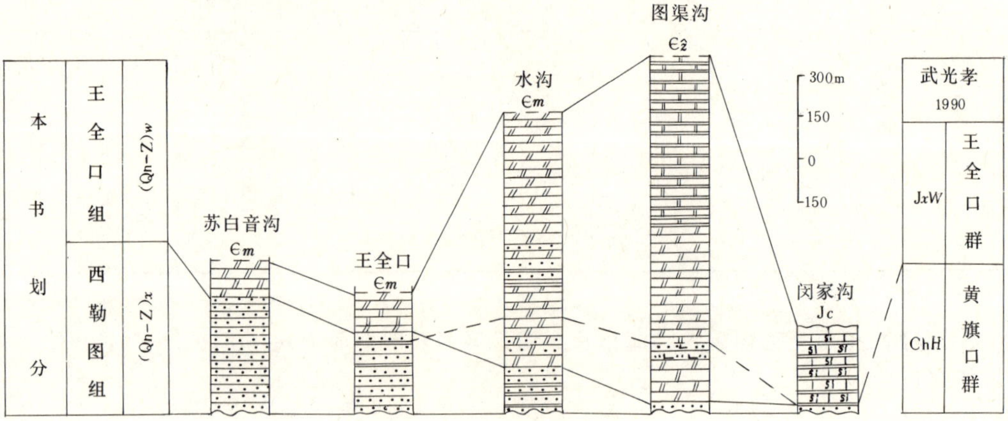

图 13-1 西勒图组顶界与黄旗口群顶界的对比及穿时关系

王全口组 QnZw (15-0027)

【创名及原始定义】 本次清理所称的王全口组系王全口群的修订名，为宁夏区调队（1980）创名，命名地点为宁夏惠农县王全口沟。原始定义为长城纪黄旗口群和中寒武统毛庄组之间的一套碳酸盐岩和少量石英岩、变质粉砂岩及钙质板岩等。

【沿革】 王全口组建立后，一直被地质工作者广泛使用。本次地层清理发现，王全口组正层型剖面下部的碎屑岩部分，在区域上并非是本组的下部层位，应归入西勒图组，它与作为主体岩石之碳酸盐岩的相应岩层为叠覆或横向过渡关系。这样延入内蒙古桌子山等地的王全口组，便不包含碎屑岩层。

【现在定义】 指整合于西勒图组碎屑岩之上的硅质条带灰岩、砂质白云岩、白云质灰岩以及假鲕状灰岩等碳酸盐岩组合。发育叠层石。其上界在内蒙古桌子山地区与寒武系的馒头组为平行不整合接触（本区缺失震旦系正目观组），下界在区域上与西勒图组为整合或平行不整合关系。

【层型】 区内次层型为乌海市西乌胡子山剖面（106°37′02″，39°25′20″）。

【地质特征及区域变化】 王全口组在内蒙古境内零星出露，在与宁夏接壤的贺兰山北端和桌子山地区，其岩性仍为碳酸盐岩。厚度一般在17.8～50.7 m之间，向南延入宁夏，厚度逐渐增大，至三关口一带厚达1 036 m，时代归属青白口纪至震旦纪。

正目观组 Zẑ (15-0028)

【创名及原始定义】 由西安地矿所（1978）创名，命名地点在阿拉善左旗镇木关。原始定义：指贺兰山地区不整合于王全口组之上的下部为冰碛砾岩，上部为板岩的岩石组合，其上被苏峪口组平行不整合所覆，时代归属震旦纪。

【沿革】 1990年宁夏地质矿产局根据地质图注记将组名改称“镇木关组”。本次对比研究据中国地层指南有关规定，仍称正目观组。

【现在定义】 系指分布在贺兰山中段的井底泉（三关口北）—镇木关等地的一套与冰川活动有关的冰水沉积物。其下部为冰碛砾岩，不整合于王全口组灰白色含硅质条带白云质灰岩之上；上部为板岩，被下寒武统馒头组平行不整合覆盖。

【层型】 正层型为内蒙古阿拉善左旗镇木关剖面（105°50′，38°41′；宁夏第二地质队，1975）。

上覆地层：**馒头组** 灰绿色页岩

——————— 平行不整合 ———————

正目观组 总厚度 251.6 m

5. 灰、深灰色含磁铁矿粉砂质板岩。产微古植物化石 *Leiopsophosphaera minor*，*Trachysphaeridium* sp.，*T. hyalinum* 81.8 m

4. 上部为浅黄色泥质杂砂质板岩，中部灰色含磁铁矿粉砂质板岩，下部为灰绿色中粒砂岩 1.3 m

3. 灰、深灰色含磁铁矿粉砂质板岩。产微古植物化石 *Taeniatum* aff. *crassum* 24.9 m

2. 以黄褐、淡粉红色为主的杂色块状冰碛砾岩 37.8 m

1. 杂色块状冰碛砾岩，灰白色钙泥质胶结，胶结物中产微古植物化石 *Leiopsophosphaera* sp.，*L. minor*，*Trachysphaeridium hyalinum* 105.8 m

~~~~~~~~~~ 不 整 合 ~~~~~~~~~~

下伏地层：**王全口组** 白云质灰岩

【地质特征及区域变化】 正目观组由上、下两部分组成，下部为黄褐、淡红及灰色冰碛砾岩，上部为灰、深灰色、浅黄色粉砂质板岩、泥质杂砂质板岩、含磁铁矿粉砂质板岩夹中粒砂岩。其中下部冰碛砾岩在贺兰山地区，砾石成分主要为灰色硅质条带白云岩及深灰色白云岩，偶见石英砂岩和板岩。砾石分选极差，砾径一般 10～20 cm，大者达 1 m 以上；砾石多为棱角状，个别砾石可见磨光面、凹面压坑等现象。在苏峪口附近，砾石具似冰流滑动时形成的表面构造。

贺兰山中段，上述冰碛砾岩稳定，但厚度变化较大。由北向南则由 144 m 逐渐变为 10 余米。而在贺兰山北段及南段则无该套砾岩的沉积。

综上所述，正目观组冰碛层属海相条件下的静水或深水环境中形成。其沉积物可能来源于近海陆地冰川的浮冰块或冰山所挟带的大小不等的岩块、即坠石并逐渐为碳酸盐泥晶掩埋，从而形成碳酸盐质胶结的“冰伐”沉积（或冰水沉积）的角砾岩。

依据上部板岩中的微古植物化石，并据其下部冰碛砾岩呈不整合覆于王全口组之上和上部板岩被早寒武世馒头组平行不整合的接触关系，将其时代归属震旦纪。

韩母山群 *ZH* （15－0036）

【创名及原始定义】 甘肃省区域地层表编写组（1980）对甘肃省第一区测队 1967 年最初命名的韩母山组的修订名，命名地点是甘肃省永昌县韩母山。据《甘肃省区域地质志》介绍：北祁连山分区震旦系上统称韩母山组。

【沿革】 1967 年，甘肃省第一区测队首次命名为韩母山组，并据岩性组合进一步划分上、下两部分。1980 年赵祥生等将上述韩母山组上部划归上寒武统称韩母山群，而将下部划归震旦系称烧火筒沟组。同年甘肃省区域地层表编写组将韩母山组修订为韩母山群，分上下两个亚群。1981 年，甘肃省第二区测队将韩母山群上、下亚群分别称为草大坂组和烧火筒沟组，时代为震旦纪。

【现在定义】 指分布于龙首山地区不整合于墩子沟群之上的一套冰川、滨海—浅海相沉
~~~~~~~~~~

积。根据岩性、岩相以及接触关系划分上、下两个组。即草大坂组和烧火筒沟组。

【层型】 由烧火筒沟组正层型剖面和草大坂组正层型剖面构成韩母山群的复合层型。

烧火筒沟组 Zŝ (15-0034)

【创名及原始定义】 赵祥生等（1980）创名于内蒙古阿拉善右旗烧火筒沟。原始定义指不整合于墩子沟群之上，平行不整合于下寒武统韩母山群含磷砾岩、板岩之下的一套变质的复合冰碛层，上部为灰绿色含砾千枚岩与粉砂质千枚岩；下部为灰色冰碛砾岩与灰绿色灰黑色粉砂质碳质千枚岩。

【沿革】 区内震旦系为郭宗山（1948）最早发现，进一步研究始于1960年甘肃省第一区测队；发现含叠层石浅变质的震旦纪地层与下伏古老的深变质岩为角度不整合关系，并将前者划分上、下两组，分别称为韩母山组和墩子沟组。甘肃省区域地层表编写组（1980）认为区内只有上震旦统，并提出韩母山群一名，根据地层的发育特点，将上部的碳酸盐岩为主的层段称为上亚群；将下部以板岩、含砾千枚岩为主的碎屑岩组合称下亚群。赵祥生等（1980）将韩母山群下部的含砾千枚岩等属冰碛岩的组合命名为烧火筒沟组，将上部含磷层位划归下寒武统，仍称韩母山群，但其含义仅指原名称的上部。甘肃省第二区测队（1981）认为整个震旦系应称韩母山群，遂将草大坂组和烧火筒沟组合称韩母山群，并做上下层位处理。本次清理予以采用。

【现在定义】 指分布于龙首山地区不整合于墩子沟群之上的一套冰碛岩类。主要岩性为灰绿色、紫红色冰碛砾岩、冰碛含砾千枚岩、含砾粉砂质板岩等。与上覆草大坂组整合接触。

【层型】 正层型为内蒙古阿拉善右旗烧火筒沟剖面（101°42′，38°41′；甘肃省岩石地层清理组提供的资料，1993）。

上覆地层：**草大坂组** 含磷砾岩

——————整 合——————

烧火筒沟组	总厚度 841.7 m
10. 灰绿色粉砂质板岩	18.1 m
9. 灰绿色冰碛含砾千枚岩，砾石含量10%～50%，大小混杂，排列多与层理平行	75.1 m
8. 灰绿、深灰色粉砂质千枚岩	130.9 m
7. 灰绿色冰碛含砾千枚岩夹粉砂质千枚岩	165.4 m
6. 灰绿色粉砂质千枚岩	61.3 m
5. 灰绿色冰碛含砾千枚岩夹灰白色白云质灰岩透镜体	79.2 m
4. 灰绿色粉砂质千枚岩	21.2 m
3. 灰绿色冰碛含砾千枚岩夹灰白色白云质灰岩透镜体	26.8 m
2. 灰绿、灰黑色粉砂质碳质千枚岩	126.7 m
1. 灰色冰碛砾岩，砾石以硅质条带白云岩、灰岩、石英岩为主，砾石多为棱角或半棱角状，分选差，含量15%～30%不等	137.0 m

~~~~~~~~~~不 整 合~~~~~~~~~~

下伏地层：**墩子沟群** 条带状结晶灰岩

【地质特征及区域变化】 烧火筒沟组主要分布于龙首山地区，内蒙古境内仅见于阿拉善右旗烧火筒沟一带。底部以灰色冰碛砾岩不整合于墩子沟群之上，中部为灰绿色冰碛含砾千枚岩、碳质千枚岩夹白云质灰岩透镜体，上部以灰绿色粉砂质板岩、冰碛含砾千枚岩与草大
~~~~~~~~~~

坂组的碳酸盐岩分界，厚 841.7 m。与龙首山地区的烧火筒沟组相比，厚度减少。时代为震旦纪。

草大坂组 *Zc* （15－0035）

【创名及原始定义】 甘肃省第二区测队 1981 年创名，命名地点为甘肃省永昌县草大坂。未见原始定义的文字资料。据杨振德等（1988）介绍，草大坂组分上、下两段。下段为灰、暗灰色泥质、碳质结晶灰岩、钙质千枚岩、变质石英砂岩，底部砂质磷灰岩，厚 626～855 m；上段为灰、淡红色结晶灰岩夹泥质条带结晶灰岩、似竹叶状结晶灰岩及假鲕状结晶灰岩，厚 191～805 m。

【沿革】 本组创名后，其划分和含义没有变化，本次清理予以采用。

【现在定义】 指整合于烧火筒沟组之上的一套薄层结晶灰岩、似竹叶状结晶灰岩、白云岩等碳酸盐岩组合，局部夹少量板岩等，未见顶。

【层型】 区内次层型为阿拉善右旗黄鹤狼大沟剖面（101°43′00″，38°43′30″）。

【地质特征及区域变化】 草大坂组主要分布于甘肃省永昌县韩母山草大坂，在内蒙古境内见于阿拉善右旗黄鹤狼大沟。其层序和岩石组合特征与正层型剖面基本相同，但其厚度仅是正层型剖面厚度 1 640 m 的二分之一左右。

什那干群 *ZŜ* （15－0009）

【创名及原始定义】 孙健初 1934 年创名什那干灰岩，命名地点为乌拉特前旗什那干。原始定义（李文亢 1964 年介绍）指分布于狼山枣树沟、什那干沟、拴马桩，武川白泉子、四子王旗七层山、察右后旗西井村等地，位于寒武系之下的主要为含燧石条带和结核之硅质灰岩、白云质灰岩、石英岩夹紫色页岩、砂岩、砾岩等岩石组合，厚 90～2 000 m，不整合于太古界五台群之上，时代归属震旦纪。

【沿革】 李文亢等 1964 年在编写 1∶100 万呼和浩特幅地质图说明书时，将什那干灰岩上部含三叶虫的层段划为寒武系，其余岩石组合称什那干群，此后什那干群的划分无争议，只是对它的时限有不同认识。该群无命名剖面，地质工作者习惯上把距什那干沟较近的拴马桩剖面作为它的标准剖面。

【现在定义】 指出露于乌拉特前旗色尔腾山地区不整合于色尔腾山(岩)群或其它老地层之上的一套稳定型浅海相沉积岩石组合，下部为底砾岩及石英粗砂岩等不同粒级的陆源碎屑岩，上部为灰色、灰白色燧石条带状白云质灰岩、硅质、泥质灰岩等。上界被色麻沟组平行不整合覆盖。

【层型】 选层型为乌拉特前旗佘太镇北拴马桩剖面（109°09′56″，41°03′56″；内蒙古区测一队，1972）。

上覆地层：**色麻沟组** 灰白色中厚层状石英砂岩、底砾岩

——————— 平行不整合 ———————

什那干群	总厚度 1 013 m
12. 灰白色藻类化石灰岩夹含砾石英岩	12 m
11. 青灰色燧石条带灰岩	30 m
10. 灰色厚层块状燧石条带灰岩	535 m
9. 灰白色藻类化石灰岩	14 m
8. 灰色泥质灰岩	223 m
7. 灰色中厚层状燧石条带灰岩	24 m

6. 含锰褐灰色细粒砂岩夹砂质页岩、泥灰岩　28 m
5. 白色石英岩　8 m
4. 燧石条带灰岩　7 m
3. 灰白色砂砾岩　10 m
2. 浅灰色巨厚层燧石条带灰岩　85 m
1. 猪肝色粉砂岩夹硅质页岩，底部 20～50 cm 厚的底砾岩　37 m

～～～～～～～～ 不 整 合 ～～～～～～～～

下伏地层：**乌拉山(岩)群**　片麻岩

【地质特征及区域变化】　选层型剖面层序完整，顶部的间断面在区域上可以展开，具有重要的划分和对比意义，下部层段碎屑岩数量相对较大，主要有石英砂岩、粉砂岩等，上部碳酸盐岩多具燧石条带，并夹白云质灰岩，部分剖面产叠层石。在达尔罕茂明安联合旗腮林忽洞该群陆源碎屑物质增多，上、下部层位均夹有石英岩、泥质粉砂岩及板岩等，厚 1 623 m；桌子山一带本群主要是硅质条带灰岩和泥质条带灰岩，具大量叠层石，厚度 536 m。

什那干群属于稳定型沉积，岩性、岩相及厚度变化不大。根据它的层位和岩石组合，它的时代可能属于震旦纪。

第二节　生物地层与年代地层

以阴山地区的渣尔泰山群、白云鄂博群和什那干群的叠层石、同位素测年资料，讨论它们的生物地层和年代地层特征，同时与相应的岩石地层单位的资料对比，建立代表本区的生物地层和年代地层系统（表 13－3）。

表 13－3　阴山地区中、晚元古代岩石地层与生物地层对比表

<table>
<tr><th colspan="3">年代地层</th><th colspan="4">岩 石 地 层</th><th>叠 层 石</th><th>微古植物</th></tr>
<tr><td rowspan="2">震旦系</td><td rowspan="2">Z</td><td>Z_2</td><td colspan="4">什 那 干 群</td><td>Colonnella，Pseudogymnosolen，Conophyton</td><td></td></tr>
<tr><td>Z_1</td><td colspan="4"></td><td></td><td></td></tr>
<tr><td rowspan="2">青白口系</td><td rowspan="2" colspan="2">Qn</td><td colspan="2"></td><td rowspan="6">白云鄂博群</td><td>呼吉尔图组</td><td>Gymnosolen，Collenia</td><td>Trematosphaeridium minutum，Polyporata</td></tr>
<tr><td rowspan="5">渣尔泰山群</td><td>刘鸿湾组</td><td>白音宝拉格组</td><td></td><td></td></tr>
<tr><td rowspan="2">蓟县系</td><td rowspan="2" colspan="2">Jx</td><td>阿古鲁沟组</td><td>比鲁特组</td><td>Conophyton，Tabuloconigera，Liuhongwanella</td><td>Trematosphaeridium minutum，Pseudozonosphaera，Asperatopsophosphaera</td></tr>
<tr><td>增隆昌组</td><td>哈拉霍疙特组</td><td>Conophyton，Gruneria，Xiayingella，Kussiella，Scopulimorpha</td><td>Trematosphaeridium holtedahlli</td></tr>
<tr><td rowspan="2">长城系</td><td rowspan="2" colspan="2">Ch</td><td rowspan="2">书记沟组</td><td>尖 山 组</td><td></td><td></td></tr>
<tr><td>都拉哈拉组</td><td></td><td></td></tr>
</table>

中—晚元古代是叠层石最为发育的时期，它虽然是生物沉积结构构造，但在晚前寒武纪生物地层学方面的意义，尤其作为一种地层的对比标志，受到许多学者的重视。据王楫等（1989）的研究：渣尔泰山群的叠层石呈礁体产于增隆昌组灰岩、白云质灰岩和白云岩中，主要的分子有：*Conophyton ocularoides*，*C. garganicus*，*Xiayingella* cf. *xiayingensis*，*Scopulimorpha*，*Kussiella* 等。

阿古鲁沟组中的叠层石，主要见于中部的白云质灰岩中，主要有 *Conophyton confertus*，*C. habuqieerensis*，*Conistratifera gongshiyaense*，*Liuhongwanella liuhongwanensis* 等；白云鄂博群中的叠层石比较少，真正采于正层型剖面者几乎没有，多是延伸对比以后确定的层位。达尔罕茂明安联合旗熊包子等地尖山组顶部白云质灰岩和白云岩中产 *Conophyton confertus*，*C. habuqieerensis*，*C. garganicus* 等；呼吉尔图组的叠层石产于命名剖面的白云质灰岩中，主要有 *Gymnosolen confragosus*，*Collenia* 等。

什那干群是典型的稳定盖层，位于渣尔泰山群和白云鄂博群之上。其碳酸盐岩层段共有 2 个叠层石层位，可划分 2 个叠层石组合：

第①叠层石组合，产于剖面下部，主要有：*Conophyton cylindricus*，*C. garganicus*，*Tabuloconigera* cf. *paraepiphyta* 等；第②组合产于上部层位，主要有：*Microstromatolites*，*Xiaoqinlingella*，*Lochmecolumella panda*，*L. gracilis* 等。

微古植物化石的研究在渣尔泰山群和白云鄂博群已取得很大进展。产于增隆昌组的 *Trematosphaeridium holtedahlii* 是我国北方蓟县纪景儿峪组的常见分子，但在北欧可以出现在下寒武统中，*T. minutum* 则常见蓟县剖面的常州沟组至景儿峪组，其它的属种，亦多和上述同层位产出。

除上述两类生物地层资料以外，过去曾报道过的其它门类的化石对它们的真伪均有争议，故本书略去，留待专门的研究工作去解决。

以上述的叠层石和微古植物的组合特征为依据，将白云鄂博群、渣尔泰山群的时代置于长城纪至青白口纪是比较客观的。其上的什那干群叠层石一般都对比到蓟县纪，但考虑到它与寒武纪地层形影相随的状况，其时代属震旦纪的可能性更大些，很可能要晚于冰碛层的时代。

第三节　地层格架与问题讨论

一、沉积类型与地层格架

内蒙古中—晚元古代地层大致发育了四种沉积类型：

1. 稳定的地表海沉积类型

这是古老褶皱基底侵蚀面之上形成的第一个二元沉积盖层，由成分成熟度相当高的陆源碎屑岩和白云质碳酸盐岩组成，它们除因古地形影响，各地深度有些变化之外，在岩性和岩相方面，龙首山、桌子山及什那干等地是稳定的。下部主要是石英岩、石英砂岩、长石石英砂岩及少量粉砂岩、板岩和白云质灰岩等，这套岩石组合在桌子山和贺兰山北部称西勒图组。是中元古代初期海侵的产物，它的正向层序反映了它的退积序列特点。上部，基本上是硅、镁质的碳酸盐岩，局部夹少量碎屑岩。属于滨海至浅海大型碳酸盐台地，它们产出的层位及其横向延展相当稳定，往往形成大型白云岩矿床。这套地层在桌子山地区称王全口组。代表蓟县纪到青白口纪以碳酸盐岩为主的沉积序列，它与分布在中天山-马鬃山地层分区的圆藻山群基本是同期产物，只是前者近岸，厚度较小而已。

属于稳定型沉积的墩子沟群，不整合覆于下元古界的龙首山群之上，为一套较细碎屑岩夹硅质、白云质灰岩组合，底部出现变质砂岩和砾岩；当属接近于边缘的台盆沉积，不具典型的二元特点，它被震旦纪的韩母山群不整合所覆，代表了从长城纪至蓟县纪的沉积。

2. 冰碛类型

这套稳定型地层形成之后，内蒙古西部的阿拉善及其周边地区，地壳整体抬升，遭受剥蚀，气候寒冷，至震旦纪早期在额济纳旗洗肠井一带形成一套冰碛岩类。包括冰川堆积、冰水沉积、冰湖沉积以及滨海相的冷水沉积等，下部主要是颜色较杂的冰砾岩、泥砾岩夹杂砾岩和含燧石条带的白云质灰岩，上部为滨海—浅海相碎屑岩夹灰岩，总厚约 380 m，汤光中等(1981) 命名为洗肠井群。阿拉善右旗的烧火筒沟组的冰川堆积岩仅限于下部层位，厚 137 m；上部为正常浅海碎屑岩夹灰岩，相似的冰碛成因的地层在阿拉善左旗南部称正目观组。据甘肃省地矿局（1989）的研究，本区震旦纪的这套与冰川活动有成因联系的地层，它包括了由大陆冰川直接堆积而成的冰碛岩，又包括冰前各种环境中形成的冰水沉积岩类，它们在横向上岩相及厚度变化较大。在额济纳旗月牙山南冰川纹泥发育，含较多坠石，为冰湖相沉积，在红山口一带这套冰碛岩的顶部发育有 33 m 厚的灰色厚层状砾屑白云岩及粉砂质板岩和薄层的白云岩，反映了滨海相的沉积环境。总体特征表明，这套冰成岩的形成环境具有大陆冰川向滨海冰川过渡的特点。

3. 过渡类型

这种类型发育在陆架边缘和斜坡，主要指出露于阴山地区的渣尔泰山和白云鄂博，它们的厚度巨大，白云鄂博地区总厚度达万米。岩石主要是碎屑岩、泥页岩、碳酸盐岩和少量火山岩，它们发育于被动大陆边缘的陆架及大陆斜坡，因此形成了过渡型沉积。由于渣尔泰山群和白云鄂博群与本区重要的硫铁铅锌矿床和多金属稀土矿床关系密切，虽然发现了一些剥蚀界面，为了有利于矿产普查工作，仍然保留了原来的群名，只是从层序地层学的角度探讨了本区中—晚元古代的岩石地层格架：

中元古代早期，华北古陆北部形成两条东西平行展布的沉积海槽，即白云鄂博海槽，渣尔泰海槽。两个海槽沉积史受着相同海平面升降变化所控制。白云鄂博海槽位于北部靠洋一侧，渣尔泰海槽位于靠近华北古大陆剥蚀区。其中白云鄂博群由三个沉积界面所限定：即尖山组顶界，哈拉霍疙特组底界为 SB_1 层序界面；白音宝拉格组底界为 SB_2 层序界面；顶界为 SB_1 层序界面。渣尔泰山群由两个层序界面所限定，即阿古鲁沟组底界的 SB_1 层序界面，顶界为 SB_2 层序界面。白云鄂博地区和渣尔泰山地区这两大套浅变质岩系从岩石地层单位的岩性、岩相及古地理格局方面完全可以对比（图 13－2）。

渣尔泰山群与白云鄂博群地层对比的主要途径是以不整合为界面的沉积序列。第一沉积序列之初，基底断裂作用形成两条近东西向狭长的相互沟通的海槽。海水自北而南侵入。早期在渣尔泰海槽的南侧为剥蚀区的深切河道，沉积了书记沟组一段砾岩。之后沉积物通过深切河谷越过障壁而形成的三角洲体系，即书记沟组二段砂泥岩。随着海平面相对上升，在两个沉积盆地均沉积了滨海相砂岩，在白云鄂博海槽中称为都拉哈拉组，在渣尔泰的海槽中称之为书记沟组三段，二者基本相同，但后者形成的时间要晚些。

在白云鄂博海槽中尖山组下部层位是在都拉哈拉组沉积晚期滨岸相沉积内侧发育的潮坪—泻湖相沉积—前三角洲席状砂—碳酸盐台地相岩石组合，增隆昌组是在渣尔泰海槽书记沟

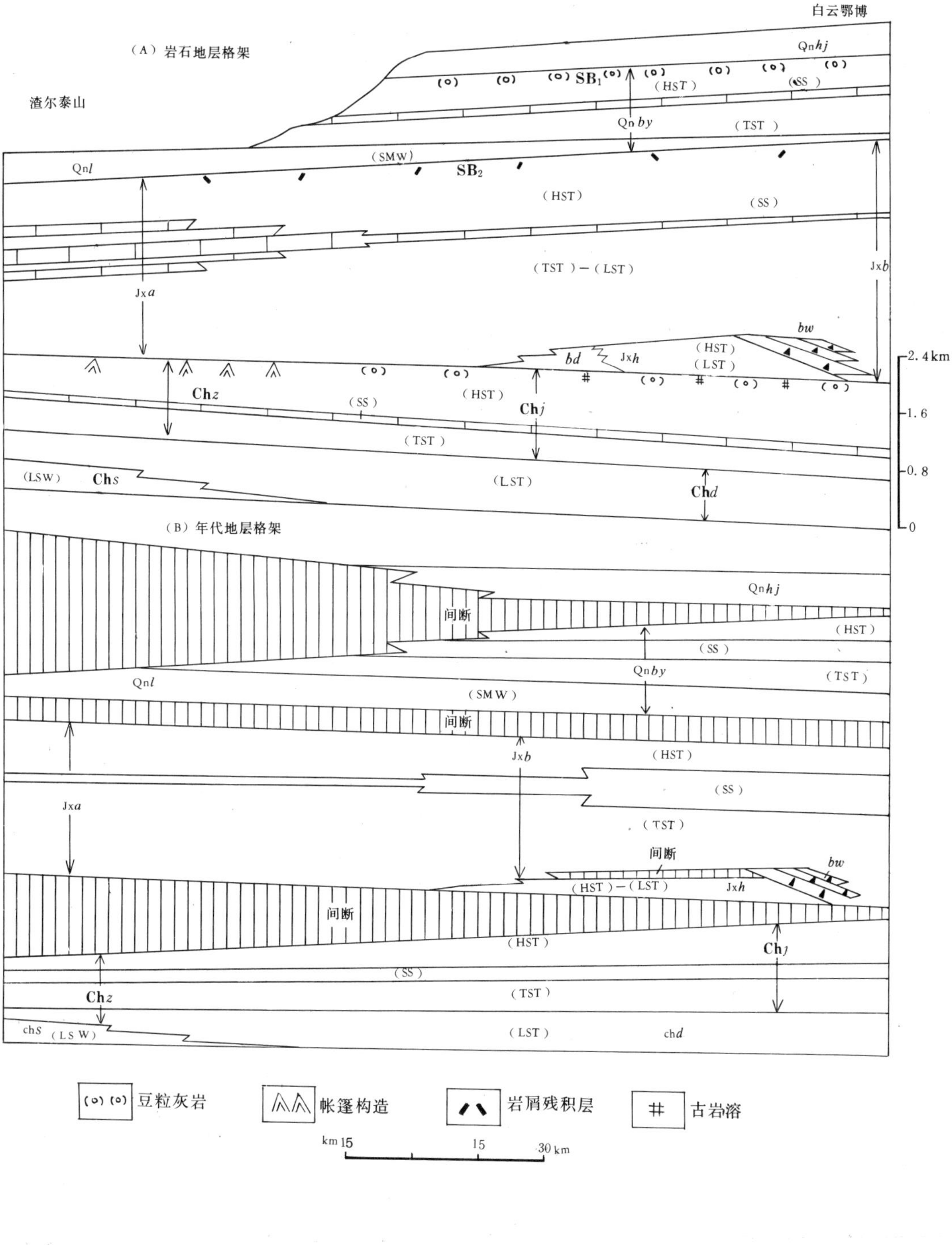

图 13－2　白云—渣尔泰地区中元古代地层格架

HST. 高水位体系域；TST. 海侵体系域；SMW. 陆架边缘楔；LST. 低水位体系域；LSW. 低水位楔；SS. 凝缩层；*bw*. 比鲁特角砾岩楔；白云鄂博群：Ch*d*. 都拉哈拉组；Ch*j*. 尖山组；Jx*h*. 哈拉霍疙特组；Qn*by*. 白音宝拉格组；*bd*. 波罗图白云岩；Qn*hj*. 呼吉尔图组；Jx*b*. 比鲁特组；渣尔泰山群：Ch*s*. 书记沟组；Ch*z*. 增隆昌组；Jx*a*. 阿古鲁沟组；Qn*l*. 刘鸿湾组

组沉积晚期滨岸相沉积内侧形成的浅海陆架的碳酸盐岩岩石组合。之后渣尔泰海槽、白云鄂博海槽相继抬升，海平面逐渐下降，自南向北暴露遭受时间长短不一的剥蚀。在白云鄂博海底暴露期间沉积物通过切蚀作用形成的陆架河谷和陆坡峡谷，直接汇聚到陆坡外侧形成海底扇（H_6）。尔后，海面下降到最低点，开始沉积低水位体系域。此时沉积作用主要发生在大陆坡，在陆架河口处形成低水位三角洲沉积，向海形成滨海—浅海相砂岩，砂质灰岩及灰岩（H_7、H_8）并出现滑塌堆积，形成比鲁特组角砾岩楔。与此同时，渣尔泰海槽一直处于暴露剥蚀状态，出现增隆昌组界面和尖山组界面区域上不等时现象。增隆昌间断一直延续到哈拉霍疙特组沉积之后，海水由北向南广泛入侵，形成开阔浅海陆架环境，使得白云鄂博海槽和渣尔泰海槽在局部地段相沟通，两个盆地中沉积物一般为泥质粉砂岩，中期在渣尔泰海盆中形成了以碳酸盐台地为主的格局，而在白云海槽中为深水环境，沉积了薄层硅质灰岩。末期，新的海侵扩大，沉积区为开阔浅海的滨外—陆架，两个海盆中沉积物是泥质，粉砂质及碳质。之后海水退出，形成渣尔泰山区沙尔肖热式及白云地区的白云布拉沟型的岩屑型风化壳，代表一次抬升运动，形成一近等时界面。

白音宝拉格组沉积初期，首先在陆架边缘及陆坡形成陆架边缘体系域的沉积序列，分布于渣尔泰海盆和白云海盆陆架向大陆一侧。沉积了刘鸿湾组及白音宝拉格组下部的砂岩、岩屑石英砂岩。之后海水彻底从渣尔泰海盆中退出，形成陆源碎屑的供给区。而白云海盆仍处于下降，接受沉积。直至完成了白音宝拉格组的沉积。此后本区遭受时间不长的剥蚀，形成SB_1界面，导致中基性火山岩的喷溢和滨海潮上带碳酸盐岩序列，形成了呼吉尔图组。最后，白云海盆抬升，海水退出，结束了元古宙时期的沉积历史。

4. 活动类型

这种类型主要见于内蒙古中部的温都尔庙，白乃庙及艾勒格庙等地，地层剖面一般不见顶底界线。发育有浅海相的类复理石建造，艾勒格庙组中还出现变质流纹岩及其凝灰岩；白乃庙组与温都尔庙组，基本上是绿片岩组合，原岩为含铁泥硅质岩，含放射虫；底部为基性火山岩、堆积的辉长岩等，为大洋或深海产物。综观内蒙古的中、上元古界，从华北古陆、被动大陆边缘到造山带，形成如下的沉积模式（表13-4）。

二、关于渣尔泰山群和白云鄂博群的划分和对比问题

通过对渣尔泰山至白云鄂博地区中—晚元古代岩石地层格架和年代地层格架的分析，可以清楚地看出渣尔泰山群和白云鄂博群同被两个间断面所分隔，后者在白音宝拉格组和呼吉尔图组之间还存在一个不整合面，分别形成3个和4个层段，按照岩石地层单位划分的原则，它们应该是相同级别岩石地层单位的界线，这样势必导致对渣尔泰山群和白云鄂博群的重新划分和命名，而且已有人这样做了（张鹏远、牛绍武，1991）①。再者，实际资料证明书记沟组和都拉哈拉组，位于同一个不整合面之上，两者的沉积相，岩石组合特征都是一致的，它们应当是一个岩石地层单位，即书记沟组是都拉哈拉组的同物异名，也可以认为渣尔泰山群就是白云鄂博群在区域上的延伸，况且李毓英（1957）就已称为“南区白云鄂博群”了。但是长期以来广大地质学者公认和广泛使用了原来的划分，同时阿古鲁沟组、尖山组等分别与大型稀土和多金属矿床有着密切的关系，所以本次清理考虑到习惯用法而未做新的划分和归并，这样，或许更合乎实际一些。

---

① 张鹏远、牛绍武，1991，内蒙古自治区白云鄂博地区区域地质构造特征（送审稿）。

表 13-4　华北地层大区中、上元古界沉积特征对比表

地　区	龙首山、桌子山、阴山		渣尔泰山 白云鄂博	温都尔庙
构造环境	稳　定　大　陆		被动大陆边缘	造　山　带
沉积类型 或沉积相	陆表海 碳酸盐台地	大陆冰川（盖）	过 渡 类 型	浅海、深海、大洋
建　　造	陆源碎屑岩建造 碳酸盐岩建造	冰碛泥砾岩 冰湖纹泥	类复理石建造	碎屑岩、硅质岩 及角斑岩
修订后的岩石 地层单位名称	什那干群 王全口组 西勒图组 墩子沟群	正目观组 韩母山群 草大坂组 烧火筒沟组	渣尔泰山群 刘鸿湾组 阿古鲁沟组 增隆昌组 书记沟组 白云鄂博群 呼吉尔图组 白音宝拉格组 比鲁特组 哈拉霍疙特组 尖山组 都拉哈拉组	艾勒格庙组 白乃庙组 温都尔庙群
建议停用的 地层单位名称		红山口群 镇木关组	乌兰哈夏群 巴音西别群 诺尔公群 佚拉扎嘎毛道组 海生哈拉组 巴音西别组 塔克林敖包组 沙布更次组	

三、关于同位素年龄

由于渣尔泰山群和白云鄂博群是基本相同的岩石地层单位，白云鄂博群的同位素年龄资料，亦可以代表渣尔泰山群的时代，所以这里只介绍白云鄂博群的资料。据王楫等（1989）、王东方等（1992）的统计和研究，30多年来，白云鄂博群中年龄数据多是由中国科学院地球化学研究所等科研单位测定的，主要是方铅矿的模式年龄，U-Pb的模式年龄，独居石的Th-Pb年龄，黑色板岩的Pb-Pb、U-Pb、Th-Pb年龄和Rb-Sr年龄。王楫等（1989）分别统计了渣尔泰山群和白云鄂博的年龄数据，共61个，认为白云鄂博群是2 000～1 600 Ma间的沉积。与渣尔泰山群相比，其下部时代还可早一些。但因这些数据都取自中下部层位（比

鲁特组底部原 H_9 以下，所以亦难代表整体白云鄂博群的时代。

四、关于白云鄂博群的古生物资料

历年来，关于白云鄂博群的古生物资料的报道逐渐多起来，除与生物有关的叠层石，微古植物，遗迹化石等是公认的以外；珊瑚化石（池永一，1970；张鹏远等，1991）、牙形刺、古介形虫、古杯海绵（张鹏远、牛绍武等，1991），小壳类（刘效良，1992），微小叠层石（梁玉左等，1993）等门类化石的描述和发表，无疑丰富了白云鄂博群的生物地层内容。但是，对上述门类的研究成果，一些学者分别提出了相反的意见，甚至认为有的门类的标本就不是化石。本次清理由于没有进行样品的采集工作，对上述有争议的化石留待以后研究解决。

五、关于白云鄂博群的时代

白云鄂博群的时代，长期以来一直是地质界争论不休的学术问题，虽然资料逐年增多，但是分歧的意见亦日渐尖锐。在这种情况下，本书考虑了两个重要因素：一是白云鄂博群与世界闻名的白云鄂博矿有密切关系，以往的资料已被国内、外学者所熟知，它的变动必将引起广泛的关注；再者，对白云鄂博群的划分和时代归属问题的研究正处于热烈地争论阶段，特别是新理论、新方法的应用还需一段时间的推广，相信会有新的突破。鉴于此，对这个重要而又重大的问题慎重一些是必要的，因此，关于白云鄂博群的划分和时代，还是暂不变动为好，暂置于长城纪至青白口纪是可行的，覆于其上的什那干群自然就应归属于震旦纪，这一点似乎与叠层石提供的信息相矛盾，但综合各种因素考虑，亦不无可取之处。

第十四章 寒武纪—奥陶纪

华北地层大区的寒武纪—奥陶纪地层，主要集中于稳定的华北古陆及其与造山带衔接的过渡带地区，即阴山地层分区和鄂尔多斯地层分区。寒武系底部与震旦纪地层之间存在一个间断面，表现为平行不整合接触，顶部马家沟组沉积之后便是长期的剥蚀阶段，只有在大佘太镇东山奥陶纪的沉积延续到晚奥陶世。其盖层是晚石炭世的太原组或拴马桩组，它们与下伏地层均呈平行不整合接触。在寒武纪—奥陶纪这个自然断代中，各个岩石地层单位之间均为连续沉积。古陆边缘的增生带，即造山带部分，寒武纪—奥陶纪地层不发育，出露零星，多无上、下界的资料，只有早—中奥陶世的包尔汉图群其上被晚志留世的西别河组不整合所覆。

第一节 岩石地层单位

色麻沟组 $\in$*sm* (15－0010)

【创名及原始定义】 内蒙古第一区域地质研究院四分队（1994）在色尔腾山地区色麻沟西创名。原始定义指分布于色尔腾山地区，主要岩性为灰白色砾岩、灰色中厚层石英砂岩夹薄层泥晶灰岩，顶部为紫红—黄绿色薄层状粉砂岩、钙质粉砂岩。与下伏震旦纪什那干群为平行不整合接触或微角度不整合，与上覆老孤山组整合接触，厚 82.8 m。

【沿革】 该组未建立之前，色尔腾山地区不整合于什那干群之上的碎屑岩组合一直被笼统地称为下寒武统及中寒武统。1994 年正式建立岩石地层单位，因其在色麻沟一带出露较好，故称之为色麻沟组。本次清理予以采用。

【现在定义】 指分布于色尔腾山地区平行不整合或微角度不整合于什那干群之上的一套滨浅海相石英砂岩、粉砂岩、页岩及粉砂质灰岩，并发育有底砾岩的陆源碎屑岩组合。与上覆老孤山组为整合接触。

【层型】 正层型为乌拉特前旗色尔腾山地区色麻沟西剖面（109°43′，40°58′；内蒙古第一区域地质研究院四分队 1994 年实测）

上覆地层：**老孤山组** 粉砂质灰岩

———— 整 合 ————

色麻沟组　　总厚度 82.8 m

8. 黄绿色薄层状钙质粉砂岩　　3.1 m

7. 紫红色薄层状泥质粉砂岩，局部褐铁矿化顶部夹薄层状粉砂岩　　13.3 m

6. 紫红绿色粉砂岩夹紫红色细砂岩　　3.6 m

5. 紫红色薄层状钙质粉砂岩，底部有厚约 1 m 的灰紫红色钙质粉砂岩　　16.6 m

4. 灰色厚层状含粉砂细晶灰岩夹薄层灰岩　　15.4 m

3. 深灰色变质石英砂岩夹灰色中厚层状微晶灰岩及紫红色、灰绿色钙质粉砂岩　　12.5 m

2. 灰色中厚层状、厚层状角砾岩　　4.2 m

1. 灰白色中厚层状石英砂岩，底部一层厚 25 cm 的底砾岩　　14.1 m

——————— 平行不整合 ———————

下伏地层：**什那干群**　灰白色石灰岩夹含砾石英岩

【地质特征及区域变化】　该组在乌拉特前旗色尔腾山地区呈东西向断续分布，拴马桩、色麻沟西、老孤山等地为杂色石英砂岩、泥质粉砂岩、钙质粉砂岩、砂质页岩夹粉砂质灰岩等陆源碎屑岩组成，由西向东粗碎屑岩增加，厚度减小。该组底部多具底砾岩。一般平行不整合于什那干群之上，局部亦可见呈断层接触，与上覆老孤山组整合接触，厚 58.1～88.5 m。

该组在老窝铺等地亦有出露，直接不整合于乌拉山(岩)群老变质岩之上，岩石均轻微变质，由含砾变质石英砂岩、变质粉砂岩等组成，厚 48.2 m，其上被老孤山组碳酸盐岩整合覆盖。清水河地区该组主要为石英砂岩、长石砂岩、泥质砂岩、粉砂质页岩、砂质灰岩等，厚 13.3～34.4 m。其下超覆在太古代花岗岩之上，其上被馒头组整合覆盖或局部呈相变关系。该组时代仅根据其平行不整合于震旦纪什那干群之上，整合于中晚寒武世老孤山组之下，而置于早中寒武世。

老孤山组　$\in l$　(15-0011)

【创名及原始定义】　内蒙古第一区域地质研究院四分队（1994）在乌拉特前旗老孤山创名。原始定义指分布于色尔腾山地区整合于色麻沟组和山黑拉组之间的碳酸盐岩组合。下部以微晶灰岩和砂屑灰岩为主，上部为白云质灰岩、微晶灰岩夹薄层粉砂岩。

【沿革】　因色尔腾山地区的上述岩石组合中产中晚寒武世三叶虫化石，所以未建组之前一直笼统地称为中、上寒武统。1994 年正式建立老孤山组，本次清理予以采用。

【现在定义】　同原始定义。

【层型】　正层型为乌拉特前旗明安乡色麻沟西剖面（109°43′，40°58′；据内蒙古第一区域地质研究院四分队，1994）。

上覆地层：**山黑拉组**　暗灰色中薄层状泥晶灰岩

———————— 整　合 ————————

老孤山组　　总厚度 116.2 m

17. 深灰色中薄层状微晶白云质灰岩、顶部为厚10 cm 灰黄色微晶灰岩，底部夹两层厚 10～15 cm 钙质粉砂岩

16. 青灰色中、薄层状微晶灰岩夹深黑灰色厚层状微晶白云质灰岩　　13.1 m

15. 深灰黑色厚层状白云质灰岩，夹厚 7～8 cm 泥质灰岩，底部为一层厚 30 cm 黄红色薄层状粉砂岩　　17.1 m

14. 深灰色厚层状微晶灰岩与浅灰色薄层状灰岩互层夹碎裂微晶灰岩，底部有一层厚 30 cm 的黄红色薄层状泥晶灰岩　　16.9 m

13. 浅灰色中厚层状微晶灰岩，具刀砍纹有含石盐假象微晶灰岩夹层	17.3 m
12. 灰色中厚层微晶灰岩，具刀砍纹，有泥质条带灰岩和厚层状同生角砾状灰岩夹层	13.0 m
11. 灰色厚层状碎裂砂屑灰岩，夹燧石条带	10.6 m
10. 浅灰色中厚层含砂屑微晶灰岩	3.1 m
9. 灰红色薄层状粉砂质灰岩夹钙质粉砂岩	6.1 m

——————— 整　合 ———————

下伏地层：**色麻沟组**　薄层状粉砂岩

【地质特征及区域变化】　老孤山组在色尔腾山地区，主要为微晶灰岩、砂屑灰岩、白云质灰岩夹燧石条带灰岩、泥质条带灰岩及薄层钙质粉砂岩组成，厚116～139 m。向东南该组碎屑岩明显增加，厚度增大。在沟门乡哈拉沟一带由结晶灰岩和变质砂岩组成，厚349.2 m；在中卜圪素一带该组碳酸盐岩较多，由鲕状灰岩、硅质条带结晶灰岩、竹叶状结晶灰岩、块状结晶灰岩等组成，厚457 m。地质时限为中晚寒武世。

馒头组　∈m　(15－0023)

【创名及原始定义】　美国人Willis和Blackwelder(1907)在山东张夏村命名馒头层。原始定义：主要是一套红和棕色页岩，夹有灰色或浅灰色石灰岩，石灰岩经常含泥质成分。总厚135～225m。其下与花岗岩不整合接触，上面整合盖着石灰岩的馒头层的完整剖面。

【沿革】　内蒙古清水河地区自1973年以来称为馒头组的岩石组合不能与山东创名剖面对比，另称色麻沟组，而整合于其上的原毛庄组、徐庄组岩石组合与馒头组大致相同，故该地区用馒头组替代毛庄组、徐庄组。桌子山—贺兰山地区自1982年以来称为馒头组者，仅包括现在馒头组的一部分，整合于其上的毛庄组及部分徐庄组岩石组合则构成清理后的馒头组。

【现在定义】　区内馒头组指分布清水河、桌子山—贺兰山地区的一套以页岩、砂岩为主及少量灰岩、白云岩的岩石组合，其上与张夏组整合接触，其下平行不整合于西勒图组之上。

【层型】　区内参考剖面为清水河县北山剖面[15－0023－4－(1)]、石匣口剖面[15－0023－4－(3)]、苏白音沟东剖面[15－0023－4－(4)]、千里山北段平岩山剖面[15－0023－4－(5)]。

【地质特征及区域变化】　该组在清水河董家梁至双树子以东呈东西向分布。岩性稳定，由紫红色为特征的页岩、粉砂质页岩、含云母页岩、粉砂岩及少量砂质灰岩等组成，厚27.27～52.77 m。含早—中寒武世化石，与上覆张夏组，下伏色麻沟组均为整合接触。在贺兰山、桌子山及千里山一带该组呈南北向分布，岩性变化较大。在千里山至桌子山以灰绿色页岩为主，少量薄层竹叶状灰岩、鲕状灰岩夹长石石英砂岩、白云质页岩；桌子山东部苏白音沟，下部为白云岩、页岩、泥质条带灰岩、石英砂岩、白云质灰岩等，上部为灰绿色、褐红色页岩；贺兰山北段察赫勒一带为中细粒石英砂岩、结晶灰岩，不整合于太古宇之上。在陶思沟一带为灰黑及土黄色泥质条带灰岩、砂质灰岩、长石石英砂岩、白云岩夹紫红色页岩；向南至贺兰山中段紫红色页岩增加，其次为白云岩、钙质砂岩等。厚103～179.3 m，千里山北段厚度达263.37 m。一般平行不整合于西勒图组之上。

张夏组　∈$\hat{z}$　(15－0024)

【创名及原始定义】　美国人Willis和Blackwelder(1907)在山东张夏村命名张夏灰岩。原指九龙群的第一个建造。覆盖在馒头组页岩软地层之上150 m厚的块状石灰岩，最底部由18 m厚的薄层灰色的石灰岩组成，部分呈鲕状。然后是形成陡壁的块状黑色鲕状灰岩层，平均厚70 m。陡壁之上为30 m厚的结晶灰岩。近顶部有浅灰色砾状灰岩。

【沿革】　内蒙古区调一队自1973年在清水河地区引用张夏组以来，其划分与张夏组现在定义相符。桌子山、贺兰山地区自卢衍豪1964年引用张夏组以来，一直是以含中寒武世后期张夏动物群为划分张夏组的依据，通过与张夏组正层型剖面对比，该地区清理后的张夏组包含了原徐庄组的部分岩石组合。

【现在定义】 区内张夏组指分布于鄂尔多斯地区整合于馒头组之上、炒米店组之下的以鲕状灰岩为主及少量薄层灰岩、竹叶状灰岩、泥质灰岩等构成的碳酸盐岩组合，局部夹页岩。

【层型】 区内参考剖面为清水河南山剖面[5-0024-4-(1)],清水河董家梁剖面[5-0024-4-(2)],乌海市乌胡子山剖面[15-0024-4-(3)],桌子山苏白音沟剖面[15-0024-4-(4)]。

【地质特征及区域变化】 该组在清水河地区董家梁、西山沟一带呈东西向条带状分布，由一套浅灰、黄灰色鲕状灰岩、薄层灰岩、假鲕状灰岩、生物碎屑灰岩组成，局部夹页岩、竹叶状灰岩及菱铁矿灰岩。该地区张夏组岩性稳定，以清水河南山厚度最大，厚87～110.9 m。向西、向南逐渐变薄。产 *Dorypyge*, *Damesella*, *Trachoparia* 及 *Amphoton* 等三叶虫化石。在桌子山地区该组以青灰色鲕状灰岩为主，夹少量页岩、薄层灰岩、竹叶状灰岩等，厚49 m。在贺兰山北段乌胡子山为薄层鲕状灰岩与薄层灰岩互层。向南在阿拉善左旗陶思沟一带为灰黑色薄层泥质条纹鲕状灰岩夹竹叶状灰岩，厚47.8～54.81 m。根据三叶虫及腕足类化石，虽然清水河地区张夏组的形成时限晚于桌子山—贺兰山地区张夏组,但均在中寒武世的范围内。清水河地区张夏组之灰岩可做水泥原料及冶金辅助原料。

炒米店组　$\in\hat{c}$　(15-0025)

【创名及原始定义】 系炒米店石灰岩的修订名，为美国人 Willis 和 Blackwelder (1907) 创立。原始定义为“九龙群的第三个建造是炒米店石灰岩，由硬质石灰岩组成。”

【沿革】 本次清理首次引用炒米店组。

【现在定义】 区内指分布于鄂尔多斯地区整合于张夏组之上、三山子组之下的一套以薄层构造为特征的碳酸盐岩组合，发育少量竹叶状灰岩、鲕状灰岩、页岩、白云质灰岩等。

【层型】 区内参考剖面为清水河董家梁剖面[15-0025-4-(1)],清水河南山剖面[15-0025-4-(2)],乌胡子山剖面[15-0025-4-(3)],桌子山苏白音沟剖面[15-0025-4-(4)]。

【地质特征及区域变化】 该组在清水河地区主要为一套浅灰色、紫红色薄层灰岩、薄层泥质灰岩、少量竹叶状灰岩夹鲕状灰岩、钙质页岩等，向西上部逐渐出现白云质灰岩，总厚度大于170 m。炒米店组在桌子山—千里山一带主要为薄层泥质条带灰岩、薄层竹叶状灰岩、少量页岩、鲕状灰岩等，厚215.6～337.6 m。在贺兰山北段乌胡子山一带以竹叶状灰岩及薄层含砂泥质条带灰岩为主夹白云质灰岩等，在陶思沟一带以灰白色薄层灰岩为主，至贺兰山中段，灰岩中泥质成分增加，主要为薄层泥质灰岩，薄层泥质条带灰岩，上部时有白云质灰岩夹层。贺兰山地区该组以陶思沟厚度最小，仅148.9 m，北部最大厚度达525.2 m，地质时限为晚寒武世。

锦山组　$\in j$　(15-0004)

【创名及原始定义】 为辽宁省区域地层表编写组 (1978) 创名，命名地点是喀喇沁旗青山乡罗卜齐沟。原始定义指分布于青山乡罗卜齐沟一带的砂岩、板岩夹条带状灰岩、结晶灰岩、石英岩等，含晚寒武世腕足类化石，厚298～419 m，未见顶底。

【沿革】 锦山组自建立以来沿用至今。

【现在定义】 指分布于喀喇沁旗青山乡罗卜齐沟一带含腕足类化石的深灰色板岩、变质砂岩、少量灰绿色千枚岩、灰白色条带状泥质结晶灰岩的岩石组合，未见顶、底。

【层型】 正层型为喀喇沁旗青山乡罗卜齐沟剖面（118°30′，42°02′；内蒙古区测二队，1967）

锦山组	总厚度>419 m
6. 灰绿色含钙质千枚岩（未见顶）	>64 m
5. 灰白色条带状泥质结晶灰岩	>49 m
4. 深灰色千枚岩化泥质板岩夹泥质结晶灰岩透镜体	104 m
3. 深灰色变质砂质泥岩及泥质砂岩夹四层泥质结晶灰岩透镜体，含腕足类化石：*Billingsella* ex gr. *flustuosa*，*Eoorthis* aff. *linnarssoni*，*Huenella*? sp.	74 m
2. 粉白色杂砂岩夹厚层状石英岩	14 m
1. 深灰色变质泥质砂岩与砂质泥岩相间出现（未见底）	>114 m

【地质特征及区域变化】 锦山组仅在喀喇沁旗青山乡北部和锦山镇北山出露，以碎屑岩为主，下部为深灰色泥质砂岩、砂质泥岩夹杂砂岩、灰岩透镜体等；上部以千枚状板岩为主，夹少量千枚岩及条带状泥质结晶灰岩，厚度大于 419 m。为浅海沉积环境。地质时限为晚寒武世。

香山群 ∈*X* （15－0030）

【创名及原始定义】 香山群由宁夏区测队 1960 年创名，命名地点为宁夏同心县香山。1965 年同心幅区测报告介绍其涵义指分布于香山及黑阴湾山的灰绿色轻变质砂岩、板岩、灰岩、硅质岩等，上部夹少量海相火山岩和浅成侵入的辉绿岩，最大厚度达 8 812 m。

【沿革】 宁夏区测队创立香山群时包含米钵山组、上石棚组、香山寺组、吕家新庄组，时代为晚奥陶世—早志留世。1963 年宁夏区测队叶永正、曹景轩在米钵山发现中寒武世三叶虫后，厘定香山群为四个亚群。1965 年正式用于同心幅区测报告中。1976 年宁夏区调队在中卫幅开展区调时将香山群引入阿拉善左旗地区。此后，香山群在阿拉善地区的含义及划分标准基本无变化。

【现在定义】 指阿拉善左旗马夫峡子、科学山北端等地分布的一套浅变质碎屑岩夹碳酸盐岩及硅质岩组合。主要岩性为灰绿色变质中—细粒长石砂岩、泥质中细粒长石砂岩及板岩、千枚岩、砾岩、白云岩、硅质岩等。未见顶、底。

【层型】 区内参考剖面为阿拉善左旗马夫峡子剖面[15－0030－4－(1)]，阿拉善左旗科学山北端大战场剖面[15－0030－4－(3)]。

【地质特征及区域变化】 香山群分布于阿拉善左旗腾格里地区马夫峡子向北至科学山北端大战场一带。在腾格里地区主要为淡红、褐红色薄层粉砂质结晶灰岩、微粒石英变质砂岩及少量含砾粉砂质板岩、白云岩、硅质岩组成，产核形石 *Oncolithes*，厚 533 m，与上覆米钵山组平行不整合接触，其下被断层所截。向东在马夫峡子一带该群下部主要为灰绿色变质长石砂岩，中上部主要为褐黄色千枚岩、板岩、硅质白云岩夹灰黑色薄层硅质岩等，上部为灰绿、褐红色中厚层浅变质中粗粒长石砂岩及中细粒长石石英砂岩等组成，厚 2 388 m。向北在科学山大战场、元山子南侧等地，岩石粒度变细，由下至上岩石组合为：灰岩、硅质灰岩—细砂质板岩、千枚状板岩—厚层网纹灰岩—板岩、千枚岩，厚 833.9 m。其下与斜长花岗岩呈侵入接触，未见上界。

该群纵、横向岩性变化较大，以马夫峡子一带最发育，向西、向北岩石粒度、沉积厚度均变小，各地出露之该群纵向上表现类复理石建造特点。

区内该群未获古生物资料，其时代据宁夏资料归属中寒武世。

包尔汉图群　*OB*　（15－0701）

【创名及原始定义】　由内蒙古区测一队1965年创名。建群地点在达尔罕茂明安联合旗西别河中游包尔汉图。原始定义："按岩性组合由下而上划分两个岩组，即布龙山岩组为凝灰砂岩、板岩、石英砂岩夹含铁细砂岩；哈拉岩组为安山岩、凝灰岩夹杂砂岩，有铜矿化。两组为整合接触，上限被西别河组不整合覆盖，下限不清，时代为早、中志留世。"

【沿革】　内蒙古区调一队在1980年开展查干哈达幅1：20万区调时，在哈拉组的沉凝灰岩中采到笔石，纠正其时代为奥陶纪。本次清理仍称为包尔汉图群。

【现在定义】　指分布于达尔罕茂明安联合旗中部地区，伏于西别河组之下的一套海相中基性火山熔岩、火山碎屑岩夹陆源碎屑岩、碳酸盐岩沉积。含笔石、放射虫、有孔虫化石。该群包括两个组，上称哈拉组，下称布龙山组。

【层型】　正层型为达尔罕茂明安联合旗白音敖包苏木包尔汉图剖面（110°10′，42°03′）。

【地质特征及区域变化】　本群包含的2个组，只在层型剖面上呈连续沉积，区域上两者多单独出露，其特征和变化详见各组的描述。

布龙山组　O*bl*　（15－0702）

【创名及原始定义】　原名布龙山岩组，系1965年内蒙古区测一队创建于达尔罕茂明安联合旗白云鄂博北布龙山。原始定义：为硅质板岩夹安山岩、大理岩及变质砂岩，厚1 362 m。

【沿革】　本次清理除将"岩组"改称"组"以外；在划分上没有变化。

【现在定义】　指分布于内蒙古达尔罕茂明安联合旗整合伏于哈拉组之下的一套以硅质板岩、板岩、石英砂岩、细砂岩夹安山岩、沉凝灰岩及大理岩透镜体等的岩石组合。下界不清。

【层型】　正层型为达尔罕茂明安联合旗布龙山剖面（109°55′，41°59′；据内蒙古区测一队，1971）。

上覆地层：**哈拉组**　灰绿色蚀变火山角砾凝灰岩

——————　整　合　——————

布龙山组	总厚度＞1 362 m
14. 浅紫灰色硅质板岩夹灰色变质粉砂岩	60 m
13. 绿灰色含粉砂硅质板岩。风化面为紫色	130 m
12. 灰绿色片状蚀变安山岩	50 m
11. 灰色变质中粗粒长石石英砂岩。片状构造，矿物被拉长和压碎	48 m
10. 暗灰色含粉砂质板岩	＞22 m
9. 暗灰色安山岩	＞45 m
8. 灰、浅紫、绿灰色硅质板岩，由绿泥石、绢云母及硅质组成	132 m
7. 灰绿色块状安山岩	130 m
6. 紫灰、暗灰色砂质钙质板岩夹灰白色及暗灰色条带相间组成的硅质岩及大理岩	188 m
5. 灰绿色块状安山岩	130 m
4. 灰绿色含砂质绿泥石板岩夹大理岩透镜体	33 m
3. 灰白色大理岩夹绿泥石板岩	40 m
2. 暗灰、灰绿色硅质板岩夹少量变质粉砂岩及大理岩透镜体	150 m
1. 灰黑、灰带紫色硅质板岩夹紫色变质中粒长石砂岩及大理岩透镜体。板岩具褐铁矿化现象（未见底）	＞204 m

【地质特征及区域变化】 该组主要分布于达尔罕茂明安联合旗布龙山、包尔汉图、西倍等地，层位稳定。在布龙山最大厚度 1 899 m，在硅质板岩中夹有含铁石英岩。

哈拉组 O*h* (15－0703)

【创名及原始定义】 原名哈拉岩组，系 1965 年内蒙古区测一队创建于达尔罕茂明安联合旗包尔汉图和哈拉。原始定义：为安山岩、凝灰岩夹杂砂岩，厚度大于 701 m。与下伏布龙山岩组为整合接触。在哈拉地区中基性火山岩含黄铁矿型铜矿。上限与西别河组不整合接触。

【沿革】 本次清理修订为哈拉组，在划分上无变化。

【现在定义】 指分布于达尔罕茂明安联合旗一带连续沉积于布龙山组之上的一套中基性熔岩和火山碎屑岩。主要为安山质、英安质凝灰岩、安山岩、安山玢岩、玄武岩夹变质凝灰质细砂岩。上界被西别河组不整合覆盖。

【层型】 选层型为达尔罕茂明安联合旗包尔汉图剖面（110°10′，42°03′；据内蒙古区调一队，1980）。

上覆地层：**西别河组** 灰黄色砂岩

～～～～～～～～ 不 整 合 ～～～～～～～～

哈拉组	总厚度＞659 m
26. 灰绿色杏仁状安山岩	43 m
25. 灰绿色蚀变含角砾岩屑晶屑凝灰岩	8 m
24. 紫红色霏细凝灰岩	14 m
23. 灰黑色蚀变玄武岩	3 m
22. 紫红色安山质霏细凝灰岩	6 m
21. 灰黑色蚀变玄武岩	5 m
20. 灰黑色、紫红色沉凝灰岩，含笔石：*Callograptus* sp.，*Desmograptus* sp.，*Dictyonema* sp.	45 m
19. 英安质火山角砾岩屑晶屑凝灰岩	81 m
18. 灰色、灰绿色沉凝灰岩	42 m
17. 杂色火山角砾晶屑凝灰岩，相变为杏仁状安山岩、霏细凝灰岩夹结晶灰岩透镜体	66 m
16. 灰白色晶屑、玻屑凝灰岩夹灰绿色安山质凝灰岩及结晶灰岩透镜体	19 m
15. 紫色蚀变英安质晶屑玻屑凝灰岩	46 m
14. 杂色、粉紫色英安质晶屑玻屑岩屑凝灰岩	102 m
13. 紫红色含孔雀石蚀变安山岩	78 m
12. 灰黑色、灰绿色安山质岩屑、晶屑凝灰岩夹结晶灰岩透镜体	37 m
11. 灰绿色蚀变火山角砾凝灰岩	＞64 m

———————— 整 合 ————————

下伏地层：**布龙山组** 浅紫灰色硅质板岩

【地质特征及区域变化】 该组主要分布于达尔罕茂明安联合旗的布龙山、包尔汉图、哈拉等地以及克什克腾旗的五道石门，多为中基性火山岩。在哈拉地区、五道石门则基性火山岩较多。该组厚度 701 m，时代为中奥陶世。

三山子组 ∈O*s* (15－0061)

【创名及原始定义】 原名三山子石灰岩，由谢家荣 1932 年创建于江苏贾汪大泉村东南三山子。原始定义："全层厚三百至五百公尺，系一种灰或灰白色之结晶质石灰岩，界于中上奥陶纪之纯灰岩与寒武纪鲕状及竹叶状石灰岩之间。”

【沿革】 江苏省后改为三山子组，本次清理首次引用三山子组一名。

【现在定义】 指出露于清水河、桌子山及贺兰山地区，连续沉积于炒米店组之上的一套灰黄色、浅灰白色白云岩、白云质灰岩、白云质页岩等碳酸盐岩组合，局部含燧石结核、砾屑、鲕粒等。含牙形刺、三叶虫等化石。上界与马家沟组为整合接触。

【层型】 区内次层型为阿拉善左旗贺兰山下岭南沟—中梁子剖面[15－0061－4－(2)]。

【地质特征及区域变化】 分布于贺兰山地区的中梁子，桌子山地区的三道坎、岗德尔山715厂以及清水河地区的董家梁、车厂和刘家夭等地。岩性稳定，是华北地台区该套地层的北延部分。它代表了当时华北陆表海西北边缘半封闭的高盐环境，白云岩、白云质灰岩的组合特点适应牙形刺等的发育，主要有牙形刺 *Cordylodus proavus*，*Proconodontus muelleri*，*Teridontus nakamurai* 以及三叶虫 *Calvinella*，*Tsinania* 等。时代为晚寒武世—早奥陶世。

马家沟组 Om (15－0064)

【创名及原始定义】 原名马家沟石灰岩，由 Grabau 1922 年创建于河北省唐山市赵各庄长山。原始定义：“马家沟村附近之石灰岩，名为马家沟石灰岩，因产 *Actinoceras*（珠角石）甚富，曾名之为珠角石石灰岩。”

【沿革】 连续沉积在三山子组白云岩之上的厚层灰岩主要发育于河北省，延伸到我区境内，在桌子山地区下部称为三道坎层或三道坎组，上部称桌子山石灰岩或桌子山组；清水河地区下部称下马家沟组，上部称上马家沟组；贺兰山地区称为天景山组。本次清理与华北地台区统一将这套厚层灰岩称为马家沟组。

【现在定义】 区内指贺兰山、桌子山及清水河地区连续沉积于三山子组之上的一套浅海相厚层灰岩，局部地区夹少量石英砂岩及白云岩。含大量的腕足类、头足类、三叶虫、牙形刺等多门类化石，其上与克里摩里组或米钵山组为整合接触。

【层型】 区内次层型为阿拉善左旗下岭南沟—中梁子剖面[15－0064－4－(2)]。

【地质特征及区域变化】 分布于阿拉善左旗的中梁子，乌海市三道坎东、桌子山、老石旦东山，鄂托克旗的平岩山、色尔崩乌拉以及清水河县城以西、以南黄河两岸地区。岩性稳定，在桌子山、贺兰山地区地层较老时代为早奥陶世，清水河地区层位较高为中奥陶世，反映了本组的穿时特征，该组化石丰富，说明当时的古地理环境很适宜生物的生存、发展。

克里摩里组 Ok (15－0053)

【创名及原始定义】 原名克里摩里石灰岩，由关士聪、车树政 1955 年创建于桌子山地区拉什仲庙南。原始定义：“岩性以黑色和灰色薄层石灰岩为主，上部夹有两层页岩，总厚度不超过 60 m。”

【沿革】 1959 年穆恩之、张日东等① 修订为克里摩里组。该组自创建以来没有变化。

【现在定义】 指分布于桌子山地区，连续沉积于马家沟组之上，整合伏于乌拉力克组之下的一套以薄层灰岩为主夹黑色页岩的岩石组合。含笔石、三叶虫化石。

【层型】 正层型为乌海市拉什仲庙南克里摩里剖面（106°53′，39°25′；据关士聪、车树政，1955）。

上覆地层：**乌拉力克组** 页岩

---

① 穆恩之、张日东等，1959，全国地层会议资料汇编（会议资料）。

—————— 整　合 ——————

克里摩里组　总厚度 37.4 m

6. 黑色薄层石灰岩　1.4 m

5. 黑色页岩　1.6 m

4. 深灰色薄层石灰岩　8.8 m

3. 灰色至深灰色薄层不纯石灰岩　4.6 m

2. 黑色至深灰色薄层石灰岩，其中 5 层富含三叶虫化石 *Sphaeragnostus shumardia*，*Apatokephalus* 或 *Remopleurides*，*Ampyx* sp.，*Endymionia* sp.，*Symphysurus* sp.，*Ptychopyge* sp.，*Illaenus* sp.，*Birmanites* sp.，*Cheirurus* sp.　4.0 m

1. 浅灰色薄层泥质灰岩　17.0 m

—————— 整　合 ——————

下伏地层：**马家沟组**　灰岩

由于正层型资料陈旧，补以乌海市老石旦东山东坡剖面（106°53′，39°25′；据陈均远、周志毅，1984）为参考剖面。

上覆地层：**乌拉力克组**　页岩

—————— 整　合 ——————

克里摩里组　总厚度 208.8 m

7. 灰黑色薄或中层泥质层纹灰岩与碳质页岩互层，产笔石 *Pterograptus elegans*，*Amplexograptus*，*Orthograptus* ex gr. *calcaratus*，*Glyptograptus* spp.，*Pseudoclimacograptus* sp.，*Didymograptus* sp.　20.0 m

6. 黑色中或薄层灰岩夹黑色页岩，中部为厚层状灰岩，产笔石 *Amplexograptus modicellus*，*Climacograptus* ex gr. *shihuigouensis*，*Didymograptus* sp.，*Amplexograptus* sp.，三叶虫 *Nileus klimoliensis*，*Ampyx* sp.　41.9 m

5. 黑色薄层灰岩与黑色页岩互层，产笔石：*Amplexograptus* cf. *qilianshanensis*，*Climacograptus* sp.，*Diplograptus* sp.，*Cardiograptus*? sp；三叶虫：*Hammatocnemis* sp，*Nileus klimoliensis*，*Paraptychopyge* sp，*Ampyx* sp.　14.2 m

4. 黑灰色薄层板状灰岩与黑色页岩互层，产笔石 *Amplexograptus* cf. *confertus*，*A. modicellus*，*Pseudoclimacograptus* cf. *scharenbergi*，*Climacograptus* sp.；三叶虫 *Nileus klimoliensis*，*Bulbaspis* sp.，*Remopleurides* sp.，*Paraptychopyge lashichungensis*　38.7 m

3. 薄层板状泥质灰岩夹深黑色页岩，产笔石 *Amplexograptus confertus*，*Pseudoclimacograptus scharenbergi*，*Glyptograptus intersitus*，*G. dentatus*，*G.* cf. *angustifolius*，*Diplograptus* cf. *priscus*，*Glossograptus acanthus*，*G. gracilis*，*Didymograptus acutidens*；三叶虫 *Nileus klimoliensis*，*Lonchodomas* sp.，*Paraptychopyge lashichungensis*，*Shumardia zotzeshanensis*，*Endymionia ordsensis*，*Mendolaspis* sp.；牙形刺 *Eoplacognathus reclinatus*　38.4 m

2. 深灰色瘤状灰岩与薄层灰岩互层，化石较少，底部产三叶虫 *Remopleurides* sp.　39.1 m

1. 薄层灰岩和黄色钙质泥岩互层，产三叶虫 *Lonchodomas* sp.，*Remopleurides* sp.，*Ptychopyge* sp.，*Nileus* sp.，*Tangyaia* sp.，*Trinodus* sp.；笔石 *Amplexograptus* sp.，Diplograptidae；腕足类 *Skenidioides*　16.5 m

—————— 整　合 ——————

下伏地层：**马家沟组**　厚层灰岩

【地质特征及区域变化】 仅分布于桌子山地区，厚度变化较大，在拉什仲庙南老石旦东山厚度 202 m，岗德尔山小博格勒其高勒厚度 84 m，含丰富的笔石、三叶虫化石。时代为早奥陶世。

乌拉力克组 *Owl* （15－0054）

【创名及原始定义】 原名乌拉力克层，由关士聪、车树政 1955 年创建于桌子山地区乌拉力克沟。剖面没有进一步分层。原始定义："分布于拉什仲庙盆地中，岗德尔山南部乌拉力克沟及拉僧庙以东地区，岩性以黑色页岩为主，上部为深灰色砂质页岩，总厚约 30 m。时代属中奥陶世。"

【沿革】 1959 年穆恩之、张日东等对其所含笔石进行了研究并修订为乌拉力克组，1984 年陈均远，周志毅等在该区开展生物地层研究，重新测制了剖面。本次清理，该组的划分以页岩为标准，上、下地层虽也含页岩，但均是以砂岩或灰岩的夹层出现。因此，清理后将陈均远等所测该组剖面的上界向上移 29.6 m，即把原划为拉什仲组第一层的页岩仍然归入乌拉力克组中，恢复最初命名时的含义。

【现在定义】 指连续沉积于克里摩里组薄层灰岩之上的一套黑色碳质、硅质页岩沉积，底部为砾灰岩。含大量笔石。其上与拉什仲组为整合接触。

【层型】 由于创名时未测制剖面，选层型为陈均远等 1984 年测制的乌海市岗德尔山南缘西坡哈图沟剖面（106°51′，39°28′）。

上覆地层：**拉什仲组** 粉砂质页岩与粉砂岩互层

——————— 整 合 ———————

乌拉力克组　　总厚度 35.9 m

3. 黑色碳质笔石页岩，产 *Nemagraptus gracilis*，*N.* ex gr. *surcularis*，*N.* sp.，*Syndyograptus* sp.，*Dicellograptus sextans*，*D. sextans exilis*，*D. smithi*，*D. intertus*，*D. divericatus*，*D. divericatus rectus*，*Neodicellograptus*? sp.，*Leptograptus* sp.，*L.* cf. *flaccidus*，*Pseudazygograptus incurvus*，*Glossograptus hincksii*，*Cryptograptus tricornis*，*Retiograptus geinitzianus*，*Amplexograptus* cf. *modicellus*，*Climacograptus antiquus linealis*，*C. diplacanthus*，*Pseudoclimacograptus scharenbergi minor*，*Glyptograptus englyphus*，*Pseudoglyptograptus* sp.，*Orthograptus calcaratus*，*O.* ex gr. *calcaratus*，*Didymograptus sagitticaulis*　　29.6 m
2. 黑色含碳硅质页岩，产（HL68a）笔石 *Glyptograptus teretiusculus*，*Retiograptus* sp.，*Amplexograptus* cf. *differtus*，*Didymograptus sagitticaulis*　　4.0 m
1. 砾灰岩，砾石成分全为灰岩，排列杂乱，横向变化急剧，最大厚度可达 8 m，产牙形刺：*Pygodus serrus*　　2.3 m

——————— 整 合 ———————

下伏地层：**克里摩里组** 灰岩

【地质特征及区域变化】 该组分布局限，仅出露于岗德尔山南端，岩性均为页岩。时代为中奥陶世。

拉什仲组 *Olŝ* （15－0055）

【创名及原始定义】 原名拉什仲绿色岩系，系关士聪、车树政 1955 年创建于乌海市的拉什仲。原始定义："分布于棋盘井丘陵地区，岗德尔山南端哈图沟及拉什仲西，以绿色灰质砂岩及页岩为主，夹薄层凸镜状石灰岩，底部砂页岩层互层中夹有一层砾岩，总厚 50～55 m，是桌子山地区所见奥陶纪地层最上部层位。”

【沿革】 1959 年穆恩之等修订为拉什仲组。1977 年，陈均远、周志毅等根据笔石和头足类的分带性在原拉什仲组之上又建立了公乌素组和蛇山组。后二者明显具有生物地层的性质。本次清理认为，它们的岩性，岩相一致，没有明显的岩石组合特征上的差异，是不宜分割的同一个类复理石建造，本书恢复原拉什仲组的概念。

【现在定义】 指桌子山地区整合于乌拉力克组页岩之上的一套灰绿色、黄绿色粉细砂岩夹页岩及灰岩（生物碎屑灰岩）等的地层序列。含大量的三叶虫、笔石等化石。其上被太原组不整合覆盖。

【层型】 正层型为乌海市拉什仲西贾木苏托罗盖剖面（106°54′，39°22′；据关士聪等，1955）：

上覆地层：**太原组** 砂岩夹煤层

~~~~~~~~~ 不 整 合 ~~~~~~~~~

拉什仲组	总厚度 54.6 m
6. 灰绿色砂岩及砂页岩互层	3.6 m
5. 灰绿色砂岩	3.0 m
4. 绿灰色板状灰质细砂岩，间夹页岩层及凸镜状灰岩层	17.0 m
3. 棕灰至浅灰色薄层石灰岩	0.2 m
2. 灰绿色灰质砂岩及页岩互层	30.0 m
1. 灰绿色砾岩，砾岩多为黑色的石灰岩，岩性酷似克里摩里石灰岩，少数为砂岩及砂质页岩，并多呈不规则的半棱角状，绝少浑圆者，钙质胶结	0.8 m

———————— 整 合 ————————

下伏地层：**乌拉力克组** 黑色碳质笔石页岩

【地质特征及区域变化】 该组分布于乌海市拉什仲、公乌素、蛇山等地，出露范围不大。岩性稳定。含丰富的笔石、头足类、腕足类及三叶虫化石。时代为中奥陶世。

山黑拉组 O$\hat{s}$ （15－0058）

【创名及原始定义】 林宝玉、邱洪荣等 1984 年创建于乌拉特前旗佘太镇山黑拉。原始定义：“岩性为浅灰色厚层状灰岩，厚 320m。未见任何生物化石，其下与上寒武统整合接触，其上与可能相当华北地区下马家沟组至上马家沟组的二哈公组整合接触。根据岩性和层位关系大致与华北地区的冶里组和亮甲山组相当。”

【沿革】 1972 年内蒙古区测一队开展佘太镇幅 1：20 万区调时，将平行不整合于拴马桩组之下的一套灰岩划为中下奥陶统。所测拴马桩剖面分为 3 层，由老到新：(1) 厚层灰岩 320 m；(2) 白云质灰岩 212 m；(3) 厚层状灰岩 205 m。1982 年安太庠在《中国的奥陶系》一书中将相当于 1 层的称为下马家沟组，2—3 层称为上马家沟组。1984 年林宝玉、邱洪荣等在该区进行专题研究时，将 1 层命名为山黑拉组，2 层称二哈公组，3 层归新建立的乌兰胡洞组，发育于白彦花山等地的一套灰岩建立了白彦花山组。本次对比研究采用林宝玉等 1984 年的划分方案，但将白彦花山组并入乌兰胡洞组。

【现在定义】 指分布于渣尔泰山南麓整合在老孤山组之上、二哈公组之下的一套台缘型厚层块状灰岩和中薄层泥质灰岩为主的碳酸盐岩。局部发育薄层砂质灰岩、粉砂岩。含腕足
~~~~~~~~~

类、头足类化石。

【层型】 正层型为乌拉特前旗佘太镇山黑拉拴马桩剖面（109°10′，41°40′；据内蒙区测一队，1972）：

上覆地层：**二哈公组** 白云质灰岩

——————— 整 合 ———————

山黑拉组	总厚度 320 m
1. 浅灰色厚层状灰岩夹深灰色块状灰岩	320 m

——————— 整 合 ———————

下伏地层：**老孤山组** 泥质灰岩

由于正层型资料粗略，补以乌拉特前旗色麻沟西剖面作为参考剖面（109°18′，40°57′；据内蒙古第一区域地质研究院，1994①）。

上覆地层：**二哈公组** 白灰色中厚白云质灰岩

——————— 整 合 ———————

山黑拉组	总厚度 234.0 m
35. 灰紫色中层状含砂泥晶灰岩，风化面为灰色	4.2 m
34. 深灰色微晶灰岩，风化面为灰色	12.9 m
33. 深灰色中薄层状白云岩化含砂屑泥晶灰岩，风化面灰色，青灰色，含生物碎屑	11.5 m
32. 上部深灰色中厚层状泥晶灰岩，风化面暗灰色灰黄色；底部灰色薄层状粉砂质灰岩，风化面浅灰色	14.8 m
31. 深灰色厚层状泥晶灰岩，有溶蚀坑	26.8 m
30. 薄层状灰黄色灰岩与深灰色薄层状灰岩互层，具风暴沉积现象和鲍马序列	2.5 m
29. 深灰色厚层状白云岩化泥晶灰岩夹黄色薄层状微晶灰岩，具纹层理	24.9 m
28. 浅灰色中厚层状微晶灰岩与深灰色薄层状灰岩互层	4.3 m
27. 深灰色厚层状白云岩化泥晶灰岩，有溶蚀坑	4.3 m
26. 紫灰色薄层状灰岩与黄灰色灰岩互层	4.3 m
25. 灰色厚层状砂质灰岩	14.6 m
24. 深灰、紫灰色薄层状泥晶灰岩夹薄层状灰岩及一薄层粉红色泥晶灰岩	25.6 m
23. 浅灰色中厚层状碎裂泥晶灰岩	9.9 m
22. 深灰色厚层状、块状碎裂灰岩	25.5 m
21. 灰色薄层状白云岩化泥晶灰岩，具纹层理	2.6 m
20. 暗灰、深灰色中薄层状泥晶灰岩夹粉红色泥晶灰岩	21.8 m
19. 灰色纹层状、页状灰岩	4.1 m
18. 暗灰色中薄层状泥晶灰岩	19.4 m

——————— 整 合 ———————

下伏地层：**老孤山组** 白云质灰岩夹粉砂岩

【地质特征及区域变化】 该组分布于乌拉特前旗佘太镇的山黑拉、白彦花村、色麻沟西，包头市杨圪楞煤矿北，察哈尔右翼后旗的五道湾一带。佘太镇附近岩性为厚层状灰岩，厚层、

① 内蒙古第一区域地质研究院，1994，色尔腾山地区 1∶5 万区调报告，未刊。

中厚层状泥晶灰岩，杨圪楞岩性为结晶灰岩和粉砂质灰岩。察哈尔右翼后旗岩性则以结晶灰岩、大理岩为主，并含腕足类、头足类化石。本组厚度 234～320 m。时代为早奥陶世。

二哈公组　*Oe*　（15－0059）

【创名及原始定义】　林宝玉、邱洪荣等 1984 年创建于乌拉特前旗佘太镇东二哈公。原始定义："岩性为白灰色中厚层状白云质灰岩，厚 212 m。未见任何生物化石。其下与山黑拉组整合接触，其上与相当于华北地区上马家沟组上部至峰峰组或更高层位的乌兰胡洞组整合接触。根据岩性和层位关系大致相当于华北地区的上下马家沟组的中下部，该组下部也许有一部分相当于亮甲山组上部。"

【沿革】　详见山黑拉组沿革栏。本次清理中，把林宝玉等所测白彦花村原二哈公组剖面分为 4 层，下面 3 层灰岩归入山黑拉组，第 4 层白云岩为二哈公组。

【现在定义】　指分布于乌拉特前旗佘太镇地区，连续沉积于山黑拉组灰岩之上的一套白云质灰岩、白云岩组合。其上与乌兰胡洞组整合接触。

【层型】　正层型为乌拉特前旗佘太镇山黑拉拴马桩剖面（109°10′，41°04′；据林宝玉等，1984）：

上覆地层：**乌兰胡洞组**　深灰色厚层状泥质砂岩

——————— 整　合 ———————

二哈公组	总厚度 212 m
2. 白灰色中厚层状白云质灰岩夹粉红色薄层灰岩	212 m

——————— 整　合 ———————

下伏地层：**山黑拉组**　灰紫色中层状含砂泥晶灰岩

由于正层型剖面划分粗略，选乌拉特前旗色麻沟西剖面为参考剖面（40°57′30″，109°17′30″）。

二哈公组	总厚度＞128.0 m
48. 深灰色中厚层状白云质细晶灰岩（未见顶）	＞3.0 m
47. 黑灰色厚层状含白云质中晶灰岩，具溶蚀坑和局部风暴岩	8.4 m
46. 浅灰色中层状微晶灰岩夹中层状黑灰色含白云质细晶灰岩，具纹层理	15.6 m
45. 黄灰色中层状微晶灰岩	2.1 m
44. 褐灰色中层状含白云质细晶灰岩	1.1 m
43. 灰黑色中厚层状碎裂微晶灰岩	1.7 m
42. 黄灰色中厚层状含白云质微晶灰岩，底部有一薄层同生角砾灰岩	17.0 m
41. 灰色厚层状含白云质微晶灰岩	6.6 m
40. 浅灰色厚层状含白云质微晶灰岩	11.8 m
39. 深灰色厚层状含白云质微晶灰岩	28.7 m
38. 深灰色厚层状细晶白云质灰岩	13.5 m
37. 灰色厚层状含白云质微晶灰岩	15.3 m
36. 黄灰色中厚层状含白云质微晶灰岩，具风化溶蚀沟	3.2 m

——————— 整　合 ———————

下伏地层：**山黑拉组**　中层状泥晶灰岩

【地质特征及区域变化】 该组分布于佘太镇地区的山黑拉、白彦花山、色麻沟一带。岩性稳定，为白云质灰岩夹薄层灰岩及少量白云岩。地层西厚东薄，从 212 m 变为 41 m。据内蒙古第一区域地质研究院四分队色尔腾山地区 1∶5 万区调新资料，原测白彦花山 41 m 厚的白云岩，只有下部 6.1 m 为细晶白云岩，其上 34.1 m 均为含白云质的微晶一细晶灰岩。该套地层中没有化石（图 14－1）。

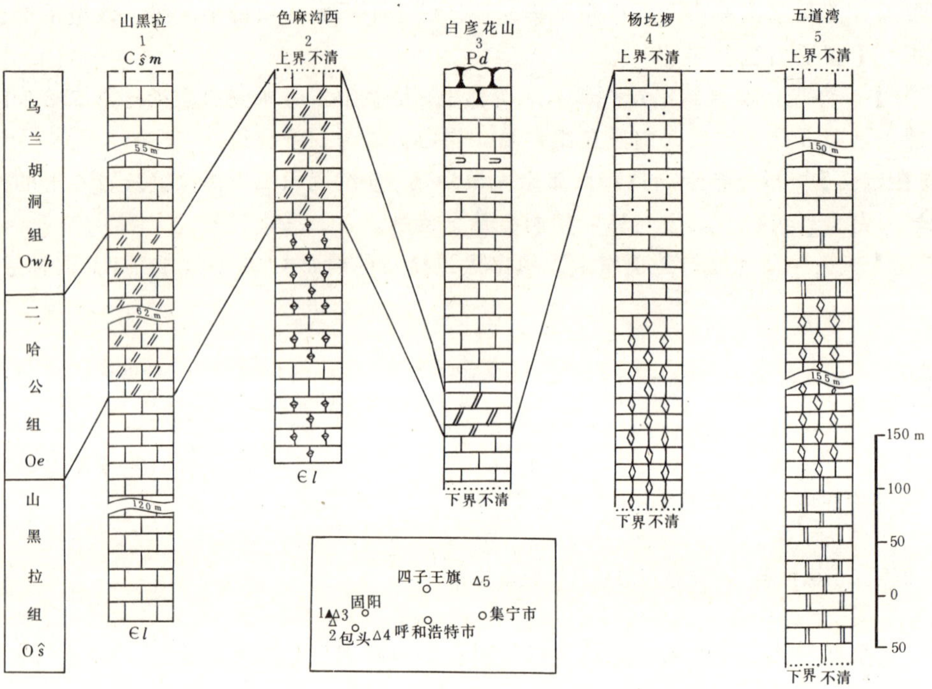

图 14－1 山黑拉组、二哈公组、乌兰胡洞组柱状对比图

乌兰胡洞组 *Owh* （15－0060）

【创名及原始定义】 由林宝玉、邱洪荣等 1984 年创建于乌拉特前旗佘太镇乌兰胡洞。原始定义："岩性为深灰色、灰黑色中厚层灰岩，厚度 205～251 m。其上与上奥陶统可能为不整合接触，其下与二哈公组为整合接触，含丰富的头足类、珊瑚和牙形石化石。"

【沿革】 详见山黑拉组沿革栏。林宝玉等（1984）创建乌兰胡洞组的同时，在其上还建立了白彦花山组。1982 年安太庠在《中国的奥陶系》中将相当于白彦花山组的这套地层称为大佘太组。本次清理，项目组与 1∶5 万区调分队共同对建组剖面进行了实地核查，原乌兰胡洞组与白彦花山组之间并不存在不整合或明显的沉积间断，两组的岩性是一致的，不易区分。视为连续沉积。故两组合并，取消白彦花山组，统称乌兰胡洞组。

【现在定义】 指分布于佘太镇，连续沉积于二哈公组之上的一套碳酸盐岩。主要为厚层灰岩、瘤状灰岩夹少量泥质、砂质灰岩等。含珊瑚、牙形刺等化石，灰岩有的具豹皮状、竹叶状构造。上被安山岩夹安山玢岩不整合覆盖。

【层型】 正层型为乌拉特前旗佘太镇白彦花村东剖面（109°17′，41°00′；林宝玉等，1984）

上覆地层：安山岩夹安山玢岩

~~~~~~~~~~ 不 整 合 ~~~~~~~~~~

乌兰胡洞组 总厚度 294.5 m

19. 深灰色瘤状灰岩，顶部含燧石团块和燧石条带。含大量珊瑚及牙形刺等化石。珊瑚 *Subagetolites sinicus*, *Sarcinula compacta*, *S. kiangsiensis*, *Plasmoporella convexotabulata maxima*, *Kolymopora longiseptata*, *Agetolites* sp.；牙形刺 *Belodina compressa*, *B. baiyanhuaensis*, *Panderodus gracilis*, *Cyrtoniodus sinclairi*, *Zygognathus pyramidalis* 25 m

18. 深灰色厚层灰岩 12 m

17. 深灰色厚层灰岩，具豹皮状构造和大量泥质条带，含头足类：*Ormoceras* sp. 6 m

16. 灰黑色中—薄层灰岩，底部具豹皮状构造，含头足类、牙形刺等化石。头足类 *Chisiloceras reedi*, *Sactoceras maii*, *Ormoceras orientale*, *O. rudum*, *Eskimoceras* sp., *Dideroceras* sp.；牙形石 *Rhipidognathus neimengguensis*, *Oulodus subundulatus*, *Phragmodus undatus*, *Protopanderodus insculptus*, *Erismodus asymmetricus* 22 m

15. 深灰色中厚层泥质灰岩 0.5 m

14. 灰黑色中厚层状灰岩夹竹叶状灰岩，含头足类、腹足类等化石。头足类 *Sactoceras* sp., *Ormoceras mudum*；腹足类 *Ecculiomphalus* sp.；牙形刺 *Rhipidognathus neimengguensis* 3 m

13. 黑色砂质灰岩夹钙质砂岩透镜体，含大量腹足类化石 *Ecculiomphalus* sp, *Maclurites* sp, *Hormotoma* sp.,

12. 浅灰色薄—中厚层质纯灰岩 2 m

11. 上部灰黑色豹皮灰岩，下部黑色砂质灰岩，含牙形刺 *Belodina* sp., *Rhipidognathus neimengguensis*, *Erismodus asymmetricus*, *Cordylodus delicatus* 19 m

10. 灰黄色厚层状泥质灰岩。含腹足类及牙形刺化石。腹足类 *Ecculiomphalus* sp.；牙形刺 *Cyrtoniodus complicatus*, *Tasmanognathus careyi*, *Cyrtognathus coronatus*, *Belodina baiyanhuaensis*, *Oulodus subundulatus*, *Eoligonodina prima*, *Dichognathus primus*, *Strachanognathus parvus* 28 m

9. 深灰色厚层状灰岩，顶部夹少量豹皮状灰岩，含珊瑚化石：*Rhabdotetradium shetaiense*. 78 m

8. 深灰色中厚层状灰岩与薄层状灰岩不等厚互层，顶部夹黄色钙质粉砂岩。含牙形刺 *Eoligonodina prima*, *Tasmanognathus careyi* 4 m

7. 深灰色厚层状质纯灰岩，含腹足类及牙形刺。腹足类 *Ecculiomphalus* sp.；牙形刺 *Erismodus symmetricus* 12 m

6. 深灰色厚层状质纯灰岩夹灰色砾岩透镜体。灰岩中含头足类、腹足类、牙形刺等。腹足类 *Ecculiomphalus* sp.；牙形刺 *Eoligonodina prima*, *Tasmanognathus careyi*, *Cyrtognathus coronatus*, *Erismodus typus*, *E. symmetricus* 56 m

5. 深灰色厚层状泥质砂岩，含腹足类 *Ecculiomphalus* sp., *Maclurites* sp. 24 m

———————— 整 合 ————————

下伏地层：二哈公组 白灰色中厚层状白云质灰岩

【地质特征及区域变化】 该组分布局限，仅出露于佘太镇附近，岩性稳定，西薄东厚。参见图 14-1。厚度 205～295 m。时代为中—晚奥陶世。

米钵山组 O*mb* （15-0063）

【创名及原始定义】 该组由宁夏综合地质大队 1965 年创建于宁夏同心县米钵山张大井。
~~~~~~~~~~

原始定义："岩性可分上、下两部分。下部为薄层灰岩、板状页岩、泥灰岩，局部含黄铁矿晶体，与下伏天景山组为连续沉积；上部岩相厚度变化较大，由砾岩，含砾板岩和板岩组成，纵、横向交递相变，未见顶。"

【沿革】 由于宁夏区调队将米钵山组引入阿拉善左旗地区，用以代表马家沟组之上的类复理石建造，其岩石组合特点与平凉组十分相似，应视二者为同物异名，经与宁夏地层清理项目组协商停止使用平凉组，将这套碎屑岩称为米钵山组。

【现在定义】 指分布于贺兰山地区，连续沉积于马家沟组之上的一套以杂砂质石英砂岩、长石石英砂岩和砂质、粉砂质板岩为主的碎屑岩及泥质岩组合。含笔石，多轻微变质。其上被石炭纪或更新的地层不整合覆盖。

【层型】 区内次层型为阿拉善左旗宽沟剖面（15－0063－4－2）

【地质特征及区域变化】 分布较局限，出露于阿拉善左旗南部宽沟、前黑山南、腾格里苏木北等地。在宽沟以粉砂质板岩、杂砂质石英砂岩为主夹薄层砂质灰岩；前黑山以长石石英砂岩为主夹泥板岩、硅质板岩等；在腾格里苏木北大拉胡头以变质长石石英砂岩夹粉砂质板岩、硅质岩为主，底部见砾岩。在砂质板岩中含 *Climacograptus*，*Amplexograptus*，*Clyptograptus* 及 *Diplograptus* 等笔石化石。时代为早中奥陶世。

明安山灰岩 ***mls*** **（15－0080）**

【创名及原始定义】 辽宁省区测二队 1975 年编写辽宁省地层表时，将明安山槟榔沟发育的一套大理岩、片岩和片麻岩取名为明安山群。对比为奥陶系—下志留统。原始定义："明安山群主要为大理岩，局部夹片岩和片麻岩，厚度大于 600 m，上下限不清，时代为奥陶纪—志留纪。"

【沿革】 分布于明安山的这套地层辽宁省区测二队 1970 年划为奥陶系—下志留统，1975 年取名明安山群。1991 年《内蒙古地质志》中称锦山组。本次清理认为：该套地层分布局限，区域上没有延伸、且时代不明，只是根据其出露的部位，暂定为奥陶纪，改称明安山灰岩，目前作为非正式地层单位较合适，其内容仅限于灰岩部分。

【现在定义】 指分布于喀喇沁旗明安山一带的浅海相块状、条带状灰岩、泥质灰岩为主的一套碳酸盐岩组合，无化石。未见顶底。

【层型】 正层型为赤峰市喀喇沁旗明安山槟榔沟剖面（119°02′，42°01′；据辽宁省地质局，1976）

明安山灰岩	总厚度＞1 378 m
17. 深灰色灰岩（未见顶）	＞27 m
16. 深灰色条带状灰岩	38 m
15. 深灰色块状泥质条带灰岩	28 m
14. 深灰色块状灰岩	37 m
13. 深灰色灰岩夹泥质条带灰岩	96 m
12. 页岩与灰岩互层	30 m
11. 绿泥石化页岩夹薄层灰岩	64 m
10. 矽卡岩化灰岩	172 m
9. 薄层状灰岩夹灰黑色泥质灰岩	20 m
8. 灰白色块状大理岩状灰岩	25 m
7. 灰—灰白色条带状灰岩	63 m

6. 灰色细条带状灰岩 61 m

5. 褐黄色条带状灰岩 147 m

4. 深灰白色细条带状灰岩 167 m

3. 深灰色条带状灰岩 33 m

2. 灰色条带状灰岩 242 m

1. 灰白色块状条带状灰岩（未见底） >128 m

【地质特征及区域变化】 该地层分布局限，仅出露于明安山。岩性单一无化石，区域上也没有延伸。作为一个非正式地层单位，它与锦山组关系比较密切，其时代有可能较奥陶纪更老一些，暂置早奥陶世。

第二节 生物地层与年代地层

寒武纪—奥陶纪是无脊椎动物发生发展的时期，大量的三叶虫、头足类、笔石、牙形刺、腕足类和珊瑚等，构成了早古生代第一个生物繁盛的时期。

本区寒武纪以鄂尔多斯地层分区的三叶虫最为重要，它们在垂直剖面上演化的阶段性特征明显，可以据此建立地方性的生物地层单位。东胜小区和贺兰山-桌子山小区的三叶虫动物群与华北区其他地方的三叶虫动物群面貌基本一致，均为华北型。因此，本区的三叶虫生物带完全可以与华北区的标准化石带进行对比，其组合内容亦大致相同。所以，本文只列出三叶虫化石带的序列表，各带所包含的主要内容从略（表 14 - 1）。

表 14 - 1 寒武纪生物地层与岩石地层对比简表

地质年代		岩石地层单位	生物地层单位 鄂尔多斯地层分区 东胜小区	生物地层单位 鄂尔多斯地层分区 贺兰山-桌子山小区
	O_1	三山子组	*Tellerina - Calvinella* Z. *Ellesmeroceras - Dictyolla* Z. *Quadraticephalus* Z. *Ptychaspis - Tsinania* Z.	
寒武纪	$\in_3$	炒米店组	*Kaolishania* Z. *Changshania* Z. *Drepanura* Z. *Blackwelderia* Z.	*Chuangia* Z. *Blackwelderia* Z.
寒武纪	$\in_2$	张夏组	*Damesella* Z. *Taitzuia* Z. *Amphoton* Z. *Crepicephalina* Z.	*Damesella* Z. *Taitzuia* Z. *Amphoton* Z. *Crepicephalina* Z.
寒武纪	$\in_2$ / $\in_1$	馒头组	*Inouyops* Z. *Shantungaspis* Z.	*Bailiella* Z. *Paragraulos* Z. *Sunaspis* Z. *Shantungaspis* Z. Redlichiidae

继寒武纪之后，各类生物有了较大的发展，除三叶虫等门类外，又出现了头足类、笔石、牙形刺等，随着 1∶20 万区域地质调查和生物地层专题研究的开展，逐步积累了大量的资料。本书以前人工作成果为基础，以桌子山地区为例总结了各主要门类的生物地层单位内容和特点。

本区奥陶纪既有壳相沉积，又有笔石相沉积，还有两者混合相沉积。1954 年卢衍豪研究了该区的三叶虫，1959 年穆恩之研究了笔石，张日东研究了头足类。1962 年张文堂综合了上述的研究成果，将本区奥陶系自下而上划分为 6 个化石带：①*Wutinoceras* 带，②*Polydesmia* - *Ordosoceras* 带，③ *Amplexograptus confertus* 带，④ *Pterograptus elegans* 带，⑤ *Glyptograptus teretiusculus* 带，⑥*Nemagraptus gracilis* 带。1960 年张日东将上述第②带又进一步分为 *Ordosoceras quasilineatum* 与 *Polydesmia zuezshanensis* 两个化石带，并在 *Ordosoceras quasilineatum* 带之上及 *Amplexograptus confertus* 带之下增加了一个 *Vaginoceras undulatum* 带。1977 年，陈均远等系统地研究了该区的地层剖面和古生物资料，自下而上建立了 11 个化石带（组合）：① *Pseudowutinoceras* 带，② *Parakogenoceras* 带，③ *Polydesmia zuezshanensis* 带，④ *Ordosoceras quasilineatum* 带，⑤ *Pomphoceras* - *Dideroceras undulatum* 带，⑥ *Amplexograptus confertus* 带，⑦ *Pterograptus elegans* 带，⑧ *Glyptograptus teretiusculus* 带，⑨ *Nemagraptus gracilis* 带，⑩*Amplexograptus gansuensis* 带，⑪*Eurasiaticoceras* - *Sheshanoceras* 组合。1984 年安太庠等又在陈均远等所测剖面的基础上着重研究了牙形刺，建立了牙形刺生物带，同年王志浩、罗坤泉也研究了该地区的牙形刺化石。本次生物地层清理，分门类总结了生物地层单位，头足类归纳为 6 个生物地层单位，笔石归纳为 5 个生物地层单位，牙形刺归纳为 4 个生物地层单位（表 14 - 2）。

表 14 - 2　桌子山地区奥陶纪各门类生物地层单位与岩石地层单位对比表

<table>
<tr><th>年代</th><th>岩石地层单位</th><th>头　足　类</th><th>笔　　石</th><th>牙　形　刺</th></tr>
<tr><td rowspan="4">O_2</td><td rowspan="2">拉什仲组</td><td>⑥Eurasiaticoceras - Sheshanoceras 组 合 带</td><td></td><td>④Tasmanognathus - Microcoelodus 组 合 带</td></tr>
<tr><td rowspan="5"></td><td>⑤Amplexograptus gansuensis 延 限 带</td><td></td></tr>
<tr><td rowspan="2">乌拉力克组</td><td>④Nemagraptus - Dicellograptus 组 合 带</td><td rowspan="2">③Pygodus serrus 顶 峰 带</td></tr>
<tr><td>③Glyptograptus teretiusculus 延 限 带</td></tr>
<tr><td rowspan="7">O_1</td><td rowspan="2">克里摩里组</td><td>②Pterograptus elegans 延 限 带</td><td rowspan="2">②Periodon - Protopanderodus 组 合 带</td></tr>
<tr><td>①Amplexograptus - Climacograptus 组 合 带</td></tr>
<tr><td rowspan="5">马家沟组</td><td>⑤Pomphoceras - Dideroceras 组 合 带</td><td rowspan="5"></td><td rowspan="5">①Aurilobodus leptosomatus - Loxodus dissectus 组 合 带</td></tr>
<tr><td>④Ordosoceras 顶 峰 带</td></tr>
<tr><td>③Polydesmia - Mesowutinoceras 组 合 带</td></tr>
<tr><td>②Parakogenoceras 延 限 带</td></tr>
<tr><td>①Pseudowutinoceras 延 限 带</td></tr>
</table>

头足类

①*Pseudowutinoceras* 延限带

主要属种有：*Pseudowutinoceras wuhaiense*，*P. exiguum*，*P. exogastrum*，*Stobosvoceras parvum* 等。产自乌海市老石旦东山剖面（15 - 0064 - 4 - 3）马家沟组下部层位的第 2 层。层

位稳定，地方特征显著，共生有腕足类 *Hesperinia* sp.，*Apothophylla* sp. 等。地质时代为早奥陶世。

②*Parakogenoceras* 延限带

主要属种有：*Parakogenoceras wuhaiense*，*P. exilicostratum*，*P. lashenzhongense*，*P. rarum*，*Ordosoceras lashenzhongense*，*Polydesmia abruptum*，*Actinoceras wuhaiense* 等，产自乌海市老石旦东山剖面马家沟组上部层位的第 4 层。共生有牙形刺，层位稳定，与其下的 *Pseudowutinoceras* 带分子没有混生现象，地质时代为早奥陶世。

③*Polydesmia* - *Mesowutinoceras* 组合带

主要属种有：*Polydesmia zuezshanensis*，*Mesowutinoceras giganteum* 等，以 *Polydesmia* 的大量出现为特色，共生有三叶虫 *Pseudoasaphus* sp.，腕足类 *Macrocoelia* sp.，*Apothophyla* sp.，*Leptellina* 及牙形刺 *Juanognathus variabilis* 等化石，产自老石旦东山剖面马家沟组中部层位的第 6—7 层，地质时代为早奥陶世。

④*Ordosoceras* 顶峰带

主要属种有：*Ordosoceras quasilineatum*，*O. sphaeriforme*. 等，并以其大量繁盛为特色。同时 *Polydesmia* 消失，共生有三叶虫 *Pseudoasaphus* 及大量牙形刺。产自老石旦东山剖面马家沟组的第 8 层，地质时代为早奥陶世。

⑤*Pomphoceras* - *Dideroceras* 组合带

主要属种有：*Pomphoceras wuhaiense*，*Dideroceras undulatum*，*D. globosum*，*Protocyclocerides neimongolense*，*Meitanoceras* sp.，*Sactoceras neimongolense*，*Trocholites* cf. *rudermann*，*Wutinoceras* cf. *foerstei*，*Ancistroceras minutum* 等。既有华北型分子又有扬子型分子。产自老石旦东山剖面马家沟组上部层位的第 9—13 层，共生有腕足类：*Idiostrophia*，*Leptellina*，及大量的牙形刺，三叶虫化石。地质时代为早奥陶世。

⑥*Eurasiaticoceras* - *Sheshanoceras* 组合带

主要属种有：*Eurasiaticoceras sheshanense*，*Schroederoceras etuokeense*，*Sheshanoceras ehlersi*，*Metaspyroceras teretiforme*，*Anaspyroceras beauportense*，*Michelinoceras pusillum*，*Oncoceras vescosulcum*，*Trocholites wuhaiensis*. 等，产自乌海市青年农场（公乌素）剖面（15-005-4-2）拉什仲组上部层位的第 11—12 层，共生有三叶虫 *Scotopharpes*，*Pliomerina*，腕足类 *Orthambonites*，*Glyptorthis*，*Leptellina* 等及牙形刺。地质时代为中奥陶世。

笔石

①*Amplexograptus* - *Climacograptus* 组合带

主要属种有：*Amplexogaptus confertus*，*A. modicellus*，*A. differtus*，*A. qilianshanensis*，*Pseudoclimacograptus scharenbergi*，*Glyptograptus intersitus*，*G. dentatus*，*Glossograptus acanthus*，*G. gracilis*，*Cryptograptus tricornis*，*Climacograptus* ex gr. *shihuigouensis*，*Didymograptus stabilis* 等。产自老石旦东山东坡剖面（15-0053-4-2）克里摩里组下部层位有第 1—6 层、哈图沟剖面的下段，共生有大量三叶虫：*Lonchodomas*，*Remopleurides*，*Ptychopyge*，*Nileus*，*Tangyaia*，*Trinodus* 等及牙形刺。地质时代为早奥陶世。

②*Pterograptus elegans* 延限带。

主要属种有：*Pterograptus elegans*，*Amplexograptus* cf. *differtus*，*A.* cf. *modicellus*，*Phyllograptus ilicifolius*，*P. anna*，*Glossograptus gracilis*，*G. acanthus*，*Cryptograptus tricornis*，*Climacograptus* cf. *parvus*，*Retiograptus geinitzianus*，*Didymograptus congnatus*，*D. stabilis*，*Or-*

thograptus ex gr. *calcaratus*, *Isograptus ovatus*, *Pseudoclimacograptus* 等，产自克里摩里组上部层位，即哈图沟剖面的上段，老石旦东山东坡剖面的第 7 层。地质时代为早奥陶世晚期。

③*Glyptograptus teretiusculus* 延限带

主要属种有：*Glyptograptus teretiusculus*, *Didymograptus sagitticaulis*, *Amplexograptus* cf. *differtus*, *Retiograptus* sp., *Pseudoclimacograptus engulatus* 等，产自岗德尔山南缘西坡哈图沟剖面（15－0054－4－3）乌拉力克组的第 2 层，博格勒其高勒剖面（15－0054－4－2）的第 6—7 层。共生有牙形刺，地质时代为中奥陶世。

④*Nemagraptus*－*Dicellograptus* 组合带

主要属种有：*Nemagraptus gracilis*, *Syndyograptus*, *Dicellograptus sextans*, *D. sextans exilis*, *D. smithi*, *D. intertus*, *D. divericatus*, *D. divericatus rectus*, *Dicranograptus*, *Leptograptus*, *Pseudazygograptus incurvus*, *Climacograptus antiquus linealis*, *C. diplacanthus*, *C. parvus*, *C. bicornis*, *C.* cf. *brevis*, *C. putillus* 等。属种数量极其丰富，产自哈图沟剖面乌拉力克组的第 3 层，地质时代为中奥陶世。

⑤*Amplexograptus gansuensis* 延限带

主要属种有：*Amplexograptus gansuensis*, *A. disjunctus*, *A. disjunctus* cf. *magnus*, *Orthograptus acutus*, *Dicellograptus sextans*, *D. perexilis*, *D. divericatus*, *Glyptograptus*, *Ordososograptus delicatus*, *Dicranograptus brevicaulis*, *Pseudoclimacograptus demittolabiosus tangyensis*, *P. scharenbergi minor* 等，共生有三叶虫 *Nileus*, *Tangyaia*, *Lonchodomas*, *Birmanites*, *Brontocephalus*, *Dulanaspis*, *Remopleurides* 等，及牙形刺 *Periodon grandis*, *Protopanderodus insculptus* 等。产自乌海市青年农场（公乌素）剖面拉什仲组的第 1—10 层。地层时代为中奥陶世。

牙形刺

①*Aurilobodus leptosomatus*－*Loxodus dissectus* 组合带

主要属种有：*Aurilobodus leptosomatus*, *Loxodus dissectus*, *Scolopodus eburnus*, *S. rex*, *S. nogamii*, *S. euspinus*, *S. flexilis*, *Juanognathus jaanussoni*, *J. variabilis*, *Drepanodus*? *antilectus*, *Protopanderodus gradatus*, *P. rectus*, *Tripodus* sp., *Drepanodus* sp., *Nasusgnathus dolonus* 等，属种数量繁多，产自老石旦东山剖面（15－0064－4－3）马家沟组的第 1—13 层，地质时代为早奥陶世。

②*Periodon*－*Protopanderodus* 组合带

主要属种有：*Periodon aculeatus*, *Protopanderodus gradatus*, *P. arcuatus*, *P. robustus*, *Amorphognathus* sp., *Eoplacognathus suecicus*, *Parapaltodus flexuosus*, *Pygodus* sp., *Panderodus compressus*, *Sagittodontus* sp. 等，为清一色的北大西洋区类型，产自克里摩里组。地质时代为早奥陶世。

③*Pygodus serrus* 顶峰带

主要属种有：*Pygodus serrus*, *P. anserinus*, *Panderodus gracilis*, *Eoplacognasthus robustus*, *Periodon aculeatus* 等，以 *Pygodus serrus* 繁盛为特色，产自乌拉力克组，地质时代为中奥陶世。

④*Tasmanognathus*－*Microcoelodus* 组合带

主要属种有：*Tasmanognathus sishuiensis*, *Microcoelodus asymmetricus*, *Erismodus typus* 等，为华北区类型。产自拉什仲组最上部层位。地质时代为中奥陶世。

此外，在乌拉特前旗佘太镇地区的奥陶纪沉积地层，连续地发育到晚奥陶世的 Ashgillian 早期，这可由 *Agetolites* 等珊瑚化石得以证明。此区更为重要的是牙形刺化石，林宝玉，邱洪荣等(1984)曾对佘太镇地区奥陶纪地层做了详细的研究，并建立了两个牙形刺带：①*Tasmanognathus careyi* - *Erismodus* 组合，②*Rhipidognathus neimengguensis* - *Oulodus subundulatus* - *Protopanderodus insculptus* 组合。1990 年，安太庠又对该区牙形刺进行了研究，所建生物带与林宝玉等划分的两个带一致，只是所用带化石的名称不同而已。本次清理基本上采用了林宝玉等划分的生物带，但是第②带向上延伸了 3 层（43m），并增加了一些属种。

（1）*Tasmanognathus careyi* - *Erismodus* 组合带

主要属种有：*Tasmanognathus careyi*，*Erismodus typus*，*E. symmetricus*，*E. asymmetricus*，*Belodina baiyanhuaensis*，*Oulodus subundulatus*，*Cyrtoniodus complicatus*，*Curtognathus coronatus*，*Eoligonodina prima*，*Dichognathus primus*，*Strachanognathus parvus* 等，产自乌兰胡洞组下部层位，乌拉特前旗大佘太镇白彦花山剖面（15 - 0060 - 4 - 1）的第 5—10 层。共生有珊瑚 *Rhabdotetradium shetaiense* 等，地质时代为中奥陶世。

（2）*Rhipidognathus neimengguensis* - *Belodina compressa* 组合带

主要属种有：*Rhipidognathus neimengguensis*，*Cordylodus delicatus*，*Protopanderodus insculptus*，*Phragmodus undatus*，*Oulodus subundulatus*，*Belodina compressa*，*Erismodus asymmetricus* 等。共生有珊瑚、头足类化石，产自乌兰胡洞组上部层位，大佘太镇白彦花山剖面的第 11—19 层沉积，地质时代为中奥陶世至晚奥陶世。

第三节　问题讨论

一、关于三山子组

三山子组的正层型位于江苏省铜山县大泉村，原称三山子灰岩，厚 35m。后称三山子白云岩（倪丙荣，1979）。本次地层清理首次将三山子组引进内蒙古南部地区，将凤山组上部的白云岩、白云质灰岩及三道坎组合并改称三山子组。问题在于白云岩的形成，目前尚有不同的认识。所以这种改变是否恰当有待今后的工作来验证。

二、关于沉积环境和沉积类型的讨论

内蒙古处于华北地层大区的北部，包含了古陆及造山带两部分，不同的构造环境，使本区寒武纪一奥陶纪的沉积岩相复杂而多变。南部稳定区形成与华北古陆一致的岩相和建造特点；北部造山带则是活动型沉积，除陆源碎屑外，火山熔岩和火山碎屑岩亦相当发育，甚至有角斑岩和硅质岩建造。它们各自的特征如下：

鄂尔多斯地层分区自震旦纪抬升，到早寒武世沧浪铺期开始下沉，华北海水进入本区，在清水河一带馒头组是浅海相的碎屑岩，与正层型有差别，所以这次清理将碎屑岩暂称色麻沟组，而贺兰山-桌子山地层小区便是海湾泻湖相。中晚寒武世该区与华北海相连是一个广阔的浅海区域，比较稳定，所以清理后的馒头组、张夏组、炒米店组、三山子组基本上与华北一致，并在早奥陶世时继续沉积马家沟组；清水河地区在马家沟组沉积之后，地壳上升，缺失沉积；桌子山地区则继续沉积克里摩里组、乌拉力克组、拉什仲组。在克里摩里组与乌拉力克组之间，是最大海泛面，而在这两组之间构成的饥饿段，厚度不大，化石丰富。在贺兰山

马家沟组之上出现米钵山组，岩性为碎屑岩，属早奥陶世早期清水河陆表海环境。后期桌子山、贺兰山与祁连、扬子海相沟通。到中奥陶世清水河地区没有沉积，桌子山地区当时为半封闭浅海环境，属于过渡型沉积，未见晚奥陶世地层出露。

阴山地层分区的寒武系—奥陶系集中分布在乌拉特前旗大佘太镇一带，是华北海盆北部边缘，这里寒武纪一奥陶纪地层总体特征与华北古陆主体是有区别的，色麻沟组岩石结构成熟度较高，具水平层理、波痕、斜层理，反映为滨浅海沉积环境；老孤山组下部灰岩、上部白云质灰岩含石盐假晶及小型脉状层理，表现出炎热、干燥的碳酸盐台地潮坪相沉积环境。到奥陶纪时海水继续侵漫该区形成厚层灰岩，反映出陆表海的环境。到二哈公期乌兰胡洞早期是较稳定的浅海环境，据牙形刺分析阴山地区的海水主要是来自华北海，也有从桌子山、贺兰山进入本区的。到晚奥陶世阴山地区大佘太镇等地可能为一残留的海盆，属于温暖浅海环境的台地型沉积。北祁连地层小区是华北古陆的西部边缘，在内蒙古境内的范围很小，仅见有寒武纪的香山群和奥陶纪的米钵山组，皆为活动型沉积。据宁夏区调队资料，寒武纪至奥陶纪时本区是一个从南向北发育的裂谷型海槽，部分伸入华北古陆边缘到达贺兰山的北端，从而出现了属于活动沉积类型的米钵山组直接覆于稳定型马家沟组之上的现象。

锡林浩特-磐石地层分区地层出露较少，只有包尔汉图群。在达尔罕茂明安联合旗的包尔汉图一带发育有下部碎屑岩，上部为火山岩的岩石组合，在火山岩夹层中含有笔石，根据奥陶纪中期发育一次大规模的火山活动的发展史，该群的火山岩应是该期的产物，这一期火山活动与铜矿的成矿有着密切的联系；而在克什克腾旗的五道石门一带以一套细碧岩为主夹硅质岩、板岩的岩石组合，亦是同一期火山活动的产物，故归于该群。在此之后是海退，缺失上奥陶统。

赤峰地层分区的锦山组是一套以砂岩、板岩为主夹结晶灰岩的岩石组合，含腕足类，时代为晚寒武世，其出露的位置和岩相特点属于过渡类型的沉积。

第十五章
志留纪—早石炭世

在华北地区这是一个特殊的自然断代，正当华北古陆遭受剥蚀时，位于其北部边缘的造山带正接受不同岩相的沉积，因此，本章叙述的内容和范围，仅限于北部边缘活动带。巴特敖包地区形成了相对稳定的西别河组‘准盖层’沉积；白乃庙及晒勿苏地区在中志留世形成了活动型的徐尼乌苏组及八当山火山岩等；敖汉旗一带的白家店组和石咀子组则是浅海相的碳酸盐岩和碎屑岩为主的岩石地层单位。

本区在中奥陶世末期，便结束了加里东期的造山活动，上升成陆，经过晚奥陶世至早志留世大约0.49Ma的风化剥蚀，又接受了中、晚志留世的海相沉积，形成西别河组不整合于奥陶纪的包尔汉图群之上。上界往往与晚石炭世海相的本巴图组和陆相的酒局子组呈不整合接触，唯在北祁连地层小区早石炭世海陆交互相的臭牛沟组与太原组为平行不整合接触。

第一节　岩石地层单位

晒勿苏组　$S\hat{s}$　(15-0051)

【创名及原始定义】　辽宁省区测二队二分队1970在翁牛特旗解放营子乡晒勿苏西山（八当山）创名。原始定义是“分布于晒勿苏一带，南部朝阳山也有分布，面积共约10余平方公里。为一套变质或浅变质的碳酸盐岩地层。下部以条带状结晶灰岩、大理岩为主夹片岩或板岩；中部为深灰色块状结晶灰岩，富含保存不好的珊瑚、腕足及苔藓虫化石；上部为中薄层状结晶灰岩及泥灰岩；顶部为砂质板岩和灰岩互层。总厚大于600 m。”

【沿革】　该组曾和更老的地层被笼统地称为“锡林郭勒杂岩”。1970年，辽宁省区测二队在敖汉旗一带开展1：20万区调时于晒勿苏一带的灰岩中采到*Halysites*等珊瑚化石，故将其单独命名为晒勿苏组，时代为中志留世。1991年《内蒙古地质志》，将该组并入白乃庙组；本次清理认为，原晒勿苏组的变质岩石组合，如片岩、大理岩等应是元古宙的产物，只有上部以碳酸盐岩为主的岩层属于晒勿苏组。

【现在定义】　指分布于翁牛特旗解放营子乡晒勿苏一带的浅海相碳酸盐岩岩系，岩性主要是结晶灰岩、礁灰岩及泥灰岩，局部夹少量板岩。未见下界。

【层型】　正层型为翁牛特旗解放营子乡晒勿苏西山剖面（119°08′，42°32′；据辽宁省地质局，1976 年修订)。

晒勿苏组	总厚度>373.8 m
6. 灰绿色砂质板岩夹灰岩(未见顶，石英斑岩侵入)	>30.0 m
5. 浅灰色薄层状灰岩含珊瑚：Thamnoporidae，Alveolitidae 及海百合茎等	76.6 m
4. 灰色礁灰岩及灰黄至灰绿色片理化钙质板岩含珊瑚：*Thamnopora* sp.，*Syringopora* sp.；腕足类：*Nikiforovaena* sp.，*Rhynchospirina*? sp.	37.9 m
3. 灰黄至蓝灰色片理化钙质板岩夹泥灰岩含：*Branikia* aff. *ascania*，*Mucophyllum* sp.	23.7 m
2. 灰黑色薄层泥灰岩含海百合茎及床板珊瑚 *Thamnopora* sp.，另有保存不好的腕足类，四射珊瑚	6.0 m
1. 灰黑色块状结晶灰岩(未见底，石英斑岩侵入)	199.6 m

【地质特征及区域变化】 晒勿苏组仅局限于翁牛特旗解放营子乡晒勿苏西山一带，区域上没有延伸。正层型剖面的上、下界均被岩体侵入。但这套以碳酸盐岩为主的浅海相沉积地层在该地很具特色，应当给予正式的岩石地层名称为好。剖面所含的腕足类和珊瑚化石，多数为志留纪的分子；在北山剖面灰岩中的 *Catenipora* 更多见于中志留世。

八当山火山岩 *bv* (15-0052)

【创名及原始定义】 八当山火山岩系八当山组的修订名，由辽宁省区测二队二分队 1970 年创名。命名地点在翁牛特旗解放营子乡晒勿苏八当山。原始定义是“主要由变质流纹斑岩组成，下部夹薄层不纯灰岩，中上部夹板岩、变质砂砾岩及中酸性凝灰岩，整合于晒勿苏组之上。最大厚度 1 064.3 m”。

【沿革】 由于其分布局限并对火山岩的成因有不同看法，目前难以统一认识，故暂以八当山火山岩称之。

【现在定义】 指分布在翁牛特旗解放营子乡晒勿苏一带，整合于晒勿苏组碎屑岩之上的一套海相中酸性火山岩，上界关系不清。

【层型】 正层型为翁牛特旗解放营子乡晒勿苏八当山剖面(119°08′，42°32′；据辽宁省区测二队二分队，1970)。

八当山火山岩	总厚度>1 064.3 m
9. 灰色、灰白色片理化流纹斑岩夹黑色板岩(板岩厚 13.3 m)，(未见顶)	>395.1 m
8. 浅棕色变质酸性凝灰岩	141.5 m
7. 灰色片理化流纹斑岩夹两层绿色或黑色板岩	527.7 m
——— 整 合 ———	
下伏地层：**晒勿苏组** 砂质板岩	

【地质特征及区域变化】 八当山火山岩在晒勿苏八当山及东山分布，岩性一致，均为流纹斑岩夹板岩，东山一带夹有一层安山岩。两地厚度分别是 1 064 m 和 935 m。未采到化石。按层序它整合在含 *Halysites* 层位之上，其时代厘定为中志留世。本次清理认为中天山-马鬃山地层分区的公婆泉组与八当山火山岩可以对比，均为中志留世在不同地区同时发生火山活动形成的产物。

徐尼乌苏组 S*xn* (15-0078)

【创名及原始定义】 胡骁1985年在四子王旗白乃庙地区创名，仇甘霖等（1992）介绍。原始定义是分布于徐尼乌苏地区不整合于那清组之下的一套以板岩，千枚岩等为主的浅变质岩。

【沿革】 自创名后，仅仇甘霖文章涉及这个单位名称，并对徐尼乌苏组的内容进行厘定，认为胡骁的剖面第17与第18层间不存在徐尼乌苏组和那清组的不整合界线。整个剖面为徐尼乌苏组，时代是中—晚志留世。本次清理，采用胡骁的原划分方案，但将那清组废弃，改称西别河组。

【现在定义】 指白乃庙地区被西别河组不整合覆盖的一套浅变质的海相碎屑岩、结晶灰岩及变凝灰岩、变晶屑安山岩等岩石组合。底部常与白乃庙群呈不整合接触。

【层型】 正层型为四子王旗白乃庙徐尼乌苏剖面（112°29′，42°11′；仇甘霖等，1992）。

上覆地层：**西别河组** 长石杂砂岩夹砾岩

~~~~~~~~~~ 不 整 合 ~~~~~~~~~~

徐尼乌苏组	总厚度 1 703.0 m
17. 黄灰色薄层状泥质、白云质灰岩	107.2 m
16. 黄色、黄灰色细粒石英砂岩	56.3 m
15. 灰白色厚层状结晶灰岩、泥质灰岩	55.0 m
14. 红褐色千枚岩	22.5 m
13. 灰黑色细粒长石杂砂岩夹黄褐色千枚岩	64.3 m
12. 红褐色、灰色变粗粒石英长石杂砂岩、变中细粒岩屑长石杂砂岩	72.0 m
11. 灰色、灰黑色、土黄色千枚岩、板岩、砂板岩互层，夹有变中细粒砂岩，具递变层理。千枚岩、板岩中广泛见有黄铁矿假晶	257.0 m
10. 灰黑色板岩、碳质板岩夹灰色千枚岩	210.0 m
9. 灰褐色砂板岩、含砾砂板岩互层	169.7 m
8. 红褐色、灰白色变含砾粗粒石英杂砂岩	30.7 m
7. 灰褐色砂板岩、含砾砂板岩具递变层理及灰白色板岩	90.7 m
6. 灰色、褐红色千枚岩夹变凝灰岩	94.7 m
5. 褐色变含砾中粗粒石英砂岩	30.6 m
4. 灰色千枚岩、板岩、变细粒石英砂岩，变粉砂岩	35.3 m
3. 灰色、灰褐色厚层状中粒云母石英岩夹千枚岩、变粉砂岩及灰绿色变凝灰岩。石英岩中云母自下而上增加	96.2 m
2. 浅灰色千枚岩夹细粒变长石石英杂砂岩及变凝灰岩	166.0 m
1. 灰色、灰绿色变质中细粒长石石英杂砂岩、长石杂砂岩夹千枚岩及变晶屑安山岩、变凝灰岩	144.8 m

~~~~~~~~~~ 沿角度不整合面的滑脱构造 ~~~~~~~~~~

下伏地层：**白乃庙群** 绿片岩

【地质特征及区域变化】 本组分布局限，仅见于四子王旗徐尼乌苏一地，为一套活动型沉积。自下而上大体可以划分出三个沉积旋回：底部旋回中见有变晶屑安山岩和变凝灰岩等火山岩；二、三两个旋回均以含砾砂岩等粗碎屑岩开始，向上迅速过渡为长石石英杂砂岩、石英杂砂岩，再向上为浅水碳酸盐岩。整个剖面底部为火山沉积岩系，中上部为水下三角洲和浊流沉积（仇甘霖等，1992）。正层型剖面未采到化石，在第15层结晶灰岩和泥质灰岩的走向延伸不远处，发现床板珊瑚，主要有 *Favosites*，*Heliolites*，*Mesofavosites*，*Halysites* 及 *Catenipora* 等，它们的总体特征反映了志留纪的色彩，后二者更常见于中志留世。

西别河组 SD*x* (15-0074)

【创名及原始定义】 由李寿耆、赵泽国等1960年创名(手稿)，命名地点在达尔罕茂明安联合旗西别河东岸。内蒙古地质研究所1964年在《呼和浩特幅地质图说明书》中首次介绍。原始定义：这套地层仅见于乌兰察布盟达尔罕茂明安联合旗嘎少庙东之西别河及白云鄂博东北20 km处。主要岩性为石灰岩及砂岩等，最大出露厚度337 m。由于该区覆盖广泛，露头不好，上下接触关系均未查清。

【沿革】 本区志留纪地层为翁礼巽1955年发现。1960年李寿耆、赵泽国在西别河东岸采集了大量的腕足类和珊瑚化石并首次测制了地层剖面，并建立了西别河组，定其时代为中泥盆世。1965年，内蒙古区测一队六分队在本区开展1:20万区域地质调查时，将分布于该地区的"晚志留世"地层统称为巴特敖包群，并从下至上分为西别河组、查干合布岩组、哈力齐岩组、艾布盖河岩组、格少可布岩组和哈拉哈达岩组等。1978年李文国、戎嘉余等在西别河至巴特敖包一带进行生物地层专题研究时，根据生物群的演化特征，厘定了该区志留纪地层的划分方案。本次清理认为李文国等的方案更多地考虑了生物群特征的差异，所划分的西别河组、巴特敖包组和阿鲁共组的岩石组合特征区别不明显，所以这套灰岩和碎屑岩仍称西别河组。以上提到的巴特敖包组等及那清组、下石碑组、杏树洼组等停用。

【现在定义】 指分布于达尔罕茂明安联合旗、四子王旗、镶黄旗、奈曼旗等地，由浅海相的砂岩、灰岩、板岩、变泥岩及生物礁等构成的一套岩石组合。富含珊瑚、腕足类、层孔虫等多门类化石。以底砾岩不整合在包尔汉图群或加里东期石英闪长岩之上，上界被阿木山组不整合覆盖。

【层型】 正层型为达尔罕茂明安联合旗西别河东岸剖面(110°12′，41°59′)，本剖面出露较差不具代表性，故选择本区巴特敖包至仲阿木乌苏剖面(42°03′，110°36′)作为次层型列出。据内蒙古区测一队六分队1965年；李文国等1983年资料。

上覆地层：**阿木山组** 含砾粗砂岩

~~~~~~~~~~ 不 整 合 ~~~~~~~~~~

西别河组 总厚度 1 435 m

17. 紫红色、土黄色砂质板岩，夹紫色、灰色粗晶灰岩。含床板珊瑚 *Favosites fungites*，*Squameofavosites bohemicus*，*Parathamnopora yue* 120 m
16. 灰色中厚层状结晶灰岩(大理岩)薄层灰岩互层，顶部为灰黑色薄层灰岩与肉红色薄层灰岩互层。含四射珊瑚 *Spongophyllum baterobaoensis*，*S. pseudofritchi* 95 m
15. 掩盖 125 m
14. 灰白色、浅灰色厚层状结晶灰岩(大理岩)，肉红色厚层状含生物碎屑结晶灰岩(大理岩)。含四射珊瑚 *Entelophyllum articulatum*，*Spongophyllum cyathophylloides*，*Tryplasma* sp.；床板珊瑚 *Favosites gothlandicus*，*Dnestrites stylifer*，*Kitakomiia* cf. *mirabilis*；腕足类 *Eospirifer* sp.，*Conchidium* sp.，*Glassia* sp.；层孔虫 *Clathrodictyon microstriatellum*，*Parallelostroma gracilentubum*，*Densastroma podolicum*，*D. sociale*，*Pycnodictyon densum*；牙形刺 *Panderodus* sp. 240 m
13. 灰黑色厚层细晶灰岩夹肉红色、灰色薄层细晶灰岩及少量砂质板岩。含床板珊瑚 *Syringoporinus* cf. *aequabilis*；层孔虫 *Pseudostylodictyon simplex* 185 m
~~~~~~~~~~

12. 掩盖 90 m

11. 灰色中一厚层细晶灰岩夹少量长石砂岩。含四射珊瑚 *Ptychophyllum orientalis*, *Kyphophyllum progressum*, *Holmophyllum preciosum*; 床板珊瑚 *Mesofavosites* sp., *Favosites fungites*, *Paraheliolites repkinae*; 腕足类 *Pentamerus* sp. 30 m

10. 灰黄色、灰绿色中厚层状粗粒长石石英砂岩夹细粒砂岩，顶部薄层粉砂岩，含铁质结核。含腕足类 *Eospirifer* sp. 150 m

9. 灰色、灰黑色薄层细晶灰岩夹灰色薄层钙质粉砂岩和细砂岩。含床板珊瑚 *Paraheliolites regularis* var. *kuznetskiensis*, *Propora* sp.; 层孔虫 *Actinostromella slitensis* 130 m

8. 浅灰色、灰白色中层状泥灰岩。含四射珊瑚 *Tryplasma hedstroemi*, *Holmophyllum laminatum* 25 m

7. 黄灰色薄层一中层状泥质粉砂岩，含腕足类 *Eospirifer* sp. 20 m

6. 肉红色中厚层状结晶灰岩夹紫红色钙质石英细砂岩。含四射珊瑚 *Altaja* sp., *Diplophyllum caespitosum*; 腕足类 *Lissatrypa* sp., *Bateridium bateroboensis*, *Apopentamerus neimongolicus*; 三叶虫 *Encrinuroides* sp.; 床板珊瑚 *Favosites fungites*, *F. gothlandicus baskushaensis*, *Squameofavosites* sp., *Propora* sp. 120 m

5. 黄绿色、豆绿色粉砂质板岩夹泥灰岩、灰岩、钙质砂岩和细砂岩。含四射珊瑚 *Altaja tenuiseptata*, *Weissermella lindstroemi*; 床板珊瑚 *Favosites obliqus*, *Kitakomiia* cf. *mirabilis*, *Thamnopora* sp., *Cladopora* (*Taxopora*) cf. *salairica*, *Cladopora* (*Cl.*) sp.; 腕足类 *Orbiculoidea* sp., *Dolerorthis* sp., *Conchidium* sp., *Apopentamerus neimongolicus*, *Kirkidium* (*Pinguaella*) *enticlivatus*, *Reticulatrypa* sp., *Lissatrypa bateroboensis*, *Atrypoidea* sp., *Protathyrisina gashaomiaoensis*, *P. transversa*, *Tenellodermis orientalis*, *T.* cf. *matrix*; 层孔虫 *Stromatopora impexa*; 三叶虫 *Encrinuroides* sp. 135 m

4. 灰色、灰黄色中—厚层状结晶灰岩。含四射珊瑚 *Weissermelia lindstroemi*, *W. entelophylloides*, *Altaja tenuiseptata*, *A. regularis*, *A. maxima*, *A. sinensis*, *Streptelasma* sp., *Mucophyllum* cf. *infundibula*, *Kyphophyllum* sp., *Strombodes menisco-merginatum*, *Tryplasma hedstroemi*, *Holmophyllum laminatum*, *Spongophyllum siearabyi*, *Zenophilia* sp., 床板珊瑚 *Mesofavosites khalfeni*, *Favosites yakowlewi*, *F. multiplicatus*, *F. komikensis*; 腕足类 *Gracianella* sp., *Spirigerina subquadrata*, *Conchidium tenuistriatus*, *Conchidium* sp., *Atrypina*? sp., *Septatrypa*? sp., *Apopentamerus neimongolicus*; 层孔虫 *Pseudostylodictyon simplex*; 鹦鹉螺 *Graftonoceras* cf. *graftonense*, *Phragmoceras* cf. *limeolatum*, *P.* cf. *angustum*, *Protophragmoceras damaoense*, *Bateroboceras oblinquwhorlum*, *B. depressum*; 棘皮动物 *Pentagonocyclicus* sp.; 牙形刺 *Penderodus penderi*, *Penderodus gracilis*, *Ozarkodina excavata*, *O. ziegleri tenuiramea*; 介形虫 *Acanthoscapha subnavicula*, *Acanthoscapha* cf. *acris*, *A.* cf. *decurtata*, *Beyrichia* (?) sp., *Bairdia* sp., *Baschkirina* sp., *Coeloenella* sp., *Longiscula smithii*, *Libumella* sp., *Micricheilinella* sp., *Ovornina* (*Triconella*) *perryi*, *Platyrhomboides* sp., *Winchella* sp., *Aparchites* sp., *Healdia* sp., *Ockerella jordani*, *Parabolbina* (?) sp., *Roundyella* (?) sp.; *Eurychilina* sp., *Miraculum* spp., *Paraparchites*. sp. 70 m

3. 肉红色厚层块状生物碎屑细晶灰岩夹灰色灰岩。含床板珊瑚 *Cladopora* sp., *Paraheliolites* sp.; 腕足类 *Conchidium* sp.; 层孔虫 *Syringostromella neimongolensis* 90 m

2. 灰色薄层状灰岩夹黄绿色薄层粉砂质灰岩。含床板珊瑚: *Favosites vectorius*; 腕足类 *Kirkidium* (*Pinguaella*) *enticlivatus*, *Lissatrypa bateroboensis*, *Cyrtia* cf. *neimongolensis*; 三叶虫 *Encrinurus nebulosus*, *Bumaslus*? sp., *Cheirurus* sp.; 介形虫 *Acanthoscapha subnavicula*, *Healdia* sp., *Aparchites* sp., "*Macrocypris*" *novaki*, *Microcheilinella* spp.,

Paraparchites spp.　　20 m

1. 灰紫色砾岩　　5 m

～～～～～～ 不 整 合 ～～～～～～

（蚀变石英闪长岩）

【地质特征及区域变化】　西别河组是一套在加里东褶皱基底之上相对稳定的浅海相沉积，其中包含着生物礁相的亚建造。由于古地形的影响，底部碎屑岩分选差是一种近源的快速堆积，具有明显的磨拉石建造特征。随着沉积环境的逐渐稳定，在夷平的台地上发育了以生物礁和生物碎屑灰岩为主的碳酸盐岩沉积，床板珊瑚、层孔虫、海绵等造礁生物繁盛，伴生有腕足类、三叶虫、头足类以及其他的生物门类，形成了当时繁荣的生物群。是我国北方少有的发育了生物礁的古生代沉积地层。

西别河组在我区延伸远、分布广，比较集中的是达尔罕茂明安联合旗的包尔汉图、巴特敖包附近，往东还有四子王旗白乃庙附近，不整合覆于徐尼乌苏组之上。苏尼特右旗的白日乌拉、正镶白旗的大西庙、林西县的杏树洼、奈曼旗的下石碑等地也有出露。西别河附近以砂岩、板岩、灰岩为主。西别河组在那清乡以轻微变质的变泥岩为主，下部是页岩、砂岩、泥岩，上部为粉砂岩，富含化石；阿巴嘎旗跃进嘎查及苏尼特左旗的白日乌拉岩性是变质的长石砂岩、板岩、结晶灰岩，未获化石；正镶白旗的大西庙所见几乎都是灰岩，只夹一层 25 m 的页岩，含珊瑚、层孔虫等化石；林西县的杏树洼则以板岩为主，夹有少量砂岩和灰岩，奈曼旗的下石碑是灰岩为主，上部是板岩、粉砂岩，灰岩中产珊瑚，以上诸剖面多未见顶底。就其生物组合而论，多为晚志留世以及早泥盆世的分子，所以该组其整体时限是晚志留世—早泥盆世（图 15-1）。

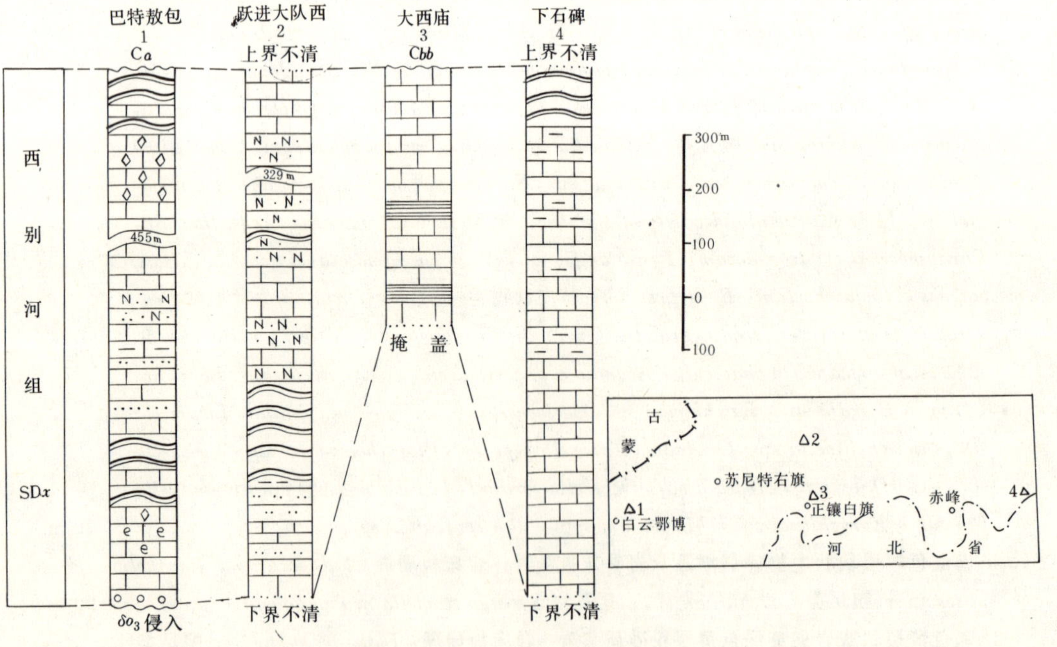

图 15-1　西别河组柱状对比图

前坤头沟组 D*q*　（15－0093）

【创名及原始定义】　该组由内蒙古区测二队1967年创建于敖汉旗敖吉乡前坤头沟。原始定义：岩层主要由砂板岩及硬砂岩组成，为典型的地槽型沉积。上部：褐灰色硬砂岩夹暗绿色板岩、灰岩及基性火山岩，富含珊瑚及腕足化石。厚约438 m；中部：灰绿色砂质板岩、千枚状板岩夹砂岩、灰岩，厚约320 m；下部：灰褐、灰黄色硬砂岩夹板岩，厚约680 m。未见上界，下界以逆断层与三面井组接触。

【沿革】　该组建组以来，一直无变动，1993年，地层清理项目组曾到实地核查，因出露太差，无法测制一条完整的剖面，鉴于该组在区域上岩性组合比较特殊，建议保留该组。

【现在定义】　指分布于敖汉旗前坤头沟一带的一套浅海相褐灰色杂砂岩、暗绿色板岩、砂质板岩、千板状板岩夹灰岩及基性火山岩组合。含珊瑚及腕足类化石。上、下界不清。

【层型】　正层型为敖汉旗前坤头沟前坤头沟组综合剖面（120°24′，42°15′；据内蒙古区测二队，1967）。

前坤头沟组	总厚度＞1 438.6 m
19. 灰绿色基性火山岩夹灰白色结晶灰岩，灰岩中含 *Wedekindophyllum* aff. *corneolum*（未见顶）	＞29.3 m
18. 灰白色结晶灰岩、含珊瑚 *Amplexiphyllum* sp.，*Zaphrenthis* sp.，*Favosites* sp.，*Pachyfavosites* sp.，*Squameofavosites* sp.，*Heliolites* sp.	8.5 m
17. 暗绿色板岩夹青灰色杂砂岩	42.7 m
16. 褐灰色杂砂岩夹暗绿色板岩	33.0 m
15. 结晶石灰岩夹板岩，含珊瑚 *Emmonsia* sp.	5.3 m
14. 褐灰色杂砂岩夹暗绿色板岩及薄层灰岩	95.6 m
13. 中粒杂砂岩夹黑色板岩及灰岩透镜体	91.7 m
12. 含砂灰岩含珊瑚 *Favosites* sp.	0.9 m
11. 灰色中粒杂砂岩夹黑色板岩	125.7 m
10. 浅灰色千枚状板岩夹薄层钙质砂岩、砂岩及石灰岩	330.0 m
9. 褐色、褐黄色砂质板岩、草绿色砂岩	400.0 m
8. 灰褐、黄褐、灰绿色杂砂岩	60.2 m
7. 灰黑色板岩	15.0 m
6. 中细粒杂砂岩	16.5 m
5. 灰褐色条带状钙质粉砂岩夹黑色砂质板岩	57.9 m
4. 灰褐色中粒杂砂岩	33.6 m
3. 褐黄色条带状钙质粉砂岩夹黑色砂质板岩	25.0 m
2. 灰黑、灰黄色条带状细粒杂砂岩	26.5 m
1. 灰褐、黄褐色钙质细砂岩夹灰黑色板岩、条带状杂砂岩（未见底）	＞41.2 m

【地质特征及区域变化】　该组仅分布于敖汉旗前坤头沟一带，北与三面井组呈断层接触，南被花岗岩所截，出露面积约35 km^2。地层走向近NW－SE向，呈断块出露于敖汉复向斜的北翼。可见厚度1 438 m。该组的上部含大量的珊瑚化石，除剖面上所列的属种外，在剖面两侧相当于第18层的层位中还采到：*Amplexiphyllum sinense*，*Orthophyllum* sp.，*Pseudamplexus bohemicus*，*Zaphrenthis voluta*，*Rhizophyllum* sp.，*Chlamydophyllum* sp.，*Favosites goldfussi*，*Caliapora elegans* 等；腕足类 *Leptaena* ex gr. *rhomboidalis*，*Coelospira sinica*，*How-*

ellella medioplicata，*H. merwriformis*，*Acrospirifer ohanchiensis*，*Atrypa* sp.，*Chonetes* sp. 等。时代为早泥盆世。

石峡沟组　D$\hat{s}$　（15－0086）

【创名及原始定义】　该组由潘江、顾其昌等 1974 年创建于宁夏中宁县牛首山西南麓的石峡沟。原始定义：不整合于香山群之上；其上与中宁组亦呈不整合接触。下部为灰白色中厚层石英砂岩夹少量含砾砂岩；上部为紫红色长石石英砂岩、粉砂岩等。

【沿革】　1977 年甘肃省第一区测队在白墩子幅1∶20万区调报告中，将这套地层称为雪山群，本次清理改称石峡沟组。

【现在定义】　指出露于通湖山及红石沟一带的一套陆相紫红色、褐红色中厚层长石石英砂岩、石英砂岩。其上被中宁组不整合覆盖，下界以断层或不整合覆盖于香山群之上。

【层型】　区内的次层型为阿拉善左旗通湖山剖面（15－0086－4－2）。

【地质特征及区域变化】　该组仅分布于阿拉善左旗南部的腾格里通湖山、红石沟一带，是北祁连山地层小区陆相泥盆系的北延部分。厚度大于 300 m。时代为中泥盆世。

中宁组　D$\hat{z}$　（15－0087）

【创名及原始定义】　该组由潘江、顾其昌等 1974 年创建于宁夏牛首山石峡沟。原始定义：不整合于中泥盆统石峡沟组之上或中寒武统香山群之上的一套紫红色碎屑岩。自下而上由砾岩、砂砾岩、长石石英砂岩夹粉砂岩、粉砂岩夹泥灰岩、灰岩组成。其上与中石炭统羊虎沟群（或下石炭统臭牛沟组）为平行不整合或角度不整合接触。

【沿革】　该组在区内分布零星。1977 年甘肃省第一区测队在白墩子幅 1∶20 万区调报告中，把该套地层称为上泥盆统沙流水群，并测制了白石头疙瘩剖面。1978 年宁夏区调队将该套地层改称中宁组。本次清理采用后者的意见。

【现在定义】　指分布于阿拉善左旗元山子、腾格里地区、骆驼山等地不整合于石峡沟组之上，前黑山组之下的一套紫红色砾岩、砂砾岩、石英砂岩、杂砂质石英砂岩的地层序列。

【层型】　区内次层型为阿拉善左旗白石头疙瘩剖面（15－0087－4－2）。

【地质特征及区域变化】　延伸到内蒙古境内的中宁组分布于阿拉善左旗的元山子、腾格里地区、骆驼山等地，是北祁连山地层小区陆相泥盆系的北延部分；岩性、岩相稳定，在元山子一带含 *Leptophloeum rhombicum* 等植物化石，下界不整合于石峡沟组或张夏组之上，上界被前黑山组不整合覆盖。厚度大于 1 086 m，时代为晚泥盆世。

色日巴彦敖包组　DC*s*　（15－0112）

【创名及原始定义】　内蒙古区测一队 1973 年创名，地点在苏尼特左旗敖木根呼都格北的色日巴彦敖包。原始定义：岩性以碎屑岩为主夹少量火山碎屑岩，下界与温都尔庙群不整合接触，含动、植物化石。

【沿革】　色日巴彦敖包组是红格尔庙组（黄汲清等，1960）的修订名，沿革如表 15－1。因黄汲清等创名的文献系手稿，他人长期未曾见到。色日巴彦敖包组即在此情况下命名并被广泛使用的。目前已不宜改变。本次对比研究，重新厘定了该组含义。

【现在定义】　指分布在苏尼特左旗至阿巴嘎旗一带，不整合于温都尔庙群之上的一套海相碎屑岩组合，主要由复成分砾岩、杂砂岩、长石石英砂岩、石英砂岩及少许火山物质组成，偶夹薄层灰岩或灰岩透镜体。

表 15-1 色日巴彦敖包组划分沿革一览表

<table>
<tr><td colspan="2">黄汲清等</td><td colspan="3">内蒙古区测一队</td><td colspan="2">内蒙古区测一队</td><td colspan="2">内蒙古地层表编写组</td><td colspan="2">内蒙古地矿局</td><td colspan="2">本书</td></tr>
<tr><td colspan="2">1960</td><td colspan="3">1965</td><td colspan="2">1973</td><td colspan="2">1978</td><td colspan="2">1991</td><td colspan="2"></td></tr>
<tr><td colspan="2">红格尔庙</td><td colspan="3">敖木根呼都格剖面</td><td colspan="2">敖木根呼都格</td><td colspan="2">敖木根呼都格</td><td colspan="2">敖木根呼都格</td><td colspan="2">锡林浩特分区</td></tr>
<tr><td colspan="2" rowspan="5"></td><td>C_1</td><td>下石炭统</td><td>27层—15层</td><td colspan="2" rowspan="2"></td><td>C_1</td><td>敖木根呼都格组</td><td rowspan="5">C_1</td><td rowspan="3">敖木根呼都格组</td><td rowspan="6">C_1—D_3</td><td rowspan="6">色日巴彦敖包组</td></tr>
<tr><td rowspan="5">D_3</td><td rowspan="5">上泥盆统</td><td>14层—12层</td><td rowspan="5">D_3</td><td rowspan="5">色日巴彦敖包组</td></tr>
<tr><td>11层</td><td rowspan="2">C_1</td><td rowspan="2">敖木根呼都格组</td></tr>
<tr><td>10层—8层</td><td>乌兰呼都格组</td></tr>
<tr><td>7层—5层</td><td rowspan="2">D_2</td><td rowspan="2">色日巴彦敖包组</td><td>沟呼都格组</td></tr>
<tr><td>D_3^2</td><td>红格尔庙组</td><td>4层—1层</td><td>D_3</td><td>色日巴彦敖包组</td></tr>
</table>

【层型】 正层型为苏尼特左旗敖木根呼都格剖面（113°32′，43°27′；内蒙古区测一队，1973）。

色日巴彦敖包组　　总厚度>1 725 m

27. 紫灰绿色变质长石石英砂岩，顶部有 0.5 m 含砂灰岩（未见顶）　>35 m

26. 紫红色变质细粒长石石英砂岩，顶部夹青灰色、黄褐色薄层灰岩，灰岩中产海百合茎，珊瑚化石已变质无法鉴定　60 m

25. 上部为变质长石石英砂岩，产海百合茎、腕足类化石；下部黄褐色砂质泥灰岩　21 m

24. 上部为紫灰绿色中粒长石石英砂岩夹薄层灰岩；中部为青灰色、褐色灰岩互层，下部紫灰绿色中粒钙质石英砂岩　62 m

23. 上部褐黄色、青灰色砂质泥岩，产腕足类化石碎片；下部灰褐色钙质石英砂岩　46 m

22. 青灰色、黄褐色鲕状灰岩、泥灰岩互层，产珊瑚化石，不能鉴定，但在西部 $2P_{30}$ 剖面相当层位产 *Sugiyamaella* sp.，*Lithostrotion irregulare*，*Clisiophyllum* sp.　16 m

21. 上部灰紫色变质细粒石英砂岩；下部黄褐色薄层状粉砂质泥灰岩　31 m

20. 上部灰紫色变质中粒石英砂岩夹粉砂岩；下部为粉灰色、紫灰色变质石英砂岩　141 m

19. 上部紫红色变质杂砂岩夹薄层页岩，下部变质杂砂岩夹薄层灰岩　60 m

18. 紫红色铁质钙质石英砂岩、粉砂岩互层　112 m

17. 粉灰色中粒变质石英砂质、粉砂岩互层，在剖面东 6 km2900 地质点相当本层位粉砂岩中产珊瑚化石 *Amygdalophyllum etheridgei*，*Arachnolasma sinense*，*Sugiyamaella carbonarium*，*Lithostrotion*(*Siphonodendron*) *stanvellense*，*Siphonophyllia* cf. *cylindrica*，*S. septum*；腕足类 *Athyris* cf. *lamellesa*，*Echinoconchus* sp.，*Lingula* sp.，*Or-*

thotetes cf. *keokuk*, *Schizophoria* sp., *Reticularia* sp., *Rhipidomella* cf. *micholini*, *Syringothyris* cf. *ouspidata*, *Spirifer* aff. *attenuatus*, *Dictyoclostus* sp., *Rhynchopora* cf. *bigemmis*；苔藓虫 *Stenodiscus gigantus* 132 m

16. 粉灰色钙质石英砂岩、粉砂岩互层中夹紫色页岩 116 m
15. 灰绿色变质钙质杂砂岩与粉砂岩互层夹紫色页岩，底部钙质杂砂质砂岩中含较多绿色页岩碎屑 85 m
14. 黄褐色中细粒变质钙质长石石英砂岩与粉砂岩互层，中夹安山质凝灰砾岩，顶部有3.7 m灰褐色薄层状砂质灰岩 189 m
13. 黄褐色细粒长石石英砂岩与粉砂岩互层，顶部夹1.5 m粉砂质灰岩透镜体 16 m
12. 黄褐色变质杂砂岩，含较多绿色页岩碎屑 52 m
11. 紫色细粒钙质长石石英砂岩与粉砂岩互层，顶部有紫色含砾凝灰砂岩页岩互层 16 m
10. 绿色晶屑凝灰岩，夹一层细粒钙质长石石英砂岩及暗灰色灰岩 64 m
9. 灰绿色安山质岩屑晶屑凝灰岩与晶屑火山灰凝灰岩互层 70 m
8. 紫色含角砾安山质晶屑岩屑凝灰岩与安山质晶屑岩屑凝灰岩互层，下部为安山质角砾岩及安山质角砾凝灰岩 122 m
7. 紫色砂岩粉砂岩互层，下部为晶屑岩屑凝灰岩 42 m
6. 紫灰色中细粒杂砂岩与钙质粉砂岩互层 112 m
5. 紫灰色复成分砾岩 9 m
4. 紫灰绿色长石石英砂岩 13 m
3. 青灰色厚层灰岩中夹灰绿色粉砂岩，本层产珊瑚、腕足类等化石，有 *Cyrtospirifer sulcifer*, *Camarotoechia turanica*, *Kueichowpora olevonica*, *Nalivkinella prafunda*, *N. profunda* var. *minor*, *Nicholsonella* sp., *Stromatopora* sp., 35 m
2. 灰褐色中粒长石石英砂岩 40 m
1. 灰褐色含砾粗砂岩，长石石英砂岩，底部为复成分砾岩，砾石成分为温都尔庙群的石英岩、绿泥石片岩等。 28 m

~~~~~~~~~~ 不 整 合 ~~~~~~~~~~

下伏地层：温都尔庙群　绿泥石片岩

【地质特征及区域变化】　上述敖木根呼都格剖面各分层间均保存原生连续沉积接触，除8、9、10三层为火山岩外，余者均为成熟度不高的一套碎屑岩沉积，缺乏稳定的标志层可资做进一步的岩石地层再划分和填图。

剖面底部砂岩和灰岩中化石丰富，盛产珊瑚 *Nalivkinella*, *Kueichowpora* 等和腕足类。在距正层型剖面不远的其其格音敖包、滚诺尔都发现了植物化石 *Leptophloeum rhombicum*。据这些化石可断定其时代为晚泥盆世 Famennian。中上部产珊瑚 *Sugigamaella*, *Siphonophyllia* 及腕足类 *Sipirifer*, *Syringothyris* 等，其时代为早石炭世 Tournaisian—Visean 期。故色日巴彦敖包组时代为 D_3—C_1。

另据徐备等（1994）研究，色日巴彦敖包组为海相磨拉石建造，由下部的滨岸相和上部的滨海相组成。剖面由下到上的结构和构造特征说明由非海相环境下的磨拉石建造到上部含海相化石的滨海碎屑岩和碳酸盐岩沉积阶段，完成了从陆相到海相的沉积过程，亦显示了沉积环境逐渐趋于稳定的过程。

前黑山组　*Cq*　（15-0119）

【创名及原始定义】　甘肃省第一区测队1964年在阿拉善左旗南部白墩子地区将原臭牛
~~~~~~~~~~

沟组下部（即以阿拉善左旗前黑山剖面第10层与11层之间的沉积间断面为界）分出，另建立前黑山组。据《甘肃省地质志》(1990) 介绍，前黑山组为白云质灰岩、灰岩、粉砂质页岩、石英砂岩，顶部夹石膏层，含动、植物化石，厚度77～197 m。

【沿革】 前黑山组自创名以来沿用至今，本次对比研究亦予以采用。

【现在定义】 指分布于北祁连山地层小区不整合于奥陶纪米钵山组碎屑岩之上，又被臭牛沟组平行不整合所覆盖的一套海陆交互相地层，主要由砾岩、砂砾岩、钙质石英砂岩、粉砂岩、页岩、灰岩和白云岩等组成，含动、植物化石。

【层型】 选层型为阿拉善左旗南部白墩子地区前黑山剖面（104°10′，37°08′；据甘肃省第一区测队，1977)。

上覆地层：**臭牛沟组** 细砾岩、石英粗砂岩

——————— 平行不整合 ———————

前黑山组 总厚度 99.79 m

10. 下部灰褐、黄褐色钙质粉砂岩，产 *Sublepidodendron* sp.，*S. wusihense*，*Lepidostrobophyllum xiphidium*，*Lepidodendropsis* sp.，以上植物化石与大量 *Hesperiell*? sp. 及总鳍鱼类共生。中部为薄至中层浅灰色石英砂英夹黄褐色疙瘩状钙质团块（结核），含菱铁质结核钙质粉砂岩，上部灰色粉砂岩，碳质页岩 23.39 m
9. 黄灰色中厚层钙质石英细砂岩，顶部灰色厚层灰岩 13.41 m
8. 浅灰色中厚层石英砂岩、粉砂质页岩、灰色厚层灰岩，组成三个韵律层，底部石英砂岩交错层发育，并含钙质小团块 14.65 m
7. 灰色薄至中厚层灰岩，偶夹砂质灰岩，泥钙质页岩 12.48 m
6. 灰色、浅灰色薄层条带状白云质灰岩、白云岩夹褐黄灰色薄层钙质粉砂岩 1.58 m
5. 灰色厚层块状灰岩，具角砾状，局部鲕状结构，产腕足类 *Schuchertella* cf. *gueizhouensis*，*Balanoconcha* aff. *elliptica*，*Cranaena* aff. *globosa*，*Avonia* cf. *yuangiana*，*Eochoristites* cf. *chui*，*Productellana* sp.，*Cleiothyridina* sp.；介形虫 *Paraparchites* sp.；腹足类？*Straparollus* sp.；苔藓虫 *Stenodiscus* sp. 11.30 m
4. 棕黄色钙质粉砂岩，上部夹泥灰岩及结晶灰岩透镜体 3.88 m
3. 黄褐色砂砾岩 13.53 m
2. 紫红色含粉砂泥灰岩，水成不对称波痕发育 1.57 m
1. 褐灰色厚层砾岩 4.00 m

~~~~~~~~~ 不 整 合 ~~~~~~~~~

下伏地层：**米钵山组** 碎屑岩

【地质特征及区域变化】 前黑山组以成熟度较高的陆源碎屑为主，缺乏杂砂岩、长石砂岩及火山岩，表现过渡型的沉积特点。其上、下界完整，地层出露齐全，动植物化石丰富。下部（1—4层）是滨海相碎屑岩，中部（5—7层）为浅海相碳酸盐岩，盛产腕足类化石，上部（8—10层）出现陆相碎屑岩，富含植物化石。本组内以石燕贝、长身贝和扭月贝类为主，缺乏欧美和我国北方常见的 *Syringothyris*，而与我国南方腕足动物群接近，可见其地方性色彩较浓。整体化石组合指示其沉积时限为 Tournaisian 期。厚度约 100 m。

前黑山东北约80 km的阎地拉图一带，该组内出现一层较厚的砾状白云岩，厚64 m，含 *Rugosochonetes* sp.，顶部是钙质石英砂岩，其总厚与正层型相差无几。在内蒙古境内前黑山组仅分布于前黑山和阎地拉图两地。
~~~~~~~~~

资料反映，在甘肃省大、小营盘水（位于前黑山西南）前黑山组与中宁组的碎屑岩是连续沉积（D_3-C_1），而前述前黑山组（C_1）底部的不整合面在这里出现在晚泥盆世中宁组或中泥盆世石峡沟组之顶界，可见这一不整合面的穿时性，同时也说明海水是由西南方向侵进的，在大、小营盘水，前黑山组与臭牛沟组间呈小角度不整合接触。另外，在甘肃省甘塘附近富含石膏矿层的碎屑岩、灰岩是前黑山组在侧向延伸的区域变化特点。

臭牛沟组　$C\hat{c}$　（15－0120）

【创名及原始定义】 1925年袁复礼在甘肃省天祝县臭牛沟创建，原始定义指该地区的早石炭世的沉积地层。

【沿革】 1964年由甘肃省第一区测队修订。他们在前黑山地区原臭牛沟组剖面中间，发现了平行不整合，据此厘定了臭牛沟组的含义，即剖面的第11至第18层为臭牛沟组，平行不整合面之下新建前黑山组，时代为Visean。这个划分被后来的《甘肃省地质志》、《内蒙古地质志》所引用；但上述资料多从年代的角度考虑。本次清理在采用这个划分方案时，充分注意了臭牛沟组岩石的组合特征。

【现在定义】 指分布于阿拉善左旗南部位于晚石炭世太原组和早石炭世早期前黑山组之间的一套滨海相至过渡相碎屑岩为主的沉积组合，由砂砾岩、砂岩、粉砂岩、页岩和少量灰岩夹层构成。

【层型】 区内参考剖面为阿拉善左旗前黑山剖面（15－0120－4－1），阿拉善左旗阎地拉图剖面（15－0120－4－2）。

【地质特征及区域变化】 臭牛沟组在内蒙古的剖面，按岩石特征和沉积相，大致可分为两部分：下部（11—14层）主要为砂砾岩、粉砂岩和粉砂质页岩，含*Triphyllopteris collombiana*，*Lepidophyllum* sp.，*Sphenopteridium* sp.等植物化石的近海陆相沉积；中、上部（15—18层）为浅海相的生物灰岩，每一层均含有大量的珊瑚和腕足类化石，主要有：珊瑚*Yuanophyllum kansuense*，*Lithostrotion planocystatum*，*Koninckophyllum* sp.；腕足类*Gigantoproductus* cf. *latissimus*，*Neospirifer* sp.，*Dictyoclostus robustus*等，化石组合显示了Visean期的时代色彩。在阿拉善左旗的阎地拉图剖面臭牛沟组与上覆太原组（原“靖远组”）为平行不整合接触，与下伏前黑山组呈断层接触，岩性组合和前黑山一带的臭牛沟组相似，但变质略深。臭牛沟组与前黑山组相伴产出，在其分布范围内，从西南向东北两组的接触关系类型从小角度不整合到微角度不整合向平行不整合过渡。该组厚度约50 m。

朝吐沟组　$C\hat{c}$　（15－0109）

【创名及原始定义】 内蒙古区测二队1965年创名于敖汉旗朝吐沟。原始定义为“整合于白家店组之下的一套变质火山岩，不含化石。岩性为基性、中酸性火山岩及火山碎屑岩夹绢英片岩及少量石英岩。”

【沿革】 自朝吐沟组创名以来，未曾变动。只是在1971年辽宁省区测二队又在同一地区的木匠沟、半烧锅等地将这套哑地层又分别创名为早泥盆世前坤头沟组和中—晚泥盆世哈什吐组。从岩石地层划分的角度考虑，上述两组无论是岩石组合特点，还是区域地质条件都与朝吐沟组基本一致，故这套变质火山岩地层统称为朝吐沟组。

【现在定义】 指分布于赤峰地层分区，以变质火山岩为主的岩石组合，由变质基性至中酸性熔岩、变火山碎屑岩夹绢英片岩及少量石英岩组成。不整合覆于西别河组（原下石碑组）之上；其上与早石炭世白家店组连续沉积。

【层型】 正层型为敖汉旗敖吉乡朝吐沟剖面（120°15′，42°17′；内蒙古区测二队，

1967)。

朝吐沟组	总厚度 2 264.0 m
22. 灰白色绢英片岩夹绢云母次生石英岩（未见顶）	>215.2 m
21. 黑灰色片理化中性凝灰岩	22.3 m
20. 黑色变质玄武岩	107.7 m
19. 灰色、灰黄色片理化球粒状酸性层凝灰岩夹灰白色绢英片岩，底部有厚约 16 m 的球粒状酸性凝灰岩	159.2 m
18. 灰白色绢英片岩，灰黄色片理化熔岩夹变质玄武质凝灰岩	136.6 m
17. 片理化酸性凝灰岩	67.5 m
16. 灰色、灰黄色、粉红色片理化基性岩屑凝灰岩	111.5 m
15. 黑色片理化基性含岩屑凝灰岩片理化酸性层凝灰岩及结晶灰岩	263.9 m
14. 绢英片岩	69.5 m
13. 安山岩	60.1 m
12. 绢英片岩	147.3 m
11. 片理化酸性角砾状熔岩凝灰岩	86.8 m
10. 片理化中酸性凝灰岩	116.5 m
9. 微片理化玄武安山岩	8.7 m
8. 微片理化中酸性熔岩凝灰岩	106.8 m
7. 微片理化酸性玻屑凝灰岩	109.5 m
6. 玄武岩	134.5 m
5. 含角砾酸性凝灰岩	25.3 m
4. 中性玻屑晶屑凝灰岩	81.3 m
3. 片理化基性凝灰岩	158.5 m
2. 片理化含角砾基性熔岩	31.1 m
1. 片理化酸性含晶屑凝灰岩，（石英斑岩侵入）	44.2 m

【地质特征及区域变化】 朝吐沟组分布比较局限，区内仅见于敖汉旗朝吐沟、赤峰市七大分子及奈曼旗木匠沟等地。其岩石组合面貌在本区独具特色，加之层位稳定，作为岩石地层单位易于识别。朝吐沟组部分岩石，如绢英片岩、石英岩等属中深度变质岩，难以发现生物遗迹；而相邻上覆地层的复矿砂岩几乎未变质，动物化石保存完好，前人对二者间的“整合接触关系”的描述有待进一步查证，由此所推论的早石炭世早期的地质年代亦不无商榷之处。但作为岩石地层单位，朝吐沟组的存在，对于认识该区地质发展史及它所处的构造环境，是大有裨益的。

白家店组 C*bj* (15-0102)

【创名及原始定义】 河北省区测队于 1958 年创名，创名地点是内蒙古翁牛特旗白家店南山。原始定义为“由石灰岩及少量片状板岩组成，四周为第四系所覆，出露厚度 500 m 左右，时代为早石炭世”。

【沿革】 白家店组自创名以来，由于受传统地层划分理论影响，往往忽略了以石灰岩为主的原始定义，常常以化石的年代标志来确定白家店组的界线。1970 年，辽宁省区测二队根据所搜集的古生物资料，将分布于敖汉旗杨家杖子西山的本应属于白家店组以灰岩为主的地层，划分为早石炭世的后房身沟组和中石炭世的家道沟组；1991 年，杨道荣将白家店南山剖面以灰岩为主的层段和后房身沟剖面以碎屑岩为主的层段上、下衔接，以叠覆起来的层序，合称为白家店组，显然它已不是原白家店组的含义。这样的划分得到了一些学者（苏养正，1993）的赞同，认为白家店组的灰岩之下，应有一套碎屑岩。实际上灰岩和碎屑岩的边界在区域上呈犬齿交错状，台地型的碳酸盐岩和边滩环境下沉积的砂板岩是地层侧向加积普遍性

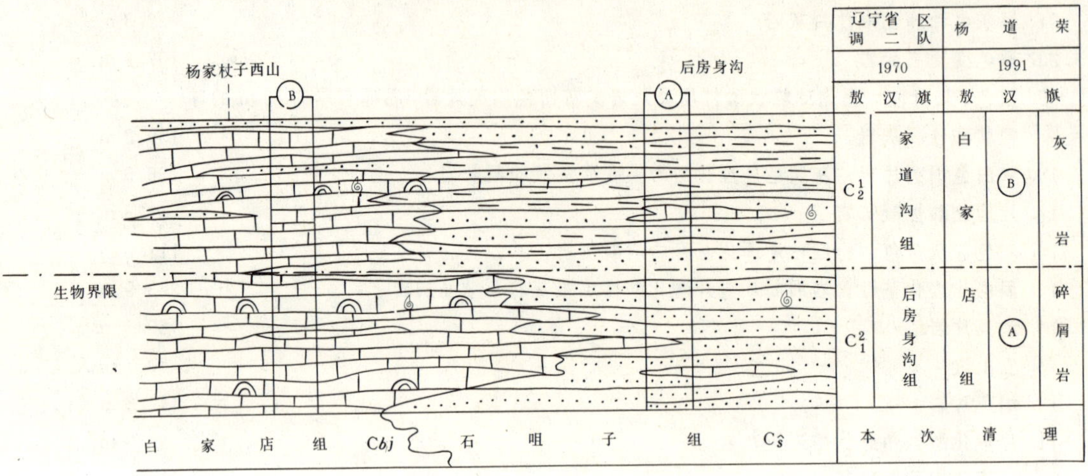

图 15-2 敖汉旗石炭系海相沉积岩地层的划分沿革

原理的真实体现（图15-2）。从岩性上讲，一套灰岩，一套碎屑岩，岩性明确，易于辨识，在一定区域内相对稳定，适于地质制图单位的使用。为此仅将灰岩部分厘定为白家店组，碎屑岩部分称石咀子组。

【现在定义】 指分布在敖汉旗一带，位于朝吐沟组之上，被石咀子组超覆的一套海相碳酸盐岩岩系。因与石咀子组的砂板岩部分层段呈犬齿相变关系，遂在不同地段的剖面上可出现数量不等的砂板岩夹层。

【层型】 正层型为翁牛特旗乌敦套海镇东南的白家店剖面（119°50′，42°35′），原报告中剖面分 6 层，但没有分层厚度，失去了使用价值。故选择敖汉旗杨家杖子西山剖面（119°51′，42°35′）作为次层型，据辽宁省区测二队 1970 年资料。

白家店组 总厚度＞2 533.3 m

24. 灰色灰岩夹砂岩，含：*Choristites* cf. *mosquensis*，*Eomarginifera* sp.（未见顶） ＞138.3 m
23. 黄绿色砂岩与灰色灰岩互层，单层厚 20～30 m，含 *Linoproductus* sp.，*L.* aff. *foordi*，*Marginifera*? sp.，*Choristites tschernyschewiformis*，*C. gobicus*，*C. planus*，*Echinoconchus* aff. *punctatus*，*Dictyoclostus* aff. *gruenewaldti*，*Buxtonia* sp.，*Enteletes*? sp. 210.9 m
22. 黄褐色砂岩夹灰岩二层，单层厚 5 m 左右 174.5 m
21. 灰色灰岩、黑绿色板岩、黄褐色含砾砂岩互层，其中板岩三层，单层 4～5 m，灰岩中含：*Choristites* sp.，板岩中含腕足类 *Marginifera*? sp.，*Spiriferellina* cf. *cristata*，*Phricodothyris ovata*，*Ambocoelia*? sp. 及苔藓虫，*Fenestella* sp.，植物 *Cordaites* sp. 碎片 93.6 m
20. 灰色灰岩，含 *Marginifera*? sp.，*Pustula*? sp.，*Choristites* cf. *planus*，*Ch. gobicus* 49.1 m
19. 灰色硅质条带灰岩夹黄褐色砂岩，单层厚 10～20 m，含 *Dielasma*? sp.，*Choristites*? sp. 224.4 m

18. 灰色硅质条带灰岩 85.8 m

17. 黄褐色复矿砂岩与灰色灰岩互层，单层厚 5～10 m，灰岩 3～4 层。常见腕足类化石残骸，近底部有一层厚约 10 cm 的 *Lithostrotionella* 礁灰岩 93.5 m

16. 灰色礁灰岩，由 *Lithostrotionella* sp. 组成 2.5 m

15. 灰色灰岩具少量硅质条带，含腕足类化石碎片 92.1 m

14. 黄褐色板岩，含 *Neuropteris* sp.，*Cordaites* sp. 及其他植物化石碎片 6.0 m

13. 灰色硅质条带灰岩，条带宽 5～10 cm，含 *Dibunophyllu m* sp.，*Athyris*? sp. 80.2 m

12. 灰褐色钙质砂岩 11.0 m

11. 灰色硅质条带灰岩，含 *Dibunophyllum bipatitum*，*Gigantoproductus edelburgensis* cf. *submaxims* 2.0 m

10. 黄褐色钙质砂岩与灰色硅质条带灰岩互层，灰岩中含：*Diphyphyllum* cf. *hochangpingense*，*Lithostrotlion* sp. 29.0 m

9. 灰色硅质条带灰岩 50.0 m

8. 灰色礁灰岩，由 *Lithostrotion* cf. *irregulare* 组成，该层顶部约 50 cm 为 *Gigantoproductus* 层，多为 *G.* cf. *manchuriensis* 并含少量 *Semiplanus* sp. 6.9 m

7. 灰色硅质条带灰岩，含 *Lithostrotion* cf. *irregulare*，*Orientoastraea* cf. *phillipsi*，*Auloclisia*? sp.，*Dibunophyllum* sp.，*Lophophyllum* sp. *Yuanophyllum kansuense*，以 *Dibunophyllum* 为最多 105.5 m

6. 灰色中层状灰岩 56.3 m

5. 黄褐、灰绿色钙质砂岩、板岩和灰岩，泥灰岩，硅质条带灰岩互层，单层厚 10～15 m，板岩中含：*Linoproductus* aff. *tenuistriatus*，*Striatifera*? sp.，*Orthotetes*? sp.，*Fenestella* sp. 508.2 m

4. 灰色硅质条带灰岩，含 *Lithostrotion* cf. *irregulare*，*Gigantoproductus manchuriensis*，*G. edelburgensis*，*Gigantoproductus* sp. 64.8 m

3. 灰色灰岩，质较纯，含少量泥质结核，中部夹钙质砂岩一层，厚 7.2 m，含腕足类化石碎片 323.7 m

2. 灰色灰岩，其中夹一层约 1 m 厚的 *Gigantoprductus* 层 28.6 m

1. 灰色含泥质结核灰岩，（未见底） >96.4 m

【地质特征及区域变化】 剖面未见下界，但基本反映了本组的全貌。另外小牛群一带含 *Lithostrotion* cf. *irregulare* 及小型腕足类化石的灰岩和砂板岩直接超覆于志留系之上，层位相当本组的底部。

白家店组灰岩在敖汉旗杨家杖子一带厚达 2 533.3 m。碎屑岩夹层很少。向四周延伸厚度逐渐变小，碎屑岩夹层增多。在白家店厚为 500 m 左右，到奈曼旗房后沟脑一带其厚度只有 230 m。

杨家杖子剖面含有大量的海相动物化石，它们的组合面貌显示 Visean 至 Moscovian 期的时代特点。主要有腕足类 *Gigantoproductus edelburgensis*，*Choristites gobicus*，*C.* cf. *mosquensis* 等；珊瑚 *Lithostrotion* cf. *irregulare*，*Yuanophyllum kansuense*，*Dibunophyllum*，*Lithostrotionella* sp. 等；同时在灰岩所夹的板岩薄层中尚含 *Neuropteris* sp.，*Cordaites* sp. 等植物化石，它很可能是滨海的湖相产物。

石咀子组 $C\hat{s}$ （15－0103）

【创名及原始定义】 长春地质学院、吉林省区测队于 1961 年创名。标准地点在磐石县石咀镇圈岭，指吉中地区的上石炭统，下部为巨厚的白色大理岩夹条带状结晶灰岩；上部为黄褐色砂岩、浅灰色千枚状页岩、凝灰质砂岩夹数层结晶灰岩及泥质灰岩。产晚石炭世䗴化石，厚度大于1200 m。向北相变为灰岩、上覆二叠系砂板岩。

【沿革】 石咀子组源于河田学夫（1932）的吉林层和侯德封（1950）的磐石层，两者皆因难以指出具体地点而被长春地质学院改称石咀子组。李东津等（1988）将本组下部的灰岩（大理岩）划出，另名为磨盘山组，将石咀子组限定于窝瓜地组火山岩之下，磨盘山灰岩之上的一套以碎屑岩为主夹少量薄层灰岩的组合。这个划分被吉林地层清理小组所采用。内蒙古东部地区与吉林省毗邻的这套地层曾称“家道沟组”，因系同物异名，改称石咀子组。

【现在定义】 指磨盘山组灰岩之上、窝瓜地组火山岩之间，以碎屑岩为主夹有薄层灰岩的一套地层体。基本层序有两类，一是以细砂岩、砂质页岩，二是以砂岩、页岩、灰岩为基本层序的重复层组成。石咀子组顶部不全，下部与磨盘山组整合接触。内蒙古地区指分布于赤峰一带的石炭纪海相砂、泥（板）岩组合，与白家店组灰岩呈指状交错相变，故在交界处可出现数量不一的灰岩夹层。

【层型】 区内参考剖面为奈曼旗房后沟脑剖面（15－0103－4－4），敖汉旗家道沟南山剖面（15－0103－4－1）。

【地质特征及区域变化】 参考剖面未见底，上界与酒局子组海陆交互相砂岩及碳质页岩（黑色板岩）整合接触，出露厚度1 370 m。该地层在敖汉旗后房身沟含 *Lithostrotion*，家道沟产 *Choristites*，可见其沉积时限为 C_1—C_2。由白家店南山→后房身沟→房后沟脑，层位渐高。

石咀子组分布于敖汉旗白家店南山、家道沟、奈曼旗房后沟脑等地。由奈曼旗银铜山向南西到敖汉旗家道沟，碳酸盐岩夹层有增加之势，至敖汉旗杨家杖子、白家店南山则完全过渡为白家店组灰岩为主的地层。

石咀子组是泻湖—潮坪环境下形成的，白家店组构成其中的碳酸盐台地。

第二节　生物地层与年代地层

一、志留纪

本区完全是介壳相生物群，以腕足类，珊瑚、三叶虫、层孔虫、苔藓虫、鹦鹉螺、牙形刺等较为重要（表15－2）。

珊瑚

①*Halysites*－*Mucophyllum* 组合带

本组合产于晒勿苏组顶部的灰岩中，以 *Halysites* 等最为发育，*Mucophyllum* 等较少。共生的有 *Thamnopora*，*Syringopora* 以及少量腕足类化石。*Halysites* 在世界各地主要发现于Wenlockian阶，可以认为这是它发育的高峰时期。

②*Altaja*－*Weissermelia* 组合带

主要属种有：*Altaja tenuiseptata*，*A. regularis*，*A. maxima*，*A. sinensis*，*Weissermelia lindstromi*，*W. entelophylloides*，*Mucophyllum* cf. *infundibula*，*Strombodes meniscomerginatum*，*Tryplasma hedstroemi*，*Spongophyllum siearabyi*，*Diplophyllum caespitosum* 等，以 *Altaja* 的大量繁盛为特征。产于西别河组下部层位，巴特敖包—仲阿木乌苏剖面的第1—6层。共生有腕足类、三叶虫、介形虫、牙形刺、鹦鹉螺等化石，地质时代为中志留世—晚志留世。

表 15-2 志留纪各门类生物地层单位对比表

		珊瑚	腕足类	层孔虫	苔藓虫	鹦鹉螺	三叶虫	牙形刺
D_1	西别河组	*Spongophyllum* – *Ptychophyllum* 组合带	*Protathyrisina*-*Atrypoidea* 组合带	*Pseudostylodictyon* *Parallellostroma* *Plexodictyon*	*Ho-motrypa* *Eridotrypa* *Stictopora*			
S_3		*Altaja* – *Weissermelia* 组合带	*Conchidium* – *Kirkidium* 组合带			*Croftomoceras* *Phragmoceras* *Baterobocera*s *Protophragmoceras*	*Encrinurus* *Bumastus* *Cheirurus* *Encrinuroides*	*Icriodus* *Panderodus* *Ozarkodina* *Panderodus*
S_2	晒勿苏组	*Halysites* – *Mucophyllum* 组合带		*Stromatopora* *Actinostromella*				

③*Spongophyllum* – *Ptychophyllum* 组合带

主要属种有：*Spongophyllum cyathophylloides*，*S. baterobaoensis*，*S. pseudofritchi*，*Tryplasma hedstroemi*，*Entelophyllum*，*Ptychophyllum orientalis*，*Kyphophyllum progressum*，*Holmophyllum plecisum*，*H. laminatum* 等，产于西别河组上部层位，如巴特敖包—仲阿木乌苏剖面的第 7—15 层，地质时代为晚志留世到早泥盆世。

腕足类

依据李文国等（1983）的研究，划分为二个组合带，由老到新为：

①*Conchidium* – *Kirkidium* 组合带

主要属种有：*Conchidium tenuistriatus*，*Kirkidium*（*Pinguaella*）*enticlivatus*，*Apopentamerus neimongolicus*，*Spirigerina subquadrata*，*Lissatrypa bateroboensis*，*Cyrtia* cf. *neimongolensis*，*Conchidium* sp.，*Gracianella* sp.，*Atrypina* sp.，*Orbiculoidea*，*Tenellodermis orientalis*，*T.* cf. *matrix*，*Bateridium bateroboensis* 等及少量的 *Protathyrisina gashaomiaoensis*，*P. transversa*。共生有珊瑚、介形虫、三叶虫、牙形刺、鹦鹉螺、层孔虫等化石，产于西别河组的下部层位，巴特敖包—仲阿木乌苏剖面（15-0074-4-2）的第 2—6 层。地质时代为中志留世到晚志留世，即该组合带始于 Wenlockian 晚期，灭绝于 Pridolian 早期，在 Ludlovian 期最为繁盛。

②*Protathyrisina* – *Atrypoidea* 组合带

主要属种有：*Protathyrisina gashaomiaoensis*，*P. xibieheensis*，*Aesopomum*? sp.，*Atrypoidea linguata*，*Howellella laevis*，*H. koneprusensis*，*Spirinella sinica*，*Eospirifer*? sp.，*Cryptatrypa triangularis*，*Chonetes* sp.，*Linguopugnoides* sp.，*Australina orientalis* 等，属种数量丰富，共生有珊瑚、腹足类、双壳类等化石，产于西别河组上部层位，巴特敖包—仲阿木乌苏剖面的第 7—13 层，包尔汉图剖面（15-0074-4-3）的第 6—22 层。地质时代为晚志留世，即晚 Ludlovian—Pridolian 期。

志留纪其他门类化石，基本上是零星的资料，不宜建立生物地层单位，只在表 15-2 列出主要分子的名单，供参考。

二、泥盆纪—早石炭世

本区这个时期的沉积地层出露比较零星，一些门类化石亦多是在不连续的露头上采集的。只有珊瑚和腕足类具有不同层位的生物组合，可以根据它们所显示的年代特征，分别建立不同门类的组合序列（表 15－3）。

表 15－3　泥盆纪－早石炭世生物地层单位对比表

			珊　瑚	腕　足　类	鱼　类	植　物
早石炭世	C_1	白家店组；色日巴彦敖包组；石咀子组；臭牛沟组；前黑山组	*Dibunophyllum*－*Yuanophyllum* 组合	*Gigantoproductus*－*Echinoconchus* 组合带；*Fusella*－*Syringothyris* 组合带		*Triphyllopteris*－*Lepidodendropsis*
泥盆纪	D_3	色日巴彦敖包组；中宁组	*Nalivkinella*－*Kueichowpora* 组合	*Cyrtospirifer sulcifer* 组合	*Bothrolepis*－*Quasipetalichthys*	*Leptophloeum rhombicum*
	D_2	石峡沟组				
	D_1	前坤头沟组	*Pachyfavosites*－*Wendkindophyllum* 组合	*Acrospirifer*－*Coelospirella* 组合带		

珊瑚

①*Pachyfavosites*－*Wendkindophyllum* 组合

这是本区唯一的一个早泥盆世的珊瑚组合，约 10 余属，主要有 *Squameofavosites*，*Amplexiphyllum*，*Orthophyllum*，*Heliolites* 以及 *Caliapora* 等，产于前坤头沟组顶部的灰白色结晶灰岩中。时代为早泥盆世的中—晚期。

②*Nalivkinella*－*Kueichowpora* 组合

这是本区晚泥盆世 Famennian 期的一个珊瑚组合，属种比较单调，与其共生的腕足类 *Cyrtospirifer* 和植物 *Leptophloeum rhombicum* 等亦显示了晚泥盆世的特点。

③*Dibunophyllum*－*Yuanophyllum* 组合

这是产于白家店组的珊瑚组合，主要的分子还有 *Palaeosmilia fraterna*，*Kueichowphyllum sinense*，*Alachnolasma sinense*，*Cravenia* 等，在区域上还有 *Lithostrotion* 等。为典型的早石炭世中晚期的珊瑚组合。

腕足类

①*Acrospirifer*－*Coelospirella* 组合带

这个组合带主要产自前坤头沟组的上部层位，大体上与 *Pachyfavosites*－*Wendkindophyllum* 珊瑚组合同层位。计有腕足类 8 属，均是常见于早泥盆世的典型分子。如 *Stropheodonta*，*Howellella*，*Leptaena rhomboidalis*，*Isorthis* 等。

②*Cyrtospirifer surcifer* 组合

包含了 *Cyrtospirifer surcifer* 等 3 个种，还有 *Camarotoechia turanica* 等与 *Nalivkinella*－*Kueichowpora* 珊瑚组合共生，产于色日巴彦敖包组的中下部层位，相当于 Famennian 期。

③*Fusella*－*Syringothyris* 组合带

主要属种有：*Fusella ussiensis*，*F*. *hendomensis*，*Mucrospirifer kararurensis*，*Eochoristites*，*Syringothyris* cf. *ouspiata*，*Orthotetes*，*Dictyoclostus irsuensis*，*Camarotoechia*，*Ovatia* 等。产于色日巴彦敖包组的中上部层位，如：阿巴嘎旗沟呼都格剖面（15－0112－4－4）的第 2 层及前黑山组的沉积，地质时代为早石炭世早期，共生有珊瑚、双壳类、苔藓虫等化石。

④*Gigantoproductus*－*Echinoconchus* 组合带

主要属种有：*Gigantoproductus* cf. *latissimus*，*G*. cf. *superbus*，*Neospirifer liangchowensis*，*Punctospirifer* cf. *spinosa*，*Chonetes* cf. *extensa*，*C*. cf. *semicircularis*，*Dielasma* cf. *subspatulatum*，*Rhipidomella michelini*，*Echinoconchus elegans*，*Sqauamularia choniukouensis*，*Dictyoclostus pinguis sinkianensis*，*D*. *roberstus*，*Echinoconchus biseriatus*，*Linoproductus yunnanensis* 等，产于臭牛沟组，如阿拉善左旗前黑山剖面（15－0120－4－1）的第 15—18 层；地质时代为早石炭世晚期，共生有大量珊瑚化石，主要有：*Yuanophyllum kansuense*，*Y*. *hushanense*，*Aulina rotiformis*，*Lithostrotionella*，*Koninckophyllum*，*Lithostrotion planocystatus* 等。

第三节　关于西别河组的巴特敖包礁群

由于生物地层学研究工作的不断深入，特别是对于造礁生物层孔虫、床板珊瑚及其他门类动物群生态学研究逐渐取得新的进展，发现大量的生物都完好地保存于大小不等的丘状灰岩中，进而观察到这些丘状灰岩与周边的砂板岩均呈犬齿交错的相变界线，这就提示了生物礁在本区的存在。巴特敖包灰岩是该地区最大的一个层孔虫、珊瑚礁体，它的造礁生物除上述两者外，还有苔藓虫以及海绵和红藻等，腕足类、三叶虫、介形虫、鹦鹉螺等附礁生物多集中于礁核底部，尤其见到塌积到礁体翼部的礁碎块灰岩中，含有礁核顶部的珊瑚化石。此区许多礁体都可以清楚地划出礁前、礁基、礁核、礁后等亚相。因此可以明确，在西别河至巴特敖包约 30 km 的范围内发育了大小礁体 10 余个，故称之为巴特敖包礁群，只是限于当时的人力与时间，未测制生物礁剖面，故在西别河组中未分出附属于它的生物礁。这里附记一笔，留给后人作研究的线索。

第十六章
晚石炭世—三叠纪

由于本章涉及了6个地层分区的各种沉积类型的岩石地层单位，它们所处的构造部位与古地理环境差异很大，尤其北部古陆边缘的活动区，构造与岩浆活动频繁，造成岩石地层单位之间的接触关系错综复杂，自然断代中间亦存在时间长短不一的沉积间断。唯南部稳定区晚石炭世海陆交互相地层直接覆于马家沟组灰岩之上，界面清晰而稳定。自晚石炭世之后，鄂尔多斯地区，除早期有些滨岸浅海及潮间带的沉积而外，一直处于稳定的内陆坳陷盆地环境，连续地发育含煤及杂色碎屑岩岩系，这种局面一直延续到中生代的早期。由于印支运动的影响，在晚三叠世延长组沉积之后，本区方出现区域性的沉积间断面。据此，以鄂尔多斯地层分区为基础，将这两个间断面之间的这套地层的沉积时限，即晚石炭世至三叠纪末期这个跨越了古生代和中生代界线的时间段，作为一个自然断代，在内蒙古地区是绝无仅有的。

第一节　岩石地层单位

本巴图组　*Cbb*　(15-0111)

【创名及原始定义】　丁蕴杰1960年（手稿）创名，创名地点在苏尼特左旗赛汗高毕苏木（当时称本巴图公社）以北20 km处。原始定义是“本巴图组岩性以砂岩为主夹灰岩及火山岩，灰岩中含腕足、珊瑚和䗴科化石，为中石炭统，上、下限均与上石炭统阿木山组呈断层接触，厚约1 376 m。”

【沿革】　本巴图组创名时，根据䗴科化石组合内容，将其划分为两个化石带，即下部*Profusulinella*-*Pseudostaffella*带和上部*Fusulina*-*Fusulinella*带，以代表本巴图组的沉积时限为中石炭世，以后，“本巴图组”一名几乎成了内蒙古中部草原地区中石炭统的代名词。凡有据划为中石炭统的地层，不论其岩性岩相如何，均一律称本巴图组。60—80年代的区调工作及科研专题资料均如此处理。依此所划分的本巴图组各处岩性包罗万象，且组内均被整分为“段”，段的划分多少不一，有分两个岩段的（查干哈达幅K-49-15），也有划3个岩段的（桑根达赖幅K-49-14），1978年内蒙古地层表编写组分出4个段，1991年《内蒙古地质志》中划分为5个段，等等不一而足。

本次清理在综合整理全区资料、认真分析和研究其岩性组成、岩相特征及各处地层体的上下关系及横向变化后，发现整个中—上石炭统（现石炭系二分，则称上石炭统）都是连续沉积的，不存在不整合，也不是处处均由“断层分割”。它由三套物质组成，一套碎屑岩、一套碳酸盐岩和一套火山岩。这三套地层在同一盆地和同一大地构造演化过程中形成。现在，我们拟将碎屑岩（含火山质碎屑岩夹层）部分称本巴图组，称碳酸盐岩部分为阿木山组，火山岩尤其是熔岩的产出是有一定层位的，暂拟作非正式地层单元（如查干诺尔火山岩）予以单独划分，它依附于本巴图组。这样其可填图性就明确了，使用也非常方便。它们的年代均可跨越晚石炭世早期和晚期。

【现在定义】 指锡林浩特-磐石地层分区晚石炭世的海相碎屑岩岩系。夹灰岩透镜体和火山碎屑岩，顶底出露不全。

【层型】 选层型是苏尼特左旗赛汗高毕苏木阿尔登格勒庙剖面（112°39′，43°46′；据内蒙古区测一队，1965）（图 16－1）。

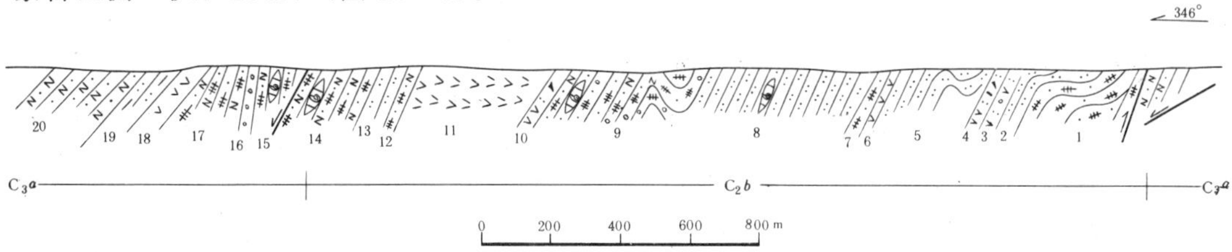

图 16－1　阿尔登格勒庙剖面图①

本巴图组①　　总厚度＞2 488 m

24. 黄灰、褐色及灰色粉砂岩。粉砂状结构，块状构造。主要由石英及部分次生火山灰组成（未见顶）　＞279 m
23. 黄色细砂岩，粉砂、细砂结构，块状构造。局部夹灰岩透镜体，含化石 *Schwagerina* sp.　96 m
22. 暗灰绿色粉砂岩。角砾状碎裂结构，块状构造　125 m
21. 灰绿色安山质晶屑凝灰岩。晶屑砂状结构，火山灰胶结，块状结构　71 m
20. 黄褐色及暗绿色细粒长石砂岩。细砂状结构，充填式胶结块状构造　207 m
19. 黄褐色泥质细砂岩，砂状结构，块状构造　73 m
18. 红色石英安山岩。斑状结构，基质具球粒结构，块状构造　41 m
17. 不等粒长石质杂砂岩，砂状结构，块状构造　81 m
16. 暗黄绿色砾岩，砂砾状结构，块状构造　23 m
15. 灰绿色含砾凝灰质长石质杂砂岩，夹灰岩透镜体，含化石 *Triticites* sp.　73 m
14. 黄绿色及暗紫色等杂色杂砂质长石砂岩，不等粒长石质杂砂岩。不等粒砂状结构，块状构造。夹含化石的灰岩透镜体　147 m
13. 粉砂岩。粉砂状结构，块状构造　48 m
12. 黄绿色不等粒长石质杂砂岩。不等粒砂状结构，块状构造　20 m
11. 淡紫色含石英安山岩。斑状结构，块状构造　141 m
10. 黄绿色安山质岩屑凝灰岩。岩屑砂状砾状结构，块状构造　33 m
9. 灰绿色不等粒长石质杂砂岩，不等粒含砾长石质杂砂岩。不等粒砂状结构，块状构造。

① 此图为 1965 年的划分，将第 15 层（含 *Triticites*）以上的碎屑岩组合划为阿木山组，本次全部称为本巴图组。

上部夹含化石的灰岩透镜体含 *Lithostrotionella* sp. 184 m

8. 暗灰及灰绿色粉砂岩。粉砂状结构，块状构造。中部夹含化石的灰岩透镜体。*Amygdalophyllum* sp. 429 m

7. 不等粒长石质杂砂岩。不等粒砂状结构，块状构造。夹含化石灰岩透镜体 *Koninckophyllum* sp.，*Fusulinella* sp.，*Eostaffella* sp.，*Profusulinella* sp. 31 m

6. 暗绿色安山熔岩凝灰岩。熔岩胶结的岩屑晶屑砂状结构，块状构造 27 m

5. 灰绿色及黄褐色粉砂岩。不等粒砂状结构，块状构造 121 m

4. 暗绿色晶屑岩屑凝灰岩。晶屑岩屑砂状结构，块状构造 35 m

3. 变质含砾凝灰岩。变余凝灰状结构 44 m

2. 灰色及黄灰色粉砂岩。变余粉砂结构，块状构造 52 m

1. 灰绿色变质不等粒杂砂岩，变余不等粒砂状结构，块状构造（未见底） ＞107 m

【地质特征及区域变化】 选层型剖面原以第 14 层和第 15 层的界线作为本巴图组和阿木山组的分界，但我们注意到原始的图文资料第 14 层和第 15 层均为杂砂质长石砂岩和长石质杂砂岩夹灰岩透镜体，只是第 15 层发现 *Triticites* sp. 而已，其实两者为同样的岩性，区域上是没有界线的。根据地层多重划分的理论，阿尔登格勒庙剖面（第 1—24 层）作为整个本巴图组的选层型是恰当的。上部以粉砂岩和杂砂岩为主夹安山质凝灰岩、安山岩及灰岩透镜体，含䗴 *Triticites* sp.，*Schwagerina* sp. 等；下部以杂砂岩、粉砂岩为主夹安山岩、安山质凝灰岩和灰岩透镜体，含䗴 *Fusulinella* sp.，*Profusulinella* sp.，*Eostaffella* sp.；珊瑚 *Lithostrotionella* sp.，*Amygdalophyllum* sp. ，*Koninckophyllum* sp. 。上述化石分别是 Westphalian 期和 Stephanian 期的代表性分子，地层时代属晚石炭世是可信的。

本组各处层序不尽一致，局部地区岩石轻微变质。横向上与以灰岩为主体的阿木山组呈犬齿状递变关系，顶部接触关系各地表现不一，有阿木山组灰岩整合覆于其上，或被早二叠世寿山沟组不整合覆盖。本巴图组分布广泛，西起阿拉善右旗高家窑，东到霍林河，横亘 1 600 km，南至额布尔桃来图断裂，北达阿尔山断裂—中蒙边界—二连—贺根山对接带，纵跨 100 余公里。

从岩性及岩相上看本巴图组横向上均为浅海相杂砂岩，长石砂岩和石英砂岩及板岩，时夹钙质及凝灰质组分。其沉积环境是动荡的。但总体岩性组合变化不大，局部地区受后期侵入岩影响，变质略强，如西乌珠穆沁旗达青牧场至林西县毡铺以北，底部出现角岩。这里本巴图组碎屑岩中颗粒分选和磨圆都很差，长石含量较大，表示成熟度低和搬运距离短。总的层位似有由西向东逐渐降低之势（图 16－2）。

阿木山组 *Ca* (15－0110)

【创名及原始定义】 地质部 241 地质队 1955 年创名，地点为达尔罕茂明安联合旗白云鄂博北 18 km 处的阿木山。原始定义：本组为海相地层，按岩性分两个岩段：一岩段下部为灰岩夹页岩，上部为石英砂岩夹灰岩透镜体；二岩段为杂砂岩夹灰岩。下界不整合在上志留统西别河组之上，上界被上侏罗统不整合覆盖。

【沿革】 1958 年，盛金章把正层型东 15 km 的“相同层位”创名为“拉老兔灰岩”，并认为该地产 *Triticites* 带，阿木山产 *Pseudoschwagerina* 带，分别代表拉老兔石灰岩下部和上部。1976 年，内蒙古区测一队在镶黄旗开展 1∶20 万区调填图时，将地层体并不全部相连的砂岩、灰岩等 6 个“岩段”上下叠覆而称阿木山组。累计厚度达 5000 m。1978 年，内蒙古区域地层表编写组将本组划分为 4 个岩段，列举了苏尼特左旗与苏尼特右旗境内的一些剖面，同

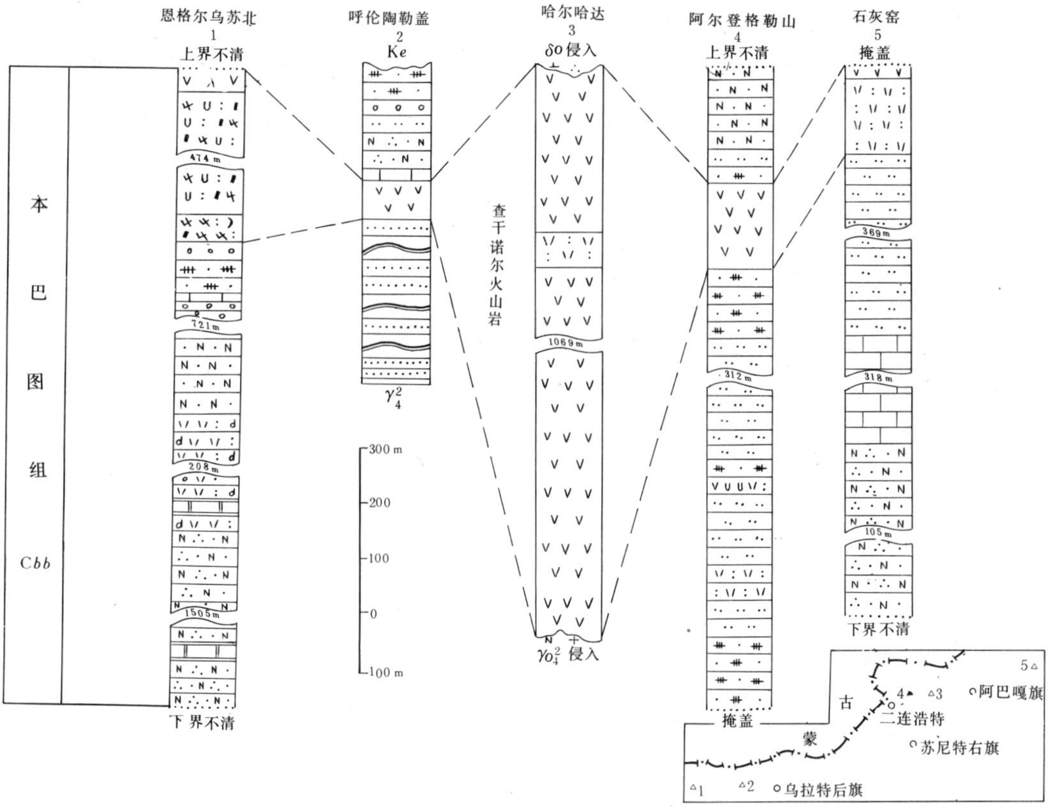

图 16－2　本巴图组柱状对比图

样忽视了正层型及依正层型所定义的岩石组成。同年马秀等将西乌珠穆沁旗猴头庙一带碳酸盐岩分为下灰岩段，中灰岩段、碎屑岩段和上灰岩段，彼此相叠称阿木山组。1979 年，韩建修、马秀、周俊昌等著文在米韩高巧高鲁相当于阿木山组下部层位建立“金河组”。1991 年杨道荣在《内蒙古地质志》中仍未提及正层型及其原始涵义，只列举了米韩高巧高鲁剖面并与内蒙古中西部地区对比，事实上，从 1955 年创名之后，涉足这一地区的地质工作者均把阿木山组与上石炭统等同起来，

正像上文所指出的，锡林浩特-磐石地层分区的 Westphalian 阶—Stephanian 阶是连续沉积的碎屑岩、灰岩和火山岩地层。依等时线所确立的划分标准同样缺乏稳定的圈定标志，填图时几乎无所适从。过去所谓地层对比其实质是由化石所确定的年代的对比。因此，实质上是在年代地层单位内进行的岩石地层再划分，必然要产生人为因素的干扰，导致不同地点的阿木山组出现了数量不等（2 至 6 个）岩性迥然不同的岩性段。使后来的工作者无所适从。本次清理，按岩性、岩相和变质程度一致性的原则，对阿木山组进行了修订。即将晚石炭世的碳酸盐岩归入阿木山组。

【现在定义】　指分布于内蒙古草原地区晚石炭世海相碳酸盐岩为主的岩石地层序列，由生物灰岩、白云质灰岩、角砾灰岩、砂质灰岩、结晶灰岩组成，局部夹硅质条带、钙质砂岩或其他碎屑岩，含大量䗴、珊瑚和腕足类等化石。本组与本巴图组的碎屑岩呈指状交错或上下叠覆关系；与下伏西别河组为不整合关系，与上覆寿山沟组关系不清。

【层型】 正层型为达尔罕茂明安联合旗阿木山剖面（109°58′，41°52′）。因层型剖面恰位于灰岩与碎屑岩两者在横向上的过渡部位，两种岩石的比量不具代表性，所以，选择次层型西乌珠穆沁旗米韩高巧高鲁剖面（117°50′，44°16′）为代表，据马秀 1977 年所测剖面略加综合。

总厚度>443.95 m

阿木山组

19. 灰白色厚层块状砂质生物碎屑灰岩，含䗴 *Quasifusulina spatiosa*，*Q. longissima*；珊瑚 *Neokoninckophyllum*? sp.（未见顶） 13.86 m

18. 灰白色中层状生物碎屑灰岩 6.93 m

17. 灰白色中层状灰岩，顶部为 0.2 m 厚薄层含藻类生物灰岩，富含珊瑚 *Amygdalophylloides sinensis*，*A. wanovi*，*A.* sp.，*Kionophyllum bayanbulagense*，*K. ensum*，*Koninckocarinia sudaendroidea*，*K. grandis*；*Lophophyllidium* sp.；䗴 *Triticites amushanensis expletus*，*T. subventricosus*，*T. boliviensis*，*Schwagerina tenuitheca*，*Pseudoschwagerina alpina*，*Schubertella* cf. *popensis* 25.54 m

16. 暗灰色厚层块状生物碎屑灰岩，含䗴 *Schwagerina rhomboides*，*Pseudoschwagerina alpina*；珊瑚 *Pseudacariniaphyllum*? sp. >71.07 m

══════ 断 层 ══════

15. 上部为厚约 5 m 深灰色粉砂岩，下部为深灰色薄—中层状灰岩 >32.29 m

14. 浅灰色厚层块状灰岩。富含 *Pseudoschwagerina borealis* 8.66 m

13. 浅灰色厚层块状含生物碎屑灰岩，含珊瑚：*Dibunophyllum* sp.，*Antheria angusta* 8.3 m

12. 深灰色厚层块状灰岩 7.00 m

11. 浅灰色厚层块状含生物碎屑灰岩，含珊瑚 *Lophophyllidum* sp.，*Koninckocarinia* sp.，*Lithostrotionella* sp.，*L.*（*Hillia*）*crassa*，*L*，（*H.*）sp.，*Duplophyllum* sp.，*Lomaphyllum cancellatum*，*Nephelophyllum tenuis*，*Cystolonsdaleia obesa*；䗴 *Triticites* sp. 37.0 m

10. 深灰色厚层块状含生物碎屑灰岩，含䗴 *Triticites irregularis* 47.70 m

9. 灰色厚层块状含生物碎屑灰岩 33.10 m

8. 深灰色厚层块状灰岩夹含砾粗砂岩及中粒杂砂岩，含珊瑚 *Koninckocarinia* sp.；腕足类 *Streptorhynchus* sp. 40.00 m

7. 灰绿色薄层状粉砂岩 11.20 m

6. 浅灰色厚层块状含生物碎屑灰岩，含珊瑚 *Adetopora* sp.，*Koninckocarinia* sp.，*Cyathaxonia lomonosovi*，*Lithostrotionella*（*Hillia*）*formosa*，*Lomaphyllum cancellatum* 7.90 m

5. 深灰、青灰色含砂质生物碎屑灰岩，偶尔含砾，含珊瑚 *Bothrophyllum conicum* 18.00 m

4. 灰色厚层块状含生物碎屑灰岩，含珊瑚 *Lithostrotionella banffensis*，*L.*（*Hillia*）*bayanbulagensis* 27.40 m

3. 灰色、灰绿色薄层状泥质粉砂岩 10.20 m

2. 灰色厚层块状含生物碎屑灰岩，含䗴 *Triticites noinskyi*，*T. primigensis*，*Rugosofusulina jinheensis*，*Schubertella exilis*，*S. kingi*，*Pseudoendothyra* sp.，*Staffella* sp.；珊瑚 *Lithostrotionella*（*Hillia*）*formosa*，*L.*（*H.*）*languida*，*Lomaphyllum pendiulum* 9.40 m

1. 上部粉砂岩，中部杂砂岩，下部含砾粗砂岩 28.40 m

—————— 整 合 ——————

下伏地层：本巴图组 砂岩

【地质特征及区域变化】 层型恰好选在碳酸盐岩（Ca）与碎屑岩（Cbb）锯齿状交错的

过渡部位，所以剖面中碎屑岩（砂、板岩）占有相当的比例。作为厘定后的阿木山组其代表性不强。若由阿木山再向东延几公里至查干合布，就进入灰岩为主的碳酸盐台地内部，碎屑岩只是偶含之夹层，这里阿木山组表现为“灰色厚层状灰岩”，厚度达 1 018 m。总之，这一典型地区的灰岩中均含有丰富的蜓科化石。而其中 *Triticites*，*Pseudoschwagerina*，*Schwagerina* 属是 Stephanian 的标准分子，层型及典型地区灰岩层位较高，年代跨度短。而西乌珠穆沁旗南部的阿木山组灰岩从 Westphalian 期就已开始沉积了。

阿木山组分布广，但露头连续性差。在阿拉善右旗中部、阿拉善左旗北部、乌拉特后旗西部、乌拉特中旗北部、达尔罕茂明安联合旗、四子王旗、苏尼特右旗、苏尼特左旗、阿巴嘎旗南部、西乌珠穆沁旗南部，阿鲁科尔沁旗南部和巴林左旗均有该地层产出（图 16－3）。个别地区阿木山组碳酸盐岩可做水泥原料。

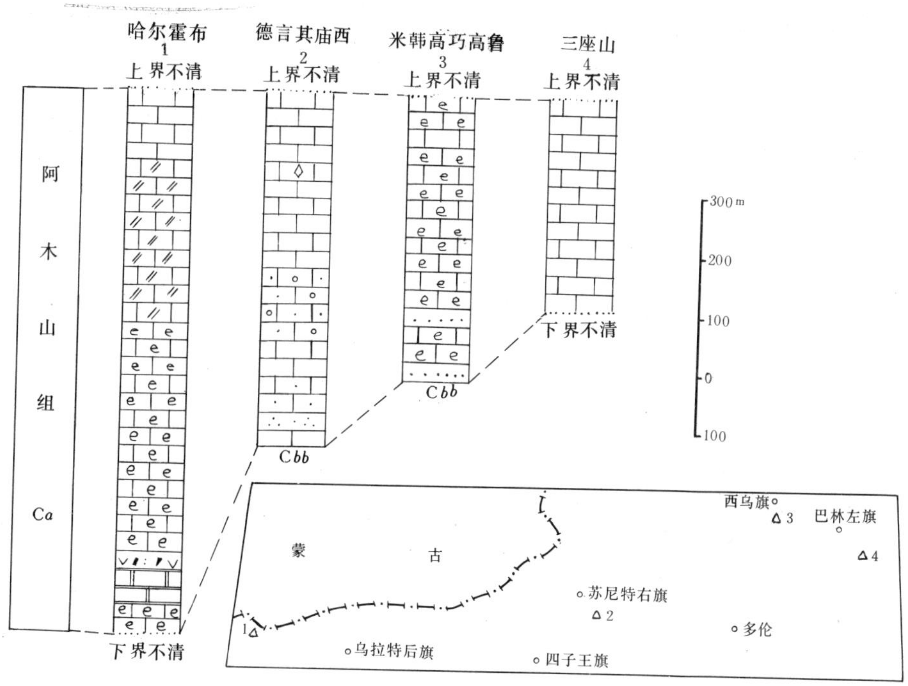

图 16－3　阿木山组柱状对比图

值得指出的是，最近北京大学在干觉岭搭拉一带进行 1∶5 万区调中，发现阿木山组灰岩与本巴图组安山质晶屑凝灰岩之间有一平行不整合面存在，表明在局部地区本巴图组沉积之后，曾有过一个短暂的沉积间断。

查干诺尔火山岩　$\hat{c}v$　（15－2004）

【创名及原始定义】　本次清理创名；原属本巴图组的火山岩夹层。

【沿革】　该套火山岩过去人们根据划分所需，结合其中所含化石，分别归入“中石炭统本巴图组（C_2b^3）”或“上石炭统阿木山组（C_3a^3）”。把本来有一定厚度、延伸稳定、集中出露并可独立填图的这套火山岩人为地分解，划分为两个不同的填图单元（表 16－1）。并常把这套火山岩的出露边界处理为推测断层而回避矛盾。其实，这套火山岩是一个时空连续的地层实体，上下均与本巴图组碎屑岩连续沉积，个别地段如甘觉岭塔拉，其顶界与阿木山组呈平行不整合接触。本次清理基于这套火山岩分布稳定，且在一定的区域范围内可追索对比并适宜地质制图单位的独立应用而将其作为非正式岩石地层单位，从原“阿木山组”或“本巴图组”中分离出来，拟称“查干诺尔火山岩”。

表 16-1 查干诺尔火山岩划分沿革表

哈尔哈达剖面	内蒙古区测一队（李贵一等）				本书
	1976	1976	1976	1976	
	哈尔哈达	沙尔格尔	碱矿西	特格乌拉	内蒙中部
	Q_h				
火山岩	C_2b^3	C_3b^2	C_3a^2	C_3a^2	$\hat{c}v$
碎屑岩		C_3b^2	C_2b^2	C_3a^1	*Cbb*

【现在定义】 指包含于本巴图组中的以中酸性为主的海相火山岩。主要是安山玢岩、安山质火山碎屑岩、安山质熔岩等。

【层型】 正层型为阿巴嘎旗哈尔哈达剖面（115°01′，43°59′；据内蒙古区测一队，1978）。

查干诺尔火山岩	总厚度>2 087 m
17. 灰绿色碎裂英安玢岩夹安山质晶屑凝灰岩（未见顶）	>89.07 m
16. 灰绿、黄绿色致密块状青盘岩化安山岩	118.52 m
15. 灰绿色安山岩	85.22 m
14. 灰绿、红紫灰色碎裂安山岩	231.78 m
13. 灰绿色霏细凝灰岩与紫红色碎裂英安岩呈不等厚互层	297.62 m
12. 暗褐灰色含赤铁矿安山岩	76.24 m
11. 灰绿色压碎角砾状英安岩	39.32 m
10. 紫灰绿色安山岩	119.94 m
9. 暗褐灰色碎裂安山岩	26.12 m
8. 紫红灰色硅化凝灰安山岩	83.62 m
7. 灰绿色致密块状安山岩	165.12 m
6. 灰绿色安山岩	155.48 m
5. 灰黑色致密块状安山岩	89.38 m
4. 褐灰色石英安山岩	64.91 m
3. 灰绿色碎裂安山岩	53.12 m
2. 褐灰色含岩屑安山岩	78.10 m
1. 灰绿色碎裂硅化安山岩（未见底）	>313.48 m

【地质特征及区域变化】 该剖面虽然未见顶底，但岩性具代表性。这是一套以灰绿色安山质熔岩为主的海相火山岩，出露厚度大于 2 087 m。其构造线方向大致呈 NW-SE 向。在碱矿—巴彦陶勒盖一带和特格乌拉南，其岩性由安山玢岩、安山质火山碎屑岩及灰岩透镜体组成。灰岩中产 *Pseudocarniaphyllum* sp.，*Amygdalophylloides crassicolumellatus*，*Stereostytus* sp.，出露厚度 1 990 m，上界在塔班陶勒盖与粉砂岩，砂岩及砂砾岩（C*bb*）整合接触，下

界在特格乌拉与长石石英砂岩，含砾杂砂岩、粉砂质页岩（C*bb*）等整合接触。在苏尼特左旗甘觉岭塔拉安山玢岩中所夹的灰岩透镜体含 *Pseudoendothyra moelleri*，*P. bradyi*，*P. umbonata*，*Fusulinella obesa*，*F.* aff. *belenae*，可见其沉积时限无疑属晚石炭世，并跨 Westphalian 期和 Stephanian 期。

拴马桩组　C$\hat{s}$m　（15-0117）

【创名及原始定义】　源于孙健初1934年首创的"拴马桩煤系"，创建于乌拉特前旗佘太镇北拴马桩沟。原始定义为"由陆湖相灰绿色页岩、白色粗粒石英砂岩、含砾石英砂岩及煤层组成。厚度为748 m。盛产蕨类及鳞木化石，其下部平行不整合在中下奥陶统上；上限被下白垩统所覆盖。"

【沿革】　斯行健于1934年以该区丰富的古植物化石为佐证，确定其时代是晚石炭世。李四光于1939年称这套地层为"拴马桩系"，时代定为二叠纪。1959、1963年李星学又在大青山石拐子地区称拴马桩群，时代推论为 C_2-P_1。1972年，内蒙古区测一队始称拴马桩组。1981年，金香福撰文，将正层型下部第1—8层从拴马桩组中独立出来，创名为佘太组，认为其时代是中石炭统。第8层以上称拴马桩组，并依正层型顶部产 *Lepidodendron* cf. *pocthumii*，*Palaeostathya rhabda* 等化石，排除了下二叠统存在的可能性。后来的区调填图一直沿用金香福的划分方案。本次对比研究认为，作为岩石地层，拴马桩沟正层型的再分解颇为勉强，因找不出有一定区域延伸的分界标志。它是连续的一系列砾状砂岩—页岩韵律层（达20余个），其本身细节的变化多端，构成一个整体岩性统一的形式。故把该地层统称拴马桩组，建议停止使用佘太组。

【现在定义】　指分布于阴山地区平行不整合于奥陶纪乌兰胡洞组灰岩之上的滨海近岸至湖沼相的含煤地层。由灰绿色页岩、白色粗粒石英砂岩、含砾石英砂岩、砾岩及煤层组成，含植物化石。上界被中生代地层不整合覆盖。

【层型】　正层型是乌拉特前旗佘太镇北拴马桩沟剖面（109°12′，41°03′），因年代久远，原测的剖面资料已难查找，本次清理据金香福1981年重测资料。

上覆地层：**李三沟组**　杂色砾岩

～～～～～～～～ 不 整 合 ～～～～～～～～

拴马桩组	总厚度 893.9 m
27. 灰白色砾状石英砂岩，中夹薄层黄绿色粉砂质页岩。页岩中产植物化石 *Calamites suckowii*	22.1 m
26. 灰绿色粉砂质页岩，间夹灰绿色砂岩。产丰富的植物化石 *Lepidodendron* cf. *posthumii*，*L.* sp.，*Calamites suckowii*，*C. cistii*，*C.* sp.，*Asterophyllites* sp.，*Pecopteris* sp.，*Tingia* sp.，*Sphenophyllum* sp.，*Palaeosachya rhabda*	62.9 m
25. 浅灰色砾状砂岩、细砾岩。中部夹黑色页岩，产植物化石 *Lepidodendron* sp.	40.0 m
24. 绿黄色砂质页岩及黑绿色粉砂质页岩，含植物化石	20.4 m
23. 浅灰色砾状石英砂岩	17.2 m
22. 灰白色页状细、粉砂岩，顶部夹劣质煤，含铁质结核，产植物化石	32.2 m
21. 灰白色砾状砂岩	12.2 m
20. 灰黑色粉砂质页岩，产植物化石 *Neuropteris* sp.	16.2 m
19. 灰白色砾状砂岩，中夹黑色粉砂质页岩，产植物化石 *Asterophyllites longifolius*	61.6 m
18. 黑色及黑绿色砂质页岩，夹薄层砂岩。产植物化石 *Sphenopteris* sp.，*Neuropteris* sp.，	

Linopteris sp.，*Calamites cistii* 21.4 m

17. 灰白色砾状石英砂岩，夹薄层粉砂质页岩。砂岩具斜层理 50.4 m
16. 黑色页岩夹煤层 8.2 m
15. 灰白色砾状石英砂岩，夹薄层粉砂质页岩。砂岩具斜层理 59.7 m
14. 掩盖 20.0 m
13. 灰白色细砾岩、砾状砂岩，夹灰绿色粉砂质页岩，顶部为粉砂岩，产植物化石 *Lepidodendron ninghsiaense*，*L.* cf. *tachingshanense*，*L.* sp.，*Stigmaria ficoides* 75.3 m
12. 黑色粉砂质页岩夹 1 m 厚之煤层，产植物化石 *Linopteris* sp.， 5.8 m
11. 灰白色砾状砂岩、细砾岩，夹薄层碳质页岩、煤及黑色页岩。砂砾岩具斜层理。页岩中产植物化石 *Linopteris* sp.，*Neuropteris* sp. 117.2 m
10. 为绿色含砂质页岩，中部夹碳质页岩。产植物化石 *Neuropteris* cf. *plicata*，*Linopteris* sp.，*Pecopteris* sp.，*Sphenopteris* sp.，*Calamites* sp.，*Stigmaria ficoides* 6.4 m
9. 灰白色细粒岩及砾状砂岩，含铁质结核。产植物树干化石 84 m
8. 砂质页岩与黑色碳质页岩互层，夹薄煤层及煤线。页岩中产植物化石 *Lepidodendron galeatum*，*Stigmaria* sp.，*Neuropteris* sp.，*Linopteris brongniarti* 26.8 m
7. 灰白色石英砂岩，上部含小砾石 16.0 m
6. 黑灰色粉砂质页岩夹粉砂岩，含小的菱铁矿结核及条带。页岩中产植物化石 *Linopteris brongniarti*，*L.* sp.，*Neuropteris* sp.，*Lepidodendron* sp. 18.2 m
5. 灰白色粗粒石英砂岩 16.5 m
4. 灰绿色粉砂质页岩，页状粉砂岩及碳质页岩。页岩中产植物化石 *Neuropteris* cf. *gigantea*，*N.* sp.，*Linopteris* sp. 26.3 m
3. 灰绿色薄层状中粒石英砂岩 25.4 m
2. 黄绿色砂质页岩与碳质页岩互层，夹薄层页岩，含小的菱铁矿结核及条带。页岩中产双壳类碎片、鱼鳞（?）及植物化石 *Neuropteris* cf. *kaipingiana*，*N. plicata*，*N. pseudovata*，*N.* cf. *pseudogigantea*，*Linopteris brongniarti*，*Conchophyllum* sp. 11.8 m
1. 灰绿色夹紫红色砂砾岩。砾石中有石英砾石及大量的灰岩。底部有不稳定的黑色页岩及粉砂岩，产植物化石 *Linopteris brongniarti*，*Calamites schenki*，*Neuropteris* cf. *otozamioides* 19.7 m

———————平行不整合———————

下伏地层：**乌兰胡洞组**　灰色灰岩

【地质特征及区域变化】　拴马桩组由 22 个基本韵律层组成，每个韵律层内均由浅色石英质砂、砾岩开始到黑色砂、泥质页岩、碳质页岩或煤层（线）结束。反映水动力条件周期性振荡运动的特点。由剖面中所含：*Neuropteris* cf. *gigantea*，*Linopteris brongniarti*，*Conchophyllum* sp.，*Lepidodendron posthumii* 及 *Neuropteris pseudovata* 等特征分子，其沉积时限当属 Westphalian 期—Stephanian 期。

拴马桩组零星出露于阴山地层分区古老结晶基底分布范围内。它们常直接不整合覆于基底岩系、奥陶系或寒武系之上，与其他岩层一起构成推覆岩片或被剥蚀殆尽。前者多见于佘太、包头东五当沟大海流素、土默特右旗中卜圪素、卓资县庙底、四号地、察哈尔右翼前旗口子村等地。大海流素有近 70 m 厚的可采煤层（被逆掩于基底岩系之下），底部是巨厚层灰白色砾岩，以微角度不整合于中寒武统之上。中卜圪素的剖面结构与正层型相似，但化石少。庙底亦见透镜状煤层，煤质较好。口子村见铝土页岩夹层。由西（佘太）向东（口子村），粗碎屑的含量增多。这些零星出露的地层所代表的湖沼河流相沉积是同一时期、同一大地构造背景下形成的，它们很可能是在形态各异，大小不等的山间盆地沉积环境下的产物（图 16－4）。

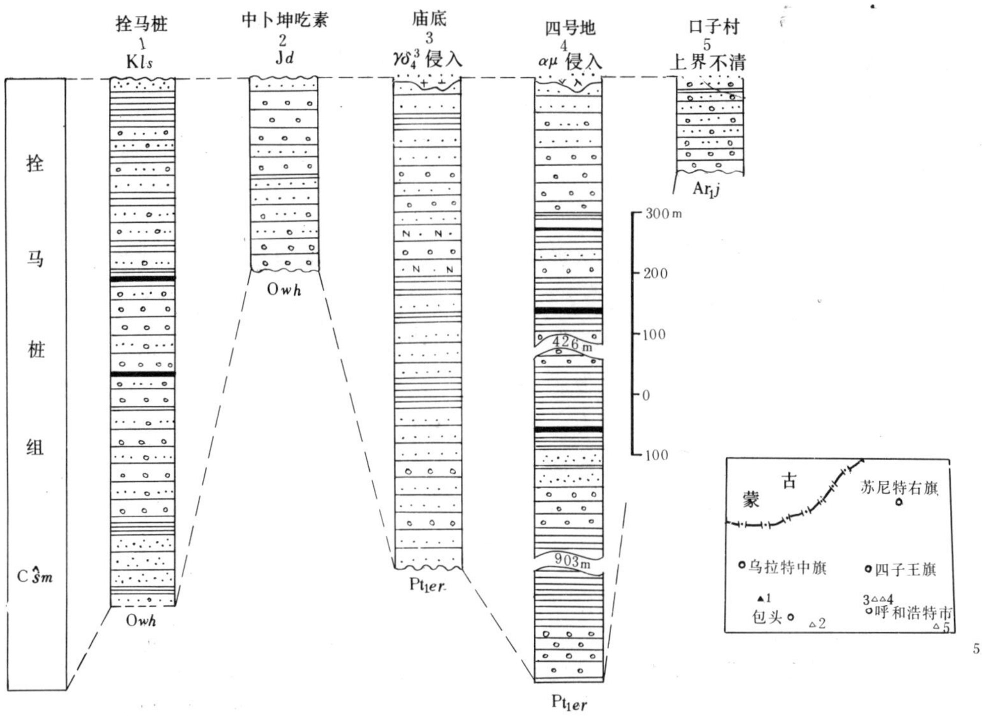

图 16－4　拴马桩组柱状对比图

酒局子组　*Cjj*　（15－0104）

【创名及原始定义】　本组由内蒙古区测二队于 1967 年创建。建组地点在敖汉旗酒局子南山。原始定义："该组为一套砂板岩夹石灰岩扁豆体组成的含煤地层，可见厚度 784 m。与上覆青凤山组，下伏家道沟组整合接触。时代是晚石炭世。"

【沿革】　内蒙古区测二队 1975 年在原昭乌达盟南部进行 1∶20 万区调时，将分布于黄家沟南山一带的石炭纪陆相地层，称为黄家沟组，认为它在酒局子组层位之下，时代为中石炭世。其实，它是酒局子组在区域上延伸的一部分；1978 年，辽宁省区域地层表编写组将敖汉旗沙金沟南山的一套黑色板岩划入酒局子组，这显然是扩充了原酒局子组的涵义。1991 年，杨道荣将黄家沟组作为晚石炭世海相沉积的家道沟组相变产物，归入家道沟组；本次清理认为敖汉旗一带的陆相地层，基本上是酒局子组的范畴，不再使用黄家沟组、家道沟组等名称。

【现在定义】　指分布于赤峰地层分区，与下伏白家店组或石咀子组为连续沉积的一套陆相或海陆交互相砂页（板）岩，含煤，局部可夹灰岩透镜体、中酸性凝灰岩。上界不清。

【层型】　正层型为酒局子南山家道沟剖面（120°30′，42°24′；内蒙古区测二队，1967 年。

酒局子组	总厚度约＞235.1 m
7. 灰绿色板岩（未见顶）	5.3 m
6. 紫红色中细粒长石砂岩	10.5 m
5. 灰黑色中薄层状板岩，含 *Calamites* sp.，*Neuropteris pseudovata*，*Pecopteris*? sp.，*Callipteridium* sp.	21.0 m

4. 紫灰色变质粗粒杂砂岩 21.0 m

3. 灰黑色中厚层状板岩，在剖面东北的相应层位中夹煤层，含 *Sphenophyllum*? sp.，*Calamites* sp.，*Neuropteris pseudovata* 46.7 m

2. 紫红色、淡紫色砾岩，片理化细砂岩及中厚层状粉砂岩夹假象红柱石板岩，黑色板岩，含植物化石碎片 93.1 m

1. 紫红色薄层状变质细砂岩及黑色薄层状板岩 37.5 m

———————— 整 合 ————————

下伏地层：**白家店组** 结晶灰岩

【地质特征及区域变化】 典型地区的酒局子组是封闭性湖沼盆地环境下形成的砂质含煤建造，煤层不稳定。正层型剖面未见顶，控制厚度 235.1 m。中、上部板岩中所含 *Neuropteris pseudovata*，*Callipteridium* sp.，*Calamites* sp. 等植物化石，显示晚石炭世的时代特点。在横向上酒局子南山东部相当中厚层黑色板岩层位内夹劣质煤层。在翁牛特旗黄家沟南山出现中酸性晶屑凝灰岩夹层；在奈曼旗银铜山，该组底部由于接触变质，见到阳起石角岩、石英岩等，中部有泥灰岩扁豆体夹层；在西部苏尼特右旗南部的海拉斯阿木，为一套近岸的海陆交互相沉积，上部砂板岩含大量的植物化石；下部夹少量滨海相碎屑岩及灰岩透镜体，认为这是酒局子组在区域变化方面的一个特殊性，因为酒局子组向西延到四子王旗哈尔德勒一带，均是单一的陆相沉积地层。

太原组 C*t* (15-0118)

【创名及原始定义】 本组是翁文灏、Grabau 于 1922 年创名的太原系的修订名，创名地点为山西省太原市西铭村七里沟。原始定义系指“华北晚古生代含煤地层的下部”。

【沿革】 太原组一名自 1957 年朱相魁正式引用到内蒙古区域地质工作中以来，一直采用年代地层的概念来划分这一地层单位，即在华北地台区，凡发现 *Pseudoschwagerina* 和 *Triticites* 者，均归入太原组，直至 1991 年《内蒙古地质志》出版。其实，在内蒙古境内，“太原组”同与之连续沉积的下伏地层，如著名的“中石炭统本溪组”间很难找一个处处适用、延伸稳定的分界标志。作为独立的地层单位，二者并存，不具可填图性。同时，也不符合岩石地层单位的涵义。事实上，在内蒙古境内的北祁连山地层小区和鄂尔多斯地层分区及毗邻省 Namurian—Stephanian 期（甚至包括部分 Sakmarian 期）的沉积是一套无间断的海陆交互相煤系地层。1973 年，内蒙古区测一队在山西河曲县东刘家塔将该套地层自下而上划分为本溪组（Westphalian）、太原组（Stephanian 期）、甚至部分山西组（Sakmarian）。1976 年，宁夏区调队在与内蒙古交界处的中卫县照壁山一带又创名石磨沟组与单梁山组作为 Westphalian 期沉积。1974 年，李星学等在宁夏靖远“中石炭统”地层下部发现 Namurian 期 G_1 带化石，遂又建“靖远组”，其上部仍沿用羊虎沟组（Grabau1924 年创名于甘肃山丹县羊虎口附近羊虎沟煤矿）。1991 年，杨道荣把靖远组、羊虎沟组和太原组这一叠覆的地层柱写入《内蒙古地质志》作为北祁连山地层小区的上石炭统地层序列。本次清理把分布在北祁连山地层小区和鄂尔多斯地层分区的这套整合于山西组之下，超覆于臭牛沟组或马家沟组之上的海陆交互相煤系均归入太原组。

【现在定义】 指超覆于臭牛沟组或马家沟组之上，被山西组整合覆盖的一套海陆交互相含煤地层，主要由砂（砾）岩、铝土、碳泥质页岩、灰岩薄层等组成，其中含煤、铝土矿和山西式铁矿。富含动、植物化石。

【层型】 本区的参考剖面为乌海市棋盘井剖面（15-0118-4-5），阿拉善左旗营盘水剖面（15－0118－4－4），乌海市乌达乌胡子山剖面（15－0118－4－4）。

【地质特征及区域变化】 本区太原组棋盘井剖面顶、底完整，出露较全，厚度85.9 m。大量的海相动物化石和煤层及植物化石，在不同层位产出，反映了当时沉积环境海陆变迁的过程。主要的化石有䗴 *Pseudoschwagerina*，*Pseudofusulina*；腕足类 *Dictyoclostus taiyuanfuensis*，*Choristites* sp.；植物化石 *Lepidodendron nanpiaoense* 等，反映了本组的沉积时限为晚 Namurian 期至 Stephanian 期或延至 Sakmarian 早期。

横向上，太原组的沉积速率与沉积厚度由北祁连的白墩子地区至鄂尔多斯清水河逐渐减小，灰岩只以不稳定的透镜状出现，其层数较少。小台子钻孔剖面揭示的太原组在 128 m 厚度内，小于 1 m 厚的煤层与粉砂岩、页岩频繁交互出现达 12 次。在准格尔、桌子山等地赋有巨厚煤层，形成大型煤田。在腾格里西碱窝子井一带，泥质成分很少。在营盘水，太原组与下伏臭牛沟组保存了平行不整合接触关系，岩石组合中粗碎屑有所增多。在红水沟、西哈拉等地高铝粘土质组分含量增高。吴四圪堵的太原组中上部为碳质铝土岩、煤层、页岩，下部为砾质砂岩、石英角砾岩。太原组总的岩性组合是稳定的，多处细节差异（如组分和厚度不同）尚不足以进一步分解为不同的岩石地层单元。从目前资料来看，由北祁连至鄂尔多斯有层位渐高之势。

寿山沟组　P$\hat{s}\hat{s}$　(15－0155)

【创名及原始定义】 寿山沟组由陶南生等于 1974 年创名，创名地点在吉林省桦甸县榆木桥乡东约 3 km 寿山沟。主要根据寿山沟两侧石灰岩中发现的栖霞期珊瑚化石和䗴类化石，不同于茅口期的范家屯组，因此，称寿山沟组。

【沿革】 内蒙古区调二队（1984）在巴林左旗碧流台地区进行 1∶5 万区调时，将大石寨组火山岩之下的海相滨海相碎屑组合称为青凤山组，本次清理考虑它的层位、沉积特征及时限，废弃青凤山组的名称，改称寿山沟组。

【现在定义】 寿山沟组指窝瓜地组酸性火山岩之上，大河深组安山岩或流纹岩之下的一套碎屑岩夹灰岩组成的地层体。下部以砂质板岩及含砾粉砂岩、粉砂质细砂岩为主。夹灰岩透镜体；上部为灰色千枚状粉砂岩、含石墨绢云板岩、变质细砂岩夹厚层灰岩透镜体。灰岩中有珊瑚、䗴、苔藓虫等化石，砂岩中偶见头足类化石。内蒙古地区指巴林左旗碧流台地区大石寨组火山岩之下的海相滨海相碎屑岩组合。下部深灰、浅灰、褐灰色变质粉砂岩、细砂岩、夹板岩；中部灰、灰黑色变质长石杂砂岩、粉砂质板岩、夹粉砂岩；上部浅灰、深灰色变质细砂岩、粉砂岩。上、下界不清。

【层型】 区内参考剖面为巴林左旗沙布太南山剖面（15－0155－4－1）；巴林左旗小井子北山剖面（15－0154－4－2）；巴林左旗小井子南山剖面（15－0155－4－3）。

【地质特征及区域变化】 寿山沟组中的海陆交互相碎屑岩普遍发生浅变质，沉积构造以单向斜层理及波状层理较发育。区内只出露于巴林左旗敖汉旗一带，分布零星，厚度变化大。

大石寨组　P$d\hat{s}$　(15－0156)

【创名及原始定义】 内蒙古区测二队 1965 年在科尔沁右翼前旗大石寨地区创名。原始定义为一套浅海相喷发的中、酸性熔岩及凝灰岩，夹有不稳定的泥质、砂质沉积岩组合。上部以中性熔岩及凝灰岩为主，夹泥板岩、凝灰质砂岩等；下部以中酸性熔岩及凝灰岩为主。它整合于索伦组之上，被吴家屯组不整合覆盖。时代为早二叠世晚期。

【沿革】 大石寨组创立以后，被区内地质工作者广泛采用，但因分布地域较广，岩性变化又大，不同单位、不同时间的地质工作者将这套岩石组合分别称为西里庙组、斑布加拉嘎组、高家窝棚组及包特格组三岩段、青凤山组火山岩和达里诺尔组火山岩等。这次清理中，考虑到岩石地层单位的岩性、岩相和变质程度的一致性原则，认为上述各组均是大石寨组在区域上的延伸，因此均归入大石寨组，不另称谓。

【现在定义】　指广泛分布于锡林浩特-磐石地层分区的哲斯组浅海相碎屑岩及灰岩和寿山沟组海陆交互相碎屑岩之间的海相中酸性熔岩及凝灰岩组合，局部夹正常碎屑岩。含动物化石。与上覆哲斯组为整合接触。下界未见底。

【层型】　正层型为科尔沁右翼前旗大石寨金家店南山剖面（121°18′，46°17′；内蒙古区测二队，1965）。

上覆地层：**哲斯组**　砂岩及粉砂岩

——————　整　合　——————

大石寨组	总厚度＞856.6 m
12. 灰黑色蚀变片理化次闪石化安山岩	50.6 m
11. 灰黑色变余霏细状火山灰状片理化安山质晶屑玻屑凝灰岩	23.1 m
10. 灰黑色片理化中性霏细凝灰岩	43.7 m
9. 灰黑色泥板岩	19.5 m
8. 黑色含晶屑的霏细状片理化中性火山灰凝灰岩	108.1 m
7. 灰黑色块状安山岩	11.3 m
6. 灰黑色黑云母泥质板岩	31.2 m
5. 灰色砂状片理化中性晶屑凝灰岩	47.1 m
4. 黄绿—灰色细粒砂状块状凝灰质砂岩	16.9 m
3. 灰黑色块状中性含石英碎屑的霏细状火山灰凝灰岩，含腕足类 *Derbyia* sp.，*Anidanthus* sp.，*Streptorhynchus* sp.，*Marginifera* sp.，*Waagenoconcha* sp.，*Strophalosia* sp.，*Dictyoclostus* sp.，*Uncinunellina* sp.，*Stenoscisma*? sp.，*Paeckelmanella* sp.，*Spiriferella* sp.，*Neospirifer* sp.，*Ambocoelia* sp.，*Athyris* sp.	6.8 m
2. 黑灰色变质安山岩夹含岩屑的霏细状火山灰凝灰岩、红柱石角岩、火山灰凝灰岩、安山质火山角砾岩、安山质蚀变晶屑凝灰岩	492.1 m
1. 灰—黑灰色蚀变安山岩与黑色碳质板岩互层（未见底）	＞12.5 m

【地质特征及区域变化】　大石寨组中的火山岩系以中酸性熔岩和凝灰岩为主，碎屑岩夹层不稳定，喷发沉积环境为浅海、滨海相，含动物化石。厚约2000 m。区域上与哲斯组呈不整合接触（正层型剖面上为整合接触）。大石寨组在锡林浩特-磐石地层分区分布广泛，地理上可分为北、中、南三带：北带主要见于达尔罕茂明安联合旗北部边境、西乌珠穆沁旗、罕乌拉至霍林郭勒市南部，其岩性下部为细碧岩及角斑岩等，上部为中、酸性火山岩，本带向东北延伸，深海相火山岩减少，浅海相火山岩增多；中带西起哈尔呼舒，经黄岗梁、同兴、浩尔图到大石寨及神山等地，该带西南部以细碧岩、角斑岩为主，局部发育枕状构造，向东北延伸到吐列毛都西南等地出现硅质岩，在大石寨和神山地区则为中酸性火山熔岩及凝灰岩；南带从西拉木伦河向东北经阿鲁旗、突泉县等地，东端与中带合并，由西向东岩性变化与中带相近。区域上三个带由西向东厚度变化较大，尤以西里庙和大石寨地区厚度最大（图16－5）。该组火山岩其间所夹正常碎屑岩中含动物化石，指示其沉积时限为早二叠世早期。

包特格组　*Pb*　(15－0157)

【创名及原始定义】　由内蒙古区调一队江浩贤等（1980）在达尔罕茂明安联合旗满都拉

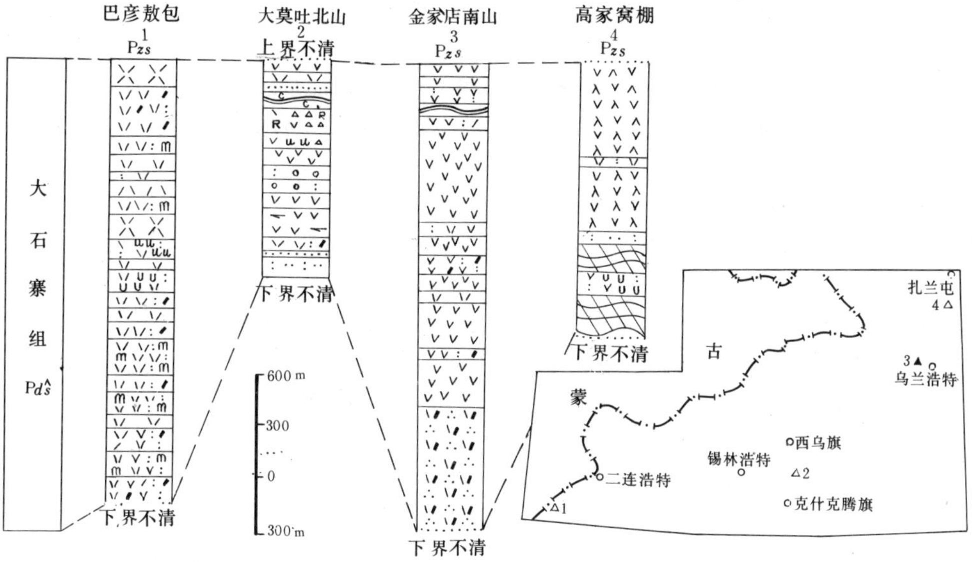

图 16－5　大石寨组柱状对比图

苏木包特格创建。原始定义指阿木山组和哲斯组（均为断层接触）之间的一套海相碎屑岩、火山岩组合。划分为 4 个岩性段，一段为硬砂岩、长石砂岩、生物碎屑灰岩、板岩等；二段为砂砾岩、火山质砾岩、硬砂岩等；三段为霏细凝灰岩、安山玢岩、晶屑凝灰岩、钙质泥岩等，四段为硬砂岩、板岩等。三四岩段关系不清。时代为早二叠世早期。

【沿革】　包特格组建立之后，被普遍采用，只是大部分论著将三段火山岩归大石寨组（西里庙组），四段因接触关系不清或层位不明，归属尚难定论外，一、二段仍称包特格组。这种认识被编入《内蒙古地质志》。本次清理核查，认为在出露好的包特格地区，总体为一倒转向斜，北翼正常，南翼倒转，核部为哲斯组灰岩（被断层破坏）。原划包特格组层序倒置。经修订，将原三段火山岩划为大石寨组，原一段下部和二段的碎屑岩夹灰岩称现在的包特格组，原一段上部含化石灰岩归入哲斯组，原四段砂板岩不属包特格组。

【现在定义】　指分布于达尔罕茂明安联合旗满都拉地区，不整合在大石寨组火山岩之上的一套滨、浅海相棕褐、灰褐色杂砂岩、砂砾岩、砾岩、火山质砾岩组合，夹少量生物碎屑灰岩，以含单通道䗴动物群为特征。上界与哲斯组整合接触。

【层型】　正层型为达尔罕茂明安联合旗满都拉苏木包特格剖面（110°12′，42°31′；据李文国等，1985 年重测）。

上覆地层：**哲斯组**　砂砾岩

══════　断　层　══════

包特格组　　　　总厚度＞975 m

21．青灰色含粉砂质板岩，夹少量薄层状砂质灰岩，含 *Liosotella* sp.，*Waagenoconcha* sp.　　＞41 m

20．青灰色粉砂岩，夹钙质砂岩，含 *Yakovlevia* sp.，*Waagenoconcha* sp.，*Richthofenia* sp.　　13 m

19．青灰、紫红色泥板岩、薄层状细粒石英砂岩、砂质灰岩　　66 m

18．灰、紫红色中粗粒长石砂岩，夹灰粉色砂质板岩和生物碎屑灰岩，含 *Monodiexodina*

sp.，*Liosotella* sp. 37 m

17. 灰色粉砂质板岩 26 m

16. 灰、褐灰细粒长石砂岩，夹薄层状灰色生物碎屑灰岩，含 *Monodiexodina* sp.，*Parafusulina sanmianjingensis*，*Yakovlevia unsinuata*，*Liosotella* cf. *spitzbergiana* 61 m

15. 暗红色中粗粒杂砂岩 24 m

14. 灰色中细粒杂砂岩，夹薄层状钙质砂岩，含腕足类碎片 28 m

13. 棕红色砂砾岩，夹灰色粉砂质板岩和薄层状砂质灰岩，含腕足类碎片和 *Monodiexodina* 等 54 m

12. 棕红色细粒长石砂岩，夹灰色薄—中层生物碎屑灰岩。含 *Yakovlevia* cf. *baiyinensis*、*Liosotella* sp. 55 m

11. 灰、黄绿色细粒钙质长石石英砂岩，夹灰色薄层状生物碎屑灰岩和泥灰岩，含 *Horridonia* sp.，*Yakovlevia* sp. 105 m

10. 紫红色中细粒长石砂岩，夹薄层状生物碎屑灰岩，含 *Liosotella* sp.，*Paramarginifera* sp. 44 m

9. 灰、浅棕红色中细粒长石砂岩，夹中厚层生物碎屑灰岩，含 *Tainoceras* cf. *orientele*，*Yakovlevia* sp.，*Waagenoconcha* sp. 61 m

8. 灰色含粉砂泥灰岩，夹灰黑色薄层状灰岩，含 *Monodiexodina* sp. 48 m

7. 灰、浅红色细粒砂岩；上部夹薄层状砂质灰岩，含 *Monodiexodina sutschanica*，*Parafusutina* cf. *sanmianjingensis*，*Yakovlevia* cf. *unsinuata*，*Streptorhynchus* sp. 等 28 m

6. 浅棕黄色中粗粒杂砂岩，夹薄层状细砾岩及砂质灰岩透镜体 68 m

5. 棕黄色细粒杂砂岩，夹少量砂质灰岩透镜体 13 m

4. 灰褐色砂砾岩，夹砾岩和粗粒杂砂岩透镜体 13 m

3. 棕黄色细粒杂砂岩，夹薄层状钙质砂岩和砂质灰岩透镜体，含 *Monodiexodina* sp.，*Paramarginifera* sp.，*Marginifera* sp. 等 99 m

2. 浅棕红色砂砾岩。相变为砂岩 52 m

1. 棕黄色不等粒杂砂岩，夹粉砂质板岩 ＞39 m

═══════ 断　层 ═══════

下伏地层：**阿木山组**　灰岩

【地质特征及区域变化】　本组以滨—浅海相粗碎屑岩夹少量生物碎屑灰岩为特征。包特格组主要分布在满都拉苏木地区，乌拉特中旗准哈贝日格、哈布其盖等地有零星露头。以包特格地区发育最好，往西在巴音杭盖苏木一带厚度变薄。区域上，由西向东厚度逐渐变大，层序渐全，出露变宽，岩石粒度变粗。根据上下地层接触关系及古生物资料包特格组的沉积时限为早二叠世中期。

哲斯组　$P_{\hat{z}s}$　(15－0158)

【创名及原始定义】　由美国人 Berkey 和 Morris 于 1927 年创名，创名地点为现属于内蒙古达尔罕茂明安联合旗满都拉苏木东 35 km 的哲斯一带。原始定义是将分布于哲斯一带的砂岩、页岩和含二叠纪 *Lyttonia* 动物群的灰岩等称为哲斯组。

【沿革】　哲斯组系 Jisu Honguer Formation 的中译名；1962 年盛金章曾译为哲斯群。Berkey 和 Morris 等（1922—1925）在哲斯地区采集的化石，除由我国学者赵亚曾（1927）描述了部分长身贝类外，其余的化石均由 Grabau (1931) 研究发表，同时 Grabau 对 Jisu Honguer Formation 进一步做了划分：剖面下部的砂、砾岩称为 The lower group；中部的砂页岩夹灰岩称为 The middle group of shales and limestones；上部的灰岩称为 The massive limestone group；由于他在该书中使用了 Jisu Honguer series 一语，所以我们推断 Grabau 当年的“formation”不是目前我们所用的组的概念。由于盛金章（1962）首次在《中国的二叠系》一书中公开介绍了哲斯剖面，并将 Jisu Honguer 译为哲斯，遂被内蒙古的地质界广泛应用。加之 Устрицкий（1963）在描述与哲斯动物群关系密切的北山地区早二叠世腕足类化石时，指出它们的时代相当于我国南方的茅口期，于是哲斯组便成了内蒙古茅口期的代名词，实际工作中更多地强调了生物群的内容，从而形成了不同地区的哲斯组岩石组合特点和岩性段数量不同的局面，这均反映在内蒙古地区1∶20万区域地质调查的报告中。1985年丁蕴杰等对哲斯剖面进行了新的划分，除厘定了哲斯组的含义而外，并将中部的砂页岩夹灰岩的层段创名为义和乌苏组，认为是本剖面的最高层位。江浩贤等1980年在哲斯地区开展1∶20万区调时，将哲斯组划分成上、下两个岩性段。本次清理，实地核查了哲斯组剖面，它出露完好，层序清楚，化石丰富，原始定义基本恰当，只做部分的修正和补充。

【现在定义】 指广泛分布于乌兰察布盟、锡林郭勒盟及兴安盟北部，分别整合或不整合于早二叠世的包特格组及大石寨组之上的一套浅海相砂岩、板岩和灰岩透镜体的岩石组合，部分地区发育有火山碎屑岩和硅质岩，富含腕足类、珊瑚类、䗴等门类化石。正层型剖面未见顶，但区域上被晚二叠世林西组整合或不整合所覆。

【层型】 正层型为达尔罕茂明安联合旗满都拉苏木东35 km 处的哲斯敖包剖面（110°28′，42°38′；据内蒙古区调一队一分队，1980年资料略做修订）。

哲斯组 总厚度>1 075 m

20. 紫色、灰色页岩，粗砂岩，局部为砾岩夹灰岩透镜体，产珊瑚及腕足类化石：珊瑚：*Pleophyllum sinense*，*P. baytuganense*，*Amygdalophylloides asteroides*；腕足类：*Spiriferella* sp.（未见顶） 97 m

19. 灰色页岩，钙质砂岩夹薄层灰岩，盛产个体很小的化石，珊瑚较少。*Codonofusiella schubertelloides*，*C. erki*，*C. simplicata*，*Schwagerina quasiregularis*，*S. bulegensis*，*Pseudostaffella?zhesiensis*，*Pseudodoliolina* sp. 270 m

18. 为黄色含砾钙质长石粗砂岩夹绿色细砂岩 16 m

17. 黄灰色含砾长石粗砂岩夹青灰色灰岩透镜体。含 *Waagenophyllum stereoseptatum*，*W. virgalense mongoliensis*，*W. indicum*，*W. indicum zhesiensis*，*W. wumengense*，*Wentzelella damuqiensis*，*Lophotichium bellus*，*Mandulapora permicum*，*Zhesipora permicum*，*Hayasakapora capillacea*，*H. matsudae*，*H. rugosa*，*Polypora praepluriformis*，*Rhombopora pulchra*，*Meekopora incrassata*，*Fistulipora zhesiensis*，*F. minisculus*，*Stenodiscus laevisculs*，*Enteletes andrewsi*，*E. subglobus*，*E. suboesa*，*Streptorhynchus hippocripicus*，*S. zhesiensis*，*Echinauris jisuensis*，*Horridonia cornuformis*，*Uncinunellina mongolicus*，*Martinia osborni*，*M. mongolica*，*M. sinensis*，*M. orbicularis*，*M. lingulata*，*M. mirabilis*，*Altiplecus unicus*，*Neospirifer yihewusuensis*，*Dielasma itaitubense*，*D. acutangulum* var. *minor*，*Notothyris simplexoides*，*Hemiptychina quaclrata*，*H. homoplicata*，*Deltopecten* sp.，*Cyrtorostra jisuensis*，*Palaeolima forcoplicata*，*Volsellina zhesiensis*，*Myalinella folvata*，*Luciella huangi*，*Straparllus* sp.，*Rhiphaeoceras lexum* 27 m

16. 灰黄色含砾长石粗砂岩夹少量灰岩透镜体 78 m

15. 灰白、灰色厚层生物碎屑灰岩。含 *Schwagerina neimonggolensis*，*S. damuqiensis*，*Dun-*

barula?sp.,*Codonofusiella permicum*,*Lophotichium bellus*,*Cosinatrypa reticulata*,*Orthotichia derbyi* var. *nana*, *Schizophoria timor*, *Enteletes andrewsi*, *Streptorhynchus* sp., *Meekella* cf. *timanica*, *Echinauris jisuensis*, *Richthofenia cornuformis*, *Leptodus richthofeni*, *Stenoscisma mutabilis*, *S. superstes*, *Squamularia elegantula*, *Martinia osborni*, *Neospirifer yihewususesis*, *Dielasma mongolicum*, *Notothyris simplexoides*, *Hemiptychina pseudomorris*, *H. mongolica H. nana*, *Parallelodon licharewi*, *Bellerophon zhesiensis* 23 m

14. 灰黑色板岩 29 m

13. 青灰色厚层生物碎屑灰岩，含 *Dunbarulla* sp.,*Codonofusiella* sp.,*Schwagerina* sp., *Meekopora* sp. 10 m

12. 青灰色、灰绿色粉砂岩 45 m

11. 灰黄色薄层细粒长石砂岩夹灰岩透镜体。含 *Schwagerina* sp., *Wentzelella* sp., *Dielasma* sp., *Enteletes* sp., *Hayasakapora* sp. 125 m

10. 深灰色块状生物碎屑灰岩。含 *Schwagerina* sp., *Waagenophyllum* sp., *Richthofenia* sp., *Streptorhynchus* sp., *Neospirifer* sp., *Enteletes andrewsi*, *E. obesa*, *Notothyris nucleolus*, *Stenoscisma mutabilis*, *Uncinunellina* cf. *mongolica*, *Tainoceras* sp. 等 49 m

9. 青灰色块状生物碎屑灰岩。含 *Schwagerina wumengensis*,*Codonofusiella* sp.,*Dunbarula* sp., *Zhesipora permicum*, *Girtypora minor*, *Pustulipora crassilabiata*, *Orthotichia morganiana*, *Enteletes* sp.,*Streptorhynchus semiconus*, *Echinauris jisuensis*, *Horridonia morrisi*, *Richthofenia cornuformis*, *Uncinunellina mongolicus*, *Stenoscisma zhesiensis*, *Hemiptychina morrisi* 21 m

8. 灰白色、浅紫灰色、深灰色块状生物碎屑灰岩含 *Parafusulina* sp., *P. splendens*, *Schwagerina* sp.,*Codonofusiella* sp.,*Richthofenia* sp.,*Spinomarginifera* sp.,"*Spinomarginifera*" *jisuensis*, *Uncinunellina* sp., *Notothyris* sp., *Athyris* sp., *Stenoscisma* cf. *mutabilis*,*S.* cf. *superstes*,*Hustedia grandicosta*, *Dielasma mongolicum*,*Squamularia* cf. *indica*, *Enteletes obesa*, *Streptorhynchus* sp., *Hemiptychina mongolica*, *Hayasakapora* sp., *Aricapecten* sp., *Aviculopecten* sp. 20 m

7. 灰白色、浅紫灰色块状生物碎屑灰岩。含 *Leptodus* sp.,*Richthofenia* sp.,*Squamularia* sp., *S.* cf. *indica*, *Dielasma* sp., *Martinia* cf. *mongolica*, *Notothyris* sp.,"*Spinomarginifera*" *jisuensis*, *Hemiptychina* cf. *subdieneri*, *Stenoscisma* sp., *Enteletes* sp., *E. nucleola*, *Marginifera* sp., *Stenopora permiana* 42 m

6. 灰白色、浅紫灰色块状生物碎屑灰岩，风化面为灰黄—青灰色，局部夹有薄层状泥质灰岩，含 *Stenoscisma* sp., *S. superstes*, *S.* cf. *mutabilis*, *Notothyri* sp., *Dielasmaap.*, *Hemiptychina* sp., *Enteletes* sp., *Richthofenia*?sp., *Fistulipora lunatifera*, *Spinomarginifera* sp., *Dyscritella* sp. 76 m

5. 灰白色块状生物碎屑灰岩，含 *Spiriferella* cf. *keilhavii*, *Rhombospirifer zhesiensis*, *Yakovlevia* sp., *Marginifera* sp. 19 m

4. 浅灰色块状生物碎屑灰岩，含 *Spiriferella salteri*,*Rhombospirifer zhesiensis*,*Yakovlevia* sp., *Liosotella* sp., *Enteletes* sp., *Linoproductus* sp., *Marginifera* sp. 26 m

3. 青灰色中厚层燧石条带生物碎屑灰岩，含 *Schwagerina* sp., *Tachylasma zhesiensis*, *Paracaninia tzuchiangensis*, *Waagenoconcha sinuata*, *Kochiproductus porrectus*, *Anidanthus graciosa*, *Yakovlevia mammatiformis*, *Marginifera gobiensis*, *M. typica* var. *septentrionalis*, *M. leptorugosa*, *Horridonia morrisi*,*Uncinunellina mongolicus*,*Gypospirifer volatilis*,*Spiriferella salteri*,*S. magna*,*Rhombospirifer zhesiensis*,*Naticopsis*

khurensis, *Rhiphaeoceras zhesiensis* 31 m

2. 青灰色中厚层生物碎屑灰岩，含 *Tachylasma* sp.，*Calophyllum* sp.，*Waagenoconcha* sp.，*Kochiproductus porrectus*，*Muirwoodia usualis*，*Marginifera gobiensis*，*M. leptorugosa*，*Rhombospirifer zhesiensis*，*Spiriferella magna*，*S. neimonggolensis*，*Fistulipora heteromorpha* 8 m

1. 灰绿色粉砂岩夹黄色薄层细粒长石砂岩 63 m

——————— 整 合 ———————

下伏地层：**包特格组** 棕褐色厚层状砂砾岩

【地质特征及区域变化】 正层型剖面岩性组合分为两部分，上部为灰绿、灰色页岩、砂岩，灰黄色含砾粗粒长石砂岩、中细粒长石砂岩夹生物碎屑灰岩透镜体，下部为厚层块状生物灰岩、砂岩和青灰色燧石条带灰岩等。海相碎屑岩、硅酸盐岩，含丰富的腕足类、珊瑚等，即为著名的哲斯动物群。下界与包特格组的棕褐色砂砾岩为分界标志。哲斯组区域上填图较易掌握。

哲斯组在锡林浩特-磐石地层分区分布极为广泛，西起哲斯敖包，向东北延伸至西乌珠穆沁旗、黄岗梁、大石寨和神山地区。区域上岩性组合及厚度变化较大。西部哲斯敖包和东部神山地区碳酸盐岩发育，厚度较大，含丰富的珊瑚、腕足类、头足类、䗴、苔藓虫等化石；中部西乌珠穆沁旗至大石寨碳酸盐岩相对减少，碎屑岩和硅质岩及火山岩相对增多，厚度及生物门类亦相应变小及减少。

在西乌珠穆沁旗一带该组未见下界，上界被林西组不整合所覆。所见岩性下部为硅质岩及生物碎屑灰岩；中部为硅质灰岩及生物碎屑灰岩互层夹碎屑岩；上部为砾岩、砂岩、粉砂岩、泥灰岩，含丰富的动物化石。黄岗梁地区该组顶底出露不全，岩性下部为大理岩，上部为板岩。大石寨地区该组上、下分别与林西组和大石寨组整合接触，岩性为海相碎屑岩（多变成板岩）夹碳酸盐岩及火山岩。神山地区下部为碎屑岩，上部为碳酸盐岩。锡林浩特市以北的哲斯组，其底部普遍有一层火山熔岩砾石的砾岩，故认为哲斯组在该区及神山地区应不整合在大石寨组之上（图16-6）。根据本组在各地的上、下接触关系和所含丰富的动物化石，确定哲斯组沉积时限为早二叠世中晚期。

三面井组 P*sm* （15-0160）

【创名及原始定义】 鞠紫云（手稿，1959）于河北省康保县三面井村南山创名。原始定义为：轻度变质的海相砂岩、页岩和石灰岩。厚400 m 以上。被张家口组不整合，底部被花岗岩侵入。属下二叠统下部。

【沿革】 内蒙古区测一队（1974）在正镶白旗幅区调报告中引入三面井组，但在划分上包括了上覆安山岩，将三面井组划分为碎屑岩段和安山岩段。随后谷峰（1983）及李文国等（1986）又恢复了原始含义，将正镶白旗幅所划三面井组中的安山岩段划为中生代地层，本次清理采用这一方案。

【现在定义】 三面井组指分布于锡林郭勒盟南部镶黄旗至多伦一带，不整合在岩体或石炭系之上的一套浅海至滨海相碎屑岩组合，下部常发育含䗴燧石灰岩和生物碎屑灰岩，上界与额里图组整合接触或被中生代火山岩不整合覆盖。

【层型】 正层型为河北省康保县三面井村东南剖面（114°48′，42°04′；李文国，1986年资料）。

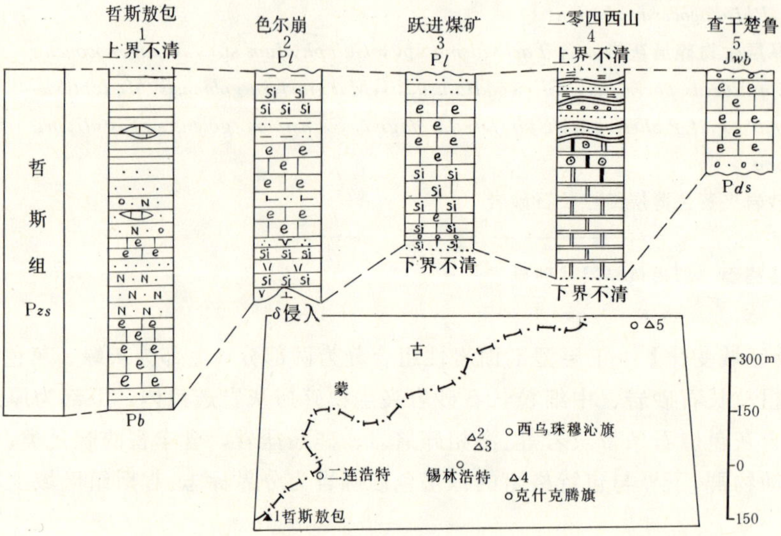

图16-6　哲斯组柱状对比图

上覆地层：**玛尼吐组**　安山岩

〰〰〰〰 不整合 〰〰〰〰

三面井组	总厚度＞269.2 m
16. 灰绿色长石细砂岩夹灰绿色含粉砂板岩及灰色砂质灰岩透镜体	＞17.5 m
15. 灰绿色含砾不等粒杂砂岩、长石细砂岩与灰绿色含粉砂板岩互层	30.0 m
14. 灰黄色长石细砂岩夹灰绿色含粉砂板岩，下部板岩增多细砂岩减少	17.5 m
13. 灰色长石细砂岩	5.4 m
12. 灰绿色含粉砂板岩夹灰色不等粒杂砂岩和灰黄色含砾不等粒杂砂岩	7.2 m
11. 灰绿色含粉砂板岩	10.2 m
10. 灰色含砾不等粒杂砂岩及灰黄色、灰白色不等粒杂砂岩	25.2 m
9. 灰黄色、灰色含砾不等粒杂砂岩夹灰绿色页片状含粉砂板岩	12.5 m
8. 灰色含粉砂板岩	7.5 m
7. 灰白色含砾不等粒杂砂岩和灰黄色不等粒杂砂岩	22.6 m
6. 灰绿色含粉砂板岩	13.4 m
5. 灰黄色不等粒杂砂岩夹细粒杂砂岩	1.7 m
4. 灰绿色页岩，含植物化石碎片	10.2 m
3. 灰色含砾砂质生物碎屑灰岩，含 *Parafusulina bosei*，*Misellina minor*，*M.* aff. *ovalis*，*Schubertella* sp.，*Minojapanella* sp.，*Dictyoclostus* sp.	4.1 m
2. 中厚层灰岩，深灰色燧石灰岩，含 *Nankinella* sp.，*N.* cf. *hunanensis*，*Minojapanella* (*Wutuella*) sp.，*Lantschichites*?sp.，*Schwagerina* aff. *tschernyshewi* var. *fusiformis*，*Misellina claudiae*，*M. ovalis*，*Schubertella* cf. *simplex*，*Parafusulina splendens*，*Chusenella* aff. *schwagerinaeformis*，*Orthotichia morganiana*，*O.* aff. *derby*，*Marginifera* sp. 等	29.8 m
1. 灰黄色砂砾岩	54.4 m

〰〰〰〰 不整合 〰〰〰〰

下覆地层：片麻状石英闪长岩

【地质特征及区域变化】 三面井组在赤峰地层分区分布零星，主要见于苏尼特右旗都仁乌力吉苏木，四子王旗白乃庙东北，镶黄旗公腊胡同、乌拉哈达，正镶白旗额里图牧场二分场等地。区域上呈东西向展布，其厚度由北向南逐渐变薄。沉积时限为早二叠世早期。与三面井组相关的呼格特组的归属问题，多数研究者认为属三面井组，但部分研究者认为二者不能相提并论。实际资料表明，正层型剖面及区域上的三面井组多被火山岩覆盖，未见顶部完整的层序。呼格特组建组剖面下部为灰色砂岩，上部为灰、灰黑色板岩，岩性组合与相邻三面井组上部层段近似，它极可能相当三面井组层型剖面或区域上所划三面井组的上部层位；故本次清理将原呼格特组归入三面井组，并认为是其上部层位在区域上延伸的部分。

额里图组 P*e* （15-0161）

【创名及原始定义】 内蒙古自治区区域地层表编写组1976年创名于正蓝旗的额里图牧场。原始定义是上部为安山玢岩、凝灰角砾岩、沉凝灰岩夹长石砂岩；下部为长石砂岩、砂岩、粉砂质页岩、粉砂岩。含植物、双壳、叶肢介化石。与下伏三面井组关系不清。

【沿革】 内蒙古区测一队（1974、1976）在正镶白旗和正蓝旗等地，将该地层笼统地划归三面井组；辽宁省区测二队（1970）在克什克腾旗一带分别划为青凤山组和斑布加拉嘎组。各学者和地质文献在引用额里图组时，往往包括现今于家北沟组部分。本次清理将额里图组厘定为剖面的第1—16层，将第17—19层划归于家北沟组。

【现在定义】 指分布在赤峰地层分区，位于三面井组和于家北沟组之间的陆相火山岩及正常碎屑岩。下部杂色含砾粗粒长石砂岩、石英砂岩、细砂岩、粉砂岩、粉砂质页岩夹火山碎屑岩；上部灰、灰黑色凝灰角砾岩、安山岩。含植物及淡水动物化石。上与于家北沟组为整合接触，底界不清。

【层型】 正层型为正蓝旗额里图牧场剖面（115°15′，42°15′；内蒙古区测一队，1974）。

上覆地层：**于家北沟组** 含砾中粗粒砂岩

——————— 整 合 ———————

额里图组	总厚度>1 544.7 m
16. 灰色含粉砂质层凝灰岩	59 m
15. 灰色层凝灰角砾岩	60 m
14. 黑灰色角砾状碎裂安山玢岩	166 m
13. 灰黑色黑云安山玢岩	100 m
12. 褐灰色凝灰角砾岩	93 m
11. 灰黑色粉砂质层凝灰岩夹凝灰角砾岩	22 m
10. 黑灰色粉砂岩。灰绿色粉砂质页岩夹灰色细砂岩	82 m
9. 褐灰色含砾不等粒砂岩、灰色云母长石细砂岩，灰黑色粉砂岩夹中细粒砂岩	99.7 m
8. 黄绿色粉砂质页岩，黑灰色粉砂岩夹灰色中粗粒砂岩和中细粒砂岩，含 *Pecopteris tenuicostata*, *P. anderssonii*, *P. muchangensis*, *P. arcuata*, *Sphenopteris grabaui*, *S. elituensis*, *Danaeites mirabilis*, *Emplectopteris minima*, *Taeniopteris norinii*, *T.* cf. *spatulata*, *T. angustifolia*. *Asterophyllites elituense*, *Annularia gracilescens*, *A.* cf. *mucronata*, *Calamites* sp. 等	100 m
7. 灰白色不等粒砂岩，上部含砾	43 m
6. 浅黄绿色中细粒砂岩与淡黄色细砂岩及绿灰色页岩互层	59 m
5. 黄白色含砾粗粒长石砂岩，中粗粒长石砂岩，夹粉砂质页岩，泥质页岩和细砂岩，粉砂质层凝灰岩	197 m

4. 灰绿、黄绿色岩屑晶屑凝灰岩，细砂质层凝灰岩夹粉砂岩、页岩和粗砂岩 144 m

3. 紫色细砂岩、灰紫色、黄褐色粗砂岩与灰紫色含角砾岩屑晶屑凝灰岩互层 100 m

2. 黄褐色含砾不等粒砂岩 120 m

1. 黄褐色含岩屑中粗粒石英砂岩（未见底） >100 m

【地质特征及区域变化】 额里图组呈东西向分布在赤峰地层分区的镶黄旗、正镶白旗、正蓝旗、多伦县、克什克腾旗及翁牛特旗等地。岩性及厚度变化较大，由西向东厚度明显变小，正常碎屑岩减少、火山岩增多。克什克腾旗于家北沟一带，本组以安山岩为主夹凝灰岩，底部被花岗岩侵入，上与于家北沟组整合接触。翁牛特旗武家沟南山为中酸性火山碎屑岩夹安山岩，下界不清，上界亦与于家北沟组整合接触。根据该组所含化石组合和上下地层关系，其地质时限为早二叠世晚期。

于家北沟组 Py （15-0162）

【创名及原始定义】 谷峰等（1983）创名于克什克腾旗广兴元乡于家北沟。原始定义为黄绿色凝灰质砂砾岩、砂岩、凝灰岩、安山岩等组成的海陆交互相火山-碎屑岩沉积。

【沿革】 《内蒙古地质志》（1991）采用了这个组名，但在划分上，将其上部的玄武岩修订为中生代地层，本次清理采用修正后的方案。

【现在定义】 指西拉木伦河以南中生代火山岩和额里图组中酸性火山岩之间的一套海陆交互相沉积，岩石为灰绿、黄绿色凝灰质砂岩、砂砾岩、砾岩、粉砂岩夹板岩和火山碎屑岩组合，含动植物化石。上界与满克头鄂博组不整合接触，下界与额里图组整合接触。

【层型】 正层型为克什克腾旗广兴元乡于家北沟剖面（117°57′，42°56′；据辽宁省区测二队1971年资料修订）。

上覆地层：**满克头鄂博组** 玄武岩

～～～～～～～～ 不 整 合 ～～～～～～～～

于家北沟组 总厚度570.7 m

12. 浅灰绿色中细粒凝灰砂岩与粉砂岩互层含植物化石：*Sphenophyllum yujiaense*，*Annularia gracilescens*，*Plagiozamites* sp.，*Callipteris* sp.，*Pecopteris* (*Dactylotheca*) *guangxingensis*，*P. candolleana*，*P. arcuata*，*P. orientalis*，*P. rigida*，*Gigantopteris acuminatiloba*，*G. fukiensis*，*Sphenophyllum verticillatum*，*Cordaites* sp.，*Nilssonia* sp.，*Walchia* sp.，*Taeniopteris nystroemii*，*Alethopteris* sp.，*Pterophyllum* sp.，*Calamites* sp.。向上凝灰细砂岩产䗴 *Pseudodoliolina* cf. *pseudolepida*，*Skinnerina* aff. *typicalis*；腕足类 *Yakovlevia mammatiformis*，*Yakovlevia kalazinensis*，*Plicochonetes squamulifera*，*Plicochonetes transora*，*Compressoproductus compressus*，*Spiriferellina cristata*，*Leptodus* sp.，*Chonetes* sp.，*Phricodothyris* sp.，*Orthotetes*?sp.，*Schuchertella* sp.，*Linoproductus*?sp.，*Cancrinella*?sp.，*Chonellites*?sp.；双壳类 *Schizodus* sp.，*Aviculopecten* sp.，*Acanthopecten* sp.，*Nucula* cf. *monteperensis* 及 *Conocardium* sp. 等 90.1 m

11. 灰绿色凝灰砂砾岩，可相变为凝灰砾岩夹凝灰砂岩 45.9 m

10. 灰绿色凝灰砂砾岩 32.1 m

9. 灰绿色凝灰砾岩夹凝灰细砂岩，粉砂岩 58.2 m

8. 灰绿色凝灰粉砂岩，可相变为粉砂质板岩；含植物化石 *Sphenophyllum* sp.，*Pecopteris* sp. 68.5 m

7. 灰绿色含砾凝灰细砂岩，夹厚1 m 安山角砾岩 89.5 m

6. 灰绿色凝灰砂岩夹含砾中粗粒砂岩、砂砾岩 31.8 m

5. 灰绿色块状粉砂岩夹中细粒砂岩 17.2 m

4. 浅灰绿色块状中性晶屑凝灰岩 37.2 m

3. 灰黑色致密块状绿帘石化安山岩 19.6 m

2. 黄绿色凝灰砂岩夹薄层细砂岩，韵律发育层理清晰 59.4 m

1. 黄绿色凝灰细砂岩夹含砾中粗粒砂岩 21.2 m

——————— 整 合 ———————

下伏地层：**额里图组** 含粉砂质层凝灰岩

【地质特征及区域变化】 本组分布于正镶白旗至翁牛特旗一带，中间厚东西两边薄。各地岩性较稳定，具正粒序层的特征，偶夹火山岩。含动植物化石。

西拉木伦河南的黄岗梁组与于家北沟组同物异名，应停止使用。铁营子组和染房地组解体，下部划归本组，由于家北沟至铁营子其层位渐高，其沉积时限可达晚二叠世，上部陆相碎屑岩及火山岩归中生代。根据该组中所含动、植物化石和上下地层接触关系，沉积时限为早二叠世晚期—晚二叠世早期。

林西组 *Pl* （15-0159）

【创名及原始定义】 该组系1924年由法国人 Teilhard Chardin（德日进）在林西县林西镇附近创名的林西系的修订名，原始定义指林西镇一带的黑色砂板岩。

【沿革】 内蒙古区测一队（1965）改称林西组。70年代以来，内蒙古区调工作者在不同地区的地质调查中，除引用林西组外，同时将不同地区的陆相砂板岩分别创名为陶海营子组、洪浩尔坝组、碧流台组、北大山组、索伦组和孙家坟组等，《内蒙古地质志》（1991）根据上述各组均为砂板岩将其统一称为林西组，这一概念被本次清理工作所采纳，视上述陶海营子组等为同物异名。

【现在定义】 指分布于锡林浩特-磐石地层分区，整合或不整合在哲斯组之上的湖相、泻湖相黑灰色为主色调的砂岩板岩组合，含 *Palaeanodonta* 和 *Palaeomutela* 动物群及植物化石。上界被中生代不同地层单元所覆。

【层型】 选层型剖面位于林西县林西镇官地附近（118°12′，43°42′；据李继海1967年测制，顾国寅、胡泽瑾1982年修订）。

林西组 总厚度>3 107.3 m

14. 灰黑色粉砂质板岩，含植物碎片（未见顶） >318.3 m

13. 灰绿色粉砂质板岩夹紫色砂质板岩和灰绿色细砂岩，含双壳类 *Palaeomutela soronensis P.* cf. *trigonalis*, *Palaeanodonta* sp.；植物化石 *Paracala mites* sp.，*Noeggerathiopsis* sp. 212 m

12. 浅黄绿色粉砂岩夹细砂岩，下部夹紫色砂质板岩 256 m

11. 浅灰绿色粉砂质板岩夹4～5层细砂岩 95 m

10. 浅灰绿色薄层粉砂岩 70 m

9. 浅黄绿色细砂岩夹4层浅灰绿色中砂岩粉砂岩，顶部板岩夹10 cm 厚泥灰岩透镜体。粉砂岩含双壳类化石碎片及植物化石 *Paracalamites* sp. 215 m

8. 灰绿浅黄色粉砂质板岩夹中细粒砂岩，中上部板岩含钙质结核 327 m

7. 黄色砂岩与黑灰色粉砂质板岩夹中细粒砂岩，下部板岩约3 m 厚，其中15～20 cm 含有密集双壳类化石和植物化石，双壳类化石 *Palaeomutela khinganensis*，*P. soronensis*，*P. hahaiensis*，*P.* cf. *subparallela*，*P. lunulata*，*P. subrectangularis*，*P.* cf. *semilunulata* 86 m

6. 浅灰黑色厚层细粒杂砂岩。另翼同层含 *Carbonicola* sp.，*Palaeanodonta*?sp.；植物 *Calamites* sp. 34 m

5. 灰黑—黑色中薄层粉砂质板岩夹薄层状砂岩，含动植物化石碎片。另翼同层含 *Calamites* sp.，*Paracalamites* sp.，*Noeggerathiopsis* sp.，*N.* cf. *derzavinii* 609 m

4. 灰黑色粉砂质板岩夹粉砂质页岩 235 m

3. 灰黑色页片状泥质页岩 73 m

2. 灰黑色粉砂质板岩 479 m

1. 黑色页片状泥质页岩（未见底） >98 m

【地质特征及区域变化】 林西组以其特有的黑灰色砂岩、板岩为特征，含有双壳类及植物化石，层理发育。在锡林浩特-磐石地层分区分布广泛，尤以大兴安岭中、南部发育较好，区域上分布于若干个沉积盆地。因此将西部包尔敖包组和神山地区老龙头组中的灰黑、灰绿色砂板岩段也划入林西组。各沉积盆地沉积物碎屑粒度，由西向东逐渐变细。由下向上变细。林西盆地厚度最大，约3 000余米。西乌珠穆沁旗一带本组不整合在哲斯组之上。沉积时限为晚二叠世，部分剖面可能延入早三叠世。

大红山组 *Pd* （15-0165）

【创名及原始定义】 王楫等1972年在乌拉特中旗大红山创名。原始定义指分布在狼山一带的变质砾岩、变质石英砂岩、泥灰岩、碳质板岩、角岩等，夹煤层、火山碎屑岩及酸性熔岩组合，含植物化石，厚度2 000余米，下限与渣尔泰山群不整合接触，上限被岩体侵蚀。分四个岩性段，一、二段关系不清。时代为早二叠世初期。

【沿革】 内蒙古五原狼山地质队（1958）在狼山区域地质普查报告中将这套含火山岩的变质砂砾岩称为狼山群，时代为石炭纪—二叠纪。王楫等人在乌拉特中旗红旗店一带进行1∶20万区调时在狼山群中发现角度不整合界面，遂将不整合面之上的地层新建大红山组，这一方案被使用至今。

【现在定义】 指分布于狼山、大青山一带，不整合于渣尔泰山群之上的早二叠世陆相沉积的灰、灰黑色砾岩，砂砾岩、石英砂岩、斑点状空晶堇青角岩，夹碳质变泥岩、泥灰岩、碳质板岩及煤层组合。局部夹凝灰岩。含植物化石。上界不清。

【层型】 正层型为乌拉特中旗红旗店东之大红山南剖面（108°31′，41°20′；据内蒙古区测一队王楫等，1972）。

大红山组 总厚度>1 742.4 m

75. 暗绿色中粒黑云角闪片岩（未见顶） >76 m

74. 灰褐色变质砾岩与灰黑色绢云长石石英砂岩互层 56 m

73. 灰褐色变质砾岩与灰黑色、灰色糜棱岩化黑云片岩互层 30 m

72. 灰色石英岩与青灰，灰黑色薄层状含粉砂碳质变泥岩互层 12 m

71. 灰褐色石英岩与绢云石英片岩互层 33 m

70. 灰黑色变质砾岩与灰色中细粒变质长石石英砂岩互层 47 m

69. 灰、灰黑色透闪石化泥灰岩与灰黑色碳质板岩互层 42 m

68. 灰黑色变质砾岩，砾石成分为石英岩等 4 m

67. 灰黑色变质细粒石英砂岩与黑色斑点碳质板岩互层，板岩中含植物化石碎片 33 m

66. 灰、灰黑色变质砾岩与灰色变质中粒石英砂岩互层，砂岩中交错层发育 38 m

65. 灰色变质细粒石英砂岩与青灰色、灰色薄层状或条状泥质灰岩互层，泥质灰岩中含植物化石碎片 *Sphenophyllum* sp. 49 m

64. 灰黑色碳质变泥岩夹灰褐色砂砾岩 18 m

63. 灰黑色变质不等粒砂岩，底部夹含砾砂岩 10 m

62. 黑色碳质变泥岩，含植物化石碎片 10 m

61. 灰色透闪石化砂质泥灰岩 6 m

60. 灰、灰黑色变质粉砂岩与黑色含粉砂碳质变泥岩互层。变泥岩中含植物化石碎片 19 m

59. 灰、灰黑色变质钙质砾岩与灰色变质中粒石英砂岩互层 39 m

58. 灰色细粒钙质石英砂岩夹青灰色碳质泥灰岩透镜体 37 m

57. 灰黑色变质中细粒钙质长石砂岩 10 m

56. 灰色变质细粒石英砂岩 4 m

55. 灰黑色岩屑晶屑凝灰岩，上部夹少量碳质板岩。含 *Alethopteris* sp. 等 11 m

54. 青灰、灰色透闪石化含砂质灰岩夹灰黑色变质碳质粉砂岩 10 m

53. 灰黑色变质砾岩 3 m

52. 黑色变质中粒石英砂岩为主，上部夹青灰色碳质变泥岩。含 *Pecopteris* sp. 16 m

51. 灰黑色变质砾岩 10 m

50. 灰黑色变质砾岩、灰黑色变质中粒石英砂岩夹薄层状碳质板岩，含植物化石碎片 10 m

49. 灰黑色变质砾岩，变质石英砂岩及灰褐色泥质灰岩的韵律层，变质石英砂岩中交错层发育 13 m

48. 灰褐色、灰黑色变质中细粒石英砂岩为主，上部夹黑色碳质板岩，板岩中含 *Stigmaria ficoides* 14 m

47. 灰黑色变质砾岩 20 m

46. 灰色变质中粒石英砂岩为主，上部夹灰黑色透闪石化变泥岩与透闪石化泥灰质板岩互层 2.4 m

45. 灰色变质砾岩夹含砾砂岩透镜体 14 m

44. 灰褐色变质不等粒钙质长石砂岩为主，上部夹少量碳质板岩 14 m

43. 灰色变质砾岩夹变质含砾石英砂岩透镜体 28 m

42. 灰褐色、灰黑色变质中粒石英砂岩与黑色碳质板岩互层 18 m

41. 灰褐色、灰黑色变质砾岩与灰黑色变质中粒石英砂岩互层 36 m

40. 黑色粉砂质变泥岩。含 *Calamites* 等 7 m

39. 黑色碳质板岩，含丰富 *Calamites*，*Cordaites* 等 13 m

38. 灰褐、灰黑色变质石英砂岩夹泥质砂岩 12 m

37. 灰黑色变质砾岩，灰黑色变质石英砂岩及碳质板岩的韵律层。碳质板岩中含 *Cordaites* sp.，*Annularia* sp.，*Pecopteris* sp.，*Rhacopteris berterandi* 27 m

36. 灰黑色变质不等粒石英砂岩，上部夹碳质板岩。板岩中夹煤层，煤质差，厚约0.5 m。富含 *Pecopteris* sp.，*Calamites cistii* 8 m

35. 凝灰质碳质板岩为主，上部夹少量泥质灰岩 9 m

34. 灰色变质砾岩为主，上部夹灰色中粗粒岩屑晶屑凝灰岩 29 m

33. 黑色石英岩 11 m

32. 变质砾岩与灰黑色变质石英砂岩的韵律层 16 m

31. 灰黑色变质石英砂岩与黑色空晶石角岩互层，角岩中含 *Calamites* 32 m

30. 灰黑色变质石英砂岩与黑色空晶石角岩互层 17 m

29. 黑色斑点状空晶石角岩，上部夹煤层，煤质差。富含 *Pecopteris* sp.，*Callipteridium* sp. 13 m

28. 灰绿色变质砾岩为主，上部夹变质长石石英砂岩，底部夹薄层砂砾岩 53 m

27. 灰绿色变质细粒长石石英砂岩，青灰色泥质灰岩及黑色绢云角岩互层，夹煤层。泥质灰岩中含 *Cordaites* sp. 36 m

26. 黑色变质石英砂岩与黑色空晶石角岩互层，角岩中含植物化石碎片 39 m

25. 灰黑色砂砾岩 18 m

24. 灰黑色变质石英砂岩与空晶石角岩互层，角岩中夹1 m 厚煤层，并含植物化石碎片 23 m

23. 灰褐、灰黑色变质砾岩，与下部含粉砂硅质变泥岩间为一冲刷面 55 m

22. 青灰色薄层状泥质灰岩，含植物化石碎片 13 m

21. 灰黑色绢云空晶角岩夹煤层，煤层厚约2 m 11 m

20. 黑色斑状空晶堇青角岩夹砂砾岩透镜体 8 m

19. 黑色空晶堇青角岩与青灰色薄层状泥质灰岩互层，顶部夹绢云空晶角岩和煤层，煤层厚约1 m。含 *Lepidodendron* sp. 26 m

18. 黑色绢云空晶堇青角岩夹煤层 12 m

17. 黑色斑点状绢云空晶堇青角岩 20 m

16. 黑色斑点状绢云空晶堇青角岩夹煤层，煤层厚约1 m 5 m

15. 黑色斑点状空晶堇青角岩，含植物化石碎片 14 m

14. 黑色、灰褐色空晶堇青角岩 17 m

13. 黑色绢云空晶堇青角岩夹煤层 13 m

12. 黑色斑点状含粉砂质空晶角岩 32 m

11. 黑色斑点状含粉砂质空晶角岩夹绢云空晶堇青角岩薄层 28 m

10. 黑色斑点状绢云空晶角岩夹煤层，煤层厚约1 m 12 m

9. 黑色斑点状空晶堇青角岩 30 m

8. 黑色斑点状绢云空晶角岩 7 m

7. 黑色斑点状空晶堇青角岩 16 m

6. 黑色绢云空晶角岩 7 m

5. 黑色斑点状空晶堇青角岩 17 m

4. 黑色斑点状堇青空晶角岩 21 m

3. 黑色斑点状空晶堇青角岩 22 m

2. 黑色斑点状空晶堇青角岩 71 m

1. 黑色红柱云英片岩与黑色石英岩互层（未见底） >80 m

参考剖面位于乌拉特中旗查干次老图（108°06′，41°21′），可能为大红山组的下部层位，不整合在渣尔泰山群之上。

【地质特征及区域变化】 大红山组为内陆山间盆地相堆积，岩石轻微变质，岩体附近出现角岩和红柱石云英片岩等蚀变岩石类型，所夹煤层已经石墨化。局部夹中酸性火山岩。板岩中含植物化石，主要有 *Emplectopteris* sp.，*Lepidodendron* sp.，*Cordaites* sp. 以及 *Calamites cistii* 等华夏型的代表，时代为早二叠世早期。

杂怀沟组 Pz （15-0166）

【创名及原始定义】 李星学等（1953）在包头市石拐东部脑包沟至中卜圪素创名。原始定义指上部为灰、深灰、黑色碳质页岩、粘土页岩及砂质页岩，夹薄层细砂岩及煤层，含丰富植物化石；下部为灰色粗砂岩及砾岩，近底部偶见铁质结核。其上与下石叶湾组平行不整合分界，与拴马桩组整合接触。

【沿革】 本组作为大青山地区早二叠世特有地层单位，曾被《华北地区区域地层表·内蒙古分册》和《内蒙古地质志》所采用，本次清理仍采用。

【现在定义】 指分布于包头市石拐东部脑包沟至中卜圪素一带，整合于石叶湾组和拴马桩组之间的一套湖沼相含煤地层序列，岩石主要是灰、黑色碳质页岩、粘土质页岩、中砂岩、粗砂岩、砾岩夹煤层、粘土岩、细砂岩和砂质页岩，含植物化石。

【层型】 建组时未指定层型，现以包头市石拐中卜圪素C柱1剖面为选层型（110°32′，40°41′；《华北地区区域地层表·内蒙古分册》，1978）。

上覆地层：**石叶湾组** 砾岩

——————— 整 合 ———————

杂怀沟组	总厚度80 m
6. 黑色碳质页岩夹煤层、粘土岩及细砂岩。含植物化石 *Alethopteris* sp.，*Pecopteris* sp.，*Cordaites principalis*，*Callipteridium* sp.，*Lepidodendron* sp.，*Sphenophyllm* sp.，*Pecopteris cyathea*	9 m
5. 灰色厚层砾岩夹粗砂岩	5 m
4. 深灰色薄层粘土质页岩	4 m
3. 灰色粘土质页岩及砂质页岩，顶部为碳质页岩夹薄煤层	4 m
2. 黄色中砂岩	3 m
1. 灰色厚层砾岩、下部为粗砂岩	55 m

——————— 整 合 ———————

下伏地层：**拴马桩组** 碳质页岩及粘土岩

【地质特征及区域变化】 分布局限，岩性无明显变化，东厚西薄。沉积时限为早二叠世。

石叶湾组 P$\hat{s}$y （15-0167）

【创名及原始定义】 李星学等（1953）于包头市东北石拐子沟创名，当时称上石叶湾组和下石叶湾组。原始定义：上石叶湾组上部为暗紫色砂质页岩、页岩及灰绿、黄绿色砂岩；下部为灰色砂岩、砾岩，厚度大于40 m。下石叶湾组上部为暗紫红、黄绿色页岩、砂质页岩夹中粗砂岩；下部为黄绿、绿灰、灰色砾岩及砂岩，局部为砾质砂岩夹砂质页岩，含植物化石，厚度大于53 m。两组整合接触。

【沿革】 1978年，《华北地区区域地层表·内蒙古分册》采用了上石叶湾组和下石叶湾组的名称及划分方案，李文国在《内蒙古地质志》（1991）中将上、下石叶湾组合并称石叶湾组，时代修订为早二叠世。本次清理沿用这一划分方案。

【现在定义】 指分布于包头市石拐子东脑包沟至中卜圪素一带，上、下分别与脑包沟组和杂怀沟组整合接触，岩性为暗紫、黄绿色砂质页岩、页岩、砂岩、粗砂岩夹砾岩。底部为黄绿色砾岩及含砾粗砂岩。含少量植物化石。

【层型】 选层型为包头市石拐童盛茂村东剖面，测制单位及时间不详（110°26′，40°38′；《华北地区区域地层表·内蒙古分册》，1978）。

上覆地层：**脑包沟组** 含砾粗砂岩

——————— 整 合 ———————

石叶湾组	总厚度93 m
12. 暗紫红色砂质页岩	8 m
11. 灰紫、黄绿色细砂岩夹页岩及灰质砂岩结核	12 m
10. 暗紫色页岩	5 m
9. 黄绿色含砾中砂岩	8 m
8. 厚层状砾岩	7 m
7. 暗紫红色页岩	12 m
6. 灰紫色砾岩及粗砂岩	8 m
5. 黄绿、紫红等杂色页岩	6 m
4. 黄绿、暗紫色粘土页岩	13 m
3. 黄绿、暗紫色砂质页岩	7 m
2. 黄绿色砾岩夹含砾粗砂岩	3 m
1. 黄绿色含砾粗砂岩	4 m

——————整　合——————

下伏地层：**杂怀沟组**　砾岩

【地质特征及区域变化】　本组系以紫红色为主的山间盆地型沉积，分布局限，仅见于包头市石拐东脑包沟、童盛茂及水泉沟至中卜圪素。在脑包沟北窑子以灰色、暗紫色碎屑岩为主，厚182 m。南部童盛茂和中卜圪素为暗紫色和黄绿色调，厚93 m，由北向南厚度变小。北窑子、童盛茂未见化石。中卜圪素钻孔中，本组底部灰黄色砾岩及含砾粗砂岩中含 *Pecopteris* sp.，*Cordaites prindipalis*，*Calamites* sp.，*Sphenophyllum* sp. 等植物化石，时代为早二叠世晚期。

脑包沟组　P*n*　(15-0168)

【创名及原始定义】　顾知微（1955）在包头石拐东脑包沟创名，《华北地区区域地层表·内蒙古分册》（1978）将该组收录并介绍，原始定义：上部以暗紫色砂质页岩为主，夹灰紫色细中砂岩及少量粗砂岩；中部为紫红色页岩与暗紫色砂岩互层；下部以灰紫色砂岩为主，夹紫红色页岩，底部为灰绿色含砾砂岩。厚度1 286 m。上下分别与老窝铺组和上石叶湾组整合接触。

【沿革】　《内蒙古地质志》采用脑包沟组一名，置于晚二叠世。

【现在定义】　指分布于大青山石拐东脑包沟至金銮殿山等地的暗紫色砂岩、页岩、灰紫色砂岩、粗砂岩、砂砾岩及砾岩等岩石组合，上、下界分别与老窝铺组和石叶湾组整合接触。含脊椎动物化石。

【层型】　正层型为包头市石拐矿区东童盛茂村东剖面（110°26′，40°38′；《华北地区区域地层表·内蒙古分册》，1978）。

上覆地层：**老窝铺组**　紫色含砾粗砂岩

——————整　合——————

脑包沟组	总厚度1 281 m
110. 棕紫色细砂岩	9 m
109. 暗紫色砂质页岩夹薄层细砂岩	44 m
108. 棕绿、棕紫细至中砂岩	4 m
107. 暗紫色砂质页岩	33 m
106. 棕色细至中砂岩	4 m

105. 暗紫色细砂岩 8 m

104. 棕绿色含砾中砂岩 4 m

103. 暗紫色砂质页岩夹薄层细砂岩 77 m

102. 棕灰色中砂岩 7 m

101. 暗紫色砂质页岩 33 m

100. 暗灰、灰紫色细砂岩夹紫红色砂质页岩 54 m

99. 暗紫色砂质页岩 15 m

98. 灰色中砂岩，底部含砾石 4 m

97. 暗红色砂质页岩 6 m

96. 灰色细至中粒长石砂岩 7 m

95. 暗紫、紫红色砂质页岩夹细砂岩 22 m

94. 紫红色含砾粗至中砂岩 10 m

93. 暗紫红色砂质页岩，偶夹砂岩透镜体 14 m

92. 灰带紫色中砂岩 3 m

91. 暗紫色砂岩、页岩，局部钙质富集 8 m

90. 灰紫、棕灰色粗至中砂岩 4 m

89. 暗紫色砂质页岩 5 m

88. 灰紫色中砂岩 5 m

87. 暗紫色砂质页岩 2 m

86. 灰紫色中砂岩 7 m

85. 暗紫色砂质页岩夹薄层中至粗砂岩 12 m

84. 棕紫色粗砂岩，含小砾石 8 m

83. 暗紫色砂质页岩夹薄层细至粗砂岩 44 m

82. 灰紫色薄层细砂岩，上部为泥质细砂岩 27 m

81. 暗紫色砂质页岩 20 m

80. 棕灰色中至细砂岩 3 m

79. 暗紫、紫红色砂质页岩夹细砂岩 51 m

78. 灰紫色含砾细砂岩 9 m

77. 紫、暗紫色砂质页岩夹细至中砂岩 36 m

76. 灰紫色含砾粗砂岩 12 m

75. 灰紫、暗紫色砂质页岩与细至中砂岩互层 33 m

74. 暗紫色砂质页岩夹薄层状砂岩 16 m

73. 灰紫、棕黄色细至中砂岩，含钙质结核 4 m

72. 紫红色页岩 5 m

71. 暗紫色红色细至中砂岩夹紫红色页岩 15 m

70. 紫红色页岩夹薄层细砂岩，含钙质结核 32 m

69. 暗紫红色含砾粗砂岩 4 m

68. 紫红色页岩夹薄层粗砂岩 14 m

67. 暗紫红色中至粗砂岩 4 m

66. 紫红色页岩与薄层砂岩互层 21 m

65. 暗紫红色含砾粗砂岩 4 m

64. 紫红色页岩、中部夹薄层状粗砂岩、中下部常有灰岩条带或钙质结核 25 m

63. 暗紫红色中砂岩与页岩互层 9 m

62. 暗灰紫色中粗砂岩 5 m

61. 紫红色页岩夹薄层砂岩 12 m
60. 灰紫色细砂岩夹一层紫红色页岩 8 m
59. 紫红色页岩与砂质页岩夹薄层细砂岩 17 m
58. 灰紫色中至粗砂岩夹紫红色页岩 16 m
57. 紫红色页岩夹灰岩条带 15 m
56. 灰紫色中砂岩 5 m
55. 紫红色页岩 9 m
54. 棕紫色中砂岩 3 m
53. 紫红色页岩夹薄层砂岩 11 m
52. 灰紫色中砂岩及砾岩 6 m
51. 暗紫红色页岩及砂质页岩 10 m
50. 灰紫色含砾粗砂岩 3 m
49. 暗紫色页岩 4 m
48. 紫红色中至粗砂岩 11 m
47. 暗紫红色及紫红色页岩夹砂岩条带 22 m
46. 灰紫色中砂岩 12 m
45. 灰白色粗砂岩及砾岩 4 m
44. 暗紫、黑紫色页岩 5 m
43. 灰紫色中细砂岩 4 m
42. 紫红色页岩 5 m
41. 灰、暗紫色砂岩、页岩互层 10 m
40. 灰紫色中砂岩夹紫色页岩 11 m
39. 紫红色页岩 4 m
38. 灰紫色粗砂岩，底部含砾石 6 m
37. 紫红色页岩 12 m
36. 灰紫色中砂岩 3 m
35. 紫红色页岩 14 m
34. 灰紫色中砂岩 6 m
33. 紫红色页岩 9 m
32. 灰紫、棕紫色中至粗砂岩，底部含砾石 8 m
31. 紫红色页岩夹泥质砂岩 27 m
30. 灰紫色粗砂岩，含少量砾石 7 m
29. 灰紫色砾岩 8 m
28. 紫红色页岩 2 m
27. 灰紫色粗砂岩 4 m
26. 紫色页岩，含钙质结核及砂岩透镜体 58 m
25. 紫灰、棕紫色中砂岩 15 m
24. 紫红色页岩 6 m
23. 灰紫色中粗砂岩，下部含砾石 21 m
22. 灰紫色页岩 4 m
21. 灰紫色含砾粗砂岩 4 m
20. 紫红色页岩夹淡绿色灰质条带 5 m
19. 灰紫色细砂岩 12 m
18. 棕绿色含砾粗砂岩 3 m

17. 黑灰、灰绿、暗紫色页岩	1 m
16. 暗紫、灰绿色中细砂岩，底部含砾石	2 m
15. 灰绿、灰紫色页岩	3 m
14. 灰绿、青灰色中细砂岩	20 m
13. 灰带青绿色含砾粗砂岩	12 m

——————— 整　合 ———————

下伏地层：**石叶湾组**　砂质页岩

【地质特征及区域变化】　本组岩石为灰褐、黄绿、灰紫色复成分砾岩、砂砾岩、含砾长石砂岩夹紫红色泥质粉砂岩为主，局部钙质砾岩夹少量泥岩，厚度较大，岩石普遍发生绿泥石化。沉积构造较发育，底部砾岩砾石具叠瓦状排列，中部含砾粗砂岩及粗砂岩发育大型槽状交错层理及单向或双向斜层理；夹层内见有不对称波痕和泥裂、雨痕等构造。各种沉积构造说明本组为山间河流相沉积，古流向为北东向。本组分布范围较大，除在包头市石拐东脑包沟、童盛茂、中卜圪素出露外，向东在土默特左旗金銮殿山一带也有大面积分布。东西两地相比，石拐东部一带以紫色细碎屑为主，厚度小；金銮殿山一带以灰褐、黄绿色粗碎屑为主，厚度大。

据叶祥奎（1982）在本组内采集到 Dicynodontidae，*Therocephalia*，*Captorhinomorpha* 及 *Pareiasaurus* 等脊椎动物化石，它们均是世界各地晚二叠世中期的代表，据此，脑包沟组的时代应为晚二叠世。

老窝铺组　PT*lw*　（15-0169）

【创名及原始定义】　顾知微1955在包头市石拐东老窝铺创建，《华北地区区域地层表·内蒙古分册》（1978）介绍。原始含义指分布于包头市石拐东脑包沟至老窝铺的陆相碎屑岩。上部为紫色中厚层含砾长石粗砂岩；中部为暗紫红、紫红色粉砂岩夹杂砂岩互层，顶部为一层钙质板岩；下部为棕紫、暗紫色长石砂岩，交错层理明显，夹页岩透镜体。厚度大于729 m。上限不清，下限与脑包沟组整合接触。据岩性特征与下三叠统进行对比。

【沿革】　1982年内蒙古区调一队在1∶20万包头市幅和1∶20万土默特右旗幅区调报告中沿用顾知微的观点，其时代为三叠纪。同年叶祥奎等据采自下伏地层脑包沟组的化石资料，将本组时代改为晚二叠世晚期。1991年李文国等在《内蒙古地质志》中，采用了该组名及晚二叠世晚期的时限概念。

【现在定义】　指分布于包头市石拐子东脑包沟、老窝铺一带，岩石为紫、暗紫红色含砾粗砂岩、粉砂岩与中、细砂岩互层，夹长石砂岩及钙质结核层，底部夹暗紫色页岩透镜体的岩石组合。交错层理发育。未见化石。上界不清，下界与脑包沟组连续沉积。

【层型】　选层型为土默特右旗老窝铺剖面（110°30′，40°40′；《华北地区区域地层表·内蒙古分册》，1978，测制单位不详）。

老窝铺组	总厚度＞729 m
37. 紫色中层状含砾粗砂岩，砾石分选不好（未见顶）	＞244 m
36. 砖红色钙质泥岩	6 m
35. 暗紫色含砾粗砂岩，砾石成分以石英岩为主，磨圆中等，分选不好	4 m
34. 暗紫红色粉砂岩夹三层薄层钙质结核层	11 m
33. 灰红色薄层状细砂岩	3 m

32. 暗紫红色粉砂岩	2 m
31. 暗紫色细砂岩	3 m
30. 暗紫红色粉砂岩夹薄层细砂岩	5 m
29. 灰白色细砂岩	4 m
28. 暗紫红色粉砂岩	3 m
27. 浅红色薄层至中厚层状长石细砂岩	5 m
26. 暗紫红色粉砂岩	4 m
25. 浅红色薄层至中厚层状细砂岩夹紫色薄层粉砂岩	6 m
24. 暗紫红色粉砂岩夹三薄层紫色长石细砂岩	18 m
23. 暗紫红色含砾粗砂岩，钙质胶结	1 m
22. 暗紫红色粉砂岩，中部夹一层钙质结核层	6 m
21. 紫红色粉砂岩与灰紫色细砂岩互层	17 m
20. 灰紫色细砂岩	4 m
19. 暗紫红色粉砂岩	6 m
18. 淡红色中厚层状细砂岩	5 m
17. 暗紫红、灰紫色粉砂岩	22 m
16. 淡红色厚层块状长石中砂岩	6 m
15. 暗紫红色粉砂岩	8 m
14. 淡紫红色厚层细砂岩	6 m
13. 暗紫红色粉砂岩	5 m
12. 淡紫红色厚层块状长石细砂岩	5 m
11. 暗紫红色粉砂岩，中下部夹薄层钙质结核层	8 m
10. 暗紫红色厚层块状长石中砂岩	2 m
9. 暗紫红色粉砂岩	5 m
8. 紫色厚层块状长石细砂岩	6 m
7. 暗红色薄层细砂岩与粉砂岩互层	10 m
6. 暗紫红色粉砂岩	7 m
5. 淡紫色厚层块状长石细砂岩	5 m
4. 暗紫红色粉砂岩夹薄层细砂岩	26 m
3. 灰白色厚层含砾长石粗砂岩。砾石成分以片麻岩为主，分选不好，磨圆度中等，胶结疏松	4 m
2. 淡紫红、紫红色粉砂岩夹紫红色薄层细砂岩	9 m
1. 棕紫、暗紫色长石砂岩。下部为含砾粗砂岩，交错层理明显，中部为中砂岩，上部为中至薄层细砂岩，夹暗紫色页岩透镜体	240 m

——————— 整 合 ———————

下伏地层：**脑包沟组** 棕紫色细砂岩

【地质特征及区域变化】 本组为干旱炎热气候下的山间盆地沉积，以粗碎屑岩为特征。仅分布在脑包沟、老窝铺和童盛茂一带，分布局限，变化不大。未采集到化石。据下伏脑包沟组的化石资料及二者为连续沉积，将本组的沉积时限确定为晚二叠世晚期至早三叠世早期。

山西组 P$\hat{s}$ (15-0170)

【创名及原始定义】 Blackwelder 1907年创名于山西省太原市晋祠西铭村七里沟。原始定义：指山西广泛分布的晚古生代含煤地层及其上的红色岩层；整合于寒武系—奥陶系之上，上覆地层不明。

【沿革】 由内蒙古区测一队（1973）引用于1∶20万清水河幅的报告中。之后，《华北地区区域地层表·内蒙古分册》（1978）、《内蒙古地质志》（1991）均予引用，并沿袭了原概念。近年来关于太原组与山西组的划分之争，实际上均是生物地层年代属性的争论，很少涉及岩石地层含义上的论述。因内蒙古境内山西组分布局限。本次清理仍采用原山西组概念。

【现在定义】 指整合于石盒子组和太原组之间的陆相湖沼沉积，西部含煤。岩性主要为青灰、浅灰、灰色粉砂质粘土岩、粉砂岩、细砂岩，底部为黄褐色含砾粗砂岩，含植物化石。

【层型】 区内参考剖面为：准格尔旗黑岱沟石疙咀剖面（15-0170-4-1）、阿拉善左旗柳门子东南山头剖面（15-0170-4-2）、乌海市棋盘井剖面（15-0170-4-3）和达拉特旗吴四疙堵剖面（15-0170-4-4）。

【地质特征及区域变化】 本组是我国重要含煤地层之一。内蒙古西部含煤或煤线及铁质结核。分布地域局限，岩性岩相变化不明显。沉积时限为早二叠世早期。

石盒子组 P$\hat{s}$ （15-0171）

【创名及原始定义】 Norin 1922年创名于山西省太原市东山陈家峪石盒子沟，称石盒子系。原始定义：石盒子系分为下石盒子系和上石盒子系，下石盒子系几乎全由灰、绿、黄等色的泥质沉积物和淡色砂岩所组成；上石盒子系则以巧克力色的沉积物为主要成分。以骆驼脖杂砂岩为下界，以大羽羊齿带为上界。

【沿革】 1973年内蒙古区测一队在清水河幅区调报告中将河北省区调队“井陉一带山西组之上，石千峰组之下的地层划为下石盒子组和上石盒子组”的概念用于区调工作，并被《华北地区区域地层表·内蒙古分册》和《内蒙古地质志》所采用。本次清理将上、下石盒子组合并，统称石盒子组。

【现在定义】 指分布于鄂尔多斯地层分区，上界与孙家沟组、下界与山西组整合接触的湖泊相碎屑岩组合，上部杂色泥岩、粉砂岩、细砂岩、含砾粗砂岩；下部灰绿、黄褐色粉砂岩、细砂岩、砂岩、杂砂岩夹页岩。含植物化石。

【层型】 区内参考剖面为：准格尔旗壕米疙堵剖面（15-0171-4-1）、乌海市棋盘井剖面（15-0171-4-2）、达拉特旗乌兰格尔长二井剖面（15-0171-4-3）。

【地质特征及区域变化】 岩石由砂岩—粉砂岩—页岩基本层序组成，下部颜色较淡（灰）、上部颜色较深（紫），且夹少量铝土质泥岩。区内分布局限，岩相稳定。

大黄沟组 P*dh* （15-0163）

【创名及原始定义】 孙健初1936年在甘肃省玉门市东南40 km 的大黄沟创名，初称大黄沟系，1942年改称大黄沟组。原始含义指岩性为绿色砂岩、页岩，有时夹煤层的陆相碎屑沉积岩组合。与山西的“石盒子系”对比，时代为中二叠世。

【沿革】 本组作为北祁连地区早二叠世地层的典型代表，被地质工作者广泛采用。1962年盛金章在《中国的二叠系》一书中，以大黄沟群代表下二叠统。1979年刘洪筹、史美良等把大黄沟群又修订为大黄沟组。本次清理将北祁连地区早二叠世河湖相碎屑岩划为大黄沟组。

【现在定义】 指分布于北祁连地区，上界与窑沟组整合接触，下界与太原组平行不整合接触的河湖相沉积岩组合，岩石为灰绿色含砾石英砂岩、石英砂岩、细砂岩、粉砂岩、泥岩，底部黑绿色，褐红色砾岩。

【层型】 区内的次层型为阿拉善左旗黑石墙沟剖面（15-0163-4-1）。

【地质特征及区域变化】 本组分布局限，以灰绿色岩石为主，石英成分高和含砾较多，区域上以含植物化石为特征。下部灰岩砾石含䗴并有明显的侵蚀界面与太原组分界。上部出现灰白色砂砾岩则为窑沟组。

区内大黄沟组分布在北祁连地区的低山地区，主要见于阿拉善右旗的西井田到元宝山和营盘水至拉牌水，以及大格达南山以北地区，与窑沟组相伴产出。构成NW向的拉牌水-大格达复式向斜，厚度南翼厚、北翼薄。

根据本组岩性组合，植物化石及上下地层接触关系，确定沉积时限为早二叠世。

窑沟组　*Pyg*　(15-0164)

【创名及原始定义】　由袁复礼1925年在甘肃省肃南县东北32 km的窑沟建立，原始含义指该地中上石炭统的一小段地层。

【沿革】　窑沟组作为北祁连地区晚二叠世的地层单位被孙健初（1936）、李星学（1963）、甘肃地层表编写组（1978）等的有关论著采用。本次清理亦采用窑沟组一名，但明确了作为岩石地层单位的具体含义。

【现在定义】　指北祁连地区晚二叠世河流相沉积组合，岩石为暗紫色、灰绿色含砾不等粒长石石英砂岩、石英细砂岩夹粉砂岩、泥岩，底部为灰色砾岩。上界与二断井组、下界与大黄沟组整合接触。

【层型】　区内的参考剖面为阿拉善左旗的黑石墙沟剖面（15-0164-4-1）和青坡沟剖面（15-0164-4-2）。

【地质特征及区域变化】　以河流相粗碎屑沉积为特征，以底部灰色砾岩出现同河湖相大黄沟组划界；上部含钙质结核及化石者即为二断井组。因为窑沟组与大黄沟组相伴出露，其变化特征与大黄沟组相同。沉积时限为晚二叠世。

石千峰群　*PTŜ*　(15-2002)

【创名及原始定义】　1922年Norin在太原西山创名，当时称石千峰统。原始定义指石盒子系之上的暗紫色砂岩、泥灰岩层。

【沿革】　1959年华北地层现场会议上改称石千峰群；1973年内蒙古区测一队改为石千峰组，将原石千峰群包括的孙家沟组、刘家沟组、和尚沟组分别降为三个段。1991年《内蒙古地质志》未分段，而仅以石千峰组代之。本次清理仍恢复使用石千峰群。

【现在定义】　指分布在鄂尔多斯和贺兰山地区石盒子组之上，二马营组之下以紫红色、灰白色为特征的泥岩、粉砂岩夹长石砂岩、砾岩。局部地区含煤，化石较少。地质时限为晚二叠世—早三叠世。包括孙家沟组、刘家沟组、和尚沟组，均为连续沉积。

【层型】　由孙家沟组、刘家沟组、和尚沟组之层型构成复合层型。

【地质特征及区域变化】　石千峰群在华北地层大区分布广泛，延入内蒙古境内主要分布在鄂尔多斯和贺兰山地区。孙家沟组以河湖相红色、灰白色碎屑岩基本不含化石为特点，厚167 m，与下伏含较多植物化石的石盒子组整合接触，向上以出现交错层的砂岩、泥岩为标志与河流相刘家沟组分界。刘家沟组之上又连续沉积了河湖相的和尚沟组。

孙家沟组　*Psj*　(15-0172)

【创名及原始定义】　刘鸿允等1959年从原石千峰群内分出并创名，创名地点为山西宁武县孙家沟村。原始定义指石千峰统从燧石层之上的砂岩开始至石膏—泥灰岩带之顶的一套砂岩、陆相泥灰岩和少量石膏构成的河流湖泊相沉积组合。

【沿革】　内蒙古区测一队1973年在清水河幅区测报告中将孙家沟组作为石千峰组的一个岩性段，称孙家沟段。《华北地区区域地层表·内蒙古分册》（1978）又将该组称为石千峰组。

本次清理又恢复其孙家沟组之称谓。

【现在定义】 指整合于刘家沟组之下、石盒子组之上的一套稳定的河湖相紫红色碎屑岩组合。岩石为红色、棕红色砂质泥岩、粉砂岩、灰白色细砂岩、长石砂岩，底部为灰白色含砾粗砂岩及砾岩。

【层型】 区内参考剖面为准格尔旗侯家梁剖面（15-0172-4-1）、阿拉善左旗西沟剖面（15-0172-4-2）、鄂托克旗乌仁都喜剖面（15-0172-4-3）、达拉特旗乌兰格尔长二井剖面（15-0172-4-4）。

【地质特征及区域变化】 岩性以紫红色为主，干旱环境下的河湖相沉积。沉积厚度东薄西厚。鄂尔多斯地区百余米；桌子山、贺兰山地区500～600 m。沉积时限为晚二叠世。

刘家沟组 T*l* （15-0208）

【创名及原始定义】 刘鸿允等1959年创名于山西省宁武县东寨乡孙家沟村东。原始定义为单一的浅红色、灰白色中薄层状细粒砂岩夹薄层紫红色泥岩及层间砾岩，砂岩具有非常发育的交错层，砂岩层面上有砂质团块并有微层理。

【沿革】 60年代中国地质科学院三室在陕甘宁盆地进行古生物研究时，仅从生物角度提出孙家沟组形成时代为晚二叠世，刘家沟组和和尚沟组形成时代为早三叠世，但岩石特征与刘鸿允等划分基本一致；1975年华北地区二叠纪地层会议对上述石千峰群解体及时代归属给予承认；1978年内蒙古区测一队1:20万准格尔旗幅区调时引入刘家沟组一名，并写入《内蒙古地质志》（1991）中，划分标准与原始定义基本一致。

【现在定义】 指石千峰群中部地层，由数十个红色、浅灰红色长石砂岩，红色粉砂质泥岩构成的基本层组成。其下与孙家沟组，上与和尚沟组均为整合关系。

【层型】 区内次层型为准格尔旗忽儿兔沟剖面（110°58′，39°42′）。

【地质特征及区域变化】 刘家沟组在本区仅分布在准格尔旗至高头窑一带，在横向上岩性特征变化不大，基本为一套以灰白色为主间有紫红色的粗粒、细粒砂岩，含砾长石石英砂岩夹紫红色泥岩，交错层理发育，上下界线划分多以岩石颜色灰白间微红色大量出现或结束作为标志，厚度变化小，一般厚100～300 m。

和尚沟组 T*h* （15-0207）

【创名及原始定义】 刘鸿允等1959年创名于山西省宁武县东寨乡孙家沟村东。原始定义指一套鲜红色砂质泥岩、泥质粉砂岩夹钙质泥质细砂岩，该组与上覆二马营组以其底部一层灰黄色、红绿色中细粒石英砂岩底面为界。

【沿革】 同刘家沟组沿革一栏。

【现在定义】 指石千峰群上部地层，主要由红色、砖红色泥岩，粉砂质泥岩夹少量长石砂岩组成。其上界与二马营组灰绿色长石砂岩底面分界，其下界以红色泥岩底面与刘家沟组分界。二者均为整合接触。

【层型】 区内次层型为准格尔旗沙圪堵乡乌兰沟剖面（15-0207-4-1）。

【地质特征及区域变化】 和尚沟组主要分布在准格尔旗至高头窑子一带，在横向上岩性变化不大，基本为一套红色至棕红色砂岩、粉砂质泥岩，灰白色、紫红色含砾中细粒砂岩及含砾长石石英砂岩夹泥岩、粉砂岩。粉砂岩中含古脊椎动物 *Proolocphons*。厚度一般小于200 m。

二马营组 T*e* （15-0206）

【创名及原始定义】 刘鸿允等1959年创名，创名地点为山西省宁武县东寨乡二马营村南西。原始定义指上为延长群所覆，下以黄色、杂红绿色中细粒石英砂岩与和尚沟组分界。下部为灰黄色、杂色中细粒砂岩夹紫红色钙质砂质泥岩薄层或凸镜体，上部由肉红色微绿色中粗粒长石砂岩夹暗紫淡绿色钙质泥岩，泥岩中含钙质结核及石膏质结核。

【沿革】 甘克文、姚长保（1959）将前人在陕甘宁盆地中划分的石千峰群上部部分岩段单独划出，创名为纸坊群，形成时代属早中三叠世。1962年中国地质科学院地质所和地质部第三石油普查大队在陕甘宁盆地进行地层古生物研究时，证明陕甘宁盆地之纸纺群与山西宁武盆地之二马营组层位相当，岩性基本一致，且都含有中国肯氏兽动物群，因此废弃了纸纺群而统一使用二马营组。1978年内蒙古区测一队在准格尔旗幅区调报告中引用二马营组一名，并写入了《内蒙古地质志》（1991），本次清理予以采用。

【现在定义】 指石千峰群之上，由灰绿色长石砂岩夹红色泥岩组成的地层序列，含大量钙质结核（层）。底界以下部厚层灰绿色长石砂岩之底面与和尚沟组为界，上以最上一层红色泥岩顶面与延长组划界，二者均为整合接触。。

【层型】 区内次层型为准格尔旗五字湾乡老菜沟剖面（15-0206-4-1）。

【地质特征及区域变化】 二马营组在本区主要出露于准格尔旗老菜沟、小尔洞沟、哈拉沟，桌子山东麓和阿拉善左旗葫鲁斯台一带，在东胜市南部、鄂托克旗、伊金霍洛旗、乌审旗、达拉特旗仅于钻孔中见到。准格尔旗一带二马营组下部为灰绿、灰紫色长石石英砂岩，块状含砾中粗粒砂岩与紫红色粉砂质泥岩互层，泥岩中富含钙质结核。上部以灰绿、灰白色块状含砾中粗粒长石石英砂岩、中细粒长石砂岩为主，夹多层暗红色粉砂质泥岩、泥质粉砂岩，含钙质结核，含古脊椎动物 *Yimengia zhungeerensis*，*Shanbeikannemeyeria buerdongia*，总厚度 282 m。桌子山东麓该组以粗碎屑岩为主体，厚度达598 m。阿拉善左旗葫鲁斯台一带岩性与准格尔旗基本一致，以泥岩、粉砂岩和不同粒度砂岩为主，厚612 m。

延长组 Tyĉ （15-0205）

【创名及原始定义】 王竹泉、潘钟祥1933年在陕北延长县胡家村—张家滩老虎沟创名，当时称延长层。原始定义为一套灰色或灰绿色砂岩与页岩地层，含植物化石，时代为晚三叠世。

【沿革】 延长组一名是谢庆辉1954年在陕甘宁盆地工作时将延长层改称的，之后也有人称过延长统；《西北地区区域地层表·陕西省分册》（1980）则使用延长群，并将原延长组细分为铜川组、胡家村组、永平组、瓦窑堡组。内蒙古区测一队1978年在准格尔旗幅1∶20万区调报告中引用延长组一名，并写入《内蒙古地质志》（1991）中，引入后的划分标准与谢庆辉1954年的延长组基本一致。

【现在定义】 指整合于二马营组之上，不整合于富县组或延安组之下的灰绿、灰黄绿色长石砂岩、杂色泥岩、泥质粉砂岩、砂砾岩，局部夹页岩及煤线。

【层型】 区内次层型为准格尔旗小道柳川沟黑钱沟剖面（15-0205-4-1）。

【地质特征及区域变化】 延长组的主体岩性为浅色的细碎屑岩组合。在陕北地区以灰绿、灰黄绿色、浅肉红色长石砂岩为主，夹深灰绿色页岩及煤线，中上部含石油，下部夹黑色油页岩，厚771 m。延长组向北延入本区以灰绿、蓝灰色含砾砂岩、杂色泥岩、泥质粉砂岩、砂砾岩为主，局部夹页岩、碳质页岩及煤线，未见含油层及油页岩，厚度可达千米。在本区地表出露较好的地区主要为准格尔旗，达拉特旗，桌子山、贺兰山等地，各地岩性特征略有变化，自东向西地层由薄变厚。出露在本区桌子山东麓和鄂托克旗纳参六井中的一套灰褐、紫红、桔红色含砾粗砂岩、砂砾岩，灰绿、灰白色细砂岩、页岩和泥岩，含植物化石 *Neocalamites carrerei*，*Cladophlebis* sp.，*Pecopteris* sp.，*Nilssonia* sp.，以前曾称铜川组。本次清理认为铜川组是在原延长组第一二岩段中发现不同于其上三四段的植物化石组合后而创名的新地层单位。①这种以生物特征为主要依据划分岩石地层单位的做法不符合岩石地层单位的创名与划分原则，故根据在内蒙古境内出露的岩石特征及所含植物化石特征仍使用延长组一名。该组在铜川一带所含植物化石指示时代为中三叠世，向北至内蒙古境内形成时代为晚三叠世，反映了一个岩石地层单位的穿时性。

第二节　生物地层与年代地层

大致以阴山北麓（北纬42°）为界，华北地层大区在内蒙古分为南、北两部分。南部为稳定的古陆，本自然断代的早期发育有海陆交互相的含煤建造，中晚期均为内陆坳陷盆地的含煤建造和红色碎屑岩建造。此区生物地层及年代地层资料丰富，研究程度较高，尤其内蒙古的周边地区，如山西、宁夏、陕西、甘肃等省（区），对华北地区的生物地层均有详细的总结，为避免重复和突出内蒙古地区的特点，关于鄂尔多斯地层分区的生物地层单位，请参考上述有关省（区）的报告，本节不做进一步的文字叙述；重点是介绍和讨论北部造山带锡林浩特-磐石地层分区和赤峰地层分区晚石炭世—二叠纪生物地层单位和它们的组成内容（表16-2）。并简介三叠纪的动植物组合。

䗴类

①*Eostaffella* - *Millerella* 组合带（*E* - *M* 组合带）

主要属种有：*Eostaffella intermedia*，*Millerella minuta*，*Ozawainella* sp. 等，产于本巴图组下部层位，如：本巴图组达尔罕茂明安联合旗行格宝木太剖面（15-0111-4-4）的第23层，该组合带还见于包尔好来，主要分布在内蒙古中部地区，共生的有珊瑚 *Amygdalophyllum*，*Sugiyamaella* 等；腕足类 *Choristites*，*Neospirifer* 等。地质时代为晚石炭世早期。

②*Pseudostaffella* - *Profusulinella* 组合带（*P* - *P* 组合带）

主要属种有：*Profusulinella longissima*，*P.* cf. *lepida*，*P. ovata*，*P. rhomboides*，*Schubertella gracilis*，*Pseudostaffella autigna*，*Pseudowedekindellina prolixa*，*Ozawainella* cf. *nikitovkensis*，*O. magna* 等，产于白银敖包、都仁乌力吉、阿腾红格尔等地的本巴图组中下部层位。共生的珊瑚化石有 *Caninia lingwuensis*，*C. lipoensis*，*Clisiophyllum*，*Lophophyllum*，*Rotiphyllum* 等；腕足类 *Choristites* 等。地质时代为晚石炭世早期。

③*Fusulina* - *Fusulinella* 组合带（*F* - *F* 组合带）

主要属种有 *Fusulinella bocki*，*F. pseudobocki*，*F. bocki pauciseptata*，*Fusiella typica*，*Eofusulina triangula*，*Schubertella* cf. *galinae*，*Profusulinella prolibrovichi*，*P. subovata safonova*，*P. prisca* 等，产于阿木山组的下部、巴林右旗白音布统乡三座山剖面（15-0110-4-5）的第2—9层；本巴图组的中部，西乌珠穆沁旗石灰窑剖面（15-0111-4-7）的第4层。共生有珊瑚 *Lonsdaleia floriformis*，*Dibunophylloides* 等；腕足类仍以 *Choristites* 为主，还有腹足类、双壳类、苔藓虫等。地质时代为晚石炭世中期。

④*Triticites* - *Rugosofusulina* 组合带（*T* - *R* 组合带）

主要属种有 *Triticites noinskyi*，*T. primigensis*，*T. irregularis*，*Staffella*，*Pseudoendothyra*，*Schubertella exilis*，*S. kingi*，*Rugosofusulina jinheensis* 等。该组合带以 *Triticites* 的出现为开

---

① 鄂尔多斯中生代地层专题队，1965，鄂尔多斯盆地东部三叠纪地层划分和时代隶属问题的初步研究。

始，以 *Pseudoschwagerina* 的出现为结束。产于阿木山组西乌珠穆沁旗阿拉腾郭勒乡米韩高桥高鲁剖面（15-0110-4-4）的第2—11层。共生有大量的珊瑚 *Lomaphyllum*，*Cystolonsdaleia*，*Nephelophyllum*，*Duplophyllum*，*Lithostrotionella* 等；腕足类 *Streptorhynchus* 等。时代为晚石炭世中晚期。

表16-2　北部活动带晚石炭世—二叠纪生物地层单位序列表

地质时代		䗴类	珊瑚	腕足类	头足类	双壳类	植物
二叠纪	P_2					*Palaeomutela*－*Palaeanodonta* 组合	*Callipteris*－*Noeggerathiopsis* 组合
	P_1	*S*－*Cb* 组合带 *S*－*Ca* 组合带 *Monodiexodina* 延限带 *M*－*P* 组合带	*W*－*W*－*W* 组合带 *C*－*P*－*D* 组合带 *P*－*T*－*T* 组合带	*S*－*H*－*R* 组合带 *S*－*K*－*Y* 组合带	*Daubichites* 延限带	*Aviculopencten*－*Schizodus* 组合	*Cordaites*－*Alethopteris* 组合带
石炭纪	C_2	*Pseudoschwagerina* 带 *T*－*R* 组合带 *F*－*F* 组合带 *P*－*P* 组合带 *E*－*M* 组合带	*C*－*A* 组合带 *H*－*A* 组合带	*C*－*E* 组合带			*Neuropteris*—*Lepidodendron* 组合带
	C_1		*C*－*S* 组合带				

⑤*Pseudoschwagerina* 带

以 *Pseudoschwagerina* 的出现作为本生物带的开始，主要属种为 *Pseudoschwagerina borealis*，*P. alpina*，*P. cheni*，*P. texana*，*P. paraborealis*，*P. uddeni*，*Triticites boliviensis*，*T. amushanensis*，*T. subventricosus*，*T. ohioensis*，*T. oryziformis*，*T. wulanchabuensis* *Schwagerina rhomboides*，*S. tenuitheca*，*Schubertella* cf. *popensis*，*S. kingi*，*Quasifusulina spatiosa*，*Ozawainella* 等，产于阿木山组上部层位，米韩高巧高鲁剖面的第14—22层，阿木山剖面（15-0110-4-1）的1—5层，德言其庙西剖面（15-0110-4-3）的第12—16层。该组合带䗴化石不仅类型繁多，而且数量丰富，*Triticites* 继续繁盛，以隔壁褶皱强烈，旋脊小的种类为主。共生的珊瑚化石，主要为 *Pseudocariniaphyllum*，*Amygdalophylloides ivanovi*，*A. sinensis*，*Kionophyllum bayanbulagense*，*K. densum*，*Koninckocarinia sudaendroidea*，*K. grandis* 等。地质时代为晚石炭世晚期。

⑥*Misellina ovalis*－*Parafusulina splendens* 组合带（*M*－*P* 组合带）

M－*P* 组合带是内蒙古二叠纪䗴化石最早期的一个带，主要属种为 *Misellina minor*，*M. ovalis*，*M. claudiae*，*Parafusulina boesei*，*P. yabei*，*P. rothi*，*P.* cf. *diabloensis*，*P. australis*，*P. splendens*，*Schubertella* cf. *simplex*，*Minojapanella* sp.，*Nankinella* cf. *hunanensis*，*Schwagerina* aff. *tschernyshewi* var. *fusiformis*，*Chusenella* aff. *schwagerinaeformis* 等。以 *Misellina claudiae*，*M. ovalis*，*Parafusulina* 等最为丰富，化石产在三面井组下部含燧石条带和团块的

中厚层灰岩、生物碎屑灰岩中。如：三面井村东南三面井组剖面（15-0160-4-1）的第2—3层，镶黄旗公腊胡同三面井组剖面（15-0160-4-2）的第2层，正镶白旗额里图牧场二分场三面井组剖面（15-0160-4-5）的第2层等。*M*－*P* 组合带层位稳定，呈东西向分布于多伦、正镶白旗、正蓝旗、镶黄旗一线。共生的腕足类有 *Dictyoclostus boliviensis* var. *chitichunensis*，*Orthotichia morganiana*，*O.* aff. *derby*，*Marginifera*，*Enteletes andrewsi*，*Schizophoria indica*，*Waagenoconcha irginae* 等；珊瑚有 *Yatzengia kabayamensis*，*Y. hangchowensis*，*Duplophyllum* cf. *alternatum*，*Bradyphyllum* 等；地质时代为早二叠世早期，与我国南方的栖霞早期大致相当。

⑦*Monodiexodina* 延限带（*M* 延限带）

YM 延限带位于 *M*－*P* 组合带之上，主要为 *Monodiexodina sutschanica baotegensis*，*M. shiptoni*，*M. caracorumensis*，*M. yongwangcunensis*，*M. neimonggolensis*，*M. anyecunensis*，其次为：*Parafusulina*，*Pseudofusulina*，*Minojapanella*，*Pseudodollioina*，*Verbeekina*，*Yangchienia*，*Schubertella* 等属的分子，以 *Monodiexodina* 的出现作为本带的开始，绝灭为结束。其特征显著，个体丰度很高，常富集成礁状。其次为 *Parafusulina*，其他属种均少量见及。产于包特格剖面的第3—18层，满都拉苏木包特格组剖面（15-0157-4-2）的第2—5层，锡林郭勒盟苏尼特右旗都仁乌力吉苏木呼格特三面井组剖面的第3—4层等。

M 延限带在区域上分布广泛，层位稳定，西起达尔罕茂明安联合旗的乌兰希勒、南至四子王旗的白兴郭勒、苏尼特右旗的苏木花、呼格特，东至扎兰屯南部均有发现。最繁盛的地区，*Monodiexodina* 壳体很大，多为圆柱形到长纺锤形，形成几乎单一种的礁状灰岩，只偶见 *Parafusulina*。向南从乌盟四子王旗白兴郭勒，向东经苏尼特右旗朱日和、呼格特至锡盟正镶白旗，*M* 延限带分子增多。在呼格特剖面上 *Monodiexodina neimonggolensis* 与 *Parafusulina rothi*，*P. yunnanica*，*P. elituensis* 等共生。在苏尼特右旗察汗敖包草原改良站、朱日和西南6 km 的毛里喷洪地区，该带 *Monodiexodina* 的数量较少，而 *Parafusulina* 的数量占有优势，此外还出现了一些特提斯海区特有的 *Pseudodoliolina* cf. *ozawai*，*Yangchienia haydeni* 及较低级的 *Verbeekina*（*Armenina*）*maolipenhongensis* 等分子，反映这个延限带在不同地区其组分的差异。

与 *M* 延限带共生的生物有腕足类 *S*－*K*－*Y* 组合带的分子，珊瑚 *Yatzengia*，*Szechuanophyllum*，*Chusenophyllum*，*Cyathocarinia*，*Verbeekiella* 等。地质时代为早二叠世中期，相当于俄罗斯地台和乌拉尔山西坡所划分的 Artinskian 期的中晚期，我国南方栖霞晚期。

⑧*Schwagerina quasiregularis*－*Codonofusiella simplicata* 组合带，（*S*－*Ca* 组合带）

位于 *M* 延限带之上，主要属种 *Schwagerina quasiregularis*，*S. bulegensis*，*S. mandulaensis*，*Codonofusiella simplicata*，*C. schubertelloides*，*C. erki* 等，还有少量的 *Pseudodoliolina*，*Pseudostaffella*? *zhesiensis*。其中 *Schwagerina mandulaensis* 出现在组合带的顶部。*M* 延限带的分子 *Monodiexodina*，*Parafusulina maleyi*，*P. rothi*，*Pseudofusulina*（*Laxifusulina*）等基本绝灭，代之而起的是 *Schwagerina*，*Codonofusiella* 的大量繁盛，尤以 *Schwagerina quasiregularis*，*Codonofusiella simplicata* 最丰盛，小壳体的 *Schwagerina* 一般长5～6 mm 左右，*Codonofusiella* 壳长常常小于1 mm，构造特征较原始，为 *S*－*Ca* 组合带的最显著特征，易与上、下生物带区分。该组合带在区域上分布不广，目前仅见于哲斯地区和赤峰克什克腾旗地区，相当于哲斯组中部层位，共生生物为腕足类 *S*－*K*－*Y* 组合带分子及珊瑚 *P*－*T*－*T* 组合带分子，此外还有少量的头足类、腹足类、苔藓虫等。地质时代为早二叠世茅口期早期。

⑨*Schwagerina ulanqabuensis*－*Codonofusiella pseudoextensa* 组合带（*S*－*Cb* 组合带）

S－*Cb* 组合带位于 *S*－*Ca* 组合带之上，是本区二叠纪䗴最高层位的一个生物带，主要属

种 *Schwagerina kwangchiensis*, *S*. cf. *longipertica*, *S. longa*, *S. pulchella*, *S. puerilis*, *S. mandulaensis*, *S. arctica*, *S. neimonggolensis*, *S. normalis*, *S. ulanqabuensis*, *S. trivialis*, *S. zhesiensis*, *Codonofusiella asiatica*, *C. pseudoextensa*, *C. protolui* 等，与 *S-Ca* 组合带相比，*S-Cb* 组合带属种丰富，个体大，壳体呈纺锤形到长纺锤形。除 *Schwagerina mandulaensis* 是两带共有的分子外，*S-Ca* 带的其他属种基本消失，代之而起的是大型壳体的新分子，明显反映了生物演化的另一阶段特点。产于哲斯组上部层位，如哲斯敖包剖面的第11—12层。*S-Cb* 组合带在区域上分布不广，目前仅见于哲斯地区，共生的腕足类为 *S-H-R* 组合带分子，珊瑚为 *C-P-D* 组合带及 *W-W-W* 组合带分子，另外还有双壳类、腹足类、菊石、苔藓虫及牙形刺等，地质时代为早二叠世晚期，相当于茅口期的中晚期。

珊瑚

①*Carinophyllum-Stereostylus* 组合带（*C-S* 组合带）

本组合产于本巴图组的中上部层段，主要代表有 *Amplexocarinia*, *Cyathocarinia*, *Lithostrotionella*, *Caninia* 等，多为单带型、双带型单体珊瑚，主要是晚石炭世中期的分子，与䗴类 *Fusulina*, *Fusulinella* 等共生。

②*Hillia-Antheria* 组合带（*H-A* 组合带）

这个组合带见于阿木山组的下部层位，具边缘泡沫板的三带型群体和单体者居多，代表性的 *Hillia*, *Antheria*, *Bothroclisis*, *Lomaphyllum*, *Cystolonsdaleia* 等。常与䗴类 *Triticites* 和腕足类 *Neospirifer*, *Choristites* 等共生，时代为晚石炭世的中—晚期。

③*Carinophyllum-Akagophyllum* 组合带（*C-A* 组合带）

这是阿木山组顶部的珊瑚组合带，以三带型单体珊瑚继续发育，多角柱状群体的三带型基本消失为特点，主要有 *Carinophyllum*, *Paracarruthersella*, *Timania*, *Akagophyllum* 等。它与 *Pseudoschwagerina*, *Paraschwagerina* 等晚石炭世晚期的䗴类共生。

④*Plerophyllum crassoseptatum-Tachylasma zhesiensi-T. variabila* 组合带、(*P-T-T* 组合带)

P-T-T-组合带主要内容为 *Plerophyllum crassoseptatum*, *P. clavatum*, *P. giganteum*, *P. multiseptatum*, *P. neimonggolense*, *P. regulare*, *Tachylasma variabile*, *T. magnum intercalare*, *T. zhesiense*, *T. concavetabulatum*, *T. longiseptatum*, *Paracaninia tzuchiangensis*, *Plerophyllum baytuganense*, *P. ephippiomorphum*, *P. zhesiense*, *P. sinense*, *Pentaphyllum sinense*, *Calophyllum cylindricum*, *Amygdalophylloides asteroides* 等，以 *Plerophyllum*, *Tachylasma*, *Paracaninia* 等大型单体珊瑚为显著特征，显示了北极型动物群的面貌。

P-T-T 组合带分布广泛，层位稳定。其延伸时限大体相当于腕足类 *S-K-Y* 组合带，只是其下界要低一些，如：在哲斯敖包剖面哲斯组（段承华等，1975）的第6—9层、西乌珠穆沁旗色尔崩哲斯组剖面（15-0158-4-2）的第6层，跃进煤矿北哲斯组剖面（15-0158-4-3）的第3—10层，额济纳旗双堡塘双堡塘组剖面（15-0151-4-1）的第10—12层，文革山双堡塘组剖面（15-0151-4-2）的第1层等，均出现了 *P-T-T* 组合带的分子。

P-T-T 组合带是内蒙古二叠纪珊瑚动物群最下部的一个生物带，该带之下主要是一些三带型复体珊瑚，如：*Yatzengia*, *Szechuanophyllum*, *Chusenophyllum* 等及个别的 *Cyathocarinia*, *Verbeekiella* 单体珊瑚，其分布局限，数量也很少，不具备建立生物地层单位的条件。与 *P-T-T* 组合带共生的腕足类为 *S-K-Y* 组合带，䗴类为 *S-Ca* 组合带，其次还有苔藓虫、少量的菊石、腹足类等。*P-T-T* 组合带地质时代为早二叠世早期。

⑤*Carinoverbeekiella sinensis* - *Pseudowaagenopyllum vesiculosum* - *Dipycarinophyllum* 组合带（*C* - *P* - *D* 组合带）

C - *P* - *D* 组合带位于 *P* - *T* - *T* 组合带之上，即丁蕴杰（1985）划分的第3个组合，主要内容为 *Carinoverbeekiella sinensis*，*C. minor*，*C. madreporitea*，*C. platiformis*，*Lophotichium bellum*，*L. convexotabulatum*，*Damuqiphyllum wumengense*，*D. rotiforme*，*Diphycarinophyllum baotegense*，*Pseudowaagenophyllum vesiculosum*，*P. elegantum*，*Calophyllum cylindricum*，*Pseudoroemeripora bulegensis*，*Mandulapora permica*，*Zhesipora permica* 等。其下 *P* - *T* - *T* 组合带中繁盛的大型单体珊瑚 *Plerophyllum*，*Paracaninia*，*Tachylasma* 等全部消失，代之而起的是小型单体珊瑚和丛状复体珊瑚及床板珊瑚 *Zhesipora*，*Pseudoroemeripora*，*Mandulapora* 等，并以 *Carinoverbeekiella*，*Diphycarinophyllum*，*Pseudowaagenophyllum* 的数量多，稳定，显示了浓厚的地方性色彩及演化的新阶段的特点。

C - *P* - *D* 组合带延伸时限相当于哲斯组中上部层位沉积的时间，含化石的层位仅限于哲斯组中上部的微红色或灰白色巨厚层灰岩中，层位很稳定，厚度约200 m。目前仅见于哲斯地区。共生的腕足类为 *S* - *H* - *R* 组合带，䗴为 *S* - *Cb* 组合带，其次还有苔藓虫、双壳类、腹足类、头足类等化石。地质时代为早二叠世晚期。

⑥*Waagenophyllum virgalense mongoliense* - *W. stereoseptatum* - *Wentzelella* 组合带，(*W* - *W* - *W* 组合带)

W - *W* - *W* 组合带即丁蕴杰（1985）划分的第4个组合，位于 *C* - *P* - *D* 组合带之上。主要内容为 *Waagenophyllum virgalense mongoliense*，*W. stereoseptatum*，*W. indicum zhesiense*，*W. wumengense*，*Wentzelella damuqiensis*，*Lophotichium bellum*，*Zhesipora permica*，*Mandulapora permica* 等。以复体的四射珊瑚和床板珊瑚为特征，其中 *Waagenophyllum*，*Wentzelella* 非常丰富，是本组合带新出现的优势分子。其下 *C* - *P* - *D* 组合带繁盛的分子已大部分消失，只有少数属种 *Zhesipora*，*Mandulapora*，*Lophotichium* 延续上来，并且 *Zhesipora* 和 *Mandulapora* 得到进一步繁盛，虽属种单调但个体数量丰富，成为 *W* - *W* - *W* 组合带的主要成员。

W - *W* - *W* 组合带是本区早二叠世珊瑚动物群的最后一个生物带，延伸时限相当于哲斯组上部层位沉积的时间，化石产自含砾粗粒石英砂岩夹页岩的灰岩透镜体中，如义和乌苏哲斯组剖面的第13—16层。哲斯敖包哲斯组剖面（15-0158-4-1）的第10—15层，分布较局限，仅见于哲斯地区和苏尼特右旗达来南地区。

与 *W* - *W* - *W* 组合带共生的腕足类为 *S* - *H* - *R* 组合带，䗴为 *S* - *Cb* 组合带，此外还有双壳类、腹足类、头足类、苔藓虫等化石。其地质时代为早二叠世晚期至晚二叠世早期。

腕足类

①*Choristites* - *Echinoconchus* 组合带（*C* - *E* 组合带）

主要属种有 *Choristites* cf. *mosquensis*，*C.* cf. *gobicus*，*C.* cf. *nigerformis*，*C. jegulensis*，*Marginifera*，*Echinoconchus*，*Martinia semiglana*，*Enteletes* 等，产于本巴图组、阿木山组、石咀子组，时代为晚石炭世。与其共生的有珊瑚、腹足类、双壳类、苔藓虫等。

②*Spiriferella* - *Kochiproductus* - *Yakovlevia* 组合带（*S* - *K* - *Y* 组合带）

主要内容为 *Spiriferella magna*，*S. voluta*，*S. neimonggolensis*，*S. salteri*，*Kochiproductus* cf. *porrectus*，*Yakovlevia mammatiformis*，*Y. spinosa*，*Muirwoodia usualis*，*Rhombospirifer zhesiensis*，*Gypospirifer volatilis*，*Marginifera gobiensis*，*M. typica* var. *septentrionalis*，*M. leptorugosa*，其次有 *Waagenoconcha permocarbonica*，*W. sinuata*，*Anidanthus graciosa*，*A.*

ussuricus, *A. nasus*, *Stenoscisma margaritovi*, *Orthotichia morganiana*, *Leptodus tenuis*, *L. richthofeni*，见少量的 *Uncinunellina mongolicus*, *Paeckelmanella quadriplicata*, *Neospirifer* cf. *ravana* 等。该带以长身贝亚目和石燕亚目为主体，正形贝目和小咀贝亚目只见少数代表。以大型贝体为特征，含化石的岩性主要为一套含燧石条带灰色中厚层灰岩以及灰岩透镜体。

S-K-Y 组合带在区域上层位稳定。北以二连浩特、东乌珠穆沁旗小坝梁、乌兰浩特为界；南至苏尼特右旗、克什克腾一线；西达额济纳旗的文革山、苦水沟。从东到西，大致呈带状分布。产于哲斯组下部层位，双堡塘组下部层位及包特格组的上部层位。如：哲斯敖包哲斯组剖面（15-0158-4-1）的第2—5层；额济纳旗双堡塘双堡塘组剖面（15-0151-4-1）的第1—12层，额济纳旗文革山双堡塘组剖面（15-0151-4-2）的第1层；满都拉苏木包特格东北包特格组剖面（15-0157-4-1）的第24层，满都拉苏木包特格组剖面（15-0157-4-2）的5层等。*S-K-Y* 组合带的化石多数产自灰岩或灰岩透镜体中。时代相当于 Artinskian 期晚期至 Kazanian 期早期，即早二叠世中期。

③*Streptorhynchus-Hemiptychina-Richthofenia* 组合带（*S-H-R* 组合带）

S-H-R 组合带位于 *S-K-Y* 组合带之上，主要内容：*Streptorhynchus hippocripicus*, *S. undulatus*, *S. zhesiensis*, *S. subcataclinus*, *S. semiconus*, *Hemiptychina morrisi*, *H. quadrata*, *H. mongolica*, *H. episulcata*, *H. homoplicata*, *H. nana*, *Richthofenia cornuformis*, *Enteletes andrewsi*, *E. subglobus*, *E. obesa*, *E.* cf. *subobesa*, *Martinia osborni*, *M. mongolica*, *M. sinensis*, *M. orbicularis*, *M. distefanoi*, *M. lingulata*, *M. mirabilis*, *Notothyris simplexoides*, *N. nucleolus*, *Dielasma millepunctatum* var. *mongolicum*, *D. elongatum* var. *orientalis*, *D. mongolicum*, *D.* cf. *itaitubense*, *D. acutangulum* var. *minor*, *Stenoscisma mutabilis*, *S. superstes*, *S. zhesiensis*, *S. purdoniformis*, *Echinauris jisuensis*, *Leptodus richthofeni*，其次为：*Uncinunellina mongolicus*, *Horridonia morrisi*, *Altiplecus mongolicus*, *A. unicus*, *Schizophoria timor*, *Neospirifer yihewusuensis*, *N. rhombicus* 等，少量见有：*Hustedia discroplicata*, *Cancrinella koninckiana*, *Athris mongoliensis*, *Squamularia* cf. *elegantula*, *Waagenoconcha homboldti*, *Anidanthus kolymaensis*, *Orthotichia morganiana*, *Limbella grangeri* 等。*S-H-R* 组合带最显著的特征是 *Richthofenia* 的集中出现，从数量上成为优势，其次是 *Leptodus* 得到了发展，总体上表现为长身贝亚目明显削弱，石燕亚目从属的数量上有所发展，*S-K-Y* 组合带中完全缺失的扭月贝、莱采贝、无窗贝和穿孔贝等4个亚目开始出现，并迅速发展，其中扭月贝亚目和穿孔贝亚目尤为重要，构成 *S-H-R* 组合带的代表性化石。外观上以小型贝体的属种占优势，明显区别于 *S-K-Y* 组合带。

S-H-R 组合带产于哲斯组上部层位及双堡塘组上部层位，如哲斯敖包哲斯组剖面（15-0158-4-1）的第6—17层，义和乌苏剖面的第14—16层，额济纳旗文革山双堡塘组剖面（15-0151-4-2）的第3层等。在区域上 *S-H-R* 组合带的分布远不及 *S-K-Y* 组合带广泛，其地质时代为早二叠世晚期，相当于乌拉尔山西坡二叠系 Kazanian 的晚期，我国南方的茅口期晚期。不排除它延续到晚二叠世早期的可能性。

头足类

Daubichites 延限带

主要属种为 *Daubichites hunggermiaoense*, *D. transitum*, *D. amphifitinus*, *D. sirenwenduerense*, *Paragastrioceras bayinense* 等，化石多数保存在含铁硅质的钙质结核中，十分完整，共生有少量的腕足类、双壳类化石。产于哲斯组，分布于阿巴嘎旗红格尔庙、锡林浩特斯仁温都尔、科尔沁右翼前旗德伯斯等地。地质时代为早二叠世晚期。

双壳类

①*Aviculopencten* - *Schizodus* 组合

这是区内二叠纪唯一的一个咸水双壳类组合，主要见于于家北沟组顶部。共有 *Cornellites*, *Acanthopencten*, *Conocardium*, *Nucula* cf. *monteperensis* 等。它与䗴类 *Pseudodoliolina*；腕足类 *Yakovlevia mammatiformis*, *Leptodus* 等早二叠世的海相化石共生，其时代为早二叠世晚期。

②*Palaeomutela* - *Palaeanodonta* 组合

这是典型的西伯利亚晚二叠世双壳类动物群，分布较广。在华北地层大区的北部边缘及北疆-兴安地层大区的晚二叠世陆相沉积中常可见及。本区产于晚二叠世林西组的中上部处7—13层的板岩及粉砂岩中。其主要成员只有这两个属，偶尔可见 *Nuculites*。它与植物化石 *Paracalamites*, *Noeggerathiopsis* cf. *derzavinii* 及 *Pecopteris* 等共生，时代为晚二叠世。在区域上它可以延续到早三叠世。

植物

①*Neuropteris* - *Lepidodendron* 组合带

主要属种有 *Neuropteris ovata*, *N. gigantea*, *N.* cf. *pseudogigantea*, *N. pseudovata*, *N.* cf. *kaipingiana*, *N. plicata*, *Lepidodendron galeatum*, *L. ninghsiaense*, *L.* cf. *tachingshanense*, *L. posthumii*, *L. nanpiaoense*, *Pecopteris cyathea*, *P. candolleeana*, *P. feminaeformis*, *Lobatannularia*, *Annularia*, *Linopteris brongniarti*, *Calamites schendi*, *Sphenophyllum oblongifolium*, *Tingia* 等，为典型的华夏植物群，属种繁多，数量丰富，反映了当时植物界处于大发展时期。产于拴马桩组，卓资县庙底剖面（15-0117-4-3）的第11—15层，乌拉特前旗佘太乡拴马桩沟剖面（15-0117-4-1）第1—27层，卓资县四号地剖面（15-0117-4-4）的第6—8层；太原组乌海市棋盘井剖面（15-0118-4-5）的第2—3层，乌达乌胡子山剖面（15-0118-4-4）的第2—14层，阿拉善左旗营盘水剖面（15-0118-4-2）的第2—14层，阿拉善左旗小台子钻孔剖面（15-0118-4-3）的第18—22层；酒局子组翁牛特旗黄家沟南山剖面（15-0104-4-2）的第3—6层，敖汉旗家道沟剖面（15-0104-4-1）的第3—5层。地质时代为晚石炭世，层位与 *Angaropteridium* - *Noeggerathiopsis* 组合带相当。

②*Cordaites* - *Alethopteris* 组合带

主要属种有 *Sphenophyllum yujiaense*, *S. verticillatum*, *Annularia gracilescens*, *Pecopteris orientalis*, *Walchia*, *Pterophyllum*, *Calamites* 等。亦是本区早二叠世华夏植物群，它主要分布于阴山北麓，. 产于海陆交互相于家北沟组含腕足类、䗴等的层位之下，时代应属早二叠世。

③*Callipteris* - *Noeggerathiopsis* 组合

这是本区晚二叠世典型的安格拉植物群，一般不太丰富，常见的还有 *Paracalamites*, *Pecopteris* 等，产于林西组的中部层位，以层型剖面的第5层最为丰富，常与 *Palaeanodonta* - *Palaeomutela* 组合共生或相伴产出，时代为晚二叠世。

除上述的动、植物化石以外，其它门类的化石只是一些零星的资料，分别在有关的岩石地层单位中述及，不另记叙。

内蒙古境内的三叠纪动植物较繁盛，尤以脊椎动物和植物最为发育（表16-3）。

表16-3 华北地层大区三叠纪生物地层简表

岩石地层单位		脊椎动物	植物	地质时代
延长组			*Danaeopsis fecunda*, *Bernoullia zeilleri*, *Asterotheca szeiana*, *Todites shensiensis*, *Cladophlebis gigantea*, *Equisetites sarrani*, *Neocalamites carrerei*, *Thinnfeldia nordenskioldi*, *Protoblechnum hughes*, *Pterophyllum* sp., *Ginkgo digitata*, *Glossophyllum*? *shensiensis*	晚三叠世
二马营组		*Sinokannemeyeria* 动物群 *Parakannemeyeria* sp., *Shanbeikannemeyeria buerdongia*, *Yimengia zhungeerensis*, *Shansisuchus* sp.	*Neocalamites* sp., *Equisetites* sp., *Protoblechnum wongii*, *Todites shensiensis*, *Voltzia* cf. *walchiaeformis*, *Cladophlebis* cf. *raciborskii*, *Pleuromeia wuziwanensis*, *Ginkgoites* cf. *magnifolius*, *Aipteris wuziwanensis*, *Baiera* sp., *Sphenopteris* sp., *Pachypteris* sp., *Nilssonia* sp., *Ctenozamites sarrani*	中三叠世
石千峰群	和尚沟组	Procolophonidae－Ordosidae 组合 *Ordosia yaungi*		早三叠世
	刘家沟组			晚二叠世
	孙家沟组			

脊椎动物

Procolophonidae－Ordosidae 组合

区内仅发现 Procolophonidae 和 Ordosidae 的 *Ordosia yaungi*。产于和尚沟组中。区域上属于陕北地区的 Capitosauridae－Benthosuchidae－*Fugusuchus* 动物群。地质时代为早三叠世。

Sinokannemeyeria 动物群

在内蒙古准格尔旗发现5个属，一个科。产出层位在二马营组。属中国肯氏兽动物群的重要分子。地质时代为中三叠世。

植物

植物主要包括两个组合。下部组合是产于二马营组中的植物，其属种多见于早、中三叠世地层，其中 *Pleuromeia wuziwanensis* 和 *Voltzia* cf. *walchiaeformis* 为早中三叠世重要分子。从化石组合的总体特征考虑较产于延长组的延长植物群要原始一些。地质时代置于中三叠世。上部组合是产于延长组中的植物化石，属种十分丰富，多是属于延长植物群的重要组成分子。地质时代为晚三叠世。

第三节 地层横剖面与岩相古地理讨论

内蒙古的大部分范围属于西伯利亚板块南缘和华北板块及其北缘，即所谓“古北亚海域”。从二连浩特—贺根山一带残留的晚古生代早期（D_2）的蛇绿岩带推测，该洋盆是在 D_3—

C_1消亡的。这一阶段缺乏典型活动大陆边缘特征，火山活动微弱，局部地段如红格尔庙一带的色日巴彦敖包组 (D_3-C_1) 仅代表残余海盆沉积，其中出现植物化石如 *Leptophloeum* 等。如果说 D_3-C_1华北板块北缘的大部分地区处于隆起剥蚀状态，那么在板块对接之后的晚石炭世，海侵范围急剧扩大。然后陆表海的分布范围明显受到板缘断裂和拗陷带的控制，使海盆呈东西向分布——这就是规模巨大的锡林浩特-磐石地层分区和赤峰地层分区，北界是二连-贺根山断裂，南界的额布尔讨来图断裂（俗称槽台断裂），两侧相邻的东乌-呼玛地层分区或阴山地层分区的岩石地层在晚石炭世均为陆相或海陆交互相为主的沉积。

在这一巨型拗陷带，从 C_2-P_1断块活动为主，海水由东向西大规模入侵，形成广泛的陆表海相沉积。其中本巴图组碎屑岩岩性在岩屑不断减少的背景下，先是长石较多，最后显示出石英含量有明显增加的趋势。这标志着砂岩成熟度不断提高，暗示了构造活动性逐渐减少的情形。与之相伴产生的大量碳酸盐岩则为阿木山组。阿木山组与本巴图组以侧向为主的空间加积关系，揭示了一个由东向西的总的海侵序列。

岩浆活动是造山运动的重要表现形式，也为地壳活动保留下一份珍贵的记录。现代地层学已经大量运用岩石学的信息来探索地壳运动的过程。华北板块与西伯利亚板块对接的重大地质事件必然对两大板块的相邻部分产生深远影响，赋存于上石炭统的查干诺尔火山岩为重塑这一事件提供了有用信息，岩石化学资料分析表明，这套钙碱性系列的火山岩代表了本区由洋壳向陆壳的转变过程中的强烈的火山活动。火山岩以安山岩为主，其成分特点与构造关系的分析指出，它们属于活动大陆边缘的产物，如果与清理后的大石寨组海相火山岩 (P_1) 联系起来考虑的话，火山岩确实存在着从中性安山岩向酸性英安岩、流纹岩方向发展的趋势。

上述三个单元本巴图组、阿木山组和查干诺尔火山岩丘连续产出，构成一个相对独立的层序，上下均为不整合。从地壳演化的序列上来看，它们与早二叠世的岩石地层（海相）关系密切，于是我们把 C_2-P_1划作一个自然断代。

从锡林浩特-磐石地层分区这一断裂拗陷带内沉积建造的发育历史可以看出，晚石炭世出现了一套海相类复理石建造，早二叠世形成巨厚的滨海相沉积建造至晚二叠世过渡到陆相沉积的类磨拉石建造。相当于 Stephanian 期，在拗陷带北部边缘，导致强烈的火山喷发，在东乌珠穆沁旗地区形成了大规模的陆相中酸性火山岩带，这就是宝力高庙组。其中产典型的安格拉植物群化石。反映了断块活动对地理及内营力的控制作用。与此相对应，拗陷带南部边界断裂即所谓槽台断裂的差异升降使华北海与蒙古海始终未能沟通。二者之间的阴山地区（地垒）只形成内陆湖沼相沉积——拴马桩组、酒局子组。

在整个古北亚海域内，赤峰地层分区独树一帜，表现为一个相对独立、西部封闭的狭长海湾，从敖汉旗的白家店至下洼地区的家道沟至阜新一带的房后沟脑，石炭纪白家店组海相碳酸盐岩（灰岩）、石咀子组砂（砂质）、板（泥质）岩上覆酒局子组陆相砂泥岩，它们由西至东的空间分布符合凡尔特相律，即由灰质—砂质—泥质的递变构成了所谓“海退序列”，反映了海水由西向东逐渐退出直至变为陆相成煤沼泽的古地理演变格局。

早石炭世，大兴安岭地区强烈引张使陆壳再度裂解，出现以蛇绿岩为特色的莫尔根河组（其中渗入植物化石）和与之伴生的类复理石沉积红水泉组。这一洋盆在未成熟前即已夭折，海水退出后，陆相新伊根河组的出现宣告了洋盆沉积史的结束。

北祁连地区自泥盆纪上升为陆后，经长期夷平，早石炭世形成滨浅海及泻湖沉积，今清理为前黑山组与臭牛沟组，二者之间有过短暂的沉积间断。岩石组分内均无杂砂岩、长石砂岩或火山岩，碎屑物质以成熟度较高的石英为主。

由于大陆的扩展，从C_2以后北祁连与鄂尔多斯相连，沉积环境与沉积物质二者已无多大差别，鄂尔多斯地层分区从O_2—C_1一直处在风化剥蚀的准平原化过程中，在古老的风化侵蚀面上铁铝物质得到富集形成有名的山西式铁矿、富铝粘土岩。此后北祁连海与华北海连为一体，开始了更为广阔的超覆。从晚 Namurian 期—Stephanian 期，浅海环境与滨海沼泽的交互沉积，在鄂尔多斯地层分区，形成陆相为主夹少量海相物质的太原组含煤岩系。其中，灰岩的出现也反映了一种海水钙质相对富集的短暂局面。

综观西伯利亚板块南缘和华北板块北缘增生带石炭系发育的时空顺序，不难发现，以二连浩特-贺根山缝合带为中心，两侧地层的沉积过程有相向迁移的趋势。如从红水泉组（C_1）→宝力高庙组（C_2），由朝吐沟组（C_1）→本巴图组（C_2），大体上与板块的对接过程及侧向扩展相吻合（图16-7）。

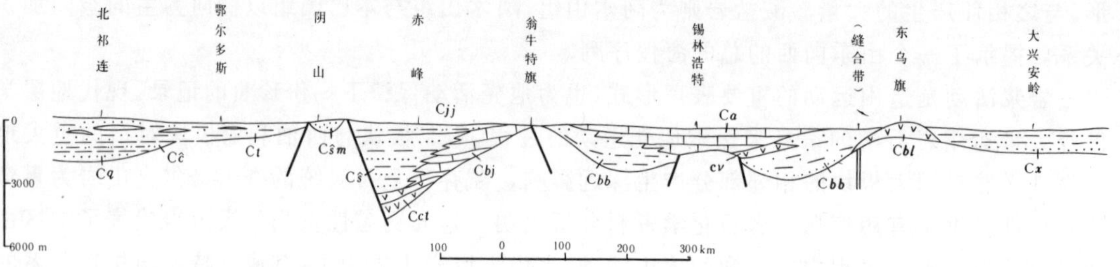

图16-7 大兴安岭—东乌旗—锡林浩特—阴山—鄂尔多斯—北祁连石炭纪岩石地层横剖面

C*t*. 太原组；C*ŝm*. 拴马桩组；C*jj*. 酒局子组；C*a*. 阿木山组；C*bl*. 宝力高庙组；C*ĉ* 臭牛沟组；C*ŝ*. 石咀子组；*cv*. 查干诺尔火山岩；C*x*. 新伊根河组；C*q*. 前黑山组；C*bj*. 白家店组；C*ct*. 朝吐沟组；C*bb*. 本巴图组

内蒙古二叠系分为南北两部分：北部地槽区岩相及生物群变化复杂，早二叠世以海相、滨海相沉积为主，局部有海陆交互相和陆相火山沉积，晚二叠世为陆相沉积；南部地台区相对稳定，有山间盆地型沉积和内陆湖沼相到山间河湖相、河流相沉积。

北部地槽区，早二叠世早期海水侵进华北陆台北缘东西向边缘海盆，在赤峰地层分区沉积了早二叠世早期的海相、滨海相三面井组。岩石为砂砾岩、含䗴灰岩及杂砂岩、粉砂岩、板岩。化石以䗴科为主伴有珊瑚、腕足类等，局部见植物碎片。下界不整合于华力西中期岩体之上。与上覆额里图组整合接触，或被中生代火山岩不整合覆盖。横向上本组出露面积向东逐渐变小；厚度由北向南变薄。与其相应的层位在锡林浩特-磐石地层分区零星见于黄岗梁至大石寨之间，称为寿山沟组。其含义仅限于大石寨组之下的海相砂岩和板岩。

早二叠世中期，由于西伯利亚板块和华北板块的对接，以及太平洋板块向中朝板块的俯冲，导致二连浩特-贺根山缝合线与西拉木伦河断裂之间形成大石寨组岛弧型火山岩，西部西里庙地区为酸性火山岩。西乌珠穆沁旗至西拉木伦河一带细碧岩、角斑岩发育，岩石富钠低钾，与钙碱性火山岩共生；向东延伸变为中性熔岩及其凝灰岩和硅质岩及酸性岩。纵向上各地由熔岩和凝灰岩构成不同的喷发旋回。火山作用从西向东由弱变强。与此同时，赤峰地层分区在三面井组沉积之后，形成陆相火山岩及湖相碎屑岩组合的额里图组。该组下部为含砾砂岩、细砂岩、粉砂岩夹火山碎屑岩；上部为凝灰角砾岩、安山岩等，含淡水动物和植物化石。本组向东延伸正常碎屑岩减少，火山岩增多，反映火山作用向东逐渐增强。剖面上火山熔岩和火山碎屑岩及正常碎屑岩交替出现，则反映火山喷溢、爆发作用具间歇性。哲斯组在锡林浩特-磐石地层分区分布面积最广，以海相砂岩、板岩和生物碎屑灰岩为主，局部夹火山岩和硅质岩，含丰富的腕足类、珊瑚、䗴等化石。横向上岩性和生物组合及厚度变化较大。西乌珠穆沁旗一带哲斯组下部为硅质岩和生物碎屑灰岩；上部为粉砂岩，含丰富的腕足类、珊瑚等化石，被林西组平行不整合所覆。黄岗梁和大石寨地区，下部为大理岩；上部为板岩及砾岩。基本层序为进积型。出露厚度相对较小，化石亦少。神山地区为砂砾岩、生物碎屑灰岩、硅质岩等，含丰富的䗴、腕足类、珊瑚等化石。基本层序为退积型。该组在苏尼特左旗和锡林浩特及贺根山等地，底部发育的砂砾岩、砾岩，从岩性、岩相和生物群特征分析，双堡塘组和哲斯组基本相同。其层位及沉积环境与包特格组基本相近，且底部砾岩多数含有火山岩砾石，属海侵初期形成的退积层序，在包特格地区沉积厚度较大。由此可知，哲斯组及包特格组底部的不整合界面应当是一个不等时的界面，在不同地区界面性质和下伏地质体各不相同；包特格组间断时间较短而平行不整合于大石寨组火山岩之上；哲斯组向东延伸亦可能不整合覆于大石寨组之上（图16-8）。

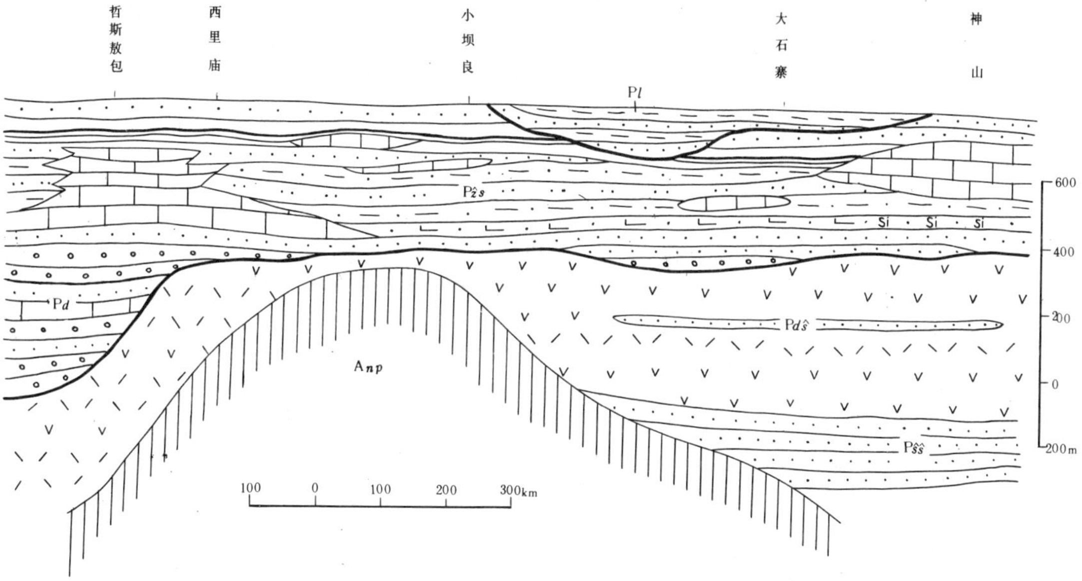

图16-8 内蒙古草原（赤峰-哈尔滨）地层区二叠纪地层横剖面图

Pd. 大红山组；*Pẑs*. 哲斯组；*Pl*. 林西组；*Pdŝ*. 大石寨组；*Pŝŝ*. 寿山沟组

早二叠世晚期，赤峰地层分区形成海陆交互相的于家北沟组。该组岩性为砾岩、砂砾岩、砂岩，粉砂岩夹板岩及火山碎屑岩，产䗴、腕足类、双壳类、腹足类和华夏型植物化石。在铁营子一带本组不整合于华力西晚期岩体之上。该不整合界面与三面井组之下不整合界面，是同一海侵事件形成的穿时界面。本组所含植物和双壳类化石，指示其沉积时限延续至晚二叠世。

晚二叠世，北部地槽回返成陆。北山地区早期形成以中、酸性熔岩及凝灰岩为主，夹湖相碎屑岩的方山口组，局部含动、植物化石。其上、下分别与哈尔苏海组和双堡塘组及金塔组整合接触。横向上由北向南沉积厚度变小，纵向上正常碎屑岩与火山岩的交替出现，亦表明火山喷发具间歇性。

晚期形成的哈尔苏海组，以长石石英砂岩、杂砂岩、泥灰岩为主，夹粉砂岩、含砾砂岩等，产植物化石，属陆相（含湖相）沉积。在黑鹰山和与马鬃山两个地层分区内，本组沉积厚度由南向北，由西向东逐渐增大；而碎屑粒度却逐渐变细。沉积中心位于哈尔苏海。

锡林浩林-磐石地层分区的晚二叠世林西组，岩石以层理发育的深色砂岩、板岩为主，底部有砂砾岩、砾岩，含 *Palaeanodonta* 和 *Palaeomutela* 及安格拉型植物化石，表明本组是内陆湖相、泻湖相沉积。林西组的层型剖面未见底，但在西乌珠穆沁旗南可见本组底部砾岩平行不整合覆于哲斯组之上。可以认定林西组的层序基本完整。

内蒙古南部华北陆台二叠系为稳定内陆盆地型和山间盆地型沉积。现以地层分区分叙如下：

北祁连地层小区零星出露的大黄沟组和窑沟组，分别代表早二叠世和晚二叠世的陆相沉积。二者整合接触，相伴产出。前者属还原条件下的河湖相沉积，含植物化石；后者属氧化条件下的河流相沉积，不含化石。

阴山地层分区二叠纪地层分为东、西两部分，西部大红山组属早二叠世的山间盆地相沉积，含植物化石。东部大青山地区为杂怀沟组、石叶湾组、脑包沟组、老窝铺组。各组间连续沉积，杂怀沟组含煤和植物化石的陆相碎屑岩组合，属山间湖沼相沉积。由西向东，沉积厚度增大。石叶湾组为山间河湖相沉积，含植物化石。横向变化为由北向南，沉积厚度减小。脑包沟组分布在石拐和金銮殿北两个山间盆地中，属典型的山间河流相沉积。两个盆地沉积特征明显不同；前者显示氧化环境，含动物化石，厚度小；后者为还原环境，未见化石，但分布广，厚度大。岩层沉积构造发育，判断的水流方向指示为辫状河流沉积特征。老窝铺组仅见于石拐盆地中，据岩性和紫红颜色分析，本组属干旱气候条件下的山间河湖相沉积。出露厚度由北向南逐渐变小。

在鄂尔多斯地层分区，二叠纪地层单位的划分和创名及各类特征等与华北陆台的地层单位基本一致。下二叠统山西组在桌子山-贺兰山盆地含煤及植物化石，属湖沼相沉积；鄂尔多斯盆地含铝土矿及植物化石，属湖泊相沉积，该组在两个盆地内可以对比。早二叠世晚期至晚二叠世早期形成的石盒子组属湖泊相碎屑沉积，含植物化石。在桌子山-贺兰山盆地因沉降幅度较大，而接受的沉积物厚度亦大；鄂尔多斯盆地沉降幅度较小，沉积物厚度较薄。

晚二叠世晚期沉积的孙家沟组，属河湖相陆源碎屑沉积，未见化石，因该组继承了石盒子组的沉积环境，故沉降幅度及厚度变化同石盒子组，该组与刘家沟组及和尚沟组合并成石千峰群。

本区陆相二叠系，沉积岩相由湖沼相渐变为河湖相。气候亦由早期潮湿的还原环境，渐变为晚期的干旱氧化环境。二叠纪早期鄂尔多斯盆地沉降范围和幅度较大；晚期桌子山-贺兰山盆地沉降范围小，但幅度大。

内蒙古三叠纪的古地理面貌是在二叠纪晚期地槽回返之后开始形成的，并承袭了某些二叠纪沉积特征。当时地壳处于抬升隆起的剥蚀阶段，仅在局部地区规模大小不等地接受沉积。鄂尔多斯地区为一大型稳定的内陆盆地，连续沉积了二叠纪至三叠纪地层，地层层序发育齐全，生物化石丰富，是典型的我国北方型的三叠系，古地理沉积环境以湖泊相为主间有河流相和湖沼相，古气候多属炎热潮湿氧化环境，到三叠纪晚期古气候转为潮湿温暖的还原环境，动、植物繁盛。

第十七章 侏罗纪—白垩纪

华北地层大区侏罗纪—白垩纪自然断代的下界与三叠纪或更老地层呈不整合接触，其上被第三纪地层不整合覆盖。总体岩性特征表现为早中侏罗世发育一套含煤碎屑岩地层，仅在大兴安岭中南部地区夹有酸性火山岩。含 *Coniopteris* - *Phoenicopsis* 植物群及少量叶肢介和双壳类。基本属于小型山间盆地或断陷盆地沉积环境。晚侏罗世大兴安岭地区发育一套中酸性火山岩夹沉积岩地层，含热河动物群早期类群的组合分子；阿拉善地区零星沉积了碎屑岩，其他地区多隆起为剥蚀区。早白垩世普遍发育一套含煤碎屑岩地层，在苏红图地区、阴山地区夹有中基性火山岩。在大兴安岭中南部则以火山岩为主体夹沉积岩，仅在霍林河盆地、元宝山-平庄盆地发育一套含煤地层，含热河动物群晚期类群的组合分子。基本上属于大型坳陷盆地及其边缘的小型断陷盆地沉积环境。晚白垩世仅在阿拉善、二连浩特、元宝山—平庄地区发育一套红色碎屑岩，含哺乳类化石。根据上述华北地层大区内蒙古境内侏罗纪—白垩纪具有相似的沉积环境和岩石类型，生物群基本以热河动物群繁盛为特点，上下界线清楚，所以侏罗纪—白垩纪划分为一个自然断代，包括 4 个群，44 个组。

第一节 岩石地层单位

芨芨沟组 J*j* (15 - 0254)

【创名及原始定义】 徐福祥、沈光隆 1976 年在甘肃省民勤县周家井乡唐家沟芨芨沟一带创名，当时称芨芨沟群。原始定义据徐福祥、沈光隆（1976）介绍甘肃省煤田地质勘探公司一四五队测制的民勤县周家井唐家沟芨芨沟剖面第 1—13 层，为灰白、淡黄色为主的砂岩、粉砂岩夹紫色砂质页岩及煤线的碎屑岩层，与上覆青土井群，下伏古生界变质岩系呈不整合关系。

【沿革】 《西北地区区域地层表·甘肃省分册》(1980) 最早将芨芨沟群一名用于龙首山地层小区，其中包括了阿拉善右旗地区，指不整合在下中元古界之上的灰白色砾岩、砂砾岩、砂岩夹泥岩，薄层石灰岩及煤层，并含植物化石，其上被青土井组不整合覆盖。王思恩等（1985）使用了芨芨沟组，同时认为原芨芨沟群可能相当于北山地区的大山口群下部和阿拉善东部地区的哈格尔汉群下部。《内蒙古地质志》(1991) 论述北山地区、阿拉善地区侏罗纪地层时均使用芨芨沟组，将前人划分的大山口群下部仍称大山口群（狭义），上部归入青土井群之中。本次清理经甘肃、内蒙古两省（区）协商将北山地区的原划龙凤山群或大山口群重新划分，其下部仅含煤线的粗碎屑岩称芨芨沟组，其上的含煤细碎屑岩改称龙凤山组，阿拉善地区的芨芨沟组仍继续使用，其上的青土井群改称龙凤山组。停止使用龙凤山群、大山口群、青土井群、哈格尔汉群。

【现在定义】 指不整合于古生代地层之上，龙凤山组之下的灰白色、黄褐色、紫红色砾岩、砂质砾岩、砂岩、砂质页岩组合，呈韵律式不等厚互层，偶夹碳质页岩及煤线，上与龙凤山组底部砾岩为不整合接触，下与下伏古生代变质岩不整合接触。

【层型】 区内次层型为阿拉善右旗二道沟剖面（15－0254－4－2）。

【地质特征及区域变化】 芨芨沟组主要为一套仅含煤线的粗碎屑岩，局部相变为细碎屑岩。在区域上芨芨沟组岩性及厚度变化大，建组地点厚338.8 m；向西北延入阿拉善右旗二道沟一带，岩性以灰白色、灰黄色、灰紫色砾岩和砂岩为主，厚度增到1 000 m；大芨芨沟为砾岩夹砂岩，厚914 m；敦德乌兰为砂岩夹砾岩，厚度仅301 m。额济纳旗北山地区芨芨沟组，主要分布在沙林浩特、红柳疙瘩、野马泉、沙婆泉、芨芨台子北山煤窑等地，主要为一套粗碎屑岩，局部夹细碎屑岩及煤线，厚度约几百米。

龙凤山组 J*l* （15－0271）

【创名及原始定义】 孙健初1936年在甘肃省靖远县红会乡龙凤山命名，当时称龙凤山系。原始定义指位于靖远西大沟系之上的灰绿、灰色碎屑岩、页岩夹煤层的煤系地层。

【沿革】 1959年全国地层会议将龙凤山系改为龙凤山群，并在北山地区使用，代表北山地区侏罗纪这套含煤碎屑岩地层。之后沿革见芨芨沟组沿革。

【现在定义】 指芨芨沟组之上，新河组（本区为沙枣河组）之下的灰白色砾岩、灰绿色、灰色砂岩，灰黑色、灰色页岩及煤层组成的多韵律含煤组合。底部以灰白色砂岩或砾岩与下伏芨芨沟组顶部灰绿、暗紫色砂岩或页岩间不整合面为界，上以灰色砂岩与上覆新河组草黄或黄绿色砂岩或页岩为界，两者为整合或平行不整合接触（在本区与上覆沙枣河组底部砾岩为不整合接触）。

【层型】 区内次层型为雅布赖盐场西北红柳沟剖面（15－0271－4－2）。

【地质特征及区域变化】 龙凤山组岩性特征为一套含煤的碎屑岩。该组在潮水盆地岩性为灰白、灰绿色细砾岩、砂砾岩、砂岩及灰黑色粉砂岩夹泥岩及煤线，含双壳类 *Ferganoconcha subcentralis*，叶肢介 *Euestheria* cf. *ziliujingensis*，植物 *Neocalamites carrerei*。在阿拉善左旗吉兰泰哈格尔汉一带下部为灰色、灰紫色砾岩，含砾砂岩，细、粉砂岩夹泥岩，上部为灰绿色砂砾岩，砂岩夹粉砂岩，上、下部总厚度约725 m。该组在其他地区碎屑岩粒度及地层厚度横向变化大，与下伏芨芨沟组为不整合接触，其上被沙枣河组不整合覆盖。龙凤山组延入额济纳旗地区，岩性和厚度变化较大，西北部为粗碎屑岩，基本不含可采煤层，厚度达1 000 m，东南部为砂岩、粉砂岩夹泥岩，含可采煤层，厚度小于500 m。

另外，分布在阿拉善左旗庆格勒、吉兰泰一带的含煤陆源碎屑岩夹火山岩地层。从岩性特征和相对层位上与龙凤山组基本一致，所不同的是，局部夹有火山岩。

沙枣河组 J$\hat{s}$ （15－0272）

【创名及原始定义】 1953年玉门石油管理局孟庆麟、甘克文等在潮水盆地南缘沙枣河（即小峡沟）一带创名，当时称沙枣河层。中国地质科学院地质研究所于1956年介绍时将其更名为沙枣河统，并指出原始定义为分布在潮水盆地南缘不整合于青土井统之上，庙沟统之下的粗碎屑岩岩层，上部为灰绿色、黄绿色砾岩，下部为棕红色角砾岩。

【沿革】 1959年孟庆麟、甘克文等在《潮水盆地综合研究阶段总结报告》中仍使用沙枣河层一名，并重测了小峡沟（沙枣河）剖面；1971年甘肃省第一区测队在潮水盆地1∶20万区调时改为沙枣河组，1977年该队又改称沙枣河群；之后，《西北地区区域地层表·甘肃省分册》(1980)、《中国的侏罗系》(1985)、《内蒙古地质志》(1991)均使用了沙枣河群一名，指分布在潮水盆地南北缘，不整合在青土井群（组）（本次清理后划入龙凤山组）之上，被庙沟组不整合覆盖的一套不含煤的杂色碎屑岩层，本次清理使用沙枣河组一名。

【现在定义】 指分布在潮水盆地周边，以紫红、黄绿、浅褐色粗碎屑岩和泥质岩为主的地层，其下不整合在老地层及龙凤山组含煤地层之上，上被庙沟组褐色砾岩不整合覆盖。

【层型】 正层型为内蒙古阿拉善右旗西南小峡沟剖面（101°18′，38°51′；《内蒙古地质志》，1991）。

沙枣河组 总厚度437 m

4. 棕红色泥岩夹黄绿色、蓝色薄层砂砾岩，并夹细砾岩，钙质胶结，砾石成分上部为泥灰质砾，下部为砂岩、花岗岩、板岩砾（未见顶） 60 m

3. 灰紫色细砾岩，夹不规则暗紫红色泥质砂岩条带 85 m

2. 黄绿色、浅褐黄色砾岩、砂砾岩，有褐色铁质条带 102 m

1. 暗色砾岩，其上部砾岩中夹有不规则泥质砂岩条带，其中含昆虫 *Mesoblattula* sp.；腹足类 *Bulimus* cf. *mengyinensis*；植物 *Coniopteris hymenophylloides* 190 m

~~~~~~~~~~ 不 整 合 ~~~~~~~~~~

下伏地层：**北山群（龙首山群）**灰色片岩

【地质特征及区域变化】 沙枣河组主要分布在潮水盆地南北缘，在巴丹吉林沙漠边缘也有零星出露。以阿拉善右旗小峡沟（沙枣河）、炭井沟、长山及红柳沟等地出露较好，沙枣河组岩性及厚度横向变化较大。在小峡沟，下部为黄绿色砾岩及砂砾岩，上部为灰紫色砂泥岩，厚437 m；炭井沟为紫红色粗碎屑岩，厚376 m；长山及红柳沟该组下部均为灰黄色、黄绿色砾岩、砂砾岩，向上过渡为砂岩、砂泥岩，颜色变为紫红色，厚744.3 m（图17-1）。沙枣

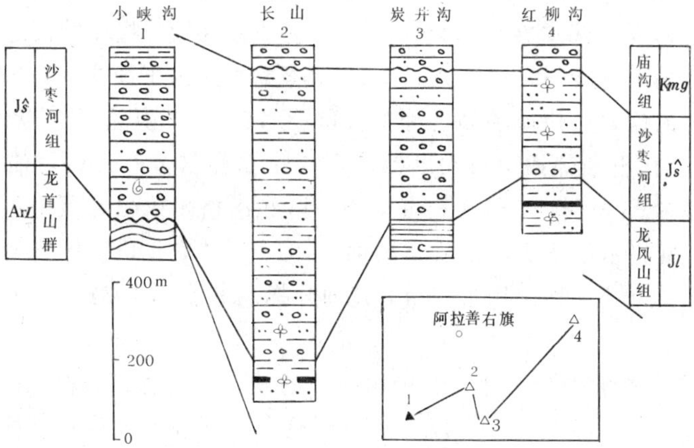

图17-1 沙枣河组柱状对比图
~~~~~~~~~~

河组可延伸到阿拉善右旗交叉沟、陈家井及阿拉善左旗吉兰泰、庆格勒。总体为一套杂色不含煤的粗碎屑岩，厚度一般为几百米。北山地区的博罗群为沙枣河组在区域上的延伸，故停用博罗群，改称沙枣河组。

富县组　*Jf*　(15-0267)

【创名及原始定义】　李德生1951年创名，地点在陕北富县，当时称富县层，未指定命名剖面。原始定义指延安系之下，延长群之上的一套以红色为主的泥岩层。

【沿革】　地质部第三普查勘探大队1960年在鄂尔多斯进行地层专题研究时，将富县层改称为富县组，并测制了富县大申号沟富县组剖面；内蒙古区测一队1978年在准格尔旗幅1∶20万区调报告中引用富县组，并测制了古城沟至五字湾剖面；之后《华北地区区域地层表·内蒙古分册》(1978)，《内蒙古地质志》(1991)在鄂尔多斯地区均使用富县组，含义较原始定义有所扩大，总体为杂色砂岩、泥岩、页岩互层夹油页岩。

【现在定义】　指位于延安组之下，延长组之上的一套以紫红色为主夹黄绿色的砂质泥岩、砂岩及少量泥灰岩与钙质结核。以紫红色或黄绿色长石石英砂岩底面与下伏延长组不整合接触，以含砾砂岩或石英砂岩顶面与上覆延安组整合接触。

【层型】　陕西省以富县大申号沟富县组剖面作为选层型。区内以准格尔旗古城沟剖面为次层型(15-0267-4-1)。

【地质特征及区域变化】　富县组延入区内仅出露于准格尔旗西南的古城沟至五字湾一带，鄂尔多斯盆地钻孔中零星见有富县组。岩性为黄绿色砂岩与泥岩互层夹黑色页岩、油页岩，厚136 m，自东向西逐渐变薄至尖灭。含双壳类 *Ferganoconcha curta*，*F. subcentralis*，*F. sibirica*；叶肢介 *Eosolimnadiopsis staminis*；植物 *Coniopteris hymenophylloides*，*Equisetites* sp.，*Phlebopteris digitata*，*Cladophlebis* sp.，*Czekanowskia rigida*，*Phoenicopsis angustifolia*，*Elatocladus* sp.。

延安组　*Jya*　(15-0268)

【创名及原始定义】　王尚文1950年创名，创名地点在陕北延安西杏子河，当时称延安系。未指定剖面。原始定义指以灰白色细、粗粒砂岩和灰、灰绿色砂岩与黑色页岩、泥岩为主的地层序列。

【沿革】　王竹泉、潘钟祥于1933年在陕北进行地质调查时，将这套地层划为瓦窑堡煤系之一部分；1950年王尚文在瓦窑堡煤系中发现一侵蚀面，将侵蚀面之上地层划为下侏罗统延安系，侵蚀面之下地层归入三叠系；1951年李德生认为王尚文(1950)所划延安系下部的一套以红色为主的泥岩层应单独划出称富县层(今富县组)，其上的含煤碎屑岩组合称延安组；之后于50—60年代石油部银川石油勘探局等单位在鄂尔多斯开展石油普查勘探时将延安组引用到内蒙古境内。70—80年代内蒙古区测一队在准格尔旗幅开展1∶20万区调时亦引用延安组，并测制了准格尔旗华尖沟延安组剖面；1978年《华北地区区域地层表·内蒙古分册》、1991年《内蒙古地质志》均使用延安组，其划分标准基本与1951年李德生所划相同，本次清理仍采用延安组。

【现在定义】　指富县组之上，直罗组之下的一套灰白色细、粗粒砂岩及灰、灰绿色砂岩与黑色页岩、泥岩不等厚互层并含煤层的岩石组合。下以含砾砂岩或长石岩屑石英砂岩底面与富县组整合分界或不整合在延长组之上，上以黄绿色长石石英细砂岩或粉砂岩顶面与直罗组整合接触。

【层型】　陕西省以延安西杏子河延安组剖面为选层型。本区次层型为准格尔旗华尖沟剖面（15－0268－4－1）。

【地质特征及区域变化】　区内延安组出露于准格尔旗、东胜市及达拉特旗南部，其他地区仅见于钻孔中，延安组是鄂尔多斯盆地重要的含煤层位，岩性以灰黑、灰绿、灰色各种粒级砂岩、砂质泥岩、泥岩及页岩为主，夹多层可采煤。在达拉特旗、东胜市、伊金霍洛旗的布连—新庙地区，岩石粒度由粗变细，煤层由薄变厚，地层厚度由34 m增加到247 m，反映出从沉积盆地边缘到中心岩性和沉积厚度有所变化。区内延安组含丰富动、植物化石：双壳类 *Ferganoconcha curta*，*F. subcentralis*，*F. sibirica*，*F. shanxiensis*，*Tutuella* sp.，*Margaritifera* sp.；植物 *Coniopteris hymenophylloides*，*C. tatungensis*，*Equisetites* cf. *lateralis*，*Neocalamites carrerei*，*Cladophlebis haiburnensis*，*Todites* cf. *williamsoni*，*Ginkgo* sp.，*Phoenicopsis* sp.，*Czekanowskia rigida*，*Elatocladus manchurica*。

直罗组　J*ẑ*　（15－0269）

【创名及原始定义】　李德生1951年创名，创名地点在陕北葫芦河直罗镇一带，当时称直罗系。原始定义指延安系上部的一套斜层理发育的以黄绿色为主的砂岩。

【沿革】　1951年以前，在鄂尔多斯地区均使用下侏罗统延安系一名，1951年李德生将“延安系”进行再划分，其上部称直罗系，下部仍称延安系，1960年银川石油管理局110队改称直罗组，时代认为属中侏罗世。50—60年代石油部门在鄂尔多斯地区进行石油勘探和地质部门在该区进行地质研究时均使用直罗组，其范围涉及内蒙古的准格尔旗、东胜市、达拉特旗等地区。《华北地区区域地层表·内蒙古分册》（1978）及《内蒙古地质志》（1991）中使用直罗组，本次清理仍使用直罗组。

【现在定义】　指位于延安组之上，安定组之下的杂色块状中细粒砂岩、长石砂岩、粉砂岩、泥岩组合，其中以砂岩为主体。下以块状中粗粒长石砂岩底面与延安组分界，上以灰绿色泥岩夹杂砂质长石砂岩顶面与安定组分界。上、下均为整合接触。

【层型】　区内东胜市塔拉壕乡神山沟掌剖面为次层型（15－0269－4－1）。

【地质特征及区域变化】　直罗组在鄂尔多斯地区分布广泛，出露于准格尔旗、东胜市及达拉特旗南部，其他地区见于钻孔中，岩性为砂岩、泥岩夹煤线组合。含植物：*Conioptersis hymenophylloides*，*Neocalamites* sp.，*Equisetites* sp，*Raphaelia diamensis*，*Cladophlebis haiburnensis*，*Phoenicopsis angustifolia*，*Czekanowskia rigida*，*Ginkgo digitata*，*Podozamites lanceolatus*。

直罗组在本区相变明显。准格尔旗一带为中细粒砂岩夹粗砂岩，局部见煤线，厚33～57 m；乌审旗、伊金霍洛旗、东胜市一带以砂质泥岩、粉砂岩为主夹不同粒级砂岩，厚127～213 m；达拉特旗、杭锦旗一带以中粗粒砂岩为主夹细砂岩及煤线，厚135～316 m。总体上由东南向西北沉积物粒度由细变粗，厚度逐渐增大。

安定组　J*a*　（15－0270）

【创名及原始定义】　王竹泉、潘钟祥1933年创名，创名地点在陕北张县（瓦窑堡）安定一带，当时称安定层，未指定剖面。原始定义指由薄层灰色到粉红色灰岩组成，厚200英尺左右，底部为鲜红色页岩和黑色页岩的互层。

【沿革】　1954年宋四山等将安定层改称安定统，1960年银川石油管理局110队改称安定组。内蒙古区测一队1978年在准格尔旗幅1：20万区调报告中采用安定组，沿用至今。本次清理仍引用安定组。

【现在定义】　指位于直罗组之上，志丹群之下的黑色、灰黑色页岩、油页岩、钙质粉砂岩及灰黄色、桃红色泥灰岩，可相变为灰白色、灰绿色中细粒砂岩、粉砂岩、泥质粉砂岩及泥灰岩。下以灰黑色油页岩出现与直罗组分界，整合接触，上与志丹群底部不整合面分界。

【层型】　地质部第三普查勘探大队1962年测制的陕西省子长县清涧河，不整合接触剖面为选层型，区内以伊金霍洛旗乌兰木伦河西岸考考乌寨北東勒定活勒剖面为次层型（15-0270-4-1）。

【地质特征及区域变化】　安定组在鄂尔多斯地层分区分布广泛。陕北张县安定一带，本组为暗色泥岩、页岩夹油页岩及泥灰岩。延入内蒙古境内岩性以杂色碎屑岩为主夹泥灰岩透镜体，含植物 *Otozamites* sp.，*Cycadolepis* sp.，*Pagiophyllum* sp.，*Podozamites lanceolatus*，*Pseudocycas* sp. 等。区域上在乌兰木伦河附近为砂岩夹泥灰岩，厚度小于50 m；乌审旗、伊金霍洛旗一带钻孔中以砂质泥岩夹中细粒砂岩为主，厚度约100 m；在达拉特旗为紫色砂泥岩夹砂砾岩及粗砂岩，厚50 m。由南向北碎屑岩粒度逐渐变粗，厚度变化不大。

石拐群　J$\hat{S}$　（15-0261）

【创名及原始定义】　王竹泉1928年命名，创名地点在内蒙古包头市石拐区，当时称下侏罗统石拐上煤系，未指定命名剖面。原始定义指不整合覆于变质岩或其他老地层之上的含煤碎屑岩层。

【沿革】　1934年，孙健初改称下侏罗统石拐煤系。1954年，李星学将孙健初的石拐煤系两分，下部称五当沟统，上部称召沟统。1972年内蒙古区测一队在石拐地区开展1∶20万区调时将石拐煤系含义扩大，包括五当沟统、召沟统和其上的长汉沟系，并分别改称页岩砂岩组、页岩砾岩组、砂岩砾岩组。1978年《华北地区区域地层表·内蒙古分册》正式使用石拐群一名，并划分为五当沟组、召沟组、长汉沟组，此划分方案后来写入《内蒙古地质志》(1991）中。本次清理将五当沟组与召沟组合并称五当沟组，其上为长汉沟组，清理后的五当沟组和长汉沟组并组为石拐群。

【现在定义】　指不整合在三叠纪或更老地层之上的含煤碎屑岩地层，上部不含煤夹灰岩透镜体，其上被大青山组紫色碎屑岩整合覆盖。包括五当沟组（含原召沟组）和长汉沟组。

【层型】　选层型为王思恩等1985年在《中国的侏罗系》中介绍的内蒙古包头市石拐区古城塔头道沟至二道沟剖面（110°20′，40°40′）。

【地质特征及区域变化】　石拐群仅分布在阴山地区，岩石特征为碎屑岩夹多层煤，靠上部夹灰岩透镜体，厚度达1685 m，含有鱼及植物化石。区域上岩性特征变化不大，地层厚度各地不一。

五当沟组　Jw　（15-0262）

【创名及原始定义】　李星学1954年在内蒙古包头市东北石拐子煤田创名。当时称五当沟统，未指定层型。原始定义指灰白、灰黄色粗砂岩，砂砾岩夹灰色砂质页岩、碳质页岩和煤层，底部为含砾砂岩和砾岩，与下伏地层为角度不整合接触，其上以灰白色砾岩底面为界与召沟组整合接触。

【沿革】　五当沟组最早为华北地质局201队1956年正式使用。本次清理认为五当沟组与召沟组均为含煤的陆源碎屑岩，两者渐变过渡，野外宏观上不易区分，无标志层，区域可填图性差，而其上长汉沟组为一套不含煤的碎屑岩夹灰岩地层，与下伏含煤的五当沟组和召沟组区分明显，因此本次清理将五当沟组和召沟组合并称五当沟组。

【现在定义】　为一套含煤陆源碎屑岩，岩性为灰白色、灰绿色砾岩、砂岩、砂质页岩、碳质页岩、棕灰色含油页岩及煤层，其下与前侏罗纪地层为不整合接触，其上与长汉沟组整合接触。

【层型】 选层型同石拐群。

上覆地层：**长汉沟组** 灰色薄层砂岩砂质页岩及钙质页岩互层

——————— 整 合 ———————

五当沟组 总厚度 1 504 m

29. 棕黑或棕色含油页岩，夹砂质页岩及菱铁矿结核，顶部产鱼化石：*Eugnathus* sp. 51 m
28. 白色、交错层理明显的长石粗砂岩及灰色砂质页岩夹煤层 17 m
27. 灰绿色、灰白色细至中砂岩 30 m
26. 棕灰色含油页岩夹薄层砂岩两层 25 m
25. 白色交错层理发育的长石粗砂岩顶部为灰色砂质页岩及薄层砂岩互层 23 m
24. 灰黑色页岩及薄层砂岩，夹煤层。砂岩中常见波痕。产植物化石：*Coniopteris hymenophylloides* 45 m
23. 灰绿色薄层状细砂岩夹少许砂质页岩 29 m
22. 棕灰色含油页岩夹砂质页岩 24 m
21. 灰绿色、交错层理发育的长石砂岩与黑色页岩互层，夹少许薄层煤。下部产植物化石：*Coniopteris hymenophylloides*，*Cladophlebis* sp. 101 m
20. 灰色砂质页岩与黄灰色钙质砂岩互层，夹煤层及灰质页岩。上部产植物化石：*Pterophyllum* cf. *nathorsti*，*Cladophlebis* sp. 20 m
19. 灰色砂岩夹黄绿色砂质页岩及碳质页岩 56 m
18. 灰绿色、交错层理发育的长石粗砂岩与含砾砂岩互层夹少许灰白色砂质页岩 50 m
17. 灰白色砾岩、含砾砂岩夹粗砂岩 14 m
16. 灰白色交错层理发育的粗砂岩，含砾砂岩（局部成砾岩）与砂质页岩互层，夹薄层煤多层。产植物化石：*Cladophlebis* sp. 169 m
15. 灰绿色砂岩与砂质页岩互层，夹少许碳质页岩及砂质结核 83 m
14. 灰绿色交错层理发育的长石砂岩、砂质页岩及含砾砂岩互层，夹碳质页岩及薄层煤。下部含煤及植物化石：*Cladophlebis argutula* 98 m
13. 灰白色砾岩、含砾砂岩 8 m
12. 灰绿色砂岩、灰色砂质页岩及碳质页岩互层，夹少许薄层煤 40 m
11. 灰白色砾岩及含砾砂岩（局部夹黄色砂质页岩及薄层煤） 37 m
10. 灰绿色至灰黄色石英粗砂岩夹多层砂质页岩及薄层煤。中部产植物化石：*Marattiopsis muensteri* 25 m
9. 灰白至灰绿色交错层理发育的含砾砂岩及砾岩 15 m
8. 白色交错层理发育的长石粗砂岩夹少许黑色页岩及薄层煤 51 m
7. 白色长石粗砂岩及灰黑色砂质页岩，夹煤层。产植物化石：*Cladophlebis* cf. *whitbyensis*，*C. denticulata* 123 m
6. 白色或灰白色长石粗砂岩，具交错层理，局部呈厚层状，厚度变化大 52 m
5. 棕灰、灰黑色含油页岩夹少许扁豆状薄层砂岩 57 m
4. 灰色砂质页岩及薄层砂岩互层 61 m
3. 灰白色砂质页岩，碳质页岩及白色长石粗砂岩，夹煤层。产植物化石：*Cladophlebis denticulata*．*C. whitbyensis* 88 m
2. 白色长石粗砂岩或含砾砂岩夹棕灰色砂质页岩，局部夹薄煤层 75 m
1. 灰白色砾质砂岩 37 m

~~~~~~~~ 不 整 合 ~~~~~~~~

下伏地层：**乌拉山(岩)群** 片麻岩
~~~~~~~~

【地质特征及区域变化】 五当沟组下部以灰白色、灰绿色粗碎屑岩为主，夹砂页岩及多层煤，向上碎屑粒度变细，岩石颜色变深，以砂页岩夹油页岩及煤层为主。

五当沟组的延伸范围只限于阴山地层分区，主要分布在包头市石拐区，在乌拉特前旗营盘湾、乌拉特中旗昂根、察哈尔右翼中旗苏勒图等地亦有分布。各地岩性及厚度变化较大。石拐区自下而上粒度由粗变细，含油页岩层，厚度大于 1 500 m；营盘湾地区本组砾岩增多，厚度大于 2700 m；昂根为长石石英砂岩夹砂砾岩及煤层，厚 421 m；苏勒图一带为中细粒砂岩夹页岩及煤层，厚 811.7 m。五当沟组中含丰富的植物化石：*Equisetites grosphodon*，*Neocalamites carrerei*，*Marattiopsis naglica*，*M. muensteri*，*M. orientalis*，*Todites recurratus*，*Klukia exilis*，*Phlebopteris polypodioides*，*Clathropteris meniscioides*，*Pityophyllum lindstroemi*，*Coniopteris hymenophylloides*，*Cladophlebis fukiensis*，*Pterophyllum angustum*，*Otozamites* cf. *bongalensis*，*Nilssonia brevis*，*Pseudoctenis* cf. *enthiensis*，*Ginkgoites huttoni*，*Sphenobaiera angustiloba*，*Phoenicopsis rigida*，*Podozamites lanceolatus*，*Anomozamites* sp.，*Elatocladus* sp.，*Pagiophyllum setosum*。于本组顶部砂质页岩中含鱼化石：*Eugnathus* sp.。

长汉沟组 J*ĉ* （15-0263）

【创名及原始定义】 田本裕1950年创名，当时称长汉沟系。命名地点在包头市石拐区古城塔长汉沟。原始定义指仅分布在石拐煤田，连续沉积在石拐群之上，其特征为不含煤层，以灰绿色砂砾岩、砂质页岩为主，并见淡水石灰岩、泥灰岩及钙质页岩等。

【沿革】 华北地质局201队（1956）将长汉沟系改称长汉沟组，内蒙古区测一队（1972）在固阳幅1∶20万区调报告中所称砂岩砾岩组大致相当于原始定义标准。《华北地区区域地层表·内蒙古分册》（1978）、《内蒙古地质志》（1991）均使用长汉沟组一名，并简单进行描述。本次清理认为长汉沟组岩性具有特殊性，与五当沟组宏观特征差异明显，具有重要意义，因此仍采用长汉沟组。

【现在定义】 分布于阴山地层分区，整合在五当沟组（包括原召沟组）含煤地层之上的灰色、灰绿色砂砾岩、砂岩、砂质页岩夹石灰岩或泥灰岩，不含煤。与上覆大青山组紫色粗碎屑岩整合接触。

【层型】 选层型同石拐群。

上覆地层：**大青山组** 灰紫色、紫色含砾砂岩夹砾岩

——————— 整 合 ———————

长汉沟组	总厚度181 m
36. 灰色薄层淡水灰岩，灰绿色砂岩及砂质页岩互层，夹少许蓝灰色泥灰岩	45 m
35. 灰色砾岩及含砾砂岩	16 m
34. 灰绿色砂岩及灰色砂质页岩互层夹薄层石灰岩及黑灰色页岩	55 m
33. 灰色砾岩	12 m
32. 灰绿色石英砂岩及灰黄色钙质页岩及砂质页岩互层，夹厚25 m 砾岩，顶部产鱼化石：*Eugnathus* sp.，*Lepidotes* sp.	29 m
31. 灰黄色砾岩	6 m
30. 灰色薄层砂岩、砂质页岩及钙质页岩互层，顶部夹两层石灰岩	18 m

——————— 整 合 ———————

下伏地层：**五当沟组** 棕黑或棕色含油页岩夹砂质页岩

【地质特征及区域变化】 长汉沟组为灰色、灰绿色的碎屑岩夹灰岩及泥灰岩组合，具明显的可填图性，与下伏五当沟组的区别有两点：一是长汉沟组不含煤及油页岩；二是长汉沟组夹有淡水灰岩和泥灰岩。同时长汉沟组分布只限于石拐地区，区域上岩性变化较小，五当沟组分布较长汉沟组广泛。长汉沟组厚度一般小于400 m，目前尚无植物化石记录，仅在钙质页岩和黑色页岩中含鱼化石 *Lepidotes* sp. 和 *Eugnathus* sp. 。

大青山组 J*d* （15-0264）

【创名及原始定义】 孙健初1934年在内蒙古土默特右旗东北的黑牛沟一带创名，当时称大青山系，无命名剖面。原始定义指位于石拐煤系之上的红绿色页岩、砂岩层。

【沿革】 1934年孙健初命名的大青山系，包括了现在大青山组和固阳组的部分层段，1964年改称大青山群，1972年内蒙古区测一队改称大青山组，含义仅限于分布在大青山一带，呈东西向带状分布的一套巨厚的紫、灰绿色相间的陆相粗碎屑岩，厚991～4757 m。测制了黑牛沟、东沟、东沟门、东沟门采石场、西沟门五条拼接剖面代表大青山组。之后《华北地区区域地层表·内蒙古分册》（1978）及《内蒙古地质志》（1991）均按此概念划分大青山组。本次清理仍使用大青山组。

【现在定义】 指分布于阴山地层分区的一套巨厚的紫色、紫红色、灰绿色陆源碎屑岩，岩性主要为砂岩、砂砾岩、砾岩夹粉砂岩及页岩。其上被金家窑子组火山岩不整合覆盖或被李三沟组不整合覆盖，其下与长汉沟组可能为不整合接触，或不整合在太古宇乌拉山（岩）群之上。

【层型】 《中国的侏罗系》（1985）和《内蒙古地质志》（1991）中均选内蒙古区测一队1972年测制的黑牛沟至西沟门五条剖面为本组复合选层型，并在原剖面基础上进行了并层简化及修改。本次清理按《内蒙古地质志》（1991）简化后的土默特右旗黑牛沟—西沟门剖面作为本区大青山组的选层型（111°07′，40°44′），略经修改。

上覆地层：**李三沟组** 黄绿色砾岩夹砂岩

～～～～～～～ 不 整 合 ～～～～～～～

大青山组	总厚度4 408 m
13. 紫灰、紫色厚层状砂岩夹砾岩	1130 m
12. 灰、灰绿色厚层砂质胶结砾岩，夹厚层粗砂岩及长石粗砂岩、粉砂岩，含孢粉	140 m
11. 黄灰、黄绿色砾岩、含砾砂岩夹细砂岩、粉砂岩，含植物：*Nilssonia* sp. *Cladophlebis* sp.，*Pityophyllum* sp.，*Elatocladus* sp.，*Podozamites lanceolatus*	252 m
10. 灰、黄绿、灰绿色厚层砂质胶结砾岩、含砾砂岩，夹粉砂质页岩、钙质页岩、煤线及灰岩透镜体，含植物：*Elatocladus submanchurica*，*Podozamites* sp.	848 m
9. 黄绿、灰绿色厚层砂岩、砂砾岩夹细砂岩、页岩，含植物 *Elatocladus submanchurica*，*Pityophyllum* sp.，*Podozamites* sp.	94 m
8. 紫红、紫灰色厚层砂岩，含砾砂岩与灰、深灰、浅灰色厚层结晶灰岩、含硅质结核和条带灰岩互层	109 m
7. 紫红色砾岩与砂岩互层夹薄层泥灰岩	160 m
6. 灰绿、紫红色砂岩，灰色薄层灰岩，底部灰绿色砂岩与粉砂岩互层夹煤线，含植物 *Pityophyllum* sp.，*P. longifolium*	40 m
5. 紫红、灰绿色砾岩夹砂岩，顶部为灰岩	25 m

4. 灰黑色硅质灰岩与钙质砂岩互层　160 m

3. 紫红色长石砂岩，顶部为褐灰色厚层粗粒钙质胶结砂岩　1015 m

2. 紫红、灰紫、灰黄色粉砂岩、细砂岩夹砾岩　362 m

1. 紫红、灰紫色砾岩与灰紫、灰黄色粗砂岩互层　73 m

～～～～～～ 不 整 合 ～～～～～～

下伏地层：乌拉山(岩)群　片麻岩

【地质特征及区域变化】　大青山组仅见于阴山地层分区，集中分布在土默特右旗、土默特左旗、固阳县、武川县、察哈尔右翼中旗地区。各地岩性及厚度变化显著。土默特右旗至土默特左旗地区以紫色砾岩为主夹不同粒级砂岩及页岩，厚4408 m；固阳县一带为紫色中粗砾岩夹细砾岩，厚620.9 m；旗下营北本组下部为紫色砂砾岩、杂砂岩夹粉砂岩及泥灰岩透镜体，上部为灰绿色砂岩夹泥灰岩，厚1437 m。大青山组中主要含植物化石 *Coniopteris* sp.，*Cladophlebis* sp.，*Ginkgoites* sp.，*Nilssonia* sp.，*Podozamites lanceolatus*，*Pityophyllum longifolium*，*Elatocladus submanchurica*。地质时代为中侏罗世。

红旗组　*Jh*　(15-0265)

【创名及原始定义】　吉林省煤田203队1966年创名。创名地点在吉林省洮南县万宝镇红旗煤矿。原意指碎屑岩为主的含煤地层，从上到下划分为含煤段和底砾岩段。上段以粉砂岩、中粗粒砂岩、泥岩、砂岩及可采煤层，含植物化石；下段以砂岩、砾岩为主。不整合在侏罗系下火山岩组之上，其上被白垩系酸性火山碎屑岩不整合覆盖。时代中侏罗世。

【沿革】　1966年吉林省煤田203队将万红盆地的酸性火山岩之下的含煤碎屑岩称万红群红旗组。1968年203队将该区酸性火山岩之下的含煤碎屑岩又分为二组，上部砾岩层称万宝组，下部细碎屑岩含煤层称红旗组；1975年吉林省煤田公司将红旗组又细分为含煤段，砾岩段；1978年《东北地区区域地层表·吉林省分册》恢复使用203队（1968）的划分方案，自下而上为红旗组、万宝组，1972年辽宁省区测二队在扎鲁特旗幅将相当于红旗组的地层改称为塔他营子组；本次清理认为塔他营子组与红旗组系同物异名，应使用红旗组，停用塔他营子组。同时认为内蒙古区测一队1975年在锡林郭勒盟阿拉坦合力盆地命名的阿拉坦合力群（组）与红旗组亦为同物异名，也应使用红旗组，而停止使用阿拉坦合力群（组）。另外前人在敖汉旗所划北票组亦应改称红旗组。

【现在定义】　指位于万宝组或新民组之下的一套含煤地层，下部以灰白色砾岩夹薄层砂岩为主，上部为砂岩、粉砂岩、泥岩夹数层可采煤，含植物化石。其下不整合在古生界变质火山岩之上。

【层型】　正层型为吉林省红旗煤矿59-13.5孔柱状剖面。区内以辽宁省区测二队1972年测制的扎鲁特旗白音宝力皋苏木塔他营子剖面为次层型（15-0265-4-1）。

【地质特征及区域变化】　红旗组主要分布在扎鲁特旗塔他营子、锡盟阿拉坦合力盆地、锡林浩特盆地及敖汉旗四家子乡和林家地乡。各地区岩石特征、厚度及煤层都有一定差别。万宝、红旗盆地红旗组下部为灰白色砾岩夹砂岩，上部为砂岩、粉砂岩泥岩夹多层煤，厚540 m；延入本区塔他营子盆地红旗组下部为砂砾岩、砂岩，上部为细砂岩、粉砂岩夹煤线，含植物化石 *Podozamites lanceolatus*，*Pityophyllum staratshini*，*Cladophlebis tsaidamoensis*，*Todites williamsoni*，*Neocalamites hoerensis*，*Equisetites lateralis*，*Ginkgo schmidtiana*，*Phoenicopsis speciosa*，*Czekanowskia rigida*，厚101 m；锡盟阿拉坦合力盆地和锡林浩特盆地红旗组为灰色、灰黑色、灰绿色细碎屑岩夹多层煤，含植物化石 *Equisetites lateralis*，*Neocalamites hoerensis*，*Coniopteris hymenophylloides*，*Cladophlebis* cf. *punctata*，*Todites williamsoni*，厚1 047 m；其他地区红旗组为杂色碎屑岩，夹一至二层煤或煤线，厚度一般小于300 m。

【其他】 对于出露在博克图南查伊河下游的查伊河组（大兴安岭区测队，1957），后改称柴河组（内蒙古区调二队，1990），前人对其层位认识不同。大兴安岭区测队（1957）根据所采植物化石 *Neocalamites carrerei*，*Cladophlebis haiburnesis*，*Pityophyllum longifolium*，*Podozamites* sp.，认为时代属晚三叠世。《东北地区区域地层表·黑龙江省分册》(1979) 则认为属早侏罗世，之后各家多有争议。

本次清理认为查伊河组（柴河组）不整合在二叠纪地层之上，被中晚侏罗世火山岩不整合覆盖是客观存在的，但考虑其分布局限，区域上没有可填图性，所以本书将其划入红旗组，停用原划查伊河组和柴河组。其中的黑绿色安山玢岩不属于红旗组，将其划入塔木兰沟组。

万宝组　J*wb*　(15-0266)

【创名及原始定义】 吉林省煤田203队1967年创名，地点在吉林省洮南县万宝镇。由砾岩段、含煤段组成。砾岩段由黄褐、黄绿色砾岩夹砂岩为主，厚180～532 m，含煤段为灰绿—灰褐色中、细粒砂岩、粉砂岩夹薄层凝灰岩，含3～4层薄煤及碳质页岩，厚700～1 095 m，产植物化石。与下伏红旗组呈不整合接触，时代中侏罗世。

【沿革】 1975年吉林省煤田公司将下部细碎屑含煤层称红旗组，砾岩之上的粗碎屑岩含煤层和上覆酸性火山岩一起称万宝组，1978年《东北地区区域地层表·吉林省分册》将酸性火山岩与粗碎屑岩含煤层分开，粗碎屑岩含煤层称万宝组，其上酸性火山岩称呼日格组。之后该区基本按此划分方案使用。本次清理认为呼日格组（或巨宝组）与万宝组层位相当，两者为相变关系，以火山岩为主体夹沉积岩的部分属新民组，以沉积岩夹煤层为主体部分属万宝组。故将这一划分标准的万宝组引入内蒙古境内，代表红旗组之上，塔木兰沟组之下（华北地层大区内多被满克头鄂博组不整合覆盖）与新民组呈相变关系的一套碎屑岩夹煤地层。

【现在定义】 万宝组位于巨宝组之下，红旗组之上的一套含煤岩系。上部由碳质泥岩、粉砂岩、砂岩夹薄煤层和凝灰岩层，产植物化石，下部为砾岩夹砂岩。与上覆巨宝组为整合接触，以厚层凝灰岩为界，与下伏红旗组不整合接触。在内蒙古指红旗组之上，塔木兰沟组之下（或不整合在满克头鄂博组之下）的碎屑岩含煤地层，上部由碳质泥岩、粉砂岩、砂岩夹薄层煤及少量凝灰岩组成，含植物化石，下部为砾岩夹砂岩，与新民组为相变关系。

【层型】 正层型为吉林省万宝镇6、7号孔柱状剖面。区内以突泉县九龙乡和东杜尔基镇，裕民（杜胜）剖面为次层型（15-0266-4-1）。

【地质特征及区域变化】 万宝-红旗盆地万宝组的下部为灰色砾岩、砂砾岩夹砂岩，中部为灰色、灰白色中粗粒砂岩、粉砂岩夹煤层，上部为灰色、灰黑色细粉砂岩，凝灰质砂岩夹煤层，含双壳类 *Ferganoconcha* cf. *sibirica*；植物 *Neocalamites* sp.，*Coniopteris hymenophylloides*，*Raphaelia diamensis*，*Todites williamsoni*，*Cladophlebis* cf. *argutula*，*Phoenicopsis angustifolia*，*Czekanowskia rigida*。万宝组延入大兴安岭及其两侧的突泉县，扎鲁特旗西沙拉、联合村，克什克腾旗黄岗梁、片扑营子，永合营子，喀喇沁旗小牛群等地，岩性总体特征一致，基本为一套灰黄色、灰色、灰黑色砂砾岩、砂岩、粉砂岩夹页岩组合，含不稳定的煤层及煤线，局部为砂质板岩，植物化石的属种与万宝盆地基本一致，厚度一般为200～400 m，局部可达700 m（图17-2）。

万宝组向北延入北疆-兴安地层大区，主要分布在大兴安岭北段主脊两侧。主脊上万宝组

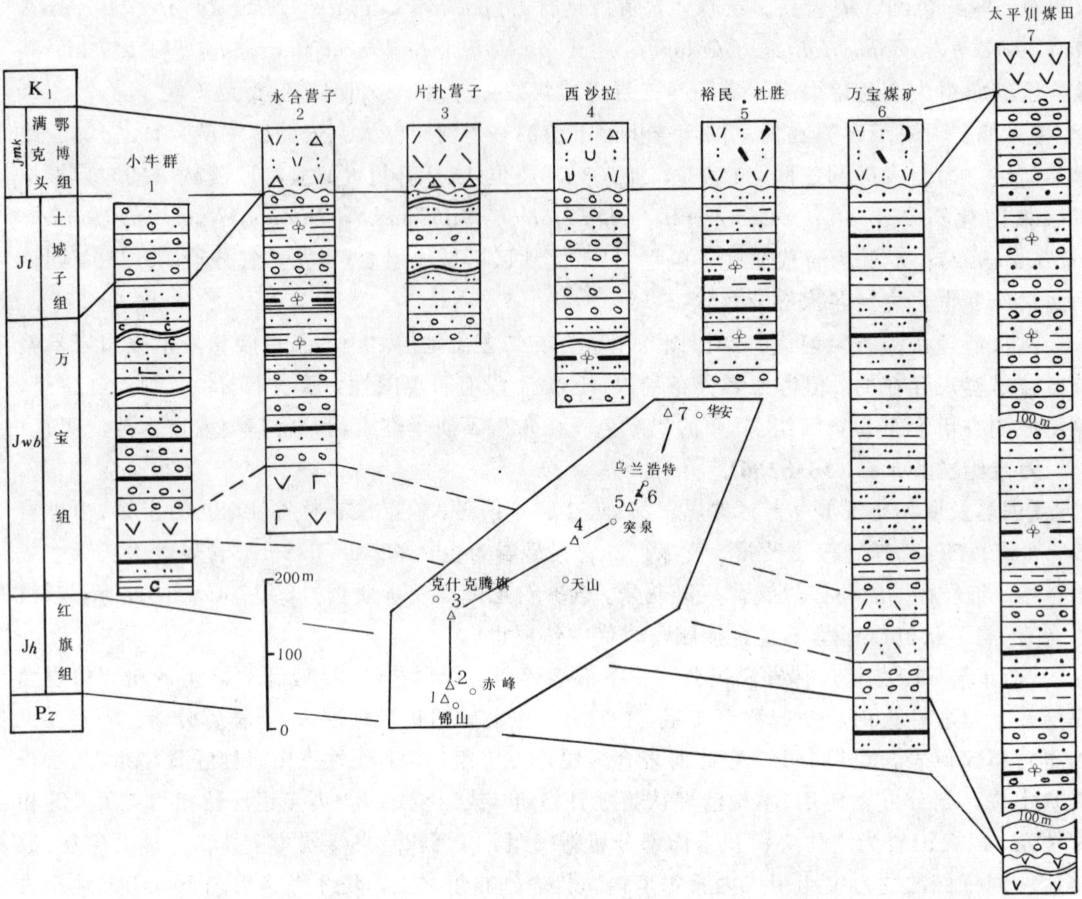

图17-2　万宝组柱状对比图

仅为零星的灰黄色、灰色砂砾岩、砾岩夹砂岩，不含煤，很少含植物化石，厚度一般小于200 m。东坡的太平川盆地万宝组十分发育，下部为灰色、灰黑色、灰白色细碎屑岩夹多层可采煤及少许酸性火山岩；上部为灰白色、灰色粗碎屑岩夹薄层煤及煤线，上下部总厚度达1 237.2 m。西坡万宝组零星分布在新巴尔虎右旗至额尔古纳左旗，以灰黄色、灰色粗碎屑岩为特点，基本不含煤层，局部地区夹煤线及少许酸性凝灰岩，厚度小于400 m。大兴安岭北段及其两侧的万宝组自东南向西北厚度变薄，沉积物粒度变粗，含煤逐渐变少甚至不含煤。

值得指出的是1973年黑龙江省煤田地质勘探公司109队在扎兰屯惠风川—太平川一带建立的太平川组和南平组。其原始含义指太平川组为火山碎屑岩夹沉积岩及煤层，南平组为粗碎屑岩夹煤线，前者在下，后者在上。经过本次清理认为太平川组和南平组在建组剖面上确有上下层位关系，但在区域上无明显界线，野外两组难以区别，不具可填图性，所以本书将两组合并，使用万宝组一名。停止使用太平川组和南平组。

新民组　Jx　(15-0251)

【创名及原始定义】　辽宁省区测二队1972年创名于赤峰市阿鲁科尔沁旗新民乡新民煤矿。原始定义指一套含煤地层，分下中上三个岩性段。下段为灰褐色酸性火山碎屑岩夹沉积岩含三层煤，中段为灰黑色细沉积岩夹煤层，上段为灰紫、灰绿、灰白色酸性凝灰岩夹凝灰质砂岩及煤线，含动、植物化石，与下伏下侏罗统塔他营子组为平行不整合接触，与上覆下兴安岭组火山岩呈角度不整合接触。

【沿革】 新民组自1972年创名后，先后被《辽宁省地质矿产概况》(1976)、《华北地区区域地层表·辽宁省分册》(1978) 等介绍。本次清理认为新民组岩石特征明显区别于万宝组、红旗组、土城子组及满克头鄂博组，作为一个独立的岩石地层单位是有实际意义的，因此仍使用新民组。

【现在定义】 指平行不整合于红旗组含煤沉积岩之上，被土城子组紫红色粗碎屑岩或满克头鄂博组酸性火山岩平行不整合或不整合覆盖的一套杂色酸性火山碎屑岩（局部相变为酸性熔岩）、火山碎屑沉积岩夹沉积岩及煤层，与万宝组为相变关系。

【层型】 新民组层型是由三条剖面构成的组合层型。正、副层型均位于赤峰市阿鲁科尔沁旗新民煤矿，其中正层型为新民煤矿 P_{12}剖面，副层型分别为新民煤矿 P_6剖面和 P_8剖面。正、副层型相距不足500 m。正层型剖面（120°01′，44°04′），据辽宁省区测二队1972年资料，本书略加简化。

上覆地层：**满克头鄂博组** 灰紫色酸性火山角砾岩

~~~~~~~~~~ 不 整 合 ~~~~~~~~~~

新民组	总厚度＞503.2 m
新民煤矿 P_8剖面（副层型）	
14—12. 灰绿色酸性层状、豆状凝灰岩及凝灰熔岩	40.3 m
11. 灰白色流纹斑岩	12.2 m
10. 灰白色薄板状酸性晶屑玻屑凝灰岩顶部有0.5 m厚的黑色粉砂岩	8.3 m
9—7. 灰紫色流纹斑岩夹灰绿色酸性凝灰岩，猪肝色凝灰质粉砂岩及泥灰岩透镜体	40.0 m
6—3. 灰绿色、黄褐色凝灰质砂岩、粉砂岩夹酸性凝灰熔岩、泥灰岩透镜体及煤线，含植物化石碎片	24.9 m
2—1. 灰绿色、白色酸性凝灰岩	3.3 m
新民煤矿 P_{12}剖面（正层型）	
16—15. 灰绿色、白色酸性凝灰岩（接 P_8剖面第1—2层）	27.8 m
14—11. 灰绿色酸性凝灰岩夹四层黑色粉砂岩，每个夹层厚1 m	30.1 m
10—6. 黑色页岩夹泥灰岩及煤线	45.7 m
5—3. 黑色粉砂岩、页岩夹泥灰岩及灰白色酸性玻屑凝灰岩，含双壳类：*Ferganoconcha jorekensis*，*F.* aff. *burejensis*，*F.* aff. *anodontoides*，叶肢介 *Lioestheria* sp.	21.1 m
2. 黑色粉砂质页岩，上部夹两层煤线含植物 *Phoenicopsis* sp.	3.4 m
1. 灰色酸性凝灰岩	4.0 m
新民煤矿 P_6剖面（副层型）	
12. 灰色酸性凝灰岩（接 P_{12}剖面1层）	11.0 m
11. 灰色凝灰质粉砂岩及黄褐色凝灰质砂岩	0.4 m
10—7. 灰色、灰黄色酸性晶屑玻屑凝灰岩	45.0 m
6—1. 灰黄色、深灰色酸性凝灰岩，酸性凝灰熔岩夹凝灰质砂岩，粉砂岩、煤泥及煤线，含植物 *Coniopteris* sp. *Pityophyllum* sp.，*Elatocladus* sp.（未见底）	＞193.0 m

【地质特征及区域变化】 新民组仅分布在乌兰浩特—赤峰地区，尤以新民煤矿至温都花煤矿一带最为发育，岩石以酸性火山碎屑岩为主夹沉积岩及煤层，含植物化石，厚511 m。在
~~~~~~~~~~

西乌珠穆沁旗恩吉岗庙苏木塔少大坝东，巴林左旗碧流台乡黑山头北及克什克腾旗同兴乡陆家窝铺、黄岗梁林场等地，新民组基本为酸性火山岩，灰黄、灰绿、灰黑色粉砂岩、细砂岩、凝灰质板岩并夹煤线，含植物化石 *Phoenicopsis angustifolia*，*Baiera furcata*，*Cladophlebis* sp.，*Equisetites* sp.；双壳类 *Ferganoconcha elongata*。厚93～719 m（图17-3）。

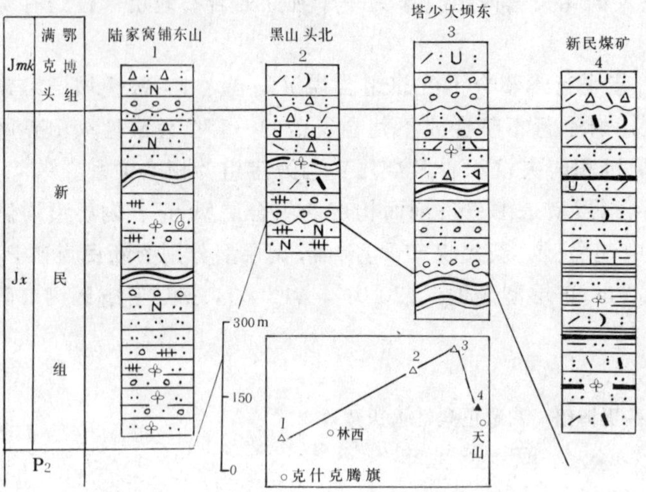

图17-3　新民组柱状对比图

新民组在多数地区未见底界，局部地区见其与二叠纪变质砂岩、板岩呈不整合接触。其上多被满克头鄂博组酸性火山角砾岩、酸性角砾凝灰岩、凝灰质砾岩、砾岩不整合覆盖。本次清理证明塔木兰沟组主要分布在北疆-兴安地层大区内，向南延伸的范围不超过西乌珠穆沁旗—霍林郭勒市—乌兰浩特市一线，而新民组也仅分布在华北地层大区内，向北延伸的范围也不超过此线，因此塔木兰沟组与新民组在客观上并无直接接触关系。就目前的研究成果表明，新民组含煤火山碎屑岩夹沉积岩地层多被满克头鄂博组火山岩不整合覆盖，局部地区可以见到新民组之上被土城子组紫色、紫红色碎屑岩不整合覆盖的接触关系，这一接触关系在克什克腾旗黄岗梁—大麻沟—毛胡沁一带清晰可见。

土城子组　Jt　（15-0273）

【创名及原始定义】　林朝棨1942年在辽宁省北票市土城子创名，当时称土城子砾岩层，未测剖面。原始定义指发育于北票地区位于蒙古营子页岩层之上的一套砾岩层。

【沿革】　长春地质学院1957年扩大土城子组原始含义，将土城子砾岩层和其下的蒙古营子页岩层合并统称土城子组，时代为中侏罗世；同年赵宗溥将凌源一带热河群下火山岩之下的一套红色砾岩称凌源红色砾岩（相当土城子组）；1959年赵宗溥、何铸文在北票一带又将长春地质学院（1957）所划土城子组上部的淡绿色砂岩层划出，称柳条沟组，其下红色砂砾岩层称土城子组；1959年长春地质学院在凌源、喀左旗建昌一带又将土城子组及其上的柳条沟组、孙家梁火山岩和其下的蓝旗火山岩合并统称大杖子组，时代为中侏罗世；1962年辽宁省煤管局辽西大队在北票将上覆孙家梁火山岩改称水泉组。将下伏蓝旗火山岩改称瓦盖山火山岩组，水泉组与瓦盖山火山岩组之间的碎屑岩自上而下分为斜交砂岩层、金岭寺砾岩层、下府页岩层；1967年辽宁省区测队在朝阳北票地区将上述斜交砂岩层、金岭寺砾岩层，下府页岩层分别改为三段、二段、一段，并合称土城子组；在此之后辽宁省区测队将辽西地区义县组之下，蓝旗组之上的红色碎屑岩层一直称土城子组；河北省区测队在冀北将这套地层改称后城组。

土城子组应用到本区是在1967年下洼幅1:20万区调报告中，含义为义县组火山岩之下蓝旗组火山岩之上的紫红色砾岩和凝灰质砂岩。《内蒙古地质志》(1991) 仅在宁城-敖汉地层小区使用土城子组，认为其他地区缺失。本次研究发现土城子组在区内广泛分布在宁城-敖汉地层小区和大兴安岭-燕山地层分区。如小牛群西北、喀喇沁旗娄子店乡朝阳沟北山、克什克腾旗胡萝卜淖、新庙乡庙台里东山、黄岗梁至毛胡沁一带、林西县五十家子，霍林河西北，扎赉特旗大神山、牙克石市绰尔镇塔木兰沟。土城子组在大兴安岭-燕山地层分区内作为一个区域性的标志层是具有重要意义的，其以紫色陆源碎屑岩组合为特征，易于区别其下的中基性火山熔岩和其上的酸性火山岩夹沉积岩组合。因此本次清理使用土城子组。

【现在定义】 指广泛分布在大兴安岭-燕山地区的紫红色碎屑岩，下部为紫色、紫红色、灰绿色砾岩、砂岩、粉砂岩、粉砂质页岩，中部为灰紫色、黄褐色复成分砾岩夹砂岩及岩屑杂砂岩，上部为灰绿色砂岩、凝灰岩偶夹紫红色砾岩，含动、植物化石。其下平行不整合在塔木兰沟组或不整合在万宝组及新民组之上，其上被满克头鄂博组不整合覆盖。

【层型】 选层型为辽宁省朝阳市长宝营子乡项家杖子至花张营子土城子组剖面。区内次层型为赤峰市喀喇沁旗娄子店乡朝阳沟北山剖面 (15-0273-4-1)。

【地质特征及区域变化】 内蒙古境内土城子组岩性特征明显区别于上下岩石地层单位，区域上具有较好的填图性。在喀喇沁旗朝阳沟为紫色杂砾岩、杂砂岩夹细、粉砂岩，厚1503 m。小牛群西北为紫色凝灰质砾岩、杂砂砾岩，厚197 m。至克什克腾旗胡萝卜淖、黄岗梁、大麻沟、庙台里东山及林西县五十家子一带为紫色杂砾岩、杂砂岩夹细粉砂岩。向北土城子组延入北疆-兴安地层大区，岩性特征有一定变化。而且目前仅见于霍林河西北的浑迪罕乌拉和牙克石市绰尔镇塔木兰沟。前者为紫色砂砾岩夹沉凝灰岩及中酸性熔岩、酸性凝灰岩，厚度小于400 m，后者为杂色凝灰质砾岩、砂砾岩（见图17-4）。区内土城子组中尚未发现化石，据河北区调

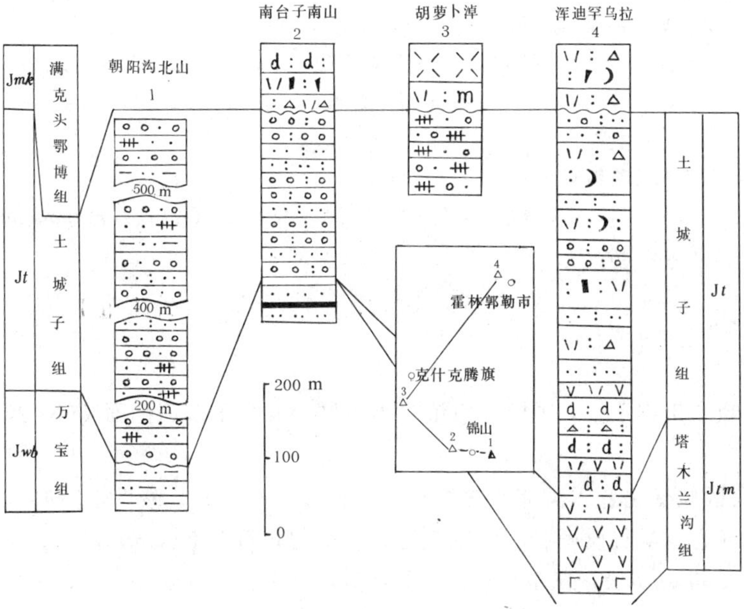

图17-4 土城子组柱状对比图

队介绍在辽宁省建昌县要路沟于土城子组采到过 *Pityocladus* sp.，*Coniopteris* cf. *burejensis* 等植物化石。以往认为土城子组的分布范围仅限于辽西和冀北地区，在内蒙古境内也只在敖汉旗和喀喇沁旗有零星出露。经本次对比研究，野外实地核查以及实测剖面，改变了这种看法。对原划为满克头鄂博组下部、新民组、万宝组或塔木兰沟组上部层位的一套以紫红色为主体的陆相碎屑岩应单独划出，作为一个岩石地层单位，名为土城子组。

满克头鄂博组　J*mk*　(15-0255)

【创名及原始定义】　辽宁省区测二队（1974）创名于哲里木盟扎鲁特旗阿日昆都楞苏木满克头鄂博山。原始定义指中侏罗统新民组之上，上侏罗统玛尼吐组之下的酸性火山岩、火山碎屑沉积岩、沉积岩及少许安山岩。

【沿革】　满克头鄂博组创名后在赤峰市地区按原始定义使用至今，唯傅加友（1982）在赤峰南部地区改称南台子组。分布于锡林郭勒盟地区的这套酸性火山岩夹沉积岩地层内蒙古区测一队（1976）改称查干诺尔组；吉林省区调队（1977）在兴安盟地区改称呼日格组；黑龙江省区调二队（1981）在呼伦贝尔盟地区进一步细分为吉祥峰组、木瑞组、上库力组下段。本次经野外核查证明上述各岩石地层单位无论是岩性特征，还是相对层位完全可对比，因此本着造山带内岩石地层单位易粗不易细的原则，统一使用满克头鄂博组，而停用上述地层单位名称。

【现在定义】　指不整合于林西组、土城子组、万宝组或新民组之上，被玛尼吐组整合覆盖的酸性火山熔岩、酸性火山碎屑岩、火山碎屑沉积岩，偶夹中性火山岩。

【层型】　正层型为扎鲁特旗阿日昆都楞苏木满克头鄂博山剖面（119°53′，45°14′；据辽宁省区测二队，1974）。

满克头鄂博组	总厚度＞208.4 m
5. 浅灰白色、灰紫色酸性含角砾晶屑玻屑熔结凝灰岩，底部可相变为沸石化酸性火山角砾岩，(未见顶)	＞86.5 m
4. 棕色强硅化酸性玻屑晶屑凝灰岩	2.1 m
3. 灰白色、浅灰色、灰紫色凝灰质页岩，含双壳类 *Ferganoconcha curta*，*F. subcentralis*，*F. elongata*；植物：*Ginkgoites* sp.，*Cladophlebis* sp.，*Baiera gracilis*，*Phoenicopsis* sp.	59.8 m
2. 灰白色层状酸性角砾岩屑凝灰岩	15.6 m
1. 灰白色酸性火山角砾岩、夹灰白色、灰色层状酸性玻屑凝灰岩，含双壳类 *Ferganoconcha sibirica*，*F. subcentralis*	44.4 m

～～～～～～ 不 整 合 ～～～～～～

下伏地层：**林西组**　灰色板岩

由于正层型地层出露不全，选择喀喇沁旗小牛群—南台子南山剖面（118°27′，41°59′）为次层型以作补充。

【地质特征及区域变化】　满克头鄂博组为杂色酸性凝灰岩、酸性熔结凝灰岩、流纹岩、英安岩夹凝灰质砂岩、凝灰质砾岩、沉凝灰岩，含植物化石 *Czekanowskia* sp.，*Phoenicopsis anyustifolia*，*Pityophyllum staratshchini*；叶肢介 *Magumbonia parameca*，*Nestoria* sp.，*Keratestheria* sp.；双壳类 *Ferganoconcha sibirica*。

本组在横向上岩性及厚度变化较大。赤峰地区以酸性熔岩、凝灰岩、熔结凝灰岩夹凝灰质砂岩为特点，厚1 500 m。阿鲁科尔沁旗新民乡奶头山满克头鄂博组黄灰色流纹岩不整合在新民组灰黄色凝灰质砂岩、粉砂岩之上。林西县五十家子、克什克腾旗庙台里东山、胡萝卜淖、喀喇沁旗小牛群西北满克头鄂博组不整合在土城子组紫红色碎屑岩之上。其他地区满克头鄂博组不整合在林西组灰色板状千枚岩、粉砂岩或大石寨组火山岩之上。在锡盟地区满克头鄂博组为酸性火山碎屑岩、酸性熔岩、酸性熔结凝灰岩夹中酸性火山碎屑岩及沉积岩，含叶肢介化石 *Nestoria* sp.，*Leuroestheris* sp. 及植物化石，厚500～1 500 m。在乌兰浩特至霍林河一带满克头鄂博组以英安质凝灰岩、酸性熔结凝灰岩、流纹岩夹凝灰质砾岩、砂砾岩、沉凝灰岩为主，含叶肢介 *Nestoria* sp.，厚度约1 000 m。

满克头鄂博组向北延入北疆-兴安地层大区，大致相当于该区已往所划上库力组下部酸性火山岩夹沉积岩部分，本次清理统称满克头鄂博组。主要分布在额尔古纳左旗、额尔古纳右旗、满洲里市、博克图及新巴尔虎右旗地区，岩石以灰色、灰白色、灰紫色、黄色酸性火山碎屑岩，酸性熔岩夹凝灰质砂岩、沉凝灰岩、粉砂岩为主，局部可相变为中酸性火山岩或以火山碎屑沉积岩夹沉积岩为特点，含叶肢介 *Nestoria* cf. *pissovi*，*Sentestheria banjietaensis*，*Magumbonia* sp. 及植物化石，厚度小于600 m。其下不整合在塔木兰沟组（局部为土城子组）中基性火山岩之上（见图17-5）。

另外，在赤峰市敖汉旗新地乡、丰收乡西里沟、孟家沟等地，出露一套灰色、白色、浅黄色、灰绿色和紫红色流纹斑岩、石英斑岩、英安岩、酸性凝灰熔岩、角砾熔岩、凝灰岩夹砂砾岩及硅质页岩等酸性火山岩及沉积岩组合，未见动植物化石，厚度为200～1000 m。其下不整合在二叠系或华力西期花岗岩之上，被义县组不整合覆盖。前人认识不一致，曾据其不整合在义县组之下而置于蓝旗组（内蒙古区测二队，1967），或因与辽西标准蓝旗组的中基性火山熔岩及其碎屑岩在岩性特征上相差太大而归属南台子组（傅加友，1982）。本次研究认为这套地层被义县组不整合覆盖，其下不整合在二叠纪地层之上，本区早中侏罗世地层均为含煤地层，上述不含煤，以酸性火山岩为主体，从岩性特征及相对层位考虑，归入满克头鄂博组是适宜的，而不使用蓝旗组，停用南台子组。

玛尼吐组　J*mn*　(15-0256)

【创名及原始定义】　李继海等（1974）创名于巴林右旗岗根苏木床金嘎查玛尼吐西山。原始定义指以安山岩为主夹凝灰质细砂岩和钙质泥（板）岩，个别地段以火山碎屑岩，沉积岩占优势的地层。

【沿革】　玛尼吐组命名后至1982年内蒙古区调二队基本按原始定义划分玛尼吐组，认为上部安山岩与下部沉积岩夹火山岩地层均为玛尼吐组。1982年以后内蒙古区调二队及谭琳（1991）曾将下部沉积岩夹火山岩地层划归下伏满克头鄂博组，玛尼吐组含义仅限定上部以安山岩为主的层段。对于赤峰南部地区这套中性火山岩夹沉积岩地层，傅加友（1982）曾改称龙山组。内蒙古区测一队（1976）在锡盟地区将同样一套以中性或偏碱性火山岩夹沉积岩的地层称道特诺尔组。吉林省区调队（1977）在乌兰浩特地区将一套紫色碎屑岩夹安山岩或中性凝灰岩地层称傅家洼子组。本次清理经充分的室内研究和野外核查，认为上述各地区出露的以中性或偏碱性火山岩夹沉积岩为主的地层，在区域上位于两套酸性火山岩夹沉积岩之间，应作为一个岩石地层单位处理，以便在区域上有更好的延伸填图性，所以本书均称玛尼吐组，停用龙山组、道特诺尔组，不使用傅家洼子组。本次清理认为安山岩为火山溢流相产物，横向极不稳定，延伸范围有限，含义仅限定在安山岩内区域上可填图性较差，因此使用本次修订后的玛尼吐组。

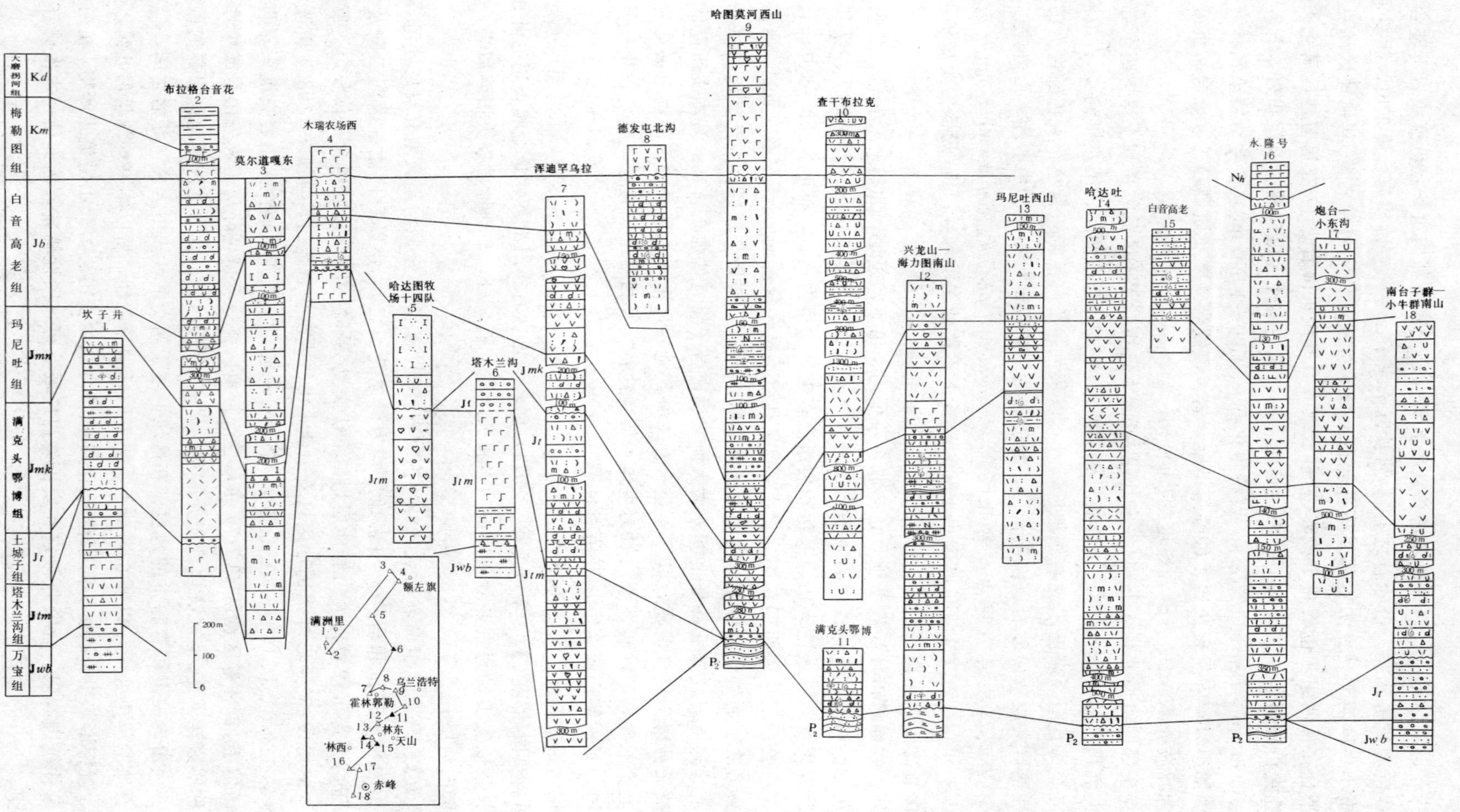

图17－5满克头鄂博组、玛尼吐组、白音高老组柱状对比图

【现在定义】 指整合于满克头鄂博组之上，白音高老组之下的中性火山熔岩、中酸性火山碎屑岩夹粗安岩、火山碎屑沉积岩、沉积岩夹少量酸性火山岩地层。其下与满克头鄂博组以安山岩大量出现为界，其上以酸性火山岩大量出现与白音高老组分界。

【层型】 正层型为赤峰市巴林右旗岗根苏木床金嘎查玛尼吐西山剖面（118°46′，44°05′；据李继海等，1974）。

上覆地层：**白音高老组** 灰绿色酸性玻屑凝灰岩

——————— 整 合 ———————

玛尼吐组	总厚度183.0 m
14. 紫褐色安山质火山角砾岩，可相变为紫色凝灰质砂岩	6.0 m
13. 灰紫色流纹状局部层状安山岩，与英安岩或中酸性角砾凝灰岩互层	21.0 m
12. 暗紫色破碎角砾状安山岩或英安质构造角砾岩	12.0 m
11. 灰绿、暗紫色流纹状安山岩	19.0 m
10. 灰绿色自碎角砾状安山岩与杏仁状安山岩互层，夹灰绿色中粒凝灰质砂岩	5.0 m
9. 暗褐色安山质英安岩，K－Ar 法全岩年龄为120 Ma，Rb－Sr 法等时线年龄为149 Ma	37.0 m
8. 灰绿、深灰色向上渐变为暗褐色安山岩	83.0 m

═══════ 断层接触 ═══════

下伏地层：**满克头鄂博组** 灰色酸性晶屑玻屑凝灰岩

上述玛尼吐剖面不完整，故以什克腾旗永隆号剖面作次层型（118°06′，43°07′）。

【地质特征及区域变化】 该组分布广泛，在额尔古纳右旗、额尔古纳左旗、满洲里市、新巴尔虎右旗、博克图、东乌珠穆沁旗、乌兰浩特市、赤峰市地区均有出露。总体以灰紫色、灰色、灰绿色安山岩、粗安岩、英安岩、中性凝灰岩夹凝灰质砂岩、沉凝灰岩为特征，横向上有从北向南岩性由偏碱性火山岩向中性火山岩过渡的特点。如满洲里市、新巴尔虎右旗、额尔古纳左旗、额尔古纳右旗、博克图地区岩性主要为粗面岩、粗安岩、石英粗面岩、安山岩及英安质火山碎屑岩，偶夹凝灰质砂岩。乌兰浩特地区为辉石安山岩、安山岩及英安质火山碎屑岩。赤峰市北部为安山岩、英安岩及英安质火山碎屑岩。各地区均夹有厚度不等的火山碎屑沉积岩及正常沉积岩，不含动、植物化石，厚度一般为几百米，局部可达千米以上（见图17-5）。

白音高老组 *Jb* （15-0257）

【创名及原始定义】 辽宁省区测二队（1974）创名于赤峰市巴林左旗哈达英格乡白音高老。原始定义：上部为酸性熔岩、凝灰岩、英安质熔结凝灰岩，下部为凝灰质砂砾岩、细砂岩夹粉砂质泥质页岩及少量酸性凝灰岩、熔岩，含动、植物化石，整合在玛尼吐组中性火山岩之上，被梅勒图组中基性火山岩不整合覆盖。

【沿革】 白音高老组命名后，内蒙古区调二队在赤峰地区一直按原始定义使用至今。吉林省区调队（1977）在乌兰浩特地区称宝石组。内蒙古区调一队（1979）在锡盟地区称布拉根哈达组。黑龙江省区调二队（1981）在博克图地区将相当于白音高老组的地层划归上库力组上段。本次清理认为，尽管各家名称各异，但所划分的岩石地层单位的岩性特征和层位是一致的，因此应作为一个岩石地层单位，采用白音高老组，停用宝石组、布拉根哈达组、上库力组。

【现在定义】 为杂色酸性火山碎屑岩、酸性熔岩、酸性熔结凝灰岩夹中酸性火山碎屑岩、火山碎屑沉积岩、沉积岩及安山岩。其整合在玛尼吐组中性火山岩之上，被梅勒图组中基性火山岩不整合覆盖。

【层型】 正层型为赤峰市巴林左旗哈达英格乡白音高老剖面（119°18′，43°56′），据辽宁省区测二队1971年实测资料。

白音高老组 总厚度＞187.4 m

19. 灰白色凝灰质细砂岩（未见顶） ＞13.2 m

18. 褐黑色凝灰质含砾中粗粒砂岩 10.9 m

17. 灰白色凝灰质细砂岩，相变为凝灰质不等粒砂岩并夹一薄层含植物化石碎片的黄绿色粘土质粉砂岩 15.6 m

16. 灰白色凝灰质中粒砂岩，中部夹一层灰白色凝灰质含砾不等粒砂岩，顶部夹一薄层含植物化石碎片的黄绿色凝灰质粉砂质泥岩 33.8 m

15. 紫色安山质英安岩 7.5 m

14. 黄色凝灰质细砂岩，含双壳类 *Ferganoconcha sibirica* 8.1 m

13. 黄色凝灰质含砾不等粒砂岩，夹一薄层浅黄色安山岩 29.7 m

12. 灰色及灰绿色凝灰质粉砂质粘土岩，顶部为黄色及灰色凝灰质细砂岩，含叶肢介 *Keratestheria bukaczensis*，*K. rugosa*，双壳类 *Ferganoconcha sibirica*，*F. jorekensis*，*F. subcentralis*，*F. curta* 7.4 m

11. 黄色沉凝灰岩 4.4 m

10. 黄绿色粉砂岩夹细砂岩，粉砂岩中含叶肢介 *Keratestheria rugosa*，*K. bukaczensis*，双壳类 *Ferganoconcha sibirica* 3.8 m

9. 灰色安山岩 9.4 m

8. 黄色、黄绿色凝灰质中粗粒砂岩夹粉砂岩，粉砂岩中含叶肢介 *Keratestheria* sp. 34.2 m

7. 浅黄色凝灰质中细粒砂岩 9.4 m

═══════ 断层接触 ═══════

下伏地层：玛尼吐组 安山岩

正层型不完整，选择克什克腾旗永隆号剖面作为次层型（118°06′，43°07′）。

【地质特征及区域变化】 白音高老组分布十分广泛，在大兴安岭及其两侧地区均有出露。岩石主体以酸性火山岩夹沉积岩为特点，但区域上有一定的变化。建组地区以酸性火山岩夹沉积岩为主，含叶肢介 *Keratestheria rugosa*，*K. bukaczensis*；双壳类 *Ferganoconcha sibirica*，*F. subcentralis*，厚度小于300 m。向南白音高老组以具有沸石化的酸性火山碎屑岩，熔结凝灰岩夹沉凝灰岩及沉积岩为特点，很少含化石，厚度为300～800 m。向北白音高老组延伸到扎鲁特旗查干布拉克和科尔沁右翼前旗哈图莫河一带，为酸性火山岩夹沉积岩，含叶肢介 *Magumbonia* sp.，*Jibeimnodia levidensa*；植物 *Ginkgoites obruschew*，*Schizolepis moelleri*，厚1 500 m。延伸至科尔沁右翼前旗德发屯、树木沟一带为酸性火山岩夹沉积岩地层，含叶肢介 *Nestoria* sp.，*Keratestheria rugosa*，厚300～500 m。新巴尔虎右旗地区以凝灰质砂砾岩、沉凝灰岩夹酸性火山岩为主，厚度约500 m。博克图地区以酸性火山熔岩、酸性火山碎屑岩夹沉积岩为主，厚度小于300 m（见图17-5）。

巴音戈壁组 K*b* （15-0306）

【创名及原始定义】 宁夏区调队（1980）命名于内蒙古乌拉特后旗巴隆乌拉山。原始含义为灰白、褐红、桔红色砂砾岩、灰黄色砂岩、灰黑色泥页岩夹泥质岩及油页岩，含动、植物化石，上与苏红图组整合接触，下限不清。

【沿革】 本组自1980年命名后无变化，因此、本次仍使用巴音戈壁组。

【现在定义】 指分布于阿拉善左旗北部，整合于苏红图组火山岩之下的灰白、褐红、桔红色砂砾岩、灰黄色砂岩、灰黑色泥页岩及油页岩组合，含动、植物化石。下界不清。

【层型】 正层型为乌拉特后旗巴隆乌拉山剖面（105°44′，40°58′）。

上覆地层：**苏红图组** 玄武岩

——————— 整 合 ———————

巴音戈壁组　　总厚度＞654.9 m

5. 上部为紫灰、灰绿、蓝灰色页岩夹碳质页岩和泥质粉砂岩，中部为灰绿、蓝灰色页岩及黑色油页岩，下部为黑色油页岩夹少量褐色钙质粉砂质页岩。产植物化石 *Elatocladus* sp. *Brachyphyllum* cf. *obesum*，*Sphenobaiera* cf. *longifolia*，*Baiera* sp.　　233.6 m

4. 灰黑色薄层状粉砂质灰岩，产植物化石 *Elatocladus* sp.，鱼类 *Leptolepis ormis*，*Lycoptera woodwardi*　　189.3 m

3. 黄褐色薄层钙质长石细砂岩夹页岩　　160.9 m

2. 黄褐色钙质砂砾岩　　19.7 m

1. 灰白色砾岩（未见底）　　＞51.4 m

【地质特征及区域变化】 巴音戈壁组在巴丹吉林沙漠边缘分布广泛。额勒斯太一带出露本组上部，岩性为灰黑色、灰绿色泥岩、页岩与粉砂岩互层，夹泥灰岩，厚247 m，产双壳类、腹足类、介形类化石。其上被乌兰苏海组不整合覆盖。塔布陶勒盖一带，主要为泥晶灰岩，产植物 *Sphenolepis* sp.，*Podozamites* sp.，*Ginkgoites* sp.；鱼化石 *Lycoptera* sp.，*Asiatolepis* sp.，厚度大于706 m。宝格其盆地为砂岩及砂砾岩组合，产爬行类 *Psittacosaurus mongoliensis*。恩根陶来一带下部为粗碎屑岩组合，厚度达1 080 m，迄今未见化石。

巴音戈壁组在本分区内多不整合在晚石炭世阿木山组或华力西期、印支期花岗岩体之上，少数地区不整合在龙凤山组或沙枣河组之上（见图17-6）。

苏红图组　K*s*　（15-0305）

【创名及原始定义】 宁夏区调队（1980）在内蒙古阿拉善左旗乌力吉苏木北苏红图创名。原始定义为一套中基性火山岩，主要为黄绿色、紫红色安山岩、玄武岩、砂岩、粉砂质泥岩夹泥质岩，在泥质岩中含化石，底界划在最下面一层中基性熔岩的底界面，上界划在最上面一层中基性熔岩的顶界面。

【沿革】 自1980年创名后，含义没有变化，本次清理仍使用苏红图组及其原始含义。

【现在定义】 指整合于巴音戈壁组之上的一套中基性火山熔岩，主要为黄绿色、紫红色安山岩、玄武岩、砂岩、粉砂质泥岩及泥岩，在泥质岩中含动植物化石。其下与巴音戈壁组整合接触，上被乌兰苏海组不整合所覆。

【层型】 正层型为阿拉善左旗乌力吉苏木北苏红图剖面（104°13′，41°11′；据宁夏区调队，1980）。

上覆地层：**乌兰苏海组** 灰色砾岩

~~~~~~~~ 不 整 合 ~~~~~~~~

苏红图组　　总厚度＞448.2 m

13. 下部为暗紫灰色方沸石玄武岩，中部暗灰色蚀变云母玄武岩，上部为灰黄色伊丁石玄
~~~~~~~~

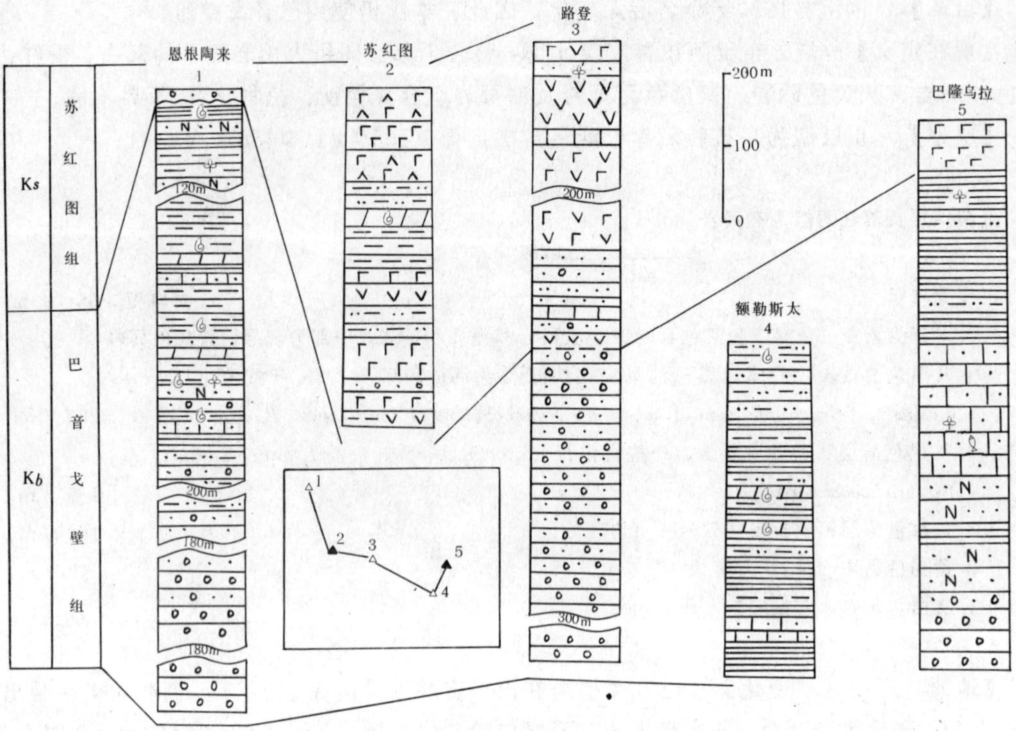

图17-6　巴音戈壁组、苏红图组柱状对比图

武岩夹蚀变云母玄武岩	120.7 m
12. 灰黑色橄榄玄武岩夹杏仁状安山玄武岩	35.5 m
11. 下部为黄绿色粉砂质泥岩，上部为褐红色泥质粉砂岩，中部夹泥薄层灰岩。在泥灰岩中产 *Diestheria* cf. *yixianensis*，*Sphaerium jeholense*，*S. selenginense*，*Cypridea*	106.7 m
10. 蚀变云母玄武岩夹灰黑色橄榄玄武岩	16.9 m
9. 灰黄绿色气孔状杏仁状安山岩，中部夹灰黑色伊丁石玄武岩	22.5 m
8. 灰色钙质粉砂岩	41.3 m
7. 灰、暗灰色斜长玄武岩	14.5 m
6. 暗灰绿色蚀变云母玄武岩夹拉斑玄武岩	33.4 m
5. 灰黑色橄榄玄武岩	9.4 m
4. 灰黄色钙质胶结砂砾岩	4.1 m
3. 灰黑、灰绿色安山玄武岩，下部夹薄层流纹质岩屑凝灰熔岩	26.5 m
2. 灰黑色橄榄玄武岩	7.9 m
1. 暗灰绿色云母安山岩（未见底）	＞8.8 m

【地质特征及区域变化】　主要分布于苏红图盆地，乌力吉盆地也有零星分布，总体为一套中基性熔岩，各地岩性略有差异。在苏红图一带为碱性玄武岩及玄武岩，厚448.2 m。在阿尔苏亥一带以玄武粗安岩，碱性玄武岩为主，厚946.7 m。在沙拉呼勒斯附近，主要为玄武粗安岩、粗安岩，厚694.2 m。在路登一带为安山玄武岩，厚607.5 m。而在巴彦呼都格以南则全为粗安岩，厚度不足50 m（见图17-6）。

不论火山岩厚度大小，在其夹层粉砂质泥岩或泥灰岩中均产脊椎动物化石 *Psittacosaurus*

sp.；叶肢介 *Eosestheria* sp.，*Diestheria* cf. *yixianensis*；双壳类 *Sphaerium jeholense*，*S. selenginense*；介形类 *Cypridea* sp.。苏红图组最低层位的火山岩，在不同地区可以覆盖在巴音戈壁组不同层位之上或前白垩纪地层之上。

庙沟组　K*mg*　(15-0303)

【创名及原始定义】　甘克文、孟庆麟、张家环（1953）在阿拉善右旗大狭河一带创名，当时称庙沟层，未指定层型。原始定义："上部的南部为暗棕红色泥砂岩夹砂砾岩，厚104～277 m。北部为棕黄灰色砾岩，厚167～1 000 m；下部的南部为紫红色砾岩夹泥砂岩，含钙质结核，厚267～1 050 m。北部为黄色砾岩、砂岩夹灰绿色泥质砂岩，厚730 m。与上覆金刚泉统、下伏沙枣河统平行不整合或不整合接触。"

【沿革】　1954年石油工业部潮水地质大队在潮水盆地西部庙沟将该套地层称庙沟群。1969年石油工业部108队将贺兰山西麓的该套地层称庙山湖组。1986年地质部第三普查大队将分布于哈乌拉山东侧和巴彦乌拉山两侧的该套地层称大水沟组。《内蒙古地质志》（1991）称庙沟组。本次研究认为庙沟组、庙山湖组、大水沟组岩性、岩相、生物特征基本一致，三者基本是同期在异地近似的沉积环境下形成的。庙山湖组、大水沟组与庙沟组为同物异名应停用。

【现在定义】　指分布于阿拉善右旗和阿拉善左旗南部不整合于沙枣河组之上的棕红、紫红色砾岩、砂砾岩，黄绿色砂岩、砂质泥岩及泥灰岩组合。其上被金刚泉组整合或平行不整合覆盖。

【层型】　选层型为阿拉善右旗大狭河剖面（101°08′，38°58′）（甘克文等，1953）。

上覆地层：**金刚泉组**　砾岩

——————　整　合　——————

庙沟组	总厚度426 m
4. 深棕红色泥岩夹天青色砂岩及砾岩凸镜体，泥岩有不连续的泥灰岩团块，裂缝中有方解石脉	48 m
3. 深棕色砂质泥岩夹薄层砾岩和砾岩透镜体	39 m
2. 暗红色砾岩夹少量粉砂质泥岩，砾石以圆球度较好的黄绿色、紫红色砂砾为主	104 m
1. 暗红色砾岩夹泥质砂岩薄层和透镜体，砾石以圆度较好的黄绿色、紫红色砂砾石为主	235 m

~~~~~~~~~~　不　整　合　~~~~~~~~~~

下伏地层：**沙枣河组**　砂砾岩

【地质特征及区域变化】　在东山庙、泉墩子一带，以红色、褐黄色粗碎屑岩为主，厚300～700 m。在阿拉善右旗狼娃山一带出露较全，以灰紫色厚层砾岩夹砂砾岩、粉砂质泥岩及砾岩、含砾粗砂岩、紫红色钙质粉砂岩为主，厚1 042 m。在阿拉善右旗长井子、红圪瘩等地，下部为土黄色、黄褐色、灰白色、砖红色砾岩、粗砂岩，上部为黄绿色砂砾岩、粉砂质泥岩、泥灰岩，顶部为灰色粉砂质泥岩夹砂岩、泥灰岩，厚1 419 m。雅布赖盆地西南交夹沟、独青山、红沙泉一带，下部为紫红色、砖红色砂岩、灰绿色砂岩、泥岩夹紫红色泥岩、砂砾岩、石膏等，厚321～469 m，产腹足类、叶肢介、介形虫等化石；上部砖红色、灰白色砂砾岩、砾岩、砂岩，厚500 m。北部黑山头、三个井等地，为一套红色碎屑岩，下部为砖红、灰红、暗紫红色长石砂岩与粉砂质泥岩互层，含叶肢介；上部为暗紫、紫灰色砂岩、含砾粗砂岩夹粉砂岩，厚度200至600 m 左右。本组粉砂质泥岩及泥岩中含爬行类 *Psittacosaurus* sp.；叶肢介 *Diestheria* sp.，*Eosestheria* sp.，*Yanjiestheria* sp. 及丰富的介形虫。
~~~~~~~~~~

金刚泉组　K*j*　(15-0302)

【创名及原始定义】　甘克文、孟庆麟、张家环1953年于内蒙古阿拉善右旗金刚泉一带创名，当时称金刚泉层，未指定层型。原始定义指上部浅桔黄、灰白色砂砾岩与棕红色泥砂岩互层，在北部全为灰白色砾岩；中部深棕黄色至棕红色砂岩及泥砂岩夹灰绿色泥岩与灰色砂岩薄层，泥岩中含钙质结核层；下部浅灰黄，棕紫色砂岩与含灰绿、棕红色泥砂岩夹层的砂岩。中下部含动植物化石，与上覆甘肃系、下伏庙沟统平行不整合或不整合接触。

【沿革】　石油工业部潮水地质大队1954年曾改称金刚泉群，自《内蒙古地质志》(1991) 出版始，本区一直使用金刚泉组。本次仍使用金刚泉组。

【现在定义】　指一套以棕红色为主，夹棕黄、灰白、灰绿色的砾岩、砂岩以及泥岩夹砂砾岩，产脊椎动物化石。其下界与庙沟组整合或平行不整合、不整合接触，上界被掩盖。

【层型】　以内蒙古阿拉善右旗阿姆各井—大狭河剖面为选层型（101°17′，38°58′；据甘克文等，1953)。

金刚泉组	总厚度＞727.5 m
6. 棕黄、灰黄色、灰白色细砾岩，灰棕黄色砂质泥岩互层（未见顶）	＞168 m
5. 棕红色、内有灰绿色、灰黑色斑点及铁质结核的砂质泥岩为主，夹灰黄色、灰白色细砾岩、灰白色细砂岩	82 m
4. 以棕黄、棕红、灰绿色块状致密泥岩为主，夹少量灰白色、棕红色细砾岩、砾状砂岩、细砂岩和灰绿色砂质泥岩	190 m
3. 灰褐色、灰白色、暗红色、棕红色块状泥岩为主，夹灰白色泥灰岩，浅棕、灰褐、天青色斑点的砂质泥岩、灰白色砾状砂岩	76.5 m
2. 灰白色、灰红色、灰黄色细砾岩，灰白色砾状砂岩，含砾砂岩和暗紫色、棕红色泥岩、泥质砂岩、砾岩和泥岩	164 m
1. 深红色泥岩夹灰白色细砾岩及天青色、浅灰色、棕红色、灰白色细砂岩，底部为砾岩	47 m

～～～～～～ 不　整　合 ～～～～～～

下伏地层：**庙沟组**　深棕红色泥岩

【地质特征及区域变化】　金刚泉组仅分布于潮水盆地，南部为棕红色砾岩夹砂岩及少量泥岩，厚500 m，含爬行类 *Protoceratops* sp.；北部以灰白色砾岩为主，厚700 m。

乌兰苏海组　K*w*　(15-0304)

【创名及原始定义】　内蒙古区调一队 (1986) 创名于额济纳旗乌力吉苏木乌兰苏海。原始定义指以粒度不等的砂泥岩沉积为主。

【沿革】　该组1975年以前均被划为上新统和渐新统，1976年和1978年由宁夏区调队和内蒙古区测一队采得晚白垩世恐龙化石后，改归上白垩统。本次清理采用乌兰苏海组一名。

【现在定义】　指不整合于苏红图组之上的一套河湖相的细碎屑岩沉积组合，以砖红、桔黄色砂岩、粉砂岩、粉砂质泥岩、泥岩以及底砾岩等组成，局部夹石膏及泥砂质灰岩，含脊椎动物化石，未见顶。

【层型】　正层型为额济纳旗乌力吉苏木苏红图西乌兰苏海剖面（104°12′，41°13′；据宁夏区调队，1978)。

乌兰苏海组　　总厚度约＞92.5 m

5. 褐红色水云母粘土岩夹粉砂质灰岩，顶部夹薄层石膏（未见顶） >62.0 m

4. 褐红、紫红色水云母粘土岩夹砖红色粉砂岩，剖面西本层中采到化石：*Protoceratops* sp. 16.5 m

3. 灰白色钙质胶结中-细粒长石砂岩夹粉砂质灰岩透镜体 6.9 m

2. 灰黄色水云母粘土岩 5.1 m

1. 灰色砾岩、砾石成分主要为玄武岩，基底式胶结 2.0 m

~~~~~~~~~~ 不 整 合 ~~~~~~~~~~

下伏地层：**苏红图组** 灰黄色伊丁石玄武岩

【地质特征及区域变化】 乌兰苏海组在巴丹吉林地区分布十分广泛，集中出露于苏红图盆地和乌力吉盆地中。乌兰苏海一带本组底部为灰色砾岩，向上逐渐变为细粉砂岩和泥岩，颜色也变为褐红、紫红色，厚92.5 m。自乌兰苏海向西南至乌兰敖包，以紫红色砾岩为主夹少量泥岩，厚度大于300 m。向东南至敖尔其格尚德，以紫红色砂砾岩为主，厚200 m。向东北至布尔罕托为砂砾岩夹泥岩，厚200 m。乌兰苏海组在盆地边缘以粗碎屑岩为主，向盆地中心过渡为粒度不等的砂岩和泥岩，岩石总体上呈紫红色，但在盆地中心也呈灰黄色或灰色。在乌拉特后旗迪必特呼都格附近本组产恐龙 *Protoceratops* sp.，恐龙蛋 *Oolithes elongates*，该处西北还采到恐龙 *Bactrosaurus* sp.，Tyrannosauridae，*Ankylosaurus*。在布尔罕托采到 Hadrosauridae，Sauropoda，*Ornithomimus* sp.，Nodosauridae 等。

乌兰苏海组在区域上多不整合于巴音戈壁组或苏红图组之上，也可直接不整合覆于沙枣河组或龙凤山组及前中生代地层之上。

志丹群 K$\hat{Z}$ （15-0328）

【创名及原始定义】 1934年潘钟祥创名保安系，地质部第三普查勘探队（1964）改称志丹群，命名地点在鄂尔多斯盆地。原始含义指分布于整个鄂尔多斯盆地，不整合于侏罗系或更老岩系之上，被第三系不整合覆盖的一套内陆河湖沉积物。

【沿革】 早在1927年富勒（M L Fuller）及克拉普（F G Clapp）曾在鄂尔多斯盆地划分出宜君层、洛河层、华池层、环河层等四个地层单位。1934年潘钟祥将这套地层合称为保安系。1948年田在艺等再次细分为6个层，除保留 Fuller（1927）的4个层外，在其上又命名了罗汉洞层及泾川层。1959年全国第一届地层会议文件指出保安系与谢家荣1924年在湖北大冶命名的保安页岩相混，建议使用六盘山群。1964年，地质部第三普查勘探队认为六盘山群与保安系不完全相当，且保安县已改名为志丹县，故将保安系改称志丹群，自下而上包括6层。1978年，内蒙古区测一队于该区进行1:20万区调时在盆地中西部使用志丹群，但在盆地东缘伊金霍洛旗一带另建伊金霍洛组，同时恢复原地质部石油局206队1956年创建的东胜组一名。本次清理认为伊金霍洛组与志丹群完全相当，东胜组包括在志丹群之中，为其顶部层位。因此，本次清理使用志丹群，停用伊金霍洛组。

【现在定义】 厘定后的志丹群包括：宜君组、洛河组、环河组、罗汉洞组、泾川组、东胜组。本区未见宜君组出露。

【层型】 志丹群的层型为各组层型的组合层型。

【地质特征及区域变化】 鄂尔多斯地区的志丹群，是早白垩世出现的第一个较稳定的坳陷盆地型沉积。在岩性总体变化或生物组合方面可以与华北及西北部分地区同期陆相盆地型沉积地层进行对比。

洛河组 K*l* （15-0307）
~~~~~~~~~~

【创名及原始定义】 1927年Fuller和Clapp命名，地点在延安西南的洛河边，当时称洛河层。原始定义为疏松的块状中粒交错层砂岩，带粉红色、淡黄色到鲜红色。

【沿革】 1978年以后内蒙古区调一队在鄂尔多斯地区开展1:20万区调时，将洛河组引入本区，之后其划分原则一直未变，本次清理仍使用洛河组。

【现在定义】 为一套河流相沉积地层，以具大型斜层理的砂岩及泥岩为特征，产脊椎动物化石。其不整合于安定组或前白垩纪地层之上，上与环河组整合接触。

【层型】 区内次层型为鄂托克旗纳林淖钻6孔柱状剖面（15-0307-4-1）。

【地质特征及区域变化】 本组在鄂尔多斯地区分布广泛，但地表主要出露在乌审旗南部，在横向上，盆地边缘碎屑岩粒度较粗，向盆地中心逐渐变细，纵向上自下而上有粒度变细的特征，而且向盆地内部厚度增大。本组在各地的岩性变化不大，下部主要为褐红、灰绿色砾岩、砂砾岩、砂岩夹少量棕红色泥岩；中部为砖红色具大型斜层理的粉细砂岩；上部为土红、棕红色砂岩、泥岩夹灰绿色砂岩、砾岩薄层，以水平层理为主。厚度83～390 m。

环河组 K*h* (15-0308)

【创名及原始定义】 1927年Fuller和Clapp命名，地点在陕西北部的华池、环河一带，当时称华池层、环河层。原始定义指沿甘肃省东部的洛河分布，以红色砂岩覆盖在洛河砂岩之上，其后沉积了页岩。与洛河层的沉积有些突变，显不整合下沉，其上页岩逐渐增加，变为红色，灰绿色砂岩、页岩，二者近等厚互层，沉积范围西延至环河盆地。

【沿革】 1978年以后内蒙古区调一队在鄂尔多斯地区开展1:20万区调时开始使用华池-环河组。本次清理认为华池、环河两个地理名称指同一地点同一个岩石地层单位不妥，故取消华池，仅使用环河组。

【现在定义】 指一套杂色陆相碎屑岩序列，主要为棕红、灰绿色具微斜层理的砂岩夹灰色泥岩为特征，产脊椎动物化石。其底以棕红色具水平波状微斜层理砂岩与具大型斜层理的洛河组砂岩为界，在西部合道川见其上被罗汉洞组砾岩覆盖，二者为整合接触关系。

【层型】 区内次层型为鄂托克旗纳林淖钻6孔柱状剖面（15-0308-4-1）。

【地质特征及区域变化】 环河组在鄂尔多斯地区分布广泛，但仅在鄂托克旗、鄂托克前旗和杭锦旗东南部有地表露头，其余均为钻孔资料，岩性在各地变化不大，基本以灰绿色、灰黄色、灰色具中、小型至微斜层理的砂岩夹泥岩为特征。在本组顶部砂岩中产恐龙 *Psittacosaurus* sp. 和龟鳖类chelonia，厚281～768 m。与下伏洛河组为整合接触。

罗汉洞组 K*lh* (15-0309)

【创名及原始定义】 由田在艺等（1948）创名于陕西泾川县罗汉洞附近，当时称罗汉洞层。原始定义指下部为厚层紫色砂岩夹黄绿色层，中部桔红色交错层砂岩，上部为红色岩层夹薄层的灰黄色砂岩、页岩，厚200 m。

【沿革】 自建组以来无变化，本次仍采用罗汉洞组。

【现在定义】 指一套紫红、棕红、暗紫、土黄色碎屑岩序列，以桔红、紫红、灰紫色具小型斜层理的细砂岩为主，盆地边缘为砾岩。其底以土黄色砂岩或紫红色砾岩与下伏环河组顶部灰绿色泥质粉砂岩相区别，顶以黄色砂岩与泾川组底部蓝灰色泥岩或泥灰岩为界，顶底均为整合接触。

【层型】 区内次层型为鄂托克旗红石头井—阿尔来庙57号钻孔柱状剖面(15-0309-4-1)。

【地质特征及区域变化】 主要出露在鄂托克旗、鄂托克前旗西部、杭锦旗中西部。岩性自东向西粗碎屑物增加，至桌子山东麓相变为红色砾岩，厚度也从200 m增至562 m。在鄂托克旗和鄂托克前旗一带本组砂岩和泥岩中产介形类 *Cypridea ritimensis*，*C.* (*Ulwellia*) *consulta*，*Rhinocypris cirrita*；鳄类 *Eotomistoma multidentata*；鱼类 *Ikechaomia orientalis*。本组在区域上整合于环河组之上，少数地区（盆地边缘地区）超覆在安定组之上。

泾川组 Kjĉ (15-0310)

【创名及原始定义】 由张更、田在艺等（1948）创名于陕西省泾川城附近。原始定义指下部为紫色，绿灰色砂质页岩互层，中部为薄层灰色砂岩及灰、深灰色页岩，含石灰质，上部为紫红色砂页岩及灰色页岩，厚200 m。

【沿革】 该组自1978年在本区使用后，含义无变化，本次清理仍使用泾川组。

【现在定义】 泾川组延入本区后以蓝灰、灰绿色、棕灰色及暗棕、棕红色泥岩夹灰绿、黄灰色钙质细砂岩和泥灰岩为主。其下与罗汉洞组整合接触，其上与东胜组总体呈平行不整合接触。

【层型】 区内次层型为鄂托克旗查布苏木哈达图河剖面（15-0310-4-1）。

【地质特征及区域变化】 泾川组在本区分布局限，仅于鄂托克旗西部大庙、北大池以及杭锦旗西部巴彦恩格尔一带分布，零星见于伊金霍洛旗。岩性在上述各地变化不大，基本以一套细碎屑岩为特征，厚度小于100 m。含有鱼类 *Lycoptera woodwardi*；叶肢介 *Yanjiestheria* sp.；双壳类 *Nakamuranaia chingshanensis*，*Ferganoconcha* cf. *subcentralis*。

东胜组 Kdŝ (15-0311)

【创名及原始定义】 1956年地质部石油局206队创建，创名地点在内蒙古东胜市附近，当时称东胜层，内蒙古区调一队1978年改称东胜组。原始定义指一套以灰绿色为主的陆源碎屑岩，下部为黄绿色砾岩，上部为灰绿色砂岩与土红色泥质砂岩、砂质泥岩互层，厚度一般小于206 m，其下平行不整合在泾川组或不整合在前白垩纪地层之上，其上被第三系不整合覆盖。

【沿革】 东胜组命名后，其划分原则和含义无变化，本次清理仍使用东胜组。

【现在定义】 指一套以灰绿色为主的陆源碎屑岩。下部为黄绿色砾岩，上部为灰绿色砂岩与土红色泥质砂岩、砂质泥岩互层。其下平行不整合于泾川组或不整合在前白垩纪地层之上，其上被第三纪地层不整合覆盖。

【层型】 正层型为达拉特旗哈什拉川剖面（110°3′，39°58′；据地质部石油局206队，1956）。

上覆地层：**第三纪** 红色砂岩层

~~~~~~~~~~ 不 整 合 ~~~~~~~~~~

东胜组	总厚度269 m
7. 土红色粉砂岩，砂质泥岩夹黄绿色砂砾岩	12 m
6. 灰绿色细砂岩与土红色泥岩、砂质泥岩不等厚互层	16 m
5. 灰绿色细砂岩与土红色砂岩、泥质粉砂岩、粉砂质泥岩互层	56 m
4. 灰绿色含砾砂岩、砂砾岩、砾岩与土红色泥质粉砂岩、粉砂岩、砂岩互层	75 m
3. 灰绿色局部显红色的厚层含砾砂岩与土红色粉砂岩互层	47 m
2. 黄绿色含砾砂岩，局部砂砾岩及砾岩夹土红色粉砂岩和泥岩	25 m
1. 灰绿色、灰白色及黄绿色砾岩夹砂岩条带	38 m

~~~~~~~~~~ 不 整 合 ~~~~~~~~~~

下伏地层：**二马营组** 砂岩

【地质特征及区域变化】 东胜组主要分布在巴音乌苏、高头窑、东胜北至喇嘛湾一线，呈东西条带状分布，岩性自西到东变化不大，仅在清水河县喇嘛湾一带本组底部有一层灰色角砾岩，上部夹灰色泥岩及煤线，含植物 *Elatocladus* sp.，*Czekanowskia rigida*。在哈什拉川为一套含砾砂岩夹粉砂岩，底部为砾岩层，含恐龙化石 *Psittacosaurus* sp.，*P. youngi*。

左云组 K*z* (15-0315)

【创名及原始定义】 森田日子次于1944年创名，原称左云统，创名地点为山西省左云县。原始含义指左云县云西堡北部之河流沿岸及至右玉县城沿路所见，由红褐色及灰绿色粘土质页岩，砂质页岩及细粒砂岩组成的互层。时代似属第三纪。

【沿革】 1958年杨钟健根据采自左云县站马沟和塔南沟的恐龙化石，认为这套红层包括了白垩系下统和上统。1966年内蒙古区测一队在进行1:20万区调工作时，建立了助马堡组，时代为晚白垩世。1979年山西省区调队重新研究了这套红层的古生物，将其划分为上白垩统助马堡组和下白垩统左云组。本次清理在区内采用左云组。

【现在定义】 该组延入内蒙古境内主要为紫红色泥岩、砂质泥岩与灰白、紫红色砂岩互层，夹少量紫红色砂砾岩、灰白或深灰色泥岩、泥灰岩。其上多被汉诺坝组不整合覆盖，其下与前白垩纪地层不整合接触。

【层型】 区内次层型为内蒙古丰镇县新城湾乡毛鱼沟剖面（15-0312-4-1）。

【地质特征及区域变化】 本组仅出露于凉城县的南部，为左云组北延的边缘部分，为干燥气候条件下的湖相沉积，厚252 m，在曹碾附近曾采获 *Iguanodon* sp. 等恐龙化石，时代为早白垩世。

金家窑子组 K*jj* (15-0231)

【创名及原始定义】 1994年内蒙古第一区域地质研究院四分队命名，命名地点为包头市固阳县九分子乡金家窑子村南。原称金家窑子玄武岩。原始含义指不整合于大青山组之上，被李三沟组整合或固阳组平行不整合覆盖的一套中基性陆相火山岩，岩石以玄武岩、安山岩为主，夹少量粉砂岩。

【沿革】 对于这套玄武岩、安山岩地层，在1967—1970年，内蒙古区测一队第五、六分队在开展本区1:20万区调时将其划为下白垩统固阳组二段；1982年谭琳等将其划为上侏罗统白女羊盘组；1989—1993年，内蒙古区调一队四分队在该区开展1:5万区调时认为该地层位于大青山组之上，李三沟组之下，命名为金家窑子玄武岩，1994年对比研究认为，金家窑子一带以玄武岩为主的这套火山岩出露连续，岩石组合特征明显，顶底界线清楚，在阴山地层分区内有一定的代表性，它对研究内蒙古中部地区早白垩世盆地的构造发展演化有很重要的意义。因此，将这套以玄武岩为主的地层按正式岩石地层单位命名，改称金家窑子组。

【现在定义】 同原始定义。

【层型】 正层型为包头市固阳县九分子乡金家窑子剖面（109°57′，41°01′；据内蒙古第一区域地质研究院四分队，1994）。

上覆地层：**固阳组** 灰黄色、黄绿色砾岩夹砂岩

——————— 平行不整合 ———————

金家窑子组	总厚度162 m
7.青灰色、风化面黄灰色致密块状玄武岩	16 m

6. 黄灰色气孔状玄武岩 14 m

5. 黑灰色、风化面褐色致密块状玄武岩夹一层厚1 m气孔状玄武岩 30 m

4. 黄灰色致密块状玄武岩 13 m

3. 褐灰色中厚层状粉砂岩 10 m

2. 褐灰色气孔状、杏仁状橄榄玄武岩 14 m

1. 青灰色辉石安山岩 65 m

~~~~~~~~~~ 不 整 合 ~~~~~~~~~~

下伏地层：**大青山组** 紫红色砾岩夹砂岩

【地质特征及区域变化】 金家窑子组在阴山地区分布广泛，岩性特征和相对位置与大兴安岭地区的梅勒图组和义县组相当。岩石以致密块状玄武岩、辉石安山岩为主，少量气孔状玄武岩、杏仁状橄榄玄武岩中夹中厚层状粉砂岩，总厚度162 m。谭琳等（1982）在金家窑子村东南锡莲脑包村剖面金家窑子组基性火山岩的夹层砂页岩、泥岩中采到大量动、植物化石。鱼类 *Kuyangichthys microdus*，*Kuntulunia longipterus*；双壳类 *Sphaerium jeholense*；介形类 *Cypridea* sp.；叶肢介 *Eosestheria* sp.；植物 *Acanthopteris gothani*。时代属早白垩世。

李三沟组 K*ls* （15-0312）

【创名及原始定义】 洪友崇1972年创名（手稿），创名地点在固阳县李三沟村东羊堆窑子一带。原始定义指岩性为砖红色夹黄绿、灰白色砾岩、砂岩、砂砾岩、砂质或粉砂质泥岩与粉砂岩的韵律层，局部夹纸片状页岩和泥灰岩，厚100到800 m。

【沿革】 1972年洪友崇在命名李三沟组的同时将其上又划分出榆树沟组。1982年谭琳等扩大了李三沟组的含义，将洪友崇（1972）所划的李三沟组和榆树沟组，统一使用李三沟组。本次清理采用谭琳等的方案。

【现在定义】 指分布于固阳盆地一套河湖相杂色碎屑岩组合，下部为灰白色砾岩，中部为灰绿色、紫色砂质泥岩夹砂砾岩，上部为灰绿、灰白色砂砾岩、砂岩、砂质泥岩，含动、植物化石。其下与金家窑子组整合接触，或不整合于大青山组或前寒武纪变质岩之上，其上与固阳组整合接触。

【层型】 正层型为内蒙古固阳县李三沟村—羊堆窑子剖面（109°50′，41°05′；据谭琳等，1982年重测）。

上覆地层：**固阳组** 暗紫色、黄绿色砾岩

———————— 整 合 ————————

李三沟组 总厚度370 m

7. 上部灰绿色、灰白色砂砾岩、砂岩夹砂质泥岩，下部以灰绿色砂质泥岩为主，夹灰紫色砂质泥岩，泥岩中含钙质结核，含双壳类 *Ferganoconcha* cf. *subcentralis*；腹足类 *Zaptychius delicatus*，*Physayus hugouensis*，*Probaicalia* sp.，*Bithynia* sp.；介形类 *Cypridea unicostata*，*Rhinocypris foveata*，*Lycopterocypris infantilis*，*Darwinula contracta*；爬行类 *Psittacosaurus guyangensis* 128 m

6. 上部灰绿色、灰紫色砂质泥岩，下部灰黄色砂砾岩 55 m

5. 灰绿色、灰紫色、黄绿色砂质泥岩 62 m

4. 灰紫色砂质泥岩夹不规则砂砾岩透镜体和薄层砂岩 110 m

3. 灰白色砾岩 15 m

~~~~~~~~~~ 不 整 合 ~~~~~~~~~~

下伏地层：**大青山组**　紫红色砾岩夹砂岩

【地质特征及区域变化】　李三沟组在固阳盆地的分布极为广泛，自盆地西部的戌亥口子到盆地中部的范家圪堵，以至东部的固阳县至银号公路沿线，均有出露。其岩性与建组剖面基本一致。在盆地西部红山口一带，还出露一套以砖红色砂质泥岩为主，夹含砂砾岩的"红层"，其与李三沟组底部岩性相近，划为李三沟组（见图17-7）。

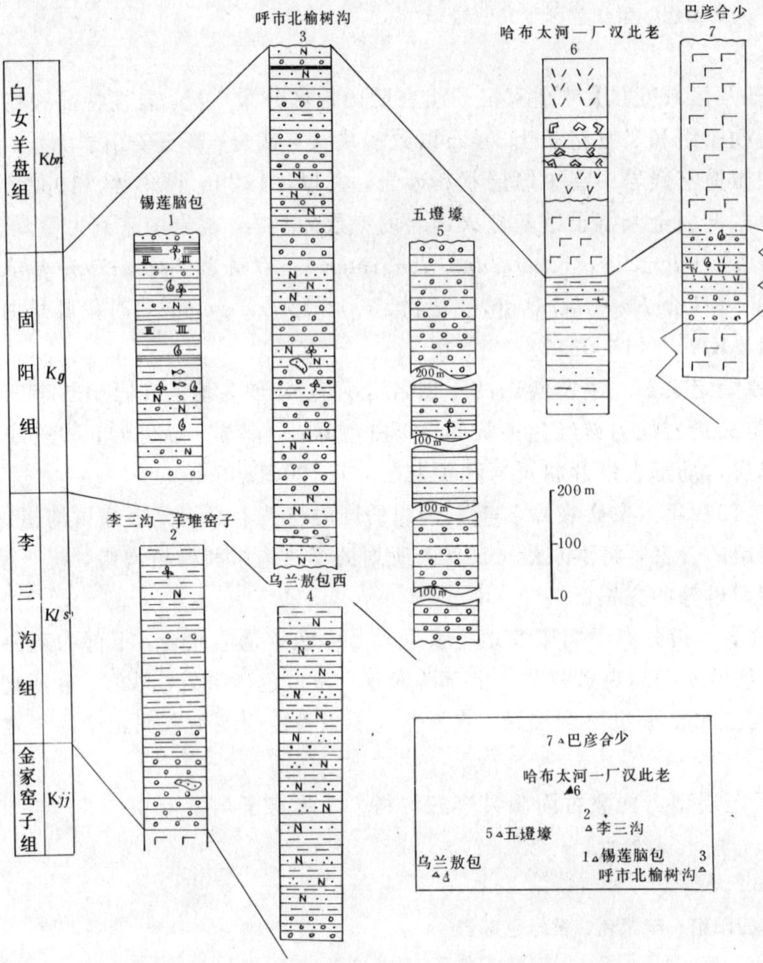

图17-7　李三沟组、固阳组、白女羊盘组柱状对比图

固阳组　Kg　（15-0313）

【创名及原始定义】　由华北地质局201队1957年创名于固阳盆地，当时称固阳煤系，未指定层型剖面。原始定义为灰绿、黄绿、黄褐色泥岩、页岩与砂岩互层，夹黑色纸片状页岩、碳质泥岩、油页岩和多层煤，在固阳盆地东南部厚度较大，西北部较薄。

【沿革】　1970年内蒙古区测一队在固阳盆地开展1:20万区调时，正式使用固阳组。洪友崇1972年将固阳组改称固阳群，并进一步划分为公益明组、固阳含煤组、锡莲脑包组。谭琳等1982年又恢复使用固阳组。本次清理采用固阳组一名。

【现在定义】　指分布于固阳盆地的含煤碎屑岩组合，下部为灰白、黄褐色砾岩、砂砾岩和砂岩，偶夹泥岩，中上部为灰黑色泥岩、页岩与黄灰、灰绿色砂岩、粉砂岩互层，常夹泥灰岩、石膏和可采煤层，顶部可出现少量红色砂岩、泥岩。其下界与李三沟组整合接触，上界被掩盖，与白女羊盘组火山岩为叠覆或相变关系。

【层型】 以固阳县锡莲脑包剖面为选层型（109°59′，41°00′；据谭琳等，1982）。

固阳组	总厚度＞453 m
15. 上部为黄绿色砂岩、页岩、砂质页岩互层，下部为淡黄色、黄绿色含砾长石砂岩，顶部为黑色纸片状页岩，含植物化石：*Acanthopteris gothani*（未见顶）	＞17 m
14. 灰黑色、黑色泥质页岩、油页岩及黑色泥岩、钙质泥岩，钙质泥岩中夹石膏层，含双壳类 *Sphaerium jeholense*，*Tetoria*? *yixianensis*；介形类 *Cypridea* sp.，*Lycopterocypris* sp.；叶肢介 *Eosestheria* sp. 和孢子花粉	32 m
13. 黄灰色含砾粗粒长石砂岩，含孢子花粉	8 m
12. 黑色纸片状页岩夹灰绿色砂质页岩及黄褐色中粒长石砂岩，含介形类 *Cypridea* sp. 和孢子花粉	27 m
11. 灰绿色、黄绿色细砂岩夹灰黑色页岩，含植物化石 *Onychiopsis ovata*，*O. psilotoides* 和孢子花粉	19 m
10. 灰黑色、黑色纸片状页岩夹褐煤层，含介形类 *Cypridea* sp.，*Lycopterocypris infantilis*	16 m
9. 黄灰色含砾长石砂岩	14 m
8. 黑色、褐黑色纸片状油页岩夹褐煤层，含鱼类 *Kuyangichthys microdus*，*Kuntulunia longipterus*；叶肢介 *Neimengguestheria*（*Neimengguestheria*）*gongyimingensis*，*Eosestheria* sp.；昆虫类 *Ensicupes guyangensis* 及植物和孢子花粉	84 m
7. 黄绿色、黄灰色中细粒长石砂岩，局部含砾石	9 m
6. 黑色、褐黑色纸片状油页岩夹中薄层钙质泥岩、长石砂岩和石膏，含介形类 *Cypridea* sp.，*Darwinula contracta*，*Lycopterocypris* sp. 和孢子花粉	140 m
5. 淡黄色含砾长石砂岩夹灰绿色页岩，顶部为灰绿色细砂岩，局部含砾石	3 m
4. 黄褐色、淡黄色砂砾岩	32 m
3. 黄绿色砾岩夹薄层泥岩	25 m
2. 暗紫色、浅黄绿色砾岩	5 m
1. 暗紫色砾岩（未见底）	＞22 m

【地质特征及区域变化】 本组因有可采煤层，所以研究程度较高。在阴山地区西部达格图一带，以砂岩、砾岩、砂砾岩等粗碎屑沉积为主。德尔森诺尔西北呼和勒以北地区，岩性为深灰色、灰白色泥岩、粉砂质泥岩、粉砂岩夹砾岩、含砾砂岩、泥灰岩及薄煤层，总厚度2600 m。榆树沟一带的固阳组下部以灰绿色、黄绿色砾岩夹长石砂岩，上部为灰绿色、褐黄色长石砂岩夹砾岩，局部夹褐红色泥质砂岩及团块状泥灰岩和煤线。本组在区域上与下伏李三沟组为连续沉积，厚957.8 m（见图17-7）。

白女羊盘组　K*bn*　（15-0314）

【创名及原始含义】 1966年由内蒙古区测一队命名，命名地点为乌拉特中旗双胜美乡白女羊盘村附近。原始定义为一套陆相火山岩，底部为玄武岩，中部以安山岩夹粗面岩为主，上部以流纹岩夹沉凝灰岩为主，厚度1350～3910 m。超覆于白云鄂博群和华力西期的花岗岩体之上。

【沿革】 白女羊盘组自1966年命名后，在阴山地区一直被采用，含义基本未变，时代归入晚侏罗世。1992年内蒙古区调一队六分队认为白女羊盘组位于固阳组之上，时代应属早白垩世。本次清理仍使用白女羊盘组。

【现在定义】 为一套陆相中基性火山岩夹沉积岩。底部以玄武岩夹砂砾岩和凝灰岩为主，中部为安山岩，局部相变为粗面岩，顶部以流纹岩夹凝灰岩或泥灰岩为主。上界被第四系覆盖，底与固阳组整合接触。

【层型】 因内蒙古区测一队1966年测制的命名剖面粗略，难以利用，所以选择该队1993年在白云鄂博地区进行1:20万修测时所测的厂汉此老剖面、巴仁淖仁至毛呼都格剖面、哈不太河布龙山剖面作为复合选层型（109°35′，41°36′）。

白女羊盘组	总厚度＞418.8 m
18.灰紫色流纹质火山角砾岩（未见顶）	＞21.0 m
17.灰紫色球粒状流纹岩	18.0 m
16.灰紫色流纹岩	15.0 m
15.灰紫色球粒状流纹岩	37.0 m
14.浅灰紫色流纹岩	18.0 m
13.紫红色流纹质火山角砾岩、集块岩	28.0 m
12.灰色、紫红色流纹岩	20.0 m
11.深灰色、灰黑色黑曜岩，底部黑曜岩呈角砾状	19.0 m
10.灰色、灰紫色安山质火山角砾岩、集块岩	20.4 m
9.灰紫色、灰褐色气孔状辉石安山岩	9.5 m
8.灰色、灰紫色、灰褐色块状辉石安山岩	59.7 m
7.紫红色气孔状玄武岩，杏仁状玄武岩	2.1 m
6.灰紫色块状玄武岩	9.9 m
5.深灰色致密块状玄武岩，局部含气孔	128.2 m
4.灰色、灰紫色气孔、杏仁状玄武岩	1.0 m
3.深灰色致密块状玄武岩	4.0 m
2.深灰色、灰紫色气孔、杏仁状玄武岩	4.0 m
1.深灰色致密块状玄武岩	4.0 m

——————— 整　合 ———————

下伏地层：**固阳组**　黄绿色砂岩

【地质特征及区域变化】 白女羊盘组仅分布在阴山地区。在白女羊盘，岩性中下部以中基性火山岩为主，上部为酸性火山岩，厚度为418.8 m。在卓资山一带以安山质、玄武质火山熔岩及其碎屑岩为主，厚410 m。在王如地、书记沟一带只出露玄武岩和流纹岩，厚449 m。总体下部为基性火山岩，中部为中性火山岩，上部为酸性火山岩。内蒙古水文地质工程地质队1992年在白女羊盘地区的勘探资料和内蒙古第一区域地质研究院1994年在该区的1:5万区调资料均证实在这套火山岩之下为含 *Eosestheria* 化石组合的正常沉积岩层，属固阳组无疑，其上仍为固阳组含煤地层。因此白女羊盘组火山岩为固阳组含煤地层上部的火山岩夹层，或相变关系，其火山喷发时限大致在固阳组沉积晚期至沉积结束之前这段时期（见图17-7）。

梅勒图组　K*m*　(15-0258)

【创名及原始定义】 辽宁省区测二队（1976）在扎鲁特旗阿日昆都楞苏木梅勒图山创名。

原始定义指多呈帽状并以平缓产状盖于黑依哈达组及其更老地层之上，为一套陆相喷发的中基性火山熔岩，与黑、灰紫、灰绿色黑云母安山岩、辉石安山岩、流纹状安山岩、安山玄武岩、玄武岩为主，夹凝灰岩薄层，底部往往有一套凝灰砂砾岩。

【沿革】 1976年以后，吉林省区调队在乌兰浩特地区将这套中基性火山岩称为平山组。黑龙江省区调二队在大兴安岭北部地区划分为伊列克得组，其部分与梅勒图组相当（指不整合在原上库力组之上的基性火山岩），部分与甘河组相当（指整合或平行不整合在含煤碎屑岩之上的基性火山岩）。本次清理认为梅勒图组与平山组以及不整合在原上库力组之上的基性火山岩层位相当，岩性一致，应为同一岩石地层单位。根据命名优先原则，现使用梅勒图组，平山组为同物异名。伊列克得组根据原划分情况部分相当于梅勒图组。

【现在定义】 指不整合于白音高老组之上，被大磨拐河组平行不整合覆盖的一套中基性火山岩，夹中酸性火山碎屑岩及火山碎屑沉积岩，局部地区为中酸性、酸性熔结凝灰岩。

【层型】 正层型为扎鲁特旗阿日昆都楞苏木梅勒图山剖面（119°32′，45°13′）。据辽宁省区测二队1976年资料。

梅勒图组	总厚度＞283.2 m
31. 黄绿色黑云母安山岩（未见顶）	＞42.2 m
30. 深灰色块状黑云母安山岩	29.2 m
29. 紫灰色疙瘩状黑云母安山岩	18.4 m
28. 灰色块状黑云母安山岩	40.2 m
27. 深紫灰色具流纹黑云母安山岩	17.2 m
26. 蓝灰色致密块状辉石黑云母安山岩，K－Ar 法全岩年龄为92.14 Ma	6.7 m

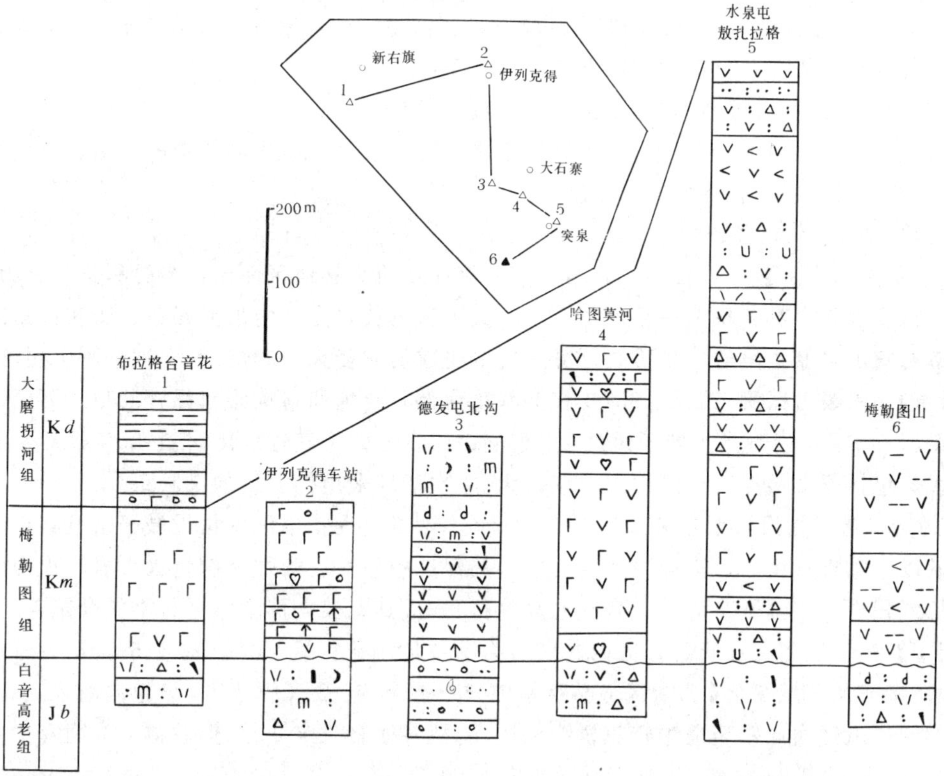

图17-8 梅勒图组柱状对比图

25. 浅黄色辉石黑云母安山岩　31.4 m

24. 紫灰、黑褐色具流纹辉石黑云母安山岩　42 m

23. 蓝灰色致密块状辉石黑云母安山岩　5.2 m

22. 灰色板状—块状黑云母安山岩　25.9 m

21. 紫灰色疙瘩状黑云母安山岩　14.2 m

20. 黄绿色黑云母安山岩　10.6 m

~~~~~~~ 不 整 合 ~~~~~~~

下伏地层：**白音高老组**　酸性凝灰岩

【地质特征及区域变化】　梅勒图组广泛分布在大兴安岭及其两侧，集中出露在宝石盆地、罕山林场盆地、平山盆地，均以中基性熔岩为主，厚206～347 m。在满洲里至新巴尔虎右旗、牙克石至额尔古纳左旗等地区，梅勒图组岩性为气孔状、杏仁状、致密块状玄武岩、粗玄岩、安山玄武岩及少量火山碎屑岩，厚129～306 m。在乌兰浩特—赤峰地区梅勒图组不整合在含有 *Nestoria* 的白音高老组之上，在博克图地区不整合在含有 *Eosestheria* 的白音高老组之上，从下伏地层时代的不同以及上述两地梅勒图组同位素年龄值不一样，可以证明梅勒图组的火山喷发时间首先从大兴安岭中南部开始，然后向北部迁移，自主峰向西北、东南侧活动减弱，至宁城—敖汉一带相变为义县组（见图17-8）。

热河群　K*R*　（15-0330）

【创名及原始定义】　最初(年代不详)由董常、朱庭祜在热河(今冀北、辽西)一带，对含狼鳍鱼的地层及其相关的火山岩进行地质调查，并建立热河系。后由Grabau(1923)作公开报道。1962年顾知微改称热河群。命名地点在承德、凌源一带。原始定义据顾知微(1962)介绍指热河地区上、下斑岩系之间的富含鱼化石的页岩、泥岩、砂岩及砾岩的沼泽层。厚50～100 m。

【沿革】　经过近70年的调查研究，目前对热河群的层位各家意见大体趋于一致，本次清理按华北大区地层清理办公室的划分方案采用热河群。

【层型】　热河群的层型为各组的组合层型。

【现在定义】　为土城子组之上，孙家湾组之下的一套含有热河动物群的火山岩夹沉积岩组合。本区包括义县组、九佛堂组和阜新组。

义县组　K*y*　（15-0274）

【创名及原始定义】　1942年，日本人室井渡在辽西义县地区命名，当时称义县火山岩。原始定义指发育于义县、阜新一带不整合于花岗岩和石英岩之上的由赤褐色、暗灰色角闪安山岩、辉石安山岩及集块岩、角砾岩、凝灰岩等组成的一套火山岩层。其上被金刚山层覆盖。

【沿革】　内蒙古区测二队于1967年在赤峰市南部下洼幅和喀喇沁旗幅开展1:20万区调时将义县组引入本区，当时指土城子组之上，金刚山组之下的中基性火山岩。1980年以后义县组含义扩大，包括原义县组、金刚山组及建昌组。本次清理采用扩大后的义县组。

【现在定义】　指发育于赤峰地区不整合于晚侏罗世地层、中侏罗世土城子组及其更老地层之上的以中基性火山岩、火山碎屑岩为主，局部夹中酸性、酸性和碱性火山岩、火山碎屑岩及多层沉积岩，底部常有砾岩，含热河动物群化石。其上被九佛堂组平行不整合覆盖。

【层型】　正层型在辽宁省，区内次层型为宁城县甸子乡茴菜沟剖面（15-0274-4-1）。

【地质特征及区域变化】　本区义县组集中分布在宁城、敖汉旗地区，该组向南延入辽西，向北延伸到松山区大庙镇至翁牛特旗桥头一线。岩性各地有一定变化，但总体上为两套中基性火山岩（局部相变为酸性），夹沉积岩组合。在沉积岩中含有 *Eosestheria*，*Lycoptera*，
~~~~~~~

Ephemeropsis。

九佛堂组　K*jf*　(15-0319)

【创名及原始定义】　1934年日本人远藤隆次于辽宁省喀喇沁左翼蒙古族自治县九佛堂村建立。原始定义指九佛堂村附近覆于玄武岩岩床之上的由绿色页岩、砂岩、油页岩、顶部具砾岩组成的沉积岩组合，含狼鳍鱼等化石，称九佛堂统。

【沿革】　九佛堂组于60年代初由辽宁省煤管局115队用于内蒙古赤峰市平庄煤田和元宝山煤田，之后在这一地区使用至今，本次清理使用九佛堂组。

【现在定义】　指平行不整合于义县组之上，被阜新组整合覆盖的灰色、绿灰色夹灰黄色、灰白色、灰黑色、灰紫色钙质粉砂质页岩、粉砂岩夹泥灰岩、砂岩、砾岩、油页岩的沉积岩组合，含热河动物群。

【层型】　区内次层型为赤峰市元宝山区一号露天矿综合剖面（15-0319-4-1）。

【地质特征及区域变化】　九佛堂组在本区主要分布于元宝山、平庄两个盆地中，在敖汉旗北部长胜乡也有分布，其岩性下部为紫红、灰绿色砾岩夹紫红色砂岩、泥岩，中部为灰色砾岩夹黑色砂岩、泥岩、局部夹薄煤层，上部为灰绿、灰黑色块状泥岩、页岩夹灰白、灰色砂岩和泥灰岩及薄煤层。含鱼类 *Lycoptera davidi*；叶肢介 *Eosestheria middendorfii*；腹足类 *Campeloma* sp.；双壳类 *Sphaerium anderssoni*；植物 *Podozamites* sp.，*Sphenopteris* sp.。其上被阜新组整合覆盖，下界不清，厚度小于530 m。九佛堂组延入松辽盆地，主要见于科尔沁左翼中旗宝龙山和科尔沁左翼后旗金宝屯地区，岩性为页岩、粉砂岩夹泥灰岩和煤层，厚度约103 m。

阜新组　K*f*　(15-0320)

【创名及原始定义】　王竹泉、黄汲清（1929）创名于辽宁省阜新煤田，原始定义指发育于阜新煤田不整合于“安山岩流”之上的凝灰质砾岩及含煤沉积。

【沿革】　阜新组于60年代与九佛堂组一同用于平庄煤田和元宝山煤田的勘探报告中，之后一直沿用至今，本次清理仍使用阜新组。

【现在定义】　指整合于九佛堂组之上，以灰白色、灰色砂岩、砾岩为主夹深灰色（局部出现紫红色）泥岩、碳质页岩和多层煤的一套含煤地层，其上被孙家湾组不整合或平行不整合覆盖，含动植物化石。

【层型】　区内次层型为赤峰市红庙12号孔柱状剖面（15-0320-4-1）。

【地质特征及区域变化】　本组在元宝山一号露天矿为一套河湖、湖沼相沉积，以灰色粉砂岩为主，夹砂岩、泥岩、碳质泥岩和煤层，含植物化石 *Onychiopsis elongata*，*Ginkgo* sp.，*Phoenicopsis speciosa* 等，厚458 m。在宝国图一带，本组上部煤层为灰色与紫色砂质页岩互层，下部主要为黑色或灰色页岩，厚度大于900 m。而在平庄盆地，夹有较多砂岩层，厚度200 m 左右，本组上部煤层仅局部达可采厚度，近底部为煤层富集带，有20多个自然层；煤层厚度变化大。阜新组延入松辽地层分区见于科左中旗宝龙山和科左后旗金宝屯一带，为砂岩、泥岩夹多层煤，厚度约110 m。

孙家湾组　K*sj*　(15-0321)

【创名及原始定义】　源自1939年日本人森田义人创名的孙家湾层。命名地点在辽宁阜新孙家湾村。原始含义指在阜新一带的紫灰、浅紫色砾岩、砂砾岩、砂岩夹少量粉砂岩及泥岩，厚950 m，连续沉积于阜新组之上，产动物、植物化石。

【沿革】　自辽宁省煤炭管理局107队（1960）在平庄煤田使用孙家湾组之后，在赤峰市平庄，元宝山煤田一直使用孙家湾组。本次清理仍用孙家湾组。

【现在定义】 指以红色粗碎屑岩为主的地层，下部为紫红、黄褐色砾岩，局部夹砂岩及煤线；上部以黄褐色砂岩和砾岩为主夹泥岩及煤层。其与下伏阜新组或义县组不整合接触，其上界不清。

【层型】 区内次层型为赤峰市平庄3043号钻孔柱状剖面（15-0321-4-1）。

【地质特征及区域变化】 该组在内蒙古境内仅出露于元宝山盆地和平庄盆地，岩性与建组地区一致，基本以一套红色粗碎屑岩为主。总厚度大于600 m。

二连组 K*e* （15-0316）

【创名及原始定义】 Granger 和 Berkey（1922）创名，命名地点在二连浩特市东北的二连盐池，当时称二连达布苏层。原始定义指浅灰、灰白色、深灰绿色泥质砂岩、砂岩、含砾砂岩和砂砾岩。

【沿革】 1927年 Morris 将二连达布苏层改称二连达布苏组；1965年内蒙古区测一队在二连达布苏幅开展1:20万区调时重测 Granger 和 Berkey（1922）的命名剖面，仍称二连达布苏组，时代为晚白垩世，但其包括了命名剖面的全部层位，1991年《内蒙古地质志》采纳了区测一队的含义，但改称二连组，本次清理沿用二连组。

【现在定义】 指一套浅灰、灰绿、红褐、砖红色泥质砂岩、砂岩、含砾砂岩、泥岩夹泥灰岩组合，含动、植物化石。其上被第三纪伊尔丁曼哈组不整合覆盖，下与早白垩世伊敏组不整合接触。

【层型】 正层型为二连浩特市东北二连盐池剖面（112°01′，43°47′；据内蒙古区测一队，1965年重测）。

上覆地层：**伊尔丁曼哈组** 杂色粉砂质泥岩

～～～～～～ 不 整 合 ～～～～～～

二连组	总厚度114 m
7. 中上部紫灰色块状泥岩，下部灰黄色、浅灰色纹理层泥岩	2 m
6. 绿色、灰黄色泥岩、具纹理层，顶部和下部夹褐红色泥岩薄层，中下部夹一层浅砖红色泥灰岩，含介形类化石	41 m
5. 红褐色、砖红色泥岩及砂质泥岩夹灰绿色泥岩薄层，含钙质结核	14 m
4. 浅绿灰色、浅灰色泥质不等粒砂岩夹浅灰色泥灰岩透镜体，盐池东岸富含恐龙化石 *Ornithomimus asiaticus*，*Mandschurosaurus mongoliensis*，*Bactrosaurus johnsoni*	39 m
3. 灰绿色、黄绿色、淡红色泥岩	2 m
2. 浅灰色、浅灰绿色含砾细粒长石石英砂岩	11 m
1. 浅灰色、褐黄色含砾粗砂岩、砂砾岩	5 m

～～～～～～ 不 整 合 ～～～～～～

下伏地层：**本巴图组** 砂岩

【地质特征及区域变化】 本组在二连盆地极为发育，海拉尔盆地仅在北部有零星出露，多为钻孔资料。在桑根达来地区，以姜黄、灰白色砂砾岩、粉细砂岩为主，上部为棕红色、砖红色砂砾岩、含砾砂岩、泥质砂岩、含砾泥岩夹灰白色砂质泥灰岩，未见化石，厚度120 m左右。德尔斯浩勒嘎至滚查布一带，为灰绿、黄灰色粉砂岩、泥岩，未见顶底，出露厚度约92 m左右，产植物及孢粉化石。白音图嘎地区底部为紫红、灰绿色泥质砾岩，下部为灰蓝色、块状泥岩与浅灰色含砾泥质粉砂岩互层，上部为褐黄色、灰绿色砂质泥岩，顶部为红色泥岩夹薄层中、粗粒砂岩，厚114 m。据新巴尔虎右旗一带钻孔资料，二连组下部为灰色砂质泥岩、泥质粉砂岩夹粉红色、灰色泥质粉砂岩、细砂岩及砾岩，上部为粉红色、砖红色泥质粉砂岩、砂岩、泥岩夹细砂岩，厚335 m。

松花江群　*KS*　(15-0230)

【创名及原始定义】　松花江群源自日本人内野敏夫（T Utono）和酒井湛（F Sakai）于1934年命名的松花江统。命名地点为吉林省德惠县。原始定义指出露于吉林德惠县松花江桥及黑龙江省呼兰县团山子一带的凝灰质页岩及砂泥岩地层。

【沿革】　1942年，日本人小林贞一等在研究伏龙泉地区地层时，扩大松花江统含义，将泉头层、嫩江层、伏龙泉层统称松花江统。之后，石油工业部西安地调处（1957）、地质部第二普查大队（1958）、郝诒纯等（1982）、高瑞琪、赵信本等（1985）都对松花江统进行过研究，顾知微等（1959）改称松花江群。本次清理仍用松花江群。

【层型】　松花江群的层型为各组的组合层型。

【现在定义】　指松辽盆地，以湖相细碎屑沉积为主的地层组合，含多门类淡水生物化石，蕴含丰富的油气资源，自下而上包括登娄库组、泉头组、青山口组、姚家组、嫩江组、四方台组、明水组。其底部不整合于阜新组或九佛堂组或更老地层之上，顶部为第三纪依安组不整合覆盖。松花江群延入内蒙古境内缺失最下部登娄库组，其下不整合在阜新组之上，上被第三纪泰康组覆盖。

泉头组　K*q*　(15-0327)

【创名及原始定义】　1927年日本人羽田重吉在辽宁省昌图县泉头车站附近纪家岭创建，其原始含义指由赤褐紫色砾岩、凝灰砂岩、页岩和底砾岩组成的地层，时代为白垩纪。

【沿革】　该组自创名后无变化，本次清理仍使用泉头组。

【现在定义】　主要以杂色泥岩、砂质泥岩、砂岩、砾岩等组成，产少量动物化石。其整合于登娄库组之上。区域上超覆于更老地层之上。

【层型】　区内次层型为科尔沁左翼后旗巴彦毛都苏木开68井柱状剖面（15-0327-4-1）。

【地质特征及区域变化】　泉头组在区域上分为四段，区内仅见三、四段。上部以泥质岩为主，下部为砾岩，顶界以棕红色含泥砾及火山岩砾石的泥岩顶板为标志与青山口组分界。在盆地西南的冻子沟一带，本组的中下部相变为砾岩，并与花岗岩呈断层接触，可能为湖盆边缘。该组含有介形虫 *Cypridea*(*Pseudocypridina*) *jiudaolingensis*, *C.*（*P.*）*limpida*, *Cypridea* (*Cypridea*) *prognata*, *Lycopterocypris infantilis*, *Candona praevara*, *Paracandona* sp. 等及轮藻。

青山口组　K*qŝ*　(15-0326)

【创名及原始定义】　松辽石油普查大队（1958）在吉林第二松花江南的青山口建立，当时称青山口层。原始定义指该组可划为两部分，自上而下为Gr_1b_2层由灰色、青灰、白色藻层、块状、高岭土质泥岩组成，产介形虫，并夹数层含油层。Gr_1b_1层以黑、灰黑色页岩、泥岩为主，夹灰黑色砂质页岩及油页岩。产介形虫，并构成介形虫泥灰岩，伴生有叶肢介、鱼等。

【沿革】　引入内蒙古境内使用无变化，本次清理仍使用青山口组。

【现在定义】　主要是由一套灰、青灰、灰黑、黑色为主的泥岩、页岩、砂质泥岩组成，夹数层油页岩，产介形虫、叶肢介、鱼化石。其与下伏泉头组和上覆姚家组均呈过渡关系。

【层型】　区内次层型为科尔沁左翼后旗巴彦毛都苏木开68井柱状剖面（15-0326-4-1）。

【地质特征及区域变化】 区内主要分布在科尔沁左翼中旗舍伯吐到开鲁一线以南，为一套内陆湖相沉积，以砂岩为主，由棕红色泥岩、粉砂质泥岩、浅灰绿色泥质粉砂岩、粉砂岩、细砂岩组成韵律层，局部夹泥砾岩，偶见灰绿色泥岩，具波状层理，产少量介形虫 *Cypridea*，*Lycopterocypris*，*Limnocypridea* 等化石。

姚家组 K*yj* (15-0325)

【创名及原始定义】 地质部第二普查大队（1958）在吉林省德惠县姚家车站附近创建，称姚家层。原始含义指上部层为棕红、砖红色块状泥岩与灰绿色粉砂质泥岩、粉砂岩互层，产介形虫、双壳类化石。下部层为褐红色与灰绿色块状及厚层状泥岩互层，与青山口层呈渐变过渡关系。

【沿革】 引入内蒙古后使用无变化，本次清理仍使用姚家组。

【现在定义】 指位于嫩江组之下，青山口组之上的细碎屑岩，主要以棕红、砖红、褐红等色调为主的泥岩与灰绿色泥岩、粉砂岩呈互层出现，产介形虫及双壳类化石。其上与嫩江组以杂色泥岩消失为界，下与青山口组以出现杂色泥岩为界，均呈整合接触。

【层型】 区内次层型为通辽市莫力庙苏木开4井柱状剖面（15-0325-4-1）。

【地质特征及区域变化】 区内主要分布于通辽市莫力庙一带。一般以砂岩为主及灰绿、棕红色泥岩、泥质粉砂岩与灰绿色粉砂岩、细砂岩互层，顶部夹灰绿色粗砂岩，大小沉积韵律层发育，含介形类 *Cypridea exornata*，*C. infidelis*，*C. concinaformis*，*Cypridea*（*Pseudocypridina*）*tera*，*Lycopterocypris obinflatus*，*Rhinocypris pluscula*，*Triangulicypris* sp. 等

嫩江组 K*n* (15-0324)

【创名及原始定义】 由王恒升、谭锡畴（1929）创建于黑龙江省嫩江县城附近。原始含义指出露于嫩江县城至柏根里一带的灰色、蓝灰色页岩，含甲壳及植物化石，厚约500 m，时代为早白垩世。

【沿革】 引入内蒙古后含义无变化，本次清理仍使用嫩江组。

【现在定义】 指姚家组之上，四方台组之下的细碎屑岩组合，以黑色泥岩为主，夹灰白、灰绿色细粉砂岩，下部含油页岩，上部出现红色泥岩。含丰富的介形虫、叶肢介及鱼、双壳类、腹足类、轮藻等化石。底部黑色泥岩整合于姚家组红、绿色泥岩之上，上部被四方台组不整合覆盖。

【层型】 区内次层型为科尔沁左翼后旗巴彦毛都苏木开68井柱状剖面（15-0324-4-1）。

【地质特征及区域变化】 本区内仅出露嫩江组中、下部，为一套陆相湖盆沉积，岩性为灰黑、深灰、灰绿色泥岩、泥页岩、粉砂质泥岩、粉砂岩夹粉砂质条带为主，含大量动、植物化石：介形虫 *Cypridea gunsulinensis*，*C. acelinia*，*Lycopterocypris*，*Ilyocyprimorpha* cf. *portentosa*；双壳类 *Musculus manchuricus*，*Fulpioides orientalis*；植物 *Trapa microphylla*，*Trochodendroides* sp.，*Sequoia* sp.，*Cephalotaxopsis* sp. 等。

四方台组 K*sf* (15-0323)

【创名及原始定义】 郝铃琦（Horinchi K，1937）在黑龙江省绥化县四方台所建，原始定义指出露于黑龙江省绥化县四方台克音河两岸的红色砂岩。

【沿革】 引入内蒙古后含义无变化，本次清理仍使用四方台组。

【现在定义】 指下部以褐红、灰绿色砂岩、泥岩为主，夹砂质泥岩、泥质砂岩，含泥砾及钙质结核；上部以褐红、灰绿色泥岩为主含钙质结核、夹粉砂岩；底部含钙质结核，棕红、灰绿色泥岩。含介形虫等淡水动物化石。不整合于嫩江组之上，顶部褐红、灰绿色块状含钙质

结核泥岩与明水组底部灰绿色粉砂岩为整合接触。

【层型】 区内次层型为内蒙古开鲁县保安乡12井柱状剖面（15-0323-4-1）。

【地质特征及区域变化】 该组在本区主要分布于通辽市以西，岩性为灰绿、砖红、灰褐色、杂色泥岩、粉砂质泥岩、泥质粉砂岩、粉砂岩、细砂岩、砾状砂岩组成的韵律层，具斜层理，化石以介形虫为主，含有 *Talicypridea turgida*，*T. amoena*，与上覆明水组为连续沉积，厚203 m。

明水组 K*mŝ* （15-0322）

【创名及原始定义】 松辽石油勘探局综合研究队（1960）于黑龙江省明水县创建。原始含义指明水地区一套灰绿色砂岩和黑色泥岩，整合于四方台组之上。

【沿革】 引入内蒙古含义无变化，本次清理仍用明水组。

【现在定义】 指四方台组之上，依安组之下的沉积地层，分两段：下段由灰绿色砂岩、砂质泥岩与灰黑色泥岩组成两个旋回；上段为灰、灰白色砂岩与杂色泥岩互层，夹钙质砂岩。含介形虫、双壳类及孢粉等化石。底部以砂岩含钙质细砾，整合于四方台组褐红、灰绿色泥岩之上，上部被第三纪依安组不整合覆盖。

【层型】 区内次层型为开鲁县道德乡1井柱状剖面（15-0322-4-1）。

【地质特征及区域变化】 本组在本区西南部科尔沁左翼中旗舍伯图到开鲁县东来一线有零星出露，主要是灰褐、棕红色泥岩、粉细砂岩组成若干韵律层，中部较稳定的深灰色泥岩为区域标志层，含介形虫 *Talicypridea amoena*，*Candoniella* aff. *suzini* 等化石，厚118 m。

第二节 生物地层与年代问题

一、生物地层

侏罗纪—白垩纪时内蒙古各类生物十分繁盛，主要有鱼类、双壳类、叶肢介、昆虫、爬行类、介形类及植物。根据前人资料并依据这些生物在本区的发育特点，归纳、总结出下列14个动物组合，3个植物群（表17-1）。

鱼类

①*Peipiaosteus* 组合

以 *Peipiaosteus* 属为代表。本区见于满克头鄂博组、玛尼吐组、白音高老组火山岩之沉积夹层中。地质时代为晚侏罗世。

②*Lycoptera* 组合

该组合由*Lycopteralungteensis*，*L. davidi*，*L. tungi*，*L. woodwardi*，*L. kansuensis*，*Longdeichthys luojiaxiaensis*，*Sinamia zdanskyi*，*Ikechaoamia orientalis* 等分子组成，广泛分布在大兴安岭及燕辽地区，属热河动物群的重要组成分子。本区产于李三沟组、义县组、九佛堂组、龙江组、罗汉洞组、泾川组。地质时代为早白垩世早中期。

③*Kuyangichthys* 组合

由 *Kuyangichthys microdus*，*Kuntulunia longipterus*，*Anaethalion langshanense* 等组成。是较 *Lycoptera* 更进化的鱼群，广泛分布在内蒙古、宁夏、甘肃。本区产于固阳组、大磨拐河组上部及巴音戈壁组中上部。地质时代为早白垩世中晚期。

表17-1　侏罗纪—白垩纪生物地层与岩石地层对比表

地质时代	岩石地层单位	鱼类	叶肢介	双壳类	昆虫	爬行类	介形类	植物
晚白垩世 K_2	二连组；乌兰苏海组；金刚泉组					*Protoceratops* - *Bactrosaurus* 组合	*T-C-C* 组合	
早白垩世 K_1	固阳组、李三沟组；阜新组、九佛堂组、义县组；伊敏组、大磨拐河组、梅勒图组；苏红图组、巴音戈壁组；庙沟组	*Kuyangichthys* 组合 *Lycoptera* 组合	*Eosestheria* 组合			*Psittacosaurus* 组合	*C-C-P* 组合 *C-L-I* 组合 *C-C-C* 组合	阜新植物群；固阳植物群
晚侏罗世 J_3	白音高老组 玛尼吐组 满克头鄂博组	*Peipiaosteus* 组合	*Nestoria* - *Keratestheria* 组合					
中侏罗世 J_2								*Coniopteris-Phoenicopsis* 植物群
早侏罗世 J_1	富县组		*Eosolimnadiopsis* 组合					

叶肢介

①*Eosolimnadiopsis* 组合

以 *Eosolimnadiopsis staminis*，*E. dachangensis*，*E. haginggouensis*，*E. wuziwanensis* 为代表。属于中国南方淡水双壳动物群 *Pseudocardinia*，*Tutuella*，*Margartifera* 组合的成员。本区仅见于鄂尔多斯地区的富县组。地质时代为早侏罗世。

②*Nestoria* - *Keratestheria* 组合

以 *Nestoria*，*Keratestheria*，*Leuroestheria*，*Magumbonia*，*Sentestheria* 属的成员为代表。广泛分布在大兴安岭及燕辽地区，属热河动物群的重要组成分子。本区产于满克头鄂博组、玛尼吐组、白音高老组。地质时代为晚侏罗世。

③*Eosestheria* 组合

以 *Eosestheria*，*Diestheria*，*Neimengguestheria*，*Yanjiestheria*，*Amelestheria* 属为代表。广泛分布在大兴安岭及燕辽地区，属热河动物群的重要组成分子。本区产于义县组、九佛堂组、阜新组、梅勒图组、龙江组、大磨拐河组、伊敏组、李三沟组、固阳组、庙沟组、巴音戈壁组、苏红图组，是较 *Nestoria* 更为进化的类群，分布更为广泛，地质时代为早白垩世。

双壳类

本区侏罗、白垩纪双壳类动物群分布广泛，由于出露不佳，产出层位不连续，本书仅笼统地称为 *Ferganoconcha* 组合。包括 *Ferganoconcha*，*Pseudocardinia*，*Sibireconcha*，*Tutuella*，*Margaritifera*，*Sphaerium*，*Neomiodon*，*Tetoria* 等属的一些成员。产于本区侏罗纪—白垩纪沉积地层或火山岩的沉积夹层中。地质时代为侏罗纪—白垩纪。

昆虫

Ephemeropsis trisetalis 组合

以 *Ephemeropsis trisetalis*，*Coptoclava longipoda*，*Chironomopsis gracilis*，*C. melanura*，*Mesclygaeus*? sp.为代表，是热河动物群的重要组成分子。本区产于大兴安岭北部白音高老组（原上库力组）及多伦县一带白音高老组（原水泉村组）、梅勒图组（原多伦组）。地质时代为晚侏罗世—早白垩世。

爬行类

①*Psittacosaurus* 组合

以 *Psittacosaurus mongoliensis*，*P. osborni*，*P. sinensis*，*P. guyangensis*，为代表。产于本区李三沟组、九佛堂组、庙沟组、巴音戈壁组及苏红图组的火山岩沉积夹层中。地质时代为早白垩世。

②*Protoceratops* - *Bactrosaurus* 组合

以 *Protoceratops* sp.，*Bactrosaurus johnsoni*，*Mandschurosaurus mongoliensis*，*Alectrosaurus olseni*，*Ornithomimus asiaticus*，*Oolithlls elongates*，*Parasphaeroolithus irenensis* 为代表。本区产于乌兰苏海组、金刚泉组、二连组。地质时代为晚白垩世。

介形类

前人对本区介形类曾进行过详细研究，《内蒙古地质志》（1991）总结的介形类主要有7个组合。其中4、5、6组合见于松辽盆地的白垩纪地层中，属于松辽盆地白垩纪介形虫组合的西延部分。区内化石属种稀少，因此本书只介绍其中在本区分布广泛，对确定岩石地层单位有重要时代意义的4个介形类组合。

①*Cypridea badalahuensis* - *C. xiongbaoziensis* - *C. aocommodata* 组合（简称 *C* - *C* - *C* 组合）

产于李三沟组、大磨拐河组、庙沟组、巴音戈壁组下部。地质时代属早白垩世早期。

②*Cypridea* - *Limnocypridea* - *Ilyocyprimorpha* 组合（简称 *C* - *L* - *I* 组合）

产于大磨拐河组、巴音戈壁组、庙沟组中部及九佛堂组和阜新组中。地质时代为早白垩世中期。

③*Cypridea kansuensis* - *Cypridea*（*Ulwellia*）*copulenta* - *Protocypretta* 组合（简称 *C* - *C* - *P* 组合）

产于固阳组、大磨拐河组、庙沟组、巴音戈壁组上部，新民堡群中上部。地质时代属早白垩世晚期。

④*Talicypridea* - *Cypridea* - *Candona* 组合（简称 *T* - *C* - *C* 组合）

产于二连盆地及海拉尔盆地的二连组中。地质时代为晚白垩世。

植物群

①*Coniopteris* - *Phoenicopsis* 植物群

该植物群为1956年斯行健命名。本区包括 *Coniopteris*，*Phoenicopsis*，*Neocalamites*，*Equisetites*，*Thaumatopteris*，*Dictyophyllum*，*Clathropteris*，*Cladophlebis*，*Ginkgo*，*Pityophyllum*，*Czekanowskia*，*Raphaelia* 等属。产于鄂尔多斯地区的富县组、延安组、直罗组、安定组，阴山地区的石拐群，阿拉善地区的芨芨沟组和龙凤山组，大兴安岭中南部的红旗组、万宝组、新民组。地质时代为早中侏罗世。

②阜新植物群

以蕨类占主要地位，代表分子有：*Coniopteris burejensis*，*Acanthopteris onychioides*，*Onychiopsis elongata*，*Ruffordia goepperti*。其次为银杏类，代表分子有：*Ginkgo sibirica*，*G. digitata*，*Phoenicopsis*，*Sphenobaiera*。并有部分松柏类分子 *Podozamites*，*Pityophyllum*，*Elatocladus*。产于大磨拐河组、伊敏组、阜新组中。地质时代为早白垩世。

③固阳植物群

该植物群是谭琳等（1982）提出的，共计包括22属39种。以松柏类大量出现为特征，主要代表分子为 *Picea smithiana*，*Tsuga taxoides*，*Cryptomeria fortunei*，*Sequoia obesa*，*Sabinites neimongolica*，*Torreya fargesii*。其次为银杏类，主要代表分子有 *Ginkgo obrutschewi*，*Baiera polymorpha samylina*，*Stenorachis guyangensis*。并有少量蕨类植物。仅分布在阴山地区的固阳组中。地质时代为早白垩世。

热河动物群

"热河"一名最早用于地层古生物名称为"热河统"（Jehol series，Grabau，1923），当时指凌源一带含狼鳍鱼及双壳类、叶肢介、昆虫、植物等的一套沉积地层。之后曾称"含狼鳍鱼岩系，热河化石群"等名称。80年代之后王思恩等对热河动物群进行了深入细致的研究，并取得了长足进展。根据王思恩（1990）的研究结果，认为热河动物群的发源地在燕辽地区，然后辐射、扩散到其他地区，形成东亚晚侏罗世—早白垩世独有的生物地理区系。热河动物群的地理分布范围主要指中国北方、蒙古国东部及俄罗斯东外贝加尔地区。主要包括鱼类、叶肢介、昆虫、双壳类、腹足类、介形虫等。内蒙古地区是热河动物群的主要分布区，除腹足类不甚发育外，热河动物群的其他各动物组合都十分繁盛，包括前述内蒙古侏罗、白垩纪10个动物组合(表17-1)。根据动物组合在各岩石地层中分布的特点和繁盛程度，本区热河动物群明显可以分为早期类群（J_3）和晚期类群（K_1）：

早期类群包括：*Peipiaosteus* 组合、*Nestoria*－*Keratestheria* 组合、*Ferganoconcha* 组合，并开始出现 *Ephemeropsis trisetalis* 组合的少量分子。产于满克头鄂博组、玛尼吐组、白音高老组中，地质时代为晚侏罗世。

晚期类群包括：*Lycoptera* 组合、*Kuyangichthys* 组合、*Eosestheria* 组合，双壳类出现了 *Solenaia mengyinensis*，*Margaritifera tugriensis*，*Sphaerium jeholense* 分子，昆虫中 *Ephemeropsis* 属的多个种十分繁盛，同时发育有爬行类 *Psittacosaurus*－*Probactrosallrus* 组合及大量的介形虫。产于义县组、九佛堂组、阜新组、梅勒图组、龙江组、大磨拐河组、伊敏组、李三沟组、固阳组、巴音戈壁组、庙沟组、志丹群和新民堡群及松花江群中。地质时限为早白垩世。

二、同位素地质年代的讨论

本区侏罗纪—白垩纪十分发育的火山岩地层前人进行了大量的同位素测年工作。

目前，在大兴安岭地区共收集到满克头鄂博组全岩 K－Ar 法同位素测年数据19个，年龄值在110～145 Ma 之间，全岩 Rb－Sr 等时线年龄样1组，年龄值为160.26±14.39 Ma。玛尼吐组全岩 K－Ar 法同位素测年数据18个，区间为115～125 Ma，取全岩 Rb－Sr 等时线年龄测定样一组，年龄值为149±19 Ma，同时进行单矿物锆石 U－Pb 法年龄测定，年龄值为145.55 Ma。白音高老组进行全岩 K－Ar 法和单矿物 K－Ar 法年龄测定样7个，年龄值在105～115 Ma 之间，取全岩 Rb－Sr 等时线年龄样一组，年龄值为147.29±19 Ma，同时进行单矿物锆石 U－Pb 法年龄测定，年龄值为150.02 Ma。梅勒图组进行全岩 K－Ar 法测定样6个，年龄值为94.2～119.5 Ma，同时取全岩 Rb－Sr 等时线样，年龄值为146 Ma。

上述4个以火山岩为主体的岩石地层单位，尽管个别年龄样在取样手段和测试方法上还存在精度问题，致使年龄值与区域地层层序、古生物示年存在不一致现象，但大量的不同测试方法互相验证后的年龄值对确定岩石地层单位的形成时代是有重要意义的。满克头鄂博组、玛尼吐组、白音高老组共获得全岩 K－Ar 年龄值43个，为105～145 Ma，U－Pb 锆石单矿物年龄值2个，为145.55～150.02 Ma，Rb－Sr 等时线年龄值3个，为147.29～160.26 Ma。梅勒图组全岩 K－Ar 年龄值6个，为94.2～119.5 Ma，Rb－Sr 等时线年龄值为146 Ma。赵国龙等(1989) 认为全岩 K－Ar 法测定的年龄值比 Rb－Sr 等时线年龄值偏新，两者之间存在一个系统误差，差值大约为20～25 Ma，如果将前者加上系统误差值，则接近实际年龄值。按这一规律如果以135 Ma 作为侏罗纪与白垩纪的界线，那么上述满克头鄂博组、玛尼吐组、白音高老组的同位素年龄值高峰区间为晚侏罗世，梅勒图组的同位素年龄值高峰区间为早白垩世。

第三节　地层横剖面及问题讨论

一、地层横剖面

内蒙古绝大部分地区属华北地层大区。根据各地区岩石地层单位的相互关系，所含古生物特征及同位素测年资料，对于研究较详细的阴山—大兴安岭地区的侏罗纪—白垩纪地层做尝试性的地层横剖面研究（见图17-9）。

1. 阴山—大兴安岭地区

早中侏罗世为小型断陷盆地或山间盆地沉积环境。早期阴山地区形成五当沟组（包括召沟组）山间河流相和湖沼相含煤地层，其他地区形成红旗组湖沼相含煤地层。晚期阴山地区形成长汉沟组及大青山组，长汉沟组以淡水湖相为主，向上过渡为大青山组河流相紫色碎屑岩。其他地区具有三分性，其中以沉积岩夹煤层为特征的岩石地层体称万宝组，以酸性火山碎屑岩为主夹沉积岩及煤层的岩石地层体称新民组。万宝组和新民组为同时异相产物，其上发育一套河流相紫色、灰紫色杂砂质砾岩、杂砂岩夹细砂岩组合，称土城子组，其上被晚侏罗世满克头鄂博组酸性火山岩不整合覆盖。

晚侏罗世火山活动强烈，活动范围为阴山—大兴安岭。按火山喷发产物的岩石特征及喷发作用和沉积作用规律，早中晚三分明显。早期岩浆来源较浅，来自硅铝层，火山喷出物以酸性火山熔岩、酸性火山碎屑岩为主，在火山活动间歇期或火山活动晚期，一些山间盆地形成湖相或河流相碎屑岩，其中含热河动物群早期组合分子及植物，称满克头鄂博组。包括原南台子组、呼日格组、查干诺尔组及上库力组下部酸性火山岩夹沉积岩。中期岩浆来源较深，火山喷出物以中性或偏碱性火山熔岩、火山碎屑岩为主，在火山活动间歇期或活动晚期形成湖相或河流相碎屑岩，称玛尼吐组。包括原龙山组、傅家洼子组、兴仁组、道特诺尔组、上库力组中部中性偏碱性火山岩。晚期岩浆来源变浅，火山活动范围及强度减弱，火山喷出物以酸性火山碎屑岩、酸性火山熔岩为特点，大部分地区形成湖相或河流相碎屑岩含热河动物群早期组合分子，但在大兴安岭北部含有热河动物群晚期组合分子，称白音高老组。包括以往所划那不打组下部酸性火山岩部分（上部沉积岩夹玄武岩为义县组）、宝石组、布拉根哈达组、上库力组上部酸性火山岩夹沉积岩。根据火山岩同位素年龄资料及火山岩沉积夹层中古生物特征，大兴安岭—燕辽地区的侏罗纪、白垩纪火山活动首先开始于辽西和冀北（兴隆沟组火山岩），然后

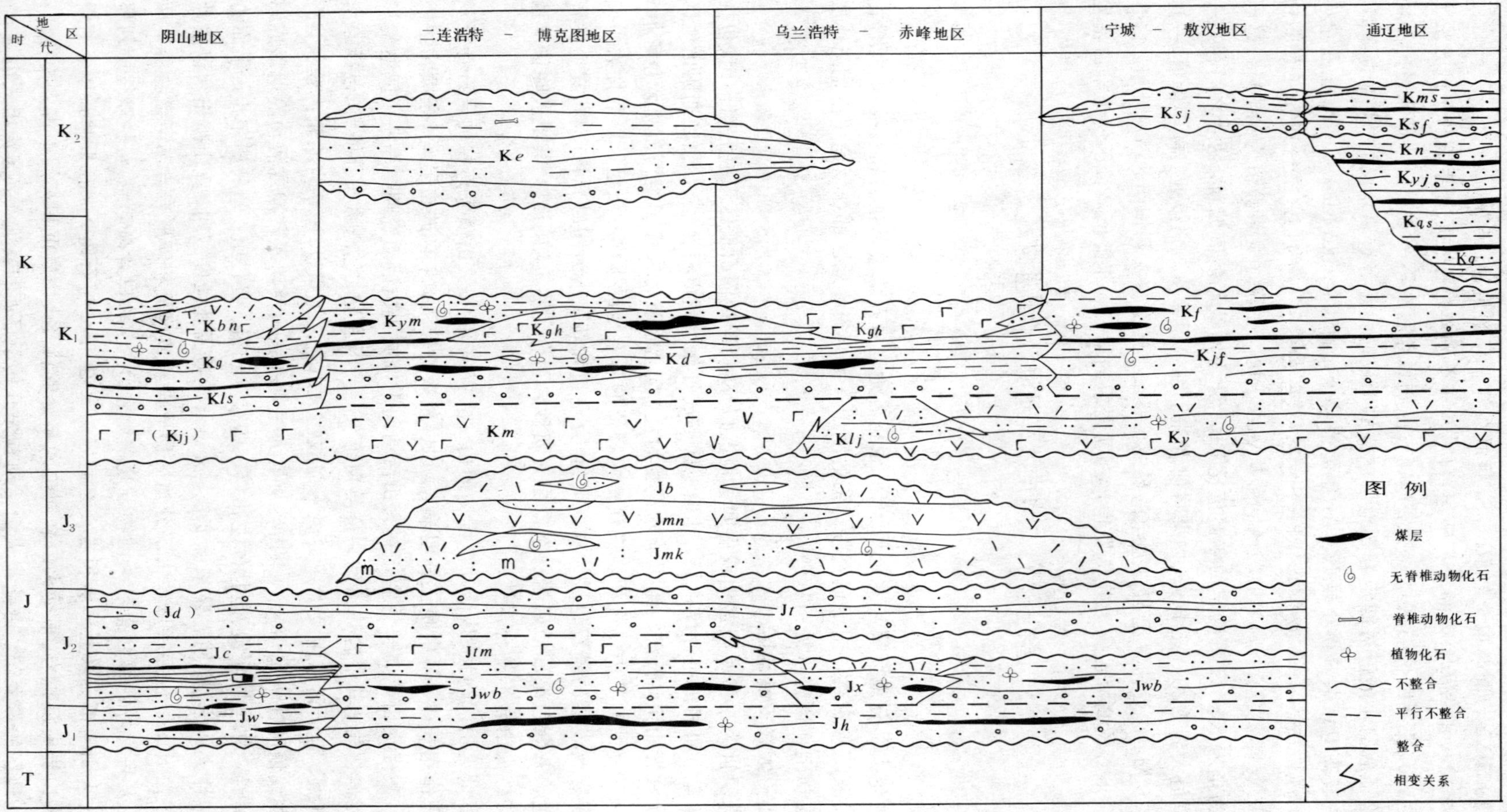

图17-9 阴山—大兴安岭地区地层横剖面图

向北迁移，形成新民组和塔木兰沟组火山岩，之后形成满克头鄂博组、玛尼吐组、白音高老组火山岩，最后形成义县组、梅勒图组、龙江组、甘河组火山岩。

宁城—敖汉地区是辽西、冀北与大兴安岭地区之过渡地带。其火山岩地层的发育程度具有过渡区的特点。辽西缺失晚侏罗世火山岩，大兴安岭地区广泛发育晚侏罗世火山岩，且厚度大，层序全。宁城—敖汉地区则仅发育相当于满克头鄂博组的层位。

至早白垩世初期，阴山—大兴安岭各地区普遍发生火山喷发作用，但各地火山活动强度存在一定差异。阴山地区最弱，形成厚度仅162 m 的基性火山熔岩层（金家窑子组）。大兴安岭主峰及其两侧最强烈，形成厚度近1000 m 的中基性火山岩（梅勒图组）。大兴安岭东坡及宁城—敖汉地区强度介于两者之间，形成厚几百米的中基性火山岩夹沉积岩地层，含热河动物群晚期组合分子（龙江组、义县组）。

至早白垩世早中期，各地区经升降运动和断裂作用发展起来多个内陆大型山间盆地（固阳盆地、二连盆地、海拉尔盆地）和大型盆地边缘的小型断陷盆地（扎赉诺尔盆地、大磨拐河盆地、霍林河盆地、元宝山—平庄盆地）。无论是大盆地，还是边缘小盆地，其含煤地层的沉积层序基本相同。大兴安岭及其两侧盆地的下部为中基性火山岩或中性火山岩夹沉积岩（梅勒图组、龙江组、义县组），之上为含煤的碎屑粒度相对较粗的沉积岩（大磨拐河组、九佛堂组），再上为含多层煤的细碎屑岩（伊敏组、阜新组）。与大磨拐河组同时或稍晚时间在部分地区（二连盆地边缘、大场树盆地、大雁煤田）有火山喷出的基性岩（甘河组）。这种沉积层序在阴山地区自下而上为金家窑子组、李三沟组、固阳组、白女羊盘组。所不同的是甘河组层位上在大磨拐河组与伊敏组之间。白女羊盘组在固阳组之上部，锡盟乌尼特煤田的玄武岩亦在上煤组之下。说明火山活动时间大体相当，各盆地的成煤时期，是基本等时的。各盆地在早白垩世成煤期结束后，普遍隆起，进入剥蚀阶段。至晚白垩世仅于二连盆地、海拉尔盆地，元宝山-平庄盆地沉积一套红色碎屑岩层，前两个盆地称二连组，后一个盆地称孙家湾组。其他地区仍为剥蚀期。

2. 鄂尔多斯地区

鄂尔多斯地区早中侏罗世为典型的湖泊及湖沼环境，形成三套连续沉积但基本层序类型不同的沉积地层。底部为基本不含煤的湖相细碎屑岩，称富县组，与下伏延长组为不整合接触。中下部发育湖沼相地层，含多层煤，与富县组为过渡关系，称延安组，区域上与红旗组、五当沟组相当，但从延安组所含动植物看，其形成时代与五当沟组基本同时，而比红旗组发育稍晚一些，并延续到中侏罗世。上部发育湖相或沼泽相沉积，含薄煤层及煤线称直罗组，与下伏延安组也呈过渡关系。富县组、延安组、直罗组构成由粗变细的沉积层序。之后，鄂尔多斯盆地之内蒙古部分开始抬升，进入盆地消亡期，同时形成一套湖相不含煤地层，自下而上的基本层序为由细变粗层序，称安定组。之后，盆地完全抬升，进入剥蚀期，形成安定组顶部之不整合面。之后，一直到早白垩世盆地才接受沉积，但沉积物的分布范围较早中侏罗世小。早期沉积物自下而上为两个沉积层序类型。下部由洛河组、环河组构成，自下而上由红色大型斜层理的砂岩至灰紫色、灰绿色、蓝灰色中小型斜层理的砂岩组成。上部由罗汉洞组到泾川组构成，自下而上由灰紫色、紫红色细砂岩至灰绿色细砂岩、泥岩组成。晚期沉积物为黄绿色砾岩、砂岩及泥岩，与下伏泾川组存在沉积间断面，是另一个沉积旋回的产物，称东胜组。之后，鄂尔多斯盆地开始抬升，变为剥蚀区，形成东胜组顶部之不整合面。晚白垩世本区无沉积。

3. 阿拉善地区

侏罗纪时为大型内陆盆地环境，但沉积物仅分布在潮水盆地边缘、巴丹吉林盆地边缘地区。自下而上为粗碎屑岩组合（芨芨沟组）、细碎屑岩夹煤组合（龙凤山组）、粗碎屑岩组合（沙枣河组）的层序类型。到早白垩世盆地继续增生，形成分布广泛的巴音戈壁组细碎屑岩夹泥灰岩及油页岩组合以及庙沟组紫红色粗碎屑岩组合。同时在苏红图盆地伴随有火山活动，形成苏红图组基性火山熔岩。晚白垩世形成金刚泉组和乌兰苏海组不同层序类型的沉积地层，其与下伏地层均为不整合接触关系，说明本区早晚白垩世之间存在一个区域性的沉积间断。

二、问题讨论

1. 满克头鄂博组、玛尼吐组、白音高老组的划分

冀北、辽西地区将土城子组之上，义县组之下的火山岩夹沉积岩地层称张家口组。本次清理将大兴安岭及其两侧地区与之相当的岩石地层进一步划分为满克头鄂博组、玛尼吐组、白音高老组等是为了适应今后1∶5万区调填图的需要，同时三个组延伸较稳定，野外宏观标志清楚，有可填图性和适用性，因此使用了上述三个组。今后可并组称“兴安岭群”，这样便于进行区域岩石地层对比和适应大范围小比例尺编图需要。本次清理没有使用“兴安岭群”是因为地层清理东北大区对“兴安岭群”的原始命名、原始定义存在意见分歧，因此暂时不使用“兴安岭群”。

2. 白音高老组的对比问题

到目前为止，乌兰浩特—赤峰地区的白音高老组（包括原宝石组）中尚未发现 *Eosestheria*，其中均为 *Nestoria - Keratestheria* 叶肢介组合的代表分子。后者还见于大兴安岭北部原木瑞组及满洲里地区原上库力组下部，但在新巴尔虎右旗和博克图地区的上库力组下、上两部分中却含有 *Eosestheria*。据王思恩等（1981—1990）研究，*Eosestheria* 与 *Nestoria - Keratestheria* 两个叶肢介群落有发育早晚之分，前者较后者时代偏晚。因此，从生物所指示的地层形成时间分析，白音高老组与原木瑞组、上库力组下部同时形成，但从相对层位关系及岩石特征分析，白音高老组似与上库力组上部为一个岩石地层体。这种岩石地层单位本身对比与生物指示形成时代之间的矛盾，可能是由于原木瑞组、吉祥峰组和上库力组在岩石地层划分上存在一定问题造成的。因此，本次清理不将满克头鄂博组、玛尼吐组、白音高老组与这些原划岩石地层单位进行详细对比，只是从岩石特征及相对层位上分别将其归入不同的岩石地层单位。

3. 土城子组与大青山组

关于土城子组，一般认为分布范围只限于辽西至冀北地区。本次清理经野外核查和综合研究发现，土城子组在大兴安岭中南段也有分布。如喀喇沁旗小牛群一带原满克头鄂博组（南台子组）下部的紫色杂砾岩和杂砂岩层；克什克腾旗胡萝卜淖一带原新民组的紫色杂砾岩、杂砂岩层；克什克腾旗庙台里东山原划为二叠纪的紫色砂岩、砂砾岩夹粉砂岩层；林西县五十家子后山原新民组的紫色杂砂砾岩、粉砂岩、细砂岩层；霍林河西北塔木兰沟组之上的紫色沉凝灰岩夹砂岩及少量凝灰岩层。

尽管前人划分的地层单位名称不同，归属时代各异，但所描述的均为一套紫色、紫红色的碎屑岩组合，层位上均位于塔木兰沟组（髫髫山组）中基性火山岩之上，满克头鄂博组酸性火山岩之下。因此这套以紫色为主的碎屑岩在大兴安岭—燕辽地区作为一个独立的岩石地层单位在宏观上是易于区别于其他岩石地层单位的，而且延伸稳定，标志明显，所以，本次清理在大兴安岭地区亦划出土城子组。

关于土城子组的接触关系：冀北地区与下伏塔木兰沟组（髫髫山组）为平行不整合接触，与上覆张家口组为整合接触；赤峰—乌兰浩特地区土城子组之下多与二叠纪地层或中侏罗世万宝组、新民组不整合接触，其上被满克头鄂博组不整合覆盖。满洲里地区尚未发现土城子组。本书根据区域对比关系认为土城子组与下伏塔木兰沟组为平行不整合关系（霍林河西北），其上被满克头鄂博组不整合覆盖。这与早中侏罗世地层发生褶皱、断裂，晚侏罗世地层不整合覆盖其上的总体构造发展历史是吻合的。

分布在阴山地区的大青山组，岩性特征上部为灰绿色、黄绿色含砾粗砂岩夹泥灰岩透镜体，下部为紫色、紫红色粗碎屑岩。从侏罗纪古地理、古气候分析，结合大青山组岩性特征及植物化石特点，本书认为大青山组可能完全或部分（下部紫色岩石组合）相当于土城子组。由于时代依据不充分，暂时归中侏罗世，并保留大青山组一名。

4. 固阳组与白女羊盘组的层位

固阳组以往置于早白垩世，白女羊盘组置于晚侏罗世，并认为前者在上，后者在下。1992年内蒙古水文队在白女羊盘地区进行水文地质勘探时，在原白女羊盘组火山岩之下发现沉积岩层，在沉积岩层中采到叶肢介 *Eosestheria* sp.；介形虫 *Rhinocypris echinata* 及大量孢粉等早白垩世的化石。经区域对比及钻孔横剖面控制，火山岩之下的沉积层延伸稳定，并与固阳组为同一地层体，其上火山岩即原划白女羊盘组。因此白女羊盘组应位于固阳组之上部，部分为相变关系，形成时代为早白垩世。

第十八章 第三纪

第三纪自然断代共包括18个组。总体岩性特征为红色、棕红色、灰绿色碎屑岩及玄武岩，碎屑岩中普遍含哺乳类动物化石。沉积环境基本属于大型坳陷盆地、断陷盆地及山间盆地三种类型。下界与白垩纪地层不整合接触，上界被第四纪地层覆盖。

第一节　岩石地层单位

寺口子组　Es　(15-0352)

【创名及原始定义】　谢家荣1923年在宁夏固原县三营乡寺口子沟进行地质调查时，创名寺口子系。原始定义：岩性为红色粗砂岩相间夹红色页岩、砂岩及泥灰岩等，厚达1500 m，下伏地层为白垩系六盘山系，上限被渐新统覆盖，时代为始新世。

【沿革】　1965年袁复礼改称寺口子组。宁夏区调队1979年将寺口子组引入内蒙古，基本按原始定义沿用至今。

【现在定义】　指不整合于白垩纪地层或前白垩纪地层之上。由砖红色、棕红色砾岩、砂砾岩、含砾砂岩和砂岩组成的一套粗—中粒碎屑岩，部分地区顶部砂岩常含钙质结核，与上覆清水营组为不整合接触。

【层型】　区内次层型为阿拉善左旗阿木乌苏剖面（15-0352-4-1）。

【地质特征及区域变化】　该组分布于阿木乌苏附近，为一套河流-湖泊相的红色碎屑沉积，主要为棕红色泥质砂砾岩、泥岩、砂岩、细砂岩夹砂砾岩、含砾砂质泥岩及泥质砂岩等，厚度356 m。该组在巴丹吉林沙漠东北具小面积分布，由砖红色砂质泥岩及灰白色长石砂岩、粉砂岩及粗砂岩组成，厚18.3 m，下界与晚白垩世乌兰苏海组，上界与第四纪地层均呈不整合接触。在鄂尔多斯地区，该组仅见于贺兰山西麓三关口、赵池沟、大水沟、青石嘴子一带，主要为一套河流-湖泊相红色碎屑岩沉积，岩性为砾岩、含砾砂岩、粉砂岩及粉砂质泥岩，厚度大于100 m，下界不整合于早白垩世庙沟组及更老地层之上，上界与清水营组呈不整合接触。

乌拉特组　Ew　(15-0354)

【创名及原始定义】 石油部长庆石油勘探局张兴璟1983年[①]创名于巴彦淖尔盟临河市附近临深三井。原始定义：指广泛见于河套盆地井下的一套胶结致密的深色岩层，底部为棕褐色块状砾岩、砾状砂岩，中上部为棕红、紫红、绿灰、深灰色粉细砂岩与泥岩不等厚互层，夹白云质灰岩或白云岩。厚172～348 m。与上覆地层临河组呈平行不整合接触，与下伏地层早白垩世志丹群呈不整合接触，时代为始新世。

【沿革】 乌拉特组自创名后，基本按原始定义沿用至今。

【现在定义】 同原始定义。

【层型】 正层型为临河市临深三井柱状剖面（107°01′，40°45′；张兴璟1983）。

上覆地层：**临河组** 灰白色砂岩夹泥岩

——————— 平行不整合 ———————

乌拉特组	总厚度348.0 m
35. 棕红色、浅棕红色泥岩、泥质粉砂岩	9.0 m
34. 棕红色、浅棕红色细砂岩	23.0 m
33. 棕红色、浅棕红色泥岩	4.0 m
32. 灰白色砂岩、含石膏	3.0 m
31. 棕红色、紫红色含白云质泥岩、砂质泥岩与细砂岩互层	46.0 m
30. 深灰色白云质泥岩夹浅灰色灰岩	9.0 m
29. 灰白色粉砂质泥岩	2.0 m
28. 棕红色含白云质泥岩与浅棕红色泥质砂岩互层	19.0 m
27. 灰白色粉砂岩、细砂岩夹紫红色砂质泥岩、粉砂岩	12.0 m
26. 棕红色含砂质泥岩与深灰色含白云质泥岩互层	17.0 m
25. 灰白色砂岩夹紫红色泥岩	6.0 m
24. 灰褐色白云岩	1.0 m
23. 浅灰—灰绿色粉砂岩夹紫红色含白云质泥岩	9.0 m
22. 灰褐色白云岩	1.0 m
21. 浅灰色含白云质泥岩	6.0 m
20. 棕红色含白云质砂质泥岩	1.0 m
19. 深灰色泥岩夹一薄层细砂岩	4.0 m
18. 杂色泥岩	3.0 m
17. 浅灰色粉砂岩，中部含黄铁矿	7.0 m
16. 褐灰色灰岩	1.0 m
15. 浅灰色粉砂岩	1.0 m
14. 浅灰色泥质白云岩	2.0 m
13. 杂色白云质泥岩	2.0 m
12. 深灰色、浅灰色含白云质泥岩、砂质泥岩互层	38.0 m
11. 灰黑色白云岩	71.0 m
10. 深灰色、浅灰色砂岩、泥质粉砂岩	6.0 m
9. 棕红色、浅棕红色泥岩	2.0 m
8. 棕红色、浅棕红色细砂岩	3.0 m
7. 棕色、浅棕色粉砂岩、含砾粉砂岩	20.0 m

① 张兴璟，1983，内蒙古河套盆地石油普查勘探报告（内部资料）。

6. 浅灰色细砂岩	1.0 m
5. 灰褐色，黄褐色砾岩	4.0 m
4. 棕红色、暗棕红色砾岩	11.0 m
3. 灰黑色粉细砂岩	1.0 m
2. 棕红色、紫红色含灰质砂岩、含黄铁矿	1.0 m
1. 灰白色含灰质砂岩	2.0 m

~~~~~~~~~~ 不 整 合 ~~~~~~~~~~

下伏地层：**东胜组** 土红色粉砂岩、泥岩夹黄绿色砂砾岩

【地质特征及区域变化】 乌拉特组主要为一套胶结致密的深色地层，含较丰富的孢粉，地层厚度为300余米，在区域上仅见于河套盆地各钻孔中，岩性及厚度变化不大。

清水营组 E*q* (15-0353)

【创名及原始定义】 杨钟健、周明镇等1956年于宁夏灵武县清水营创名。原始定义：指宁夏灵武县清水营地区，含 *Embolotherium grangeri* 等化石的浅灰、绿色砂质灰土（夹石膏脉），时代为渐新世。

【沿革】 姜元吉、齐陶、顾其昌等（1975，1982）分别在豪斯布尔都盆地、贺兰山西麓，将清水营组下部依据化石建立查干布拉格组、乌兰布拉格组。常江、王伴月及李云通等（1980，1984）分别在鄂尔多斯西部、阿拉善南，将清水营组上部称之伊克布拉格组，其下部仍称查干布拉格组和乌兰布拉格组。本次清理认为它们均为同物异名，故仍采用清水营组。

【现在定义】 指连续沉积于寺口子组之上的一套褐红色、砖红色泥岩、粉砂岩夹灰绿色砂岩、泥岩及石膏层，其上与红柳沟组呈平行不整合接触。

【层型】 区内次层型为阿拉善左旗豪斯布尔都苏木巴彦套海剖面（15-0353-4-1）。

【地质特征及区域变化】 该组主要分布在潮水盆地、巴丹吉林沙漠及鄂尔多斯盆地西缘。巴彦套海，清水营组自下而上由粗碎屑岩及细碎屑岩组成，厚164 m；向北和向东至德里沟、乌兰塔塔尔，则以细碎屑岩为主，厚度小于50 m；至贺兰山吉井子、乌海市北东伊克布拉格地区，上部、下部均为粗碎屑岩，中部为细碎屑岩，厚度大于160 m。

临河组 E*l* (15-0355)

【创名及原始定义】 张兴璟1983年①创名于巴彦淖尔盟临河市附近临深三井。原始定义：指见于河套盆地井下，为一套胶结致密的暗色碎屑岩，岩性由灰绿、深灰、灰黑色泥岩夹粉细砂岩等组成，偶夹浅灰色白云岩及次生石膏。厚度1 000 m 左右，平行不整合于乌拉特组之上，被五原组平行不整合覆盖，时代为渐新世。

【沿革】 临河组自创名后，基本按原始定义沿用至今。

【现在定义】 同原始定义。

【层型】 正层型为临河市临深三井柱状剖面（107°01′，40°45′；张兴璟，1983）。

上覆地层：**五原组** 浅灰色细砂岩

——————— 平行不整合 ———————

临河组 总厚度1 005.0 m

57. 深灰色、褐灰色泥岩、白云质泥岩夹灰白色细砂岩及浅灰色泥岩、白云岩、白云质灰

① 张兴璟，1983，内蒙古河套盆地石油普查勘探报告（内部资料）。
~~~~~~~~~~

岩薄层 37.0 m

56. 棕红色泥岩 3.0 m

55. 灰褐色、蓝灰色泥岩、深灰色泥岩夹浅灰色、绿灰色粉砂岩，底部含黄铁矿 66.0 m

54. 浅灰色、灰白色白云质砂岩、粉砂岩、细砂岩与深灰色泥岩、白云岩互层夹1～2层白云岩薄层 61.0 m

53. 深灰色泥岩夹浅灰色白云质粉砂岩 26.0 m

52. 浅灰色、绿灰色粉砂岩、细砂岩与深灰色、浅灰色、蓝灰色泥岩不等厚互层夹白云岩、砂岩，偶含黄铁矿 105.0 m

51. 棕色细砂岩夹浅灰色泥质砂岩 12.0 m

50. 浅灰色细砂岩、粉砂岩与深灰色泥岩不等厚互层夹白云质泥岩及白云质灰岩 118.0 m

49. 棕色细砂岩夹薄层粉砂岩 12.0 m

48. 浅灰色细砂岩夹薄层粉砂岩 9.0 m

47. 紫色泥岩夹棕色细砂岩 15.0 m

46. 浅灰色细砂岩夹深灰色泥岩、白云质灰岩 25.0 m

45. 紫色、灰紫色泥岩与棕色粉砂岩、细砂岩不等厚互层夹白云质灰岩 318.0 m

44. 灰紫色，灰绿色泥岩与绿灰色，褐灰色粉砂岩、细砂岩不等厚互层 40.0 m

43. 深灰色泥岩与浅灰色、灰白色粉砂岩互层 12.0 m

42. 灰紫色泥岩与浅灰色、灰白色粉砂岩互层 11.0 m

41. 灰绿色、灰紫色泥岩与灰白色、浅灰色细砂岩、泥质粉砂岩互层 16.0 m

40. 深灰色泥岩、粉砂质泥岩、泥质粉砂岩 16.0 m

39. 浅灰色粉砂岩夹浅灰色、灰绿色泥岩 14.0 m

38. 棕红色、紫红色泥岩夹泥质粉砂岩、细砂岩 51.0 m

37. 棕红色砂岩、泥岩夹灰白色粉砂岩 32.0 m

36. 白色、灰白色砂岩夹砂质泥岩 6.0 m

——————— 平行不整合 ———————

下伏地层：**乌拉特组** 棕红色泥岩、粉砂岩

【地质特征及区域变化】 临河组主要为一套暗色的细碎屑岩，含较丰富的孢粉，厚度超过1000 m。区域上仅见于河套盆地各钻孔中，岩性及厚度变化不大。

红柳沟组 N*hl* （15-0371）

【创名及原始定义】 宁夏区调队于1975年在宁夏中宁县牛首山红柳沟一带创名。原始定义：指灰白色、桔黄色中细粒石英砂岩，长石石英砂岩、粉砂岩、黄色砂岩及红色砂粘土等，偶夹砂砾岩、粗砂岩或砾岩透镜体，其中含哺乳类、介形类、轮藻等化石。厚度为100余米。与下伏清水营组为平行不整合接触，时代为中新世。

【沿革】 该组于1978年由宁夏区调队引入内蒙古，基本按原始定义沿用至今。

【现在定义】 为土黄色、桔黄色中细粒砂砾岩，含砾粗粒砂岩、砂岩夹粉砂质泥岩透镜体，含钙质结核，含介形类化石，其不整合在清水营组之上，被第四系覆盖。

【层型】 区内次层型为伊克布拉格沟—呼吉尔图沟剖面（15-0371-4-1）。

【地质特征及区域变化】 该组仅见于潮水盆地周边山麓山前丘陵地带，如：贺兰山南段西麓、阿拉善左旗南部等地，在千里山地区也有分布，为一套杂色碎屑岩。岩石组合特征各地相差无几。下界与清水营组呈不整合接触，上界被第四系覆盖。厚度77～203 m。

五原组 N*w* （15-0356）

【创名及原始定义】 张兴璟1983年①在巴彦淖尔盟临河市附近临深三井创名。原始定义：指广泛见于河套盆地井下的一套胶结较紧密的杂色岩组，岩性以紫褐、灰绿、蓝灰、深灰色泥岩为主，粉细砂岩次之，夹薄层泥灰岩、鲕状灰岩，普遍含黄铁矿结核、硬石膏斑块及生物碎屑。厚度大于1 000 m。本组与上覆地层乌兰图克组，下伏地层临河组均呈平行不整合接触，时代为中新世。

【沿革】 五原组自命名后，基本按原始定义沿用至今。

【现在定义】 同原始定义。

【层型】 正层型为巴彦淖尔盟临河市临深三井柱状剖面，(107°01′，40°45′；张兴璟，1983)。

上覆地层：**乌兰图克组** 块状细砂岩夹紫红色泥岩

——————— 平行不整合 ———————

五原组	总厚度1 119.0 m
91. 紫棕色泥岩	20.0 m
90. 浅灰色泥岩、粉砂岩、含石膏	12.0 m
89. 紫棕色、褐红色泥岩夹浅灰色粉砂岩	39.0 m
88. 浅灰色粉砂岩	13.0 m
87. 浅棕色泥岩与浅灰色粉细砂岩互层	16.0 m
86. 紫色、棕色泥岩夹浅灰色粉砂岩、细砂岩	60.0 m
85. 浅灰色泥岩与棕色泥岩互层	10.0 m
84. 棕色泥岩与浅灰色细砂岩互层	37.0 m
83. 浅灰色泥岩、粉砂岩、细砂岩夹砂质灰岩	33.0 m
82. 棕色泥岩夹灰白色粉砂岩	9.0 m
81. 浅灰色、褐色泥岩、粉砂岩、细砂岩与泥岩互层	40.0 m
80. 浅灰色、灰褐色泥岩、粉砂岩、细砂岩夹灰岩	59.0 m
79. 棕色、浅棕色泥岩夹浅灰色泥岩、粉砂岩	13.0 m
78. 浅灰色、灰褐色泥岩与粉砂岩、细砂岩互层	71.0 m
77. 浅灰色、褐灰色泥岩夹粉砂岩、细砂岩	39.0 m
76. 棕色泥岩	8.0 m
75. 浅灰色、灰褐色泥岩夹粉砂岩、细砂岩	85.0 m
74. 紫褐色、蓝灰色泥岩	11.0 m
73. 浅灰色、灰褐色泥岩夹粉砂岩、细砂岩	53.0 m
72. 浅灰色、褐灰色泥岩夹粉砂岩、细砂岩，不等厚互层	110.0 m
71. 棕色细砂岩、泥岩	5.0 m
70. 紫色、灰紫色、灰色泥岩夹浅灰色粉砂岩、细砂岩	55.0 m
69. 浅灰色砂质泥岩	3.0 m
68. 紫色、灰紫色泥岩与浅灰色泥岩、细砂岩互层	30.0 m
67. 紫色、灰紫色泥岩夹粉砂岩	13.0 m
66. 紫色、棕色泥岩与粉细砂岩不等厚互层	70.0 m
65. 棕色、紫色泥岩、粉砂岩、细砂岩	12.0 m
64. 浅灰色、灰褐色泥岩与粉砂岩互层	14.0 m

① 张兴璟，1983，内蒙古河套盆地石油普查勘探报告（内部资料）。

63. 灰褐色泥岩与泥质白云岩互层	16.0 m
62. 浅灰色、灰褐色泥岩与粉细砂岩互层夹泥岩	60.0 m
61. 棕褐色泥岩与浅灰色粉砂岩互层	39.0 m
60. 棕褐色泥岩夹浅灰色粉砂岩及2层细砂岩	53.0 m
59. 紫色、蓝灰色、深灰色泥岩	5.0 m
58. 浅灰色细砂岩	6.0 m

——————— 平行不整合 ———————

下伏地层：**临河组**　深灰色泥岩、灰白色细砂岩、浅灰色白云岩等

【地质特征及区域变化】　五原组广泛分布于河套盆地内各钻孔中，岩石特征为一套杂色泥岩夹粉细砂岩及泥灰岩层，普遍含黄铁矿结核、硬石膏斑块、夹水平细层理及波状层理，含孢粉较多，横向上该组厚度变化不大，一般为700～1 000 m。

乌兰图克组　*Nwl*　(15-0357)

【创名及原始定义】　张兴璟1983年[①]在巴彦淖尔盟临河市临深三井创名，原始定义：为一套胶结疏松的棕红色泥岩，棕红色、棕褐色泥岩与灰黄色、浅灰色粉细砂岩互层，偶夹薄层泥灰岩和薄层砾岩，普遍含石膏。厚大于1 000 m。上界被第四纪河套群不整合覆盖，下界与五原组呈平行不整合接触，时代为上新世。

【沿革】　乌兰图克组自创名后，基本按原始定义沿用至今。

【现在定义】　同原始定义。

【层型】　正层型为巴彦淖尔盟临河市临深三井柱状剖面（107°01′，40°45′；张兴璟，1983）。

上覆地层：**河套群**

～～～～～～～ 不 整 合 ～～～～～～～

乌兰图克组	总厚1 779.0 m
134. 黄棕色泥岩	19.0 m
133. 浅灰色、黄灰色粉砂岩	20.0 m
132. 棕红色泥岩，含石膏	3.0 m
131. 黄灰色泥岩、粉砂岩夹褐色泥岩	28.0 m
130. 褐灰色泥岩与浅灰色粉砂岩，细砂岩互层	43.0 m
129. 棕红色泥岩、粉砂岩，含石膏	26.0 m
128. 浅灰色、黄灰色粉砂岩、细砂岩与泥岩互层	35.0 m
127. 棕红色泥岩与浅黄色粉砂岩互层，含石膏	250.0 m
126. 深灰色泥岩、浅灰色粉砂岩夹棕红色泥岩	34.0 m
125. 棕褐色泥岩	18.0 m
124. 浅灰色泥岩与粉砂岩不等厚互层	32.0 m
123. 棕红色泥岩含石膏与浅灰色，黄灰色粉砂岩互层	182.0 m
122. 黄棕色、棕红色泥岩与黄灰色、浅灰色粉砂岩、泥岩互层	54.0 m
121. 棕红色泥岩	149.0 m
120. 棕红色泥岩与黄灰色粉砂岩互层，部分泥岩中含石膏	41.0 m

① 张兴璟，1983，内蒙古河套盆地石油普查勘探报告（内部资料）。

119. 棕色泥岩，含石膏	19.0 m
118. 棕褐色泥岩与黄灰色泥岩互层，含石膏	30.0 m
117. 棕色、棕红色泥岩夹粉砂岩、细砂岩、含石膏	34.0 m
116. 浅灰色，黄灰色粉砂岩夹棕色泥岩	7.0 m
115. 棕红色、棕色泥岩夹黄灰色粉砂岩，泥岩中含石膏	134.0 m
114. 棕红色泥岩与黄灰色粉砂岩不等厚互层	37.0 m
113. 棕红色泥岩	20.0 m
112. 浅灰色粉砂岩	11.0 m
111. 棕红色泥岩与黄灰色粉砂岩互层	58.0 m
110. 棕褐色泥岩、粉砂岩、细砂岩夹黄色粉砂岩	18.0 m
109. 棕红色、棕褐色泥岩夹黄灰色粉砂岩	97.0 m
108. 黄灰色粉砂岩与棕红色泥岩互层，泥岩中含石膏	31.0 m
107. 棕红色，棕褐色泥岩夹浅灰色粉砂岩	32.0 m
106. 黄灰色细砂岩与棕褐色泥岩互层	29.0 m
105. 棕褐色泥岩与黄灰色粉砂岩	33.0 m
104. 棕灰色细砂岩、粉砂岩夹棕褐色灰岩	12.0 m
103. 棕红色泥岩	23.0 m
102. 黄灰色泥岩、粉砂岩	8.0 m
101. 紫棕色泥岩，顶部为细砂岩	16.0 m
100. 浅灰色细砂岩、粉砂岩夹棕红色泥岩	16.0 m
99. 紫棕色泥岩夹黄灰色粉砂岩	44.0 m
98. 黄灰色、棕灰色块状细砂岩	8.0 m
97. 紫红色泥岩夹浅灰色泥质粉砂岩	13.0 m
96. 浅灰色块状细砂岩	9.0 m
95. 浅灰色粉砂岩、细砂岩与紫棕色泥岩互层	12.0 m
94. 黄灰色块状细砂岩夹黄灰色泥岩、粉砂岩	16.0 m
93. 紫棕色、棕红色泥岩与黄灰色块状细砂岩互层	26.0 m
92. 棕灰色、黄灰色块状细砂岩夹紫棕色泥岩、砂岩、含黄铁矿	52.0 m

—————— 平行不整合 ——————

下伏地层：**五原组** 紫红色泥岩

【地质特征及区域变化】 乌兰图克组主要分布在河套盆地内各钻孔中，在盆地边缘也有零星出露。为一套棕红色泥岩夹灰黄、浅灰色粉砂岩及细砂岩，偶夹薄层泥灰岩及砾岩，具微细水平层理及微细斜层理，横向上地层厚度变化大，岩性也存在一定差异。

脑木根组 E*n* (15-0358)

【创名及原始定义】 内蒙古区测一队一分队1975年创名于四子王旗脑木根苏木东南7 km哈留特附近。原始定义：指一套红色泥质岩，以块状坚硬的棕红色泥岩为主，上部夹杂色泥岩，产天青石、石膏，含丰富的脊椎动物化石，出露厚度大于10 m，上界与阿山头组呈平行不整合接触，下界不清，时代为晚古新世。

【沿革】 内蒙古区测一队于1976年在该组上部发现蒙古兽，创建巴彦乌兰组，时代属早始新世，1991年《内蒙古地质志》又将巴彦乌兰组归并到脑木根组之中并沿用至今。

【现在定义】 同原始定义。

【层型】 正层型为四子王旗脑木根苏木东南哈留特剖面（111°30′，42°41′；据内蒙古区测一队一分队1975年资料）。

脑木根组 总厚度>10.5 m

3. 灰绿色泥岩，含石膏（未见顶） >4.9 m

2. 杂色泥岩 3.4 m

1. 棕红色、灰绿色泥岩，含天青石。产脊椎动物化石：*Prionessus lucifer*，*Sphenopsalis nobilis*，*S. noumugenensis*，*Sarcodon pygmaeus*，*Pseudictops lophiodon Dissacus* sp. *Pastoralodon lacustis*，*Convallisodon convexu*，*C. haliutensis*，*Palaeostylops iturus*，*P. macrodon*，*Eurymylus* sp.（未见底） >2.2 m

【地质特征及区域变化】 脑木根组主要分布于二连浩特以南苏崩、乌兰博尔和、巴彦乌兰、脑木根、额尔登敖包、巴彦敖包一带，呈北东向狭长分布。出露厚度在脑木根一带为65 m，岩性以砖红色泥岩为主；在巴彦乌兰附近，出露厚度为35 m，岩性下部为棕红色泥岩，顶部为灰白色砂岩；向北至乌兰博尔和、苏崩等地，则以灰绿色、黄绿色泥岩为主、夹灰黑色、棕红色泥岩、灰白色粉砂岩和薄层泥灰岩。各地出露厚度变化较大，一般在10～65 m之间，在脑岗代东北处，据钻孔揭露，厚度达172 m尚未穿透，下界不清。

阿山头组 E*a* （15-0359）

【创名及原始定义】 美国自然历史博物馆中亚考察团Granger和Berkey 1922年在苏尼特右旗阿山头敖包创名，当时称阿山头层（Arshunto bed），未指定剖面。原始定义：系指伏于伊尔丁曼哈组之下的红色泥岩，两者之间存在一个明显侵蚀面。

【沿革】 1978年内蒙古区测一队将阿山头层改为阿山头组，沿用至今。

【现在定义】 岩性为棕红色泥岩夹灰绿色泥岩、粉砂岩、砂质泥岩，底部含石膏及小砾石，产首施氏貘等哺乳类动物化石，上界与伊尔丁曼哈组、下界与脑木根组均呈平行不整合接触。

【层型】 选层型为四子王旗巴彦乌兰剖面（111°47′，43°22′；内蒙古区调一队，1980）。

上覆地层 **伊尔丁曼哈组** 杂色砂质泥岩

——————— 平行不整合 ———————

阿山头组 总厚度41.9 m

6. 棕红色泥岩夹绿色泥岩。产哺乳类化石：*Rhodopagus* sp.，*Lophialetes* sp. 10.0 m

5. 灰绿色粉砂质泥岩 2.9 m

4. 棕红色泥岩夹绿色粉砂岩及绿色泥岩，产哺乳类动物化石：*Pantolambdodon* sp.，*Lophialetes* sp.，*Gobiatherium monolobotum*，*Hyrachyus crista*，*H. medius*，*Breviodon minitus*，*Mongolonyx psromisu* 25.0 m

3. 含砾棕红色泥岩夹灰绿色泥岩、粉砂岩、产哺乳类动物化石：*Gobiathetium mlrificum*，*Lophialetes minutus*，*Rhodopagus pygmaeus*. 4.0 m

——————— 平行不整合 ———————

下伏地层：**脑木根组** 灰绿色泥岩

【地质特征及区域变化】 阿山头组主要分布于苏尼特右旗赛乌苏以东阿山头（阿尔善特），二连浩特西南乌兰博尔和、呼和勃尔和、巴彦乌兰一带。以棕红色泥岩为主，夹少量灰绿色泥岩，底部含砾石。巴彦乌兰、呼和勃尔和一带厚度为41 m，向北乌兰博尔和厚度为7 m，至苏崩附近尖灭，向南额尔登敖包附近厚度为8 m。时代属中始新世。

伊尔丁曼哈组　Ey　(15-0360)

【创名及原 始定义】　美国自然历史博物馆中亚考察团Granger和Berkey1922年在苏尼特右旗赛乌苏东伊尔丁曼哈地区创名。原始定义：指赛乌苏东伊尔丁曼哈的峭壁上，阿山头组红色泥岩之上沉积的一套碎屑岩，岩性为灰白色粗砂岩、砂岩、粉砂岩夹薄层泥岩，产脊椎动物化石，与下伏阿山头组呈平行不整合接触，时代为中始新世。

【沿革】　《华北地区区域地层表·内蒙古分册》(1978) 将其和阿山头组、沙拉木伦组合称阿力乌苏组。1979年内蒙古区调一队又恢复使用伊尔丁曼哈组并沿用至今。阿力乌苏组停用。

【现在定义】　为一套湖相泥岩-碎屑岩组合，主要为灰白色砂岩、粉砂岩夹少量灰绿色泥岩、砖红色泥岩。产哺乳类动物化石，下界与阿山头组，上界与沙拉木伦组均呈平行不整合接触，局部与上覆乌兰戈楚组、呼尔井组呈不整合接触。

【层型】　选层型为四子王旗巴彦乌兰剖面(111°47′，43°22′；内蒙古区调一队，1980)。

上覆地层：**乌兰戈楚组**　灰白色含砾中粗粒长石石英砂岩

~~~~~~~~~~ 不 整 合 ~~~~~~~~~~

伊尔丁曼哈组	总厚度41.1 m
9. 棕红色泥岩，产哺乳类动物化石：*Gobiatherium* sp.，*Harpagolestes* sp.	27.5 m
8. 松散含锰砂岩及松散中粗粒砂岩，上部为灰白色，微黄色中粒长石石英砂岩、产哺乳类动物化石：*Teleolophus* sp.，*Lophialetes* sp.，*Microtitan mongoliensis*	6.9 m
7. 杂色粉砂质泥岩，产哺乳类动物化石：*Eudinoceras* sp.，*Lophialetes* sp.，*Rhodopagus* sp.，*Microtitan mongoliensis*	6.7 m

——————— 平行不整合 ———————

下伏地层　**阿山头组**　棕红色泥岩夹绿色泥岩

【地质特征及区域变化】　伊尔丁曼哈组分布于二连浩特西南乌兰博尔和、巴彦乌兰、额尔登敖包、乌兰西列、乌兰胡哨及赛乌苏东阿山头敖包、伊尔丁曼哈等地。在巴彦乌兰本组下部为中粗粒长石石英砂岩、砂岩及砂质泥岩，上部以棕红色泥岩为主，厚度达41 m；在额尔登敖包为绿色泥岩、细砂岩，底部灰白色细砂岩，厚度大于13 m；向北乌兰博尔和厚度5 m左右，为红色泥岩、砂岩，底部灰白色含砾粗砂岩。

沙拉木伦组　Esl　(15-0361)

【创名及原始定义】　美国自然历史博物馆中亚考察团Granger和Berkey 1922年在四子王旗沙拉木伦河以西24公里乌拉乌苏附近创名，E A Morris (1927) 首次对这套地层做了描述，原始定义为一套灰绿色泥岩、杂色或砖红色砂质泥岩，其间夹砂岩透镜体，厚度10 m左右，含脊椎动物、介形类及轮藻化石，下限与伊尔丁曼哈组，上限与乌兰戈楚组均呈平行不整合接触，时代属晚始新世。

【沿革】　该组自创名后，基本按原始定义沿用至今。

【现在定义】　下部为灰绿色粉砂质泥岩、泥岩、含钙质结核及石膏晶屑，产脊椎动物、轮藻、介形类化石；上部为灰绿色泥岩夹红色泥岩及钙质结核，下界与伊尔丁曼哈组，上界与乌兰戈楚组均呈平行不整合接触。有时与下伏地层阿山头组呈不整合接触。

【层型】　选层型为四子王旗乌兰胡哨剖面(110°43′，42°31′；内蒙古区调一队，1980)。
~~~~~~~~~~

上覆地层：**乌兰戈楚组**　灰白色含砾中粗粒长石石英砂岩

——————— 平行不整合 ———————

沙拉木伦组　　总厚度26.0 m

4. 灰绿色泥岩偶夹红色泥岩及大量钙质结核　　8.4 m

3. 杂色泥岩　　3.3 m

2. 灰白色泥岩，含少量锰质结核及大量钙质结核　　2.8 m

1. 灰绿色粉砂质泥岩夹薄层条带状红色泥岩，其中含少量钙质团块及石膏晶屑，含脊椎动物化石：*Eoentelodon* sp.；轮藻：*Croftiella* sp.，*C. bumilis*，*Charites* sp.，*C. subconica*，*Obtusochara* sp.，*Gobichara* sp.，*G. lauta*，*Hornichara* sp.，*Tectochara* sp.，(cf. *T. houi*) *Maedlerisphaera chinensis*，*Grovesichara keilani*，*Stephanochara* sp.；介形类：*Cypris dercaryi*　　11.5 m

~~~~~~~~~~ 不 整 合 ~~~~~~~~~~

下伏地层：**阿山头组**　棕红色泥岩夹绿色泥岩

【地质特征及区域变化】　沙拉木伦组多出露在沙拉木伦河两岸陡坎中上部。本组下部为杂色砂质泥岩，含石膏；上部为白色、浅灰色含砾砂岩，厚度10～26 m，横向上厚度变化很大，在乌拉乌苏附近厚度达30 m左右，向东或向西逐渐变薄直至尖灭。

乌兰戈楚组　Ewl　(15-0362)

【创名及原始定义】　美国自然历史博物馆中亚考察团。Granger和Berkey 1922年于沙拉木伦河乌兰戈楚(现巴彦敖包)创名。原始定义系一套自下而上为灰白色中粗粒长石石英砂岩，灰绿、微红色泥岩、含锰砂岩，局部含石膏，并产脊椎动物化石，下伏地层为沙拉木伦组，上覆地层为呼尔井组，均呈平行不整合接触，时代为早渐新世。

【沿革】　1975年内蒙古区测一队将乌兰戈楚组下部称额尔登敖包组，上部称下脑岗代组《内蒙古地质志》(1991)又将其合并仍称乌兰戈楚组。本次清理，不再采用额尔登敖包组和下脑岗代组。

【现在定义】　同原始定义。

【层型】　选层型为四子王旗额尔登敖包剖面(111°22′，42°36′；内蒙古区测一队，1976)。

上覆地层：**呼尔井组**　灰白色黄色粗砂岩夹泥岩

——————— 平行不整合 ———————

乌兰戈楚组　　总厚度59.0 m

16. 深红色或鲜红色泥岩　　9.6 m

15. 浅砖红色含钙质结核泥岩　　5.5 m

14. 杂色泥岩　　7.8 m

13. 灰白色含砾中粗粒长石石英砂岩　　0.5 m

12. 下部：灰白色含砾长石石英砂岩，上部：粉细砂岩。产脊椎动物化石：*Embolotherium andrewsi*，*Gigantomynodon cessator*，Rhinocerotidae，Perissodactyla，*Urtinotherium inceser*　　10.5 m

11. 深棕色泥岩　　5.0 m

10. 浅砖红色粉砂质泥岩　　7.4 m

9. 灰白微红色松散砂岩　　1.9 m
~~~~~~~~~~

8. 浅砖红色砂质泥岩　4.5 m

7. 灰白色粉细砂岩　2.9 m

6. 灰白色含砾中粗粒长石石英砂岩，产脊椎动物化石：*Embolotherium grangeri*，*Paramynodon* sp.，*Amynodon alxaensis*，*Metatitan relictus*，*Cadurcodon ardynensis*，*C.* sp.　3.4 m

——————— 平行不整合 ———————

下伏地层：**沙拉木伦组**　灰绿色泥岩含钙质结核

【地质特征及区域变化】　乌兰戈楚组主要分布于巴彦乌兰地区的脑木根、额尔登敖包地区的乌兰希热音塔拉以及沙拉木伦河两岸，其中以巴彦乌兰、脑岗代、额尔登敖包、岗盖敖包、巴彦敖包等地出露较好，主要为灰白色砂岩及棕红色泥岩，局部含石膏及天青石，厚度60 m。在大庙等地也有零星出露。

呼尔井组　E*h*　(15-0363)

【创名及原始定义】　美国自然历史博物馆中亚考察团 Granger 和 Berkey 1922年在二连浩特附近的呼尔井创名。原始定义：为一套黄色、锈黄色砂砾岩石、时代为晚渐新世。

【沿革】　1976年，内蒙古区测一队将这套地层称上脑岗代组，《内蒙古地质志》(1991)统称为呼尔井组，沿用至今。

另外，原巴伦索组、上脑岗代组以及在商都的老龙头山所命名的小丹岱组与呼尔井组均为同物异名现予以停用。

【现在定义】　为一套粗碎屑岩组合，由灰白色、桔黄色、锈黄色砂砾岩、粗砂岩组成，夹薄层泥岩，含脊椎动物化石，下界与乌兰戈楚组呈平行不整合接触或超覆于伊尔丁曼哈组、沙拉木伦组之上，上界被第四纪沉积覆盖。

【层型】　选层型为四子王旗额尔登敖包剖面（111°22′，42°36′；内蒙古区测一队，1976）。

呼尔井组　总厚度＞7.2 m

19. 松散黄色砂砾岩（未见顶）　＞2.3 m

18. 赭褐色泥岩　2.9 m

17. 灰白色、黄色粗砂岩夹黄绿色薄层泥岩、产脊椎动物化石：*Indricotherium grangeri*，*Schizotherium* sp.，*Baluchitherium* sp.，*Entelodon* sp.　2.0 m

——————— 平行不整合 ———————

下伏地层：**乌兰戈楚组**　深红色、鲜红色泥岩

【地质特征及区域变化】　呼尔井组主要分布于二连—苏崩、道特音敖包脑木浑、额尔登敖包、脑岗代及沙拉木伦河两岸梯状高平台顶部，苏尼特右旗西北、达尔罕茂明安联合旗东北部巴音杭盖一带零星出露。主要为灰白色、桔黄色、铁锈色砂砾岩、粗砂岩岩性、岩相比较稳定，厚度5～10 m 不等。

通古尔组　N*t*　(15-0364)

【创名及原始定义】　美国自然历史博物馆中亚考察团 Spock 等1929年于二连浩特通古尔地区创名。原始定义：指岩性由杂色粘土粗砂岩和砾岩组成，近顶部夹有一层0.5 m 厚的淡水灰岩，产哺乳类动物化石及淡水软体动物化石。

【沿革】 1929年Spock将通古尔组置于上新世，1939年Colbert在本组内发现安琪马化石，因而将其时代改为中新世。

【现在定义】 为一套河湖相沉积，岩性特征上部为米黄色、灰白色含砾粗砂岩、砂岩含腹足类及脊椎动物化石；下部为灰白色与杂色泥岩互层，局部夹淡水泥灰岩，含化石。砂岩交错层理发育，泥岩中含钙质结核，下界超覆于伊尔丁曼哈组之上，上界与宝格达乌拉组呈平行不整合接触。

【层型】 选层型为苏尼特左旗胡尔郭金拉哈沙剖面（113°04′，43°47′；内蒙古区测一队，1964）。

上覆地层：**宝格达乌拉组** 土黄色砖红色砂质泥岩

——————— 平行不整合 ———————

通古尔组	总厚度39.2 m
10. 灰白色泥质粉砂岩，局部为粉砂质泥岩	0.5 m
9. 砖红色粉砂质泥岩，靠下部夹有不稳定厚0.5 m之灰绿色泥质砂岩	7.0 m
8. 米黄色含砾粗砂岩具明显交错层理，局部含铁质锰质并含蚌壳、脊椎动物化石；*Gazella* sp. 及透镜状钙质结核砂岩	4.6 m
7. 土褐、棕褐、灰绿色泥质粉砂岩，内见少量灰绿色泥岩团块	1.1 m
6. 灰白色中细粒砂岩，夹胶结坚硬具交错层理之钙质粗砂岩透镜体，并含双壳类化石	3.1 m
5. 灰白色中粒砂岩，分选不好；有明显交错层，在顶部有扁豆长棒状钙质结核，产双壳类，脊椎动物化石：Rhinocerotidae，*Prilaphocon* sp.	6.0 m
4. 灰绿色泥岩	1.7 m
3. 褐、灰黑、灰绿色含粉砂质泥岩	5.4 m
2. 土褐色粉砂质泥岩	5.4 m
1. 灰白色中粗砾砂岩，靠上部含钙质结核和钙质扁豆体，下部为米黄色富含双壳类及脊椎动物化石：*Stephanocemas* sp.，*Gobicyon* sp.	4.4 m

~~~~~~~~ 不 整 合 ~~~~~~~~

下伏地层：**伊尔丁曼哈组** 棕红色泥岩

【地质特征及区域变化】 通古尔组主要分布于苏尼特左旗—三道井—赛汗塔拉的塔木钦塔拉地区，四子王旗大庙、布鲁台庙等地亦有出露。主要由黄色、灰白色含砾粗砂岩、砂岩和砖红色、杂色泥岩组成，局部夹泥质灰岩，砂岩交错层理发育，泥岩中含钙质结核，出露厚度大于42 m。该组在四子王旗白乃庙以北达布斯—滚呼都格、乌兰额力戈、马尼特—都呼木浑地一带，以浅黄色、灰白色含砾粗粒砂岩、砂砾岩、砾岩为主，夹褐黄色、灰绿色土状泥岩，构成当地重要的潜水含水层。

宝格达乌拉组 N*b* (15-0365)

【创名及原始定义】 内蒙古区域地层表编写组1978年创名，命名地点为东乌珠穆沁旗至阿巴嘎旗的宝格达乌拉盆地。原始定义：指灰绿、土黄、砖红色泥岩、砂质泥岩、粉砂岩夹灰白色泥灰岩及黑绿色玄武岩。泥岩中含哺乳类动物化石，最大厚度426 m。下界与中新世通古尔组呈平行不整合接触，上界被上更新统阿巴嘎组不整合覆盖。时代为上新世。

【沿革】 该组自创名后沿用至今。在商都县前人所命名的商都组为宝格达乌拉组的同物异名，本次清理予以停用。

【现在定义】 指平行不整合或不整合于通古尔组或汉诺坝组之上，被第四纪沉积物覆盖
~~~~~~~~

的砖红色砂质泥岩、砂岩、含砾粗砂岩、砂砾岩，局部含钙质结核及淡水灰岩。含三趾马化石。

【层型】 正层型为阿巴嘎旗宝格达乌拉剖面（114°38′，44°05′；内蒙古区域地层表编写组，1978）。

上覆地层：**阿巴嘎组** 玄武岩

——————— 平行不整合 ———————

宝格达乌拉组	总厚度>63.5 m
5.砖红色砂质泥岩	18.0 m
4.棕红色砂质泥岩	0.5 m
3.砖红色砂质泥岩，产哺乳类动物化石：*Chilotherium* sp.，*Hipparion* sp.，*Gazella* sp.	8.0 m
2.棕红色砂质泥岩	1.0 m
1.土黄、砖红色砂质泥岩（未见底）	>36.0 m

参考剖面为内蒙古区测一队1975年测制的四子王旗大庙剖面（111°32′，42°03′）。

宝格达乌拉组	总厚度>25.1 m
7.黄褐色砂质泥岩。含脊椎动物化石：*Hipparion* sp.，*Dipoides* sp.，Rhinocerotidae（未见顶）	>3.6 m
6.黄褐色含砾粗砂岩夹黄褐色砂质泥岩	9.5 m
5.黄褐色砂质泥岩夹黄褐色含砾粗砂岩	7.6 m
4.黄褐色含砾粗砂岩	4.4 m

——————— 平行不整合 ———————

下伏地层：**通古尔组** 灰白色泥质粉砂岩

【地质特征及区域变化】 宝格达乌拉组广泛分布于锡盟宝格达乌拉盆地、查干诺尔盆地、乌拉盖盆地及锡盟南部的山间凹地。岩性以砖红色泥岩、砂质泥岩、粉砂岩、砂岩夹砂砾岩为特点，厚40～100 m。向西南至大庙一带岩性变化不大，但岩石颜色多以黄褐色为主夹棕红色，厚度小于30 m。阴山地区为红色、绿色粘土岩、泥灰岩夹细砂岩及玄武岩，厚度大于100 m。钻孔厚度达426 m。

另外，该组以含三趾马化石的红色泥岩、砂岩组合为特征，在不同地区的岩性、厚度变化存在一定差异，但其总体岩石特征和所处的相对层位基本相似。

老梁底组 N*l* （15-0366）

【创名及原始定义】 辽宁省区测二队于1967年在赤峰市郊区老梁底村附近创名。原始定义：指由黄色、灰黄色、浅灰色砂岩、页岩夹砾岩及泥岩、薄层粉砂岩组成，顶部为一层砂砾岩。页岩中赋存丰富的植物化石及孢粉，厚度51 m，上界与汉诺坝组不整合接触，未见底。在其附近可见不整合于老地层之上。时代为中新世。

【沿革】 该组自命名后，在赤峰地区基本按原始定义沿用至今。

【现在定义】 为一套黄色、灰黄色、浅灰色砂岩、页岩夹砾岩及泥岩、薄层粉砂岩、细砂岩、粗砂岩，局部含砾，页岩中含植物化石和孢粉。上界与汉诺坝组不整合接触，下界与义县组或更老地层不整合接触。

【层型】 正层型为赤峰市郊区王府乡铁匠沟西老梁底村剖面（118°21′，42°17′；内蒙古区调二队地层清理组，1993年重测）。

上覆地层：**汉诺坝组** 玄武岩

~~~~~~~~~~ 不整合 ~~~~~~~~~~

老梁底组 总厚度>25.3 m

5.灰色、灰黄色含砾粗砂岩夹有1 m厚的灰色细砂岩及灰色泥岩 4.7 m

4.棕黄色含砾砂岩、灰色砂岩夹灰色泥岩 4.7 m

3.灰色泥岩，局部夹0.1～0.25 m厚的黄色细砂岩 6.5 m

2.黄色粗砂岩夹灰色粗砂岩、半固结 6.5 m

1.灰色泥岩与黄色泥岩互层、单层厚小于0.2 m半固结，底部，含植物化石：*Sequoia* sp.，*Glyptostrobus europapeus*，*Populus zaddachii*，*P. balsamoides*，*P. nigra*，*Alnus protomaxinowizi*，*Betula elliptica*，*B. mioluminifera*，*Ulmus loncifolia*，*U. drepanedonta*，*U. Paralaciniata*，*U. carpinoides*，*U. appendiculata*，*Quercus castaneifolia*，*Paliurus zaporogensis*，*Carya miocathayensis*，*Prunus miobrachypoda*，*Salix vaxians*，*Salix miosinica*；孢粉：*Betula*，*Carylus*，*Carpinus*，*Alnus*，*Celtis*，*Juglans*，*Carya*，*Pterocarya*，*Pinus*，*Picea*，*Abies*，*Podocarpus*，*Sphagnum*，*Polypodiaceae*，*Osmunda*（未见底） >2.9 m

【地质特征及区域变化】 老梁底组在赤峰郊区老梁底村附近出露较好，为一套黄色，灰黄色砂岩、粉砂岩夹砂砾岩等，厚度25 m左右。区域上老梁底组与汉诺坝组相伴生。位于汉诺坝组玄武岩之下，岩性差异明显，汉诺坝组玄武岩之沉积夹层为红色、棕红色，以泥岩、粉砂质泥岩、粘土岩及细砂岩为主。反映出沉积环境差异性。

汉诺坝组 N*h* （15-0367）

【创名及原始定义】 Barbour 1929年创名于河北省张北县油篓沟乡，原称汉诺坝层。原始定义：汉诺坝层包括：（一）喷发岩及侵入岩层，（二）不规则之岩颈，管脉，支脉，岩脉及其他小侵入体，（三）扁豆形之碳质页岩，间含煤层。岩性大部为橄榄玄武岩，有时渐变为辉绿岩等。底层之接触有径覆于桑干片麻岩系之上，或与南天门系相接触。

【沿革】 1959年全国第一届地层会议，将汉诺坝玄武岩正式命名为汉诺坝组（包括汉诺坝玄武岩及沉积夹层）。60年代将汉诺坝组引入内蒙古，使用至今。在赤峰地区，辽宁省区测二队于1973—1978年将该组曾称“赤峰玄武岩”和“赤峰组”，《东北地区区域地层表·辽宁省分册》（1978）又将上述地层单位改称“昭乌达组”，本次清理认为上述各组均是汉诺坝组的同物异名，予以停用。

【现在定义】 为一套灰黑色、黑色、紫灰色橄榄玄武岩、辉石玄武岩、致密块状及气孔状玄武岩夹红色、砖红色泥岩、灰白色泥岩、砂质粘土、砂岩及页岩，有时含煤线，含腹足类及植物化石。下界不整合于早白垩世地层或晚侏罗世地层之上，上界被第四纪沉积物覆盖。

【层型】 区内次层型为赤峰市郊区大庙镇杏树园子北剖面（15-0367-4-1；内蒙古区测二队，1967）。

【地质特征及区域变化】 汉诺坝组延入内蒙古主要分布于集宁、察哈尔右翼前旗、察哈尔右翼后旗及察哈尔右翼中旗等地区，为一套灰黑色玄武岩、杏仁状玄武岩、夹灰白色、灰色含砂泥灰岩及黑色油页岩，含介形类、腹足类及植物化石。厚度大于300 m。局部地区不夹沉积岩，厚度小于100 m。
~~~~~~~~~~

汉诺坝组在内蒙古中部地区出露广泛，延伸稳定，多分布于赤峰至克什克腾旗一带，西与河北省围场的汉诺坝组为同一地质体，局部含煤层，产植物化石，厚度100 m左右。不整合在早白垩世九佛堂组或阜新组、白音高老组之上，仅在赤峰郊区老梁底村见不整合在老梁底组之上，厚度为24 m左右。汉诺坝组时代为中新世。

泰康组　N*tk*　（15-0370）

【创名及原始定义】　地质部松辽第二石油普查大队1958年于吉林省平安镇创名。原始定义：指代表松辽盆地第三系上部沉积层，可分为上、下两部分。下部为疏松砂砾岩夹泥岩透镜体，一般厚度为60～80 m；上部为灰黄色粉砂质泥岩夹灰白色泥质粉砂岩，一般厚度为10～30 m。与下伏大安组呈平行不整合接触，其上与第四纪沉积呈不整合接触。

【沿革】　60年代该组引入通辽地区沿用至今。

【现在定义】　同原始定义，与下伏明水组为不整合接触。

【层型】　正层型为吉林省大安县来福屯ZK103孔剖面，区内次层型为开鲁县道德乡开1井柱状剖面（15-0370-4-1）。

【地质特征及区域变化】　泰康组延伸范围仅限于通辽盆地，岩石特征在横向上变化不大。

第二节　生物特征与年代问题

一、古新世

内蒙古古新世沉积了脑木根组，其中赋存丰富的哺乳动物化石。根据现有资料大致可划分为上下两个化石带。下部为多瘤齿兽化石带，上部为蒙古兽化石带。多瘤齿兽化石带主要包括：*Prionessus lucifer*，*Sphenopsalis nobilis*，*Lambdopsalis bulla*，*Palaeostylops macrodon*，*P. iturus*，*Sarcodon pygmaeus*，*Pseudictops lophiodon*，*Prodinoceras* sp.。与蒙古格沙特动物群、北美Tiffanian阶动物群可对比。时代为晚古新世。蒙古兽化石带主要包括：*Mongolotherium efremovi*，*M.* sp.，*Prionessus lucifer*，*Mimotona borealis*，*Pseudictops lophiodon*，*Palaeostylops iturus*，*P. macrodon*。该化石带以蒙古兽为特征分子，蒙古兽是一种恐角兽，比多瘤齿兽化石带的原恐角兽个体大，更为进化。地质时代为晚古新世—始新世早期。上述脑木根组两个化石带上下混生，之间没有明确的划分界线，二者有渐变演化关系。所以上下化石带是否可分，区域性延伸如何都有待研究，本书暂以两个化石带描述。

二、始新世

始新世是第三纪持续时间最长和比较复杂的一个地质时期，此期潮水盆地及鄂尔多斯盆地分别沉积有寺口子组、乌拉特组，二连盆地沉积有阿山头组、伊尔丁曼哈组、沙拉木伦组。这一时期的哺乳动物与古新世有较大差别。

二连盆地阿山头组含貘类属种占优势的哺乳类动物，尤其首施氏貘的出现，时代定为中始新世无疑。主要代表属种有：*Ehodopagus* sp.，*Lophialetes* sp.，*Hyrachyus crista*，*Breviodon minits*，*Gobiatherium mirificum*，*Schlosseria magister*，*Metacoryphodon* sp.，*Mesonyx obtusidens*，*Asiomys mldius*，*Microtitan elongatus*，*Hyrachyus nigrecans*，*Cophialates* sp.，*Metacoryphodon luminis*，*Teleolophus* sp.。

伊尔丁曼哈组则以奇蹄目动物占优势，其中脊齿貘科，戴氏貘科，进步的冠齿兽类，特化的巨型中兽类，原始巨犀以及各种雷兽类的繁盛为特征。棱齿貘（*Lophialetes*），全脊貘（*Teleolophus*），蒙古小雷兽（*Microtitan mongoliensis*），原雷兽（*Protitan*）最为常见。另外还包括下面一些属种：*Gobihyus* sp.，*Lophialetes magister*，*L. expeditus*，*Schlosseria* sp. *Eudinoceras* sp.。这些都是北美和亚洲中始新世晚期的典型分子，地质时代为中始新世晚期。

沙拉木伦组中仍以奇蹄目占优势，主要由两栖犀类、蹄齿犀类、雷兽类及原始兔形类组成。除个别属种在伊尔丁曼哈组出现外，其化石组合不同于伊尔丁曼哈组。包括 *Rhinotitan*，*Pachytitanajax*，*Titanodectesminor*，*Eomoropus*，*Sianodon*，*Caenolophus*，*Snamolagus*，*Amynodon mongoliensis*，*Deperetella cristata*。依化石组合地质时代为始新世晚期。

三、渐新世

渐新世时期，潮水盆地、鄂尔多斯盆地西缘沉积了清水营组。河套盆地沉积了临河组。二连盆地沉积了乌兰戈楚组、呼尔井组。

清水营组以奇蹄目、啮齿目、兔形目最为丰富。根据所含化石产出层位可分为上下两个化石组合。下部组合以 *Cadurcodon ardynense*，*Embolotherium grangeri*，*E. andrewsi*，*Gigantamynodon* sp. 等为代表。还见有 *Amynodon alxaensis*，*Teleolophus magnus*。地质时代为早渐新世。上部组合以兔形目、啮齿目为主，其中戈壁链兔（*Desmatolagus gobiensis*）、洛圆柱齿鼠（*Cyclomylus lohensis*）、睡古地仓鼠（*Cricetops dormiton*）、大中华兔（*Sinolagomys major*），小中华兔（*Sinolagomys gracilis*）、小更新蹶鼠（*Plesiosminthus parvulus*）等为主要成员。地质时代为中晚渐新世。

乌兰戈楚组以奇蹄目占绝对优势，其中雷兽和两栖犀为特征分子。同晚始新世同类动物比较具有明显的进化性。主要包括谷氏大角兽、付两栖犀、阿拉善两栖犀、阿尔丁两栖犀、粗壮强中兽。地质时代为早中渐新世。

呼尔井组以巨犀（*Indricotherium*）和裂齿兽（*Entelodon*）为特征分子，与其相伴者为裂爪兽（*Schizotherium*）、巨猪（*Giantpig* sp.，*Gianthornless rhinocerts*）。它们都是渐新世中晚期进一步发展的巨形动物，地质时代为渐新世中晚期。

临河组未见哺乳动物化石。孢粉丰富，以藜粉-栋粉-三孔粉组合含量高为特征。被子植物花粉占71%～76%，并以木本为主。地质时代为渐新世。

四、中新世

内蒙古中新世地层零星分布，其中时代依据较充分的有汉诺坝组、老梁底组、通古尔组、五原组，呼查山组仅凭相对层位、岩性特征和区域对比确定形成地质时代为中新世。

赤峰地区老梁底组含丰富的植物化石和孢粉。植物 *Populusbalsamoides*，*Alnus protomaxinowizi*，*Betula mioluminitfera*，*Ulmus paralaciniata*，*Carya miocathayensis*，*Prunus miobrachypada*，*Salix varians* 等分子是山东山旺植物群的常见分子。所不同的是老梁底组保留少量老第三纪的属种，如红杉（*Sequoia*）、欧洲水松（*Glyptostrobus europaeus*）、欧洲枫（*Loquidambar europaea*）等古老分子，这可能是老第三纪的孑遗。地质时代为中新世。

汉诺坝组火山岩沉积夹层中含哺乳动物化石 *Monosaulax zhangpeiensis*；腹足类 *Gyrauslu* aff. *hudai*；双壳类 *Anodonta* sp.；植物 *Salix* sp. 等6种，孢粉 *Picea* sp. 等38种。从生物群特征综合分析其地质时代为中新世。

通古尔组赋存丰富的哺乳动物化石，有25属27种。代表分子为 *Amblycastor tungurensis*，

Monosaulax tungurensis, *Jungurictis spocki*, *Percrocuta tungurensis*, *Platybelodon grangeri*, *Listriodon*, *Serridentinus*, *Platybelodon*, *Hemicyon*, *Anchitherium*, *Palaeotragus tungurensis*。因未发现三趾马，存在 *Anchitherium*，并结合其他动物分析，地质时代为中新世。

五、上新世

前人研究较为详细的哺乳动物群包括三趾马动物群和二登图动物群，本书认为两动物群应合并统称三趾马动物群。前者产于宝格达乌拉组，以 *Hipparion* sp.，*Chilotherium* cf. *anderssoni*，*Gazella*，*Sinohippus*，*Ovibovimae*，*Bovidaeindet*，Ceruidae 为代表。后者产于商都化德一带二登图、哈尔鄂博红层中，计64个属或种，其中仍以三趾马、中华马占主要地位，与三趾马动物群的构成分子一致，因此两动物群实际为一个动物群，现称三趾马动物群。地质时代为上新世。

第三节 地层横剖面及问题讨论

一、地层横剖面

内蒙古的第三纪地层发育不均衡，基本属于内陆湖泊相。沉积盆地类型有三种：一种是在中生代大型坳陷盆地的基础上进一步发展的盆地，如二连盆地；另一种为断陷盆地，其边界受断裂控制，沉积物厚度大，如河套盆地；第三种是分布零星的山间盆地，沉积物分布范围及厚度小。本区第三纪地层层序全，地质体连续性好，前人研究较为详细的盆地为二连盆地。本书仅就二连盆地的第三纪地层编制横剖面图（见图18-1）。并详细分析盆地的发生、发展及消亡过程。其他盆地由于第三纪地层层序不全，地质体连续性差，资料较少，仅做一般性总结。

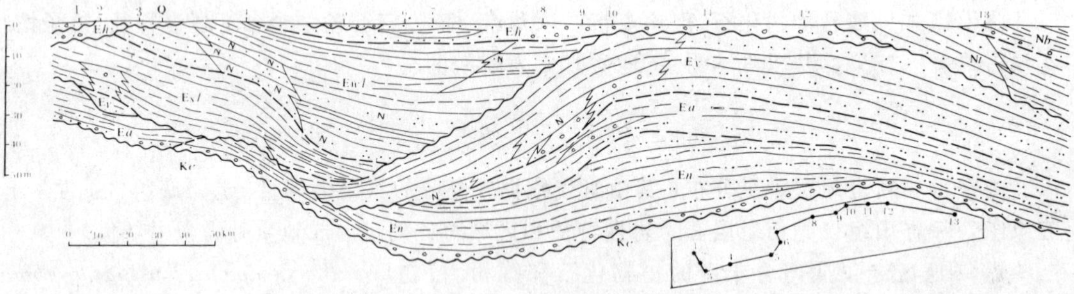

图18-1 二连盆地第三纪岩石地层单位横剖面图

1. 乌兰陶勒盖；2. 乌兰西列；3. 乌兰胡哨；4. 巴彦敖包；5. 额尔登敖包；6. 哈留特；7. 阿曼乌苏；8. 巴彦乌兰；9. 呼和勃尔和；10. 乌兰博尔和；11. 道特音敖包；12. 赛乌苏东；13. 郭尔胡金拉哈沙。*Ke*. 二连组；E*n*. 脑木根组；E*a*. 阿山头组；E*y*. 伊尔丁曼哈组；E*sl*. 沙拉木伦组；E*wl*. 乌兰戈楚组；F*h*. 呼尔井组；N*t*. 通古尔组；N*b*. 宝格达乌拉组

1. 二连盆地

白垩纪末，二连盆地隆起遭受剥蚀，形成二连组顶部之不整合面。至古新世在北起二连浩

特，南至红格尔，宽约60 km；西起额仁淖尔，东至二道井长约200 km的范围内发育一个NE－SW向带状沉积盆地，形成脑木根组红色泥岩、泥质粉砂岩层，含哺乳动物。之后水域逐渐扩大，到始新世沉积范围扩大到北起二连浩特北，南至苏尼特右旗，西起哲斯敖包，东至苏尼特左旗的宽约150 km，长约300 km的区域。沉积盆地长轴仍为NE－SW向，沉积中心在盆地西南部分。自下而上沉积了阿山头组棕红色泥岩夹灰绿色泥岩、粉砂岩；伊尔丁曼哈组灰白色砂岩、粉砂岩夹少量灰绿色、红色泥岩；沙拉木伦组灰绿色泥岩、粉砂质泥岩夹红色泥岩。在此期间，湖水深浅变化频繁，气候温湿与炎热交替变化，形成石膏矿床。发育了介形类、鱼类及哺乳动物。

渐新世盆地升降运动频繁，湖水深浅变化及侧向迁移作用明显，沉积中心由盆地西南部逐渐向盆地东北部迁移。沉积物自下而上包括两个由粗变细的基本层序类型，分别称乌兰戈楚组和呼尔井组。此期间，气候湿热与干燥交替变化，哺乳动物繁盛。

渐新世末，二连盆地西南部分普遍隆起，形成呼尔井组顶部之不整合面，完成了二连盆地沉积中心向东北部迁移的过程。至中新世二连盆地东北部开始接受沉积，形成通古尔组米黄色、灰白色粗砂岩、砂岩夹杂色泥岩、泥灰岩组合。至上新世，二连盆地西南部仍处于隆起状态，东北部进一步拗陷，并形成一个西南缓坡、东北陡峭的大型沉积盆地。接受了宝格达乌拉组砖红色砂质泥岩、砂岩、含砾砂岩沉积。

2. 河套盆地

河套盆地是在鄂尔多斯盆地北缘受断裂控制的新生代断陷盆地。据物探资料证明河套盆地由4个次一级拗陷区组成，由东向西雁行排列，拗陷间有断块隆起相隔。河套盆地整体呈东西向带状展布，北侧断陷作用强烈。使盆地北深南浅，形成一个箕状盆地。

河套盆地在早白垩世开始下沉，经第三纪、第四纪沉积总厚度达3 000～15 000 m。生油岩系是渐新世临河组。

3. 其他地区

在新第三纪时期，内蒙古中东部地区有火山活动。中新世火山活动的范围在集宁—赤峰地区，形成汉诺坝组玄武岩。上新世火山活动范围在大兴安岭中段西坡，形成五叉沟组玄武岩。

二、问题讨论

二连盆地岩石地层单位的划分原则：二连盆地地层划分原则在本次清理以前基本是以沉积地层中所含脊椎动物的特征而划分的，并依此而命名各组。本次清理考虑二连盆地第三纪各地层单位命名较早，在世界上又享有盛名，尽管其划分命名是按生物特征进行的，其名称仍然予以保留。但本次清理均按岩石地层单位的命名与划分原则进行，重新厘定了岩石地层单位的含义及划分标准。

第十九章 结束语

内蒙古地层多重划分对比研究报告，重点是全部描述了从中元古代长城纪至第三纪的岩石地层单位，同时简要介绍了生物地层及与地层学有关的其他问题。本项目首次运用现代地层学的理论和方法，清理了内蒙古历年来根据统一地层划分原则建立的地层单位和以此为基础建立的地层序列。认为以往建立的地层单位，有相当数量不符合岩石地层单位的概念，在强调等时的前提下，往往是依据化石和年代的资料命名，这就混淆了岩石地层单位与生物地层单位、年代地层单位的区别，导致使用上的困难和混乱。因此，本报告是在重新认识和解释了内蒙古的区域地层以后，给所有采用的岩石地层单位以定义，并界定它们在区域上的延伸范围。它的关键是首先确定一个单位层型，根据这个单位层型特殊的岩层序列，来厘定岩石地层单位的含义，明确不同岩石地层单位虽然在形成时间上有差异，但它们在层位关系上并非一定是叠覆，穿时的原理更容易说明侧向加积作用对一个组级岩石地层单位形成的主导作用，无疑，这项工作是内蒙古地层学研究中一次理论上的更新与革命。因此，本成果不失为一部具有重要参考价值的地层学方面的专著。

一、取得的主要成果

1. 本课题采用活动论的观点并结合板块构造学说来研究内蒙古的地层区划问题，首次将大陆及大陆的边缘划为一个地层大区，它的界线就是缝合线。这样，内蒙古就包含华北地层大区（华北古陆及它的北部边缘）、北疆-兴安地层大区（西伯利亚古陆的东南部边缘）、南疆-塔里木地层大区（塔里木古陆的东北部边缘）。这样由三大板块为主体分别构成的地层大区，它们的发育历史和不同地史阶段的构造环境差异很大，形成各种不同的岩相和沉积建造。在此基础上以现代地层学的理论来指导岩石地层单位的清理，必将是对传统地层划分原则的否定。同时对内蒙古的地层研究工作将开创一个新的局面。

2. 内蒙古的中、上元古界基本可以分出四种沉积类型：

1）稳定盖层沉积，表现为层序下部是成熟度很高的陆源碎屑岩，上部是台地型的碳酸盐岩，两者除普遍的叠覆关系而外，在台地边缘常呈犬牙交错的接触关系。它的底界是下元古界古老变质岩顶部的不整合面，上限被震旦纪的冰碛岩平行不整合所覆，产出的层位显示其时限为从长城纪至青白口纪。岩石的倾斜的界面与时间的水平的界面斜交。

2）内蒙古西部震旦纪冰碛岩的特征显示了大陆冰川和近海冰川的性质，它的形成与全球震旦纪冰期是一致的。

3）渣尔泰山群和白云鄂博群的建造和岩相特征，反映了大陆边缘的过渡类型沉积。

4）温都尔庙群的辉长岩、枕状拉斑玄武岩、硅质岩及碎屑岩和少量碳酸盐岩等的岩石组合，反映洋壳堆积和沉积的特点，当为完整的蛇绿岩套。

3. 温都尔庙群和白乃庙群的时代这次清理厘定为中晚元古代，但具体的时限，目前的资料不足，难以对比纪一级年代单位，它们在序列表上的位置，仅是一个处理意见，因为新近获得的同位素年龄资料，还不能得出满意的结论。北京大学东苏旗1：5万区调分队（1993）采自温都尔庙群以绿片岩为主的岩石组合样品，经Sm－Nd法分析结果为1 511．28 Ma，以硅质岩石为主的岩石组合样品，同样的方法分析结果为825±1 58 Ma；而聂凤军将采自温都尔庙绿片岩的样品携至挪威测试（方法不详）结果分别为807±49 Ma和1 105 Ma；而采自白乃庙群绿片岩为1 107±28 Ma，由这些不算系统的数据可以看出将温都尔庙群和白乃庙群作如上的处理还是比较客观的。

4. 首次采用不整合界线的方法将显生宙地层划分成各自不同的自然断代，并以此为单位进行岩石地层单位的排序和描述。目前划分的自然断代，每个不整合界线都是不等时的，因此，各个自然断代的上、下限，在不同的分区，它们的位置是不同的。例如达尔罕茂明安联合旗巴特敖包晚志留世到早泥盆世的西别河组角度不整合于奥陶纪的包尔汉图群之上；而在西部额济纳旗西北部，不整合界面则位于晚志留世的碎石山组和早中泥盆世依克乌苏组之间，缺失了洛赫柯夫阶的沉积，如此说明不整合界线的不等时性质代表地壳演化的阶段性。以底砾岩为标志的西别河组缓倾斜的初始阶段，即表示了本区地壳的平稳沉降，尤其未发现与之相伴的岩浆岩，表明这是一套相对稳定型的沉积。

5. 通过对岩石地层单位的清理，有机会对内蒙古的区域地层和区域沉积学作了进一步的研究，认为层序地层学的概念可以用于处在陆架边缘的白云鄂博群和渣尔泰山群的地层格架的研究，因为这里得天独厚的良好露头和连续的地层剖面，使我们有可能去识别岩石在三度空间的沉积体系和由沉积体系联合的体系域，并注意到白云鄂博群和渣尔泰山群层序界面的类型和规模。同时结合正在进行的1：5万区域地质调查所获得的资料，尝试性地编制了白云鄂博至渣尔泰山地区中—晚元古代区域地层格架图和年代格架图。在此基础上分析了白云鄂博海平面升降的幅度及海水进退的规程，明确都拉哈拉组和书记沟组都是在海平面上升早期低水位体系域的陆源碎屑岩，是在陆架不同部位的不同时间形成的岩性大体一致的地层组合，这对于正确对比渣尔泰山群和白云鄂博群是非常重要的。这个大的沉积旋回说明白云鄂博群下界时代要早于渣尔泰山群，而上界又晚于它。在它们中间存在的两个间断界面，为划分对比岩石地层单位、详细地填图和解释构造运动，提供了新的资料和理论依据。

6. 内蒙古基础地层资料数据库的建立，是本次地层清理工作的重要成果之一，目前数据库已录入地层单位422个（含不采用的地层单位213个），地层剖面资料710份以及与其相关的大量资料，为今后检索、查询岩石地层单位与地层剖面资料提供现代化的服务手段，为内蒙古地层学的研究及管理工作的信息化和现代化，为全国基础地层资料数据库建立和实现全国联网奠定了有利的基础。

7. 内蒙古的中新生代地层，过去主要有两方面问题存在争议。一方面是大兴安岭中生代火山岩的划分对比问题，另一方面是沉积物的横向对比与沉积环境、沉积盆地演化的规律性问题。本次针对上述两方面问题进行了重点研究。

(1) 大兴安岭中生代火山岩及其沉积层序

根据岩浆演化规律，以岩性特征为基础，结合接触关系、古生物化石、同位素年龄分析，大兴安岭地区早侏罗世已有火山活动，活动范围限于冀北、辽西（如兴隆沟组）；中侏罗世火山活动有所加强（如塔木兰沟组，新民组）；晚侏罗世火山活动最为强烈，范围广，喷发产物厚度大（如满克头鄂博组、玛尼吐组、白音高老组）；早白垩世早期火山活动减弱（如义县组、梅勒图组、龙江组），早白垩世晚期火山活动微弱，范围限于局部地区，厚度小（如甘河组、白女羊盘组、苏红图组）。

横向上火山活动最早从冀北、辽西开始，之后沿着大兴安岭主峰方向向NNE方向迁移，并有自主峰向东西两侧迁移的活动规律，反映在喷发产物上是冀北—辽西层位低，博克图地区层位高，自主峰向东及向西火山活动分别逐渐减弱，层位逐渐偏高。

土城子组是本区早中侏罗世成煤期之后，晚侏罗世强烈火山喷发之前的重要沉积层，其平行不整合或不整合在塔木兰沟组、万宝组、新民组之上，被晚侏罗世火山岩不整合覆盖，以紫红色碎屑岩为特点，时代为中侏罗世。区域上它与层位在长汉沟组之上、金家窑子组之下的大青山组相当，两者岩石特征基本一致，大青山组时代为中、晚侏罗世。

大磨拐河组包括原九峰山组。甘河组位于大磨拐河组与伊敏组之间，呈过渡关系。原伊列克得组部分相当于梅勒图组，部分相当于甘河组。

万宝组与新民组为相变关系，前者以沉积岩为主，后者以火山岩为主。

(2) 沉积物对比及沉积盆地演化规律

三叠纪本区以抬升作用为主，大部分地区缺失三叠纪地层，仅于局部地区发育河湖相杂色碎屑岩，以氧化环境为主。

早侏罗世至中侏罗世中期是本区重要的成煤期，属温湿还原环境，发育湖沼相含煤碎屑岩（如红旗组、万宝组、五当沟组、延安组、龙凤山组）。局部地区有火山活动（如塔木兰沟组、新民组）。中侏罗世晚期至晚侏罗世，本区由还原环境转化为氧化环境，早期以河湖相紫红色碎屑岩为代表（如土城子组、大青山组）；中晚期大兴安岭地区以火山喷发为主，火山岩之沉积夹层以紫色为特点（如满克头鄂博组、玛尼吐组、白音高老组），其他地区为剥蚀区。

早白垩世早期本区以强烈的火山喷发为特征，火山岩的沉积夹层以灰色、灰绿色为主，代表本区已由氧化环境转为还原环境（如义县组、梅勒图组、龙江组）。早白垩世晚期为本区又一重要成煤期，为温湿还原环境（如九佛堂组、阜新组 大磨拐河组、伊敏组、固阳组）。同时有微弱火山活动（如甘河组、白女羊盘组）。

晚白垩世沉积盆地回返进入消亡期，为潮湿氧化环境，形成湖相红色碎屑岩（如孙家湾组、二连组）。

第三纪本区以相互分隔的中小型盆地为特点，总体为潮湿氧化环境，形成以红色为主体的碎屑岩层，局部有火山活动，火山喷发产物均为裂隙式基性熔岩。

二、存在的主要问题

1. 白云鄂博群和渣尔泰山群的地质年代，是一个长期争论的问题，许多地质学家发表了有见地的意见。本课题充分考虑了各家的资料以后，将上述两群的时代处理为长城纪至青白口纪。应当说明的是，尽管白云鄂博群和渣尔泰山群的时代问题，至今没有一个公认的结论，但对两者的地层学和沉积学的研究却获得了十分可喜的进展。乔秀夫等（1991）有关层序地层学的论著对于认识该区中晚元古代的地壳演化和海水的进退规程非常有益。

本项目无意评论前述有关古生物资料的可信程度及其价值，只是认为有关白云鄂博群和渣尔泰山群的划分和时代的隶属问题太重大和太重要了，它不仅涉及白云鄂博铁铌稀土矿床和甲生盘铜铅锌多金属矿床等多个矿床的地质背景和成因的认识，更因为它赋存有世界最丰富的稀土资源，其所具有的经济效益的重要性，举世瞩目。再者，白云鄂博群的划分和时代问题已有过反复，在没有十分把握之前以保留目前的结论为好，避免造成不必要的麻烦。

2. 在锡林郭勒盟和赤峰市的克什克腾旗一带，发育了一套海相和海陆交互相的黑色砂板岩，目前被分别划入下二叠统的寿山沟组和哲斯组，这在区域地层对比上可能会造成一定程度的错误，关键是它们出露的空间位置尚未完全查清；加之前人资料中描述它们中间夹有中酸性火山岩及其凝灰岩，都因时间紧迫不能到现场查证。因此关于这套黑色砂板岩的岩石地层单位的划分及其时代的归属问题，尚待进一步研究。尤其是这套地层与晚二叠世陆相含安格拉型植物化石与西伯利亚型双壳动物群的林西组，在宏观特征方面有一定的相似之处，准确的区分它们必须全面地熟悉和掌握它们各自的特点，否则难免出现混淆的现象。

总之，地层多重划分对比研究工作在内蒙古起步较晚，由于时间的限制及项目人员的水平所限，一些重要的地层问题，目前还无法彻底解决，只有留待以后在1∶5万区调工作或专题研究项目中去解决。

参 考 文 献

安太庠，1982，华北区的奥陶系，赖才根等著，中国的奥陶系。北京：地质出版社。

安太庠、郑昭昌，1990，鄂尔多斯周缘的牙形石。北京：科学出版社。

陈均远、周志毅、林尧坤等，1984，鄂尔多斯地台西缘奥陶纪生物地层研究的进展。中国科学院南京地质古生物研究所集刊，第20号。

陈均远、邹西平，1984，鄂尔多斯地区奥陶纪头足动物群。中国科学院南京地质古生物研究所集刊，第20号。

陈秀珍，1987，内蒙古珠斯楞海尔罕地区泥盆纪地层的粒度分布特征及其沉积环境意义。朱鸿等，阿拉善地块边缘古生代生物地层及构造演化。武汉：武汉地质学院出版社。

丁蕴杰、段承华、张进林，1984，内蒙古锡林郭勒盟泥盆纪地层。天津地质矿产研究所所刊，第8号：161—190。

丁蕴杰，1984，内蒙古锡林郭勒盟早二叠世的一些四射珊瑚。天津地质矿产研究所所刊，第8号：105—122。

丁蕴杰、夏国英、段承华、李文国、刘效良、梁仲发，1985，内蒙古哲斯地区早二叠世地层及动物群。天津地质矿产研究所所刊，第10号。

范国琳，1994，甘肃省北山野马街组的建立。中国区域地质，4。

甘肃省区域 地层表编写组，1980，西北地区区域地层表·甘肃省分册。北京：地质出版社。

甘肃省区测二队，兰州大学地理系，1975，甘肃北山地区晚二叠世陆相地层及其古植物群特征。兰州大学学报，(11)。

甘肃省地质矿产局，1990，甘肃省区域地质志，北京：地质出版社。

高玉华，1990，内蒙古-兴安区中奥陶世牙形石动物群。沈阳地质矿产研究所所刊，第21号：133—156，沈阳：辽宁科学技术出版社。

高振家、宋诚顺等，1984，新疆前寒武纪地质，乌鲁木齐：新疆人民出版社。

谷峰、黄本宏、梁仲发，1983，内蒙古镶黄旗—赤峰地区二叠纪地层的新认识。中国北方板块构造文集，No. 1，沈阳：辽宁科学技术出版社。

古生物学基础理论丛书编委会，1983，中国古生物地理区系。北京：科学出版社。

顾知微，1962，中国的侏罗系和白垩系，全国地层会议学术报告汇编。北京：科学出版社。

顾知微，1983，论我国非海相侏罗系和白垩系的分界，中国科学院南古所编著，中国各纪地层界线研究，65—89页。北京：科学出版社。

关士聪、车树政，1955，内蒙古伊克昭盟桌子山区域地层系统。地质学报，35 (2)。

郭胜哲，1978，内蒙古自治区百灵庙北部晚志留世四射珊瑚。地层古生物论文集，(6)：50—68，北京：地质出版社。

韩建修，1975，内蒙古乌兰察布盟阿木山地区晚石炭世晚期的䗴类。地层古生物论文集，(2)：132—140。

韩建修，1980，论单通道䗴（*Monodiexodina*）及其类似属的形态、演化、分布。中国地质科学院院报沈阳地质矿产研究所分刊，第1卷，第1号。

郝诒纯、苏德英、余静贤，1986，中国的白垩系。北京：地质出版社。

何国琦、邵济安，1983，内蒙东南部（昭盟）西拉木伦河一带早古生代蛇绿岩建造的确认及其大地构造意义。中国北方板块构造文集，No. 1，沈阳：辽宁科学技术出版社。

何镜宇、孟祥化，1987，沉积岩和沉积相模式及建造。北京：地质出版社。

河北省区域地层表编写组，1979，华北地区区域地层表·河北省分册。北京：地质出版社。

黑龙江省地质局，1959，大兴安岭及其邻区区域地质及成矿规律。北京：地质出版社。

黑龙江省区域地层表编写组，1979，东北地区区域地层表·黑龙江省分册。北京：地质出版社。

侯鸿飞，王士涛，1988，中国的泥盆系。北京：地质出版社。

胡泽瑾，1982，内蒙古昭乌达盟地区志留纪地层的划分与对比。中国区域地质，1。

胡骁、许传诗、牛树银，1990，华北地台北缘早古生代大陆边缘演化。北京：北京大学出版社。

黄本宏，1983，天山一兴安褶皱区东部古生代末植物地理区系及其地质意义。中国北方板块构造文集，No. 1，沈阳：辽宁科学技术出版社。

吉林省区域地层表编写组，1978，东北地区区域地层表·吉林省分册。北京：地质出版社。

吉林省地质矿产局，1990，吉林省区域地质志。北京：地质出版社。

金香福，1981，关于拴马桩群的讨论。地层学杂志，5 (1)：6—19。

李星学，1954，内蒙古大青山石拐子煤田的地层及其几个不整合的意义。地质学报，34（4）。
李裕民，1958，河北北部发现古生代海相地层。地质月刊，(11)。
李良芳，1980，内蒙古达茂旗哲斯敖包早二叠世地层的研究。长春地质学院学报，(3)。
李莉、谷峰、李文国，1982，内蒙古西乌旗地区下二叠统腕足化石新资料。沈阳地质矿产研究所所刊，第4号。
李莉、谷峰、李文国，1984，内蒙古西乌珠穆沁旗下二叠统的长身贝类。地层古生物论文集，(11)。北京：地质出版社。
李莉、谷峰、李文国，1985，内蒙古西乌珠穆沁旗地区下二叠统的 *Spiriferella* 和 *Spiriferelloides*。地层古生物论文集，(12)。北京：地质出版社。
李文国、戎嘉余、董得源等，1983，内蒙古达尔罕茂明安联合旗巴特敖包地区志留—泥盆纪地层与动物群。呼和浩特：内蒙古人民出版社。
李文国，1983，内蒙古哲斯腕足动物群的再研究。中国区域地质，(4)：52—62。
李文国、申长福、贺希格，1986，讨论三面井组及其相关问题，地层学杂志，10（1）。
李文国，1988，内蒙古志留纪生物地层。地层古生物论文集，No. 21：179—190。北京：地质出版社。
李云通等，1984，中国的第三系。北京：地质出版社。
梁希洛，1981，甘肃西北部及内蒙古西部早二叠世头足类。古生物学报页 20（6）。
梁仲发，1982，东北北部及内蒙古东部晚二叠世的一些双壳类化石几个有关地层问题。沈阳地质矿产研究所所刊，第4号。
梁玉佐、曹瑞骥、张录易，1984，晚前寒武纪假裸枝叠层石。北京：地质出版社。
赖才根，1982，中国的奥陶系。北京：地质出版社。
辽宁省区域地层表编写组，1978，东北地区区域地层表·辽宁省分册。北京：地质出版社。
辽宁省地质矿产局，1978，辽宁省区域地质志。北京：地质出版社。
林朝綮，1942，北票地方的层序及地质构造。地质学杂志，49（589）：228—401。
林宝玉，1984，中国的志留系。北京：地质出版社。
林宝玉、邱洪学、许长城，1984，内蒙古乌拉特前旗佘太镇地区奥陶纪地层新认识。地质论评，30（2）。
刘宝珺，1980，沉积岩石学。北京：地质出版社。
刘宝珺，1985，岩相古地理基础和工作方法。北京：地质出版社。
刘家义，1983，内蒙古贺根山地区蛇绿岩套研究及构造意义。中国北方板块构造文集 No. 1：116—135。沈阳：辽宁科学技术出版社。
刘效良、朱慈英，1986，大兴安岭和小兴安岭地区奥陶纪古地理某些主要特征，沈阳地质矿产研究所所刊，第14号：88—95。
卢衍豪、朱兆玲、钱义元、周志毅、陈均远、刘耕武、余汶、陈旭、许汉奎，1976，中国奥陶纪的生物地层和古动物地理。南京地质古生物研究所集刊，No. 7。
卢衍豪、周志毅、周志强，1981，内蒙古西部杭乌拉地区寒武—奥陶系分界及有关三叶虫。中国地质科学院院报，西安地质矿产研究所分刊，2（1）。
陆松年、马国干、高振家、林尉兴，1985，中国晚前寒武纪冰成岩初探。前寒武纪地质，第1号，中国晚前寒武纪冰成岩论文集。
内蒙古地质局、东北地质研究所，1976，华北地区古生物图册·内蒙古分册。北京：地质出版社。
内蒙古自治区区域地层表编写组，1978，华北地区区域地层表·内蒙古分册。北京：地质出版社。
宁奇生、唐克东、曹从周、张梦岩，1959，在兴安岭区域地层。黑龙江省地质局编，大兴安岭及其邻区区域地质与成矿规律，16—22。北京：地质出版社。
内蒙古地质矿产局，1982，内蒙古固阳含煤盆地中生代地层古生物。北京：地质出版社。
内蒙古自治区地质矿产局（地层部分主要执笔人：沈鸿章、董启贤、梁玉佐、李文国、杨道荣、谭琳、赵世德、吴荣康，1991，内蒙古自治区区域地质志。北京：地质出版社。
宁夏回族自治区区域地层表编写组，1980，西北地区区域地层表·宁夏回族自治区分册。北京：地质出版社。
宁夏回族自治区地质矿产局，1990，宁夏回族自治区区域地质志。北京：地质出版社。
南润善、朱慈英、郑月娟等，1992，内蒙古—兴安区奥陶纪生物组合和古地理某些特征。南润善、郭胜哲等著，内蒙古—东北地槽区古生代生物地层及古地理，1—63，北京：地质出版社。

潘江、霍福臣、曹景轩等，1987，宁夏陆相泥盆系及其生物群。北京：地质出版社。
仇甘霖、杜玉申，1992，对白乃庙群的再认识。长春地质学院院报，22。
地矿部区域地质矿产司，1987，火山岩地区区域地质调查方法指南。北京：地质出版社。
全国地层委员会，1964，中国的寒武系。北京：科学出版社。
全国地层委员会，1981，中国地层指南及中国地层指南说明书。北京：科学出版社。
任纪舜，1984，印支运动及其在中国大地构造演化中的意义。中国地质科学院院报，第9号。
斯行健、周志炎，1962，中国中生代陆相地层，全国地层会议学术报告汇编。北京：科学出版社。
山西省区域地层表编写组，1979，华北地区区域地层表·山西省分册。北京：地质出版社。
山西省地质矿产局，1989，山西省区域地质志。北京：地质出版社。
陕西省区域地层表编写组，1980，西北地区区域地层表·陕西省分册。北京：地质出版社。
盛金章，1962，中国的二叠系。北京：科学出版社。
苏养正，1981，论图瓦贝 *Tuvaella* 的时空分布和生态环境，古生物学报，20 (6)。
邵济安，1991，中国板块北缘中段地壳演化。北京：北京大学出版社。
孙健初，1934，绥远察哈尔西南部地质志。前中央地质调查所专刊，甲种第12号。
孙健初，1942，祁连山一带地质史纲要。地质论评 7 (1—3)。
谭琳、朱伸玉、周盛德等，1991，内蒙古渣尔泰山群岩相古地理。北京：地质出版社。
唐克东等，1983，关于温都尔庙群及其构造意义。中国北方板块构造文集，No. 1。
唐守贤，1984，大兴安岭中部寒武系下统苏中组的建立及其意义。地层学杂志，8 (4)。
王竹泉、潘钟祥，1933，陕北油田地质。地质学报 20 号。
王思恩，1981，冀北和大兴安岭地区晚侏罗世的新叶肢介化石及其意义。中国科学院地质所所刊，第3号。
王思恩等，1985，中国的侏罗系。北京：地质出版社。
王思恩，1990，热河动物群的起源、演化与机制。地质学报，(4)：350—360。
王志浩、罗坤泉，1984，鄂尔多斯地台边缘晚寒武世—奥陶纪牙形刺。南京地质古生物研究所丛刊，No. 8。
王东方，1985，关于温都尔庙群内涵、时代问题的讨论及其在板块会聚带构造发展中的意义。地质论评，31 (5)。
王听渡，1985，内蒙古昭乌达盟地区中生代火山岩岩石特征及成因探讨。岩石学报，(2)。
王莹，1985，大兴安岭侏罗、白垩系研究新进展。地层学杂志，9 (3)：203—209。
王荃，1986，内蒙古东部中朝与西伯利亚古板块间缝合线的确定。地质学报，60 (2)。
王楫等，1989，内蒙古渣尔泰山群与白云鄂博群时代对比及含矿性。呼和浩特：内蒙古人民出版社。
王楫、李双庆、王保良、李家驹，1992，狼山—白云鄂博裂谷系。北京：北京大学出版社。
魏家庸、卢金明等，1991，沉积岩区 1∶5 万区域地质填图方法指南。武汉：中国地质大学出版社。
吴望始，1958，内蒙古白云鄂博附近志留纪珊瑚化石。古生物学报，6 (1)。
项礼文等，1981，中国的寒武系。北京：地质出版社。
夏国英，1981，内蒙古早二叠世含䗴地层。中国古生物学会第十二届年会论文集。北京：科学出版社。
叶连俊等，1983，华北地台沉积建造。北京：科学出版社。
杨振德、潘行适、杨易福，1988，阿拉善断块及邻区地质构造特征与矿产。北京：科学出版社。
杨忠杰，1988，辽宁省区域地质基本特征及主要成果。中国区域地质 (2)。
张文堂等，1976，中国的叶肢介化石。北京：科学出版社。
张录易、王树洗、郑昭昌，1980，宁夏阿拉善左旗巴音西别一带震旦亚界及其叠层石。中国地质科学院院报西安地质矿产研究所分刊，(1) (1)，北京：地质出版社。
张研，1981，内蒙古西部珠斯楞海尔罕地区早泥盆世腕足类。古生物学报，20 (5)：383—392。
张研、郑昭昌、周志强、张刚，1983，内蒙古珠斯楞海尔罕地区的泥盆系。地层学杂志，7 (2)：92—104。
张进林，1985，内蒙古桌子山凿山期早期三叶虫的新材料。中国地质科学院天津地质矿产研究所所刊，No. 13：111—114。北京：地质出版社。
张德全，1987，中国东部晚古生代、中生代和新生代玄武岩及其地质意义。中国区域地质，(4)。
张武、郑少林，1987，辽宁西部地区早中生代植物化石。北京：地质出版社。
张守信，1992，理论地层学——现代地层学概念。北京：科学出版社。
赵金科，1962，中国中生界，全国地层会议学术报告汇编，总论。北京：科学出版社。

赵国龙等，1989，大兴安岭中南部中生代火山岩。北京：北京科学技术出版社。
赵祥生、邹湘华等，1984，北山地区震旦系及冰川沉积。中国地质科学院西安地质矿产研究所所刊，第7号。
朱广明、盛怀斌，1988，内蒙古阿巴嘎旗红格尔庙早二叠世菊石，地层古生物论文集，第21辑：65—80。北京：地质出版社。
朱伟元，1983，甘肃北山海相二叠系及古生物群基本特征。甘肃地质，(1)。
朱慈英，1986，大、小兴安岭北部奥陶纪地层。中国区域地质（4）。
郑昭昌、朱鸿，1987，阿拉善地块边缘古生代地层发育及构造发展。朱鸿等，阿拉善地块边缘古生代生物地层及构造演化。武汉：武汉地质学院出版社。
郑昭昌、周志强、贺正轩、朱鸿，1987，内蒙古西部巴丹吉林地区晚奥陶世—早志留世地层。载于：阿拉善地块边缘古生代生物地层及构造演化。武汉：武汉地质学院出版社。
郑昭昌、李玉珍，1987，贺兰山区寒武—奥陶系界线的研究。载于：阿拉善地块边缘古生代生物地层及构造演化。武汉：武汉地质学院出版社。
周志强、郑昭昌，1976，贺兰山的寒武系。西北地质科技情报，(8)，西北地质科学研究所。
中国地质科学研究院地质所，1980，陕甘宁盆地中生代地层古生物。北京：地质出版社。
占立培、李莉，1984，中国二叠系若干问题的探讨。地质科学院院报，第9号。
邹西平，1981，内蒙古清水河及山西偏关奥陶系鹦鹉螺。古生物学报，20（4）。
乌斯特利茨基等，1963，甘肃西部北山地区二叠纪地层及动物群。北京：中国工业出版社。
Berkey C P and Morris F K, 1927, Geology of Mongolia, Nat. Hist. cent. Asia. Vol. Ⅱ. New York.
Grabau, A W 1931, The Permian of Mongolia, Nat. Hist. cent. Asia Vol. Ⅳ, New York.
Hedberg H D, 1976，国际地层指南，张守信译，1979。北京：地质出版社。

地质图说明书及区测报告

地质部地质研究所，1965，张家口幅（K—50）1：100万地质图说明书。
地质部地质科学研究院，1963，齐齐哈尔幅（L—51）1：100万地质图说明书。
甘肃省区测一队，1967，永昌幅（J-47-XⅧ）1：20万区测报告。
甘肃省区测一队，1969，旧寺墩幅（K-47-XXXⅢ），天仓幅（K-47-XXXⅣ）1：20万区测报告。
甘肃省地质局第一区测队，1971，山丹幅（J-47-Ⅻ） 1：20万区测报告。
甘肃省地质局第一区测队，1977，雅布赖幅（J-48-Ⅰ） 1：20万区测报告。白墩子幅（J-48-XⅪ） 1：20万区测报告。
甘肃省地质局第二区测队，1969，公婆泉幅（K-47-XX）1：20万区测报告；牛圈子幅（K-47-XⅨ）1：20万区测报告；后红泉幅（K-47-XXⅥ）1：20万区测报告。
甘肃省地质局第二区测队，1971，红石山幅（K-47-XⅣ）1：20万区测报告；红柳大泉幅（K-47-XXⅦ）1：20万区测报告。
甘肃省地质局第二区测队，1972，石板井幅（K-47-XⅪ）1：20万区测报告。
甘肃省地质局第二区测队，1974，萨尔台幅（J-48-Ⅶ）1：20万区测报告；高台幅（J-47-Ⅳ）；平川幅（J-47-Ⅴ）1：20万区测报告。
甘肃省地质局地质力学测量队，1977，路井幅（K-47-XXⅡ）1：20万区测报告；黑鹰山幅（K-47-XⅤ）1：20万区测报告；努尔盖公社幅（J-47-Ⅵ）1：20区测报告；五道明幅（K-47-XXⅧ）1：20万区测报告。
甘肃省地质局地质力学测量队，1979，六驼山幅（K-47-XⅥ）1：20万区测报告。
甘肃省地质局地质力学测量队，1981，雅干幅（K-48-XⅢ）、拐子湖南幅（K-48-XXV）1：20万区测报告；嘎顺淖尔幅（K-47-XⅦ）1：20万区测报告；索果淖幅（K-47-XⅧ）1：20万区测报告。
甘肃省地质局地质力学测量队，1982，建国营幅、额济纳旗幅、湖西新村幅、务桃亥幅、咸水幅、古鲁乃幅（K-47-XXⅢ、XXⅣ、XXⅨ、XXX、XXXⅤ、XXXⅥ）1：20万区测报告。
甘肃省地质局杨祖才等，1973，张掖幅（J-47-Ⅺ）1：20万区测报告。
河北省承德地质队，1959，张家口幅（K-50）1：100万区测报告。
黑龙江省区调一队，1972，扎赉特旗幅（L-51-Ⅸ）1：20万区调报告。
黑龙江省区调一队，1975，加格达奇幅（M-51-XⅦ）1：20万区调报告。

黑龙江省区调一队，1976，卧都河幅（M-51-XⅧ）1：20万区调报告。
黑龙江省区调一队，1974，松岭区幅（M-51-Ⅺ）1：20万区调报告。
黑龙江省区调二队，1976，华安幅（L-51-Ⅲ）1：20万区调报告。
黑龙江省区调二队，1976，布特哈旗幅（M-51-XXXⅢ）1：20万区调报告。
黑龙江省区调二队，1981，喜桂图旗幅（M-51-XXV）、塔尔其幅（M-51-XXXI）、淖尔幅（M-51-XXXⅡ）1：20万区调报告；根河幅（M-51-Ⅷ）、三河镇幅（M-51-XⅢ）、库都尔幅（M-51-XⅣ）1：20万区调报告；奈吉公社幅（M-51-XⅨ）、乌尔其汗幅（M-51-XX）、博克图幅（M-51-XXⅥ）1：20万区调报告。
吉林省区调队，1958，通辽幅（K-51-Ⅲ）1：20万区调报告。
吉林省区调队，1976，哈达营子幅（L-51-XXV）1：20万区调报告。
吉林省区调队，1977，突泉县幅（L-51-XX）1：20万区调报告。
吉林省区调队，1978，吐列毛杜公社幅（L-51-XIX）1：20万区调报告。
吉林省区调队，1981，五岔沟幅（L-51-Ⅶ）、阿尔山公社幅（L-50-XⅢ）1：20万区调报告。
辽宁省地质矿产局，1976，辽宁省地质矿产概况。
辽宁省区测二队，1968，刘家营子幅（K-50-Ⅳ）1：20万区测报告。
辽宁省区测二队，1970，敖汉旗幅（K-50-XⅧ）1：20万区测报告；翁牛特旗幅（K-50-XⅡ）1：20万区测报告。
辽宁省区测二队，1971，克什克腾旗幅（K-50-X）、五分地幅（K-50-Ⅺ）1：20万区测报告。
辽宁省区测二队，1972，扎鲁特旗幅（L-51-XXXI）、阿鲁科尔沁旗幅（K-51-1）1：20万区测报告。
辽宁省区测二队，1973，甘珠尔庙幅（L-50-XXX）1：20万区测报告。
内蒙古地质局呼和浩特幅地质队，1963，满洲里幅（M-50）1：100万地质图说明书，贝尔湖幅（L-50）1：100万地质图说明书。
内蒙古地质局地质研究所，1964，临河幅（K-48）1：100万地质图说明书。1960，呼和浩特幅（K-49）1：100万地质图说明书。
内蒙古区测一队，1960，呼和浩特幅（K-49）1：100万地质图说明书。
内蒙古区测一队，1965，苏尼特左旗幅（K-49-Ⅵ）1：20万区测报告。二连乃达布斯恩塔拉白幅（K-49-V）1：20万区测报告。苏尼特右旗幅（K-49-Ⅺ）1：20万区测报告。
内蒙古区测一队，1971，白云鄂博幅（K-49-XX）1：20万区测报告。凉城幅（K-49-XXXV）1：20万区测报告。
内蒙古区测一队，1971，达尔罕茂明安联合旗幅（K-49-XⅪ）1：20万区调报告。四子王旗幅（K-49-XXⅡ）1：20万区调报告。
内蒙古区测一队，1972，佘太镇幅（K-49- XXⅥ）1：20万区调报告。和林格尔幅（K-49-XXXⅣ）1：20区调报告。呼和浩特幅（K-49-XXⅧ）1：20区调报告。乌拉特中后联合旗幅（K-49-XIX）1：20万区调报告。固阳幅（K-49-XXⅦ）1：20万区调报告。集宁幅（K-49-XXX）1：20万区调报告。三道沟幅（K-49-XXⅢ）1：20万区调报告。商都幅（K-49-XXⅣ）1：20万区调报告。
内蒙古区测一队，1973，清水河幅（J-49-Ⅳ）1：20万区调报告；贺根山幅（L-50-XXⅦ）1：20万区调报告；卓资县幅（K-49-XXIX）1：20万区调报告；东乌珠穆沁旗幅（L-50-XⅪ）1：20万区调报告。
内蒙古区测一队，1974，锡林浩特幅（K-50-Ⅲ）1：20万区调报告；红格尔马场幅（K-50-I）1：20万区调报告；正蓝旗幅（K-50-XⅣ）、正镶白旗幅（K-50-XⅢ）、阿尔山宝力格幅（L-50-XXⅧ）1：20万区调报告。
内蒙古区测一队，1975，查干敖包幅（K-49-XⅥ）1：20万区调报告。阿巴嘎旗幅（L-50-XXXI）1：20万区调报告。白乃庙幅（K-49-XⅦ）1：20万区调报告。
内蒙古区测一队，1976，镶黄旗幅（K-49-XⅧ）1：20万区调报告。赛汗乌力吉幅（K-49-ⅪI）1：20万区调报告；查干敖包幅（K-49-XⅥ）1：20万区调报告；宝力格幅（L-50-XXⅡ）1：20万区调报告；西乌珠穆沁旗幅（L-50-XXXⅣ）1：20万区调报告。毛登幅（L-50-XXXⅢ）1：20万区调报告。
内蒙古区测一队，1977，脑木根幅（K-49-X）1：20万区调报告；二连浩特幅（K-49-Ⅳ）1：20万区调报告；乌拉盖幅（L-50-XXⅢ）1：20万区调报告。
内蒙古区测一队，1978，额仁高比幅（L-50-XⅦ）、沙尔沟特幅（L-50-Ⅺ）1：20万区调报告；准格尔旗幅（J-49-Ⅲ）1：20万区调报告；杭锦旗幅（J-49-I）、东胜幅（J-49-Ⅱ）1：20万区调报告；哈拉盖图农场幅（L—50— XXⅣ）1：20万区调报告；乌日尼图幅（L-49-XXⅧ）、红格尔幅（L-49-XXIX）1：20万区调报告；布林郭勒幅（L-50-XX）、吉尔嘎郎图幅（L-50-XXⅥ）1：20万区调报告；巴彦毛都幅（L-50-XV）、塔日根敖包幅（L-50-XⅥ）1∶20万区调报告。

内蒙古区调一队，1979，西力庙幅（K-49-IX）1∶20万区调报告；锡林查干敖包幅（L-49-XXXIV）、达莱幅（L-49-XXXV）1∶20万区调报告；乌力吉特敖包幅（L-50-XIX）、白音图嘎幅（L-50-XXV）1∶20万区调报告；贺斯格乌拉幅（L-50-XⅧ）1∶20万区调报告。

内蒙古区调一队，1980，查干哈达幅（K-49-XV）1∶20万区调报告；白音吉日嘎拉大队幅（L-49-XXX）、白音乌拉幅（L-49-XXXⅥ）1∶20万区调报告；鄂托克旗幅（J-48-XⅡ）1∶20万区调报告；乌尔特幅（K-48-XXI I）1∶20万区调报告。希勃幅（K-48-XⅦ）、巴音杭盖幅（K-48-XⅧ）、索伦幅（K-49-XⅢ）、桑根达来幅（K-49-XIX）1∶20万区调报告。

内蒙古区调一队，1982，包头市幅（K-49-XXXⅡ）、土默特右旗幅（K-49-XXXⅢ）1∶20万区调报告；乌拉特后旗幅（K-48-XXⅣ）、临河县幅（K-48-XXX）1∶20万区调报告；三道桥幅（K-48-XXIX）1∶20万区调报告；渡口堂幅（K-48-XXXⅥ）、新召幅（J-48-Ⅵ）1∶20万区调报告；沙拉套尔汗幅（K-48-XXⅥ）1∶20万区调报告。

内蒙古区调一队，1985，头站旅店幅（M-50-XXⅣ）、胡列也吐湖幅（M-50-XXⅢ）1∶20万区调报告；恩和村幅（M-50-XcⅡ）、上护林幅（M-51-Ⅶ）、建设村幅（M-50-XⅧ）1∶20万区调报告。

内蒙古区测二队，1965，索伦幅（L-51-XⅣ）1∶20地质图说明书。

内蒙古区调一队，1989，嵯岗镇幅（M-50-XXIX）1∶20万区调报告；巴音布日德牧场幅（L-50-Ⅴ）、罕达盖牧场幅（L-50-Ⅵ）、大黑沟幅（L-51-Ⅰ）1∶20万区调报告。

内蒙古区测二队，1967，下洼幅（K-51-XⅡ）1∶20万区调报告；喀喇沁旗幅（K-50-XXⅢ）1∶20万区调报告。赤峰县幅（K-50-XⅦ）1∶20万区调报告。

内蒙古区调二队，1986，满洲里地区1∶20万区调报告。

内蒙古区调二队，1987，新巴尔虎右旗地区（M-50-XXXⅡ、XXXⅢ、XXXⅣ幅，L-50-Ⅱ、Ⅲ、Ⅳ幅）1∶20万区调报告。

内蒙古区调二队，1990，一二五公里幅（L-51-Ⅱ）、索伦军马场幅（L-51-Ⅷ）1∶20万区调报告。

内蒙古区调二队，1991，前好立保幅（L-51-XⅢ）1∶20万区调报告。

宁夏地质局区调队，1976，中卫幅（J-48-XXⅡ）1∶20万区调报告；庆格勒图幅（K-48-XXXⅣ）1∶20万区调报告；吉兰泰幅（J-48-Ⅳ）1∶20万区调报告。

宁夏地质局区调队，1978，巴伦别立幅（J-48-XⅥ）1∶20万区调报告；豪斯布尔都幅（J-48-Ⅱ）1∶20万区调报告。

宁夏地质局区调队，1980，乌海市幅（J-48-Ⅴ）1∶20万区调报告；阿拉坦敖包幅（K-48-XXXⅢ）1∶20万区调报告；库乃头喇嘛庙幅（K-48-XXXⅡ）1∶20万区调报告；银根幅（K-48-XXXⅧ）1∶20万区调报告；磴口县幅（J-48-XXXV）1∶20万区调报告；乌力吉幅（K-48-XXⅦ）1∶20万区调报告。阿拉坦敖包幅（K-48-XXXⅢ

宁夏地质局区调队，1982，哈日奥日布格幅（K-48-XX）1∶20万区调报告。阿拉善左旗幅（J-48-X）1∶20万区调报告。

修泽雷、赵祥生，1964，玉门幅（k-49）1∶100万地质图说明书。

附录Ⅰ　内蒙古自治区岩石地层数据库的建立及功能简介

一、全国地层数据库研制概况

全国地层数据库的研制和建设工作是随地质矿产部“八五”期间设立的“全国地层多重划分对比研究”项目同时开展的，其指导思想和研究内容与全国地层清理工作的有关文件要求基本一致。建立地层数据库的目的就是要为全国区域地质调查和基础地质研究工作服务；巩固地层清理的成果，避免今后使用地层单位的混乱现象，使我国地层学研究和管理走向科学化、信息化，并与国际地层学研究工作接轨。

全国地层数据库作为地矿部专项地勘科技项目(编号:DZ1992-01)于1992年立项，并成立了“全国地层数据库研建组”，组长：吴岐，副组长：李超岭、姜义，成员：邱丽华。该组承担完成地层数据库的系统设计和软件开发研制工作，由中国地质科学院区域地质调查处负责举办培训班，在全国推广数据库软件的操作使用。

地层数据库分省(区)和全国二级，省(区)级库作为基础库，由各省地层清理小组负责建立；全国库是在省级库基础上进行汇总、简化、归并等建立的，其数据源来自各省(区)和大区地层清理的最终核实资料。地层数据库首先是以岩石地层单位为基本单元建库的，以全国地层清理项目统一制定的五张数据卡片为数据采集源。

地层数据库主要由三部分组成：(1)数据采集系统，包括对原始数据的录入、修改、追加、删除、浏览、打印、排序、插入等项功能及地层信息管理、索引管理、字典管理、文献管理、数据备份等等；(2)数据加工系统，包括打印数据卡片，汇总制表，地层信息查询检索，岩石地层单位命名监控等等；(3)扩充部分接口，为地层数据库的其它内容及以后的进一步开发留有接口。

地层数据库软件有两种版本，分别在DOS和Windows环境下使用。

1.在DOS操作系统环境下

软件支撑环境：DOS 3.30以上 Microsoft C 6.0　PTDOS 2.0　Foxpro2.0

硬件运行环境：286以上主机，VGA显示器

　　　　　　　LQ系列或其它24针打印机，HP、DMP、XY800等绘图仪

2.在Windows系统环境下

软件支撑环境：Windows 3.1 Borland C++3.1

　　　　　　　中文之星 1.2 Foxpro for Windows2.5

硬件运行环境：386以上主机(内存≥4M，硬盘100M以上)

　　　　　　　VGA显示器，LQ系列或其它24针打印机

　　　　　　　HP、DMP、XY800等绘图仪

二、地层数据库主要功能简介

1.输出打印数据卡片功能

按照全国地层清理统一要求填写的数据卡片格式和内容，地层数据库能将输入的原始数据还原制表，输出打印以下几张卡片：

岩石地层单位的卡片封面

卡Ⅰ　岩石地层单位的综合信息卡片

卡Ⅱ　岩石地层单位的地层划分沿革卡片

卡Ⅲ　岩石地层单位剖面分布图和柱状对比图

卡Ⅳ　岩石地层单位的地层剖面卡片

卡Ⅴ　岩石地层单位的参考文献卡片

2.地层信息的查询检索功能

按照用户选择的省份、大区、经纬度、断代(纪)等不同控制参数,可在已建立的地层数据库中查询检索出满足要求条件的岩石地层单位信息,并能按用户选择的不同内容自动绘制表格,对数字型数据自动统计汇总。可按以下几方面的内容进行检索:

(1)检索地层单位　检索出满足选定时间和区域条件的地层单位。

(2)检索地层剖面　检索出满足选定时间和区域条件的地层剖面。

(3)检索地层单位名称　检索出与指定地层单位名称相同的地层单位。

(4)检索地层单位名称(拼音)　检索出与指定地层单位名称的拼音相同的地层单位。

(5)检索地层单位编号　检索出与指定地层单位编号相同的地层单位。

(6)检索地层单位代号　检索出与指定地层单位代号相同的地层单位。

(7)检索剖面名称　检索出与指定剖面名称相同的地层剖面。

(8)检索剖面编号　检索出与指定剖面编号相同的地层剖面。

(9)检索参考文献目录　A、按作者检索文献目录;B、按发表时间检索文献目录;C、按地层单位检索文献目录

3.岩石地层单位的命名监控功能

根据用户选择的不同控制参数,可用以下几种方法对新建岩石地层单位进行命名监控。

(1)地层单位同名的监控　检索出与指定地层单位名称相同的地层单位。

(2)地层单位同名的监控(拼音)　检索出与指定地层单位名称拼音相同的地层单位。

(3)地层单位同编号的监控　检索出与指定地层单位编号相同的地层单位。

(4)地层单位同代号的监控　检索出与指定地层单位代号相同的地层单位。

(5)新建单位有效性的监控　给定新建单位的经纬度及需检索的经纬度范围,检索出与新建单位相邻的层型及(或)参考剖面,然后与新建地层单位的各项地质内容进行对比研究,看是否能建立新的岩石地层单位。

三、内蒙古自治区岩石地层数据库的建库情况

内蒙古自治区岩石地层数据库的建库工作始于 1993 年 10 月中旬,由内蒙古第一区域地质研究院和内蒙古第二区域地质研究院共同完成。其中前者使用的微机是 386/25 及 486/40,后者使用的是 486/40。

截止地层清理项目最终验收时,录入采用的岩石地层单位 209 个,其中:中、晚元古代 23 个,震旦纪 8 个,寒武纪 10 个,奥陶纪 19 个,志留纪 9 个,泥盆纪 14 个,石炭纪 19 个,二叠纪 22 个,三叠纪 8 个,侏罗纪 19 个,白垩纪 38 个,第三纪 21 个。剖面数共计 710 个,不采用的地层单位 213 个。

参加内蒙古地层数据库建库的人员有索春桠、程超英、马茜等,参加审核校对的有张秀国、索春桠等。今后负责维护本数据库的单位仍由内蒙古第一区域地质研究院和内蒙古第二区域地质研究院共同承担。

附录Ⅱ　内蒙古自治区采用的岩石地层单位

附录Ⅱ-1

序号	岩石地层单位名称		编号	代号	地质年代	创名人[①]	创建时间	所在省（自治区）	在本书页码
	英　文	汉　文							
1	Agulugou Fm	[②]*阿古鲁沟组	15-0040	Jxa	Jx	内蒙古地层表编写组	1978	内蒙古	124
2	Ailegemiao Fm	*艾勒格庙组	15-0008	Qna	Qn	内蒙古区调一队	1980	内蒙古	142
3	Amushan Fm	阿木山组	15-0110	Ca	C_2	地质部241地质队	1955	内蒙古	200
4	Anding Fm	安定组	15-0270	Ja	J_2	王竹泉、潘钟祥	1933	陕西	249
5	Angeeryinwula Fm	*安格尔音乌拉组	15-0091	Da	D_3	内蒙古区测一队	1973	内蒙古	38
6	Ashantou Fm	阿山头组	15－0359	Ea	E_2	Granger，Berkey	1922	内蒙古	299
7	Badangshan Vol.	*八当山火山岩	15-0052	bv	S_2	辽宁区测二队二分队	1970	内蒙古	180
8	Baijiadian Fm	*白家店组	15-0102	Cbj	$C_1—C_2$	河北区测队	1958	内蒙古	191
9	Bainaimiao Fm	*白乃庙组	15-0013	Qnb	Q_n	内蒙古二〇八地质队	1960	内蒙古	142
10	Bainuyangpan Fm	*白女羊盘组	15-0314	Kbn	K_1	内蒙古区测一队	1966	内蒙古	275
11	Baishan Fm	白山组	15-0114	Cb	$C_1—C_2$	兰州地质科学研究所	1964	甘　肃	96
12	Baiyinbaolage Fm	*白音宝拉格组	15-0019	$Qnby$	Qn	内蒙古区测一队	1971	内蒙古	135
13	Baiyingaolao Fm	*白音高老组	15-0257	Jb	J_3	辽宁省区测二队	1974	内蒙古	263
14	Baiyun'ebo Gr	*白云鄂博群	15-0021	$ChQnB$	Ch—Qn	李毓英（内蒙古区测一队）	1955（1971）	内蒙古	127
15	Baiyunshan Fm	*白云山组	15-0062	Oby	O_3	甘肃省第二区测队	1975	内蒙古	74
16	Bandingtaolegai Fm	*班定陶勒盖组	15-0056	Sb	S_1	宁夏区调队	1979	内蒙古	75
17	Bao'erhantu Gr	*包尔汉图群	15-0701	OB	O_{1-2}	内蒙古区测一队	1965	内蒙古	162
18	Baogedawula Fm	*宝格达乌拉组	15-0365	Nb	N_2	内蒙古地层表编写组	1978	内蒙古	303
19	Baoligaomiao Fm	*宝力高庙组	15-0101	$CPbl$	$C_2—P_1$	呼和浩特幅地质队	1960	内蒙古	46
20	Baotege Fm	*包特格组	15-0157	Pb	P_1	内蒙古区调一队江浩贤等	1980	内蒙古	210
21	Baoyintu Gr	*宝音图群	15-2012	Pt_1BY	Pt_1	梁玉佐	1991	内蒙古	199
22	Bayanhushu Fm	*巴彦呼舒组	15-0079	Ob	O_2	南润善等	1992	内蒙古	24

注：①创名栏（　）内为介绍人；创建时间栏（　）内为介绍时间。
②＊代表查阅了原始文献。

序号	岩石地层单位名称 英文	岩石地层单位名称 汉文	编号	代号	地质年代	创名人	创建时间	所在省(自治区)	在本书页码
23	Bayingebi Fm	*巴音戈壁组	15-0306	K*b*	K_1	宁夏地质局区调队等	1980	内蒙古	264
24	Beishan Gr	北山群	15-2006	Pt*B*	Pt	修泽雷、赵祥生	1964	内蒙古	64
25	Benbatu Fm	本巴图组	15-0111	C*bb*	C_2	丁蕴杰（内蒙古地层表编写组）	1960 (1978)	内蒙古	198
26	Bilute Fm	*比鲁特组	15-0018	Jx*b*	Jx	内蒙古区测一队	1971	内蒙古	134
27	Bulongshan Fm	*布龙山组	15-0702	O*bl*	O_{1-2}	内蒙古区测一队	1965	内蒙古	162
28	Caodaban Fm	草大坂组	15-0035	Z*c*	Z_2	甘肃省第二区测队	1981	甘肃省	149
29	Chagannoer Vol.	*查干诺尔火山岩	15-2004	*ĉv*	C_2	新建	1994	内蒙古	203
30	Changhangou Fm	*长汉沟组	15-0263	J*ĉ*	J_2	田本裕（《内蒙古地质志》）	1950 (1991)	内蒙古	252
31	Chaomidian Fm	炒米店组	15-0025	∈*ĉ*	$\in_3$	Willis, Blackwelder	1907	山　东	160
32	Chaotugou Fm	*朝吐沟组	15-0109	C*ĉ*	C_1	内蒙古区测二队	1965	内蒙古	190
33	Chijinbao Fm	赤金堡组	15-0331	K*ĉ*	K_1	王尚文	1956	甘　肃	111
34	Chouniugou Fm	臭牛沟组	15-0120	C*ĉ*	C_1	袁复礼	1925	甘　肃	190
35	Dahongshan Fm	*大红山组	15-0165	P*d*	P_1	王楫等	1972	内蒙古	220
36	Dahuanggou Fm	大黄沟组	15-0163	P*dh*	P_1	孙健初	1936	甘　肃	229
37	Daminshan Fm	*大民山组	15-0089	D*d*	D_{2-3}	宁奇生等	1959	内蒙古	34
38	Damoguaihe Fm	大磨拐河组	15-0318	K*d*	K_1	刘国昌	1951	内蒙古	56
39	Daqingshan Fm	大青山组	15-0264	J*d*	J_2	孙健初	1934	内蒙古	253
40	Dashizhai Fm	*大石寨组	15-0156	P*dŝ*	P_1	内蒙古区测二队	1965	内蒙古	209
41	Dongsheng Fm	东胜组	15-0311	K*dŝ*	K_1	地质部石油局206队	1956	内蒙古	271
42	Dulahala Fm	*都拉哈拉组	15-0015	Ch*d*	Ch	内蒙古区测一队	1971	内蒙古	128
43	Dunzigou Gr	墩子沟群	15-0033	ChJx*D*	Ch—Jx	甘肃省第一区测队	1967	甘　肃	144
44	Duobaoshan Fm	多宝山组	15-0076	O*d*	O_{1-2}	王莹、彭云彪（唐克东等）	1958 (1961)	黑龙江	21
45	Eergunahe Fm	*额尔古纳河组	15-0002	Z*e*	Z	宁奇生、唐克东、曹从周、张梦岩	1959	内蒙古	16
46	Elitu Fm	*额里图组	15-0161	P*e*	P_1	内蒙古地质局	1976	内蒙古	217

序号	岩石地层单位名称		编号	代号	地质年代	创名人	创建时间	所在省（自治区）	在本书页码
	英 文	汉 文							
47	Erdaowa Gr	*二道凹群	15-2011	Pt_1E	Pt_1	马秀等	1972	内蒙古	118
48	Erduanjing Fm	二断井组	15-0201	T*ed*	T_{1-2}	甘肃省地层表编写组	1980	甘 肃	110
49	Erhagong Fm	*二哈公组	15-0059	O*e*	O_2	林宝玉、邱洪荣等	1984	内蒙古	169
50	Erlian Fm	二连组	15-0316	K*e*	K_1	Granger 等	1922	内蒙古	280
51	Ermaying Fm	二马营组	15-0206	T*e*	T_2	中国科学院山西地质队刘鸿允等	1959	山 西	231
52	Fangshankou Fm	方山口组	15-0153	P*f*	$P_1—P_2$	朱伟元、沈光隆	1975	甘 肃	100
53	Fuxian Fm	富县组	15-0267	J*f*	J_1	李德生	1951	陕 西	248
54	Fuxin Fm	阜新组	15-0320	K*f*	K_1	王竹泉、黄汲清	1929	辽 宁	279
55	Ganhe Fm	甘河组	15-0329	K*gh*	K_1	黑龙江省煤管局109队（黑龙江省地层表编写组）	1973 (1979)	内蒙古	57
56	Gegen'aobao Fm	*格根敖包组	15-0105	CP*g*	$C_2—P_1$	谢同伦	1963	内蒙古	49
57	Gongpoquan Fm	公婆泉组	15-0066	S*g*	S_2	甘肃第二区测队	1969	甘 肃	78
58	Gudongjing Gr	*古硐井群	15-0031	Ch*G*	Ch	修泽雷、赵祥生	1964	内蒙古	65
59	Guyang Fm	*固阳组	15-0313	K*g*	K_1	华北地质局201队	1957	内蒙古	274
60	Hadataolegai Fm	*哈达陶勒盖组	15-0210	T*hd*	T_1	吉林省区调队	1980	内蒙古	51
61	Haerhada Fm	*哈尔哈达组	15-0006	Jx*hr*	Jx	内蒙古区测一队	1976	内蒙古	139
62	Haersuhai Fm	哈尔苏海组	15-0154	P*h*	P_2	宁夏地质局区调队	1982	内蒙古	101
63	Hala Fm	*哈拉组	15-0703	O*h*	O_{1-2}	内蒙古区测一队	1965	内蒙古	163
64	Halahahe Fm	*哈拉哈河组	15-0071	O*hl*	O_{1-2}	宁奇生	1959	内蒙古	20
65	Halahuogete Fm	*哈拉霍疙特组	15-0017	Jx*h*	Jx	内蒙古区测一队	1971	内蒙古	132
66	Hanmushan Gr	韩母山群	15-0036	*ZH*	Z	甘肃省第一区测队	1967	甘 肃	147
67	Hannouba Fm	汉诺坝组	15-0367	N*h*	N_1	Barbour	1929	河 北	305
68	Hanuo'aobao Fm	*哈诺敖包组	15-0094	D*hn*	D_{1-2}	李文国	1991	内蒙古	32
69	Heshanggou Fm	和尚沟组	15-0207	T*h*	T_1	刘鸿允等	1959	山 西	231

序号	岩石地层单位名称		编号	代号	地质年代	创名人	创建时间	所在省（自治区）	在本书页码
	英文	汉文							
70	Hongliugou Fm	红柳沟组	15-0371	N*hl*	N_1	宁夏地质局区调队	1975	宁夏	295
71	Hongliuyuan Fm	红柳园组	15-0115	C*hl*	$C_1—C_2$	甘肃省第二区测队	1965	甘肃	96
72	Hongqi Fm	红旗组	15-0265	J*h*	J_1	吉林省煤田203队	1966	吉林	254
73	Hongshuiquan Fm	红水泉组	15-0106	C*h*	C_1	俞建章	1956	内蒙古	39
74	Huanhe Fm	环河组	15-0308	K*h*	K_1	M L Fuller	1927	陕西	270
75	Huchashan Fm	呼查山组	15-0368	N*ĥc*	N_1	黑龙江省地质矿产研究所	1978	内蒙古	62
76	Huerjing Fm	呼尔井组	15-0363	E*h*	E_3	Granger, Berkey	1922	内蒙古	302
77	Hujiertu Fm	*呼吉尔图组	15-0020	Qn*hj*	Qn	内蒙古区测一队	1971	内蒙古	136
78	Jiageda Fm	*佳疙疸组	15-0001	Qn*j*	Qn	宁奇生、唐克东、曹从周、张梦岩	1959	内蒙古	15
79	Jianshan Fm	*尖山组	15-0016	Ch*j*	Ch	内蒙古区测一队	1971	内蒙古	130
80	Jijitaizi Fm	芨芨台子组	15-0116	C*j*	C_2	郭敬信等（甘肃二区测队）	1964 (1977)	内蒙古	97
81	Jijigou Fm	芨芨沟组	15-0254	J*j*	J_1	徐福祥、沈光隆	1976	甘肃	245
82	Jingangquan Fm	金刚泉组	15-0302	K*j*	K_1	甘克文、孟庆麟、张家环	1953	内蒙古	268
83	Jingchuan Fm	泾川组	15-0310	K*jĉ*	K_1	张更、田在艺等	1948	陕西	271
84	Jining Gr.	集宁（岩）群	15-2008	Ar*J*	Ar	李璞等（苏君伯）	1964 (1993)	内蒙古	115
85	Jinshan Fm	*锦山组	15-0004	∈*j*	$∈_3$	辽宁省区域地层表编写组	1978	内蒙古	160
86	Jinjiayaozi Fm	*金家窑子组	15-0231	K*jj*	K_1	内蒙古第一区域地质研究院	1994	内蒙古	272
87	Jinta Fm	*金塔组	15-0152	P*j*	P_1	甘肃省第二区测队	1976	内蒙古	99
88	Jiufotang Fm	九佛堂组	15-0319	K*jf*	K_1	远腾隆次	1934	辽宁	279
89	Jiujuzi Fm	*酒局子组	15-0104	C*jj*	C_2	内蒙古区测二队	1967	内蒙古	207
90	Kelimoli Fm	*克里摩里组	15-0053	O*k*	O_1	关士聪、车树政	1955	内蒙古	164
91	Kuquan Fm	苦泉组	15-0351	N*k*	N_2	张明书	1960	甘肃	113
92	Laogushan Fm	*老孤山组	15-0011	∈*l*	$∈_{2-3}$	内蒙古第一区域地质研究院四分队	1994	内蒙古	158

序号	岩石地层单位名称		编号	代号	地质年代	创名人	创建时间	所在省(自治区)	在本书页码
	英文	汉文							
93	Laoliangdi Fm	*老梁底组	15-0366	N*l*	N_1	辽宁省区测二队	1967	内蒙古	304
94	Laolongtou Fm	老龙头组	15-0211	T*ll*	T_1	黑龙江省区调二队	1976	黑龙江	50
95	laowopu Fm	老窝铺组	15-0169	PT*lw*	P_2—T_1	顾知微(内蒙古地层表编写组)	1955 (1978)	内蒙古	227
96	Lashizhong Fm	*拉什仲组	15-0055	O*lŝ*	O_2	关士聪、车树政	1955	内蒙古	166
97	Linhe Fm	*临河组	15-0355	E*l*	E_3	张兴璟	1983	内蒙古	294
98	Linxi Fm	林西组	15-0159	P*l*	P_2	P Teilhard Chardin	1924	内蒙古	219
99	Lisangou Fm	李三沟组	15-0312	K*ls*	K_1	洪友崇等	1972	内蒙古	273
100	Liuhongwan Fm	*刘鸿湾组	15-0041	Qn*l*	Qn	内蒙古地层表编写组	1978	内蒙古	126
101	Liujiagou Fm	刘家沟组	15-0208	T*l*	T_1	刘鸿允等	1959	山西	231
102	Longjiang Fm	龙江组	15-0260	K*lj*	K_1	王五力	1974	黑龙江	55
103	Longfengshan Fm	龙凤山组	15-0271	J*l*	J_2	孙健初	1936	甘肃	246
104	Luohandong Fm	罗汉洞组	15-0309	K*lh*	K_1	张更、田在艺	1948	陕西	270
105	Luohe Fm	洛河组	15-0307	K*l*	K_1	富勒、克拉普	1927	陕西	269
106	Luohe Fm	裸河组	15-0072	O*lh*	O_{2-3}	张国华、彭云彪(唐克东、苏养正)	1960 (1966)	黑龙江	21
107	Luoyachushan Fm	罗雅楚山组	15-0069	O*l*	O_1	甘肃省第一区测队	1966	甘肃	72
108	Lutiaoshan	*绿条山组	15-0113	C*l*	C_1—C_2	甘肃省第二区测队	1971	内蒙古	94
109	Majiagou Fm	马家沟组	15-0064	O*m*	O_{1-2}	葛利普	1922	河北	164
110	Manitu Fm	*玛尼吐组	15-0256	J*mn*	J_3	李继海等	1974	内蒙古	261
111	Manketouébo Fm	*满克头鄂博组	15-0255	J*mk*	J_3	辽宁省区测二队	1974	内蒙古	260
112	Mantou Fm	馒头组	15-0023	∈*m*	$∈_{1-2}$	Wills, Blackwelder	1907	山东	159
113	Meiletu Fm	*梅勒图组	15-0258	K*m*	K_1	辽宁省区测二队	1976	内蒙古	276
114	Miaogou Fm	庙沟组	15-0303	K*mg*	K_1	甘克文等	1953	内蒙古	267
115	Miboshan Fm	米钵山组	15-0063	O*mb*	O_{1-2}	宁夏综合地质队	1965	宁夏	171

序号	岩石地层单位名称		编号	代号	地质年代	创名人	创建时间	所在省(自治区)	在本书页码
	英文	汉文							
116	Min'anshan Limestone	*明安山灰岩	15-0080	*mls*	O_1	辽宁省区测二队	1975	内蒙古	172
117	Minshui Fm	明水组	15-0322	K*mŝ*	K_2	松辽石油勘探局综合研究队	1960	黑龙江	283
118	Moergenhe Fm	莫尔根河组	15-0107	C*m*	C_1	杜琦等	1956	内蒙古	40
119	Naobaogou Fm	脑包沟组	15-0168	P*n*	P_2	顾知微（内蒙古地层表编写组）	1955 (1978)	内蒙古	224
120	Naomugen Fm	*脑木根组	15-0358	E*n*	E_1	内蒙古区测一队	1975	内蒙古	298
121	Nunjiang Fm	嫩江组	15-0324	K*n*	K_1	王恒升、谭锡畴	1929	黑龙江	282
122	Niqiuhe Fm	泥鳅河组	15-0092	D*n*	D_{1-2}	矢部长克等	1942	黑龙江	29
123	Qianheishan Fm	*前黑山组	15-0119	C*q*	C_1	甘肃省第一区测队（《甘肃省地质志》	1964 (1990)	内蒙古	188
124	Qiankuntougou Fm	*前坤头沟组	15-0093	D*q*	D_1	内蒙古区测二队	1967	内蒙古	185
125	Qingshankou Fm	青山口组	15-0326	K*qŝ*	K_1	松辽石油普查大队	1958	吉林	281
126	Qingshuiying Fm	清水营组	15-0353	E*q*	E_3	杨钟健、周明镇	1956	宁夏	294
127	Quantou Fm	泉头组	15-0327	K*q*	K_1	羽田重吉	1927	辽宁	281
128	Queershan Gr	雀儿山群	15-0081	D*Q*	D_1—D_3	修泽雷、赵祥生	1964	甘肃	88
129	Rehe Gr	热河群	15-0330	K*R*	K_1	董常、朱庭祜(Grabau)	? (1923)	河北 辽宁 内蒙古	278
130	Sangdalaihuduge Fm	*桑达来呼都格组	15-0005	ChJx*s*	Ch—Jx	内蒙古地层表编写组	1978	内蒙古	138
131	Sanmianjing Fm	三面井组	15-0160	P*sm*	P_1	鞠紫云	1959	河北	215
132	Sanshanzi Fm	三山子组	15-0061	∈O*s*	$∈_3$—O_1	谢家荣	1932	江苏	163
133	Semagou Fm	*色麻沟组	15-0010	∈*sm*	$∈_{1-2}$	内蒙古第一区域地质研究院四分队	1994	内蒙古	157
134	Seertengshan Gr.	*色尔腾山(岩)群	15-2010	Pt_1*S*	Pt_1	梁玉左（《内蒙古地质志》）	(1991)	内蒙古	117
135	Seribayan'aobao Fm	*色日巴彦敖包组	15-0112	DC*s*	D_3—C_1	内蒙古区测一队	1973	内蒙古	186
136	Songhuajing Gr	松花江群	15-0230	K*S*	K_{1-2}	内野敏夫、酒井湛	1934	吉林	281
137	Shaiwusu Fm	*晒勿苏组	15-0051	S*ŝ*	S_2	辽宁省区测二队二分队	1970	内蒙古	179

序号	岩石地层单位名称		编号	代号	地质年代	创名人	创建时间	所在省(自治区)	在本书页码
	英 文	汉 文							
138	Shalamulun Fm	沙拉木伦组	15-0361	Eŝl	E_2	Granger	1923	内蒙古	300
139	Shanheila Fm	*山黑拉组	15-0058	Oŝ	O_1	林宝玉、邱洪荣	1984	内蒙古	167
140	Shanhujing Fm	珊瑚井组	15-0202	Tŝh	T_3	甘肃省地层表编写组	1980	甘 肃	110
141	Shanxi Fm	山西组	15-0170	Pŝ	P_1	Blackwelder	1907	山 西	228
142	Shaohuotonggou Fm	烧火筒沟组	15-0034	Zŝ	Z	赵祥生等	1980	内蒙古	148
143	Shazaohe Fm	沙枣河组	15-0272	Jŝ	J_3	孟庆麟等（中国地质科学院地质研究所）	1953 (1956)	内蒙古	246
144	Shiguai Gr	石拐群	15-0261	JŜ	J_{1-2}	王竹泉	1928	内蒙古	250
145	Shihezi Fm	石盒子组	15-0171	Pŝh	P_1—P_2	Norin	1922	山 西	229
146	Shiqianfeng Gr	石千峰群	15-2002	PTŜ	P_2—T_1	Norin	1922	山 西	230
147	Shinagan Gr	什那干群	15-0009	ZŜ	Z	孙健初	1934	内蒙古	149
148	Shixiagou Fm	石峡沟组	15-0086	Dŝ	D_2	潘江、顾其昌	1974	宁 夏	186
149	Shiyiewan Fm	*石叶湾组	15-0167	Pŝy	P_1	李星学等《内蒙古地质志》	1953 (1991)	内蒙古	223
150	Shizuizi Fm	石咀子组	15-0103	Cŝ	C_{1-2}	长春地质学院	1961	吉 林	193
151	Shoushangou Fm	寿山沟组	15-0155	Pŝŝ	P_1	长春地质学院地层科研组	1975	吉 林	209
152	Shuangbaotang Fm	*双堡塘组	15-0151	Pŝb	P_1	修泽雷等	1964	甘 肃	98
153	Shuanmazhuang Fm	拴马桩组	15-0117	Cŝm	C_2	孙健初	1934	内蒙古	205
154	Shujigou Fm	*书记沟组	15-0038	Chŝ	Ch	内蒙古地层表编写组	1978	内蒙古	122
155	Sifangtai Fm	四方台组	15-0323	Ksf	K_2	郝铃琦 (Horinchik)	1937	黑龙江	282
156	Sikouzi Fm	寺口子组	15-0352	Es	E_2	谢家荣	1923	宁 夏	292
157	Suhongtu Fm	*苏红图组	15-0305	Ks	K_1	宁夏地质局区调队	1980	内蒙古	265
158	Suishishan Fm	*碎石山组	15-0065	Ssŝ	S_3	甘肃省地质力学测量队	1977	内蒙古	79
159	Sunjiagou Fm	孙家沟组	15-0172	Psj	P_2	刘鸿允等	1959	山 西	230
160	Sunjiawan Fm	孙家湾组	15-0321	Ksj	K_2	森田义人	1939	辽 宁	279

序号	岩石地层单位名称		编号	代号	地质年代	创名人	创建时间	所在省(自治区)	在本书页码
	英　文	汉　文							
161	Suzhong Fm	*苏中组	15-0003	∈sz	$\in_1$	唐守贤	1984	内蒙古	19
162	Taerbagete Fm	*塔尔巴格特组	15-0090	Dt	D_{2-3}	内蒙古区测一队	1973	内蒙古	33
163	Taikang Fm	泰康组	15-0370	Ntk	N_2	地质部松辽第二石油普查大队	1958	吉　林	306
164	Taiyuan Fm	太原组	15-0118	Ct	C_2	翁文灏、葛利普	1922	山　西	208
165	Tamulangou Fm	*塔木兰沟组	15-0259	Jtm	J_2	王荣富等	1981	内蒙古	54
166	Tongguer Fm	通古尔组	15-0364	Nt	N_1	美国自然历史博物馆中亚考察团 Spock	1929	内蒙古	302
167	Tongshan Fm	铜山组	15-0077	Ot	O_1	陈德森	1981	黑龙江	20
168	Tuchengzi Fm	土城子组	15-0273	Jt	J_2	林朝棨	1942	辽　宁	258
169	Wanbao Fm	万宝组	15-0266	Jwb	J_2	吉林省煤田203队	1967	吉　林	255
170	Wangquankou Fm	王全口组	15-0027	QnZw	Qn—Z	宁夏区调队	1980	宁　夏	146
171	Winduermiao Gr	*温都尔庙群	15-0007	ChJxW	Ch—Jx	呼和浩特幅地质队	1960	内蒙古	137
172	Woduhe Fm	卧都河组	15-0073	Sw	S_3	黑龙江省区调一队二分队(苏养正)	(1975)	黑龙江	28
173	Wotoshan Fm	*卧驼山组	15-0085	Dwt	D_2	张研、郑昭昌等	1977 (1983)	内蒙古	92
174	Wulashan Gr.	*乌拉山(岩)群	15-2009	ArW	Ar	内蒙古区测一队	1973	内蒙古	116
175	Wubin'aobao Fm	*乌宾敖包组	15-0075	Ow	O_{1-2}	内蒙古区调一队	1979	内蒙古	23
176	Wuchagou Fm	*五叉沟组	15-0369	Nwc	N_2	宁奇生、唐克东等	1959	内蒙古	63
177	Wudanggou Fm	五当沟组	15-0262	Jw	J_{1-2}	李星学	1954	内蒙古	250
178	Wulalike Fm	*乌拉力克组	15-0054	Owl	O_2	关士聪、车树政	1955	内蒙古	166
179	Wulangechu Fm	乌兰戈楚组	15-0362	Ewl	E_3	Granger, Berkey	1922	内蒙古	301
180	Wulanhudong Fm	*乌兰胡洞组	15-0060	Owh	O_{2-3}	林宝玉、邱洪荣等	1984	内蒙古	170
181	Wulansuhai Fm	*乌兰苏海组	15-0304	Kw	K_2	内蒙古区调一队	1986	内蒙古	268
182	Wulantuke Fm	*乌兰图克组	15-0357	Nwl	N_2	张兴琭	1983	内蒙古	297

序号	岩石地层单位名称		编号	代号	地质年代	创名人	创建时间	所在省(自治区)	在本书页码
	英 文	汉 文							
183	Wulate Fm	*乌拉特组	15-0354	E*w*	E_2	石油部长庆石油勘探局张兴瑔	1983	内蒙古	292
184	Wunuer Reef Lim.	乌奴耳礁灰岩	15-0088	*wrl*	D_1	刘国昌	1951	内蒙古	30
185	Wuyuan Fm	*五原组	15-0356	N*w*	N_1	张兴瑔	1983	内蒙古	295
186	Xiagou Fm	下沟组	15-0332	K*x*	K_1	甘肃省地质力学测量队	1976	甘 肃	112
187	Xiangshan Gr	香山群	15-0030	∈*X*	$\in_2$	宁夏地质局区测队	1960	宁 夏	161
188	Xianshuihu Fm	*咸水湖组	15-0068	O*x*	O_2	修泽雷、赵祥生	1964	内蒙古	73
189	Xibiehe Fm	西别河组	15-0074	SD*x*	S_3—D_1	李寿耆、赵泽国(李文亢)	1960 (1964)	内蒙古	182
190	Xichangjing Gr	洗肠井群	15-2001	Z*X*	Z	汤光中等	1981	内蒙古	67
191	Xiletu Fm	西勒图组	15-0026	QnZ*x*	Qn—Z	关士聪等	1955	内蒙古	144
192	Xilinkebo Fm	锡林柯博组	15-0067	O*xl*	O_3	甘肃省第二区测队	1968	甘 肃	74
193	Xinghe Gr.	*兴和(岩)群	15-2007	Ar*X*	Ar	沈鸿章	1991	内蒙古	114
194	Xinghuadukou Gr	兴华渡口群	15-2005	Pt_1*X*	Pt_1	徐烈	1960	黑龙江	14
195	Xinmin Fm	*新民组	15-0251	J*x*	J_2	辽宁省区测二队(辽宁地质局)	1972 (1976)	内蒙古	256
196	Xinminbao Gr	新民堡群	15-0301	K*X*	K_1	孙健初	1942	甘 肃	111
197	Xin'yigenghe Fm	*新伊根河组	15-0108	C*x*	C_2	黑龙江省区调二队	1981	内蒙古	48
198	Xipingshan Fm	*西屏山组	15-0083	D*x*	D_3	张研、郑昭昌等	1977 (1983)	内蒙古	93
199	Xishuangyingshan Fm	*西双鹰山组	15-0037	∈O*x*	$\in_2$—O_1	甘肃省第二区测队	1968	甘 肃	71
200	Xuniwusu Fm	*徐尼乌苏组	15-0078	S*xn*	S_2	胡骁等(仇甘霖)	1985 (1992)	内蒙古	180
201	Yan'an Fm	延安组	15-0268	J*ya*	J_{1-2}	王尚文	1950	陕 西	248
202	Yanchang Fm	延长组	15-0205	T*yc*	T_3	王竹泉、潘钟祥	1933	陕 西	232
203	Yaogou Fm	窑沟组	15-0164	P*yg*	P_2	袁复礼	1925	甘 肃	230
204	Yaojia Fm	姚家组	15-0325	K*yj*	K_1	地质部第二普查大队	1958	吉 林	282
205	Yierdingmanha Fm	伊尔丁曼哈组	15-0360	E*y*	E_2	Granger, Berkey	1922	内蒙古	300

序号	岩石地层单位名称		编号	代号	地质年代	创名人	创建时间	所在省(自治区)	在本书页码
	英文	汉文							
206	Yikewusu Fm	*依克乌苏组	15-0084	Dy	D_{1-2}	张研、郑昭昌等	1977 (1983)	内蒙古	89
207	Yimin Fm	伊敏组	15-0317	Kym	K_1	黑龙江省伊敏煤田地质会战指挥部	1973	内蒙古	59
208	Yixian Fm	义县组	15-0274	Ky	K_1	室井渡	1942	辽宁	278
209	Yuanbaoshan Fm	*圆包山组	15-0057	Sy	S_1	甘肃省地质力学测量队	1979	内蒙古	77
210	Yuanzaoshan Gr	*圆藻山群	15-0032	JxQnY	Jx—Qn	修泽雷、赵祥生	1964	甘肃	67
211	Yujiabeigou Fm	*于家北沟组	15-0162	Py	P_1—P_2	谷峰、黄本宏、梁仲发	1983	内蒙古	218
212	Zahuaigou Fm	杂怀沟组	15-0166	Pz	P_1	李星学等	1953	内蒙古	222
213	Zenglongchang Fm	*增隆昌组	15-0039	Chz	Ch	内蒙古地层表编写组	1978	内蒙古	123
214	Zhaertaishan Gr	*渣尔泰山群	15-0042	ChQnẐ	Ch—Qn	内蒙古区测队	1972	内蒙古	121
215	Zhangxia Fm	张夏组	15-0024	Єẑ	$Є_2$	Willis, Blackwelder	1907	山东	159
216	Zhengmuguan Fm	正目观组	15-0028	Zẑ	Z	西安地矿所	1978	内蒙古	146
217	Zhesi Fm	*哲斯组	15-0158	Pẑs	P_1	Berkey, Morris	1927	内蒙古	212
218	Zhidan Gr	志丹群	15-0328	KẐ	K_1	潘钟祥1934年称保安系；地质部第三普查勘探队改现名	1964	陕西	269
219	Zhiluo Fm	直罗组	15-0269	Jẑ	J_2	李德生	1951	陕西	249
220	Zhonggou Fm	中沟组	15-0229	Kẑ	K_1	甘肃省地质力学测量队	1976	甘肃	112
221	Zhongning Fm	中宁组	15-0087	Dẑ	D_3	潘江、顾其昌等	1974	宁夏	186
222	Zuoyun Fm	左云组	15-0315	Kz	K_1	森田日子次	1944	山西	272

附录Ⅲ　内蒙古自治区不采用的地层单位名称

附录Ⅲ-1

序号	地层单位名称		编号	地质年代	创名人	创建时间	所在省	不采用理由
	英文	汉文						
1	Acid Vol. Fm	酸性火山岩组	15-0424	J_3	内蒙古区调一队	1976	内蒙古	现归入满克头鄂博组
2	Aershan Fm	阿尔善组	15-0347	K_1	河北石油勘探开发研究所	1985	内蒙古	归入热河群
3	Aershangde Fm	阿尔尚德组	15-1088	S_1	宁夏区调队	1982	内蒙古	归入圆包山组
4	Aertaolegai Fm	阿尔陶勒盖组	15-1111	P_2	郭喜珠等	1976	内蒙古	归入林西组
5	Alatanheli Gr	阿拉坦合力群	15-0290	J_{1-2}	内蒙古区调一队	1978	内蒙古	与红旗组同物异名
6	Aliwusu Fm	阿力乌苏组	15-0382	E_2	内蒙古区调一队	1976	内蒙古	与伊尔丁曼哈组同物异名
7	Alugong Fm	阿鲁共组	15-1067	D_1	李文国等	1983	内蒙古	生物地层单位，归属西别河组
8	Anquan Fm	安全组	15-1084	O_{2-3}	内蒙古区调一队	1989	内蒙古	与裸河组同物异名
9	Anqingtaihe Fm	安清太河组	15-1032	$D_3—C_1$	黑龙江省区调二队	1981	内蒙古	与红水泉组同物异名
10	Aobaotinghundi Fm	敖包亭浑迪组	15-1021	D_1	内蒙古区调一队	1973	内蒙古	归入泥鳅河组
11	Aomugenhuduge Fm	敖木根呼都格组	15-1047	C_1	内蒙古区调一队	1973	内蒙古	年代地层单位，改称色日巴彦敖包组
12	Aonierhe Fm	敖尼尔河组	15-1061	O_2	内蒙古区调二队	1990	内蒙古	与裸河组同物异名
13	Aqide Fm	阿其德组	15-1112	P_1	郑昭昌等	1977	内蒙古	分别归入金塔组、双堡塘组
14	Badanjilin Fm	巴丹吉林组	15-1071	O_3	郑昭昌、朱鸿	1987	内蒙古	生物地层单位，归入锡林柯博组
15	Baiyanhuashan Fm	白彦花山组	15-1070	O_3	林宝玉、邱洪荣等	1984	内蒙古	生物地层单位，归入乌兰胡洞组
16	Baiyinhua Fm	白音华组	15-0220	K_1	河北省煤管局116队	1969	内蒙古	改称大磨拐河组
17	Baiyunshan Gr	白云山群	15-1076	S_2	甘肃省第二区测队	1972	内蒙古	与公婆泉组同物异名
18	Balunsuo Fm	巴伦索组	15-0378	E_3	美国中亚考察团 Berkey 等人	1929	内蒙古	与呼尔井组同物异名
19	Banbujialaga Fm	班布加拉嘎组	15-1109	P_1	内蒙古区调二队	1976	内蒙古	与酒局子组同物异名
20	Baoer'aobao Fm	包尔敖包组	15-1104	P_2	陈家骐等	1965	内蒙古	与林西组同物异名
21	Baoshi Fm	宝石组	15-0300	J_4	吉林省区调队	1977	内蒙古	与白音高老组同物异名
22	Barundele Fm	巴润德勒组	15-1073	S_{2-3}	李文国	1988	内蒙古	以命名优先原则改为卧都河组
23	Baruntehua Fm	巴润特花组	15-1022	D_1	内蒙古区调一队	1973	内蒙古	归入泥鳅河组
24	Bate'aobao Fm	巴特敖包组	15-1049	S_3	李文国等	1983	内蒙古	生物地层，改称西别河组

序号	地层单位名称		编号	地质年代	创名人	创建时间	所在省	不采用理由
	英　文	汉　文						
25	Bayanhua Fm	巴彦花组	15-0333	K_1	河北省煤管局116队	1969	内蒙古	归入大磨拐河组
26	Bayanhua Gr	巴彦花群	15-0342	K_1	河北省煤管局116队	1969	内蒙古	与大磨拐河组同物异名
27	Bayanwulan Fm	巴彦乌兰组	15-0383	E_2	内蒙古区调一队	1980	内蒙古	与脑木根组同物异名
28	Bayanxibie Fm	巴彦西别组	15-1005	Jx	中科院	1954	内蒙古	与什那干群同物异名
29	Beidashan Fm	北大山组	15-1094	P_2	马秀等	1978	内蒙古	解体，归入林西组及本巴图组
30	Beikuang Fm	北矿组	15-1014	D_1	黑龙江省区调二队	1981	内蒙古	与泥鳅河组同物异名
31	Bikeqi Fm	毕克齐组	15-0339	K_2	内蒙古第一区调队	1978	内蒙古	与东胜组同物异名
32	Biliutai Fm	碧流台组	15-1110	P_2	戚天龙	1982	内蒙古	归入老龙头组
33	Bulagenhada Fm	布拉根哈达组	15-0413	J_3	内蒙古区调一队	1976	内蒙古	与白音高老组同物异名
34	Bulongshan Fm	布龙山(岩)组	15-1080	O	内蒙古区调一队	1971	内蒙古	归入包尔汉图群
35	Cailunguoshao Fm	才伦郭少组	15-1019	D_3	内蒙古区调一队	1973	内蒙古	归塔尔巴格特组
36	Chagan'aobaomiao Fm	查干敖包庙组	15-1013	D_1	李文国	1991	内蒙古	与泥鳅河组同物异名
37	Chaganbulage Fm	查干布拉格组	15-0374	E_3	姜元吉、齐陶	1975	内蒙古	与清水营组同物异名
38	Chaganhebu Fm	查干合布组	15-1062		内蒙古区调一队	1971	内蒙古	与西别河组同物异名
39	Chaganlimennuoer Fm	察干里门诺尔组	15-0288	K_1	内蒙古地层表编写组	1975	内蒙古	与白音高老组同物异名
40	Chagannuoer Fm	查干诺尔组	15-0415	J_3	内蒙古区调一队	1978	内蒙古	与满克头鄂博组同物异名
41	Chaihe Fm	柴河组	15-0278	J_1	内蒙古区调二队	1990	内蒙古	改称红旗组
42	Chayihe Fm	查伊河组	15-0275	J_1	大兴安岭区测队十二分队	1957	内蒙古	并入红旗组
43	Chifeng Fm	赤峰组	15-0406	J_3	河北省区调队	1959	内蒙古	命名地不详，无剖面，无法利用
44	Dalinghe Fm	大凌河组	15-0425	K_1	顾知微	1962	辽宁省	无命名原始定义及剖面，无法利用
45	Dalinuoer Fm	达里诺尔组	15-1101	P_1	马秀	1976	内蒙古	解体，分别归入大石寨组、哲斯组
46	Damiao Fm	大庙组	15-0376	N_1	内蒙古区调一队	1976	内蒙古	与通古尔组同物异名
47	Danmianshan Fm	单面山组	15-1072	O_3	郑昭昌、周志强等	1987	内蒙古	生物地层单位，归入白云山组
48	Daotenuoer Fm	道特诺尔组	15-0414	J_3	内蒙古区调一队	1976	内蒙古	与玛尼吐组同物异名

序号	地层单位名称		编号	地质年代	创名人	创建时间	所在省	不采用理由
	英 文	汉 文						
49	Dashan Fm	大山组	15-1053	O_3	吉林省区调一队	1981	内蒙古	与裸河组同物异名
50	Dashetai Fm	大佘太组	15-1078	O_3	内蒙古地矿局	1991	内蒙古	生物地层单位，归入乌兰胡洞组
51	Dashuigou Fm	大水沟组	15-0335	K_1	地质部第三普查大队	1968	内蒙古	根据命名优先原则使用庙沟组
52	Deershennaole Fm	德尔沈脑勒组	15-0287	K_1	内蒙古地质局狼山地质队	1958	内蒙古	属固阳组的一部分
53	Deyanqimiao Fm	德言其庙组	15-1095	P_1	李贵一等	1976	内蒙古	生物地层概念，归入阿木山组
54	Duanyanshan Fm	断岩山组	15-1052	O_{1-2}	吉林省区调大队	1981	内蒙古	与铜山组同物异名
55	Duhumu Fm	都呼木组	15-0345	K_1	河北石油勘探开发研究院	1985	内蒙古	归入热河群
56	Duigushan Fm	对孤山组	15-1031	D_3	黑龙江省区调二队	1981	内蒙古	归入安格尔音乌拉组
57	Duolun Fm	多伦组	15-0405	J_3	内蒙古地层表编写组	1975	内蒙古	归入梅勒图组
58	Duoxi Fm	多希组	15-0416	J_3—K_1	内蒙古区调一队	1989	内蒙古	归入梅勒图组
59	Eerdeng'aobao Fm	额尔登敖包组	15-0381	E_3	内蒙古区调一队	1976	内蒙古	命名晚于乌兰戈楚组
60	Ehebaolige Fm	额合宝力格组	15-0343	K_1	河北石油勘探开发研究院	1985	内蒙古	归入热河群
61	Engeerwusu Fm	恩格尔乌苏组	15-1003	$\in_3$	内蒙古区调一队李文国	1991	吉林省	生物地层，归入西双鹰山组
62	Fujiawazi Fm	付家洼子组	15-0426	J_3	吉林省地层表	1978	吉林省	与玛尼吐组同物异名
63	Gejiatun Fm	葛家屯组	15-0421	J_1	吉林省区调队	1973	内蒙古	与红旗组同物异名
64	Genhe Fm	根河组	15-0299	J_3	俞建章等	1957	内蒙古	改称塔木兰沟组
65	Genhe Medium-basic Lava Fm	根河中基性熔岩组	15-0412	J_3	俞建章	1958	内蒙古	现归入塔木兰沟组
66	Gongwusu Fm	公乌素组	15-0150	O_2	陈均远、周志毅等	1984	内蒙古	生物地层，归入拉什仲组
67	Gongyimin Fm	公益民组	15-0223	K_1	华北地研所五所	1972	内蒙古	归并到固阳组
68	Gouhuduge Fm	沟呼都格组	15-1045	C_1	杨道荣	1983	内蒙古	年代地层，归入色日巴彦敖包组
69	Guaizihu Fm	拐子湖组	15-1091	S_1	郑昭昌、朱鸿	1987	内蒙古	命名晚于班定陶勒盖组
70	Guerbanhe Fm	古尔班河组	15-1069	S_3	黑龙江第二区调队（王莹介绍）	1977	内蒙古	现归入卧都河组
71	Guyang Gr	固阳群	15-0349	K_1	华化地研所五室	1972	内蒙古	降群为组

序号	地层单位名称		编号	地质年代	创名人	创建时间	所在省	不采用理由
	英文	汉文						
72	Guyang Coal-bearing Fm	固阳含煤组	15-0222	K_1	华北地研所五室	1972	内蒙古	称固阳组
73	Hadatu Fm	哈达图组	15-0348	K_1	中科院南古所及华北石油管理局	1986	内蒙古	归入志丹群
74	Hadayinbuqi Fm	哈达音布其组	15-1090	O_{1-2}	南润善、朱慈英等	1992	内蒙古	生物地层单位，归入乌宾敖包组
75	Hageerhan Gr	哈格尔汉群	15-0418	J_{1-2}	宁夏区调队	1973	内蒙古	与龙凤山组同物异名
76	Hailasiamu Fm	海拉斯阿木组	15-1042	C_2	内蒙古区调一队	1974	内蒙古	顶底不清，归入酒局子组
77	Haishenghala Fm	海生哈拉组	15-1008	Qn	宁夏铁矿组	1975	内蒙古	归入什那干群
78	Halatumiao Fm	哈拉图庙组	15-1038	C_2	内蒙古区调一队	1978	内蒙古	与木巴图组碎屑岩相当
79	Halayan Fm	哈拉岩组	15-1081	O	内蒙古区调一队	1971	内蒙古	归入包尔汉图群
80	Hanbeibudunzhao Fm	汗贝布敦召组	15-1089	O_2	南润善、朱慈英等	1992	内蒙古	为生物地层单位，归入裸河组
81	Hangjin Fm	杭锦组	15-0340	K_2	内蒙古第一区调队	1978	内蒙古	与东胜组同物异名
82	Hangwula Fm	杭乌拉组	15-1048	$\in_2—O_1$	郑昭昌	1978	内蒙古	与西双鹰山组同物异名
83	Hanwula Fm	汗乌拉组	15-1066	O_2	内蒙古区调一队	1976	内蒙古	解体，归入铜山组、多宝山组
84	Haobiru Fm	好比如组	15-1043	C_1	宁夏区调队	1982	内蒙古	与红柳园组同物异名
85	Hazhu Fm	哈珠组	15-1029	D_2	甘肃省地质局地质力学测量队	1977	内蒙古	归入依克乌苏组
86	Heiyihada Fm	黑依哈达组	15-0295	$J_3—K_1$	内蒙古区调二队	1974	内蒙古	归入梅勒图组
87	Hengluanshan Gr	横峦山群	15-1068	O_2	甘肃省第二区测队	1972	?	与咸水湖组同物异名
88	Hongaobao Fm	洪敖包组	15-1044	C_2	内蒙古区调一队	1979	内蒙古	与宝力高庙组同物异名
89	Honghaoerba Fm	洪浩尔坝组	15-1108	P_2	内蒙古区调二队	1976	内蒙古	与林西组同物异名
90	Hongjianshan Fm	红尖山组	15-1023	D_2	甘肃省区调二队	1971	甘肃省	与雀儿山群同物异名
91	Houbaiyinbulang Fm	后白音不浪组	15-0225	K_1	内蒙古第一区调队	1971	内蒙古	归入固阳组
92	Houfangshengou Fm	后房身沟组	15-1038	C_1	内蒙古区调二队	1976	内蒙古	年代地层单位，改称白家店组
93	Huade Fm	化德组	15-1004	Pt	河北区测队	1958	内蒙古	与白云鄂博群同物异名
94	Huanggangliang Fm	黄岗梁组	15-1102	P_1	河北区测队	1958	内蒙古	分别归入哲斯组、于家北沟组

序号	地层单位名称		编号	地质年代	创名人	创建时间	所在省	不采用理由
	英　文	汉　文						
95	Huangjiangou Fm	黄家沟组	15-1040	C_2	内蒙古区调二队	1975	内蒙古	与酒局子组同物异名
96	Hugete Fm	呼格特组	15-1097	P_1	李贵一等	1976	内蒙古	与三面井组同物异名
97	Huhechabuqi Fm	呼和查布其组	15-1075	O_2	内蒙古108地质队	1980	内蒙古	生物地层单位，归入拉什仲组
98	Huoboshan Fm	霍博山组	15-1016	D_2	黑龙江省区调二队	1981	内蒙古	与大民山组同物异名
99	Huolinhe Fm	霍林河组	15-0334	K_1	内蒙古地质局201队	1959	内蒙古	归入大磨拐河组
100	Hurige Fm	呼日格组	15-0286	J_3	吉林省区调队	1976	内蒙古	与满克头鄂博组同物异名
101	Jianchang Fm	建昌组	15-0428	J_3	辽宁省区调队	1976	辽宁省	属义县组一部分
102	Jiaogaoshan Fm	角高山组	15-1034	C_1	黑龙江省区调二队	1981	内蒙古	与莫尔根河组同物异名
103	Jinganshan Fm	金刚山组	15-0430	J_3	宝井渡	1940	辽宁省	属义县组一部分
104	Jinhe Fm	金河组	15-1041	C_2	韩修建、郭胜哲等	1975	内蒙古	年代地层单位，改称阿木山组
105	Jinshan Fm	金山组	15-0385	N_1	俞建章	1959	黑龙江	与呼查山组同物异名
106	Jiufengshan Fm	九峰山组	15-0281	$J_3—K_1$	黑龙江煤田公司109队	1966	内蒙古	与大磨拐河组同物异名
107	Jixiangfeng Fm	吉祥峰组	15-0279	J_3	黑龙江区调二队张文才等	1981	内蒙古	属满克头鄂博组一部分
108	Jubao Fm	巨宝组	15-0433	J_2	吉林煤田公司203队	1967	吉林省	归万宝组
109	Jushitan Fm	菊石滩组	15-1116	P_1	甘肃省区调二队朱伟元等	1976	甘肃省	解体，归入双堡塘组和金塔组
110	Longshan Fm	龙山组	15-0297	J_3	傅家友	1982	内蒙古	与玛尼吐组同物异名
111	Luotuoshan Fm	骆驼山组	15-1015	D_1	黑龙江省区调二队	1981	内蒙古	与泥鳅河组同物异名
112	Maihanhada Fm	埋汗哈达组	15-1115	P_1	郑昭昌等	1977	内蒙古	与双堡塘组同物异名
113	Manitemiao Fm	马尼特庙组	15-0289	J_{1-2}	内蒙古地质局锡盟地质队	1957	内蒙古	与红旗组同物异名
114	Murui Fm	木瑞组	15-0280	J_3	刘步昌等	1981	内蒙古	属满克头鄂博组一部分
115	Nabuda Fm	那不打组	15-0296	J_3	傅家友	1982	内蒙古	部分归白音高老组，部分归义县组
116	Nanping Fm	南平组	15-0284	J_2	黑龙江煤田公司109队	1973	内蒙古	与万宝组同物异名
117	Nantaizi Fm	南台子组	15-0298	J_3	傅家友	1982	内蒙古	与满克头鄂博组同物异名

序号	地层单位名称		编号	地质年代	创名人	创建时间	所在省	不采用理由
	英文	汉文						
118	Naqing Fm	那清组	15-1058	D_1	内蒙古区调一队	1976	内蒙古	与西别河组同物异名
119	Nuanquangou Fm	暖泉沟组	15-0227	J_3	沈阳地质矿产研究所	1981	内蒙古	因命名优先,使用梅勒图组
120	Nuoergong Gr	诺尔公群	15-1009	Ch	郑昭昌	1981	内蒙古	与渣尔泰山群同物异名
121	Oukenhe Fm	欧肯河组	15-0226	J_3	黑龙江第一区调队	1974	内蒙古	可填图性差,并入梅勒图组
122	Pingshan Fm	平山组	15-0337	K_1	吉林省地矿局区调队	1974	内蒙古	归入梅勒图组
123	Qiangxiangshengdan Fm	腔向胜旦组	15-0293	J_3	内蒙古区调一队	1971	内蒙古	与土城子组同物异名
124	Qiedao Gr	切刀群	15-1012	Ch	宁夏地质局区调队	1982	内蒙古	与渣尔泰山群同物异名
125	Qika Fm	七卡组	15-1086	?	内蒙古区调一队	1985	内蒙古	与乌宾敖包组同物异名
126	Qingfengshan Fm	青凤山组	15-1096	P_1	内蒙古区调二队	1967	内蒙古	归入酒局子组
127	Qinghegou Fm	清河沟组	15-1030	D_1	甘肃省地质局地质力学测量队	1977	内蒙古	归入依克乌苏组
128	Qingtujing Gr	青土井群	15-0422	J_3	孙建初	1942	甘肃省	与龙凤山组同物异名
129	Qingyuangang Fm	青元岗组	15-0338	K_2	地质部第二普查大队	1961	内蒙古	与二连组同物异名
130	Qiyimuchang Fm	七一牧场组	15-0282	J_3	徐步、谭琳	1985	内蒙古	与塔木兰沟组同物异名
131	Ranfangdi Fm	染房地组	15-1098	P_2	内蒙古区调二队	1971	内蒙古	解体,分别归入于家北沟组、满克头鄂博组
132	Renjiagou Fm	任家沟组	15-0432	J_3	吉林煤田公司217队	1960	吉林省	命名原始定义不清,无法利用
133	Saihantala Fm	赛汉塔拉组	15-0346	K_1	河北石油勘探开发研究院	1985	内蒙古	归入大磨拐河组
134	Sandaogou Fm	三道沟组	15-0403	J_3	谭琳	1973	内蒙古	岩性不稳定,可填图性差,归入大青山组
135	Sandaokan Fm	三道坎组	15-1082	O_1	关士聪、车树政	1955	内蒙古	归入三山子组
136	Sandstone & Conglomerate Fm	砂岩、砾岩组	15-0411	J_{1-2}	内蒙古区调一队	1972	内蒙古	现称长汉沟组
137	Shabugeci Fm	沙布格次组	15-1001	Ch	内蒙古地质局103队	1962	内蒙古	渣尔泰山群的一部分
138	Shale & Conglomerate Fm	页岩、砾岩组	15-0410	J_{1-2}	内蒙古区调一队	1972	内蒙古	现归入五当沟组
139	Shale & Sandstone Fm	页岩、砂岩组	15-0409	J_{1-2}	内蒙古区调一队	1972	内蒙古	现归入五当沟组
140	Shaliushui Gr	沙流水群	15-1018	D_3	甘肃省地质局603队	1962	甘肃省	与中宁组同物异名

序号	地层单位名称		编号	地质年代	创名人	创建时间	所在省	不采用理由
	英文	汉文						
141	Shangdaminshan Fm	上大民山组	15-1025	法门阶	宁奇生	1959	内蒙古	改大民山组
142	Shangdu Fm	商都组	15-0375	N_2	内蒙古区调一队	1972	内蒙古	与宝格达乌拉组同物异名
143	Shangkuli Fm	上库力组	15-0277	J_3	刘步昌	1981	内蒙古	含义过大，归入满克头鄂博组、玛尼吐组
144	Shangnaogangdai Fm	上脑岗代组	15-0379	E_3	内蒙古区调一队	1976	内蒙古	与呼尔井组同物异名
145	Shangxinganling Fm	上兴安岭组	15-0401	J_3	宁奇生	1959	内蒙古	层位多次变动，现分别称为大磨拐河组、甘河组
146	Sheshan Fm	蛇山组	15-1074	O_2	陈均远、周志毅等	1984	内蒙古	生物地层单位，归入拉什仲组
147	Shetai Fm	佘太组	15-1039	C_2	金香福	1981	内蒙古	与拴马桩组同物异名
148	Shuangshan Fm	双山组	15-0291	J_{1-2}	河北省煤管局普查队	1978	内蒙古	归入红旗组
149	Shuiquancun Fm	水泉村组	15-0404	J_3	内蒙古地层表编写组	1975	内蒙古	归入白音高老组
150	Shuqiu Fm	署秋组	15-1054	O_2	吉林省区调大队	1981	内蒙古	归入多宝山组
151	Suhuhe Fm	苏呼河组	15-1051	O_1-O_2	宁奇生、唐克东等	1959	内蒙古	归入裸河组
152	Suolun Fm	索伦组	15-1107	P_1	内蒙古区调二队	1965	内蒙古	与林西组同物异名
153	Taipingchuan Fm	太平川组	15-0285	J_2	黑龙江煤田公司109队	1973	内蒙古	与万宝组同物异名
154	Takelin'aobao Fm	塔克林敖包组	15-1002	Ch	宁夏地质局地质三队	1974	内蒙古	渣尔泰山群的一部分
155	Taohaiyingzi Fm	陶海营子组	15-1105	T_1	内蒙古区调二队	1971	内蒙古	与林西组同物异名
156	Tatayingzi Fm	塔他营子组	15-0294	J_1	内蒙古区调二队	1972	内蒙古	与红旗组同物异名
157	Tieyingzi Fm	铁营子组	15-1093	P_2	内蒙古区调二队	1971	内蒙古	解体，归入于家北沟组及中生界
158	Tuhulu Fm	吐呼鲁组	15-0429	J_3	顾知微	1962	辽宁省	属义县组一部分
159	Medium-basic Vol. Fm	中基性火山岩组	15-0423	J_3	内蒙古区调一队	1976	内蒙古	现归入塔木兰沟组
160	Walagan Fm	瓦拉干组	15-0283	J_3	王莹等	1985	内蒙古	与塔木兰沟组同物异名
161	Wenduoer'aobaote Fm	温多尔敖包特组	15-1020	D_2	内蒙古区调一队	1973	内蒙古	归入泥鳅河组
162	Woboer Fm	沃博尔组	15-1087	O_1	宁夏区调队	1982	内蒙古	归入班定陶勒盖组
163	Wuerta Fm	乌尔塔组	15-0341	K_2	内蒙古第一区调队	1978	内蒙古	与东胜组同物异名

序号	地层单位名称		编号	地质年代	创名人	创建时间	所在省	不采用理由
	英文	汉文						
164	Wuka Fm	五卡组	15-1060	S_3	马家骏	1980	内蒙古	与卧都河组同物异名
165	Wulanbuge Fm	乌兰布格组	15-0373	E_3	王伴月、常江	1979	内蒙古	与清水营组同物异名
166	Wulanbulage Fm	乌兰布拉格组	15-1055	O_{1-2}	甘肃省地质力学测量队	1979	内蒙古	与罗雅楚山组同物异名
167	Wulanhaxia Fm	乌兰哈夏群	15-1006	Qn	内蒙古地矿局	1991	内蒙古	归入什那干群
168	Wulanhuduge Fm	乌兰呼都格组	15-1046	C_1	杨道荣	1983	内蒙古	生物地层，现归入色日巴彦敖包组
169	Wulanhushao Fm	乌兰呼少组	15-0336	K_1	地质部第三普查大队	1968	内蒙古	归入庙沟组
170	Wujiatun Fm	吴家屯组	15-1106	P_1	内蒙古区调二队	1965	内蒙古	与哲斯组同物异名
171	Wunuer Fm	乌奴尔组	15-1027	D_2	宁奇生	1959	内蒙古	修定为乌奴尔礁灰岩
172	Wutonggou Fm	梧桐沟组	15-1113	P_1	甘肃区调队	1962	内蒙古	因重名改称金塔组
173	Xiadaminshan Fm	下大民山组	15-1026	费兰阶	宁奇生	1959	内蒙古	改大民山组
174	Xianaogangdai Fm	下脑岗代组	15-0380	E_3	内蒙古区调一队	1976	内蒙古	与乌兰戈楚组同物异名
175	Xiaodandai Fm	小丹岱组	15-0377	E_3	内蒙古区调一队	1972	内蒙古	与呼尔井组同物异名
176	Xiaohulishan Fm	小狐狸山组	15-1057	O_1	甘肃省地质力学区测队	1981	内蒙古	归入罗雅楚山组
177	Xiaoniouqun Fm	小牛群组	15-0407	J_2	内蒙古区调二队	1991	内蒙古	与万宝组同物异名
178	Xiashibei Fm	下石碑组	15-1083	S_3	内蒙古区调二队	1967	内蒙古	与西别河组同物异名
179	Xiaxing'anling Fm	下兴安岭组	15-0402	J_3	宁奇生	1959	内蒙古	层位多次变动，现称龙江组
180	Xieertala Fm	谢尔塔拉组	15-1035	C_1	黑龙江省区调二队	1981	内蒙古	归入莫尔根河组
181	Xieshan Gr	斜山群	15-1079	S	甘肃省地质力学测量队	1977	内蒙古	生物地层单位，归入圆包山组、公婆泉组
182	Xilian'aobao Fm	锡莲敖包组	15-0224	K_1	华北地研所五所	1972	内蒙古	归并到固阳组
183	Xilimiao	西里庙组	15-1099	P_1	江浩贤等	1979	内蒙古	与大石寨组同物异名
184	Xinaobaotu Fm	西脑包图组	15-0292	$J_3—K_1$	内蒙古区调一队	1972	内蒙古	分布局限，归入固阳组
185	Xing'anling Gr	兴安岭群	15-0419	$J_3—K_1$	黑龙江省地层表编写组	1975	内蒙古	现划分龙江组、大磨拐河组、甘河组
186	Xingren Fm	兴仁组	15-0427	J_3	吉林省煤田公司	1974	吉林省	与玛尼吐组同物异名

序号	地层单位名称		编号	地质年代	创名人	创建时间	所在省	不采用理由
	英文	汉文						
187	Xingshuwa Fm	杏树洼组	15-1085	S_3	辽宁省地质局	1976	内蒙古	归入西别河组
188	Xinlin Fm	新林组	15-1114	P_1	黑龙江区调一队	1972	内蒙古	归入宝力高庙组、哲斯组
189	Xirehada Gr	希热哈达群	15-1056	O_3	甘肃省地质力学测量队	1979	内蒙古	与白云山组同物异名
190	Xiwuqi Fm	西乌旗组	15-1100	P_1	内蒙古地质局呼幅队	1959	内蒙古	解体后归入哲斯组和林西组
191	Xueshan Fm	雪山组	15-1017	D_{1-2}	西北煤田地质局李悦民、周文昭	1963	甘肃省	与中宁组同物异名
192	Yanchibeishan Fm	盐池北山组	15-103	P_1	内蒙古地层表编写组	1978	内蒙古	按命名优先原则用格根敖包组
193	Yanjiagou Fm	颜家沟组	15-0417	J_2	黑龙江煤田公司109队	1973	内蒙古	归入万宝组
194	Yigenhe Fm	伊根河组	15-1037	C_2	黑龙江省区调二队	1981	内蒙古	与新伊根河组同物异名
195	Yihewusu Fm	义和乌苏组	15-1092	P_1	丁蕴杰等	1985	内蒙古	与哲斯组同物异名
196	Yijinhuole Fm	伊金霍勒组	15-0228	K_1	内蒙古地质局区域地质测量队	1979	内蒙古	同物异名，归入志丹群
197	Yikebulage Fm	伊克布拉格组	15-0372	E_3	王伴月、常江	1979	内蒙古	与清水营组同物异名
198	Yiliekede Fm	伊列克得组	15-2076	J_3—K_1	张文才等	1981	内蒙古	与梅勒图组同物异名
199	Yingpanwan Gr	营盘湾群	15-0420	J_{1-2}	内蒙古工业厅708队	1957	内蒙古	与石拐群同物异名
200	Yingtaogou Fm	樱桃沟组	15-1065	O_{1-2}	宁夏地层表编写组	1980	内蒙古	与米钵山组同物异名
201	Yinuogaigou Fm	伊诺盖沟组	15-1059	S_3	内蒙古区调一队	1985	内蒙古	与卧都河组同物异名
202	Yuanzhuishan Fm	圆锥山组	15-1024	D_2	甘肃省区调二队	1971	甘肃省	与依克乌苏组同物异名
203	Yueyashan Fm	月牙山组	15-1010	$\in_2$	内蒙古区调一队	1991	内蒙古	与西双鹰山组同物异名
204	Yushugou Fm	榆树沟组	15-0221	K_1	华北地研所五所	1972	内蒙古	归入固阳组
205	Zhalainuoer Gr	扎赉诺尔群	15-0350	K_1	侯德封	1932	内蒙古	划分笼统，归入大磨拐河组、伊敏组
206	Zhangjiakou Fm	张家口组	15-0431	J_3	河北区调队	1958	河　北	包括满克头鄂博组、玛尼吐组、白音高老组
207	Zhaogou Fm	召沟组	15-0408	J_2	田本裕	1950	内蒙古	归入五当沟组
208	Zhaowuda Fm	昭乌达组	15-0384	N_1	内蒙古区调二队	1978	内蒙古	与汉诺坝组同物异名

序号	地层单位名称		编号	地质年代	创名人	创建时间	所在省	不采用理由
	英　文	汉　文						
209	Zhinishan Fm	治泥山组	15-1063	O_3	黑龙江区调一队	1981	内蒙古	与裸河组同物异名
210	Zhongliangzi Fm	中梁子组	15-1077	O_1	宁夏地层表编写组	1980	宁　夏	解体,归入三山子组、马家沟组
211	Zhuozishan Fm	桌子山组	15-1064	O_1	关士聪、车树政	1955	内蒙古	可与马家沟组对比
212	Zhulazhagamaodao Fm	侏拉扎嘎毛道组	15-1007	Qn	宁夏铁矿组	1975	内蒙古	与正目观组同物异名
213	Zhusileng Fm	珠斯楞组	15-1028	D_1	郑昭昌、周志强等	1980	内蒙古	归入依克乌苏组

附录Ⅳ

图　　例

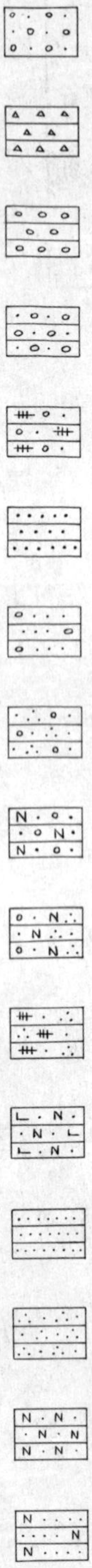

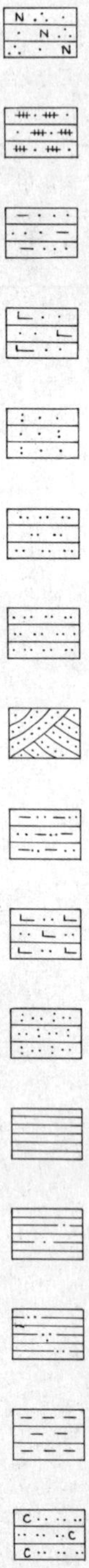

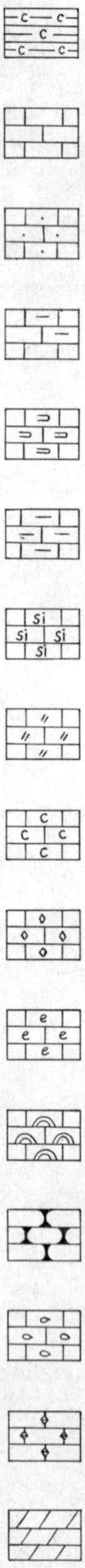

岩石花纹	岩 石 名 称	岩石花纹	岩 石 名 称	岩石花纹	岩 石 名 称
	砂砾石		长石石英砂岩		碳质页岩
	角砾岩		复成分砂岩		灰岩
	砾岩		泥质砂岩		砂质灰岩
	砂砾岩		钙质砂岩		含泥质灰岩
	杂砂砾岩		凝灰质砂岩		豹皮状灰岩
	砂岩		粉砂岩		泥质灰岩
	含砾砂岩		含砂粉砂		硅质灰
	含砾石英砂岩		具交错层砂岩		白云质灰岩
	含砾长石粗砂岩		泥质粉砂岩		碳质灰岩
	含砾长石石英砂岩		钙质粉砂岩		结晶灰岩
	杂砂质石英砂岩		凝灰质粉砂岩		生物碎屑灰岩
	含钙质长石质砂岩		页岩		礁灰岩
	细砂岩		砂质页岩		瘤状灰岩
	石英砂岩		粉砂质页岩		竹叶状灰岩
	长石砂岩		粘土岩（泥岩）		泥晶灰岩
	长石质砂岩		含碳质粉砂岩		泥灰岩

岩石花纹	岩石名称	岩石花纹	岩石名称	岩石花纹	岩石名称
	白云岩		辉石安山岩		安山质凝灰岩
	硅质岩		角闪安山岩		玄武质角砾岩
	鲕状灰岩		黑云母安山岩		安山质角砾岩
	玄武岩		安山斑岩		流纹质角砾岩
	辉斑玄武岩		安山玢岩		凝灰角砾岩（角砾凝灰岩）
	拉斑玄武岩		英安岩		安山质集块岩
	杏仁状玄武岩		流纹岩		安山质角砾凝灰熔岩
	气孔状玄武岩		流纹斑岩		安山质角砾熔岩
	气孔状橄榄玄武岩		石英斑岩		安山质凝灰熔岩
	气孔状辉石橄榄玄武岩		霏细斑岩		安山质岩屑晶屑凝灰岩
	辉石橄榄玄武岩		粗面岩		安山质晶屑凝灰岩
	伊丁橄榄玄武岩		石英粗面岩		安山质岩屑玻屑熔结凝灰岩
	方沸石玄武岩		石英角斑岩		安山质熔角砾岩
	气孔杏仁状安山岩		集块岩		英安质熔凝灰岩
	杏仁状玄武安山岩		火山角砾岩		英安质凝灰熔岩
	安山玄武岩		凝灰岩		英安质玻屑晶屑凝灰岩
	安山岩		安山质熔岩		英安质岩屑晶屑凝灰岩

岩石花纹	岩石名称	岩石花纹	岩石名称	岩石花纹	岩石名称
	中酸性角砾凝灰岩		流纹质角砾凝灰岩		石榴石矽卡岩
	中酸性含角砾玻屑熔结凝灰岩		流纹质凝灰岩		大理岩
	酸性含角砾浆屑玻屑凝灰岩		流纹质岩屑凝灰岩	符号	名称
	酸性含角砾凝灰熔岩		流纹质岩屑晶屑凝灰岩		煤
	酸性岩屑玻屑熔结凝灰岩		流纹质晶屑凝灰岩		石膏
	沸石化酸性含角砾岩屑玻屑凝灰岩		板岩		整合
	沸石化酸性玻屑凝灰岩		砂质板岩		平行不整合
	酸性含角砾岩屑玻屑凝灰岩		碳质板岩		不整合
	流纹质角砾凝灰熔岩		凝灰质板岩（中性）		断层
	流纹质凝灰熔岩		绢云板岩		无脊椎动物化石采集地点
	流纹质熔结凝灰岩		革青石板岩		脊椎动物化石采集地点
	流纹质晶屑玻屑凝灰岩		绢云千枚岩		鱼类化石采集地点
	流纹质玻屑凝灰岩		石英片岩		植物化石采集地点
	流纹质浆屑凝灰岩		变质砂岩		正、副、选、新层型位置
	流纹质岩屑玻屑凝灰岩		长石石英岩		次层型或参考剖面位置
	流纹质岩屑晶屑玻屑凝灰岩		变安山岩		
	沉凝灰岩		角岩		